KB180779

e-Biz 시스템 개발 지침서

정보시스템 분석 및 설계

Systems Analysis & Design

컴원미디어

머리말

우리는 모두 지식정보사회에 살고 있는 문명인이다. 정보통신혁명 이후 인류의 지식은 기하급수적으로 증가하고 있다. 산업혁명 이전 인류의 문명역사 3,000년 동안 쌓아온 지식보다 산업혁명 이후 300년 동안 쌓은 지식이 더 많다. 최초의 디지털 컴퓨터인 ENIAC이 출현한 이후 인류의 지식은 더욱 더 빠른 속도로 증가하고 있다. 인터넷을 통한 지식의 교류가 이루어지기 시작하면서 과거 30여 년 동안 쌓은 인류의 지식은 그 이전 인류가 쌓은 지식보다 더 많다. 뉴밀레니엄이 시작되는 2,000년을 기점으로 인류의 지식이 2배 증가하는데 2년이 소요된다고 하였다. 인터넷이 전 세계에 걸쳐서 완전히 보급되는 2,013년경에는 매 15분마다 지식이 2배씩 증가할 것이라는 미래학자들의 견해도 있다.

지식의 폭발적인 증가는 기업의 경영환경을 급속히 변화시키고 있다. 기업 환경의 변화는 조직의 업무프로세스의 변화와 신속한 대응체제를 요구하고 있다. 이러한 변화에 능동적으로 대처하는 기업은 살아남을 것이며, 변화에 대응하지 못하는 기업은 그 생존을 보장받기 어렵다. 변화에 신속하게 대응하고 합리적으로 경영을 이끌어가기 위해서는 유연성 있는 업무 프로세스와 이를 지원하는 정보시스템의 구축이 필수적이다.

경영환경의 변화속도만큼이나 정보기술과 시스템 개발기술이 급속히 변화하고있다. 물론 이들 간에는 서로 연관성이 매우 높다. 때로는 정보기술이 경영의 변화속도를 가속화 시키며, 경영환경 변화를 주도한다. 급변하는 경영환경과 정보기술 변화에 발맞추어서 급속히 변화하는 학문이 바로 정보시스템 분석 및 설계 분야이다. 조직의 정보시스템을 효과적으로 구축하고, 이를 성공적으로 조직에 접목시키기 위해서는 많은 개발 방법론과 기법, 그리고 방법과 도구들이 제시되고 있다. 따라서 시스템 분석 및 설계 분야는 계속적으로 새로운 지식과 기술을 습득하여 조직의 정보시스템 개발에 응용해야 하는 매우 흥미진지하고 실무지향적인 학문분야이다.

그러나 시스템 개발에 있어 어떤 방법론이나 접근법을 사용하더라도 시스템분석가가 기본적으로 익혀야 하는 핵심적인 지식이 있다. 그것은 바로 시스템을 개발하기 전에 문제를 분석하고, 그 문제의 본질과 비즈니스의 요구사항을 파악하여 최적의 해결 대안을 제시하기 위한 모델링 지식과 미래에 구축할 시스템의 설계도를 창안해내는 지식이다. 시스템분석가는 정보시스템을 개발하기 위하여 기획, 분석, 설계, 그리고 구현의 4단계를 밟아 프로젝트를 진행한다. 그리고 각 단계가 끝날 때마다 그 결과에 대한 문서화를 통하여 그 결과물을 검증하고, 전체적인 프로젝트의 진척도를 파악한다. 또한 결과물의 평가를 통하여 다음 단계로 진행할 것인가를 결정한다.

이 책은 시스템분석가가 되기 위한 학생들이 가장 기본적으로 익혀야 할 시스템 분석 및 설계의 기본원리와 모델링 방법을 다룬다. 그리고 실무에 나아가서 시스템 개발 프로젝트를 수행하는데 있어 기본이 될 수 있는 분석 및 설계 기법, 방법, 도구를 익히는 데 초점을 둔다. 지금까지 많은 시스템 분석 및 설계 기법이나 방법론들이 제안되었다. 이 책에서는 시스템 분석 및 설계에서 가장 기본이 되는 구조적 분석 및 설계 기법을 중심으로 다룬다. 또한 최근 실무에서 주로 사용되는 정보공학 방법론과 객체지향 방법론, 그리고 웹기반 개발 방법론을 동시에 다룬다. 지금까지 정보시스템의 개발에 사용되어온 기법이나 방법론이 완전히 독립적이라기보다는 초기 구조적 기법으로부터 서로 부족한 부분을 보완하면서 발달되어왔다. 물론 각각의 방법론이나 기법마다 문제를 보는 관점과 그 해결책에는 많은 차이가 있다. 그러나 시스템을 개발하는데 있어 그 기본적인 원리가 바뀌었다기보다는 새로운 원리가 추가되고 발전되었다고 볼 수 있다.

따라서 이 책은 다음과 같은 점을 고려하면서 집필되었다. 먼저, 시스템 분석과 설계를 배우는 학생들이 쉽게 이해하고 배울 수 있는데 초점을 두었다. 많은 학생들이 정보시스템과 관련된 과목들을 어렵다고 느끼고 있다. 현재 국내 대부분의 대학에서 정보시스템 관련학과의 경우 시스템 분석 및 설계 과목을 전공필수 또는 선택 과목으로 지정하고 있다. 그리고 각 학교의 교과과정을 분석한 결과, 본 교과목 수강 이전에 프로그래밍 관련 과목을 먼저 배우게 하고 있다. 대부분의 학생들이 프로그래밍 과목을 어렵다고 생각하고 있으며, 배우는 과정에서 많은 노력이 들어가므로 기피하고 있다. 이러한 생각이 시스템 분석 및 설계 과목에 대한 후광효과로 작용하여 많은 학생들이 처음부터 이 과목을 어려운 과목이며 힘든 과목으로 인식하여 공부하기를 꺼려한다. 그런데 실제로 이 과목만큼 실용적이고 배운 후 유용한 과목을 찾기란 쉽지 않다. 왜냐하면 대부분의 경우 실무에 나가서 실제로 시스템 개발 프로젝트에 참여한 이후에야 이 과목의 소중함을 깨닫게 된다. 많은 나의 제자들이 졸업 후 학교를 방문하여 한결같이 하는 소리가 "그 때는 어렵고 힘들게만 느껴졌던 '시스템'이 이제야 정말 나에게 도움이 됩니다"라고 한다. 여기서 '시스템'이란 말은 시스템 분석 및 설계를 줄여서 학생들이 사용하는 용어이다.

다음으로 이 책에서는 지금까지 실무에서 주류를 이루어온 세 가지 시스템 개발 방법론을 동시에 균형 있게 설명하고자 한다. 시스템 분석 및 설계의 기본은 구조적 방법론과 정보공학방법론이다. 이 책에서는 프로세스 모델링 분야는 구조적 기법을 중심으로 설명하고 있으며, 데이터 모델링 분야는 정보공학방법론의 표기법과 방법을 중심으로 설명하고 있다. 그리고 최신 시스템 분석 및 설계 기법인 객체지향기법을 소개하고 응용하는데 많은 지면을 할애하고 있다. 이것은 학생들이 실무에 나가서 곧 바로 배운 것을 활용할 수 있게 하기 위함이다. 또한 현재 사용하는 객체지향 프로그래밍언어의 특성에 맞는 분석 및 설계 기법을 동시에 익힐 수 있게 하기 위함이다. 이를 위하여 객체지향방법론에서 현재 표준으로 자리 잡고 있는 모델링 언어인 UML을 중점적으로 설명한다. 마지막으로 최근 웹기반 시스템 개발의 요구를 반영하여 웹기반 시스템 개발 방법론 중 대표적인 방법론을 추가하였다.

또한, 이 책에서는 소프트웨어 개발의 생산성을 높이는 CASE 도구 중에서 실무에서 가장 많이 활용되는 도구 및 종류에 대하여 간단히 설명하고 있다. 마지막 장에서는 본문 속에서 배운 내용을 기초로 실제 사례를 이용하여 간단한 프로젝트 실무를 익힐 수 있도록 하였다. 사례 연구는 많은 지면을 차지하므로 지면의 한계를 고려하여 중요한 부분에 대한 모델링 결과만을 수록하고 있다. 사례는 학생들이 각 팀을 나누어 실제로 프로젝트를 수행하여 보고서를 작성하는데 있어 하나의 참고자료가 될 수 있다.

그런데 아직도 많은 부분에 있어 부족함이 많다. 여러 저자들이 공동으로 참여하여 집필하다 보니 완전하게 통일성을 기하기 어려운 면들이 있었다. 그러나 여러 저자의 집필 참여는 다양한 시각과 폭넓은 지식을 담을 수 있는 장점도 있다. 앞으로 증보판을 낼 때마다 더 많은 발전이 있을 것이라 확신한다. 비록 많은 부분에서 미흡함이 있지만, 많은 분들의 도움으로 초판을 발간할 수 있게 되었음을 감사히 여기며 머리말에 가름하고자 한다.

끝으로 그 동안 함께 집필하면서 고생한 공동저자인 박상혁 교수님, 박기호 교수님, 오창규 교수님에게 깊은 감사드립니다. 그리고 집필을 위해 보조를 해준 이성진, 장은미 학생과 출판사 관계자 여러분들에게도 감사를 드립니다. 또한 우리를 이 세상에 오게 해주신 부모님과 사랑하는 아내에게도 감사드립니다.

2007년 8월

저자를 대표해서 정태율 씀

차 례

CHAPTER 01 기업 경영과 정보시스템

CHAPTER 02 정보시스템 개발의 이해

CONTENTS

CONTENTS

CONTENTS

CONTENTS

CHAPTER 16 웹쇼핑몰 개발 분석 사례

기업 경영과 정보시스템

CHAPTER 01

PREVIEW

디지털 경영을 향한 패러다임의 변화는 기업 경영의 효율성과 효과성을 극대화 해야만 생존할 수 있다는 도전을 제시하였다. 과거에는 경쟁우위 확보 및 유지를 위한 도구로 정보시스템을 도입하였으나, 지금은 기업의 생존을 위한 필수도구로 인식된 지 오래다. 따라서 디지털 시대의 기업경영과 정보시스템의 관계는 불가분의 관계에 있다. 본 장에서는 정보기술이 기업 경영에 미치는 영향, 정보시스템의 주요 역할과 종류, 정보시스템 전략과 비즈니스 전략 간 연계 당위성 등에 대해 언급하고자 한다.

OBJECTIVES OF STUDY

- 디지털 경영환경과 정보시스템의 역할에 대해 이해한다.
- 정보기술을 이용한 경영혁신 기법을 이해한다.
- 정보시스템에 대한 이해도를 높이고, 정보시스템의 종류와 역할에 대해 이해한다.
- 정보시스템 전략 수립을 위한 관점과 정보시스템 성공요인 및 장애요인을 이해한다.

CONTENTS

1 정보기술과 경영환경

1.1 디지털 경영

디지털 시대의 도래에 의한 경영환경의 변화는 기업들에게 많은 난제와 도전을 제시하고 있다. 인터넷 사용자의 확산과 디지털 기술에 의한 통신과 방송의 융합 등의 영향으로 세계는 점차 좁아지고 있고, 이로 인해 시간과 공간을 초월한 세계화(globalization) 개념이 뿌리내리고 있다. 즉 콜럼부스가 지구가 둥글다는 것을 발견한 이후 디지털 기술 발전에 의해 세계는 평평해지고 있다는 개념이 설득력을 얻고 있는 시대가 된 것이다(Friedman, 2005).

시장 세계화의 결과 기업들은 더욱더 치열한 경쟁 환경에 놓여지고, 이 같은 경쟁양상은 기업들에게 생존을 위한 돌파구를 모색하지 않을 수 없도록 유도하고 있다. 이러한 상황 하에서 정보기술의 발전은 기업들에게 치열한 경쟁 환경 하에서 생존을 위한 도구를 제공하고 있다. 시장의 세계화란 국경을 초월한 시장 활동을 사이버 공간을 통하여 활발하게 전개하고, 시간과 공간 그리고 지역적 차이와 무관하게 전 세계를 무대로 시장 선점을 위한 전략을 실행하는 것을 의미한다. 예컨대 미국 기업들이 인도의 방갈로르 지역을 중심으로 단순직 근로자들을 아웃소싱하여 훈련을 시키고 고객서비스를 제공하고 있으나 고객들은 이들 근로자들이 마치 미국 내에 위치하고 있는 것처럼 느낄 수 있도록 사후 서비스를 제공하는 것을 예로 들 수 있다. 또한 미국이나 일본기업들이 중국의 값싼 노동력을 활용하기 위하여 중국 내에 생산설비 투자를 아끼지 않은 결과 중국이 전 세계의 공장을 대표할 만큼 지역을 초월한 세계화 정책을 구사하는 것을 볼 수 있다. 물론 우리나라 기업들도 이미 중국을 생산의 전초기지로 활용하는 사례가 증가하고 있는 상황이다.

또한 정보기술 및 디지털 기술의 발전은 경영활동에 있어서 정보의 중요성을 강조하고 있고, 이들 정보들이 기업에게 큰 가치를 가져다주는 무형의 자산임을 인식하도록 했다. 예컨대 과거에는 고객이 선호하는 제품이나 서비스에 대한 고객반응을 알기란 참으로 힘든 일이었다. 그러나 최근에는 전 세계에 흩어져 있는 자사의 고객들이 인터넷이나

이메일 등을 통하여 수시로 자신들의 요구사항이나 불편 및 불만 사항들을 전달해 옴으로써 이들 고객들이 자사 제품의 품질향상을 위한 시장조사원의 역할을 담당해주고 있다고 해도 과언이 아니다.

오늘날 제품 및 서비스 분야에서 고객들의 욕구 변화가 빠른 속도로 가속화되고 있다. 이 같은 고객욕구의 변화는 제품의 수명주기(product life cycle)를 획기적으로 단축시키고 있으며, 기업은 이 같은 도전에 직면하여 제품의 연구개발에 박차를 가하지 않을 수 없게 되었다. 제품의 수명주기가 점차 짧아지고 있는 원인으로는 급속한 기술혁신과 경쟁상황의 격화, 소비자 욕구 및 취향의 다변화, 발 빠른 유행의 변화 등에 기인한다. 이들 요인 중에서 고객의 요구 다양성과 정보에 대한 고객접근성의 증대가 가장 큰 요인이 될 수 있다. 이 같은 추세에 대응하기 위하여 기업들은 멀티미디어 통신, 인터넷 통신기술, 무선통신기술 등을 활용하여 고객의 욕구변화를 신속하게 파악하고, 고객이 원하는 제품을 원하는 시점에 출시하기 위해 부단히 노력하고 있다. 즉 생산 공정을 자동화하거나 정보시스템을 활용한 고객관계관리시스템을 운영하며, 마케팅정보시스템, 공급망관리시스템, 지식관리시스템 등의 정보기술 도구와 자원을 활용하여 경쟁력 우위확보를 위해 매진하고 있다.

기업 경영환경의 급격한 변화에 따라 비즈니스 패러다임이 변화하였으며, 이를 촉발하는 중요한 계기가 된 것은 역시 인터넷의 등장과 급속한 보급의 결과라 하겠다. 인터넷 인구의 급증은 비즈니스와 관련한 분야에서 매우 중대한 의미를 갖는다. 이는 인터넷 공간이 새로운 유통채널의 등장으로 이어지며, 기존의 비즈니스 방식을 획기적으로 바꿔가고 있다는 사실이다. 이의 대표적인 사례로 아마존닷컴, 델컴퓨터, 시스코시스템즈 등의 기업들을 들 수 있다.

인터넷의 등장은 기존 매체의 한계를 뛰어 넘어 범세계적인 의사소통 채널이 확보되고, 쌍방향 상호작용성이 보장되며, 시간과 공간의 제약을 해소하는 등의 특성을 가지고 있다. 이러한 인터넷의 특성에 의해 정보나 지식의 공유가 용이해지고, 공동의 관심사를 가진 고객들간 공동체를 형성하게 됨으로써 고객들의 협상력이 증대되는 결과를 낳았다. 이러한 추세는 결국 기업의 비즈니스 패러다임에 혁신을 요구하였고, 기업들은 고객의 가치를 극대화하기 위한 전략을 구사할 수밖에 없었다. 즉 고객중심의 비즈니스를 추구하게 되고, 이는 고객과 기업 간의 지속적인 관계를 가능하게 하였으며, 나아가 고객의 생애가치 창출을 가능하게 하였다.

이와같은 비즈니스 패러다임을 변화시키는 매커니즘으로는 소비자주도의 시장, 메트카프의 법칙(Metcalfe's law), 기업내 특허, 지적재산권 등의 무형자산 중요도 증가, 그리고 수확체증의 법칙 등이라고 할 수 있다. 이들 요인들은 기업들로 하여금 디지털 경영의 시대적 흐름을 유도하였고, 오늘날 기업의 생존과 경쟁우위 확보, 나아가서는 시장입지의 주도적 역할 확보를 위한 도전이 되었고, 또한 기폭제가 되었다.

1.2 정보기술과 경영혁신

조직 내외적 환경에 적합한 정보시스템의 개발은 기업의 비즈니스 전략 및 경쟁우위 확보를 위한 전략과 맥을 같이 하여야 한다. 따라서 정보시스템 전략의 올바른 수립을 위해 사전에 조직내부의 상황을 면밀하게 분석하고 이해할 필요가 있다. 정보시스템 개발을 위한 분석 및 평가의 대상은 크게 세 가지로 생각할 수 있다. 첫 번째는 현재의 비즈니스와 정보시스템 전략뿐만 아니라 향후 미래의 비즈니스 환경과 전략의 변화양태에 대해서 분석을 실시하여야 한다. 두 번째는 조직의 정보시스템 관련 요구사항과 현업에서의 요구를 연계하여야 한다. 마지막으로 비즈니스 전략과 경쟁전략에 영향을 줄 수 있는 기회요인들을 도출하고, 이를 통해 미래의 잠재적인 조직역량을 찾아내는 작업이 선결되어야 한다.

1) 비즈니스 프로세스 리엔지니어링

1980년대 후반부터 이슈가 되어왔던 비즈니스 프로세스 리엔지니어링(BPR : business process reengineering) 활동은 포드자동차, HP, 타코벨, 홀마크카드사 등과 같은 발 빠르게 움직이는 기업들에게 매력적인 단어로 부각되었다. 이들 기업들은 몇몇 비즈니스 부문에 리엔지니어링 기법을 도입하여 비즈니스 부문의 프로세스를 재설계함으로써 성과를 향상하거나 개선할 수 있었다.

BPR 개념은 비즈니스 프로세스의 재설계를 통해 성과를 개선하고자 하는 기업들에 의해 지속적으로 발전해 왔다. 최근에는 BPR이라는 용어 보다는 고객중심의 비즈니스 프로세스, 전자적 조달(e-procurement), 혹은 비용절감을 위한 경영혁신활동 등의 이름으로 의미가 전달되고 있다. 이들 활동들은 기존의 비즈니스 프로세스를 혁신적으로 변화시키지 않으면 성공할 수 없다고 해도 과언이 아니다.

BPR에서 정보시스템의 역할에 대해서는 다양한 관점들이 있을 수 있다. [그림 1-1]은 BPR에서 정보기술과 정보시스템의 역할을 나타낸다. 무엇보다도 정보시스템이 조직 내에서 리엔지니어링을 위한 동인이 되거나, 조직의 재구성을 위한 동기, 그리고 비즈니스 관계에 있는 협력사 간의 관계 재정립의 원동력이 된다는 것은 부인할 수 없는 현상이다. 조직은 정보시스템의 역할에 대해서 핵심이 되는 두 가지 의문점을 가져야 한다. 첫 번째는 정보시스템을 활용하여 비즈니스 프로세스를 어떻게 변환시킬 수 있는가? 두 번째는 정보시스템이 비즈니스 프로세스를 효과적으로 지원할 수 있는가? 하는 것이다 (Davernport & Short, 1990).

애석하게도 대부분의 조직들은 이들 질문에 대해 명확하고도 체계적인 해답을 가지고 있지 않다. 그러나 분명한 사실은 정보시스템이나 정보기술은 조직의 비즈니스 프로세스를 재설계하는 과정에 매우 중요한 역할을 하며, 프로세스 재설계를 위한 동인이 되는 것은 분명한 사실이다(Teng et al., 1994).

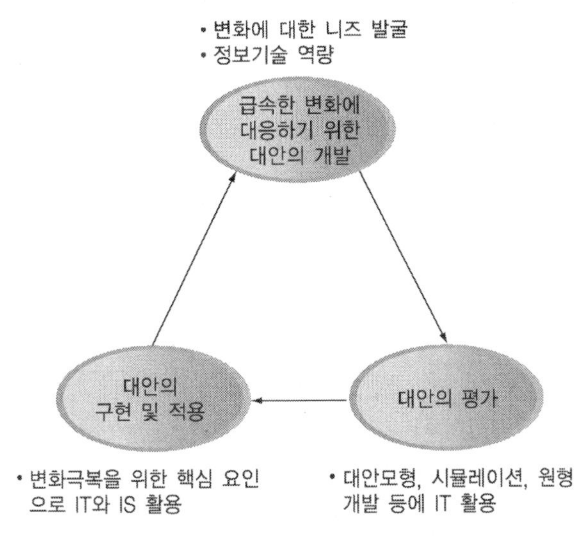

[그림 1-1] BPR에서 IT/IS의 역할

2) 조직상황의 이해

조직이 처해 있는 현 상황을 완벽하게 이해한다는 것은 어렵지만 반드시 필요한 과정이다. 조직의 비즈니스 전략에 대한 심도 있는 이해, 비즈니스와 기술 환경에 대한 이해, 비즈니스에 있어서 정보기술과 정보시스템의 현 상황 등에 대해 면밀하게 검토하고 이해해야 한다. 이러한 과정을 거친 후에야 비로소 기회요인, 위협요인, 비즈니스 전략에 따른 시스템 요구사항 등을 파악할 수 있으며, 비즈니스의 강 · 약점, 그리고 정보기술과 정보시스템 운영과 관련한 보완점 등을 파악할 수 있다. 결론적으로 조직상황에 대한 깊은 이해는 변화에 반응하고 적응하기 위한 출발점이 되므로 그 중요성은 간과할 수 없다.

(1) 정보시스템과 정보기술 요구사항 발굴

정보기술과 정보시스템에 대한 요구사항을 발굴하는 일반적인 방법으로는 전체 비즈니스를 수행하고 있는 부문별 요구사항을 물어보는 방법이다. 조사결과 '희망요구사항 목록(wish list)' 이 산출물로 도출되나 이들 목록들은 중요도에 대한 우선순위나 요구사항간 연관관계, 그리고 비즈니스 전략에 부합하는 정보시스템 전략에 대한 지식을 도출하기에는 부적절하다는 단점이 있다.

또 다른 방법으로는 전략수립과 관련된 문서, 회의자료, 각종 경영관련 보고서 자료 등을 검토하고, 이들 내용으로부터 정보기술 및 정보시스템 전략의 요인들을 도출할 수도 있다. 또한 핵심성공요인(CSF: critical success factor), 현업관련 적용이 필요한 요구사항 등에 대해서도 정보를 획득할 수도 있다. 단 이 방법은 현재와 미래에 대한 비즈니스 활동이나 환경에 대한 상세한 기록이 있어야 가능한 방법이다. 그러나 일반적으로 대부분의 조직들이 이와 관련된 체계적인 서류나 자료를 보유하고 있지 않으며, 사업 초기에 만든 자료가 있다 하더라도 사업이 진행되는 동안 지속적으로 수정보완이 되었어야 한다는 전제가 있다.

정보시스템 전략수립의 가장 바람직한 방법으로는 비즈니스 전략과 병행하여 수립해야 한다는 것이고, 기회요인, 환경변화 추세요인, 신규사업관련 사항 등을 비즈니스 전략수립 프로세스에 반영하는 작업이 함께 이루어져야 한다.

(2) 관련 자료수집

개발될 정보시스템의 품질이나 가치는 전적으로 비즈니스에 대한 깊은 이해와 비즈니스 관련 요구사항에 대한 심도 있는 지식에 달려 있다. 즉 비즈니스에 대한 이해 정도나 혹은 지식을 정보시스템의 구현 과정에서 얼마나 적합하게 적용하느냐에 따라 시스템 개발 성공여부가 달려 있다는 의미이다. 따라서 비즈니스 현상에 대한 상황을 분석하고, 이들 분석의 정확도를 증대하기 위해 다양한 측면의 자료수집 과정이 필요하다. [표

1-1]은 비즈니스 상황분석을 위한 기준에 대한 사례를 보여준다.

대부분의 핵심정보들은 종업원들의 두뇌 속에 기억되어 있는 경우가 많다. 현장에서 습득한 많은 지식이나 경험들이 직원들의 암묵적 지식으로 저장되어 있기 때문이다. 이들 지식들은 회의를 통해서, 혹은 토론과정을 거치면서 상호 공유가 가능해진다. 따라서 많은 기업들이 워크샵이나 장시간의 잦은 회의를 하는 이유가 바로 이 때문이다. 그러나 이 같은 활동들을 통해서 획득할 수 있는 정보들의 대부분은 문서화된 자료를 통해서 파악이 가능하므로 시간적 낭비가 심하다고 할 수 있다. 따라서 워크샵이나 회의를 시작하기 전에 가능하다면 서류나 문서를 통하여 최대한 필요한 자료를 수집해야 한다. 서류의 예로는 경영진에게 보고되는 정리된 보고서나 전략수행계획서 또는 핵심성과측정도구(KPI : key performance indicators) 등의 자료를 활용할 수 있다. 그 밖에도 연간사업계획서, 예산계획서, 수요예측 및 시장동향 보고서 등의 서류들이 있다.

[표 1-1] 비즈니스 상황 분석기준

작업내용	분석 목적
비즈니스 전략의 분석	비즈니스 전략관련 보고서 등의 서류를 분석함으로써 기업의 정보관련 욕구와 요인들을 도출할 수 있음
내부 비즈니스 환경분석	관련 조직의 특성이해, SWOT 분석가능, 기타 비즈니스 요인도출 가능함
비즈니스의 핵심성공요인, 변화의 동인분석	전략적 목표 달성을 위한 성공적인 요인들에 대해 투명성을 높일 수 있음
정보분석	비즈니스 관련 합리적인 활동과 정보요인들의 분석으로 정보시스템 모델을 설정할 수 있음
기업 내 · 외부 가치사슬의 분석	내부의 사업부문들과 외부의 협력 파트너들 간 중요한 정보의 흐름이 어떻게, 어떤 종류가 있는지에 대해 분석 가능함
현재 정보기술전략, 조직, 프로세스, 서비스, 보유역량 등의 분석/평가	현재와 미래의 비즈니스 니즈를 충족하기 위한 가능성의 평가가 가능함

1.3 변화관리

1) 감지와 반응

최근 경영환경 및 시장 환경의 급속한 변화는 기업들로 하여금 변화하지 않으면 도태될 수밖에 없다는 경종을 울리고 있다. 더구나 정보기술 혁명에 따른 디지털 시대의 기업들은 전략의 수립으로부터 실행, 평가에 이르는 프로세스를 신속하게 혁신하거나 변화를 꾀하고 있다. 사업부문의 전략적 프로세스 추진속도에 대한 신속성의 정도는 감지와 반응(sense and respond)의 시간차를 좁히려는 지속적인 노력에 따라 달라진다. 감지와 반응간의 격차는 모바일 기술을 비롯한 정보기술의 역할 증대로 감소하게 되며, 유비쿼터스 환경을 통한 변화 감지가 가능해 지고, 원활한 조직간 커뮤니케이션을 통해 전략적 유연성이 증대되고 있다. 따라서 기업들은 이와 같은 추세에 부응하기 위한 전략을 수립하고, 변화에 적합한 조직구조를 만들고, 환경변화에 신속하게 대응할 수 있는 방안을 수립해야 한다.

급변하는 변화의 흐름은 모든 산업에 영향을 미치며, 근본적이고 지속적인 변화를 야기하고 있다. 이 같은 변화의 물결은 부를 창출하는 기반을 바꾸고 있다. 즉, 과거에 토지, 노동, 에너지, 자본과 같은 유형적이고 희소 자원에 기반을 두었던 부의 개념이 소비되거나, 소멸되거나, 가치가 저하되지 않는 무형의 자원인 정보와 지식이 부의 원천이 된다고 하는 패러다임의 변화를 의미한다.

기업의 생존은 미래의 변화를 이겨내기 위해 스스로 노력하고, 얼마나 적극적으로 준비하느냐에 달려있다. 변화의 폭이 크지 않았던 시대에 설정된 기존의 전략은 불확실성이 매우 큰 상황에서는 맞지 않는다. 기업은 이와 같은 환경 변화에 대처하기 위해 비즈니스 프로세스 리엔지니어링(BPR), 핵심역량 발굴 및 배양, 아웃소싱, 가치기반 리더십 육성, 유연생산체제(FMS : flexible manufacturing system), 공급망관리(SCM : supply chain management), 전사적 자원관리(ERP : enterprise resource planning), 고객관계관리(CRM : customer relationship management) 등과 같은 전략을 추진하고 있다.

이러한 전략적 접근은 세 가지 주제로 요약될 수 있다. 첫째, 경영의 초점이 제품에서 프로세스나 역량으로 이동해야 한다. 둘째, 최전방에 있는 조직 구성원의 권한이 확대되어야 한다. 셋째, 고객의 요구에 더 주의를 기울여야 한다. 따라서 이와 같은 시대적 변화의 요구에 대해 [그림 1-2]의 감지-반응모델(sense-respond model)은 예측할 수 없는 변화라는 도전에 맞설 수 있는 일종의 혜안을 제공한다. 변화를 감지하고 이에 반응하는 기업은 자신의 제품에 대한 미래의 수요를 예측하기 위해 애쓰는 것이 아니라 변화하는 고객의 요구와 비즈니스 전개과정에서 닥치는 새로운 도전을 즉시 알아내고, 새로운 기회가 사라져버리기 전에 빠르고 적절하게 대응하는 기업이다. 기업이 진정한 적응력(adaptiveness)을 갖추려면 지금까지와는 근본적으로 다른 새로운 구조를 받아들이

고 정보를 특수한 방식으로 관리해야 한다. 조직을 하나의 시스템으로 관리하고, 리더와 종업원이 과거와는 아주 다른 행동과 의무를 수행하는데 스스로 몰입해야 한다.

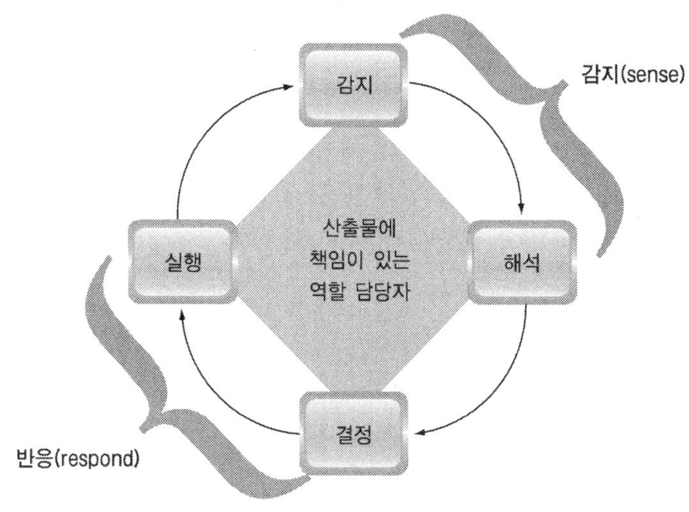

[그림 1-2] 적응 고리(adaptive loop) (출처 : Haeckel, 1999)

2) 조직구조의 변화

조직의 구조(structure)란 상호작용의 형태, 거래/교환 행위, 의사소통 행위를 의미하며 일반적으로 관계구조를 줄여서 구조라고 부른다. 즉 조직에서 누가 누구에게 보고를 하는지, 누구로부터 보고를 받는지, 누가 의사결정을 하며, 누가 누구에게 명령을 하는지 등과 관련한 사람들 간의 관계구조를 의미한다. 조직의 상호작용의 형태는 내규나 조직기구표에 명시되어 있는 공식적 관계구조(formal structure)와 인적관계에 의한 비공식적 관계구조(informal structure)가 있다. 이러한 공식적 관계구조와 비공식적 관계구조를 통합하여 조직의 구조라고 부른다.

조직의 구조 내부에 정보기술 도입으로 다운사이징(downsizing), 아웃소싱(outsourcing), 지식경영(knowledge management), 권한이양(empowerment) 등과 같은 현상들이 나타나게 되었다. 이 같은 현상들은 조직을 움직이게 하였고, 나아가 조직을 효율적이고 유연성 있게 운영하도록 하는 기반이 되었다.

정보기술은 환경변화에 적응하기 위한 기존 조직의 구조를 새롭게 변환할 수 있는 기회를 제공함으로써 기업에게 관료적인 위계구조뿐만 아니라 자사에 적절한 조직 구조의 유형을 선택할 수 있는 대안을 넓혀주었다. 또한 상황에 적합한 구조의 유형을 변경할 수 있는 유연성(flexibility)을 제공해주었다. 즉 [그림 1-3]에서 보는 바와 같이 기존에는 전통적인 위계구조인 A라는 조직유형만을 고집하고 B, C, D, E, F와 같은 다른 조직의 유형을 고려하지 않았던 조직들이 정보기술을 수단으로 A라는 전통적인 유형이외의 다른 유형의 조직 유형도 적용할 수 있게 되었다. 이러한 조직의 구조는 최고 경영자의 의도만으로 단순히 바꿀 수 있는 것이 아니다. 이를 바꿀 수 있는 수단이 필요하며 그 수단으로 정보기술을 활용하는 것이다.

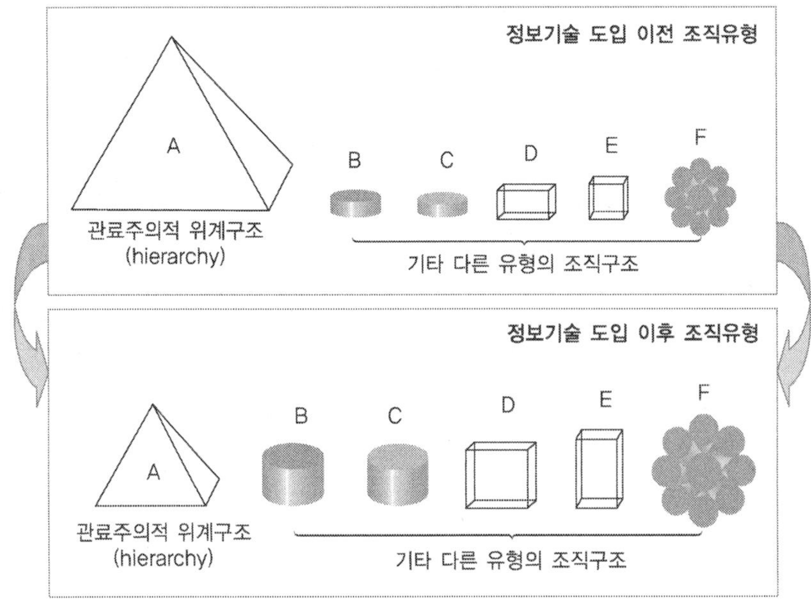

[그림 1-3] 정보기술 도입과 조직유형

기업들은 정보기술이 기존 조직 구조의 유형을 없애고 새로운 유형을 만들어 가는 것이 아니라 기존 유형에 정보기술을 활용함으로써 새로운 조직구조로의 변환이 가능하게 하였다. 또한 급변하는 시장 환경과 다양해진 고객의 욕구를 만족시키기 위하여 기업들은 정보기술을 이용하여 조직이 어떤 구조로 변화해 갈 것인지를 항상 숙고해야할 것이다.

앞에서 설명한 바와 같이 정보기술의 도입으로 커뮤니케이션과 상호작용의 행위가 변화하게 되는데 이는 커뮤니케이션의 빈도에 따라 영향을 받게 되므로 커뮤니케이션

빈도가 높은 조직 내의 구조 변화가 먼저 일어나고 그 이후에 조직간 구조의 변화가 일어나게 된다.

3) 정보기술과 조직 내 구조변화

정보기술을 사용함으로써 선택할 수 있는 조직 구조의 유형이 다양해짐에 따라 조직들은 자사의 산업 환경이나 업무특성에 맞는 조직 구조 유형으로 변화를 시도하는 생존 전략을 수행하고 있다. 그렇다면 정보기술이 조직 내의 구조변화에 실제로 어떠한 영향을 미치는가를 살펴보면 다음과 같다.

(1) 권한이양

정보기술을 활용함으로써 조직의 근저에 흐르는 변화는 권한이양(empowerment)이다. 종래의 산업현장에서는 막스 웨버(Max Weber)가 제시한 관료주의적 위계구조만이 효율적인 관리를 위해 적절하다고 믿어 왔다. 관료주의적 위계구조에서 기업의 모든 의사결정은 상위의 관리계층에서만 결정할 수 있었다. 중간관리계층은 상위에서 내린 의사결정을 제대로 이행하기 위해 노력하고 그 이외의 중요한 의사결정을 내릴 권한은 그들에게 주어지지 않았다. 또한 하위계층의 경우는 자기가 속한 조직의 목표, 장단기적 비전 등에 대해 생각을 하지 않았으며, 오직 중간 관리층이 지시하는 대로 움직이는 로봇에 불과하였다. 기업들은 이러한 형태의 관료주의적 위계구조가 가장 효율적이라고 생각했으며 이러한 규칙이 존재하고 지켜져야만 한다고 생각해왔다. 그러나 시간이 지남에 따라 상위계층의 관리자들과 하위계층의 관리자들의 교육수준과 지적능력의 차이가 줄어들게 되었다. 하지만 여전히 상위계층의 관리자들이 보다 많은 정보를 갖고 있었기 때문에 조직의 의사결정에 대해서는 상위계층들이 하위계층보다 더 뛰어났다. 즉 이들의 의사결정 능력은 교육수준이 비슷하다면 정보를 얼마나 보유하였느냐에 따라 수준 차이가 발생하는 것이다. 그러므로 하위계층의 직원이라도 정보를 많이 보유한다면 더 많은 의사결정을 빠른 시간 내에 효율적으로 수행할 수 있었을 것이다.

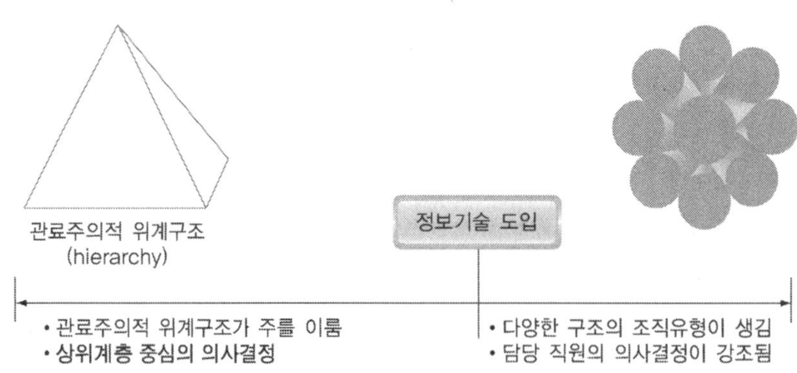

[그림 1-4] 조직내부 구조변화

관료주의적 위계구조를 가진 조직들은 정보기술 도입 전까지 하위계층의 브레인을 의도적으로 희생시켜 상위계층에서만 의사결정을 내리는 관료주의적 위계구조를 고집해왔다. 그러나 이러한 기업들은 기업 환경이 급변하고 불확실성이 급증함으로써 변화가 요구됨에 따라 상위계층의 소수 브레인으로만 내리던 의사결정을 구조에서 벗어나 보다 많은 브레인을 활용함으로써 보다 빠르고 효율적인 운영을 하는 조직 구조로 변화를 시도하였다. 이 때 모든 조직이 동일하게 변화를 하는 것은 아니었으며, 업종이나 기업 특성에 따라 다른 조직 구조로 변화를 추구하였다. 정보기술은 이러한 변화를 위한 수단으로 활용되고 있다([그림 1-4] 참조).

정보기술의 도입으로 계층에 상관없이 개별 직원(individual employee)들도 다양한 정보를 소유할 수 있게 되었고, 그에 따라 상위계층이 아닌 하위계층의 직원들도 본인의 업무를 수행함에 있어서 의사결정을 내릴 수 있게 되었다. 즉 정보기술 도입으로 인하여 조직 내 정보에 대한 접근 권한과 책임에 대한 권한의 대폭적인 이양(empowerment)이 이루어진 것이다.

정보기술로 인한 조직의 새로운 변화로 처음 등장한 것이 매트릭스 조직이었으나 매트릭스 조직 유형의 단점을 극복하기 위해 팀 기반 조직이 자리를 잡기 시작했다. 팀 제도가 제대로 운영되기 위해서는 팀 수준의 모든 성과측정이 가능해야 하며 관리 도구가 안정되어야 한다. 그러나 현재까지 수행된 국내의 팀 구조는 성과측정에 대한 관리도구가 불안정하여 일부 대기업이나 선도 기업만이 이를 추구하고 있을 뿐 이상적인 팀 제도가 구축되지 못한 상태이다. 조직들은 다양한 조직구조의 범위 안에서 각기 알맞은 조직구조를 구축하기 위해 지속적으로 더욱 노력해야만 한다.

앞서 설명한 바와 같이 정보기술의 도입을 통해 조직들은 관료주의적 위계구조에서 네트워크 구조까지 선택할 수 있는 조직구조의 범위가 다양해졌으며, 자사에 적절한 조직구조를 달성하기 위해 아웃소싱이나 다운사이징, 지식경영, 조직 학습 등을 효과적으로 활용하고 있다.

(2) 네트워크 구조

1960년대부터 조직 내에 정보기술이 도입됨으로써 조직구조는 변화하기 시작했다. [그림 1-5]는 Haeckel & Nolan에 의해 수행된 분석을 기반으로 조직의 유형변화와 1960년대부터 1980년대의 커뮤니케이션의 변화, 공식적인(formal) 위계구조(hierarchy)에 대해 변화하는 비공식적 네트워크(informal network)로서 조직의 개념 변화를 묘사한 것이다.

네트워크 조직(network structure)의 발전은 기능적 위계조직에서 다이아몬드형의 네트워크화된 위계조직으로 발전하고, 그 이후 공식적 위계조직과 네트워크 조직의 혼재된 모습으로 발전하였다. 즉 정보기술을 수단으로 조직은 기존의 전통적인 기능적 위계구조 뿐만 아니라 비공식적 네트워크 조직에 이르기까지 선택할 수 있는 조직의 유형이 다양해진 것이다.

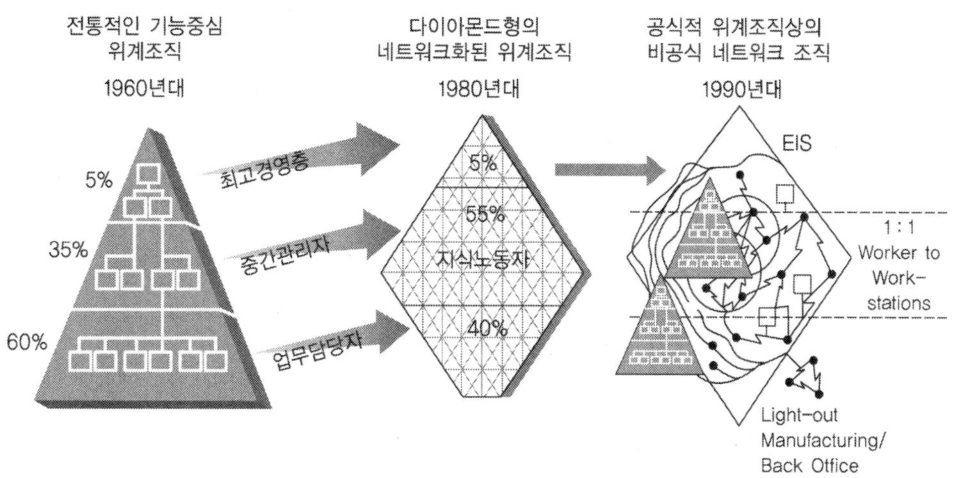

[그림 1-5] 조직구조의 발전(출처 : Haeckel & Nolan, 1993)

전통적인 기능적 위계구조 조직은 정보기술을 도입하기 이전에 거의 대부분의 조직 유형이었다. 정보기술이 도입됨에 따라 정보의 흐름과 의사결정을 다루는 기능적 위계구조는 점차 의사결정권자나 의사결정의 범위가 확대되는 모습으로 나타나고 있다. 따라서 전통적 위계구조는 정보기술의 이점을 적극적으로 활용하여 신제품 개발이나 자본투자, 경쟁위협에 대한 반응 등의 의사결정 과정에서 효율성과 효과성을 제고할 수 있게 되었다.

또한 조직의 정보기술 활용으로 네트워크라는 조직특성이 강조되기 시작하였다. 공식적 위계구조 상에서 형성된 비공식적 네트워크 구조란 공통된 목표 달성을 위해 커뮤니케이션을 활성화 하고, 의사소통의 빈도와 속도를 촉진하기 위해 정보기술의 다양성을 사용하는 구성원들의 그룹이라 정의할 수 있다. 따라서 네트워크 구조는 기능적 위계구조보다 덜 안정적이지만 더욱 유기적인 구조이므로 현대의 급변하는 경쟁 환경에 있어 더욱 적합한 조직의 유형이라 할 수 있다. 네트워크 조직 내에서 공통된 목적의 프로세스를 수행하는 동안 직원들은 네트워크 속에서 그 목표에 맞게 변화되어야 하며, 일단 공유된 목적은 달성되어야 한다. 또한 망으로 형성된 네트워크 구조는 목표 달성 후에 다른 네트워크 구성을 위해 해산될 수 있다.

기업에게 알맞은 조직의 유형은 그 기업이 처한 경영환경과 경쟁환경에 따라서 달라지며, 그 환경에서 살아남기 위해 기업들은 빠른 속도로 변화를 추구해야만 한다. 이러한 특성에 적합한 조직은 전체가 하나의 목표를 위해 움직여야 하며 기능적 조직구조에 비해 손쉽게 결성과 해체가 가능하고, 커뮤니케이션 속도가 빠른 여러 개의 네트워크 구조로 이루어져야 한다.

네트워크 구조를 수행하기 위한 수단으로 활용되는 것이 바로 정보기술이다. 정보기술 도입 이전에 기업들은 면대면 접촉이나 문서에 의한 정보전달이 대부분으로 전달할 내용이나 사람이 많은 경우 비용도 많이 들고 시간도 오래 걸렸었다. 따라서 이러한 상태로는 급변하는 환경 속에서 적절한 대처와 의사결정을 내린다는 것이 매우 어려웠다. 그러나 정보기술로 인하여 조직의 커뮤니케이션 매체도 다양해졌으며, 커뮤니케이션의 효율성이나 속도, 내용도 다양한 변화를 가져오게 되었다. 즉 정보기술의 활용은 커뮤니케이션의 효율성(efficiency)과 속도(speed), 내용(contents)의 종류 등을 변화시키고 촉진함으로써 네트워크형 조직구조가 가능하도록 도와주고 있다.

4) 정보기술과 조직간 구조변화

정보기술은 조직 내의 구조를 변화시킬 뿐만 아니라 비즈니스 관계의 본질에 영향을

주는 조직간 커뮤니케이션을 지원함으로써 조직 간의 구조를 변화시키는 데에도 커다란 공헌을 하였다. 과거 조직 간의 구조 유형은 시장지향형구조(market-oriented structure) 혹은 위계형구조(hierarchical structure)의 양극화된 유형이었다. 그러나 급변하는 시장변화에 대한 좀 더 빠른 반응을 보이기 위해 조직은 조직내부뿐만 아니라 조직 간의 관계에 있어서도 시장지향형과 위계구조형의 중간 형태인 혼합구조(hybrid structure)를 가진 네트워크 구조(network organization)로 발전하게 되었다. 즉 정보기술은 이러한 혼합유형의 개발을 촉진하는 역할을 수행한다.

혼합형구조(mixed-mode structure)는 정보기술 시대 이전에도 존재하였으나, 기업간 정보시스템(IOS : inter-organizational system)의 지원에 따라 더욱 복잡한 형태의 구조인 경우에도 관리가 가능하게 되었다. 데이터의 양과 의사소통 속도 때문에 네트워크 구조는 정보기술의 도움 없이 달성하기에는 매우 어렵고, 실현 불가능하게 되었다.

정보기술은 비즈니스 프로세스에 관해 수집된 전자적 데이터를 분석함으로써 공급자의 성과를 모니터링 할 수 있으므로 전략의 유연성(flexibility)을 더욱 증가시킬 수 있다. 따라서 기업들은 조직간 정보시스템을 통해 조직간 네트워크 구조(inter-organizational network structure)를 보다 효율적으로 관리할 수 있게 되었다.

(1) 조직간 혼합유형 네트워크 구조

최근의 기업조직들은 비즈니스 파트너와 보다 효율적인 경제활동을 위해 혼합형 네트워크 구조(mixed-mode network structure)를 지원하는 조직간 정보시스템을 사용한다고 Holland & Lockett(1997)은 주장하였다.

[표 1-2] 네트워크 구조의 기업별 특성 (출처 : Holland & Lockett, 1997)

기업 특성 / 기 업	산업분야 (industry)	시장의 복잡성 (market complexity)	자산특수성 (asset specificity)
통신기업	전자	매우 높음	매우 높음
패션기업	섬유 소매 및 제조	높음	높음
컴퓨터	정보기술	높음	중간
글로벌 금융	은행	매우 낮음	낮음
글로벌 재무	재무	매우 낮음	매우 낮음

아울러 기업들은 시장의 복잡성, 자산특수성과 같은 조직의 업무특성 및 경영환경에 따라 시장지향적 성향과 위계구조적 성향의 정도가 다른 네트워크 구조를 선택하게 된다고 Holland & Lockett은 주장하였다. 또한 시장지향형 구조와 위계구조의 중간 형태인 네트워크 구조가 기업의 업무특성이나 환경에 따라서 다양한 혼합모드로 나타날 수 있다. 여기서 말하는 시장복잡성이란 관련 산업내부의 유통구조의 복잡성, 서비스 구조 및 협력관계에 있는 사업자간 프로세스의 복잡성, 목표고객 집단의 선호도 변화의 복잡성 등의 요인들을 들 수 있다. 한편 자산의 특수성이란 기업이 보유하고 있는 유무형의 자산에 대한 전문성 혹은 희소성 등을 의미한다.

일반적으로 시장 복잡성과 자산특수성이 높은 경우 고객과 공급자 간의 복잡한 상호의존성이 증대되므로 조직간 협력이 강조되는 위계 구조적 성향이 큰 네트워크 구조를 택하게 된다. 이와 반대로 자산특수성이 낮고 상대적으로 단순한 시장의 경우에는 위계구조보다 시장지향적 성향이 보다 강한 네트워크 구조로 발전하게 된다. [표 1-2]는 기업의 유형별로 시장의 복잡성과 자산 특수성을 비교하고 있다.

(2) 권력과 신뢰

조직간 정보시스템(IOS)을 도입하고 유지하는데 있어서 매우 중요한 요소들이 있다. 그것은 바로 Hart & Saunders(1997)가 주장한 권력과 신뢰(power and trust)이다. 그들은 조직간 정보시스템을 도입함에 있어서 기업이 행사하는 힘이란 정보시스템 도입을 결정하는데 영향을 미치며, 신뢰는 조직간 시스템을 효율적으로 사용하고 사용량을 늘리는데 있어 매우 중요한 요소임을 강조하였다.

권력이란 상대방 의지와 무관하게 나의 의지대로 움직이게 하는 것을 의미한다. 정보시스템을 도입함에 있어 기업은 자사의 의지와 상관없이 거래하는 기업의 강요로 정보시스템을 도입해야하는 경우가 발생한다. 이러한 경우 상대 회사의 권력이 작용하는 것이라 할 수 있다. 일반적으로 공급자의 종속성이 클수록 정보기술 도입에 영향을 미치는 구매자의 힘이 커지며, 공급자의 집단이 소규모로 독점에 가까울 경우 구매자의 정보기술 도입에 미치는 공급자의 힘이 커지게 된다. 즉 조직 간의 이익을 위해 정보시스템을 도입함에 있어 추가적인 비용이 들어가지 않거나 작은 금액의 추가비용이 들어갈 경우 상호 의존관계에 따라 권력, 즉 힘이 이를 촉진할 수 있다. 따라서 불확실성을 관리하고 적합한 조정(coordination) 작업을 위해 기업들은 거래 파트너들과 신뢰성 있는 관계를 구축할 필요가 있다.

조직 간의 정보를 공유하는 조직간 정보시스템을 효율적으로 사용하기 위해 신뢰는 매우 중요한 기본 요건이다. 신뢰가 없다면 조직간 정보시스템의 사용률도 낮을 것이며, 그로 인해 그들이 선택한 조직간 구조도 최적의 상태로 유지할 수 없을 것이다.

정보기술 사용에 있어 기업 간의 신뢰가 있을 경우 강제적인 힘보다는 설득적인 힘이 작용하게 된다. 예를 들어 A라는 기업과 B라는 기업이 조직간 정보시스템을 도입 및 활용할 경우 두 기업이 기존에 신뢰를 갖고 있었다면 사용에 대한 강요보다는 설득이라는 좋은 의미로 정보기술의 사용을 촉진할 수 있을 것이며, 그로 인해 기업들이 얻는 이익 또한 매우 높을 것이다.

이와 같이 정보기술을 도입하는 과정에서 신뢰는 정보기술을 더 많이 사용할 가능성을 증대시키고 기업간 관계에서의 연속성을 강화시키게 되는데, 이러한 연속성은 파트너들 간의 신뢰를 구축하는데 기여하게 된다. 치열한 경쟁 환경 속에서 조직이 살아남기 위해서 선택하게 되는 조직간 네트워크 구조는 정보기술을 활용함으로써 가능하며 이러한 정보기술을 도입 활용함에 있어서 작용하는 신뢰의 구축은 Win-Win 전략을 위해 반드시 필요한 요소라 할 수 있다.

(3) 네트워크 구조의 산업별 특성

다음 사례들은 기업들이 각 기업특성에 맞는 혼합형의 네트워크 구조를 채택함으로써 효율적인 경영을 수행하고 있음을 보여주고 있다.

〈사례〉

• 통신-부품 공급자

통신서비스는 4가지 플랫폼, 즉 통신, 부품, 컴퓨터, 제어장비 등에 기반을 두고 디자인, 제조, 시장 생산을 하는 하이테크놀로지를 보유한 전자 회사이다. 이들은 높은 자산 특수성과 시장의 복잡성으로 개별 상품에 대한 단일 공급 전략을 취하고 있었다. 그러므로 조직간 정보시스템 통합은 매우 긴밀하게 결합되어 있으며 개인간 커뮤니케이션과 공급자 간의 상호의존성이 매우 높다. 각 공급자들과의 관계관리를 위하여 물류, 제품 디자인, 관리자간 이메일 연결을 포함한 조직간 정보시스템(IOS)을 적극 활용하여 생산시스템을 모든 공급자들과 공유하고, 이를 통해 공급자들은 미래 수요를 비롯하여 현재 재고수준 및 생산데이터 등을 얻을 수 있었다. 이처럼 정보시스템은 비즈니스 프로세스와 제품의 질에 관해 수집된 전자적 데이터를 분석함으로써 공급자의 성과를 모니터링 할 수 있는 가능성과 공급자의 성과와 비용구조의 투명성을 가짐으로써 거래 관계의 유연성을 증가시킬 수 있었다. 결론적으로 통신 산업에서의 네트워크 구조는 높은 시장복잡성과 자산 특수성을 관리하기 위하여 시장보다는 위계구조쪽으로 비중이 큰 네트워크 구조를 취하고 있다. 이러한 네트워크 구조는 조직과 정보시스템의 통합이 매우 긴밀하게 결합되어 있으며, 장기계약 관계를 유지하기 때문에 거래 당사자간 신뢰의 역할이 매우 중요하다.

• 패션산업-섬유 공급자

패션산업은 소매기반의 조직으로 유럽과 미국, 캐나다의 소매 체인기업들이 대표적이다. 패션업계는 빠른 시장변화가 특징적으로 최소한 1년에 두 번씩 새로운 제품이 출시되어야 할 정도로 시장의 복잡성이 높다. 따라서 이러한 빠른 시장변화에 대처하기 위하여 디자인, 제조, 유통에 걸리는 시간을 단축하고, 수량과 색상에 대한 유연성을 높이기 위하여 소매업자와 섬유 공급업자 간의 통합이 요구된다. 패션업계의 빠른 수요변화로 인해 판매 지식과 정보시스템, 제조, 유통 능력에 대해 제조업체와 패션업체는 상호의존적인 관계를 보임으로써 다소 높은 자산특수성을 보유하고 있다.

패션상점의 경우도 소수의 공급자들과 매우 긴밀한 계층적 연결성을 갖는 중재전략(coordination strategy)을 추구하였다. 공급자들과의 긴밀한 관계는 물류 관리, 정보교환, 새로운 제품 개발을 위한 CAD 시스템을 위한 조직간 정보시스템에 의해 지원되었다. 물류시스템은 물류과정의 정확성과 시간의 단축을 가져다주었으며, 공유된 CAD 시스템은 새로운 제품에 대한 디자인과 제조에 대한 총순환 시간을 단축시켜주었다. 또한 염색교환시스템은 패션변화의 대응성을 향상시키고 공급체인을 통해 염색정보를 공유함으로써 경쟁력을 가져다주었다.

패션산업의 네트워크 구조는 높은 시장의 복잡성과 자산 특수성을 관리하기 위하여 시장보다는 위계구조 쪽으로 비중이 큰 네트워크 구조를 취하고 있다. 위계구조 내에서 변화와 상호 채택의 이점을 달성하기 위해 그리고 새로운 제품을 디자인하고 통제비용에 대한 시장 인센티브를 유지하기 위하여 위와 같은 혼합모드의 네트워크 구조를 추구함으로써 섬유공급자로서의 경쟁력을 유지하고 있다.

• 컴퓨터-정보기술 공급자

컴퓨터 기업들은 컴퓨터, 소프트웨어, 통신기구 등을 유통하는 정보통신기술 회사이다. 정보기술 시장도 경쟁적 조직의 존재와 빠른 변화 그리고 기술적 표준의 변화, 새로운 제품의 출시, 기초 기술의 빠른 변화 등의 특징을 갖고 있는 시장으로 복잡성이 다소 높다고 할 수 있다.

컴퓨터 관련 기업의 경우 유통, 재고, 시장지식, 기술적 지원 서비스는 새로운 고객에게 쉽게 이전될 수 있으나, 부가 서비스는 컴퓨터 기업에 의해 자체 개발되었다. 따라서 고객은 IT 시장에서 높은 비중을 차지하고 있는 컴퓨터 기업에 대해 신뢰를 하게 되고 이러한 질적인 부가서비스의 지원은 고객이 다른 곳으로 이전하는 것을 어렵게 만드는 중간수준의 자산특수성을 갖고 있었다.

고객들에 의해 사용되는 조직간 정보시스템은 재고관리와 재무, 회계처리, 기술 지원 데이터베이스, 이메일 등에 사용되고 있다. 조직간 정보시스템은 구매과정을 자동화함으로써 고객은 거래기업의 내부 판매처리시스템에 접근하여 회계처리와 재고수준, 제품 주문과 관련한 데이터를 얻을 수 있었다.

• 글로벌 금융 은행

글로벌 금융기업은 국제적인 업체와 업체 간의 모든 지불관계를 조절하고 책임지는 통화 관리자이다. 통화 관리기능은 외국환 거래와 지불에 대해 통제를 하는 것으로 거래의 규모가 크더라도 거래는 간단하여 시장 복잡성이 다소 낮다고 할 수 있다. 또한 몇몇 은행 간의 관계 개선을 위해 약간의 노력이 투자 되지만 거래 관계에서 얻어진 지식은 다른 은행에 쉽게 전달됨으로써 자산특수성 또한 낮은 편에 속한다고 할 수 있다.

글로벌 금융기업들은 의사결정지원을 위하여 조직간 정보시스템을 통해 재무시장에 관한 전자적 정보에 접근을 가능하게 하였다. 이는 단순히 시장 상태를 이끌기 위한 전자적 서비스로 거래 플랫폼은 아니었으며 섬세한 기술을 요구하지 않는 일반적인 프로세스를 사용하였다. 또한 자산특수성이 매우 낮아 시장의 성향이 높은 네트워크 구조를 채택하였다. 그러나 시장 성향뿐만 아니라 두 개의 거래 은행과 긴밀한 관계를 구축하는 수직구조의 성향도 유지하고 있었다. 또한 정보시스템을 활용하여 미래의 거래 과정을 자동화하고, 통화거래를 보다 유연하게 관리하고자 하였다.

2 정보시스템의 이해

2.1 정보시스템의 개념

정보시스템이란 인적자원, 하드웨어, 소프트웨어, 커뮤니케이션 네트워크, 그리고 데이터 자원들의 조합으로 만들어진 시스템이라고 간단하게 정의할 수 있다. 사람 즉, 시스템의 사용자들은 다양한 형태의 장치인 하드웨어를 사용하고, 정보처리를 위한 명령어와 프로그램 모듈로 구성된 소프트웨어, 의사소통을 위한 채널인 컴퓨터 통신망, 그리고 경영활동의 결과로 수집된 데이터를 사용하여 주어진 목적을 달성하기 위해 이들을 활용한다.

비즈니스 분야에서는 다양한 종류의 정보기술 기반의 정보시스템을 활용하여 비즈니스의 효율성과 효과성을 제고하고 있다. 컴퓨터 기반의 정보시스템을 구성하고 있는 기술은 다음과 같다.

- **컴퓨터 하드웨어 기술** : 하드웨어 기술은 마이크로컴퓨터, 서버 컴퓨터, 중형 컴퓨터, 대형 컴퓨터(메인프레임), 입출력장치, 저장장치 등의 기술들을 포함하고 있다.
- **컴퓨터 소프트웨어 기술** : 소프트웨어 기술은 운영체제 소프트웨어, 웹 브라우저, 소프트웨어 개발도구, 고객관계관리(CRM) 혹은 공급망관리(SCM) 등 비즈니스 분야별 응용소프트웨어 기술들을 포함한다.
- **통신망 기술** : 통신망 기술에는 유무선 기반의 통신매체, 통신프로세서(통신처리기), 소프트웨어 기술과 인터넷 기반의 인트라넷과 엑스트라넷 등의 기술이 포함된다.
- **데이터자원 관리기술** : 데이터자원 관리기술은 조직 내 데이터베이스의 개발, 접근, 유지보수 등과 관련된 기술과 소프트웨어시스템인 데이터베이스관리시스템 기술을 포함하고 있다.

이와 같은 정보시스템이나 정보기술과 관련된 내용을 학습해야 하는 이유는 이들이 성공적인 비즈니스 달성을 위해 필수적인 도구이기 때문이다. 즉 정보시스템이나 정보기술은 비즈니스 활동을 전개하거나 경영활동을 위해 반드시 필요한 전략이다. 따라서 이들 개념을 명확하게 이해하는 것은 비즈니스를 구성하는 타 기능부문을 이해하는 것과 마찬가지로 매우 중요한 의미를 가지고 있다.

인터넷 기반의 정보시스템을 포함한 정보기술은 비즈니스 현장에서 그 역할의 중요성이 증대되고 있고, 선택사항이 아닌 필수불가결한 전략적 수단이 되었다. 비즈니스 프로세스, 경영진의 의사결정, 업무부서 및 협력업체간 협업체제 등을 효과적이고 효율적으로 추진하기 위해 대부분의 비즈니스 분야에서 정보기술이 활용되고 있다. 아울러 이들 기술들은 급변하는 시장상황과 경쟁상황에 대응할 수 있는 민첩성을 부여하였다. 또한 제품 연구개발팀을 지원하거나, 고객지원 프로세스의 지원, 전자상거래 활동의 지원, 그리고 그 밖의 경영활동 전반을 지원한다. 따라서 인터넷 기반의 정보시스템과 정보기술은 동태적이고, 세계화된 시장에서 비즈니스 성공을 위한 필수요소로 자리 잡고 있다.

2.2 정보시스템의 역할

오늘날 각 산업에 속한 대부분의 조직들은 자신들의 조직목표를 효과적이고 효율적

으로 달성하기 위한 수단으로 정보기술 기반의 정보시스템을 도입 · 운영하고 있다. 즉 오늘날 정보기술은 비즈니스 수행을 위한 기반이 되는 도구의 역할을 하고 있으며, 더 나아가 정보기술 연관 산업 내에서 생산되는 많은 수의 제품들은 이미 디지털화된 형태로 생산되고 있다. 예컨대 우리나라의 이동통신 산업의 경우 휴대폰이 단순한 통신의 기능만을 수행하던 시대는 이미 진부한 이야기가 되어 버렸다. 그 이유는 휴대용 단말기를 통하여 사용자들에게 전달되는 디지털화된 수많은 컨텐츠서비스, 영화표 예매나 모바일 뱅킹 등의 모바일 커머스(m-commerce), 단문서비스(SMS : short message service), 위치정보서비스(GPS : global positioning service) 등이 좋은 예가 될 수 있을 것이다. 이 같은 서비스들이 가능하기 위해서는 기본적으로 정보통신기술의 뒷받침이 선결되어야 한다.

인터넷 사용의 확산과 정보통신 네트워크 기술의 발전은 기술 그 자체가 비즈니스 수행의 중요한 도구가 되었음을 의미한다. 따라서 많은 조직들이 기술요소를 기존 비즈니스 활동을 강화하는 자원뿐만 아니라 경쟁우위의 원천을 제공하여 새로운 사업기회를 창출하는 역할로서 기대하고 있다.

정보시스템을 전략적 수단으로 활용하기 위해서는 조직 내에서 정보시스템의 전략적 역할에 대하여 명확하게 이해하는 것이 무엇보다 중요하다. 수많은 기업 혹은 조직들의 경우 자신들의 정보시스템 혹은 정보기술의 도입 및 활용에 대해 원점에서 투자를 재점검하고, 나름대로의 전략적 접근을 노력해 왔으나 아직도 많은 부분에 있어서 비즈니스 전략과 정보기술의 연계정도는 미약한 상황에 있다. 예컨대 많은 수의 보험사나 은행의 경우 아직도 30여 년 전에 개발된 종래의 시스템(레거시 시스템, legacy system) 환경을 탈피하지 못하고 있는 상황이다.

정보시스템의 운영과정에서 획득한 과거의 성공 혹은 실패를 통한 경험이나 학습활동이 전략적 경영활동의 물꼬를 트는 중요한 요인이 될 수 있다. 그러나 조직의 입장에서 볼 때 개별조직이 정보기술에 관한 전체영역에 대해 경험을 할 수는 없다. 왜냐하면 조직별, 산업별, 기업별 정보기술의 활용형태와 정보시스템의 역할 정의, 이용 목적 등의 상이성이 정보시스템의 구현형태, 활용양상, 비즈니스 가치, 그리고 조직학습의 양과 질을 좌우할 수 있다.

조직의 목적달성을 위한 정보시스템 개발과 비즈니스 상의 가치달성에 영향을 주는 대표적인 요소로는 기술역량, 기술도입의 경제성, 타당한 목적을 위한 시스템 도입, 응용시스템의 개발을 위한 내외적 역량, 시스템 활용을 위한 기업내부 역량, 그리고 산업 혹은 특정 조직으로부터의 압력 등의 요소들이 내재하고 있다. 이와 같은 요소들이 절대적이고 표준화된 기준은 아니지만 경영진의 의사결정과정에서 고려해야 하는 요인들이며, 전략적 접근을 위한 사고의 토대가 될 수도 있다.

조직 내에서 정보시스템의 역할에 대한 대표적인 예로 Dell 컴퓨터사의 예를 들 수 있다. Dell사의 경우 [그림 1-6]과 같이 주문접수에서부터 제품의 배송에 이르기까지 사람의 손을 거의 거치지 않도록 시스템을 구축해 놓고 있다. 예컨대 웹사이트로부터 접수된 고객의 주문을 받아서 주문 내용이 적합한지, 부품조립 시 기술적 문제는 없는지, 고객이 원하는 최적의 사양인지 여부를 판단해 주는 시스템을 구축하였다. 또한 다양한 형태의 배송관련 사항도 선택할 수 있도록 안내해 주는 역할도 있다. 일단 고객의 주문이 완료되면 부품구매주문이 자동으로 이루어지며, 주문내용이 부품공급자들에게 전달된다. 이와 같은 시스템의 역할에 따라 고객이 주문한 내용을 정확하게 반영함으로써 고객 만족도를 높이고, 연간 재고회전율을 60회이상 높이고 있다. 이는 컴팩의 13.5회나 IBM PC사업의 9.8회에 비해 월등하게 뛰어난 성과를 보여주고 있다. 또한 기술지원이나 제조라인과 공급자 간의 데이터를 실시간으로 교환할 수 있게 함으로써 비즈니스 활동을 신속하고, 원활하게 할 수 있는 기반을 제공하였다.

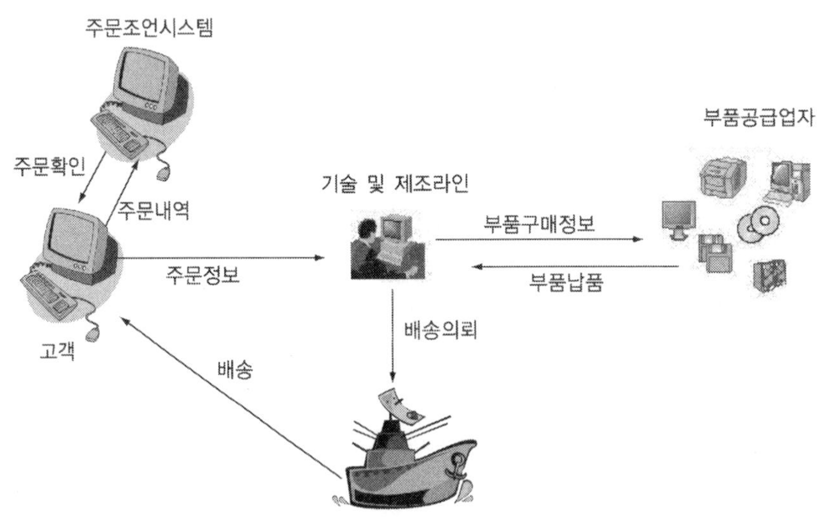

[그림 1-6] Dell 컴퓨터사의 정보시스템 역할

정보시스템은 기업의 비즈니스 프로세스나 비즈니스 활동을 효율적으로 추진하기 위

한 역할을 담당하는데 그 용도에 따라 두 종류의 응용시스템으로 구분할 수 있다. 첫 번째는 범용시스템으로 워드프로세서, 전자우편, 또는 프리젠테이션 파일을 작성하는 시스템 등이 있고, 두 번째는 회계 관리, 생산관리, 주문처리 등의 특정 비즈니스 활동을 지원하기 위한 응용시스템 등으로 나눌 수 있다.

2.3 정보시스템의 종류

1) 백오피스와 프런트오피스 시스템

정보시스템의 종류는 여러 가지 관점에 따라 다양하게 분류가 가능하다. 정보시스템이 처리하는 업무의 종류에 따라 프런트오피스와 백오피스시스템으로 나눌 수 있다. 백오피스시스템이란 기업의 통합정보시스템을 구성하는 백본에 해당한다. SCM, ERP등의 시스템은 e-비즈니스 조직운영을 위한 기반시스템이며, 공급자와의 관계, 유통업체와의 관계, 판매업체와의 관계, 물류, 생산, 유통, 재무관리, 인적자원관리, 재고관리 등과 관련한 기능을 수행한다. 또한 조직 내부적으로는 의사결정을 지원하거나 내부 자원의 효율적 관리를 위한 주요 기능을 수행한다. 반면에 프런트오피스시스템이란 고객사이드와 관련된 주요 기능을 수행한다. 이는 마케팅 전략의 지원, 영업활동의 지원, 고객서비스 등의 활동을 지원한다. 즉, 기존 고객의 유지, 신규고객 확보, 이탈고객 관리, 고객세분화 전략, 업셀링(up-selling), 크로스셀링(cross-selling), 개인화서비스, 고객불만처리 등의 기능을 수행한다(O'Brien, 2003; Kalakota & Robinson, 2001).

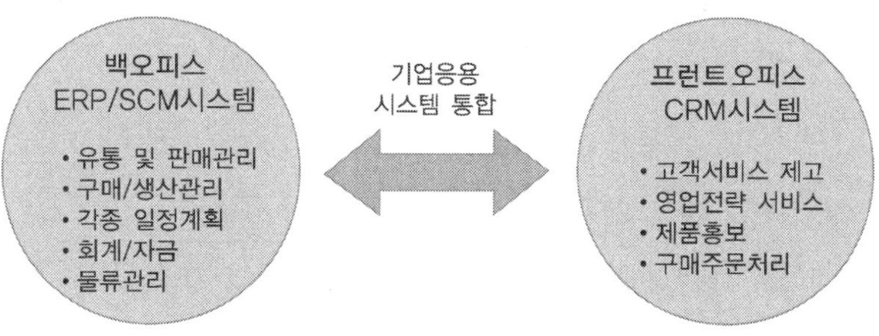

[그림 1-7] 백오피스와 프런트오피스 시스템 (출처 : O'Brien, 2005)

2) 조직기능간 비즈니스시스템

네트워크 기술이 일반화 되기 전과 인터넷 상용화 이전의 정보시스템은 대부분 조직 내의 특정 부문에 한정된 예컨대 회계관리시스템, 인사관리시스템 등의 단품 형태의 독립적인 정보시스템 제품들이 사용되었다. 그러나 점차 기업 내·외부의 전사적 활동이 통합되어 운영되는 것이 경영의 효율성을 극대화 할 수 있다는 판단 하에 조직 내 기능을 횡적으로 통합하는 시스템이 필요하였다.

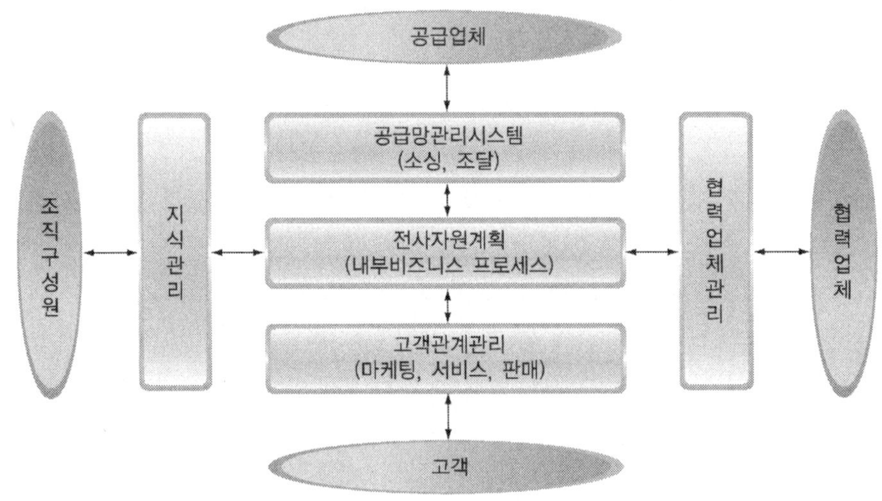

[그림 1-8] 조직기능간 비즈니스 시스템 (출처 : Sawhney & Zabin, 2001)

[그림 1-8]은 e-비즈니스 전략을 수행하는 많은 기업의 조직간 상호 연관관계를 보여준다. 조직 내 부문 간의 상호관계, 프로세스, 개별 구성요소간 상호관계성 등을 보여주는 개념적 틀이라고 할 수 있다. 많은 조직들이 이 같은 기능간 비즈니스 시스템을 활용함으로써 조직내 정보자원을 공유할 수 있으며, 비즈니스 프로세스 상에서의 효율성과 효과성을 개선하고, 고객, 공급사 및 비즈니스 협력사와의 전략적 관계 구축을 위한 전략적 수단으로 사용하고 있다. 종래의 메인프레임(mainframe)기반의 레거시 시스템을 활용하고 있던 기업들이 클라이언트/서버 환경의 통합된 기능간 비즈니스 시스템을 구축하고 있다.

3) 조직기능별 비즈니스 시스템

기업의 경영이란 각기 다른 서버시스템 형태의 기능단위의 활동들이 모여 전사적인

경영활동으로 시스템화 되는 것이다. 따라서 각각의 서버시스템은 상호 연관성을 가지고 협력과 협업체제를 유기적으로 이루어 가야 한다. 전체 기업조직이 움직이기 위해서는 다양한 형태의 기업 활동이 있을 수 있고, 이들 각 활동들을 효율적으로 지원하기 위한 시스템들이 있다. 예를 들면 거래처리시스템, 마케팅정보시스템, 의사결정지원시스템 등의 경우 특정 활동에 초점을 맞춘 시스템이라고 할 수 있다. 이들 시스템들은 회계관리, 자금관리, 마케팅 활동, 영업관리, 인적자원관리 등등의 활동을 지원하는 시스템이라고 할 수 있다.

(1) 마케팅 정보시스템

마케팅 정보시스템은 마케팅 활동에 필요한 제반 정보를 제공하는 역할을 한다. 예컨대 인터넷 웹사이트나 인트라넷 사이트의 경우는 고객들이 신제품과 관련한 아이디어를 제시해 주고, 마케팅 홍보를 하거나, 구매행위를 하고, 고객지원 및 불만사항을 해소하는 역할을 담당하는 쌍방향 프로세스의 마케팅 활동(interactive marketing)을 지원하고 있다. 또한 전자매체를 활용한 전자상거래 사업이나 기존 사업의 홍보 및 광고의 채널로 전략적으로 활용하기 위한 표적마케팅(target marketing) 시스템도 있다. 표적마케팅의 주요 내용으로는 인구통계적 정보, 컨텐츠 사용자 특성, 개발 구매자들의 구매행위 분석, 온라인 커뮤니티 활동패턴의 분석 및 온라인 상에서의 개인의 행위에 관한 분석을 통하여 표적시장이나 표적사용자들을 분석하기도 한다. 아울러 영업직원이나 영업조직의 판매활동을 지원하기 위하여 노트북 컴퓨터와 영업에 필요한 소프트웨어 및 무선인터넷망과의 접속 등을 제공함으로써 영업력강화시스템(sales force automation) 등을 활용하고 있다.

(2) 제조 및 생산관리시스템

제품 혹은 서비스 생산을 위해 필요한 활동들을 지원하는 시스템이다. 대부분의 비즈니스 조직에서는 생산관련 활동이나 설비운영 등의 관련 활동이 많다. 이들 활동들을 지원하기 위한 정보시스템은 계획, 점검, 재고관리, 구매, 그리고 제품이나 서비스의 흐름을 실시간으로 보고한다. 이와 같은 역할을 하는 시스템에는 CIM(computer integrated manufacturing), CAD(computer-aided design)/CAM(computer-aided manufacturing), MES(manufacturing execution system), PDM(product data management) 프로세스 관리, 기계제어 시스템 등이 있다.

(3) 인적자원관리시스템

기업에서 필요로 하는 인적자원의 채용, 배치, 인사고과, 보상 및 교육훈련 등과 관련된 활동을 지원하는 시스템이다. 따라서 인적자원관리시스템(human resource systems)의 사용목적은 다음과 같은 인적자원 관리의 효율성과 효과성을 높이기 위한 것이다

- 기업의 인적자원 요구에 대한 기획활동
- 인사정책이나 프로그램 관리 및 지원
- 인적자원 이력관리
- 인력의 채용 및 배치
- 사내복지 및 직원요구 분석
- 건강, 안전 등의 관리활동
- 잠재력이 있는 인력개발
- 연봉이나 임금관리
- 비즈니스 활동에 적합한 인력활용
- 개인별 성과분석
- 교육훈련 프로그램 지원

(4) 회계정보시스템

회계정보시스템(accounting information system)은 기업의 타 기능에 비해 전통적으로 가장 오랫동안 사용되어온 시스템이다. 각종 매출관련 정보나 기업활동 과정에서 발생하는 활동을 회계기준에 따라 처리하는 시스템으로 조직전반의 자금의 흐름, 회계결산처리, 수입과 지출에 관한 기록을 관리한다. 나아가 과거 회계자료와 예산을 참조하여 미래의 방향성을 예측하고, 평가하는 역할도 담당하고 있다. 이 밖에도 처리하는 주요 내용을 보면 수입과 지출관리, 임금관리, 회계장부 관리 등의 역할을 담당하고 있다. 또한 회계정보시스템은 주문관리와 재고관리 시스템과 같은 기업의 기간활동을 관리하기 위한 시스템과도 긴밀하게 연결된다.

(5) 자금관리시스템

경영활동에 필요한 자금관리, 금융자원의 할당과 관리통제 등의 역할을 담당하고 있는 자금관리시스템(financial management system)은 회계관리시스템과 함께 기업활동에 매우 중요한 역할을 담당한다. 자금관리시스템이 적용되는 주요 영역으로는 현금관리, 투자관리, 예산관리, 자금수요예측, 그리고 자금소요계획 등이다.

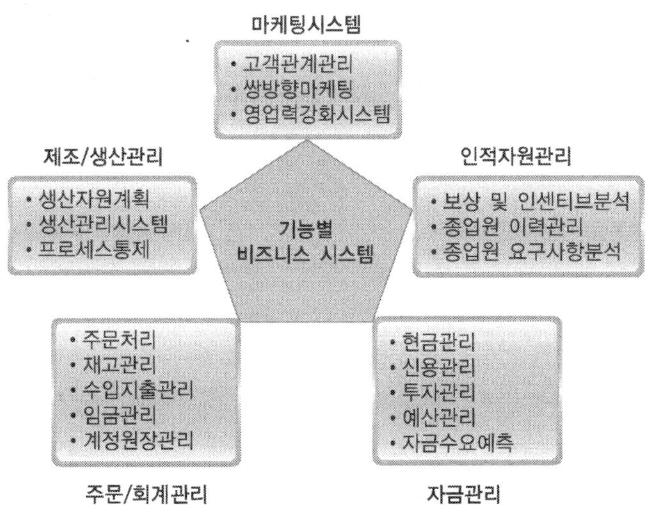

[그림 1-9] 기능별 비즈니스 시스템

3 경영전략과 정보시스템 전략

3.1 정보시스템 전략수립

정보기술혁명은 그 기술의 급속한 진보에 의해 산업구도 전반의 동적변화를 유도해 왔으며, 조직성과와 산업내 경쟁양상의 패러다임을 획기적으로 변화시켰다. 세계화, 제품 및 서비스 수명주기의 급격한 단축, 그리고 고객중심의 경영환경에 민첩하게 대응하기 위해 기업들은 앞 다투어 정보기술 투자의 비중을 확대하고 있다. 정보기술 혁명에 성공적으로 대처한 기업들의 경우 조직 내적으로는 조직문화, 비즈니스 프로세스, 기업성과측정의 준거틀, 조직구조, 조직공유가치 등을 혁신해 왔으며, 조직외적으로는 복잡한 경쟁양상, 산업구도의 변화, 고객욕구의 변화, 급변하는 시장 환경을 민감하게 감지하고 반응할 수 있는 역량을 확보하게 되었다.

산업구도 변화의 원동력이라고 할 수 있는 정보기술 혁명은 전자적 시장의 출현을 유도하였다. 전자적 시장은 개방성(openness)에 의해 종래의 계층적(hierarchical) 거래관계가 점차 시장지향적(market-oriented)으로 범위를 확장할 수 있도록 하였다. 또한 시장지향적 전자시장은 역으로 계층적 거래관계의 양상으로 발전하면서 중개효과(brokerage effect)와 통합효과(integration effect)를 창출하였다. 이와 더불어 전자적 시장의 출현은 전통적인 중개 산업(intermediary industry)의 양상도 변화시켰다. 예컨대 여행중개업의 경우 순수 전자적 거래기반의 중개업자 대비 전통적 중개업자들이 거래비용 관점에서 경쟁적 열위를 보여 점차 경쟁력을 상실하는 양상(중개배제, disintermediation)을 보였다. 그러나 능동적 기술수용 노력에 의해 전통적 중개업자들이 전자적 거래기반의 중개업자(재중개현상, reintermediation)로 재무장하는 경향을 보이고 있다.

또한 정보기술 혁명은 기업의 비즈니스 전략수립 방법론을 변화시켰고, 장기적 비즈니스 전략과의 연계성의 중요함을 강조해 왔다. 이는 정보기술투자가 단순히 조직내부 효율성의 증대에만 목적을 두는 것이 아니라 기업전략의 기반개념으로 이해해야 하기 때문이다. 따라서 종래의 전략수립 방법론과는 달리 정보기술 기반의 전략개발, 정보기술혁명시대에 걸맞은 기업경쟁환경 분석, 기업내부 프로세스에 대한 분석 등의 과정이 선결되어야 한다.

기업 경영전략 수립에 대한 근본적 패러다임 변화(paradigm shift)를 요구하고 있는 정보기술 혁명의 물결은 기업이 생존을 위해 조직 내외적 환경변화에 동적으로 반응할 수 있는 경영전략을 수립할 것을 요구하고 있다. 즉 정보기술을 기반으로 하는 전략적 유연성, 차별화된 전략수립, 전략목표 달성을 위한 전사적 노력확대, 변화의 물결에 대한 신속한 감지(sense)와 반응(respond)을 가능하도록 하는 기업역량이 필요하게 되었다. 또한 다변화된 소비자의 욕구를 충족시키기 위하여 기업은 전략적 유연성 확보가 무엇보다 중요하다.

종래 기업은 대량생산(mass-production)을 중심으로 다른 기업과 경쟁해 왔다. 그러나 제품의 수명주기 단축과 소비자 욕구의 다양화 추세에 발맞춰 미래 기업의 핵심역량은 대량맞춤(mass-customization)에 초점이 맞춰지고 있다. 즉, 조직 내 · 외적인 정보기술의 확산이 대량생산체제에서 대량맞춤체제로의 변화를 촉진하고 있다. 따라서 기업은 대량생산중심의 단일시장 전략으로부터 탈피하여 다양한 시장공략 전략을 위한 포트폴리오를 준비해야 한다.

기업이 환경변화를 감지하고, 이에 반응하기 위해서는 전략수립 및 실행과정이 신속하게 이루어져야 한다. 기존 기업은 과거의 성과에 무게중심을 두고, 미래상황을 예측한

시나리오에 따라 전략을 수립하였다. 그 결과 전략의 정확도, 실행력, 목표 달성가능성 등이 미약하였다. 그러나 미래 기업은 시장으로부터 실시간으로 수집되는 정보를 통해 시장상황에 맞는 전략을 동적으로 수립할 수 있고, 이를 즉시 실행에 옮길 수 있어야 한다. 이를 위해 고도의 감지역량(sensing capacity)과 반응역량(responding capacity)을 확보해야 한다.

정보기술혁명은 산업구도의 동적변화와 기업전략의 유연성을 강조하는 것 외에도 조직구조와 부문 간의 정보의 불균형을 허물어 경영환경 변화를 실시간으로 감지하고, 사실에 기반(fact-based)한 의사결정을 가능하게 하였다. 또한 네트워크 조직화에 따른 정보 불균형의 해소 등으로 조직운영의 효율성 증가에 이바지 하였다. 아울러 조직구성원들의 교육기회가 확대되어 구성원 개개인의 역량과 업무처리 능력이 향상되었다.

정보기술혁명은 기업간 관계 혁신을 가능케 하였다. 즉 조직간 협업 프로세스의 혁신을 통한 업무효율성이 증대되고, 절차의 단순화 기반을 제공하였다. 가치흐름의 과정이 불투명하던 정보기술혁명이전 기업들은 가치흐름의 과정 상 전후 공정에 대한 정보의 부족으로 인해 부가비용 혹은 간접비용이 증가하였다. 이는 원만한 기업간 관계정립에 많은 시간과 인적자원을 요구하였으나 정보기술의 발전은 협업 프로세스간 정보공유를 통해 시장 투명성을 증가시키고 나아가 기업간 관계 혁신을 가능하게 하였다.

중소기업은 일반적으로 대기업에 비하여 환경변화에 보다 유연하고 신속하게 반응할 수 있고, 고객의 욕구변화에 민감하나 자본력이 취약하다. 반면 대기업의 경우 유무형 자산은 풍부하나 환경변화에 대한 민감도와 유연성이 상대적으로 떨어진다. 그러나 정보기술의 발전으로 기업간 비즈니스 네트워크가 가능하여 종래의 기업 규모 격차에 따른 약점을 보완해주었다. 따라서 비록 소규모 기업이라 하더라도 전 세계 고객들을 대상으로 제품 혹은 서비스를 제공할 수 있게 되었고, 대기업은 수직적이 아닌 수평적 관계의 구축이 가능하게 되어 조직간 관계의 유연성이 증대되었다. 따라서 정보기술발전의 결과 시장정보의 획득이 용이하게 되어 현존하는 협력사와 잠재적 비즈니스 파트너에 대해서도 합리적이고, 정확도 높은 평가가 가능해졌다. 또한 영업 인력들이 보유하고 있는 거래고객에 대한 암묵지(implicit knowledge)를 형식지(explicit knowledge)화 함으로써 고객관계관리에 관한 노하우가 기업의 지적자산이 되었다.

3.2 정보시스템 성공요인

정보시스템 핵심성공요인에 대해서는 많은 연구가 진행되어 왔다. 예컨대 전사적 자원관리 시스템 구현의 핵심 성공요인으로는 최고 경영자의 강력한 의지와 리더십, 프로젝트 관리 능력, 변화관리, 명확한 도입 목적과 목표, 경영진의 지원수준, IS의 비즈니스 전략과 연계성, 협력사와의 협력관계의 원활도, 프로젝트 기획능력, 조직 내 IS 역량, 변화관리 역량, 시스템 설계의 현업 적합성, 조직 내 부서 간 업무협조, 업무절차 및 프로세스의 표준화 등의 요인들이 제시되어 왔다(박기호와 조남재, 2004).

또한 팀워크와 협력, 변화관리 프로그램과 조직문화, 최고경영자 지원, BPR과 맞춤개발 최소화, 소프트웨어 개발, 테스팅, 고장진단 철저 등의 요인들도 성공요인으로 제시되었다. [표 1-3]은 전사적 자원관리시스템의 도입을 위한 핵심 성공요인에 대한 여러 학자들의 연구 결과를 종합한 것이다.

[표 1-3] ERP구현의 핵심성공요인

핵심 성공요인	연구자(연도)
경영진지원, 전략과의 연계성, 조직 내 IS역량, 업무절차표준화, 변화관리능력, 협력사와 협력관계, 부서간 업무협조, 프로젝트 기획력, 시스템설계 적합성, 모방적 투자 등	박기호, 조남재(2004)
업무표준화, 최고경영층의 관심과 지원, 명확한 도입목표, 면밀한 계획수립, 시스템 구축방법론 적용, BPR범위와 대상, 교육훈련 등	장경서 등(2000)
프로그램과 조직문화, 비즈니스 계획과 비전, BPR과 맞춤 개발 최소화, 효과적인 커뮤니케이션, 프로젝트 관리, 팀워크와 협력 등	Rosario(2000)
팀워크와 협력, 변화관리 프로그램과 조직문화, 비즈니스 계획과 비전, 최고경영자 지원, BPR과 맞춤개발 최소화, 소프트웨어 개발, 테스팅, 고장진단, 프로젝트 관리 등	Wee(2000)
프로젝트조직, 프로젝트관리, 패키지성능, 인력계획, 팀원교육 및 동기부여	유희원(1998)
최고경영자의 강력한 의지와 리더십, 도입목표의 명확성, BPR병행, 패키지의 표준기능 활용, 팀원교육 및 프로젝트 장악력 등	박영철(1998)
경영층의 신속한 의사결정, 목표설정, 변화관리, 패키지 맞춤 업무개선, 유능한 컨설턴트, 팀원 사전교육 등	조남재, 류영택(1998)
최고 경영자의 의지와 강한 리더쉽, 기업전체의 최적화, 추가개발 최소화, 도입 목표설정, 단계적 가동 등	김원실(1999)
팀워크와 협력, 변화관리 프로그램과 조직문화, 최고경영자 지원, BPR과 맞춤개발 최소화, 소프트웨어 개발, 테스팅, 고장진단 등	Bingiet et al.(1999)

3.3 정보시스템 장애요인

1) 정보시스템 성과격차

정보시스템 투자 전 기대가치(expected value) 대비 투자 후 실현가치(realized value) 간에 성과격차를 경험하는 기업들이 적지 않다. 기업이 경험하는 기대가치 대비 실현가치의 격차(이하 '성과격차')가 예상보다 '초과' 하는 경우와 '미흡' 한 경우가 있을 수 있다. 이 같은 결과를 초래하는 원인에는 조직 내적 요인, 산업 내적 요인, 기업구성원 개개인의 지식정도, 자원투입의 적절성, 개인사용자의 자질 등의 요인들이 내재하고 있다.

성과격차가 '초과' 하거나 '미흡' 한 경우 모두 조직에 주는 의미가 크다. 즉, 성과격차가 '미흡' 한 이유는 성과달성 과정에서 장애요인들이 존재하고 있음을 의미하며, '초과' 의 경우는 투자가치에 대한 예측력 부족, 정보시스템 기술에 대한 분석력 부족, 조직요구를 초과하는 과잉투자 등의 원인이 있을 수 있다.

정보시스템 투자의사결정을 위해서는 정보시스템의 잠재적 가치(potential value), 기대가치, 그리고 실현가치에 대한 평가 틀이 마련되어야 한다. 그러나 현실적으로 많은 기업들이 정보시스템 투자효과에 대한 합리적이고 타당한 사전 사후 평가기준이 마련되어 있지 않은 것도 성과격차 인식차이의 원인이 되고 있다(Devaraj & Kohli, 2002).

정보시스템의 잠재적 가치란 투자규모에 걸 맞는 시스템 도입을 통해 획득할 수 있는 최대가치(maximal value)로 정의할 수 있다. 이는 최고급 스포츠카가 최적 주행조건하에서 도달할 수 있는 최대속도와 비교할 수 있다. 정보시스템 기대가치란 투자의사결정 시 투자대비 효과에 대한 희망목표를 의미하는 것으로 스포츠카 경주대회에서 신기록을 갱신하는 목표와 비교할 수 있다. 또한 정보시스템 실현가치란 스포츠카를 실전에 투입하여 획득한 실제기록과 같은 의미이다.

정보시스템의 잠재적 가치에 대한 객관적 평가를 근거로 기대가치가 설정되어야 하며, 기대가치를 달성하기 위해 실현가치를 극대화 하는 노력이 필요하다. 기대가치가 지나치게 높은 경우 정보시스템이 경영활동의 만병통치약으로 오인될 수도 있으며, 지나치게 낮을 경우는 정보시스템의 잠재가치에 대한 평가능력이 미흡하다고 볼 수 있다. 또한 조직에 적정한 규모의 투자가 이루어지지 않을 수도 있다.

지금까지 정보시스템 성과 평가척도 개발과 성공요인 규명을 위한 다양한 연구가 진행되어 왔다. 많은 연구 결과 정보시스템이 조직 내 정착, 안정화되는 단계부터는 이들 성공요인의 중요성보다는 운영 상 발생하는 현실적 요인들이 성과격차의 주요 요인이 된다.

성과격차를 발생시키는 요인의 종류로 최고 경영진의 지원수준, 정보시스템의 비즈니스 전략과 연계성, 협력사와의 협력관계의 원활도, 프로젝트 기획능력, 조직 내 정보시스템 역량, 변화관리 역량, 시스템 설계의 현업 적합성, 조직 내 부서간 업무협조, 업무절차 및 프로세스의 표준화, 그리고 경쟁사에 대한 모방적 투자 등이 있을 수 있다. 다시 말해서 이들 요인들이 제대로 뒷받침이 되지 못할 경우는 기대가치 대비 실현가치 간의 격차가 발생할 수 있음을 의미한다.

(1) 경영진 지원

정보시스템 투자의 가치화에 영향을 주는 요인으로 경영진의 지원에 대한 중요성은 많은 연구결과에서 공통적으로 제시되었다. 예컨대 전사적 자원관리(ERP : enterprise resource planning) 시스템의 성공요인으로 최고경영층이 프로젝트에 대한 챔피언십을 가져야 한다. 즉 최고 경영자가 성공할 수 있다는 확신과 성공을 위한 적극적인 지원을 아끼지 않아야 한다는 것이다. 또한 공급망관리(SCM : supply chain management) 시스템의 경우 최고 경영자의 적극적인 지원 및 참여가 가치화에 중요한 요인으로 지적되고 있다. 새로운 시스템 혹은 신기술 도입과정에서 발생할 수 있는 조직 구성원들의 저항 등을 완화해주는 역할도 해야 한다. 이외에도 정보시스템 도입효과에 대하여 장기적인 관점과 비전을 가지고 기다려 주고, 지속적으로 스폰서의 역할을 담당해 주어야 한다.

(2) 전략 연계성

정보시스템과 비즈니스 전략과의 연계성 여부 또한 가치화에 영향을 미치는 요인이다. 정보시스템의 전략적 역할에 대하여 최고 경영자와 공감대가 이루어져야 하며, 비즈니스전략의 목표에 맞추어 정보시스템의 목표가 상호연동되어야 한다. 정보시스템의 전략적 중요성에 대하여 정보관련 중역이나 IT부서가 최고 경영자에게 강조하여야 한다. 아울러 비즈니스 전략달성의 관점에서 정보시스템 투자를 결정하여야만 투자의 기대가치 대비 실현가치 간의 격차를 최소화 시키고, 성과를 최대화 할 수 있다. 따라서 정보시스템 전략과 비즈니스 전략 간의 긴밀한 연계관계는 성공적 가치화 과정의 핵심요인이 되며, 나아가 조직의 경쟁력 향상의 견인차 역할을 한다.

(3) 협력사와 협력관계

조직간 네트워킹 확산으로 구매자와 공급자간, 공급자와 공급자간, 구매자와 구매자간 관계 원활성이 정보시스템 성과격차 유발에 많은 영향을 미칠 수 있다. 예컨대 ERP 시스템의 경우 조직 내부뿐만 아니라 협력업체간 프로세스 리엔지니어링과 프로세스의 상호 공유가 매우 중요하다. 또한 SCM시스템의 경우 구매자와 공급자간 판매 및 물류 정보가 공유되어야 하며, 관련 협력업체와의 협력관계(collaborative relationship) 구축과 유지가 주요 변수이다.

(4) 프로젝트 기획 및 관리 능력

정보시스템 프로젝트 기획 및 관리 능력(project planning and management capability)은 프로젝트 기획력, 요구분석 능력, 정보시스템 설계, 현업 적합성 등의 요소들로 구성된다. 정보시스템 운영과정에서 투자가치를 극대화 하는 중요한 요인 중 하나로 프로젝트 관리가 중요하다. 또한 인적자원의 적재적소 투입과 정보시스템 예산지원, 조직 내부의 활발한 의사소통을 통해 현업부서의 니즈를 시스템에 반영하므로 투자효과 재고가 가능하다.

(5) 조직 내 정보시스템 역량

조직 내 정보시스템 역량(organizational IS capability)의 보유여부, 보유수준에 따라 정보시스템 투자의 가치화에 중요한 영향을 미칠 수 있다. 조직 내의 기술역량 요소로는 프로세스, 과업, 원천적 기술 등이 포함되며, 이들 요소들은 특정 자원을 입력하여 산출물을 도출하는 역할을 하게 된다. 조직 내 기술역량 측정지표로는 조직 내 정보기술 전문가의 보유여부, 조직 구성원들의 시스템에 대한 이해도, 정보시스템 적용범위, 정보시스템 구축 및 운영단계 참여도 등이 있다. 정보시스템 도입 시 프로젝트 기획단계에서 관련 산업에 대한 전문적 지식을 보유한 컨설턴트가 필요하다. 왜냐하면 시스템 도입을 희망하는 기업이 속한 동종 산업의 특징, 산업구조, 경쟁상황, 협력업체들과의 협업관계 등에 대한 지식이 시스템 설계과정에 충분히 반영되어야 하기 때문이다.

변화에 대한 조직 내 역할갈등(role conflict)과 역할모호성(role ambiguity)은 구성원의 존재에 대한 인식수준을 저해하는 결과를 초래할 수도 있다. 따라서 개발부서의 목표와 개발목적이 분명해야 하고, 운영부서의 목표와 운영목적이 분명하며, 정보시스템의 효율적 운영을 위해 조직자원이 적절하게 배분되어야 한다.

(6) 변화관리 능력

조직의 변화절차는 크게 3가지 단계로 나눈다. 즉, 변화풍토 조성단계(climate of change), 변화이행 단계(moving stage), 그리고 제도화 단계(institutionalizing stage)의 절차를 거친다. 변화풍토 조성단계에서는 기존의 제도, 고착화된 행동패턴 등을 거부하고, 변화에 대한 필요성에 대해 인식하는 단계이다. 변화이행 단계에서는 변화의 실체에 대해 분석, 설계, 가동하는 단계이다. 마지막으로 제도화 단계에서는 변화된 이후의 조직의 균형과 안정을 정착화 하는 단계로 진행된다. 이와 같은 변화의 단계를 조직 내에서 수용하도록 하기 위해 변화관리의 중요성이 강조되고 있다. 변화가 조직 내에서 성공적으로 정착되기 위해서는 변화에 대한 정보 공유와 의사소통의 활성화가 요구된다. 또한 정보시스템의 도입과정에서는 업무프로세스뿐만 아니라 조직의 구조를 변환하는 과정이 필요하다. 따라서 기존의 비즈니스 프로세스를 재정비하고, 새로운 프로세스에 적합한 조직구조의 재편 또한 병행되어야 한다. 조직 내 정보시스템 사용자들의 이해력 격차, 경험의 차이 등이 성과격차 영향요인이 될 수도 있다. 이들 요인은 결국 사용자들의 변화에 대한 인식부족으로 연결될 수 있으며, 새로운 시스템 도입에 따른 개인적 갈등요소로 작용한다.

변화의 분위기에 대한 조직저항을 설명하는 세 가지 이론으로는 인간중심이론(people-oriented theory), 시스템중심이론(system-oriented theory), 그리고 상호작용이론(interaction theory)으로 나눌 수 있다. 이 중 정보시스템 분야에 가장 적합한 이론은 상호작용이론이라고 할 수 있다. 조직구성원들이 시스템이 해결점을 제시할 것이라는 사실에 회의적으로 생각할 경우와 시스템의 문제점 해결가능성에 대해 불확실성이 존재할 때, 그리고 이행단계에서 조직 내 정치적인 힘(political power)의 논리가 작용할 때 갈등과 저항이 발생하게 된다. 이러한 변화에 대한 저항의 해결여부에 따라 정보시스템의 성과격차 유발에 중요한 영향요인이 될 수 있다. 또한 정보시스템 사용에 대한 인센티브 체계나 절차가 부적절하게 설계된 경우 효과적인 시스템 사용에 대한 걸림돌이 될 수 있다.

(7) 시스템 설계 현업 적합성

정보시스템 설계 현업 적합성이란 사용 용이성, 유지보수 용이성, 적용 광범위성, 기

존 사용 중이던 정보시스템과의 호환성 등의 요인들을 의미한다. 사례연구 과정에서 기업들이 정보시스템의 가치화에 대한 애로사항으로 현업부서에서의 사용 용이성이나 적용범위의 문제, 그리고 지금까지 사용해오던 시스템과의 데이터 호환성 등이 성과격차에 영향을 미친다고 하였다(조남재와 박기호, 2003). 즉, 정보기술의 적용과 활용과정에서 조직의 업무환경과의 적절한 결합이 경쟁우위 강화를 위한 시너지 요인으로 작용할 수 있다. 정보시스템의 품질, 산출된 정보의 품질, 업무활동에 대한 적합성 등은 시스템 사용자들의 만족도를 제고시키고 나아가 투자의 효과차이에 영향을 줄 수 있다.

(8) 부서간 업무협조

공급망관리시스템의 경우 부서간 원활한 업무협조(interdepartmental task collaboration)와 관련 부서 간의 정보공유는 정보시스템 투자 효과 제고를 위해 중요한 요인이다. ERP시스템 도입 시 사용자 요구에 따른 과도한 커스터마이징이 궁극적으로 사용자들의 불만족을 초래하는 원인이 된다고 하였다. 따라서 패키지 소프트웨어를 구입하여 시스템을 구축하는 경우 소스코드를 변경하는 등의 유지보수 활동이 어려우므로 추가모듈의 개발이 필요할 경우도 있다. 이는 프로젝트 기획단계에서 자사에 적합한 솔루션을 면밀하게 검토하고, 솔루션 공급사의 역량을 분석하여야 하며, 현업의 요구사항도 최대한 반영하여야 함을 의미한다.

CRM시스템을 도입하는 목적은 전사적으로 고객지향확인 경영활동과 고객만족이다. 따라서 이러한 목적을 달성하기 위해서는 조직 내 부서간 고객정보의 수집, 저장, 공유 활동이 활발하게 일어나야 한다.

(9) 비즈니스 프로세스 표준화

조직 내 혹은 조직간 비즈니스 프로세스와 관련된 특성요인들로는 업무프로세스의 재설계, 변화관리, 시스템 도입을 위한 예산지원 절차 등의 요인들이 포함된다. 혁신적 비즈니스 프로세스의 세 가지 단계로는 초기화 혹은 착수단계(initiation stage), 도입단계(adoption stage), 이행단계(implementation stage)를 거친다. 착수단계에서는 조직 내의 현상파악과 분석(As-Is 분석)단계로 조직이 보유한 문제점, 기회요인, 위험요소들이 무엇인지를 규명한다. 도입단계에서는 이행활동이 원활하도록 자원을 투자 하는 단계이다. 마지막 이행단계에서는 조직에 적합한 업무절차를 개발하고, 적용하며, 유지보수 활동을 한다.

기업이 e-비즈니즈 전략수행을 위한 필수과정으로 정보화 관련 코드 표준화와 동종 산업 내의 구매절차 및 입찰절차 등과 같은 업무표준화 또한 정보시스템 성과격차 유발 등이 주요 요인이 된다. 또한 기존의 업무절차를 변경하기 위해서는 신중하게 검토해야 한다. 왜냐하면 업무절차의 변화는 조직의 성과를 크게 좌우할 수도 있기 때문이다. SCM시스템의 경우 공급자와 구매자 간의 거래관계 형성의 정도에 따라 성과에 중요한 영향을 미친다. 따라서 시스템을 통한 효율적인 거래를 위해서는 물류코드의 표준화, 정보전달 방식의 표준화 등의 활동이 선결과제이다. 또한 정보기술을 활용한 업무절차의 표준화, 시스템 프로토콜의 표준화 등의 요인들이 성과격차에 영향을 미칠 수 있다.

(10) 모방적 투자

상당수의 기업들이 정보시스템 투자를 경쟁적으로 결정하거나 모방투자(imitative investment)를 함으로써 투자대비 효과를 얻지 못하고 실패하는 경우가 있다(조남재와 박기호, 2003). 시스템의 성공적 구현에 장애가 되는 요소로 시스템 도입의 목표를 명확화 하지 않거나, 시스템의 필요성에 대한 조직 구성원들과의 의견 상충 등의 요인들도 모방투자나 지나친 경쟁투자의 결과이다. 최근 경쟁사들 간의 모방적 투자는 결국 도입 목적이나 목표의 불명확성을 높여 시스템 성공의 걸림돌로 작용하기도 한다. 그러나 산업 내 경쟁의 심화와 경쟁우위 확보를 위해 정보시스템 투자를 결정하고, 이를 통하여 효과를 제고하는 경우도 있다.

2) 정보시스템 성과격차 유발요인

정보시스템 도입전후 성과격차에 대하여 Chircu & Kauffman(2000)은 사례연구를 통해 전자상거래 관련 정보기술 투자의 가치화에 영향을 주는 5가지 장애를 제시하였다. 그들은 투자가치를 감소시키는 장애요인들을 [표 1-4]와 같이 크게 두 가지 범주로 나누었다.

첫 번째는 시스템 투자이전에 발생 가능한 가치화 장애(valuation barriers)로서 산업장애와 조직장애를 포함한다고 하였다. 두 번째는 시스템 구현이후의 가치실현에 영향을 미치는 전환장애(conversion barriers)로서 여기에는 지식장애, 자원장애, 사용장애를 포함한다고 하였다.

[표 1-4] 정보투자 가치화 장애요인

	장애 종류	비 고
가치화장애	산업장애	기술 표준화 및 전문성
	조직장애	조직규범, 문화, 전문성, 공급자와 고객과의 관계성, 인적자원등
전환장애	지식장애	새로운 기술, 새로운 과업관련 지식
	자원장애	인적자원의 부족
	사용장애	기술을 받아들이는 사용자들의 인식

정보시스템 투자이후 가치화 과정의 영향요인으로 Davern & Kauffman(2000)은 5가지 차원을 제시하였다. 첫 번째 차원은 시장 특성(market characteristics)으로 동종 산업 내 특성요인들을 의미한다. 즉, 환경적 요인, 경쟁사 동향, 정부정책, 기술표준 등의 요인들이다. 두 번째 차원은 기업 및 조직 특성(firm characteristics)으로 조직 내적 특성요인들이다. 즉, 전략적 선택, 경영성과, 의사결정 품질, 정보시스템 개발원칙, 변화 대처능력 등의 요인들이다. 세 번째 차원은 업무집단 특성(work group characteristics)으로 기업 내 작업단위인 부서 혹은 팀 내부의 특성 요인들을 의미한다. 네 번째 차원은 비즈니스 프로세스와 관련된 특성요인들이고, 다섯 번째는 개인사용자 특성(individual user characteristics) 즉, 정보시스템 사용자 개인과 관련된 특성 요인들이다.

학자들의 관련 연구결과를 보면 최고 경영자의 참여와 관여를 통한 지원은 결국 혁신적인 기술의 진보적 사용을 유도하며, 조직 내 시스템 투자효과의 극대화를 꾀할 수 있다고 하였다. 그리고 경영진의 지원이 부족한 경우에는 정보시스템의 가치화에 지대한 장애를 초래할 수도 있으며, 금전적 혹은 인적자원 지원의 부족으로 인해 프로젝트가 실패할 수도 있다. 또한 기업의 정보시스템 투자가 성공적 결과를 얻기 위해서는 기업의 비즈니스 전략과 정보기술 전략이 통합되어야 하며, 정보기술 기반 투자 의사결정시 전략적 상황이 반드시 고려되어야 한다. 따라서 비즈니스 계획과 정보시스템 계획은 전략계획 속으로 스며들어 통합되어야만 한다. 그러나 실제 기업현장에서는 정보시스템 투자를 결정할 때 시스템 도입에 대한 투자회수(ROI : return on investment) 만을 강조하고, 기업의 장단기적 전략과 정보시스템 투자의 통합은 간과하는 경우가 많다. 또한 시스템 도입이후의 고객만족 측면에서의 가치도 고려하여야 한다.

구매자와 공급자 간의 정보공유와 업무상 갈등 및 분쟁 발생시 이에 대한 공동해결 노력 등 조직간 협력이 중요하고, 협력적 거래관계의 유지와 공동목표에 대한 인식공유가 반드시 병행되어야 할 것이다. 실제로 공급망 관리시스템 사용자들의 경우 시스템에 대한 개념이해가 부족하고, 거래관계에 있는 협력업체들의 참여가 저조하여 정보시스템 성과의 장애요소가 되기도 한다.

또한 시스템을 도입하는 과정에서 현업과의 충분한 의사소통이 부족하거나 전사적인 업무프로세스가 e-비즈니스 환경에 적합하게 재정비되지 않아 시스템 도입의 효과를 얻지 못하는 경우도 있다. 즉, 정보기술의 사용에 영향을 미치는 요소로서 경영진의 정보기술 관련 지식(managerial IT knowledge)과 정보기술 관리 프로세스의 효과성(IT management process effectiveness)은 정보기술 경영의 전사적 분위기(IT management climate)로부터 영향을 받는다. 이외에도 프로젝트 기획 관리능력, 조직 내 정보시스템 역량의 수준, 변화관리 능력, 정보시스템 설계의 현업 적합성, 비즈니스 프로세스 표준화, 그리고 경쟁사 동향에 따른 모방적 투자 등의 요인들이 정보시스템투자의 성과격차 영향요인이 될 수 있다.

따라서 정보시스템투자의 성과격차를 기대가치 대비 실현가치 간의 차이의 크기로 정의할 수 있고, 기대가치 대비 실현가치가 초과달성한 경우 성과격차는 양(+)이 되고, 미흡한 경우는 음(−)이 된다. [그림 1-10]의 성과격차 유발모델은 기업 혹은 조직의 정보시스템 투자규모 대비 효율성 제고에 걸림돌이 되는 성과격차 영향요인들을 보여준다. 그림에서 제시한 성과격차 영향요인들 모두가 정보시스템 성과의 격차에 통계적으로 유의미한 영향을 미친다고 할 수는 없으나 학자들의 연구결과를 종합해 볼 때 고객만족,

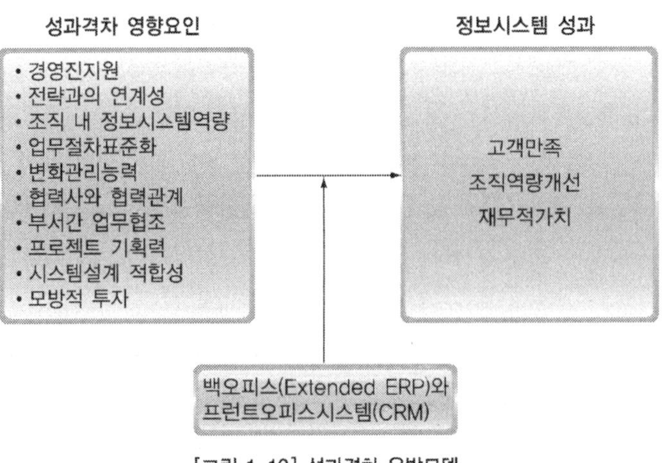

[그림 1-10] 성과격차 유발모델

조직의 역량개선, 그리고 재무적 가치 등의 성과에 대한 기대가치 대비 실제가치에 차이를 유발하는 요인들이라고 할 수 있다. 예컨대 정보시스템의 개발 및 도입과정에서 경영진의 적극적인 지원이 수반될 경우에는 기대가치를 초월한 효과를 얻을 수도 있으나 그렇지 못한 경우에는 기대가치에 미치지 못하는 결과를 얻게 된다.

박기호와 조남재(2004)의 연구에 의하면 정보시스템 성과격차에 유의미한 영향을 미치는 요인으로 정보시스템의 전략적 연계성과 정보시스템 설계의 현업적합성, 프로젝트 기획력, 시스템 설계의 현업적합성, 그리고 부서간 업무협조가 성과격차에 정의 영향을 미치는 것으로 나타났다. 즉, 정보시스템 전략과 비즈니스 전략연계성은 정보시스템에 대한 전략적 투자여부, 투자에 대한 명확한 목적, 정보시스템의 역할에 대한 조직 내 공감대 형성, 정보시스템 이점에 대한 구성원들의 이해정도, 정보시스템부서 담당자들의 비즈니스 전략에 대한 인식수준 등이 중요한 요인이었다.

정보시스템 설계의 현업 적합성은 현업의 요구사항을 신속하게 반영할 수 있도록 유지보수가 용이한지, 사용자들이 쉽게 사용할 수 있는지, 시스템의 적용범위가 광범위한지 여부가 성과격차 발생에 영향을 미치는 것으로 나타났다. 또한 프로젝트 기획력은 합리적 성과평가 기준의 정립, 투자효과에 대한 합리적인 예측력 정도, 시스템 사용자와의 협조관계 정도, 현업의 요구사항에 대한 수용정도, 그리고 위기관리 유연성 등이 유의미한 요소였다. 부서간 업무협조도 유의적인요소로 나타났는데 조직 내 타 부서와의 협력용이성이나 필요한 정보의 원활한 공유 등이 중요한 요인이라고 응답하였다. 또한 프런트오피스와 백오피스시스템간 가치격차와 가치격차 유발요인에 대한 인식수준에서도 부분적이긴 하나 차이가 있는 것으로 나타나 시스템 도입 시 시스템별 특성을 감안해야 한다.

또한 기존에 정보시스템 성공요인으로 제시되어 왔던 최고경영진의 지원, 변화관리능력, 업무프로세스의 표준화, 그리고 모방적투자 등의 요인들은 성과격차에 유의하지 않은 것으로 나타났다. 아울러 이들 요인들은 1년 미만의 정보시스템 도입 초기단계에서는 조직 내에서 활발하게 이루어지고 있으나, 안정화 및 정착단계로 접어드는 시점부터는 조직 내 활동이 미약해 지는 것을 보여준다. 결과적으로 정보시스템 정착단계에서는 시스템이 현업부서에 얼마나 적합하게 설계되었는지, 부서 간의 실질적인 업무협조가 잘되고 있는지, 그리고 정보시스템전략과 비즈니스 전략간 연계성이 지속되고 있는지 등에 더 영향을 받는 것으로 판단된다. 이 같은 요인들이 지속적이고 유기적으로 진행될 경우에는 정보시스템의 도입이후의 실제가치가 높으나 그렇지 못할 경우에는 기대가치 이하의 성과를 획득하는 요인이 된다고 하였다.

주요용어 Main Terminology

- 감지역량(sensing capacity)
- 감지와 반응(sense & respond)
- 고객관계관리(CRM: customer relationship management)
- 공급망관리(SCM: supply chain management)
- 공식적 관계구조(formal structure)
- 권한이양(empowerment)
- 기대가치(expected value)
- 기업간 정보시스템(IOS: inter-organizational system)
- 네트워크 조직구조(network structure)
- 다운사이징(downsizing)
- 단문서비스(SMS: short message service)
- 대량맞춤(mass-customization)
- 대량생산(mass-production)
- 레거시 시스템(legacy system)
- 메트카프의 법칙(Metcalfe' s law)
- 모바일 커머스(m-commerce)
- 반응역량(responding capacity)
- 비공식적 관계구조(informal structure)
- 비즈니스 프로세스 리엔지니어링(business process reengineering)
- 세계화(globalization)
- 실현가치(realized value)
- 아웃소싱(outsourcing)
- 영업력강화시스템(sales force automation)
- 위계형구조(hierarchical structure)
- 위치정보서비스(GPS: global positioning service)
- 인적자원 관리시스템(human resource systems)
- 자금관리 시스템(financial management system)

- 잠재적 가치(potential value)
- 재중개현상(reintermediation)
- 전사적자원관리(ERP: enterprise resource planning)
- 전자적 조달(e-procurement)
- 제품수명주기(product life cycle)
- 중개배제(disintermediation)
- 중개효과(brokerage effect)
- 지식경영(knowledge management)
- 통합효과(integration effect)
- 표적마케팅(target marketing)
- 핵심성과측정도구(KPI: key performance indicators)
- 혼합구조(hybrid structure)
- 혼합형구조(mixed-mode structure)
- 회계정보시스템(accounting information system)

연습문제 Exercises

1. 디지털 경영시대의 정보시스템의 역할과 그 필요성에 대해 설명하라.
2. 비즈니스 프로세스 리엔지니어링의 개념을 설명하고, 정보시스템 도입과의 연관성에 대해 논하라.
3. 조직 상황을 분석하는 방법론에 대해 제시하고, 자신이 컨설턴트라고 가정하고 대안을 제시하여 보아라.
4. 감지와 반응의 속도가 중요한 이유에 대해 논하고, 정보기술을 활용하여 이를 실현하기 위한 방안을 설명하라.
5. 정보기술의 발전이 조직 내의 구조변화에 미친 영향을 기존의 조직과 비교설명하라.
6. 권한의 하부 이양의 당위성에 대해 논하고, 권한 이양에 대한 동인을 제시하라.
7. 네트워크 조직과 위계적 조직의 차이점을 설명하고, 장 · 단점을 비교설명 하라.
8. 조직간 관계에 있어서 힘과 신뢰가 미치는 영향을 설명하고, 조직간 바람직한 관계형성을 위한 대안을 제시하라.
9. 경영활동에 있어서 정보시스템 역할에 대해 설명하고, 가능한 사례를 들면서 설명하라.
10. 조직기능간 시스템 구성에 대해 그림으로 도식하고, 각 시스템들의 역할을 설명하라.
11. 정보시스템 전략 수립의 중요성을 언급하고, 전략 수립의 바람직한 방향성을 제시하라.
12. 정보시스템 도입 전후 성과격차 유발가능 요인을 제시하고, 각각의 요인들이 성과격차 유발을 일으키는 이유를 설명하여 보아라.

참고문헌

Literature Cited

김상철, 이윤섭 번역, 세계는 평평하다, 창해(원저 : Thomas L. Friedman, The World is Flat, 2005), pp. 11-63.

박기호, 조남재, "정보시스템 투자의 성과격차 유발요인에 관한 실증연구", 경영과학, 21(2), 2004, pp.145-165.

조남재, 박기호 "Barriers Causing the Value Gap between Expected and Realized Value in IS Investment: SCM/ERP/CRM," *Information Systems Review*, 5(1), June 2003, pp. 1-18.

Chircu, A.M. and R.J. Kauffman, "Reintermediation Strategies in Business-to-Business Electronic Commerce", *International Journal of Electronic Commerce*, 4(4), Summer 2000, pp. 7-42.

Davern, M.J. and R.J. Kauffman,. "Discovering Potential and Realizing Value from Information Technology Investments," *Journal of Management Information Systems*, 16(4): 2000, pp. 121-143.

Davernport, T.H. and J.E. Short, "The New Industrial Engineering: IT and Business Process Redesign, "*Sloan Management Review*, Summer 1990, pp.11-27.

Devaraj, S. and R. Kohli, *The IT Payoff Measuring the Business Value of Information Technology Investments*, Prentice-hall Inc., 2002,

Friedman, T.L., *The World is Flat: A Brief History of the Twenty-first Century*, International Creative Management, Inc., 2005.

Heackel, Stephan H. *Adaptive Enterprise: Creating and Leading Sense-and-Respond Organizations,* Harvard Business School Press, 1999.

Haeckel, S.H. and R.L. Nolan, "Managing by Wire," *Harvard Business Review*, 71(5), September-October 1993, pp. 122-132.

Hart, P. and C. Saunders, "Power and Trust: Critical Factors in the Adoption and Use of Electronic Data Interchange," *Organizational Science*, 8(1), 1997, pp. 23-42.

Holland, C.P. and G. Lockett, "Mixed Mode Network Structures: The Strategic Use of Electronic Communications by Organizations," *Organization Science*, 8(5), 1997, pp. 475-488.

Kalakota, R. and M. Robinson, *E-Business: Roadmap for Success*, Reading, MA, Addison-Wesley, 2001.

O' Brian, J.A., *Introduction to Information Systems, International 11th Edition*, 2003, pp.346-348.

O' Brian, J.A., *Introduction to Information Systems, International 12th Edition*, 2005, pp.4-10.

Richard, L. Nolan, Unpublished presentation given at the "CEO Symposium," the Harvard Business School, 1992.

Sawhney, M. and J. Zabin, *The Seven Steps to Nirvana-Strategic Insights into e-Business Transformation*, Tata McGraw-Hill, 2001.

Teng, J.T.C., V., Grover and K.D. Fielder, "Redesigning Business Process Using IT," *Long Range Planning*, 27(1), 1994, pp.95-106.

정보시스템 개발의 이해

CHAPTER 02

PREVIEW

조직의 목적 달성을 위한 정보시스템의 도입방법으로는 자사의 기술로 직접개발 하거나 외주용역개발을 하는 경우, 패키지 형태의 제품을 자사의 상황에 맞도록 맞춤 개발하는 방법, 그리고 응용프로그램 대여 서비스(ASP: application service providing) 등의 방법이 있다. 본 장에서는 조직의 비즈니스 전략과 정보시스템 전략 간의 연계성을 고려하여 어떤 방식으로 정보시스템을 개발하는 것이 타당한지에 대해 살펴보고자 한다. 또한 정보시스템 도입성공 요인과 개발방법론, 수명주기 등에 대해 살펴본다. 아울러 정보시스템 평가 및 타당성 분석과 관련된 접근법에 대해서도 학습하고자 한다.

OBJECTIVES OF STUDY

- 정보시스템의 수명주기모델부터 도입이후 발전단계에 대한 이해도를 높인다.
- 정보시스템 도입이후 성장단계별 성공요인에 대한 중요도 변화에 대해 학습한다.
- 정보시스템 개발시 접근법과 개발방법론에 대한 이론적 이해도를 높인다.
- 정보시스템 개발 수명주기(SDLC: system development life cycle)에 대해 학습한다.
- 전자상거래 웹사이트의 개발단계에 대한 실무적 내용을 개략적으로 살펴본다.
- 정보시스템 타당성 분석과 성과에 대한 평가분석 틀에 대해 학습한다.

CONTENTS

1 정보시스템 발전 단계

1.1 정보시스템 수명주기

정보시스템의 수명주기란 시스템을 구성하는 소프트웨어의 수명주기라고 볼 수 있다. 왜냐하면 하드웨어적 요소는 업그레이드를 통한 성능개선이 용이한 반면 소프트웨어적 요소는 성능개선을 위해서는 추가 개발을 하거나 신규 개발을 하여야만 가능하다. 따라서 정보시스템의 수명주기는 소프트웨어 수명주기라고 할 수 있다. 인간의 수명과 유사하게 정보시스템의 수명주기는 유아기, 성장기, 장년기, 쇠퇴기 과정을 거치면서 계속적으로 변경되고, 새로운 기능이 추가되어 새롭게 태어나는 과정을 거치게 된다. 정보시스템의 수명주기는 기업이나 조직의 특성에 좌우되므로 구체적인 기간으로 명시하기는 어렵다. 그러나 본서에서는 저자의 현업에서의 경험을 토대로 5단계로 수명주기를 제시하였다(박기호, 2005).

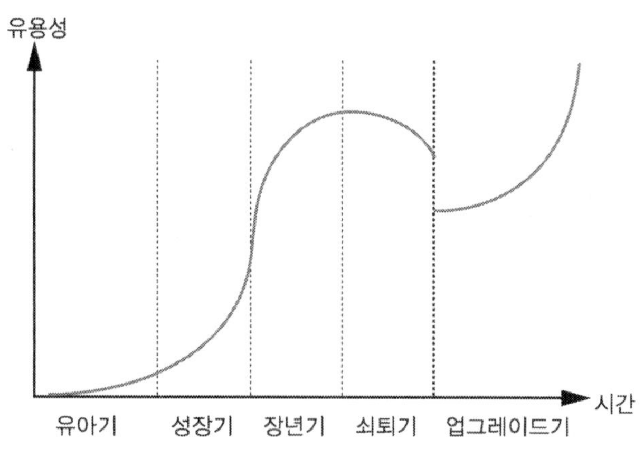

[그림 2-1] 정보시스템 수명주기

1) 정보시스템 유아기

정보시스템의 유아기라 함은 시스템 개발 시작부터 개발이 완료되어 현업에 투입한 이후까지로 설정할 수 있다. 마치 산모가 출산을 하고, 이후 수유하는 단계와 유사하다.

일반적으로 조직의 특성에 따라 달라 질 수 있겠으나 기업이 신규 시스템을 도입하거나 개발하여 현업에 투입한 경우 조직 내 교육훈련이나, 현업 사용자들의 조직저항 해결 또는 신규 시스템에 적응하는 기간으로 볼 수 있다. 또한 사용도중에 발생할 수 있는 각종 프로그래밍 오류(programming error)나 논리오류(logic error) 등의 수정보완 작업이 발생할 수 있다. 더군다나 협력사와의 협업시스템(collaborative system)의 경우 협력사 직원들의 교육훈련도 감안해야 하므로 도입 후 초기단계는 유아기라고 볼 수 있다. 이 단계에서는 시스템의 유용성이 점진적으로 완만하게 증가하는 모습을 보인다.

2) 정보시스템 성장기

성장기 과정은 시스템 도입 후 기업의 회계연도를 거치고 나면 시스템의 각종 크고 작은 오류가 수정되고, 시스템이 안정기에 접어든다. 최종 사용자들도 신규 시스템에 적응하며, 시스템과 관련된 이해당사자들이 시스템 환경에 익숙함을 느끼는 상황이 된다. 이 같은 단계를 성장기라고 할 수 있다. 성장기 단계에 이르면 정보시스템의 유용성이 급속하게 증가하고, 부서간 업무조정이 완료되어 갈등발생 빈도가 감소하게 된다. 협력사의 경우도 시스템에 적응하여 업무를 실행하는데 지장을 거의 주지 않는다.

3) 정보시스템 장년기

시스템이 조직 내에서 자리를 완전하게 잡아서 사용상 부적합성이 없거나 불편함을 느끼지 못하는 단계라고 할 수 있다. 즉 이 단계를 시스템의 장년기라고 할 수 있다. 이 단계에서 사용자들은 시스템이 없이는 더 이상 업무를 지속할 수 없게 되며, 조직 내에 체화되는 단계라고 할 수 있다. 더 나아가서는 조직구조의 변화, 비즈니스 환경의 변화, 협력사와의 관계변화 등의 이유로 새로운 기능의 추가 및 보완요구가 발생하고, 아울러 추가개발 및 신규개발의 욕구가 발생하는 단계이다.

4) 정보시스템 쇠퇴기

마지막 쇠퇴기에서는 하드웨어 및 소프트웨어, 그리고 데이터자원 등에 대한 전면적인 업그레이드 혹은 신규개발 욕구가 증가하여 전체적인 시스템의 기능에 대한 유용성이 감소하는 단계이다. 예컨대 정보통신기술이 유선의 인터넷 중심에서 무선의 모바일 통신 환경으로 급속하게 발전함에 따라 재택근무 및 사이버 근무형태를 선호하는 기업들이 증가하고 있다. 따라서 모바일 환경에서 기업의 경영활동이 이루어 질 경우 이에 적합한 형태의 시스템 개발이 추진되어야 한다. 또한 웹 기반의 서비스와 모바일 기반의 서비스간 통합시스템의 구축 및 운영이 필요하다.

5) 업그레이드기

노후화된 시스템은 전면적인 교체를 필요로 한다. 최근 정보기술 환경의 급속한 변화와 네트워크화된 비즈니스 환경하에서 업그레이드의 시기가 점차 단축되고 있다. 현업에서 필요로 하는 최신 정보를 효과적으로 관리하고 변화되는 정보기술을 전략적으로 활용하기 위해서는 시스템 업그레이드의 전략이 중요하다.

1.2 수명주기별 성공요인

정보시스템 성공 및 성공 장애요인에 대해서는 제 1장 3절에서 언급하였다. 이들 성공요인들은 정보시스템이 개발되고 조직 내에서 사용되는 과정에서 시간이 흘러감에 따라 그 중요도가 달라질 수 있다. 따라서 이 같은 사실을 확인하기 위하여 정보시스템의 수명주기별로 실제 기업에 종사하는 구성원들을 대상으로 조사한 결과 수명주기 단계별로 요인들에 대한 중요도가 달라지는 것으로 볼 수 있었다(박기호, 송경식, 2005).

[그림 2-2]에서 보는 바와 같이 정보시스템의 유아기 단계인 기업의 경우 핵심 성공요인의 중요도는 부서간의 업무협조, 업무추진에 있어서의 프로세스 표준 혹은 상품코드 등의 표준화 정도, 경영진 지원, 비즈니스 부문들과의 협력관계, 정보시스템 설계의 현업 적합성 등의 순으로 중요한 것으로 나타났다. 이 같은 중요성은 도입 후 성장기 단계까지는 변함이 없었으나 장년기 단계에 접어들면서 성공요인들에 대한 중요도가 달라지는 것을 볼 수 있다. 장년기 단계에서는 부서 간의 업무협조가 여전히 중요한 요인이며, 경영진의 지원의 중요성이 증대되고, 업무표준화는 어느 정도 진전이 된 결과 중요도가 다소 떨어지는 경향이 있었다. 비즈니스 협력관계에 있는 협력사들과의 협력은 크게 문제없이 진행되는 것으로 나타나 중요도에 대한 인식은 감소하였다. 그러나 쇠퇴기 단계에서는 시스템 업그레이드 등의 활동에 의해 전반적으로 성공요인에 대한 중요성의 인식이 증가하는 것으로 나타났다.

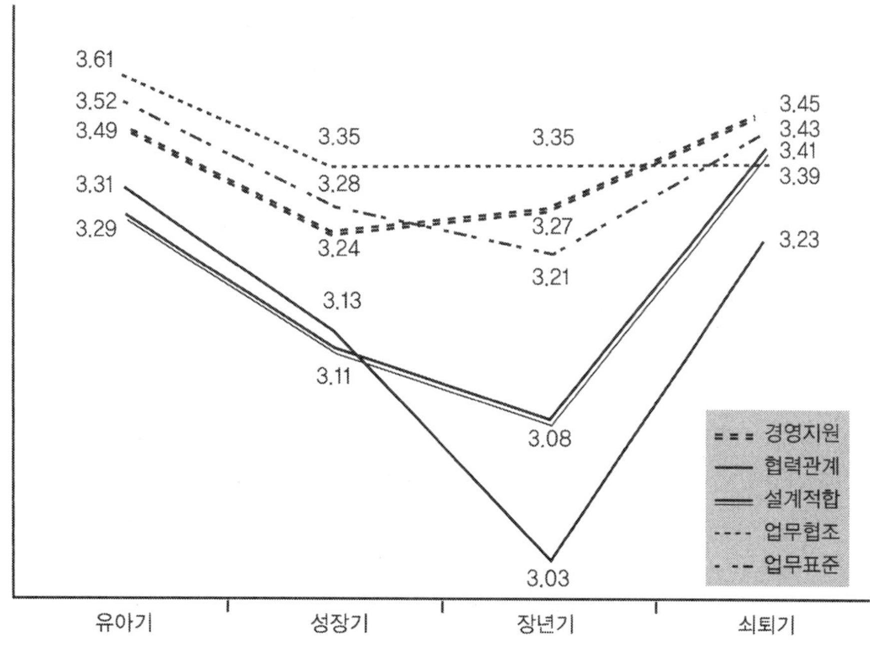

[그림 2-2] 수명주기별 핵심성공 요인 중요도 인식 변화

특이한 사실은 시스템 설계의 현업적합성은 전체적으로 낮은 수준이었으나 4년 이후 쇠퇴기로 갈수록 급격하게 증가하고 있다. 이는 시스템 업그레이드를 위한 프로젝트 추진시 현업에 적합한 시스템 설계가 중요한 성공요인 임을 의미하고 있다. 반면 부서 간의 업무협조 요인에 대한 중요도 인식은 유아기 단계에서는 매우 중요하다고 응답하였으나 이후 단계에서는 크게 낮아진 후 중요도 인식에 변화가 미약하였다. 이는 부서간 업무협조는 유아기 단계에서 새로운 시스템의 도입으로 그 중요성에 대한 인식이 높으나 정착이 되고 나면 크게 문제가 없음을 의미한다. 업무표준화와 관련된 요인도 급격하게 중요도가 증가하는 것으로 나타나 쇠퇴기 이후 조직내 · 외부의 업무추진 과정의 표준화가 중요한 요인으로 대두되었다.

비즈니스 전략과의 연계성, 프로젝트 기획관리 능력, 조직내 정보시스템 역량, 변화관리 능력 등의 요인은 수명주기 단계별 중요도의 인식에 있어서 크게 차이가 없었다. 그러나 [그림 2-2]에서 보는 바와 같이 경영진의 지원정도, 협력사와의 협력관계, 시스템 설계의 현업 적합성, 부서간 업무협조, 그리고 비즈니스 프로세스의 표준화 정도는 수명주기 단계별로 중요성의 인식에 차이가 있음을 보였다.

결론적으로 정보시스템의 수명주기별로 성공요인에 대한 중요도의 인식에 차이가 나고 있으며, 이들 인식차이를 기업들이 파악하여 중요한 요인에 집중적인 지원을 하거나 협력을 할 필요가 있다.

2 정보시스템 개발 접근법

기업경영활동의 효율성과 효과성을 높이고, 나아가 급변하는 경영환경 속에서 새로운 사업기회를 발굴하여 고객가치를 극대화하기 위한 도구로 정보통신 기술이 활용되고 있다. 정보통신 기술이 경영활동의 도구로서의 역할을 담당하고 있는 것이다. 그렇다면 컴퓨터를 기반으로 하여 조직의 목적에 합당한 정보시스템을 개발하는 것은 당연한 절차라 하겠다. 만약 최고경영자가 의사결정을 위해 필요한 자료나 정보를 요구할 경우에 어떻게 할 것인가? 어디서, 어떠한 방법으로, 누구를 만나야 할 것인가? 이 같은 요구가 정기적 혹은 부정기적으로 발생할 경우 이 문제를 체계적으로 해결할 수 있는 방법은 무엇인가? 등에 대하여 고민해야 할 것이다. 다시 말하자면 기업의 요구에 능동적이고, 체계적으로 대처할 수 있는 해법을 찾는 프로세스를 구축하는 것이 시스템적 접근법이라 할 수 있다. 비즈니스 분야에서 이 같은 문제해결 과정에서 시스템적 접근법이 바로 정보시스템 개발 혹은 응용시스템의 개발이다. 본 절에서는 정보시스템의 개발을 위한 단계를 개략적으로 살펴보고자 한다. 보다 자세한 내용은 본서의 나머지 부분을 참조하기 바란다.

2.1 시스템적 접근법

주어진 문제해결을 위한 시스템적 접근이란 문제를 분석하고 해결점을 모색하는 과정은 다음과 같은 활동들이 상호 유기적인 연관성을 가지고 이루어진다.

- 시스템적 사고로 문제 혹은 기회를 인식하고 정의하는 활동
- 문제해결의 대안이 되는 시스템 솔루션을 개발하고 평가하는 활동
- 요구사항에 최적인 시스템 솔루션을 선정하는 활동

• 선정된 시스템 솔루션을 설계하는 활동
• 설계된 시스템의 성공여부를 구현하고 평가하는 활동 등이 있다.

시스템적 사고(system thinking)는 시스템적 접근법의 가장 중요한 관점중 하나로 지속적이고 끊임없이 변화하는 경영환경에서 개인의 경쟁력 증대와 비즈니스 성공에 필수적이다. 시스템적 사고의 기본자세는 '숲을 본 후에 나무를 보는 것'이라고 할 수 있다. 즉, 먼저 특정 사건이 발생할 때마다 발생에 대한 단순한 인과관계를 파악하려고 노력하기 보다는 시스템간 상호연관성을 살펴보는 자세이다. 또한 변화가 생길 때마다 변화에 대한 특정 부분만을 보는 것이 아니라 시스템간 변화의 과정을 살펴보는 것이 시스템적 사고의 기본이다(Senge & Peter, 1994).

[그림 2-3]은 어느 영업사원의 시스템적 사고사례를 보여준다(O'Brian, 2003). 비즈니스 현장에서 영업활동은 하나의 시스템이라고 할 수 있다. 영업성과가 저조한 이유로는 영업방식의 부적절성(입력), 시대에 뒤떨어진 영업절차(처리), 부정확한 영업정보(피드백), 또는 영업관리력의 미흡(관리/통제) 등의 원인이 있다. 이처럼 영업성과 저조의 원인을 확인하기 위해서는 시스템적 접근을 하지 않으면 문제해결을 위한 근본적 대안을 찾을 수 없게 된다. 왜냐하면 비즈니스 활동의 출력물이 되는 성과라는 것은 그 일을 맡은 사람의 능력에만 좌우되는 것이 아니라 조직 전체적인 관점에서 근본 원인이 있을 수 있다는 의미이다. '숲'이라는 전체적 관점에서 문제를 바라보고, 점차적으로 '나무'라고 하는 부분적 관점으로 접근하는 것이 시스템적 접근법이라 할 수 있다.

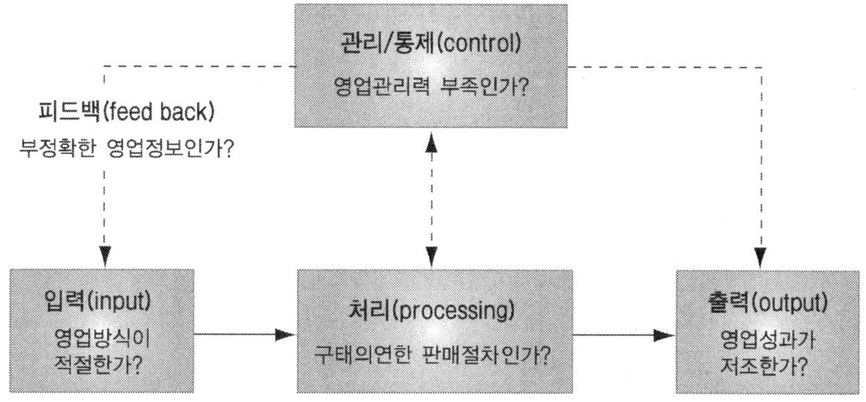

[그림 2-3] 시스템적 사고의 예(영업부서)

2.2 소프트웨어 개발 접근법

정보시스템은 개발업체마다 접근방식이나 절차에 다소 차이가 있을 수 있다. 본 절에서는 전형적인 소프트웨어 개발 프로세스에 관한 모델을 살펴보고자 한다. 소프트웨어 개발 프로세스 모델에는 폭포수 모델(waterfall model), 점진적 모델(evolutionary model), 콤포넌트 기반 모델(component-based model), 나선형 모델(spiral model)로 나눌 수 있다(Sommerville, 2004).

1) 폭포수 모델

1970년대 Royce에 의해 제시된 전통적인 소프트웨어 개발 방법론으로서 각 개발과정을 단계적으로 진행하여 프로젝트를 완료하는 방법이다. [그림 2-4]에서와 같이 전체 공정이 단계적이고 순차적으로 진행되기 때문에 폭포수 모델 혹은 소프트웨어 개발 라이프 사이클(software development life cycle) 모델로 알려져 있다.

폭포수 모델은 소프트웨어 개발에 있어 각 단계별로 완벽한 결과물을 낸 이후에 다음 단계로 진행하는 방식으로 순차적으로 작업이 진행된다. 마치 폭포수가 떨어지는 것처럼 공정이 진행되므로 단계를 거슬러 올라가는 것이 허용되지 않는 개발방법이라고 할 수 있다. 폭포수 모델의 장점은 단계별 산출물에 문제가 없을 경우 해당 단계에 관련된 문서를 작성하고, 다음 단계로 이동하기 때문에 주어진 개발일정 내에서 효율적으로 프로젝트를 수행할 수 있다. 그러나 단점으로는 프로젝트 초기 단계에 사용자의 요구사항을 명확하게 한다는 것이 현실적으로 매우 어려운 일이기 때문에 프로젝트 진행도중 새로운 요구사항의 발생시 이의 반영이 불가능하다. 또한 개발완료 단계에서 치명적인 오류가 발생할 경우 문제해결에 소요되는 비용부담이 획기적으로 증가하게 된다는 단점을 들 수 있다. 이를 해결하기 위해서는 소프트웨어 구축 단계별 산출물에 대한 명확한 검토가 필수적이다. 그러므로 폭포수 모델은 요구사항이 명확하게 이해된 프로젝트나 요구사항 변경이 필요치 않는 프로젝트에 적절한 접근법이다. 따라서 이 방법은 대형 엔지니어링 시스템 구축시 부분적인 소프트웨어 개발에 적합하다(최은만, 2005).

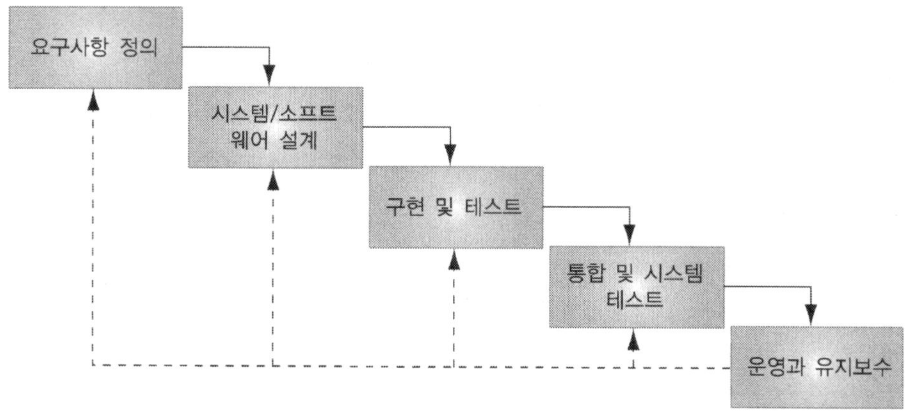

[그림 2-4] 폭포수 개발절차

폭포수 모델의 각 단계별 활동을 설명하면 다음과 같다.

- **요구사항 정의** : 시스템의 사용목적, 제공서비스, 그리고 개발되어야 할 요구명세 등을 상세하게 분석하고 정의한다.
- **시스템 및 소프트웨어 설계** : 분석, 정의된 요구사항을 시스템과 소프트웨어 부분으로 분할하고, 시스템 아키텍처 혹은 소프트웨어를 구성하는 요소들을 구체화 하고, 설계한다.
- **구현 및 단위모듈 테스트** : 전체시스템을 구성하고 있는 단위 모듈 혹은 단위 프로그램을 구현하고, 테스트하며, 단위 모듈이 요구명세 사항을 충족하는지 확인한다.
- **통합 및 시스템 테스트** : 전 단계에서 테스트가 완료된 단위 모듈 혹은 프로그램을 통합하고, 전체 통합된 시스템이 요구사항에 적합한지 여부를 테스트 한다. 그리고 테스트가 완료된 시스템을 고객에게 전달한다.
- **운영과 유지보수** : 개발 완료된 시스템을 설치하여 실무에 적용하는 단계로 각종 오류의 발견 및 수정보완, 시스템 개선을 위한 추가 개발 등의 일련의 과정을 수행한다.

2) 점진적 모델

점진적 개발 접근법은 개발 초기단계에서 소프트웨어의 원형(prototype)을 만들어 고객과의 의사소통을 명확하게 하고 다음 단계의 개발절차를 진행하는 방법이다. 웹 사이트나 소프트웨어 제품의 경우 물리적 제품과는 다르게 개발이 완료되기 전에는 확인이 어려운 특징을 가지고 있다. 또한 웹 사이트의 초기 화면의 디자인이나 기본적 구조 등에 있어서 클라이언트와의 충분한 커뮤니케이션이 있어야만 프로젝트 실패의 위험을 최소화 할 수 있다. 전체 페이지의 이미지는 첫 화면의 이미지에 의해 대부분 결정되기 때문에 첫 화면의 이미지가 매우 중요하다. 따라서 1차 단계로 원형을 2~3가지 정도로 제작하여 클라이언트 혹은 사용자들의 의견을 결집한다. 2차 원형제작 단계에서는 결집된 의견을 종합하여 반영된 원형제작 결과를 가지고 다시 의견을 결집하도록 한다. 이러한 단계를 거쳐서 최종 확정된 디자인 시안을 가지고 세부 페이지의 디자인 및 프로그래밍을 진행하게 되는 것이다. 점진적 개발법에는 아래와 같은 2가지 형태의 접근법이 있다.

- **탐색적 개발법**(exploratory development) : 프로젝트 초기단계는 클라이언트들의 요구사항 파악을 위한 일부분의 개발을 완료한다. 이어서 개발완료된 부분시스템에 기능 등을 단계적으로 추가하면서 전체 시스템 개발에 접근하는 방법이다.
- **원형개발법**(prototyping development) : 초기원형을 이용하여 클라이언트들의 요구사항을 명확하게 이해하고, 시스템의 요구사항을 파악한다. 원형제작의 목적은 잘못 이해될 수 있는 시스템 요구사항의 파악을 위해서이다. 요구사항이 확정되면 초기원형은 파기하거나 수정하여 완전한 시스템을 만든다.

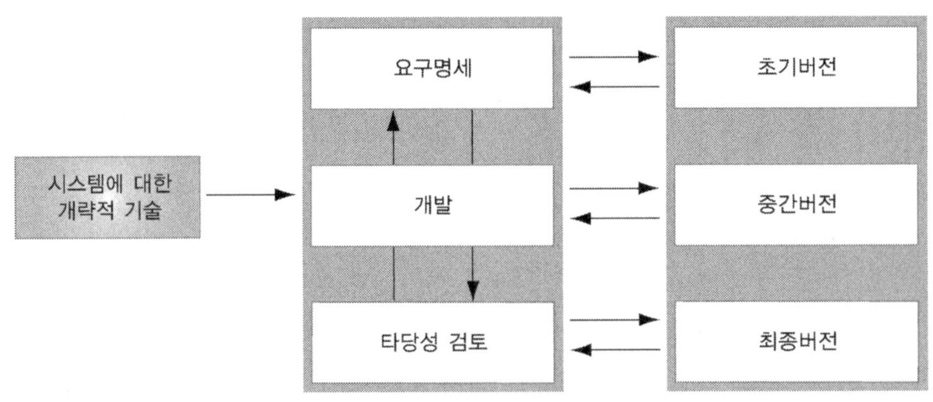

[그림 2-5] 점진적 개발절차

점진적 개발법의 주요한 장점으로는 개발 중에 발생하는 디자인 및 기능적 오류 방지, 사용자들의 욕구에 부합하는 사이트 구축 가능, 그리고 순환적 접근 방법을 통하여 시행착오적 오류를 최소화 하여 개발 기간 단축이 가능한 장점을 가지고 있다. 그러나 이 방법의 단점으로는 초기단계에 클라이언트의 의견을 결집하는 과정에서 무리한 요구사항이 발생될 수도 있으며, 프로토타입 디자인 요소에 대한 의견이 조직 내에서 주관적인 판단에 의해 좌우되기 때문에 의견결집 과정에서 시간이 많이 소요될 수도 있다. 대다수의 클라이언트의 경우 최고 경영자나 책임자 층의 의견에 지나치게 종속적인 결과

를 초래할 수도 있는 등의 문제점이 있을 수 있다. 또한 비용증가나 개발기간 준수의 어려움이 내재한다. [그림 2-5]는 점진적 개발 절차를 보여준다.

3) 콤포넌트 기반 모델

소프트웨어 재사용 개념에 기반을 둔 개발 접근법이다. 이미 개발 완료된 소프트웨어 모듈을 부품처럼 활용하여 전체시스템을 구성하는 개발방법이다. 재사용되는 소프트웨어 모듈들은 각각 고유한 기능을 수행한다. 예컨대 텍스트 처리기능 혹은 수치계산 기능 등의 고유 기능을 보유하고 있다. 이 접근법의 전체 절차 중 요구사항의 분석 및 정의 단계와 시스템의 타당성 검증단계는 다른 방법론과 비슷하나 중간단계, 즉 [그림 2-6]에서 보는 것처럼 콤포넌트의 분석, 요구사항 수정, 재사용기반의 시스템 설계, 그리고 개발 및 통합단계는 타 방법론과는 다른 방식이다(조남재 등, 2003).

콤포넌트 기반 소프트웨어 엔지니어링 방법론의 단계별 활동을 보면 다음과 같다.

- **콤포넌트 분석** : 요구명세에 적합한 소프트웨어 모듈을 선택한다. 그러나 많은 경우 전체 요구사항을 만족시킬 수는 없으며, 몇몇 요구사항에 적합한 모듈만을 재사용하게 된다.
- **요구사항의 수정** : 이전 단계에서 선택된 모듈관련 정보와 요구사항을 비교분석하여 요구사항을 소프트웨어 모듈과 적합하도록 조정한다. 만약 요구사항의 수정이 불가능할 경우 다시 적당한 콤포넌트의 발굴을 위해 전 단계를 반복한다.
- **재사용기반의 시스템 설계** : 요구사항을 만족하는 콤포넌트들을 이용하여 전체시스템을 설계한다. 만약 재사용 콤포넌트가 여의치 않을 경우는 해당 소프트웨어를 신규 개발한다.
- **개발 및 통합** : 선택된 콤포넌트와 신규 개발한 모듈, 그리고 상용시스템(commercial off-the-shelf systems)을 통합하여 새로운 시스템을 구축한다.

콤포넌트 기반 접근법의 이점은 소프트웨어 신규개발에 소요되는 비용과 시간을 절감할 수 있어서 전체 프로젝트 수행기간을 단축할 수 있다. 그러나 단점으로는 요구사항에 부합하는 모듈이 없거나 부족할 경우 요구사항을 충분히 반영하지 못할 가능성이 있다. 또한 재사용 모듈을 자사의 기술로 신규 개발할 수 없거나 확보가 불가능할 경우 원활한 프로젝트 관리가 불가능할 수도 있다. [그림 2-6]은 콤포넌트 기반의 개발절차를 설명하고 있다.

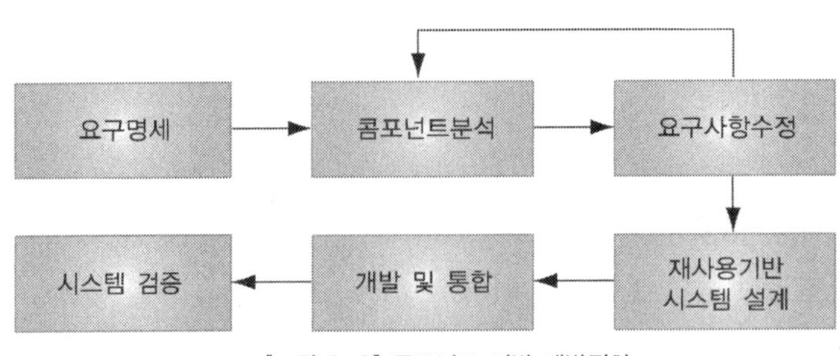

[그림 2-6] 콤포넌트 기반 개발절차

4) 나선형 접근법

Boehm의 나선형 접근법(spiral development)은 주로 실패 위험도가 높거나, 국방 프로젝트 등의 대규모 프로젝트 혹은 국가적 프로젝트에 적용하는 방법이다. 나선형 접근법은 위험분석(risk analysis), 개발, 고객평가, 그리고 계획 및 정의 등의 단계를 반복적으로 수행하는 방식이다. 폭포수 모델과 원형개발법, 그리고 위험분석법을 단계적으로 적용하여 반복적으로 작업을 수행하면서 오류를 수정하는 과정을 거쳐 점점 완성단계로 접근하는 방식이다. 위험분석(risk analysis)은 소프트웨어에 개발 프로젝트를 진행하면서 발생 할 수 있는 예기치 못한 위험요인(기술적, 인적, 조직 환경적)을 분석하는 것이다. 이에 대해서는 제 3장 3절에서 자세히 다룬다.

나선형 접근법에서는 초기 위험도 분석을 하고, 이를 반영하여 1차 시제품을 개발하여 고객평가를 실시한다. 고객평가 과정에서 지적된 개선사항이나 요구사항을 반영하여 다음 단계를 계획하고 정의한 후에 위험도를 재분석하고, 이를 토대로 2차 시제품을 개발하는 단계를 거친다. 나선형 접근법의 주요 장점으로는 위험도 분석을 통하여 다음 단계의 개발과정을 거치기 때문에 프로젝트 실패의 위험을 최소화 할 수 있다. 그러나 시제품의 개발, 고객평가, 프로젝트 계획의 수정 및 재정의, 위험도 분석 등의 절차를 반복하여 수행하기 때문에 프로젝트에 소요되는 기간이 무한정 늘어날 수도 있다는 단점이 있다.

2.3 정보시스템 개발 단계

시스템 개발은 여러 개발 단계를 거쳐서 이루어진다. 크게 5단계로 진행되며, 이들 단계는 지속적으로 반복되어 시스템 개발이 이루어진다. 시스템 개발 수명주기 5단계로

는 시스템 타당성 검토, 시스템 분석, 시스템 설계, 시스템 구현 및 시스템 유지보수의 순서로 진행된다(Sommerville, 2004; O' Brien, 2005). 각각의 단계는 상호 높은 연관성과 의존성을 가지고 있다. 따라서 실제 개발 프로젝트의 진행 중에는 이들 각 활동들이 병행되어 추진되는 경우도 있다. 즉 시스템 개발도중에 개발 중인 시스템의 수정 및 성능향상을 위해 이전의 활동을 반복해서 실행 하는 경우도 있다.

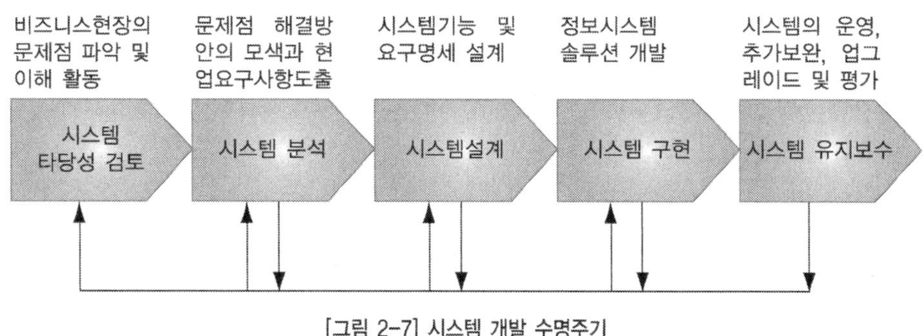

[그림 2-7] 시스템 개발 수명주기

1) 시스템 타당성 검토

시스템 타당성 검토 단계에서 주로 이루어지는 일은 비즈니스 현장의 문제점이나 새로운 기회를 이해하는 것이다. 현상에 대한 이슈 혹은 새로운 기회 포착을 위한 신속한 대응을 위해 시스템 개발의 우선순위를 결정하고, 새로운 시스템이 필요한지 혹은 기존 시스템의 성능개선이 타당한지에 대해 타당성 검토를 실시한다. 타당성 검토의 결과에 따라 프로젝트 관리계획을 수립한 후 경영진의 재가를 받아 다음 단계를 진행하게 된다. 타당성 검토의 내용으로는 조직 타당성, 경제적 타당성, 기술적 타당성, 운영적 타당성 등이 있다(O' Brien, 2005). 시스템 타당성 검토 단계는 다음의 활동들이 추진된다.

- 새로운 비즈니스 기회발굴 가능성과 비즈니스 우선순위를 고려하여 목적에 적합한 시스템을 검토하고 도입을 결정하는 활동
- 신규 비즈니스 시스템이나 기존 시스템의 업그레이드를 위해 타당한 시스템을 결정하기 위한 의사결정 활동
- 프로젝트 관리계획과 경영진의 동의를 유도하는 활동

2) 시스템 분석

시스템 분석 단계에서는 시스템 개발의 기능적 요구사항을 분석한다. 실제 시스템의

사용자, 즉 이해당사자인 내부 종업원, 고객, 경영진, 협력사 등의 요구사항을 분석한다. 또한 비즈니스 목적에 적합한 시스템의 요구사항을 분석하고, 구현의 우선순위를 조정하여 요구분석서를 작성한다. 이 과정에서 매우 중요한 것은 이해당사자, 즉 시스템의 사용자들에 대한 요구사항을 최대한 반영하여야 한다는 것이다. 시스템 분석내용으로는 조직환경 분석, 레거시 시스템 분석, 기능적 요구사항 분석 등이 있다. 주요 활동은 다음과 같다.

- 실무담당자, 고객, 공급사, 또는 비즈니스 이해당사자들의 정보요구사항 분석 활동
- 비즈니스 우선순위와 이해 당사자들의 요구를 만족시킬 수 있는 시스템의 기능과 관련한 요구사항을 발굴, 정리하는 활동
- 최종 사용자들의 능력, 지식수준, 현업에 필요한 기능, 조직의 단위 기능별 시스템 요구사항
- 협업관계에 있는 비즈니스 파트너들의 시스템 구조, 정보시스템 환경, 비즈니스 파트너 내부의 조직특성 등에 대한 분석활동
- 기존 사용하던 시스템의 분석, 데이터 변화 가능성에 대한 검토 등

3) 시스템 설계

시스템 설계단계는 도입 결정된 비즈니스 시스템의 기능적 요구사항을 만족시킬 수 있는 하드웨어, 소프트웨어, 인력, 네트워크, 데이터자원, 그리고 정보제품 등에 대한 명세서를 개발한다. 설계의 주요 내용으로는 사용자 인터페이스 설계, 시스템 사양에 대한 명세서 개발 등이 있다.

- 전 단계에서 결정된 비즈니스 정보시스템에 관한 요구사항을 충족시키는 정보시스템 솔루션에 관한 상세한 요구명세의 개발
- 하드웨어, 소프트웨어, 인적자원, 네트워크, 그리고 데이터 자원 등에 대한 상세 요구명세 개발 활동
- 데이터베이스 구조설계
- 결합도, 응집도 분석을 통한 모듈간 관계 설계
- 시스템 구조도 설계, 테스트 지침서 설계

4) 시스템 구현

시스템 구현단계에서는 시스템 요구사항과 기능명세서에 준거하여 프로그래밍을 하

고 테스트를 하는 단계이다. 이 단계에서는 시스템에 필요한 하드웨어나 소프트웨어를 개발하거나 도입하는 과정이다. 개발 혹은 구입 후 설치가 완료되면 시스템을 테스트하고 사용자나 운영자 교육을 실시한다. 또한 기존의 레거시 시스템 사용을 멈추고, 새로운 시스템을 사용하도록 유도한다. 아울러 이 과정에서 사용자들이 새로운 시스템에 어떤 반응을 보이는 지를 관찰하고 이에 대한 해결책을 입안한다. 시스템 구현단계의 주요 활동으로는 하드웨어, 소프트웨어, 혹은 서비스의 도입, 소프트웨어의 개발이나 수정, 데이터 변환, 사용자 교육훈련, 레거시 시스템의 대체 등이 있다. 아울러 테스팅, 문서화 작업 등의 활동도 진행한다.

- 하드웨어와 소프트웨어를 구매하거나 개발하는 활동
- 시스템을 테스트하고, 운영자 및 사용자를 교육하는 활동
- 기존 시스템을 새로 도입하거나 개발된 시스템으로 대체하는 활동
- 시스템 변경이 최종사용자들에게 미친 영향의 평가
- 개발된 시스템의 알파와 베타 테스트 실시
- 각종 오류에 대한 디버깅 작업
- 레거시 시스템으로부터 데이터 입수 및 변환작업

5) 시스템 유지 보수

시스템 개발이나 도입, 그리고 테스트가 완료되어 실제 사용되어지기 시작하면 유지보수단계가 진행된다. 시스템 유지보수 단계에서는 e-비즈니스 시스템의 문제점을 모니터링하고, 수정하며, 평가하는 활동을 하게 된다.

- 운영중인 시스템의 모니터링, 평가, 수정보완
- 시스템 기능추가 개발 및 업그레이드 관련 활동
- 새로운 시스템에 대한 현업의 평가 모니터링

2.4 웹사이트 개발 단계

웹사이트 개발을 위한 단계별 절차는 크게 사이트 전략 및 컨셉트 설정, 사이트 기획, 구현 및 검수의 3가지 단계로 진행된다. 웹사이트의 일반적인 개발 절차를 단계별로 나누면 [그림 2-8]과 같다.

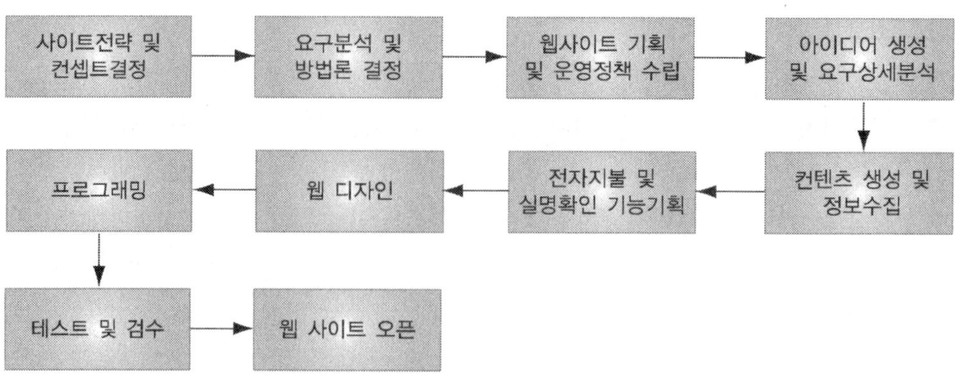

[그림 2-8] 웹사이트 개발절차 (출처 : 박기호 외, 2005)

1) 사이트 컨셉트 및 전략설정 단계

전체 개발 프로세스 중에서 사이트 컨셉트 및 전략설정 단계가 매우 중요한 단계인데 그 이유로 이 단계에서는 사이트의 전략, 사이트 컨셉트 설정, 사이트가 추구하는 목표, 마케팅, 이벤트 및 홍보 전략, 그리고 운영전략 등 전략적 관점의 명확한 정의가 필요한 단계이기 때문이다. 이 단계에서 결정해야 할 사항들을 좀 더 자세하게 살펴보면 다음과 같다.

(1) 사이트 컨셉트(site concept)

웹사이트를 통하여 사용자 혹은 방문자들에게 전달하고자 하는 내용을 말하는 것으로 웹사이트의 목표고객이 어떤 사람들인지, 어떤 내용을 어떤 구조로 제공하고 있는지, 사이트의 이미지는 어떤 것인지 등에 대하여 명확하게 전달하기 위한 개념이라고 할 수 있다. 컨셉트를 전달하는 요소로는 사이트의 구조와 전략, 콘텐츠의 종류, 네비게이션 방식, 그리고 그래픽 디자인 이미지 등의 요소들로 구성된다.

(2) 사이트 목표(site goals)

많은 수의 웹 사이트들이 존재하고 있으나 정작 목표 고객들에게 진정한 가치를 전하는 사이트는 그리 많지가 않다. 이것저것 잡다한 정보들을 제공함으로써 사이트 전체적으로 풍부한 콘텐츠를 보유하고 있는 것처럼 여겨질 지라도 정작 대상고객에게 필요한 정보는 10% 내외의 수준이라면 사이트의 존재가치는 높게 평가받을 수 없다. 광범위한

영역에 해당하는 정보를 갖추기 위해 힘과 노력을 낭비하는 것을 방지하기 위해서는 사이트의 존재 목표를 명확하게 하고, 누구에게 서비스를 제공할 것인가에 대한 명확한 정의가 전제되어야 한다. 핵심이 되는 부분에 힘과 노력을 집중해야 한다는 의미이다.

(3) 마케팅 및 홍보전략

전자상거래 사이트의 경우 전자적 환경에서 구매행위가 발생하는 특징이 있기 때문에 가격, 품질, 그리고 이에 따른 신뢰가 무엇보다 중요한 요소가 된다. 제품의 가격전략, 품질에 대한 인식을 높여주기 위한 방법, 지속적인 대 고객 신뢰 형성을 위한 방안 등에 대한 전략적 접근이 반드시 고려되어야 한다. 아울러 마일리지 제공, 할인 프로그램, 이벤트 기획 등에 대해서도 개발 초기 단계에 고려해야 한다. [그림 2-9]는 개인 홈페이지 커뮤니티 사이트 사례이다.

[그림 2-9] 개인 홈페이지 커뮤니티 사이트 사례 (http://cyworld.nate.com/main2/index.htm)

(4) 사이트 운영전략

운영단계에서는 고객지원, 개인정보 보호정책, 운영에 관한 내부 규정 및 기준 등에 대한 사항들이 사전에 고려되어야 한다. 불량 회원들에 대한 처리규정은 어떻게 할 것인지, 물품의 반납 및 환불정책, 배송서비스는 어떻게 할 것인지, 코너별 입점 업체 관리기준은 어떻게 할 것인지 등등에 대한 사항들을 고려하여야 한다.

2) 사이트 외주용역 계약 및 기획단계

사이트의 컨셉트와 전략설정 단계 이후 사이트를 구체적으로 기획하고, 관련 요구사항 들을 분석하고, 정보를 수집하며, 원형제작(prototyping) 등의 과정이 진행된다. 이 과정에서 명확하게 정의된 요구사항은 프로젝트의 실패 가능성을 최소화하며, 클라이언트의 요구를 충족시켜 준다. 이 단계에서 이루어지는 세부업무들은 아래와 같은 요소들로 구성된다.

(1) 제안요청서(RFP: request for proposal) 작성

클라이언트가 개발사에게 제공하는 것으로 클라이언트가 희망하는 개략적인 요구사항을 개발용역을 수행하는 기업 혹은 조직에게 전달한다. 이 서류는 개발사가 제안서를 작성하는데 필요한 사항들로서 요구사항에 대한 상세한 내용일수록 제안서의 내용에 정확하게 반영이 될 수 있다. 대부분의 국내 클라이언트들의 경우는 RFP작성을 소홀히 하여 제안과정에서 개발사와의 마찰의 불씨가 되는 경우도 많이 볼 수 있다.

(2) 제안(proposal)

RFP를 참고로 하여 프로젝트에 대한 제안서를 작성하는데 프로젝트 제안서의 주요 내용으로는 개발범위 및 내용, 인력투입계획, 일정계획, 사이트의 방향성 및 주요 컨셉트, 개발과정, 예산소요계획 등의 내용들로 구성된다.

(3) 개발계약서 작성

제안서를 접수한 클라이언트는 제안된 몇 가지 선택 가능한 옵션을 대상으로 검토작업을 실시한 후에 어떤 업체에 프로젝트를 맡길 것인가에 대하여 의사결정을 하게 된다. 다음 단계로 개발계약을 체결하게 되며, 계약서의 주요 내용으로는 계약금액, 개발범위, 하자보수, 납기관련 조항 등의 내용으로 구성되며, 첨부로 개발범위, 인력투입계획, 예산소요 계획 등의 문서들을 첨부할 수도 있다.

(4) 사이트 기획(planning)

계약이 체결되면 요구분석 및 클라이언트들로부터 관련 정보를 수집하는 과정을 거치게 된다. 사이트 기획의 초기 작업으로는 의뢰하는 기업의 담당 실무자들과의 의사소통이 매우 중요한 과정이다. 이 단계에서 프로젝트를 추진하는 기업과 의뢰한 기업 간에 마찰이 생길 소지가 많은 과정이라고 할 수 있다. 왜냐하면 요구사항에 대한 정의가 명확하지 않은 상황에서 의뢰하는 쪽의 요구사항이 과다할 수도 있으며, 기술적으로 개발의 난이도가 높아져서 제안 시의 계약금액이나 일정을 초과하는 경우도 발생하기 때문이다. 따라서 계약 시에 계약금액을 명확하게 확정을 하고 계약을 체결할 경우에는 쌍방간에 위험성을 내포하고 있는 경우가 많으므로 예외조항을 두거나 수차례의 타협의 과정을 거치면서 적정 수준에서 계약금액을 확정하게 되는 것이다.

(5) 원형제작(prototyping)

앞의 개발방법론 부분에서도 언급한 바 있지만 웹 페이지는 무형의 제품이라고 할 수 있기 때문에 프로젝트가 완료단계에서 클라이언트와 프로젝트 수행조직과 의견차이가 생길 경우 심각한 문제가 발생될 우려가 있다. 따라서 이러한 문제점을 해소하기 위해서는 사전에 원형제작을 통하여 문제발생의 소지를 차단하는 것이 현명하다 하겠다. 따라서 사이트 기획단계에 메인화면의 디자인과 메뉴구조, 개략적인 사이트 맵 등에 대하여 원형을 제작하여 상호 논의과정을 거쳐야 한다. 특히 디자인 부분에서는 사람마다 주관적인 시각차가 많기 때문에 의견 조율이 매우 중요한 과정이라고 하겠다.

(6) 웹 네비게이션 보드(web navigation board)

웹 네비게이션 보드란 스토리 보드와 비슷한 개념인데 웹 사이트 디자인 및 개발을 위한 사전작업으로 전체사이트에 대한 가상 네비게이션 체계와 페이지별 레이아웃, 사이트 구성요소, 데이터 플로 차트(data flow chart)등을 포함하는 기획서를 말한다. 일반적으로 파워포인트 소프트웨어를 사용하여 작성하는 경우가 많으며, 작성된 보드를 가지고 클라이언트와의 수차례에 걸친 협의과정을 통해 확정을 하게 된다. 보다 자세한 사항에 대해서는 다음 절에서 살펴보도록 하자.

참고로 많은 경우에 스토리보드(storyboard)라는 용어를 사용하고 있으나 이는 웹사이트의 특성을 감안한다면 틀린 용어라고 할 수 있다. 왜냐하면 스토리보드는 영화나 애니메이션 작업시 주요 장면을 그림으로 스케치하여 붙인 판넬이므로 웹사이트의 하이퍼미디어(hypermedia)적 특성에는 부적합한 용어라고 할 수 있다.

(7) 벤치마킹 테스트(benchmarking test)

웹 기획을 담당하는 기획자들은 클라이언트들의 요구사항과 자신의 아이디어를 동원하여 전체적인 사이트의 윤곽을 설계하는 역할을 담당한다. 그 과정에서 창조적 아이디어 창출을 위해서 우수한 사이트를 벤치마킹 하거나 분석하는 것이 필요하다. 아무리 아이디어가 풍부한 기획자라 하더라도 아이디어를 짜내는 것에는 한계가 있기 마련이다. 따라서 웹 기획자들은 앞서가는 사이트나 최신의 기술을 활용하여 제작된 홈페이지들을 벤치마킹 할 필요가 있다. 한 가지 유념해야 할 사항은 벤치마킹이 복사를 의미하는 것이 아니며 모방을 의미하는 것은 더더욱 아님을 명심하고 단지 새로운 아이디어에 대한 힌트를 얻는 목적으로 활용해야 한다는 것이다.

(8) 기타 기획활동

그 밖에도 기획 단계에서 이루어지는 일들로는 사용자인터페이스 설계(user interface design), 구현방식 선정(implementation method selection), 웹 사이트 운영을 위한 관리자 툴 설계(tool page design), 개발자 및 디자인 작업을 위한 환경조성, 그리고 프로젝트 팀 구성 및 관리 등에 대하여 관련 부서와 긴밀한 논의를 거쳐야 한다.

3) 웹사이트 구현 및 검수단계

웹사이트 구현의 과정은 크게 디자인 단계와 프로그래밍 단계로 나눌 수가 있다. 순서상으로 보면 웹페이지 디자인이 어느 정도 진행되면 프로그램 작업에 들어가는데 반드시 순차적으로 접근할 필요는 없다. 왜냐하면 회원가입, 상품 주문시 배달지 등과 같이 입력양식이 필요한 웹페이지를 위한 데이터베이스를 설계하거나 게시판 등과 관련된 프로그램작업을 병렬로 진행 할 수도 있다. 또한 전자상거래 사이트의 경우 결제관련 모듈 부분에서 지불대행사(payment gateway service)의 인증시스템과 웹사이트의 연결과 관련한 각종 기술적 문제 등에 대한 개발도 있을 수 있다. 그 밖에도 각종 마일리지 정책과 관련된 프로그래밍, 고객관계 마케팅 등을 위한 모듈 개발 등의 개발과정이 동시에 진행될 수 있다.

(1) 웹 페이지 디자인

그래픽 디자인은 웹 사이트의 전체적인 분위기를 좌우하고, 효과적으로 사이트 컨셉트를 전달하기 위한 매우 좋은 수단이 된다. 또한 각종 메뉴의 구조나 위치, 표현방식 등에 따라 사용자 편이성이 좌우되기도 하는 요소이기 때문에 매우 중요한 작업 과정이다. 세련된 메뉴 바의 디자인, 배경화면의 분위기, 버튼의 모양 등을 통하여 방문자 혹은 사용자들의 감성적 만족감을 채워 줄 수도 있을 것이다.

최근에는 플래쉬 이미지를 이용하여 동적이고 재미있는 디자인을 제공함으로써 지루함을 달래주기도 한다. 따라서 웹 페이지 상에서 표현의 범위나 상상의 한계는 무한하다고 볼 수 있으나 과도한 그래픽 이미지들을 사용하여 사이트 전체적인 성능을 떨어뜨리고, 사용자들의 주위를 산만하게 함으로써 오히려 역효과를 주는 경우도 있기 때문에 웹 페이지 구성요소들간의 균형을 유지하는 것이 무엇보다 중요하다.

(2) 프로그래밍

ASP나 PHP 등의 서버 사이드 언어(SSL: server side language)를 이용하여 프로그래밍 작업이 진행되는데 프로그래밍 과정은 소스코드를 만들어 내는 작업이다. 프로그래밍 언어에 대한 지식이 없는 일반인의 경우에는 소스코드가 의미하는 것을 이해하기가 쉽지 않다. 프로그래밍은 디자인 된 페이지 혹은 설계된 데이터베이스에 저장된 데이터들을 처리하는 역할, 페이지 상에 표현하고자 하는 내용을 HTML형식으로 표현하는 역할, 그 밖에도 웹 사이트에 필요한 다양한 기능들을 구현하는 과정이다.

(3) 검수 및 디버깅

웹 페이지가 디자인되고 프로그래밍이 완료되면 기획담당자, 클라이언트, 기타 관련자들에 의해 검수(test)과정이 진행되게 된다. 초기 기획된 기능들이 정상적으로 구현되어 있는지, 정상적으로 구현된 기능들이 의도된 대로 작동을 하고 있는지, 확정된 네비게이션 보드 상에 명시된 작업들은 빠짐없이 개발되어 있는지, 전자상거래 기능에서 정상적으로 결제과정이 진행되는지, 관리자 툴의 기능은 정상적으로 작동하는지, 페이지 내용에 오탈자는 없는지 등등에 대한 세밀한 테스트 과정을 거치게 된다. 개발을 담당하는 팀에서는 검수를 위한 목록을 작성하여 검수자들에게 제시할 수도 있으며, 검수자들의 경우는 검수보고서를 작성하여 수정보완 작업인 디버깅(debug) 단계를 거치게 된다.

(4) 오픈 및 개발완료 보고

검수 및 디버깅 과정을 거치고 검수가 완료된 사이트는 사용자에게 오픈(launching)되며, 본격적인 운영에 들어가게 된다. 프로젝트를 완료하기 위해서는 그간 진행된 작업들에 대한 문서정리 작업을 하게 된다. 가장 바람직한 방법은 개발 도중에 개발일지를 작성하여 개발된 내용을 정리하는 것이 좋다. 그러나 많은 수의 개발자들의 경우 문서작업은 프로젝트 완료 단계에서 진행하는 경우가 있는데 바람직한 방법은 아니라고 생각된다. 반드시 프로젝트 진행과정에 문서작업을 병행해 나가야 하며, 문서화된 내용은 회사의 중요한 지적재산으로서의 가치를 지니게 되며, 이후 웹사이트를 유지보수하거나 업그레이드 작업을 하고자 할 경우에 매우 중요한 기술문서로서의 역할을 하게 될 것이다. 대개의 경우 개발완료 보고서에 관련 문서를 첨부하여 3부를 작성하고, 1부는 개발사에서 2부는 클라이언트가 보관하는 경우가 일반적이다. 문서보고서뿐만 아니라 소스코드를 백업(backup)한 CD원본도 같이 동봉하여 보관하는 것이 안전한 방법일 것이다.

3 정보시스템 평가 및 타당성 분석

3.1 정보시스템 가치평가 접근법

1) 정보시스템의 가치평가 기준

IT의 비즈니스 가치 및 효과에 대해서는 학자간 견해가 다르다. 또한 기업현장에서도 기업 내부적 특성을 고려하여 가치평가 기준을 마련하기 위해 노력하고 있으나 정보시스템 투자성과를 명확하게 정량적으로 평가하는데 많은 어려움이 있다. 즉, 정보기술 투자의 성과를 측정하기 위해 전통적인 재무적 접근방식을 적용할 수 없다고 하였는데 그 이유로는 투자와 관련된 현금의 유출에 대해서는 정량적으로 측정할 수 있으나 투자를 통하여 획득되는 현금의 유입에 대해서는 평가가 불가능하다. 따라서 프로젝트의 재무적 평가 외의 새로운 방법이 도입되어야 한다(Devaraj & Kohli, 2002; 조남재와 박기호, 2003).

[표 2-1]은 정보시스템 가치평가 기준을 제시하고 있다. 1980년대는 주로 이론적 관

점에서의 정보시스템 가치평가 기준이 제시되고 있다(McFarlan, 1984; Porter & Millar, 1985). 즉, 효율성 가치, 잠재가치와 실현가치, 효율성과 이익, 그리고 전략적 가치 등의 관점을 제시한 반면, 1990년대 연구자들은 매출증대, 재고회전율 향상, 비용절감 및 이익증대 등과 같은 실증적 관점에서의 가치평가기준을 제시하였다(Barua et al., 1995; Venkatraman, 1994).

본절에서는 전략적 경영활동의 성과평가를 위한 프레임워크인 균형점수카드(BSC: balanced score card)를 이용하여 정보시스템 투자가치를 살펴보고자 한다. 균형점수카드는 경영활동의 핵심이슈인 전략과 실행간 격차 원인과 성과를 측정하기 위한 프레임워크로 4가지 관점 즉, 재무관점, 고객관점, 내부관점, 그리고 조직학습관점으로 구성된다. 고객관점(customer perspective)이란 기업전략의 수행결과로 시장점유율 증가에만 목표를 두는 것이 아니라 고객의 욕구와 만족에 초점을 두는 것을 말한다. 내부관점(internal perspective)이란 비즈니스 관련 핵심내부 프로세스에 대한 성과에 집중하는 것이며, 조직학습관점(organizational learning perspective)이란 비즈니스 성공의 토대가 되는 조직구성원, 기반시설 등의 평가에 초점을 두고 있다. 마지막으로 재무관점(financial perspective)이란 기업이 주주 등의 이해당사자들에게 배분해 줄 수 있는 금전적 성과측정척도이다.

[표 2-1] 정보시스템의 가치

	정보시스템 가치	정보시스템	관 점
이론적 관점	• 효율성과 이익/전략적 영향/기대가치/실제가치/인지가치 • 잠재가치/실현가치 • 효율성 가치	정보시스템 공통 의사결정시스템 전용시스템	- 정보시스템과 조직성과 - 산업조직 - 정보경제학 - 프로젝트 선정 - 투자가치평가 - 조직성과
실증적 관점	• 매출증대성과 • JIT(just-in-time)성과 • 설비가용도/재고회전 품질관리 등 • 기술중심/네트워크가치 • 비용절감/품질개선/고객서비스향상 등 • 이익증대/생산성/고객만족 가치	정보시스템 공통 EDI 전자거래 전자뱅킹시스템 정보시스템 공통 IT 공통	- 비즈니스 범위변화 - 정보시스템 투자전후 성과 - 프로세스중심 가치 - 가치의 다양성 - 가치요인 - 정보시스템 가치

정보시스템 투자이후의 성과측정은 투자의 타당성 및 추가 투자에 대한 의사결정을 위해서도 매우 중요한 과정이라고 할 수 있다. 그러나 많은 기업 혹은 정부조직들이 이의 중요성을 인식하고도 성과평가의 표준척도가 개발되어 있지 않아 가치평가에 어려움을 겪고 있는 것이 현실이다.

도입기 디지털 시대의 정보기술 투자는 기업비즈니스 활동에 있어서 경쟁우위 확보를 위한 무기가 될 수 있었다(Bakos & Treacy, 1986; McFarlan, 1984). 그러나 대다수 기업들이 자신의 기업환경에 적합한 정보기술 투자를 완료한 상황에서 이제는 정보기술이 더 이상 경쟁우위요소가 되지 못하며, 반드시 갖추어야 할 기업의 필수자원이 되었다. 비록 많은 기업들이 정보기술에 앞 다투어 투자를 하였으나 투자성과에 대하여 확신을 가지지 못하고 있는 기업들도 많은 것이 현실이다.

정보기술에 투자를 하였으나 성과를 확신하지 못하는 이유로 첫 번째는 성과측정을 위한 방법론상의 문제가 존재한다. 국내 대기업을 비롯한 많은 기업들이 e-비즈니스 전략의 선두에서 앞서 나가고 있으나 아직도 정보기술 투자의 성과를 측정하기 위한 합리적인 기준을 개발하지 못하고 있다(박기호와 조남재, 2004). 이 같은 상황 하에서 산업자원부와 한국소프트웨어진흥원이 나서서 정부주도의 e-비즈니스 성과측정 인덱스 개발사업을 적극적으로 추진하고 있는 것은 매우 고무적인 일이라고 하겠다.

불확실한 성과인식의 두 번째 이유로는 산업내적인 장벽요소가 존재하고 있기 때문이다. 네트워크 시대를 설명하는 법칙중 메트카프의 법칙(Metcalfe' s law)에 의하면 네트워크의 효용가치는 네트워크 사용자 수의 제곱에 비례한다고 하였다. 즉 기업이 정보기술투자를 하였으나 산업내 협력관계에 있는 기업, 경쟁사, 고객사, 그리고 일반고객 등의 이해관계 당사자들의 정보기술 수준이 낮아 투자효과를 충분히 획득하지 못하는 산업 혹은 기업도 존재한다. 세 번째 이유로는 시스템적 접근법으로 정보기술 투자를 투입(input)이라 할 때 산출물(output)이 될 수 있는 매출증가, 이익증가, 시장점유율, 기업의 외형성장률 등의 정량적이고 가시적 지표만을 성과로 간주하는 것은 정보기술 투자의 성과를 올바르게 측정한 것이라고 볼 수 없다. 즉 투입에 따른 산출물의 생성과정에서 발생하는 과정론적 성과에 대해서도 반드시 측정지표가 추가되어야 한다.

2) 가치평가의 과정론적 접근법

정보기술의 영향력을 평가하기 위한 명확하고 타당한 측정기준이 무엇보다 중요하

다. 그러나 지금까지는 기업의 상황에 적합하지 못하거나 잘못된 측정도구가 사용되어 왔다는 것이 전문가들의 견해이다. 정보기술의 성과 측정을 위한 두 가지 접근법이 있을 수 있는데 그 중 하나는 매출액 증가, 시장점유율 증가, 비용절감 등과 같은 외형적 성과를 중심으로 측정하는 관점이다. 다른 하나는 과정론적 접근법으로 성과창출을 위해 정보기술을 사용하는 과정적 측면에서 정보기술투자를 평가하는 방법이다. 두 가지 접근법 모두 정보기술투자 평가측정에 중요한 관점이다. 그러나 과정론적 접근법은 정보기술이 비즈니스 프로세스에 미치는 영향이나 정보기술 관련 자산 창출 등과 같은 중간단계의 성과에 초점을 둔다.

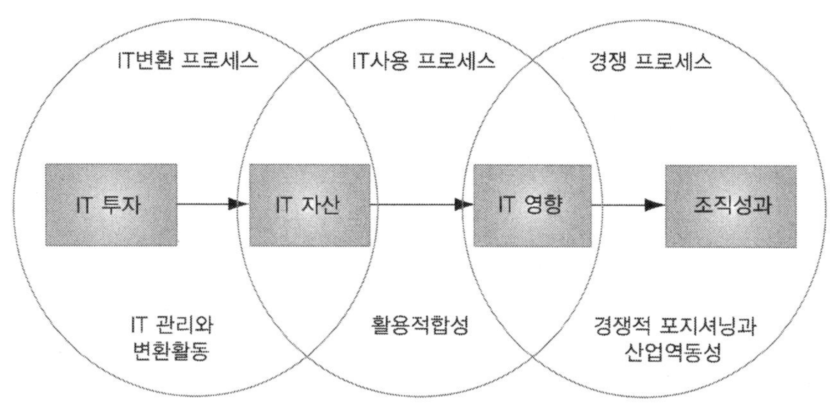

[그림 2-10] 정보기술의 조직내 영향과 과정론적 접근

Soh & Markus(1995)는 정보기술의 성과를 측정하기 위한 프로세스적 접근법에 대한 프레임워크를 [그림 2-10]과 같이 제시하였다. 조직의 목표를 달성하기 위해 정보기술에 대한 투자가 이루어지고, 이를 관리하고 변환하는 활동을 실행하는 과정에서 정보기술 자산이 창출된다. 또한 목적에 적합하게 활용된 정보기술은 조직내 비즈니스 프로세스에 영향을 미치게 되며, 이 같은 과정을 거친 후에야 조직전반의 성과를 획득할 수 있게 되는 것이다. 조직성과에 있어서 정보기술 투자의 영향력은 산업내의 경쟁적 역동성과 시장내 조직의 위치 등에 좌우된다. 예컨대 개인용 컴퓨터 산업내의 경쟁적 특성, 즉 비약적인 기술발전과 생산프로세스의 개선으로 인해 가격이 떨어지게 되고 그 결과 가정에까지 폭넓게 보급될 수 있었다.

1990년대 초 비즈니스 프로세스 리엔지니어링(BPR: business process reengineering) 개념이 소개되면서 많은 기업들이 기존의 비즈니스 프로세스와 비즈니스 수행 방식을 재설계하기 위해 상당한 자원투자를 하였다. 프로세스 리엔지니어링의 범위는 고객관계

관리 뿐만 아니라 조직내 정보자원을 전파하기 위한 프로세스까지 다양한 범위를 대상으로 하였다. BPR 활동을 통하여 포드자동차는 고객서비스와 제품의 품질 향상, 그리고 상당한 운영비용절감의 성과를 얻었다.

그러나 BPR 활동을 한다고 해서 반드시 기대했던 만큼의 효과를 얻는 것은 아니었다. 그와 관련하여 Kohli & Hoadley(1997)의 연구결과에 의하면 BPR에 대한 인식이 기업마다 달랐다. 예컨대 어떤 기업들은 점진적인 프로세스 개선정도로 이해하는 기업으로부터 혁신적인 프로세스의 변화로 이해하는 기업까지 다양하였다. 또한 BPR의 결과에 대한 조직 내의 인식도 상당히 달랐기 때문에 특정 조직에서 성공하였다 하더라도 다른 조직에서는 실패를 초래하는 경우도 있었다. 게다가 측정을 위한 기준도 고객만족도의 증가 정도를 측정하는 경우에서부터 투자회수(ROI) 혹은 사이클 타임의 단축을 측정하는 경우까지 표준화되지 않은 다양한 형태의 측정기준을 적용하고 있었다.

주요 측정기준으로는 생산성 향상, 이익률 증대, 그리고 고객가치전달 등이며 이들 중에서 한 개에 집중하는 기업들이 BPR의 효과를 명확하게 얻는 것으로 나타났다. BPR을 블랙박스화 하는 기업들의 경우는 사실에 근거한 결과라기보다는 신뢰를 기반으로 하는 결과를 제시하게 된다. BPR의 부분적인 성과를 극대화하기 위해서는 프로세스 담당자들이 기업전반의 성과에 너무 치중하지 않아야 한다.

3.2 정보시스템 가치 분석 틀

정보기술 성과측정을 위한 두 가지 범주로 재무적 평가기준과 운영적 평가기준으로 나누어 생각해 볼 수 있다. 재무적 평가기준으로는 조직 내의 비용, 자금 혹은 회계와 관련된 전통적인 기준들이다. 반대로 운영적 평가기준은 조직의 핵심기능과 관련된 성과를 측정하는 기준이다. 예컨대 병원조직의 경우 환자수입, 순수입, 총수입 등의 경우는 재무적 평가기준이라고 할 수 있으며, 총처리절차 단계 수, 환자당 대기시간, 사망자 수, 그리고 고객만족도 등의 요소들을 포함한다.제조업의 경우 제품생산과 관련된 비용요소가 재무적 평가기준인 반면 생산라인의 가동율(유연성), 불량률 및 재작업율(품질), 그리고 시간당 부품소요량(효율성) 등의 요소들을 포함한다. 이 같은 측정기준은 경영진이나 조직의 책임자가 지속적으로 모니터링하며, 경영진은 회사의 흐름을 파악하기 위해 재무적 평가기준과 운영적 평가기준 모두를 모니터링 해야 한다. 본절에서는 Kaplan &

Norton(1993)의 균형점수카드(BSC)에서 제시된 네가지 관점에서 정보시스템 가치 분석을 한다. BSC이론에 따라 네가지 관점별 성과지표를 예시하면 [그림 2-11]과 같다.

1) 고객관점

고객관점이란 고객의 시각으로 조직을 바라보고, 서비스 수준 혹은 만족도, 비즈니스 규모 등에 대한 관점을 의미한다. 고객과의 발전적 관계를 유지하는 것은 비즈니스 성장의 원동력이 된다. 연구결과에 의하면 불만족하는 고객 한사람이 평균 9~10명의 타인에게 자신의 불만족을 전파하며, 불만족 고객의 13%는 12명 이상의 타인에게 불만을 전파한다(Frank, 1993). 고객의 주요 관심사는 시간, 품질, 성과와 서비스, 그리고 비용의 4가지 차원으로 나누는데, '시간(time)' 이라는 차원은 고객의 주문이 처리되어 고객의 손에 제품 혹은 서비스가 전달되는데 소요되는 시간의 길이를 의미한다. '품질(quality)' 차원은 제품불량률에 대한 고객의 인지수준을 의미하며, '성과(performance)와 서비스(service)' 차원은 제품 혹은 서비스가 고객에게 제공하는 가치수준이다. 마지막으로 '비용(costs)' 차원은 투입자원이 산출물 혹은 서비스화 하는데 필요한 내부효율성의 척도이다(Devaraj & Kohli, 2002).

이러한 맥락에서 기업이 정보기술투자를 통해 고객관계를 구축하고 유지하며 발전시켜나가는데 도움을 줄 수 있으며, 나아가 시장점유율 증가라는 성과를 거둘수 있게 된

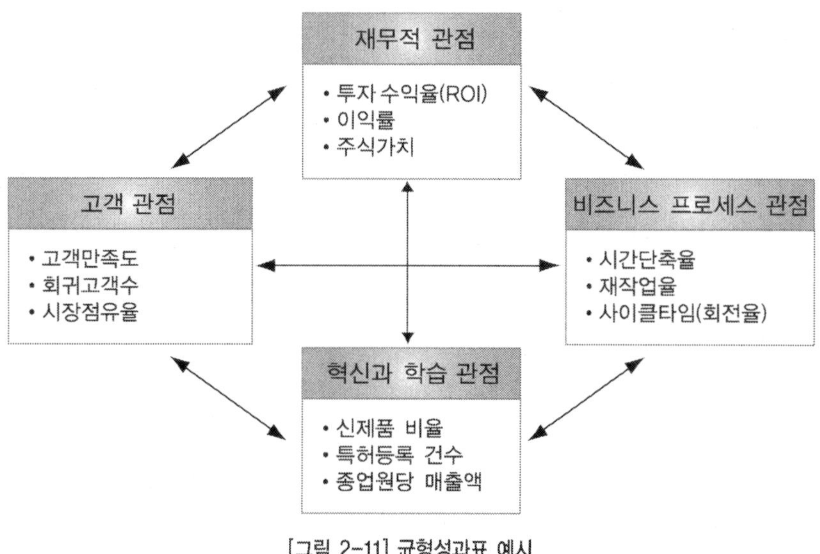

[그림 2-11] 균형성과표 예시

다. 주요 척도로는 시스템 사용자만족도, 고객과의 의사소통 향상, 제품 및 서비스 품질 향상, 고객지원센터 서비스 품질 향상, 목표고객 분류, 고객세분화, 우량고객 발굴의 용이성, 고객(내외부고객)에게 유용한 정보제공 정도, 시장점유율 향상 등이다(Devaraj & Kohli, 2002).

2) 내부관점

내부관점은 비즈니스관련 핵심 내부프로세스 성과를 측정하기 위한 척도로 구성된다. 주요 성과측정 지표는 내부프로세스와 업무절차의 효율성이며, 생산성이나 회전율, 비용절감 등의 척도로 구성된다. 조직 내부 비즈니스 프로세스 관점에서의 정보기술 투자가치로는 조직 내 원활한 의사소통, 상호협조, 그리고 조직 유연성을 강화하여 프로세스를 설계하거나 의사결정의 질을 개선할 수 있다(Bakos & Treacy, 1986). 또한 전자적 거래활동을 통하여 생산설비의 가용도 향상, 재고회전율 및 품질관리 수준의 향상 등의 가치를 획득한다(Barua et al.,1995). 공급자와 연계관계를 강화하거나 탐색비용(search costs)을 절감할 수 있다(McFarlan, 1984). EDI를 통한 원활한 의사소통, 품질관리, 유통 및 배송시간의 단축 효과를 기대할 수 있으며, 나아가 경쟁우위 확보의 이점을 꾀할 수 있고(Mukhopadhyay et al., 1995), JIT(Just-in-time)성과를 거둘 수 있다(Srinivasan et al., 1994).

컴퓨터를 활용한 제품설계(CAD) 및 생산활동(CAM)을 통해 생산성 향상의 효과를 획득할 수 있고, 제품 혹은 서비스 출하시 규모의 경제(economies of scale)가 가능하여 생산프로세스의 개선효과도 있다. 주요 측정지표로는 주문처리 리드타임 감소, 전사적 생산성 향상, 생산설비 및 생산능력(capability)유지 용이성, 원자재 수급의 효율적 관리, 생산과 물류, 데이터의 정확도 향상, 판매점 자산관리 용이성, 매장재고관리 용이성, 정시 배송(on-time delivery) 능력 증대, 의사결정의 정확도 향상, 업무에 대한 권한과 책임 명확화, 부서간 협력관계 개선 등이 있다(Brynjolfsson & Hitt, 1998: Devaraj & Kohli, 2002;)

3) 조직학습관점

조직학습관점(organizational learning perspective)이란 비즈니스 성공의 토대가 되는 조직구성원, 기반시설 등에 관심을 두는 것이다. 주요 측정지표는 구성원들이 보유하고 있는 지적자산(intellectual assets), 시장혁신(market innovation), 업무역량개

발(skill development) 등의 척도로 구성된다.

학습과 혁신의 관점에서는 정보기술과 조직혁신 성과 관점, 산업 조직적 관점, 그리고 정보경제학적 관점에서 정보기술의 비즈니스 가치가 제시되고 있다. 정보기술과 조직성과 관점에서는 효율성과 이익가치, 산업 조직적 관점에서는 경쟁우위가치, 그리고 정보경제학적 관점에서는 기대가치(expected value) 등이 주요 요인이다. 또한 의사결정지원시스템 등의 정보기술 투자 시 프로젝트 선정과 투자가치 평가관점에서 투자이전의 잠재가치(potential value)와 투자이후에 획득되는 실현가치(realized value)의 두 가지를 제시하기도 하였다(Davern & Kauffman, 2000). 주요 척도로는 신제품 개발계획 연계성 향상, 제품수명주기 관리 용이성, 수요예측 용이성, 경영자원 관리역량 개선, 협력사 정보시스템과 자사 정보시스템간 네트워킹의 용이성, 브랜드 이미지 향상, 특허 및 신제품 구성비율 등이 있다.

4) 재무적 관점

재무적 관점이란 전통적으로 기업이 금전적 성과를 측정하는 것으로 수익, 매출증가, 주식가치 등의 척도로 구성된다. 재무적 성과는 이해당사자들 혹은 외부인들의 시각에서 기업의 존재가치를 결정짓는 핵심요인이 된다. 따라서 나머지 3가지 관점의 성과가 양호하다 하더라도 재무적 성과로 연결되지 못하면 기업의 가치는 인정받지 못하게 된다. 따라서 운영적 성과(operational performance)를 재무적 성과(financial performance)로 변환하는 능력이 필요하다(Devaraj & Kohli, 2002). 정보시스템투자의 재무적 관점으로 기업이 정보시스템 투자를 통해 비즈니스 범위를 확장할 수 있고, 이로부터 매출증대 효과를 기대할 수도 있다(Venkatraman, 1994). 재무적 관점의 주요 측정지표로는 전사적 이익증대, 매출증대, 인건비 절감, 원자재 구입비용 절감, 재고관리비용 절감, 마케팅비용 절감 등의 척도가 있다(Devaraj & Kohli, 2002).

3.3 정보시스템 타당성 분석

정보시스템 투자를 위해서는 사전에 투자의 결과로부터 획득할 수 있는 효익에 대하여 분석 검토하는 것이 우선되어야 한다. 타당성 분석의 범주에는 크게 조직관점의 조직적 타당성 분석, 경제적 타당성 분석, 기술적 타당성 분석, 그리고 운영적 타당성 분석 등의 활동이 필요하다. 이와 더불어 가시적 성과인 매출액, 수익증가 등과 비가시적 성과인 고객만족도 향상, 조직역량강화 등의 요인들에 대해서도 면밀한 분석이 필요하다 (O' Brien, 2005).

1) 조직적 타당성

먼저 조직적 타당성이란 정보시스템 도입을 고려하고 있는 기업들은 정보시스템이 기업조직의 비즈니스 활동을 위해 얼마나 시급한지, 얼마나 중요한지에 대한 우선순위를 검토해야 한다. 즉 조직의 비즈니스 수행을 지원하는 시스템인지?, 지원을 하면 어느 정도의 수준으로 지원이 가능한 것인지?, 투자의 시급성은 어느 정도로 보아야 하는지? 등에 대하여 검토하여야 한다. 전자상거래 비즈니스를 위해 정보시스템 도입을 고려중이라고 할 경우 회사가 고려중인 웹 기반의 판매, 마케팅, 또는 재무시스템에 적합한지 여부를 판단하여야 한다. 또 기업의 전사적 시스템과 통합의 정도는 어떠한지에 대해서도 면밀한 검토가 필요하다.

2) 경제적 타당성

정보시스템 도입을 위한 타당성 분석의 두 번째 차원은 경제적 관점에서의 타당성 분석이다. 기업의 정보시스템 전략이라는 것이 궁극적으로는 효율성과 효과성을 높이는 것이므로 시스템 도입의 결과가 가져다주는 경제적 이점에 대한 분석이 필요하다.

정보시스템 도입에 따른 경제적 이점분석의 기준으로 비용절감, 매출액 증가, 부대설비 투자의 감소, 수익증대 등의 기준을 생각해 볼 수 있다. 이 같은 가시적 분석 기준 외에도 비가시적 이점에 대한 분석이 이루어져야 한다. 가시적 분석은 정량적으로 계산이 가능한 요인들인데 가시적 성격의 비용으로는 하드웨어나 소프트웨어 비용, 직원급여 등 정보시스템 개발을 위해 소요된 비용을 의미한다. 반면 비가시적 성격의 비용요소는 정량화가 불가능한 요인들로 고객의 호의적 태도의 상실, 종업원들의 도덕적 해이 등의 요인들로 인해 발생하는 정보시스템 관련 오류에 의한 비용요소를 의미한다.

한편 가시적 이점으로는 정보시스템 도입결과 발생 가능한 인건비의 절감, 재고감소에 의한 재고비용절감 등의 요인들이다. 이에 비해 비가시적 이점으로는 향상된 고객서비스, 경영진을 위해 보다 신속하고 정확한 정보의 제공 등의 이점이라고 할 수 있다. 그러나 측정할 수 없는 목표는 목표라고 할 수 없다는 원리에 의해 가능한 비가시적 효과

를 최소화 시키고, 최대한 정량화 가능한 요인들을 도출해야 할 것이다.

3) 기술적 타당성

기술적 타당성 분석은 도입을 계획 중인 정보시스템이 비즈니스 목적에 합당하며, 신뢰할 만한 하드웨어 및 소프트웨어 인지 여부에 대한 기술적 검토를 하는 활동이다.또한 운영체제의 경우 마이크로소프트 계열의 서버환경을 구축할 것인가? 아니면 리눅스 환경의 운영체제를 택할 것인가 하는 것도 중요한 검토사항이다. 운영체제의 종류에 따라 시스템 개발과정에서 사용하는 기술이나 개발도구들이 달라지기 때문이다. 아울러 채택하고자 하는 데이터베이스의 형태는 자사의 데이터의 성격에 적합한 구조를 지원하는지? 이전 시스템으로부터의 데이터 변환에는 문제가 없는지 등에 대한 기술적 검토도 반드시 선행되어야 한다.

4) 운영적 타당성

제안된 시스템을 사용하고, 운영하고, 지원하는 주체적 역할을 할 경영진, 종업원, 고객, 공급자 등으로부터의 의지나 선호도 등에 대해 분석하여야 한다는 것이다. 예컨대 새롭게 도입하고자 하는 시스템이 지나치게 사용하기가 어려울 경우 사용하기를 회피할 것이고, 나아가서 운영과정에서 실패의 결과를 낳을 수도 있기 때문이다. 따라서 운영적 타당성을 분석하기 위한 요인으로는 종업원의 수용도, 운영과정에서의 경영활동 지원가능성, 고객이나 공급자의 수용도 등에 대해 검토해야 한다.

이외에도 법적 측면에서의 타당성 분석이나 정해진 스케줄 내에 프로젝트를 완성할 수 있는가 등에 대한 타당성 분석이 있어야 한다. 특히 법적 타당성 분석은 e-비즈니스 시스템과 같이 외부와의 거래가 중심이 되는 경우 그 중요성이 더욱 높다.

주요용어 Main Terminology

- 고객관점(customer perspective)
- 규모의 경제(economies of scale)
- 균형점수카드(BSC: balanced score card)
- 나선형 접근법(spiral development)
- 내부관점(internal perspective)
- 메트카프의 법칙(Metcalfe' s law)
- 벤치마킹 테스트(benchmarking test)
- 사용자 인터페이스 설계(user interface design)
- 사이트 컨셉트(site concept)
- 서버사이드언어(SSL: server side language)
- 스토리보드(storyboard)
- 시스템적 사고(system thinking)
- 시장혁신(market innovation)
- 업무역량개발(skill development)
- 운영적 성과(operational performance)
- 원형개발법(prototyping development)
- 원형제작(prototyping)
- 웹 네비게이션 보드(web navigation board)
- 위험분석(risk analysis)
- 재무관점(financial perspective)
- 재무적 성과(financial performance)
- 점진적 모델(evolutionary model)
- 정보시스템 수명주기(information system life cycle)
- 정시 배송(on-time delivery)
- 제안(proposal)
- 제안요청서(RFP: request for proposal)
- 조직학습관점(organizational learning perspective)

- 지불대행서비스(payment gateway service)
- 지적자산(intellectual assets)
- 콤포넌트 기반 소프트웨어 엔지니어링(component-based software engineering)
- 탐색적 개발(exploratory development)
- 투자수익율(ROI: return on investment)
- 폭포수 모델(waterfall model)
- 협업시스템(collaborative system)

연습문제 Exercises

1. 정보시스템 수명주기 4단계를 서술하고, 각 단계에서의 정보시스템 성공요인의 중요도를 설명하라.
2. 저자는 본문 중에 정보시스템의 수명주기를 4단계로 나누어 설명하고 있다. 본인의 기준에 의해 수명주기 단계를 나누어 보고, 타당성을 설명하라.
3. 정보시스템 수명주기별로 성공요인에 대한 중요도 인식에 차이가 있음을 보여주고 있는데 그 이유를 설명하라.
4. 시스템적 접근법의 4단계에 대해 설명하고, 정보시스템 개발과정에서 시스템적 접근법의 필요성에 대해 설명하라.
5. 폭포수 모델의 각 단계에서 발생하는 활동내용을 서술하고, 장단점을 설명하라.
6. 점진적 모델 개발절차를 설명하고, 장단점을 설명하라.
7. 콤포넌트 기반 소프트웨어 엔지니어링 개발법에 대해 논하고, 장단점을 제시하라.
8. 나선형 접근법의 특징을 서술하고, 이 방법의 장단점을 설명하라.
9. 정보시스템 도입시 타당성 검토의 차원을 제시하고 설명하라.
10. 전자상거래용 웹 사이트 개발시 사이트 컨셉트 설정의 중요성에 대해 견해를 밝혀라.
11. 정보시스템 가치평가를 위한 접근법을 제시하고, 그렇게 해야 하는 당위성에 대해 서술하라.
12. 정보시스템 도입 성과 평가를 위해 균형점수카드를 사용하는 기업들이 많은데 정보기술 분야에 적합한 성과지표를 제시하여 보아라.

참고문헌

Literature Cited

박기호, “기능간 정보시스템의 라이프사이클과 성공요인 인식변화,” 한국정보시스템학회 2005 추계학술대회 발표논문집, 2005, pp.171-184.

박기호, 송경석, “e-비즈니스시스템 수명주기에 따른 핵심성공요인 중요도 인식변화 실증연구,” 2005 한국디지털정책학회 추계학술대회 발표논문집, 2005

박기호, 조남재, “정보시스템 투자의 성과 격차 유발요인에 관한 실증연구,” 경영과학, 21(2), 2004, pp.145-165.

박기호외 13인 공저, 유비쿼터스 시대의 전자상거래와 e-비즈니스, 사이텍미디어, 2005, pp.245-285.

조남재, 박기호, “Barriers Causing the Value Gap between Expected and Realized Value in IS Investment: SCM/ERP/CRM,” *Information Systems Review*, 5(1), 2003, pp. 1-18.

조남재, 박기호, 전순천, CBD프로젝트 정보시스템 감리사례연구, JITAM, 11(2), 2003, pp.167-178.

최은만, 소프트웨어 공학, 정익사, 2005, pp.28-40.

Bakos, J.Y. and M.E Treacy., “Information Technology and Corporate Strategy: A Research Perspective,” *MIS Quarterly*, June1986, pp. 107-119.

Barua, A., C.H. Kriebe, and T Mukhopadhyay. “IS and Business Value: an Analytic and Empirical Investigation,” *Information System Research*, 6(1), 1995 pp. 3-23.

Boehm, B., “A Spiral Model of Software Development and Enhancement,” Computer, May 1988, pp. 61-72.

Brynjolfsson, E. and L. Hitt, “Beyond the Productivity Paradox.” *Communications of the ACM*, 41(8), 1998, pp. 49-55.

Davernport, T.H. and J.E Short., “The New Industrial Engineering: IT and Business Process Redesign,” *Sloan Management Review*, Summer 1990, pp.11-27.

Davern, M.J. and R.J. Kauffman, “Discovering Potential and Realised Value from Information Technology Investments,” Journal of Management Information Systems, Vol. 16, No. 4, 2000, pp. 121-143.

Devaraj, S. and R., Kohli, *The IT Payoff Measuring the Business Value of Information Technology Investments*, Prentice-hall Inc., 2002

Frank, "Modeling Cultures of Project Management," Journal of Engineering and Technology Management, Vol. 10, Issues 1-2, 1993, pp. 129-160.

Kaplan, R.S. and D.P. Norton, "Putting the Balanced Scorecard to Work", Harvard Business Review, Sept. 1993, pp. 2-16.

Kohli, R. and E. Hoadley, "An Empirical Study of Practitioner Attitudes Toward Effectiveness of Business Process Reengineering Concepts and Tools," Knowledge and Process Management, Vol.4, No.4, 1997, pp. 278-285.

McFarlan, F. W. "Information Technology Changes the Way You Compete," *Harvard Business Review*, 62(3), May-June 1984, pp. 98-103.

Mukhopadhyay T., S. Kekre, and S. Kalathur, "Business Value of Information Technology: A Study of Electronic Data Interchange," MIS Quarterly, Vol. 19, No. 2, 1995, pp. 137-156.

O' Brian J.A., *Introduction to Information Systems, International 12th Edition*, 2005, pp.340-375.

O' Brian, J.A., *Introduction to Information Systems, International 11th Edition,* 2003, pp.346-348.

O' Brien, J.A., *Introduction to Information Systems, International Edition*, 2005, pp.346-348.

Porter, M.E and V.E. Millar, "How Information Gives You Competitive Advantage," *Harvard Business Review*, July-August 1985, pp.149-160.

Royce, W.W., "Managing the Development of Large Software Systems," Proceedings of IEEE WESCON, Vol. 26, Aug. 1970, pp. 1-9.

Senge and Peter, *The Fifth Discipline*: *The Art and Practice of the Learning Organization*, New York: Currency Doubleday, 1994.

Soh, C., S.S. Kien, and J. Tay-Yap, "Cultural Fits and Misfits: Is ERP a Universal Solutions?," *Communications of the ACM*, 2000, pp.47-51.

Soh, C. and M. Markus, "How IT Creates Business Value: A Process Theory Synthesis," Proceedings of the Sixteenth International Conference on Information Systems, 1995, pp. 29-41.

Sommerville, I., *Software Engineering*, 7th edition, Addison-Wesley, 2005.

Srinivasan, K. and K. Sunder, and T. Mukhopadhyay, "Impact of Electronic Data Interchange Technology on JIT Shipments," Management Science, Vol. 40, No. 10, 1994, pp. 1291-1304.

Teng, J.T.C., V. Grover, and K.D. Fielder, "Redesigning Business Process using IT," *Long Range Planning*, 27(1), 1994, pp.95-106.

Venkatraman, N., "IT-Enabled Business Transformation: From Automation to Business Scope Redefinition," *Sloan Management Review*, Vol.35, 1994, pp.73-87.

정보시스템 프로젝트 관리

CHAPTER 03

PREVIEW

프로젝트 관리는 정보시스템 개발 프로젝트를 주어진 예산범위 내에서 계획된 일정으로, 시스템 사용자의 욕구를 최대한 충족해 줄 수 있도록 통제하고, 관리하는 것을 의미한다. 따라서 프로젝트의 생성부터 진행과정, 종료, 그리고 이후 시스템의 유지보수에 이르기까지 다양한 관리요소들을 포함하고 있고, 이들 요소들이 적합한 방법으로 적시적으로 관리 되어야만 한다. 본 장에서는 프로젝트 계획수립, 관리활동, 프로젝트 위기관리 등의 내용을 학습한다.

OBJECTIVES OF STUDY

- 프로젝트 관리의 개념을 이해하고, 특히 소프트웨어 개발 프로젝트의 특성과 주요활동, 그리고 관리단계에 대한 이해도를 높인다.
- 프로젝트 계획수립의 내용 즉 일정계획, 자원계획, 예산계획, 조직계획 등에 대한 이론을 배운다.
- 프로젝트 참여 구성원들의 역할과 조직구조에 대한 이해도를 높인다.
- 프로젝트의 진행과정에서 발생할 수 있는 위기상황에 대해 해결대안을 마련하고, 해결방안 모색 방법론에 대해 학습한다.
- 프로젝트 위기상황 발생 요인규명과 위기에 대한 상세분석과 관련된 지식을 습득한다.

CONTENTS

1 프로젝트 관리의 개념

정보시스템 개발 프로젝트에서 프로젝트 관리란 고품질의 시스템을 주어진 기간 내에 최소의 비용으로 구축하기 위하여 개발과정을 지휘하고 통제하는 활동을 의미한다. 따라서 수용 가능한 시스템을 예산 및 기일 내(within budget and on time)에 완성하기 위해서는 프로젝트 관리가 필수적이다. 많은 프로젝트들이 프로젝트 리더(leader)의 관리기술과 능력의 미비로 인하여 사용자 요구의 미충족, 예산초과, 납기지연 등의 결과를 가져온다. 이는 특히 다수의 인원이 투입되는 대형 프로젝트의 경우 더욱 빈번하다. 일반적으로 경험이 풍부한 시스템 분석가가 프로젝트 관리자의 역할을 수행하는 것이 통례이나, 시스템 분석가로 성공을 거두었다고 해서 프로젝트 관리자로서도 성공한다는 보장은 없다. 물론 한 사람이 시스템 분석에서부터 설계, 코딩까지 전담하는 소규모 프로젝트의 경우는 문제가 심각하지 않으나 다수의 시스템 분석가와 프로그래머가 참여하는 대규모 프로젝트의 경우는 인적자원 관리와 개발 프로세스 관리 등의 문제가 중요한 관리 포인트가 되기 때문이다.

프로젝트 관리는 매우 중요하며, 그 범위가 매우 넓어서 본 절에서 모두 언급하는 것은 불가능하다. 따라서 프로젝트 관리에 관심이 있는 독자들은 별도의 관련서적을 참고하기 바란다. 본 절에서는 프로젝트 관리 활동 중 특히 중요하다고 생각되는 프로젝트 계획, 프로젝트 일정계획, 위기관리, 그리고 자원관리 등의 활동에 대한 개략적 내용만 소개하도록 한다.

1.1 소프트웨어 프로젝트 특성

정보시스템 개발 프로젝트 중 소프트웨어 개발프로젝트는 여타 프로젝트와는 다른 특성을 몇 가지 지니고 있다. 즉 생산된 제품인 소프트웨어는 눈에 보이지 않는 디지털 제품이다. 또한 소프트웨어 개발프로세스에는 표준화된 절차를 세울 수가 없다. 아울러 대규모 프로젝트의 경우 일회성으로 끝나기 때문에 프로젝트로부터 획득한 지식을 새로운 프로젝트에 적용할 수 없다.

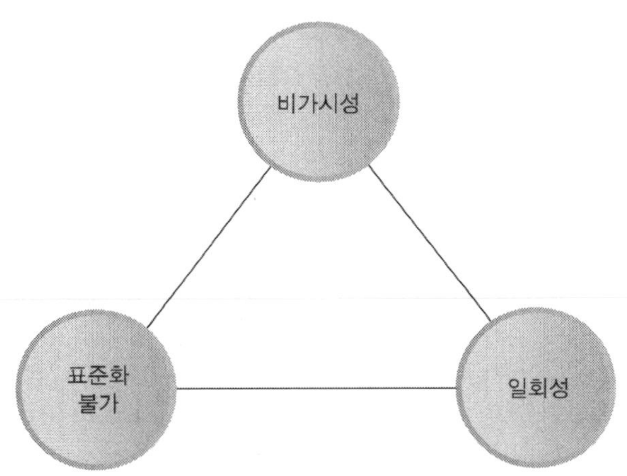

[그림 3-1] 소프트웨어 프로젝트 특성

1) 비가시적 디지털 생산물

선박을 건조하는 프로젝트 혹은 신도시 건설 프로젝트 등은 공정의 진척상황을 가시적으로 확인할 수 있어 일정의 지연이나 소요자원의 부족 등에 대해 명확하게 대책을 수립할 수 있다. 그러나 소프트웨어 개발 프로젝트의 경우는 프로젝트 관리자가 진척상황을 확인하기가 불가능하여 문제의 발생시 적합한 대책을 수립하는 것이 용이하지 않다. 따라서 대부분의 소프트웨어 개발 프로젝트의 경우는 개발 담당자들이 작성한 문서에 의존하고 있다.

2) 소프트웨어 개발 프로세스 표준화 불가

오랜 역사를 지닌 건축공학이나 도시공학 등의 분야에서는 수많은 시행착오를 거쳐 전체공정의 표준화가 가능하였다. 그러나 소프트웨어 개발프로세스의 경우는 개발조직마다 매우 상이하며, 과거의 프로젝트 경험을 통하여 개발 프로세스를 정립하였다 하더라도 이후 신규 프로젝트에서 발생할 수 있는 문제점을 예측하는 것은 매우 어려운 일이다.

3) 일회성 프로젝트

대규모 프로젝트는 일반적으로 선행 프로젝트와는 다른 방식으로 수행될 경우가 많다. 따라서 선행 프로젝트를 통해 많은 경험을 가진 관리자라 하더라도 프로젝트 진행과정에서 발생할 수 있는 문제점을 예측하기가 매우 어렵다. 더욱이 급속한 기술변화와 컴

퓨팅 및 통신 기술의 발전에 의해 관리자들의 과거 프로젝트 경험은 크게 의미를 가지지 못할 수도 있다. 아울러 이전 프로젝트의 경험이 신규 프로젝트로 이전될 수도 없는 경우가 대부분이다.

1.2 프로젝트 관리 주요활동

앞 절에서 기술한 바와 같이 소프트웨어 프로젝트 관리를 위한 표준 매뉴얼은 없다. 소프트웨어 개발과 관련된 업무는 조직에 따라 소프트웨어의 종류에 따라 그리고 개발팀의 특성에 따라 달라지기 때문이다. 그러나 프로젝트 관리자들이 진행해야할 활동의 종류는 다음과 같다.

- 제안서 작성과 계약체결
- 프로젝트 기획과 일정계획
- 프로젝트 예산수립
- 프로젝트 모니터링과 검토
- 인적자원의 선정과 평가
- 보고서 작성과 프리젠테이션
- 프로젝트의 이관과 마무리 등

일반적으로 소프트웨어 개발을 의뢰하는 기업 혹은 조직을 클라이언트라고 한다. 이들 클라이언트들은 정보시스템을 개발하기에 적합한 개발사를 선정해야 한다. 따라서 클라이언트의 경우 제안요청서(RFP: request for proposal)를 후보 개발사에게 제시하고, 후보 개발사들은 RFP에 준하여 제안서를 작성하게 된다. 작성된 제안서는 클라이언트가 내부 심사과정을 거쳐 최종적으로 개발사를 선정하게 되고, 선정된 개발사는 클라이언트와 계약체결을 함으로써 본격적인 프로젝트의 실무에 돌입하게 된다.

제안서의 주요 내용으로는 프로젝트의 개요 및 목적, 프로젝트 수행방법론, 수행절차, 자원소요 계획, 일정계획 등으로 구성된다. 제안서 작성은 프로젝트의 시작점으로 매우 중요한 의미를 가지게 된다. 프로젝트 수행조직은 프로젝트를 수주하고, 계약을 체결해야 만이 생존이 가능한 것이며, 존재의 의미를 실현하는 것이기 때문이다.

프로젝트 기획(project plan)활동은 활동내용의 구체화, 구체적 일정계획, 프로젝트 종료 후 최종 산출물 관련 상세내용 등에 대해 계획하는 활동이다. 기획서는 프로젝트가 성공적으로 종료될 수 있도록 하는 가이드라인이다. 프로젝트 수행에 소요되는 예산의 수립 역시 소요 자원에 대한 계획을 구체화해야만 가능한 활동이다.

프로젝트 모니터링(project monitoring) 활동은 프로젝트의 시작부터 종료하는 시점까지 지속적으로 수행되어야 한다. 프로젝트 관리자는 프로젝트의 진행과정에 계획 대비 실제 진행일정, 예산집행 내역, 주요 활동상황 종료 후의 산출물의 품질체크 등의 활동을 해야 한다.

1.3 프로젝트 관리 단계

일반적으로 프로젝트 관리에서 가장 먼저 행하는 활동은 프로젝트 계획단계이다. 프로젝트 계획에는 여러 가지 종류가 있다. 품질계획, 타당성 검토, 시스템 구성계획, 유지보수 계획, 그리고 인력개발 계획 등으로 나눌 수 있다. 또한 대부분의 프로젝트 기획서에 포함되는 내용으로는 프로젝트 개요, 프로젝트 수행조직, 예상 위기요인 분석, 하드웨어 및 소프트웨어 소요자원 내역, 직무분할(work breakdown), 프로젝트 일정, 그리고 관리 및 보고절차 등의 내용으로 구성된다. 일반적인 프로젝트 계획 절차를 구조적 문언으로 작성하면 [그림 3-2]와 같다.

```
프로젝트 제약 조건 및 한계점의 도출
프로젝트에 영향을 미치는 주요 변수에 대한 평가실시
프로젝트 주요 일정계획 및 완료일정 정의
while 프로젝트 미완료 및 취소되지 않음 loop
        프로젝트 일정계획 작성
        일정계획에 따른 활동 명시
        (wait for a while)
        프로젝트 진도체크
        프로젝트 영향을 미치는 변수들의 체크 및 수정
        프로젝트 일정계획 수정보완
        프로젝트 제약조건 및 완료일정 수정보완
        if (문제발생) then
          기술재검토 및 해결가능성 타진
        endif
end loop
```

[그림 3-2] 프로젝트 계획절차

소프트웨어 개발뿐만 아니라 웹 사이트 구축을 위해서도 일정기간 주어진 예산을 가지고, 정해진 개발기간 동안 성공적으로 사이트 개발을 완료해야 한다. 따라서 단계별 개발절차에 따라 전체적인 프로젝트 수행계획을 수립하여야 한다. 프로젝트 계획을 수립하는 시점으로는 클라이언트로부터의 제안요청서를 접수하고, 클라이언트의 제안서 심사가 통과되면 개발계약이 체결되어 본격적으로 실질적인 프로젝트가 진행된다.

프로젝트 관리(project management)는 일련의 상호 연속된 세부작업으로 구성되어 있으며, 기본적인 단계는 계획수립, 가동, 통제, 종료의 4가지로 구성된다.

첫 번째 계획수립 단계는 프로젝트를 정의하고 상세한 프로젝트 계획과 조직, 자원소요예측, 위험평가, 일정계획 등을 수행하고, 프로젝트에 대한 승인을 취득한다. 이 단계에서는 소요자원계획과 일정계획이 중요한 산출물이 된다. 두 번째 프로젝트 가동단계는 프로젝트 수행환경을 조성하고 참여하는 인력을 훈련시키며, 프로젝트가 실제로 수행될 수 있도록 하는 단계로서, 프로젝트의 수행에 투입될 팀원 및 환경이 그 결과물이다. 세 번째 프로젝트 통제 단계는 계획대비 프로젝트의 진척도를 점검하고 변경사항을 승인하는 등 프로젝트 전 기간을 통해 반복적으로 수행되는 작업으로서 통제활동의 결과로 프로젝트 상황표가 만들어진다. 마지막으로 프로젝트 종료단계는 프로젝트 수행결과의 완전성을 점검하고 프로젝트의 성과평가 척도를 준비한 후 공식적으로 프로젝트를 종료하는 단계로서 프로젝트 프로필(profile)과 평가척도(metrics), 프로젝트 완료보고서, 시스템 매뉴얼, 기타 개발관련 문서들이 중요한 산출물이 된다.

2 프로젝트 계획수립

2.1 일정계획

1) 프로젝트 일정계획 절차

프로젝트 일정계획은 프로젝트 관리자에게 가장 힘든 과정이다. 프로젝트 관리자들은 전체 프로젝트 활동을 완료하고, 이들 활동들을 면밀하게 수행하는데 필요한 시간과 비용을 산출해야 한다. 또한 한 번 수립된 일정계획은 프로젝트가 진행되는 동안 새로운

상황정보를 참조하여 지속적으로 수정 보완되어야 한다.

프로젝트 일정계획의 주요 절차는 소프트웨어 혹은 시스템 요구사항을 수행하기 위해 필요한 활동파악, 활동간 주종관계 파악, 활동에 소요되는 자원평가, 인력자원의 할당, 그리고 프로젝트 차트(선행 및 후행활동간 네트워크, 작업별 소요기간 및 선후공정, 활동 바차트(bar-chart), 인력할당 및 시간차트 등)를 작성하는 작업으로 진행된다.

프로젝트 일정은 비용 및 클라이언트의 만족도와 밀접한 관계가 있으므로 일정을 준수하는 것이 중요하다. 웹 사이트 구축 프로젝트의 경우는 프로젝트 초기에 요구사항과 네비게이션 보드가 치밀하게 작업이 되었다면 다른 프로젝트에 비해 불확실성이 다소 적다고 볼 수 있다. 왜냐하면 웹 사이트 구축에 필요한 기술의 난이도가 그리 높지 않고 게시판, 회원가입, 동호회 모듈, 전자상거래 결제페이지 등에 적용되는 기술은 거의 모듈 형태로 구현이 되어 있어 재활용이 가능하기 때문이다. 단, 불확실성이 내재하는 부분은 프로젝트 수행도중에 클라이언트에 의한 추가 요구사항이 발생하는 경우와 홈페이지에 게재할 콘텐츠 확보에 어려움이 있는 경우는 일정지연의 중요한 요인이 되는 경우가 많다. 따라서 이러한 문제점의 발생가능성이 높을 경우는 기획단계에서 보다 명확하고 치밀한 요구분석을 통하여 프로젝트 수행도중에 추가 요구사항이 발생하지 않도록 해야 한다. 또한 홈페이지에 올라갈 콘텐츠의 확보를 위해서 클라이언트와의 긴밀하고도 충분한 협의가 반드시 병행되어야 한다.

2) 프로젝트 일정관리 기법

(1) PERT/CPM 기법

프로젝트 일정계획을 위한 기법으로 PERT/CPM기법이 있다. PERT/CPM기법은 복잡한 대형 프로젝트의 효율적인 계획 및 통제를 위하여 1950년대 개발된 기법들이다. PERT(Program Evaluation and Review Technique)는 폴라리스(Polar 정보시스템) 미사일 프로젝트의 계획 및 일정수립을 위하여 미 해군에 의하여 개발되었으며, CPM(Critical Path Method)은 화학공장의 유지 및 관리를 위하여 듀폰(Du Pont)사와 유니백(Univac)사에 의해서 개발되었다. 이러한 PERT/CPM은 기본적인 개념이나 방법론에 있어서 상호 유사하나 이들의 근본적인 차이점은 PERT가 각 활동의 활동시간이 정확하게 정해진 경우 주로 프로젝트의 시간과 비용간 교환관계(trade-off)를 분석하는데 중점을 두는 반면 CPM은 각 활동의 완료시간에 대한 정확한 예측이 불가능한 경우 확률분포를 기초로 하여 정해진 목표에 도달할 수 있는 방법을 찾는 기법이라는 데 있다. 효과적인 프로젝트 일정계획을 수립하기 위해서는 다음과 같은 요소들을 고려해야 한다.

- 프로젝트의 완료시간
- 중요한 활동들에 대한 정보
- 네트워크의 주경로(critical path)
- 활동의 지연가능시간

이러한 자료들은 활동들 간의 결정적인 관계를 이해하거나 네트워크에 있어서 빠진 요소들을 찾아내는 데 필수적이다. 일반적으로 PERT/CPM 네트워크는 활동과 단계의 두 가지 기본요소로 구성되어 있다. 활동이란 자원과 시간이 소요되는 프로젝트의 한 작업단위이며, 단계란 이러한 활동의 시작 또는 완료를 나타내는 특정시점을 말한다. 네트워크 모형에 있어서 활동은 화살표로 단계는 원으로 각각 표시한다. 또한 활동을 나타내는 화살표를 가지(link)라 하며, 단계를 나타내는 원을 지점(node)이라고 부르기도 한다.

주경로는 네트워크의 최초 시작점과 최종 완료점을 연결하는 경로들 중에서 가장 긴 시간을 필요로 하는 경로를 말하며, 이는 전체 프로젝트의 완료시간을 나타내는 매우 중요한 요소이다. 만일 어떠한 이유로 인하여 주경로를 구성하는 활동 가운데 어느 하나라도 지연되게 되면 전체 프로젝트의 완료시간도 지연되기 때문에 이를 효율적으로 관리하는 것은 매우 중요한 일이다. 일반적으로 하나의 프로젝트 네트워크는 하나의 주경로를 갖는 것이 보통이나 경우에 따라서는 다수의 주경로를 가질 수도 있다.

(2) 마일스톤 기법

마일스톤(milestone) 계획기법은 프로젝트가 예정된 진도에 따라서 진행되는지 여부를 산출물을 가지고 관리하는 기법이다. 마일스톤 혹은 체크포인트(check point)는 진도의 주기적인 검토를 실시하여 계획대비 프로젝트 진행 실적을 점검할 수 있도록 한다. 따라서 프로젝트 관리자 혹은 경영진에서는 프로젝트가 추가 자원이 필요한지, 계획의 수정이 필요한지 아니면 중단되어야 하는지를 결정할 수 있다.

마일스톤은 시간, 예산, 혹은 산출물에 기반을 둔다. 예를 들어 프로젝트 진행은 주간, 월간 혹은 분기별로 평가할 수 있다. 그러나 마일스톤은 전체 프로젝트를 구성하고 있는 개별 활동들이 종료된 이후 산출물을 평가하여 프로젝트의 성공적인 진행여부를 확인함으로 사실기반(fact-based)의 일정평가가 가능하다.

2.2 인적자원계획

예기치 않은 상황이 발생하여 프로젝트 지연이 우려될 경우는 인적 물적 자원의 추가 투입을 결정해야 하는데 특히 프로젝트 진행과정에서의 인적자원관리는 매우 중요하다. 프로젝트 지연의 원인이 무엇인지를 명확하게 하고 어느 정도의 추가 자원이 투입되어야 하는 지에 대해 검토하여야 한다. 추가 인적자원의 투입에 대해서는 프로젝트 조직의 내외부 인적자원 활용의 유연성을 발휘하여 신속하게 처리해야 한다.

웹 기반 시스템개발 프로젝트 수행을 위해 필요한 팀을 구성하는 경우 주요 인적자원으로는 프로젝트 관리를 위한 프로젝트 관리자, 시스템 기획자 및 분석가(웹 사이트의 경우 웹 기획자, 웹 프로듀서 혹은 웹 마스터), 사용자 인터페이스 디자이너, 시스템 설계자, 프로그래머, 콘텐츠 기획자 등의 인적자원들로 팀을 구성하게 된다. 개발조직별로 약간씩의 차이가 있을 수는 있으나 팀원들이 담당하는 일반적인 역할은 다음과 같다.

(1) 프로젝트 관리자

프로젝트 관리자(project manager)의 주요 역할로는 클라이언트와 프로젝트 참여자들 간의 커뮤니케이션이 원활할 수 있도록 조정하고, 사이트 구축 과정 전반의 프로세스를 관리하는 역할을 담당하게 된다. 예산을 집행하거나 회의를 주관하여 프로젝트가 성공적으로 마무리 되도록 하는 책임을 지고 있다. 프로젝트 관리자의 자격요건으로는 프로젝트를 성공적으로 마무리하기 위한 리더십이 있어야 하며, 문제해결 능력 등의 역량이 요구된다.

(2) 시스템 기획자 및 분석가(웹 기획자, 웹 프로듀서, 웹 마스터)

시스템 기획자 또는 분석가가 수행하는 주요 역할로는 클라이언트의 요구사항을 분석하고 분석모델을 작성하는 것이다. 웹사이트 구축의 경우, 웹 기획자는 유사 사이트를 벤치마킹 하며, 네비게이션 보드를 제작하는 역할을 담당하게 된다. 또한 이들은 회의자료를 준비하고, 클라이언트와 프로젝트 참여자들 간의 중재역할도 담당하게 되는데 프로젝트 전체 진행과정에서 매우 중요한 역할을 하여야 한다. 시스템 기획자에게 요구되는 역량으로는 창의적인 사고력, 풍부한 아이디어 창출, 시스템에 대한 종합적 사고와 이해력, 업무협조를 위한 책임감, 리더십 등의 역량이 요구된다.

(3) 인터페이스 디자이너

인터페이스 디자이너는 시스템과 사용자 간의 커뮤니케이션을 위한 소프트웨어 화면 디자인 부분의 작업을 담당한다. 또한 사용자들의 편이성을 고려하여 네비게이션 구조를 설계하는 등의 역할을 담당하게 된다. 특히 전자상거래 등 웹 사이트 구축 프로젝트의 경우 디자인 요소가 사이트의 컨셉트를 표현하는 중요한 요소임을 감안하면 디자이너의 역할이 매우 중요하다. 웹 환경의 시스템 디자이너에게 요구되는 역량으로는 사이트 특성파악을 위한 전문가적 감각과 디자인적 창의력 및 응용력, 디자인 관련 툴 사용 능력 및 HTML 코딩 능력 등의 역량을 갖추어야 한다.

(4) 시스템 설계자 및 프로그래머

시스템 설계자의 주요 역할로는 전체 시스템의 소프트웨어 및 하드웨어 구조와 데이터베이스 구조를 설계하고, 소프트웨어에서 구현되어야 할 각종 기능들에 대한 설계를 담당하게 된다. 또한 프로젝트 완료보고를 위한 문서작업, 시스템 아키텍쳐 설계, 물리적 DB설계, 모듈설계 등을 통하여 전체 시스템의 기능을 설계하는 역할을 담당한다. 프로그래머는 시스템설계자의 설계 도면을 토대로 프로그래밍을 한다. 시스템 설계가는 요구분석 내용을 구현 할 수 있는 아키텍쳐와 DB 및 프로세스 설계도를 작성할 수 있어야 하며 프로그래머는 컴퓨터 언어를 사용하여 프로그래밍을 할 수 있는 능력, DB구현 등의 역량이 요구된다.

(5) 콘텐츠 기획자

콘텐츠 기획자는 주로 웹 기반의 포털사이트 혹은 전자상거래 사이트 구축시 매우 중요한 역할을 담당한다. 소규모 웹 사이트의 경우에는 일반적으로 웹 기획자와 콘텐츠 기획자가 같은 사람일 경우도 있으나 전자상거래 사이트의 경우에는 콘텐츠의 배열이나 콘텐츠 생성 및 업그레이드 등의 업무를 전담하는 인력이 필요하다. 전자상거래 사이트의 콘텐츠 기획자는 머천다이저(merchandiser)로서의 역할을 담당해야 한다. 잘 팔리는 제품, 잘 팔리지 않는 제품, 기획 상품, 이벤트 상품 등의 상품들을 어느 위치에 진열할 것인가 등에 대한 전반적인 계획을 수립하고 실행하는 역할을 한다. 웹 콘텐츠 기획자들에게 필요한 역량으로는 고객의 욕구를 잘 파악하고, 상품의 특징, 계절별 소비패턴의 변화 등에 관한 추세를 잘 읽을 수 있는 역량이 필요하다.

2.3 예산계획

웹 사이트 구축의 경우 개발계약 체결시 확정된 개발비용의 범위에서 프로젝트 예산이 설정되게 된다. 제안서 내용 중 예산규모가 언급 되어야 하는데 예산을 수립하는 과정은 크게 두 가지 방법을 사용하고 있다. 예산수립방법의 첫 번째는 전체적인 사이트의 페이지 수를 기준으로 페이지당 개발단가를 곱하여 전체 예산을 수립하는 방법이 있다. 따라서 '구축예산 = 총 페이지수 × 페이지당 단가' 로 계산될 수 있다. 이 방법의 장점으로는 전체 사이트의 페이지 수가 정확하게 계산될 경우는 매우 정확하고 합리적인 예산을 수립할 수 있으나 개발초기에 전체 사이트의 총 페이지를 계산하는 것에 불확실성이 존재하는 어려움이 있다. 또한 페이지별 작업의 분량에 차이가 있기 때문에 일괄적으로 페이지 단가를 적용하는 것에 무리가 있을 수 있다.

두 번째 방법으로는 투입되는 인력자원의 인건비, 마진율, 기타 관련 비용 등을 합하여 소요기간을 곱한 금액으로 예산을 산정한다. 이 방법의 장점으로는 인건비등의 실제비용을 기준으로 예산을 수립하는 방법으로 비교적 정확한 비용 산출이 가능하나 인건비 적용기준이나 마진율 등의 적용에 있어서 클라이언트와의 타협의 여지가 많다는 단점이 있다. 일반적으로 현업에서 어떤 방식을 취할 것인지는 회사의 비용 수립정책에 따라 달라질 수 있다.

정보시스템 예산 수립을 위해서는 소프트웨어 개발에 소요되는 기간과 비용을 정확히 예측하는 것이 중요하다. 정보시스템 개발 프로젝트 비용의 예측에 있어 다음과 같은 요소들이 영향을 미친다.

- **시스템 규모** : 개발하고자 하는 시스템의 전체 규모가 커짐에 따라 개발에 소요되는 비용은 기하급수적으로 증가하게 된다.
- **시스템 복잡도** : 개발하고자 하는 시스템 복잡도에 따라 프로젝트 비용이 달라진다.
- **프로젝트 소요기간** : 프로젝트 시작시점부터 종료시점까지 요구되는 기간에 따라 영향을 받는다. 즉 프로젝트 수행 기간이 증가할수록 프로젝트 비용은 증가하게 되며, 특히 소프트웨어 개발 프로젝트의 경우 대부분 프로젝트 중반이후에 자원소요가 증가하므로 프로젝트 지연 등의 사유 발생시 비용은 급증할 수도 있다.
- **인력자원의 숙련도** : 프로젝트에 투입되는 인적자원의 경력, 근무연한, 기술자의 등

급 혹은 전문성의 정도 등에 따라 인건비 규모가 달라지므로 프로젝트 수행비용에 영향을 미치게 된다. 숙련도를 측정하는 지표로는 코딩 및 디버깅 능력, 프로그래밍 언어 활용 숙련도 등이 있다.

- **프로젝트 투입기술 수준** : 프로젝트에 투입되는 개발장비, 개발도구, 조직능력, 관리 방법론 등의 요인들에 의해 영향을 받는다.

2.4 조직계획

프로젝트 조직구조(organizational structure)는 프로젝트의 상황, 프로젝트가 속한 기업의 조직구조, 운영방침에 따라 결정된다. 일반적으로 프로젝트를 위한 조직구조는 다음의 3가지 형태로 나눌 수 있다.

1) 기능중심 조직구조

기능중심 조직구조(functional structure)는 내부 효율성을 강조하는 조직형태로서 업무의 전문화라는 관점에서 각 기능부서의 전문성을 최대한 발휘 할 수 있는 조직형태를 의미한다. 프로젝트와 관련된 중재역할은 기능단위의 중간관리자가 담당하거나 사업부문의 장이 맡게 되고, 단위 기능부서에 속한 스태프가 프로젝트에 참여하는 형태의 조직이다. 기능중심의 조직구조는 조직구성원 개개인의 능력발휘와 개별 기능에 중심을 두는 장점이 있다.

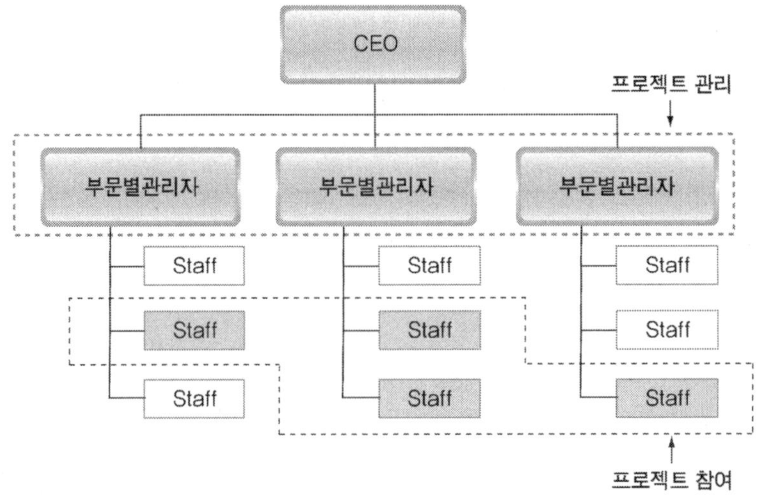

[그림 3-3] 기능중심 조직구조

기능중심조직의 장점으로는 조직 구조가 단순하여 관리의 용이성이 높고, 인력의 이동측면에서 유연성이 높다고 할 수 있다. 기능부서가 기술적 지원 및 인력개발을 지속적으로 할 수 있으며, 전문성이 높아 업무의 범위가 명확하여 이전자료 축적이 수월하다. 또한 부서 내 의사소통체계가 간단하고 잘 정립될 수 있으며, 부서 내에서 문제에 대하여 빠른 대응이 가능하다. 아울러 안정적인 작업환경을 선호하는 직원에게 알맞은 조직형태이며, 부서 내에 명확하게 정의된 책임과 역할이 있는 프로젝트에 적합한 구조이다.

기능중심조직의 단점으로는 책임소재가 불명확하여 부서간 갈등발생 가능성이 높고, 부서간 의사소통 체계가 미약하다. 그리고 타 조직구조에 비해 프로젝트 관리자의 권한이 상대적으로 낮아 프로젝트 진행과정에서 협조가 미약하거나 전체 프로젝트에 관한 장악력이 떨어질 위험성이 있다. 또한 부서간 과다한 경쟁심리가 발동할 수 있으며, 소속 부서업무에 종속되어 부서간 갈등 유발의 소지도 있다. 타 부서로 프로젝트의 주요 역할이 이전될 경우 책임소재가 불명확해지며, 외부 고객대응에 무관심한 태도를 보일 수도 있다. 아울러 부서의 관점에서 편협된 의사결정을 할 가능성이 높고, 멀티 프로젝트 환경에서는 자원배분에 대한 갈등 발생 가능성이 많다. 전체 프로젝트를 책임지는 부서가 없으며, 프로젝트에 참여한 팀원들에 대한 동기 부여가 미약하다는 단점이 있다.

2) 프로젝트형 조직구조

프로젝트형 조직구조(projectized structure)는 외부 효과성을 강조하는 조직형태이다. 외부 환경 혹은 주어진 목표를 달성 할 수 있는 조직 형태를 의미 한다. 전일제 근무 태스크포스팀(task force team)이 이러한 예가 될 수 있다. 특정 프로젝트가 발생하면 해당 프로젝트에 전담팀이 구성되고, 프로젝트 관리자가 스태프를 조직하여 프로젝트를 수행한다.

프로젝트형 조직구조의 장점으로는 프로젝트 관리자가 전체 프로젝트에 대한 권한 행사를 강하게 할 수 있다. 또한 프로젝트의 성공여부에 따른 인센티브 등을 적용할 수 있어서 프로젝트의 투입정도와 충성도가 높아질 수 있으며, 팀원과 프로젝트 관리자 간의 의사소통이 용이해 질 수 있다. 아울러 의사소통과 보고체계가 단순하기 때문에 의사소통에 오류가 적다. 프로젝트 수행과정에서 과업 지향적이고 동질적인 팀 분위기를 형성함으로써 신속한 의사결정과 집행이 가능하며, 프로젝트 전체를 바라 볼 수 있는 시각을 가질 수 있다.

반면에 프로젝트형 조직구조의 단점으로는 복수개의 이종의 프로젝트 조직이 운영중인 경우에는 인적 물적 자원의 낭비 요소가 발생할 수 있다. 또한 기술적 노하우가 개인 의존적이 되어 자원이나 인력활용도가 저하될 가능성이 높다. 결원의 발생시에 충원을 신속하게 하지 못하는 경우는 외주에 의존하게 되며, 장기적으로 자사의 노하우 축적에 어려움이 있다. 그리고 프로젝트 완료 후 팀원들이 복귀할 적절한 조직이 없는 경우도 발생한다.

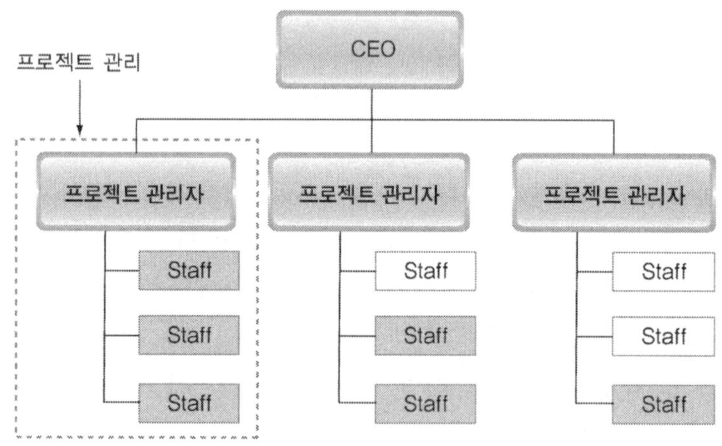

[그림 3-4] 프로젝트형 조직구조

3) 매트릭스 조직구조

매트릭스 조직구조(matrix structure)는 내부 효율성과 외부 효과성을 혼합한 조직형태이다. 기능중심 조직구조와 프로젝트형 조직구조의 장점을 살린 혼합형(hybrid) 조직형태를 의미한다. 특정 프로젝트를 완료한 스태프들은 매트릭스에 등록되며, 신규 프로젝트의 발생시 이에 재투입되는 과정을 반복하는 조직이다. 프로젝트 관리자 역시 매트릭스 멤버에서 프로젝트를 할당 받으면 프로젝트를 책임지고 수행한다. 프로젝트 팀에 참여하는 구성원들은 기능조직으로부터 차출하여 사용할 수도 있다.

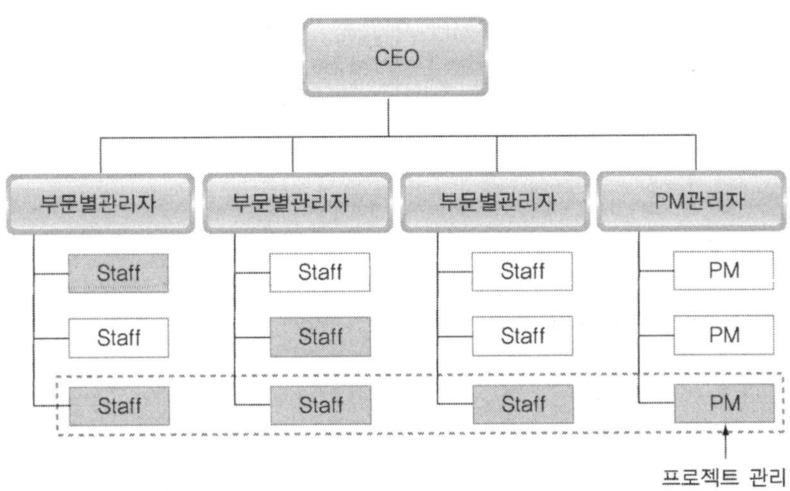

[그림 3-5] 매트릭스 조직구조

매트릭스 조직구조의 경우는 전사적인 자원을 효율적으로 활용 할 수 있는 조직구조로 이는 타 프로젝트 종료이후에 매트릭스 풀(matrix pool)에서 대기 중인 인력들을 차출하여 프로젝트 구성원으로 영입할 수 있기 때문이다. 이 같은 조직형태의 경우 인력활용의 유연성은 탁월하나 전체인력에 대한 가동률이 저하될 수도 있는 단점이 있다.

매트릭스 조직구조의 주요 장점으로는 프로젝트 단위의 책임소재가 분명하며, 회사 전체 자원 활용을 극대화할 가능성이 높다. 또한 각종 개발장비들을 공유하여 자원 구입 비용을 줄이며, 고정비용 발생가능성을 최소화할 수 있다. 아울러 회사전체의 방향은 공유하면서 프로젝트 상황을 고려할 여지가 많으며, 수직/수평의 정보공유가 수월하게 이루어 질 수 있다. 단위 부서의 스태프들이 팀원으로 참여함으로써 기능단위 부서의 관점과 프로젝트의 관점이 조화를 이룰 수 있다. 또한 업무단위관리(WBS: work breakdown structure)와 조직단위관리(OBS: organization breakdown structure)를 통합함으로써 프로젝트 관리가 용이해 질 수 있다.

매트릭스 조직구조의 단점으로는 조직의 구성체계가 복잡하여 구성원들이 이해하기 어려울 수 있으며, 책임과 권한에 대한 부서간 갈등을 유발시킬 소지가 크다. 복수개의 프로젝트를 수행하는 경우 스태프들의 강력한 지원을 받지 못함으로써 구성원간 시너지가 미약해 질 수 있다. 또한 관련부서와 협의과정에서 의사결정 리드타임이 길어져 신속한 의사결정이 이루어지지 않을 수 있으며, 의사결정의 복잡성으로 조직의 유지비용이 많아질 수 있다. 아울러 희소자원이 있을 경우 자원 확보를 위해 부서간 갈등이 발생 할 가능성이 높다. 그리고 부서에서 능력 있는 사람의 경우 부서 이기주의에 의해 프로젝트 파견을 거부하는 경우가 발생할 수도 있어서 인적자원 확보에 유연성이 떨어질 수도 있다.

3 프로젝트 위기관리

3.1 위기관리 활동

최근 정보기술환경과 경영환경의 불확실성 증대로 인하여 위기관리(risk management) 활동은 프로젝트 관리 분야에서 매우 중요한 자리를 차지하고 있다. 왜냐하면 프로젝트 추진일정이나 프로젝트 산출물의 품질에 영향을 미칠 수 있는 위기요인을 사전에 인지하고 이를 해결하기 위한 노력은 비용절감이나 일정준수를 위한 중요한 활동이 되었기 때문이다(Hall, 1998; Ould, 1999). 다시 말하면 위기요인에 대한 효과적 관리를 통해 문제해결이 용이해지며, 예기치 않은 예산소요 혹은 일정지연 등을 용이하게 해결할 수 있다. 위기요인의 종류로는 크게 3가지로 나눌 수 있다.

- **프로젝트 위기요인** : 프로젝트 추진일정이나 자원에 영향을 미치는 위기요인들로 예컨대 경험이 풍부한 디자이너의 부족이나 퇴사 등으로 인한 인적자원부족 등의 예가 있다.
- **제품 위기요인** : 개발 중인 소프트웨어의 성능이나 품질에 영향을 미치는 위기요인으로 프로젝트를 위해 구입한 상용모듈의 품질미약 등의 예가 있다.
- **비즈니스 위기요인** : 소프트웨어를 개발하거나 구매하는 조직에 영향을 미치는 요인으로 신제품을 개발하는 경쟁사가 비즈니스 위기요인이 될 수 있다.

프로젝트에 영향을 미치는 위기요인은 프로젝트나 조직 환경에 영향을 받는다. 예컨대 프로젝트 종료이전에 경험이 많은 개발자가 퇴사하거나, 조직경영상 프로젝트 우선순위의 변경, 시스템의 전체 규모 예측의 오류 등의 요인들이 발생할 수 있다.

위기관리의 주요 절차는 [그림 3-6]과 같이 위기요인의 규명, 위기에 대한 상세분석,

위기해결방안 모색, 그리고 위기감독관리 등의 순서로 진행된다. 위기관리 절차는 프로젝트가 진행되는 동안 지속적이고 반복적으로 실행된다.

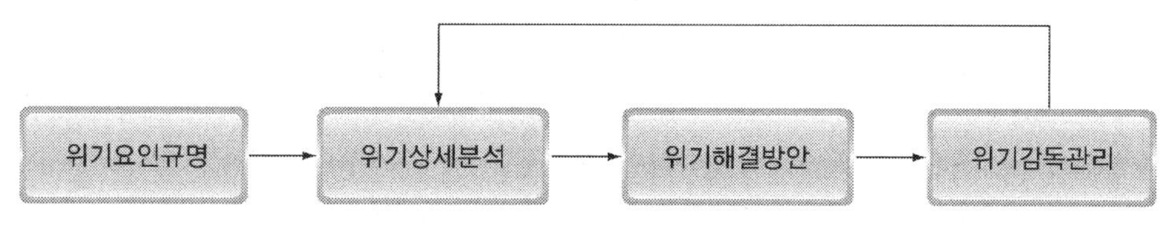

[그림 3-6] 위기관리활동

3.2 위기요인 규명

위기요인 규명 과정은 위기관리 활동의 첫 단계로서 프로젝트, 프로세스, 그리고 비즈니스와 관련된 위기가능 요인들을 찾아내는 과정이다. 위기요인 규명 단계의 위험요인들에 대한 위험의 정도를 평가하거나 우선순위를 부여하는 것은 아니며, 발생가능성이 낮거나 결과에 큰 영향을 미치지 않는 요인들은 고려대상에서 제외된다. 또한 위험요인을 규명하는 방법으로는 주로 팀 내의 브레인스토밍 방법이나 구성원들의 경험 혹은 노하우에 기초하여 도출하는 것이 일반적이다.

위기요인을 규명하기 위한 범주로 Sommerville(2005)은 5가지 차원을 제시하고 있다.

- **기술적 위기**(technology risks) : 시스템 개발에 사용되는 하드웨어 혹은 소프트웨어적 기술부분에서 발생 가능한 위기요인이 있다. 예컨대 콤포넌트 기반의 개발을 추진할 경우 재사용 모듈에 치명적인 결함이 존재하고 있는 경우를 일례로 들 수 있다.
- **인적자원의 위기**(people risks) : 프로젝트 팀내의 인적자원과 관련한 위험요인들 즉 우수인력의 이직, 혹은 발병 등의 불가항력적 원인들이다. 예컨대 우수인력의 이직이 발생할 경우는 그와 동등한 수준의 인력들을 충원하는 것이 쉬운 일이 아니기 때문이다.
- **조직상의 위기**(organizational risks) : 시스템이 개발되고 있는 조직내부의 환경변화에 따른 위기 발생요인들이다. 이에 적절한 예로는 기업의 자금상황이 여의치 않아서 프로젝트 예산이 삭감이 될 경우 프로젝트에 위기요인으로 영향을 미치게 된다.
- **도구관련 위기**(tool risks) : CASE(computer-aided software engineering)나 소프트웨어 개발을 지원하는 각종 도구 소프트웨어들의 사용과정에서 발생하는 위

험요인들이다. 예를 들면 CASE를 이용하여 자동으로 생성된 소스코드가 목적에 부합하지 않을 경우는 직접 소스코드를 작성하는 번거로움이 발생하게 된다.

- **요구사항 위기**(requirements risks) : 요구사항 변경을 관리하는 과정 혹은 고객으로부터의 잦은 요구사항 변경 등으로부터 발생할 수 있는 위험요인들이다. 예컨대 고객 즉 클라이언트들의 경우 요구사항의 변경이 시스템 전체 구조에 얼마만큼의 영향을 미칠지 알지 못하기 때문에 발생하는 위기요인이다.

3.3 위기 상세분석

위기 상세분석 과정에서는 위기요인 규명 단계에서 도출된 위기요인들에 대한 발생가능성과 심각성의 정도를 평가하는 과정이다. 물론 이 같은 분석단계에서 정확한 결과를 도출하는 것은 쉬운 일이 아니다. 따라서 프로젝트 관리자들의 경험과 판단력이 매우 중요한 단계라고 할 수 있다.

일반적으로 미래를 기준으로 추측하는 위험발생가능성에 대해서는 정확한 수치로 표현하는 것은 불가능하며, 발생가능성을 확률적 수치로 나타낸다. 예컨대 발생가능성이 매우 낮은 경우는 10% 미만, 낮은 경우는 10~25%, 보통인 경우는 25~50%, 가능성이 높은 경우는 50~75%, 매우 높은 경우는 75% 이상으로 나타낸다. 위험요인이 미치는 영향에 대해서는 치명적, 심각, 극복 가능한, 그리고 무의미한 등으로 구분한다.

분석의 결과는 영향의 정도 순서와 발생가능성 순서에 따라 표 형태로 정리되어야 한다. 이 같은 분석의 정확도를 높이기 위해서는 분석가가 프로젝트나 프로세스, 개발팀뿐만 아니라 조직에 대한 정확하고도 많은 정보를 보유하고 있어야 한다. [표 3-1]은 위기요인에 대한 상세분석 결과표의 사례를 보여준다.

[표 3-1] 위기상세분석 결과표

위험요인	발생가능성	영향의 정도
프로젝트에 적합한 인력의 채용 불가능	보통	치명적 영향
시스템 재설계가 필요한 정도의 요구사항 변경	낮음	심각한 영향
시스템 개발기간 지연	높음	심각한 영향
직원교육 훈련 불가	보통	극복 가능
콤포넌트 모듈의 에러 내재	높음	무의미한 영향

위기상세분석 결과표에 기입되어 있는 발생가능성이나 영향을 미치는 정도는 실제로 프로젝트가 진행되는 과정에서 변경될 수도 있으므로 진행과정에서 지속적으로 수정 · 보완해 나가야 한다. 프로젝트 관리자는 프로젝트 진행과정에서 끊임없이 관찰하고, 분석하는 역할을 담당한다. 사례분석이 완료되면 어떠한 위험요인이 가장 중요한 의미를 가지고 있는지를 판단해야 한다. 당연히 판단의 근거는 발생가능성과 위험요인이 미치는 영향의 정도가 된다. 치명적인 영향이나 심각한 영향을 미치는 위험요인의 경우는 당연히 중점관리 요인으로 철저한 관리가 필요하다. 실제적으로 중점관리 요인의 수는 10개 정도가 적당하다는 주장도 있으나(Boehm, 1989), 이는 프로젝트마다 달라질 수 있기 때문에 5~15개 정도의 요인의 범위를 중점 관리하는 것이 타당하다고 생각된다.

3.4 위기 해결방안

프로젝트 진행도중 발생이 예상되는 위기요인들을 규명하고, 이들에 대한 발생가능성이나 영향력의 정도에 대한 분석이 완료되면 이들을 관리할 전략적 방안을 계획하여야 한다. 위험요인 해결방안에 대한 전략적 계획을 세우기 위한 왕도는 없다. 다른 관리활동과 마찬가지로 해결방안을 계획하는 절차 역시 프로젝트 관리자의 경험이나 역량에 전적으로 의존하는 경향이 있다. 위기관리를 위한 전략으로는 크게 세 가지로 나눌 수 있다(Sommerville, 2005).

- **회피전략**(avoidance strategies) : 위험요인의 발생가능성을 감소시킬 수 있도록 하는 방안을 강구하는 전략이다. 예컨대 특정 콤포넌트 모듈에 오류가 존재하는 경우는 신뢰성이 높은 모듈을 구매하여 대체하는 전략이다.
- **최소화 전략**(minimization strategies) : 최소화 전략은 위험요인이 미치는 영향을 최소화 하는 전략이다. 예컨대 팀원중 누군가가 장기적 질병을 겪어야 되는 경우를 대비하여 팀구성원들이 상호 타인의 업무를 잘 이해하고 있도록 하고, 구성원들의 업무를 중복되게 배정하는 것을 말한다.
- **상황계획**(contingency plans) : 프로젝트가 진행되는 상황에 따라 최악의 시나리오를 예상하고, 이들 시나리오에 적합한 해결책을 마련하는 전략이라고 할수 있다. 예컨대 해당 프로젝트가 비즈니스 전략 달성을 위해 얼마나 중요한 프로젝트 인가를 최고 경영진에 제시할 수 있는 보고서를 준비함으로써 조직의 자금상황이 나빠질 경우라 하더라도 프로젝트 진행에 차질을 빚지 않도록 하는 전략이다.

무엇보다도 가장 바람직한 전략이란 위기를 회피할 수 있는 전략이 최선이라고 할 수 있으나 현실적으로 불가능할 경우 위기요인이 프로젝트 진행에 치명적인 영향을 주지 않도록 위험을 감소시켜야 한다. 아울러 프로젝트나 제품개발 과정에서 위험의 영향을 감소시킬 수 있는 대안적 전략들이 마련되어야 한다.

3.5 위기 감독관리

앞서 언급한 바와 같이 위기요인들에 대한 발생가능성과 이들 요인이 프로젝트에 미치는 영향을 최소화하기 위해서는 규명된 각각의 위기요인들에 대해 지속적으로 평가, 감독, 관리에 심혈을 기울여야 한다. 물론 이들 위기요인들이 명확하게 가시적으로 드러나지 않는 경우가 대부분임으로 이들 요인들을 둘러싸고 있는 주변의 환경 혹은 정황으로부터 위험발생 가능성이나 영향력의 정도를 사전에 예측하여야 한다. 위기요인을 둘러싸고 있는 요소들은 위기요인의 종류에 따라 달라질 수 있다. 예컨대 기술적 위기요인을 예측할 수 있는 주변의 정황으로는 시스템 구축에 필요한 하드웨어나 소프트웨어의 납품이 지연되거나, 기술적 난제에 대한 보고가 증가할 때 추측가능하다. 또 다른 예로는 조직에 대한 좋지 않은 소식이 들리거나 최고 경영자의 지원 등이 소홀해지는 현상은 조직자체에 대한 위기요인 발생가능성이 높다는 것을 반증해 준다.

다른 관리활동과 마찬가지로 위기요인의 관리감독 절차는 프로젝트가 진행되는 동안 지속적으로 수행되어야 하는 프로세스이며, 핵심 위기요인들은 각각을 분리하여 관리하고, 감독해야 한다.

주요용어 Main Terminology

- 가지(link)
- 기능중심 조직구조(functional structure)
- 기술적 위기(technology risks)
- 도구관련 위기(tool risks)
- 마일스톤(milestone)
- 머천다이저(merchandiser)
- 매트릭스 조직구조(matrix structure)
- 매트릭스 풀(matrix pool)
- 비가시적 디지털 생산물(invisible digital product)
- 비즈니스 위기(business risks)
- 시스템 기획자(system planner)
- 시스템 디자이너(system designer)
- 상황계획(contingency plans)
- 시스템 규모(system scale)
- 시스템 복잡도(system complexity)
- 요구사항 위기(requirements risks)
- 업무단위관리(work breakdown structure)
- 위기관리(risk management)
- 인적자원의 위기(people risks)
- 조직상의 위기(organizational risks)
- 지점(node)
- 제안요청서(RFP: request for proposal)
- 주경로(critical path)
- 조직단위관리(organization breakdown structure)
- 제품위기(product risks)
- 최소화 전략(minimization strategies)
- 콘텐츠 기획자(contents planner)

- 태스크포스팀(task force team)
- 프로젝트 관리자(project manager)
- 프로젝트 관리(project management)
- 프로그래머(programmer)
- 프로젝트 위기(project risks)
- 프로젝트 모니터링(project monitoring)
- 프로젝트 기획(project plan)
- 프로젝트형 조직구조(projectized structure)
- 회피전략(avoidance strategies)
- PERT/CPM기법

연습문제 Exercises

1. 정보시스템 개발 프로젝트 관리의 중요성에 대해 설명하라.
2. 소프트웨어 개발 프로젝트의 특성에 대해 기술하고 사례를 들어가면서 설명하라.
3. 프로젝트 관리의 주요활동들을 제시하고, 프로젝트 관리자의 역할에 대해 언급하라.
4. 프로젝트 일정관리 기법의 종류를 들고 설명하라.
5. 소프트웨어 개발 프로젝트에 소요되는 인적자원을 제시하고, 그들의 역할에 대해 설명하라.
6. 프로젝트 예산수립시 비용에 영향을 미치는 요인들을 제시하고, 각 요인들을 설명하라.
7. 프로젝트 수행을 위한 일반적인 조직구조 3가지 형태를 제시하고, 이들 조직구조의 장단점을 서술하라.
8. Sommerville이 제시한 프로젝트 위기요인 5가지 차원을 기술하고 각 요인들에 대해 설명하라.
9. 위기 해결을 위한 세 가지 전략의 예를 들고 이들 전략들 간 장·단점을 비교 설명하라.

참고문헌 Literature Cited

박기호, "기능간 정보시스템의 라이프사이클과 성공요인 인식변화", 2005 정보시스템 추계 학술대회 프로시딩, 2005. 12,

박기호, 조남재, "정보시스템 투자의 성과격차 유발요인에 관한 실증연구", 경영과학, 한국경영과학회, 21(2), 2004, pp.145-165.

박기호외 13인 공저, 유비쿼터스 시대의 전자상거래와 e-비즈니스, 사이텍미디어, 2005, pp.245-285.

조남재, 박기호, "정보시스템 투자전후 가치격차 유발 장애요인 : 탐색적 사례연구", *Information Systems Review*, 한국경영정보학회, 5(1), 2003, pp.1-18.

Boehm, B., "A Spiral Model of Software Development and Enhancement," Computer, May 1988, pp. 61-72.

Boehm, B.W., Software Risk Management, IEEE Press, Piscataway, NJ, 1989.

Edwards, C., *Wherever You Go, You're on the Job*, Business Week Asian Edition, June 20, 2005, pp.62-65.

Hall, E., *Managing Risk: Methods for Software Systems Development,* Reading, MA: Addison-Wesley, 1998.

Heackel, S. H., "Adaptive Enterprise: Creating and Leading Sense and Respond Organizations," Harvard Business School press, 1999.

Luecke, R., *Crisis Management: Master the Skills to Prevent Disasters,* Harvard Business Review, 2004.

Ould, M.A., *Managing Software Quality and Business Risk.* Chichester:John Wiley & Sons, 1999.

Park, K.H., *Value Discrepancy Factors in Informations System Investment: Exploratory and Empirical Approach,* Doctoral Dissertation, Hanyang University, 2004. 8.

Sommerville, I., *Software Engineering*, 7th edition, Addison-Wesley, 2005.

Ward, J. and J. Peppard, *Strategic Planning for Information Systems*. John Wiley, 2004.

정보시스템 요구사항 분석

CHAPTER 04

PREVIEW

정보시스템 개발의 첫 번째 단계는 사용자의 요구사항을 파악하고 시스템을 분석하는 것이다. 많은 시스템 개발이 실패로 끝나는 주된 원인이 바로 사용자의 요구사항을 정확히 파악하지 못하기 때문이다. 사용자 요구분석은 현재 시스템이 당면한 문제는 무엇이며, 사용자는 정보시스템으로부터 "무엇(what)"을 기대하는지를 파악하는 것이다. 따라서 요구분석은 문제의 본질을 파악하는데 초점을 둔다. 시스템의 본질의 파악하고 사용자의 요구사항을 조사하기 위하여 지금까지 많은 방법이나 기법들이 개발되어져 왔다. 본 장에서는 정보시스템 분석에 대한 기본적인 개념과 사용자 요구사항, 그리고 시스템 조사의 내용과 방법에 대하여 살펴본다.

OBJECTIVES OF STUDY

- 정보시스템 요구분석의 기초 개념을 이해한다.
- 현행 시스템 분석을 위한 PIECES 프레임워크를 이해한다.
- 기능적 요구사항과 비기능적 요구사항을 구분한다.
- 어떤 상황에서 어떤 시스템 조사를 해야 할지를 알아야 한다.
- 면담, 설문지, 문서분석, 관찰, 회의와 JAD 기법을 사용하여 요구 자료를 수집하는 방법을 알아야 한다.

CONTENTS

1 시스템 분석의 기초

1.1 시스템 분석의 개념

시스템 개발 수명주기(SDLC: system development life cycle)는 조직이 현행 시스템(As-Is system)에서 신규 시스템(To-Be system)으로 이행하는 일련의 프로세스를 단계별로 묘사하는 것이다. 따라서 정보시스템도 그 탄생에서부터 유지보수를 거쳐 폐기될 때까지 하나의 생명체와 같다. 지금까지 제시된 많은 SDLC 모델들이 모두 가장 많은 비중을 두는 부분이 바로 시스템 분석 단계이다. 기획 단계에서 제시된 시스템 제안서가 조직 내 정보화 관련 최고의결기구인 정보화추진위원회 또는 전산화추진위원회(steering committee)의 승인이 떨어지면, 시스템 사용자에 대한 상세 요구사항 분석(requirement analysis)과 분석모델 작성 단계로 나아간다.

분석과 설계의 경계는 매우 모호하다. 왜냐하면, 분석단계에서 만들어진 산출물들이 설계의 시발점이기 때문이다. 그러나 분석과 설계를 구분하는 중요한 기준은 [표 4-1]과 같이 모델링 관점(논리적 관점과 물리적 관점)이다. SDLC를 크게 4단계(기획-분석-설계-구현)로 나눌 경우 기획 단계와 분석 단계는 시스템의 본질을 파악하고 목표달성에 필요한 요구사항들을 정립하여 논리적 모델을 구축하는 단계이다. 이 단계에서는 문제가 "무엇(what)"인가에 초점을 두지 "어떻게(how)" 시스템을 구현할 것인가는 개의치 않는 구현독립(implementation independence)을 강조한다.

[표 4-1] 논리적 모델 물리적 모델의 구분

구분	논리적 모델(기획, 분석)	물리적 모델(설계, 구현)
정의	구현방법, 기술에 관계없이 시스템 목표를 달성하기 위한 본질적 요구사항만을 표현한 모델	시스템 목표를 달성하기 위한 요구사항을 특정 방법과 기술로 구현하기 위하여 표현한 모델
주안점	• 무엇(what) • 목표(objective) • 방침(policy) • 본질(essence)	• 어떻게(how) • 수단(means) • 방법(method) • 구현(implementation)

시스템 분석(system analysis)은 현행 시스템의 문제점과 예상되는 사용자들의 요구사항을 조사하고 분석하여 개발 대상 시스템의 기능을 정의하고, 시스템의 요구조건 등을 전개해 나가는 과정이다. 시스템 분석의 일반적인 절차를 나열하면 다음과 같다.

① 현행 시스템 및 환경에 대한 이해
② 문제점 및 애로사항 규명
③ 전산화 요구사항과 기대효과 파악
④ 시스템 타당성 검토
⑤ 시스템의 기능적, 비기능적 요구사항 정의
⑥ 시스템 모델링 및 분석모델의 작성

시스템 분석은 사용자 업무와 관련하여 현행 시스템이 안고 있는 문제점을 먼저 검토하고, 정보기술을 이용한 새로운 해결 대안책인 To-Be 시스템 설계를 위한 시스템 기능과 사용자 정보요구를 명확하게 정의내리는 활동이다. 시스템 분석 과정에서 문제를 해결해 나가기 위한 접근법은 크게 다음과 같이 두 가지로 나눌 수 있다.

- 귀납법(문제 지향형)

현행 시스템의 문제점을 파악하고 문제의 원인을 규명하고 제거하여 해결책을 도출하려는 현상 개선형 접근방법이다.

- 연역법(목적 지향형)

시스템이 처해 있는 현실적인 상황이나 여건의 문제에 초점을 두지 않고 시스템의 이상적인 형태를 설정한 후에 그 실현 수단을 강구하는 방법으로 이상 추구형의 접근방법이다.

1.2 현행 시스템의 분석

시스템 분석의 첫 단계는 현재 조직에서 수행하는 업무가 무엇이며, 이를 수행하기 위하여 어떤 응용시스템으로 구성되어 있는가를 파악하는 것이다. 그 후 이들 시스템으로부터 사용자는 무슨 정보를 원하는지 파악하여 어떤 시스템을 만들 것인지를 규명해야 한다. As-Is 시스템을 이해하고 그 시스템이 안고 있는 문제점들을 파악하여 이에 대한 해결대안을 내기 위해서는 그 시스템을 둘러싼 환경과 현재의 업무처리절차와 의사결정과정에 대한 이해가 필요하다. 그리고 그 과정에서 내재된 문제의 원인과 결과를 분석해야 한다. 경영정보학에서 시스템 분석은 이러한 조직의 당면한 문제점들을 정보기

술을 이용하여 해결하는 것을 연구하는 학문이다.

정보기술을 이용한 경영문제의 해결을 위한 분석 프레임워크로 유용하게 활용될 수 있는 것이 미네소타대학의 Wetherbe 교수가 제안한 PIECES 프레임워크이다. PIECES는 전산화를 통한 업무처리능력(performance) 향상, 정보(information) 개선, 경제성(economic) 제고, 관리통제(control) 강화, 능률(efficiency) 향상, 그리고 서비스(services)의 개선을 의미하는 영어의 첫 글자를 따와서 만든 것이다. 이들 6가지 해결 방안 중에서 경제성 제고와 능률 증대의 차이점은 전자가 투입되는 자원의 낭비 방지 혹은 최대 효과를 거둘 수 있는 분야에의 자원투입을 강조하는 반면, 후자는 산출 대비 투입 비율의 증대에 역점을 둔 개념이다. 조직에서 당면한 문제점들을 체계적으로 분석해보면 이들 6가지의 범주로 분류할 수 있으며, 정보기술을 활용하여 이들 문제점들을 극복할 수 있는 방안을 제시할 수 있다.

퍼듀대학의 Whitten 교수는 PIECES 프레임워크를 이용하여 어떻게 현행시스템의 문제점을 분석하고 이를 극복하기 위한 정보기술 대안은 무엇인가를 제시하고 있다 (Whitten et al., 1994; 이민화, 2003).

(1) 업무처리능력 분석(performance analysis)

기업에서 업무처리가 지연되고 반응시간이 떨어질 경우 업무처리능력에 대한 분석을 통하여 그 해결 대안을 마련해야 한다. 일반적으로 컴퓨터 기반의 정보시스템 개발을 생각하게 하는 첫 번째 동인은 업무처리의 지연에 있다. 오늘날 조직의 경쟁력을 갖추기 위해서는 QRS(quick response system)을 구축하여 기업 활동의 속도를 높여야 한다. 특히 오늘날과 같이 네트워크가 발달된 환경에서는 조직의 반응속도가 기업의 경쟁력을 좌우하므로 스피드 경영체제의 구축이 중요하다.

업무처리능력 또는 시스템 성능은 산출량(throughput)과 반응시간(response time)에 의해 측정되어진다. 이들 두 가지 개념은 서로 연관되어 있으며, 동시에 고려하는 것이 좋다. 산출량은 특정 시간 동안 수행된 작업의 양이다. 반응시간은 거래를 입력하고 그 거래의 처리에 대한 반응을 얻는데 평균적으로 걸리는 시간이다. 조직은 컴퓨터기술을 활용하여 산출량을 급속히 향상시킬 수 있으며, 네트워크화 된 시스템을 구축하여 반응속도를 높일 수 있다. 예를 들어 고객의 주문에 대한 처리요구가 급속히 증가하여 처리비용이 급격히 증가할 것으로 예상될 경우 컴퓨터 시스템으로 주문을 효과적으로 처리할 수 있으며, 원격지에 떨어진 고객의 주문을 인터넷을 통하여 실시간으로 받아 처리함으로써 고객 반응시간을 단축할 수 있다.

(2) 정보 분석(information analysis)

경영자의 의사결정의 질은 정보의 양과 질에 따라 좌우된다. 의사결정에 필요한 정보를 즉시에 공급받기 위해서는 효과적인 정보보고시스템(IRS: information report system)과 의사결정지원시스템(DSS: decision support system)의 구축이 필수적이다. IRS는 기업의 기본적인 거래 데이터를 데이터베이스에 저장하고 이것으로부터 주기적인 정보를 산출하여 해당 관리자에게 제공하는 시스템이다. 반면 DSS는 경영자의 의사결정을 지원하기 위하여 조직의 내 · 외부 정보를 통합하고 다양한 의사결정모델을 활용하여 가상질의분석(what-if analysis)이나 목표탐색(goal seeking)이 가능한 시스템이다.

경영자는 대부분의 시간을 의사결정과 협상에 사용한다. 이를 위해서는 합리적인 의사결정을 위한 객관적인 데이터와 의사결정 분석모델이 필요하며, 다양한 시나리오 하에서 의사결정의 효과를 분석할 수 있어야 한다. 예를 들어 노동조합과의 협상에서 경영자가 제시할 수 있는 최고 수준의 임금률은 어느 수준에서 결정되어야 하는가에 대한 결정을 하기 위해서는 노동자의 생산성에 대한 분석정보가 있어야 가능하다. 이를 위해서는 최고경영자의 의사결정을 지원하는 DSS나 중역정보시스템(EIS: executive information system)을 구축해야 한다.

(3) 경제성 분석(economic analysis)

조직의 모든 자원(인적, 물적, 재무적 자원)들은 한정되어 있다. 이러한 한정된 자원을 최적 배분하는 것이 관리자들의 역할이다. 특히 중간 관리자들은 자신의 부서에 배정받은 자원을 어떻게 하면 가장 효율적으로 배분할 것인가를 항상 고민한다. 경제성 분석은 자원의 최적 배분을 위한 대안을 제시하며, 투입 요소인 비용의 절감을 위한 방안을 제시한다. 전산화된 정보시스템은 인력과 비용의 절감을 가능하게 한다. 조직에서 정보를 처리하는 프로세스는 컴퓨터와 인간이다. 단순 반복 작업의 경우 컴퓨터를 이용하는 것이 비용을 절감할 수 있는 방안이 된다. 또한 컴퓨터는 복잡한 계산을 효율적으로 수행하며, 24시간 서비스가 가능하므로 인간을 대신하여 구조화되고 프로그램화 가능한 업무들을 낮은 비용으로 처리가 가능하다.

정보시스템 분석가는 시스템 개발을 통하여 얻을 수 있는 경제적 효익을 분석해야 한다. 즉, 컴퓨터기반의 정보시스템 개발과 유지비가 전산화 되지 않았을 때와 비교하여 인건비와 같은 자원 투입비용을 절감할 수 있어야 한다. 경제적 타당성 분석(economic feasibility analysis) 결과 투입 비용보다 유 · 무형의 효과가 클 경우 그 시스템을 개발의 타당성을 인증 받아 최고경영층의 지지를 얻을 수 있다. 경제적 타당성 분석을 위한 많은 기법들이 재무관리분야에서 제시되고 있다. 따라서 시스템 분석가는 이들 타당성 분석에 대한 전문적인 지식을 갖추어야 한다.

(4) 통제 분석(control analysis)

조직 경영에서 중요한 원리 중의 하나는 통제의 폭(spin of control)이다. 이는 한 사람의 관리자가 통제할 수 있는 사람이나 작업의 수를 의미한다. 일반적으로 조직에서 통제를 너무 적게 하면 오류가 많이 생기고 품질이 저하되며, 너무 많은 통제는 업무의 융통성과 생산성 저하를 가져온다. 경영자의 또 다른 중요한 역할 중의 하나는 시스템 통제이다. 현재의 시스템이 계획된 목표와 비교하여 얼마나 잘 수행되고 있는가를 파악해야 한다. 이를 위해서는 주기적으로 시스템 성과에 대한 보고서가 올라와야 하며, 목표치에서 벗어난 상황에 대해서는 예외상황보고서를 받아 적절한 조치를 취할 수 있어야 한다. 이러한 통제를 효과적으로 수행하기 위해서는 주기적인 정보 보고체계를 갖춘 IRS 시스템이 구축되어야 한다.

(5) 능률 분석(efficiency analysis)

앞에서 제시된 경제성 분석이 자원의 투입과 관련하여 자원절약이 중심 개념이라면, 능률은 얼마나 낭비 없이 자원을 이용하는가와 관련된다. 능률은 투입(input)에 대한 산출(output)의 비율이다. 조직에서 능률은 특정 업무와 관련된 생산성(productivity)을 의미한다. 능률을 높이는 방법은 자원 투입을 감소시키거나 산출물을 증가시키는 방법이 있다. 따라서 능률 분석은 투입자원을 절감하거나 산출물을 증가시키는 방안을 모색하는데 사용된다. 정보시스템은 시스템의 능률, 즉 생산성 향상의 도구로 사용되어질 수 있다. 예를 들어 생산일정계획을 위한 전문가 시스템(ES: expert system)을 구축하여 효율적인 인력 투입을 통한 인건비 절감과 생산 기간의 단축을 이룰 수 있다.

(6) 서비스 분석(service analysis)

조직 내에서 모든 단위들은 서로에게 서비스를 주거나 받으며, 외부의 고객에게 서비스를 제공한다. 서비스를 받는 부서나 고객의 입장에서 본다면 서비스를 공급하는 단위나 개인의 서비스 수준이 고객만족과 직결된다. 서비스는 무형의 것이므로 쉽게 측정할 수는 없지만 서비스의 수준이 그 품질을 결정한다. 기업에서 서비스 품질을 개선하기 위한 많

은 노력들이 이루어지고 있으며, 이를 위한 중요한 수단으로 컴퓨터 기반의 정보시스템 개발을 고려한다. 전산화 된 정보시스템은 정보처리의 신속성, 정확성, 그리고 신뢰성을 높일 수 있어 정보처리 서비스의 질을 높일 수 있다. 또한 네트워크 기술과 지능형 응답시스템의 활용은 원격지에 떨어진 고객에게 24시간 무인 원격 서비스를 가능하게 한다.

시스템 분석가가 현행 시스템을 연구하고 분석하기 위해서는 앞에서 제시된 PIECES 분석 프레임워크와 같은 것을 이용할 수 있다. 먼저 시스템 분석가는 현행 시스템을 분석하고 이해하기 위하여 시스템 사용자와 사용자 부서의 관리자들의 도움을 얻어 다양한 방식으로 자료를 수집한다. 자료수집 방법에 대해서는 다음 절에서 자세히 다룬다. 분석가는 수집된 자료를 토대로 무엇이 문제의 근원인지, 새로운 시스템을 개발하여 이용하지 않으면 어떤 기회손실(opportunity cost)이 발생하는지, 정보기술을 활용할 수 있는 방안이 무엇인지 등을 다각도로 검토한다. 이 과정에서 PIECES 프레임워크는 문제의 원인과 결과를 분석하고 해결대안을 창출하는데 도움을 줄 수 있다. 문제의 원인과 해결 대안에 대한 분석이 완료되면 시스템 분석가는 신규로 개발해야 할 시스템(To-Be System)의 목표와 개발상의 제약조건들을 검토한다. 그리고 사용자들이 신규 시스템으로부터 어떤 정보를 원하는지를 분석한다.

1.3 사용자 요구사항의 분석

사용자 요구분석(user requirement analysis)이란 시스템이 무엇을 수행해야 하며, 무슨 특징들을 지녀야 하는지를 정의하는 것이다. 따라서 분석단계에서 요구사항은 시스템이 수행하는 "무엇(what)"에 초점을 두고 있으며, 현업 업무를 담당하는 사용자의 관점에서 기술되어져야 한다. 따라서 사용자 요구분석을 업무요구분석(business requirement analysis)이라고도 한다. 분석 단계에서의 초점은 현업을 담당하는 사용자의 요구사항을 정의하는 것이다. 설계단계에서는 분석단계에서 정의된 사용자 요구사항을 어떻게 충족시킬 것인가를 명세 하는데 초점을 둔다. 따라서 설계단계에서의 요구사항은 시스템 개발자의 관점에서 기술하는 것이므로 이를 시스템 요구사항(system requirement)이라고 부른다. 따라서 사용자 관점의 업무 요구사항이 프로젝트가 진행됨에 따라 점차 개발자중심의 시스템 요구사항으로 전진되어 간다.

사용자 요구사항 정의는 시스템이 해야 할 일들을 진술하는 것이다. 그런데 중요한 사실은 이러한 요구사항들이 항상 고정되어 있지는 않다는 점이다. 따라서 프로젝트가

진행되는 동안, 즉 분석단계에서 설계단계, 그리고 구현단계로 진행되어 가면서 요구사항은 계속해서 변화가 일어난다. 그러므로 요구사항은 시스템이 가져야 할 업무적 명세로부터 새로운 시스템이 구현되는데 요구되는 기술적 명세서로 진화되어 간다.

요구사항은 기능적 요구사항(functional requirement)과 비기능적 요구사항(nonfunctional requirement)으로 나눌 수 있다. 기능적 요구사항은 시스템이 수행해야 할 프로세스나 시스템이 제공하는 정보와 직접 관련이 있다. 예를 들어 시스템으로부터 현재 이용가능한 재고를 검색하고자 한다면 이는 기능적 요구사항이다. 기능적 요구사항은 시스템이 수행해야 할 기능을 정의하는 것이다.

반면 비기능적 요구사항은 시스템이 갖추어야 할 행위적 특성(성능이나 이용가능성 등)을 가리킨다. 예를 들어 웹 브라우저를 이용하여 시스템에 접근할 수 있느냐는 비기능적 요구사항으로 볼 수 있다. 비기능적 요구사항은 분석모델 작성에는 중요하지 않지만 설계단계의 인터페이스 설계나 하드웨어 및 소프트웨어 선정, 그리고 시스템 아키텍처를 설계하는데 중요한 역할을 한다. [표 4-2]는 비기능적 요구사항들을 여러 가지 측면에서 예시한 것이다. 비기능적 요구사항은 운영, 성능, 보안, 그리고 문화적, 정치적 측면에서 다양하게 도출되어질 수 있다.

[표 4-2] 비기능적 요구사항

요구분야	설명	예
운영적	시스템이 운영되는 물리적 기술적 환경에 대한 요구사항	• 개발될 시스템은 현행 재고시스템과 통합될 수 있어야 한다. • 웹브라우저에서 작동될 수 있어야 한다.
성능	시스템의 속도, 용량, 신뢰도 등에 대한 요구사항	• 시스템 반응시간이 2초 이내 이어야 한다. • 매 15분마다 갱신된 재고정보를 받을 수 있어야 한다.
보안	시스템 접근 권한에 대한 요구사항	• 직속상관만 스텝의 개인정보 레코드를 볼 수 있어야 한다. • 업무시간 동안만 고객은 자신의 주문내역을 볼 수 있다.
문화적/정치적	시스템에 영향을 미치는 문화적, 정치적 요소와 법적 요구사항	• 시스템은 한화(W)와 미화($)를 구분할 수 있어야 한다. • 운영체제는 윈도우즈 NT서버만을 사용해야 한다. • 시스템은 산업 표준을 준수해야 한다.

시스템 분석가는 사용자로부터 기능적, 비기능적 요구사항을 텍스트 형태로 정의하고 이들을 체계적으로 분류하여 인덴트를 가진 목록형태로 정리하고, 기능명 앞에 레벨번호를 붙여 계층적으로 정리한다. 그리고 업무 요구사항들은 필요시 중요도("높음", "중간", "낮음")에 따라 우선순위를 매겨 둘 수도 있으며, 버전 개념(Release 1, 2, 3)을 도입하여 요구사항의 발전과정을 표현할 수도 있다. 요구사항 정의의 가장 중요한 목적은 시스템의 범위(scope)를 결정짓는 것이며, 더 나아가 분석단계에서 시스템을 모델링하는데 필요한 정보를 제공하는 것이다. 시스템 모델링은 다음 장부터 배우게 될 유즈케이스 모델링(use case modeling), 프로세스 모델링(process modeling), 데이터 모델링(data modeling) 등이다.

요구분석을 효과적으로 수행하기 위해서는 다음과 같은 절차에 따라 진행한다.

첫째, 시스템 개발의 목적을 설정한다. 요구분석을 하기 전에 시스템 개발의 동기와 시스템의 개발 필요성을 정의하고, 사용자가 요구하는 시스템의 형태 등을 중점적으로 조사한다.

둘째, 현행 시스템의 업무프로세스를 중점적으로 분석한다. 현재 업무를 수행하는 방법이나 사용 중인 문서, 서식 등을 통하여 현행 시스템에 대한 업무처리과정을 상세히 파악한다. 업무프로세스를 분석하기 위해서는 데이터 발생 시점부터 끝나는 시점까지의 흐름을 검토하고, 이를 그림형태로 모델링한다. 현재의 업무프로세스를 모델링하는 데는 프로세스 맵(process map)이나 물리적 자료흐름도(physical data flow diagram)와 같은 그래픽 도구를 사용한다. 업무프로세스 모델링에 대해서는 제6장에서 자세히 다룬다.

셋째, 새로운 시스템에 대한 사용자의 정보요구사항을 정리한다. 사용자 요구사항은 기능적 요구사항과 비기능적 요구사항으로 구분하여 계층적 레벨링(hierarchical leveling) 개념을 도입하여 정리한다. 정리된 사용자의 정보요구사항은 논리적 분석모델(기능 모델, 데이터 모델) 작성의 기초가 된다.

넷째, 시스템 기능향상을 위한 방법을 모색한다. 현행 시스템에 대한 이해와 사용자의 요구사항이 정리되면 현행 시스템의 결함을 찾아 새로운 시스템 또는 현행 시스템을 개선할 수 있는 방안을 검토한다. 때론 기존의 업무처리방법이나 관행을 완전히 버리고 새로운 업무표준에 맞춘 시스템을 개발할 필요가 있다. 새로운 시스템을 설계하는데 있어 그 변화의 정도에 따라 다음과 같은 세 가지 전략이 가능하다.

① BPA(business process automation) : 현행 업무관행의 변화 없이 단순히 수작

업을 전산화 함.

② BPI(business process improvement) : 신기술이 제공하는 기회나 선도 기업의 관행을 벤치마킹 하여 업무프로세스의 변화를 가져와 생산성과 효과성을 높임.

③ BPR(business process reengineering) : 기존의 업무 관행을 완전히 버리고 업계 최고를 지향하면서 완전히 혁신을 시도함.

다섯째, 개발의 타당성을 검토한다. 시스템 개발에 동원가능한 가용자원의 분석과 각종 개발상의 제약사항을 정리한다. 개발될 시스템의 예비 설계를 통하여 요구되는 기능의 실현가능성과 이러한 기능을 실현하기 위해 이용가능한 자원을 파악한다. 즉, 투자한도액, 경영 방침이나 법적인 제도 등을 파악하고, 전체 일정계획이나 목표 달성시간, 동일 업계의 동향, 사용자 인터페이스, 그리고 제약조건으로 작용할 가능성이 있는 항목을 조사하고 허용 한계를 파악한다.

여섯째, 신규 시스템(To-Be system)에 대한 구상과 신규 시스템의 논리적 모델(기능 모델, 데이터 모델)을 도출한다.

2 시스템 조사

2.1 시스템 조사의 유형

정보시스템 개발은 시스템 조사(system investigation 혹은 system survey) 단계부터 시작된다. 시스템 조사는 "과연 새로운 시스템 또는 개선된 시스템을 개발해야 하는가?"라는 질문에 대답하는 단계이다. 이 단계에서 시스템 개발 프로젝트의 진행여부를 결정짓는 타당성 검토(feasibility study or test)도 동시에 진행되어야 한다. 시스템 조사 단계에서 수집된 자료를 바탕으로 현행 시스템(As-Is system)을 파악하고 모델링하여 새로운 시스템(To-Be system)의 기초가 되는 시스템의 기능적 요구사항과 비기능적 요구사항을 분석한다.

시스템 개발활동은 수작업에서 이루어지는 시스템을 전산화된 새로운 시스템으로 개발하는 것과 기존의 전산화된 시스템의 기능을 개선하는 작업으로 분류할 수 있다. 현행

시스템 조사활동은 시스템 개발 활동의 범위와 성격을 결정하기 위해 현행 시스템의 특징과 문제점을 조사하는 활동이다. 즉, 현행 시스템에서 일어나는 일련의 업무처리 프로세스 상에서 그 업무와 관련된 정보가 발생하여 여러 단계의 업무처리과정을 거쳐 최종적인 정보가 생성되기까지 이들 활동과 관련된 정보처리 방식을 조사한다. 이 과정에서 업무처리 과정별로 숨어 있는 문제점을 파악하고, 정리함으로써 이들에 대한 해결책 마련의 기초를 다진다. 만일 기존에 존재하지 않는 시스템을 대상으로 새로운 시스템을 정의하여 개발하는 경우, 현행 시스템 조사 단계는 생략가능하다.

현재 전산화된 시스템이 존재하는 경우, 현행 시스템 조사에서 집중적으로 조사되어야 할 주요 내용들은 업무처리에 대한 개요와 시스템의 정보 산출과 관련된 내용들이 중심이 되는 시스템 정보조사 활동이다. 정보조사 활동에서는 현행 시스템에서 수행되는 정보처리 업무와 그 처리 비용을 집중적으로 고찰해야 한다. 시스템 조사는 기획이나 분석단계에서 주로 이루어지며, 그 목적과 조사시점에 따라 예비조사, 기초조사, 시스템 환경조사, 업무현황조사, 전산화 현황조사 등으로 다양하게 나눌 수 있다.

1) 예비조사

새로운 정보시스템의 개발요청은 현업을 담당하고 있는 부서나 정보시스템 부서에서 제기될 수 있다. 어떤 경우에는 최고경영층의 전략적 경영목표나 경영효율을 달성하기 위해서 최고경영자가 직접 지시할 수도 있다. 어느 경우이든 새로운 정보시스템의 필요성을 해결하기 위해서는 그 요구사항을 충족하기 위해서 필요한 여러 가지 타당성과 실현가능성에 대한 사전적 조사와 검토가 필요하다.

예비조사는 기획이나 분석단계에서 정보시스템을 개발하기 위하여 사전적으로 현업시스템에서 제기된 문제점들을 검토하고 기본적인 요구사항을 도출하기 위한 조사이다. 정보시스템 개발을 위한 예비조사에서는 현업 사용자의 의견을 주로 수집하고 절충하여 이들이 원하는 시스템 목표, 대상업무의 범위 및 내용을 정의한다. 예비조사 단계에서 주로 규명되어야 할 사항들로는 다음과 같다.

- 제기된 문제의 해결을 위한 시스템 목표의 정의
- 정보시스템 개발대상 업무의 범위, 내용 및 기간의 정의
- 정보시스템 개발에 소요되는 예산(비용) 및 투자 가능한 재원의 조달방안 검토
- 투자 대비 기대효과에 대한 정량적, 정성적 분석

예비조사는 순전히 정보시스템의 개발 가능성에 대한 사전적 검토 작업이므로 현업의 상황을 있는 그대로 현실적인 내용만을 조사해야 한다. 또한 새로운 시스템 또는 기존 시스템의 수정 및 보완을 위한 조사이건 이에 상관없이 소요되는 비용과 예상되는 직 · 간접적인 효과를 비교하여 평가할 수 있는 자료를 수집해야 한다.

2) 정보시스템 기초조사

기초조사는 정보시스템 개발 이전에 시스템 분석가와 정보시스템 사용자가 공동으로 현재 직면하고 있는 문제를 체계적으로 파악하고 그 해결 방안을 고찰하는 과정이다. 사용자가 직면하고 있는 문제점은 여러 가지 측면에서 나타날 수 있다. 예를 들어 조직의 개편에 따른 업무프로세스의 부작용이나 처리 속도의 저하라든가, 문서양식의 비표준화로 문서관리의 혼란 초래, 수작업으로 인한 업무의 비효율성과 신뢰성 결여나 업무처리의 과다 등을 들 수 있다.

기초조사 단계에서는 이러한 문제점에 대하여 각 사안별로 해결 방안을 찾을 수 있는지의 여부를 검토한다. 이 때, 문제점에 대한 몇 가지 해결 방안을 제시하고, 그 대안별로 타당성 여부와 소요비용, 그리고 비용대비 효과분석을 해본다. 또한 프로젝트를 진행하는데 필요한 다양한 자원(프로젝트 관리자나 개발요원과 같은 인적 자원 외에도 각종 하드웨어나 장비, 그리고 소프트웨어 자원 등)의 조달 가능성과 프로젝트 기간 내에 완성가능성 등을 검토한다. 이러한 자원과 예산, 그리고 개발 기간 등을 종합적으로 고려하여 정보시스템의 개발 범위를 결정짓는다.

기초조사의 목적은 시스템을 사용할 사용자의 문제점, 즉 현행 업무에 대한 파악과 그 문제점의 해결방안을 도출하는 것이다. 문제해결에 대한 책임을 맡은 시스템 분석가가 당면한 시스템에 대한 필요한 지식을 획득하고, 새로운 시스템에 대한 사용자들의 요구사항을 도출하기 위한 사용자들의 협조요청을 통하여 현행 시스템의 문제점을 발견하고 그 개선점을 찾는 것이다. 정확한 문제의 진단과 합리적인 해결대안의 제시가 현행 시스템의 문제점을 극복하고 새로운 시스템의 개발을 위한 중요한 전환점이 된다.

정확한 문제 진단과 문제해결을 위한 합리적인 대안을 제시하기 위해서는 기초조사 과정에서 다음과 같은 사항들이 반드시 이루어져야 한다.

첫째, 현행 시스템의 문제점에 대한 정확한 조사가 있어야 한다. 개발 대상 업무의 현황, 업무수행 과정에서 나타난 문제점 및 그 개선사항, 그리고 현행 시스템의 특징과 사

용자 요구사항을 정확히 조사해야 한다. 이것이 제대로 수행되지 못할 경우 최종적으로 개발된 시스템이 사용자 요구사항을 만족시키지 못하게 되며 시스템 개발은 결국 실패로 끝날 수밖에 없다.

둘째, 조사된 사항에 대한 정확한 문서화(documentation)이다. 기초조사의 결과는 다음 단계에 많은 영향을 미치는 중요한 작업이다. 기초조사에서 수행되는 모든 작업은 체계적이고 정확하게 문서화되어야 한다. 체계적이고 정확한 문서화를 수행하기 위해서는 사용자가 요구하는 시스템 영역에 대한 충분한 이해가 무엇보다도 중요하다. 기초조사 단계에서의 정확한 문서화는 향후 시스템 모델링과 설계를 위한 중요한 자료가 되며, 시스템 개발을 성공적으로 이끄는데 있어 가장 중요한 작업이다.

기초조사 단계에서는 사용자와의 접촉이 가장 빈번히 일어나며, 이 과정에서 사용자의 요구사항을 정확히 파악할 필요가 있다. 따라서 기초조사 과정에서 다음과 같은 사항들은 반드시 고려해야 한다.

- 사용자의 요구사항, 현행 시스템의 문제점 및 개선점을 정확하게 파악해야 한다.
- 사용자와 대화 과정에서 업무중심의 사용자 용어를 주로 사용해야 하며, 컴퓨터 전문가들이 사용하는 전문용어는 가능한 사용을 억제해야 한다.
- 사용자 스스로 업무 현황에 대해 잘 설명할 수 있도록 사용자 중심의 대화 분위기를 조성해야 한다.
- 개발할 시스템의 업무를 주업무와 부업무로 분류하고 개발할 시스템의 핵심부분을 파악한다.
- 개발할 시스템의 결과에 대한 결론적인 약속 및 제안을 금지한다.
- 이용자들의 수준에 적합한 질문과 결과의 제시를 통하여 조사 결과를 사용자와 공동으로 그 정확성을 반드시 검토해야 한다.

3) 시스템 환경조사

시스템 환경조사는 기존 시스템에서 발생하는 문제점과 전산화 대상업무의 특성을 파악하는 시스템 분석가의 활동이다. 환경조사는 사용자나 기업의 특성, 주변 환경을 정확히 조사하여 파악함으로써 사용자가 필요로 하는 시스템을 정확하게 정의하는 출발점이 된다. 시스템 환경조사에서의 초점은 현재 사용자들이 사용하는 시스템과 향후 개발될 시스템과 관련된 컴퓨팅 환경을 조사하는 것이다.

시스템 환경조사 단계에서는 전산화 대상 업무를 선정하고, 이들 업무와 관련하여 정

확한 업무현황을 파악해야 한다. 업무현황을 파악하는 과정에서 적용 업무에 관한 정보가 방대하고 다양한 형태로 존재한다는 것을 알 수 있다. 이 경우 업무현황을 다음 유형으로 분류하여 필요한 정보를 수집 및 정리할 수 있다.

- 경영정보
- 조직정보
- 제약정보
- 경향정보

업무 현황에 관련된 정보들은 시스템 개발 과정에서 수시로 참조되고 시스템 개발의 진행 상태와 활동 방향을 조절하는 기본 데이터로 사용된다. 따라서 업무 환경조사는 일반적으로 시스템조사와 병행하거나 업무 환경조사를 선행하여 실시한다. 업무 환경조사는 다음과 같은 절차로 이루어진다.

① 업무 환경에 대한 정보는 문서나 서류 형태로 기록한다.
② 문서에 누락된 정보나 애매한 데이터는 담당자와 함께 직접 확인한다.
③ 제약 사항을 파악하기 위하여 현장을 직접 관찰기도 한다.
④ 수집된 데이터는 경영, 조직, 제약, 경향 정보로 분류하여 관련된 정보를 한 장의 표로 정리한다.

2.2 시스템 조사의 내용

시스템 조사에서 조사할 내용은 업무에 대한 개요, 업무처리 절차 뿐만 아니라 기존의 시스템에서 이루어지는 입 · 출력 내용과 데이터 파일, 그리고 자료의 축약을 위해 사용한 업무 코드(code) 등을 조사해야 한다. 조사 결과를 정리하는 데는 수집한 정보들을 항목별로 분류하고, 간단한 문서로 정리하여 관리하는 것이 좋다. 또한 서술식 보다는 그림이나 도표를 이용하여 정리하는 것이 그 내용을 쉽고 빠르게 이해할 수 있도록 도와준다. 현행 업무를 분석하기 위하여 조사되어야 할 주요 대상은 다음과 같다.

- 업무조직
- 업무흐름
- 업무내용 및 업무량
- 업무처리 절차
- 현행 정보처리 시스템

시스템 조사의 실시는 업무환경조사가 끝나고 기능분석이나 요구분석을 수행하기 전에 실시한다. 그리고 분석과 설계과정에서 시스템에 대한 정보가 필요하면 언제든지 실시가능하다. 그러나 조사의 모든 부분이 인적요소에 의존하며, 많은 시간이 필요로 하기

때문에 개발비, 일정 등의 개발 여건이 허락하는 범위 안에서 필요할 때마다 실시한다. 시스템 조사는 업무담당자들의 협조에 따라 민감한 결과를 낳을 수 있으므로 개발팀이 직접 조사하는 것보다 별도의 조사팀을 구성하여 체계적이고 일관된 방법으로 진행하는 것이 효과적이다.

1) 업무 개요의 조사

시스템 조사의 첫 번째 단계는 조사대상 업무에 대한 이해이다. 업무의 이해를 높이기 위해서는 우선 그 시스템의 목적을 이해해야 하며, 업무에 대한 개괄적인 내용을 파악해야 한다. 업무에 대한 개요를 파악하기 위해서는 육하원칙에 따라 업무 목적과 주요 기능, 기능별 처리 시기, 장소, 수행자, 입력 정보원과 출력물 사용처, 업무처리 방법 등을 [표 4-3]과 같은 방식으로 기술한다. [표 4-3]은 고객주문처리 업무에 대한 개요를 업무 조사표로서 정리한 것이다. 육하원칙에 따라 업무 개요를 기술하는데 있어 예외적인 요소나 중요한 사항들을 별도로 정리하여 두는 것이 좋다.

[표 4-3] 업무 조사표 작성 예

<table>
<tr><td colspan="6" align="center">업무 조사표
작성일자 : 2007년 3월 5일</td></tr>
<tr><td>도식번호</td><td>CRM 12-03</td><td>담당부서</td><td>영업부</td><td>작성자</td><td>홍길동</td></tr>
<tr><td>업무명</td><td>고객주문처리</td><td>관련부서</td><td>경리과</td><td>협조자</td><td>김철수</td></tr>
<tr><td>업무 목적</td><td colspan="5">고객의 주문을 접수하여 매상 전표와 청구서를 작성</td></tr>
<tr><td>업무 개요</td><td colspan="5">고객의 주문 요청에 대하여 영업사원이 직접 주문을 받아 카드결제를 처리한 후 대금청구를 하거나 인터넷으로 자동 주문 처리를 한다.</td></tr>
<tr><td>입력원
(수단)</td><td>입력수단
(시간)</td><td colspan="2">처리 절차</td><td>출력정보
(시간)</td><td>사용처
(용도)</td></tr>
<tr><td>고객
(사람)</td><td>주문
(방문시)</td><td colspan="2">영업 직원이 고객을 방문하여 수주한 주문 내역을 기록한다.</td><td>주문서
(방문시)</td><td>영업부
(주문접수용)</td></tr>
<tr><td>영업부
(단말기)</td><td>주문
(수시)</td><td colspan="2">영업사원이 수작업으로 끌리온 고객카드전표를 카드 단말기를 통하여 입력한 후 카드사용 전표를 매달 2회 카드사로 보낸다.</td><td>카드전표
(매달15일)</td><td>카드사
(우편발송용)</td></tr>
<tr><td>고객
(인터넷)</td><td>주문
(수시)</td><td colspan="2">인터넷 쇼핑몰에 주문 내용을 정확히 기록한 후 전자결제를 한다.</td><td>주문서
(수시)</td><td>영업부
(주문접수용)</td></tr>
<tr><td>영업부
(사람)</td><td>주문
(오전11시)</td><td colspan="2">매상전표를 작성하고 신용도에 따라 대금청구서를 작성한다.</td><td>매상전표
대금청구서
(매일)</td><td>경리과/고객
(외상매출
청구용)</td></tr>
<tr><td colspan="6">※ 예외사항 :</td></tr>
</table>

2) 입력정보의 조사

입력정보는 데이터의 취득을 위해 매우 중요하다. 사용자가 원하는 정보를 충분하게 산출하기 위해서는 데이터 입력정보의 정확한 조사가 선행되어야 한다. 전산화된 시스템에서 입력 자료는 입력설계의 근거로 사용되기 때문에 빠짐없이 조사되어야 한다. 입력정보는 이름과 용도, 그 구성항목과 항목별 속성 외에도 담당부서, 정보 발생량의 평균값과 최대값, 발생시기와 주기, 빈도, 입력형태, 변화량, 작성자, 전달 방법과 경로 등으로 구성된다. 이들 입력정보를 체계적으로 조사하기 위해서는 [표 4-4]와 같은 입력정보 조사표를 활용하는 것이 효과적이다.

[표 4-4] 입력정보 조사표 작성 예 (출처 : 김성락 등, 2002)

입력정보 조사표	작성자	홍길동
	작성일자	2007년 3월 5일

입력 정보명		개인 학적부		
업 무 명		학적 관리	작성부서	학사관리과
업무 발생	발행시기	신입생 입학시	발행주기	년
	복사매수	1부	발 행 량	4,500건/년
	보존기간	영구	업무구분	☑ 주기적 ☐ 비주기적
정보 제공자		사용처(발송처)	사용 목적	
소속	담당자	각 학과	• 신입생에 대한 학적 사항 기록표 • 학적 사항 입력	
학적계	이민영			

입 력 항 목

No	항목명	자릿수	문자구분	비고	No	항목명	자릿수	문자구분	비고
1	학번	7	N	Key1					
2	성명	12	A						
3	주민번호	13	N	Key2					
4	한자명	12	A						
5	현주소	40	A						
6	보호자명	12	A						
7	연락처	12	N						
8	입학학과	2	A	code					
9	입학년도	6	N						
.	.			.					

비고	
	1. 학번은 Primary Key로 사용
	2. 매년 신입생의 학적 사항 등록에 사용
	3.

3) 출력정보의 조사

출력정보는 정보시스템 이용자의 주요한 관심사항이다. 사용자 정보요구란 결국 '무슨 정보가 출력되기를 원하는가'를 분석하는 것이다. 따라서 현행 시스템에서 일어나고 있는 각종 정보출력문서와 그 출력내용을 조사하는 것은 정보시스템 개발에 있어 매우 중요한 출발점이다. 현업 종사자들은 그들이 받아보는 정보의 내용과 정확성에 따라 정보의 품질을 평가할 것이다. 따라서 정보시스템 개발자들은 출력정보를 가장 먼저 검토해야 하며, 또한 정보의 누락을 방지하기 위해서는 출력정보에 대한 철저한 조사가 있어야 한다. 출력정보를 체계적으로 조사하기 위해서는 [표 4-4]의 입력조사표와 비슷한 형태의 출력정보 조사표를 활용하는 것이 효과적이다. 출력정보 조사표는 출력정보의 이름과 용도, 구성항목과 항목별 속성, 정보 발생량, 발생시기 및 주기, 빈도, 출력 형태, 변화량, 사용자의 사용목적, 관련 입력과 파일 정보 등을 조사할 수 있어야 한다.

4) 파일 또는 데이터베이스 정보의 조사

파일 또는 데이터베이스는 입력을 출력으로 변환하는 중간 값을 보관한다. 전산화되기 전에는 이들 정보는 종이문서 형태의 원장, 대장, 일람표, 결제문서 등으로 보관되고 전달되어진다. 전산화된 정보시스템 하에서는 이들 정보는 파일이나 데이터베이스에 보관되어진다. 파일정보의 조사는 향후 데이터베이스 설계에 중요한 역할을 한다. 오늘날 기업정보시스템들의 대부분이 데이터베이스 기반의 정보시스템이며, 그 개발 방법론도 데이터 중심의 시스템 개발방법론을 채택하고 있다. 특히 기존에 파일기반의 전산정보시스템이 구축되어 있는 경우 파일정보조사는 데이터베이스 설계의 중요한 자료가 된다. 일반적으로 파일은 정보처리의 결과를 저장하거나 또는 정보처리를 위해 사용되어질 데이터를 취득하기 위하여 사용되므로 정보처리절차 조사와 병행하는 것이 좋다.

파일 또는 데이터베이스 정보를 조사하기 위해서는 [표 4-5]와 같은 파일/DB 조사표를 활용하는 것이 좋다. 파일/DB 조사에 포함되어야 할 내용으로는 파일 또는 DB 이름과 용도, 구성항목과 항목별 속성, 처리량의 평균과 최대값, 보존기한, 사용시기와 주기, 빈도, 조회자와 정보탐색 방법, 데이터 변화량, 파일 또는 DB의 구조, 관리자와 사용자, 관련 입력과 출력정보 등이다.

[표 4-5] 파일/DB 조사표 작성 예 (출처 : 김성락 등, 2002)

파일/DB 조사표		작성자	홍길동
		작성일자	2007년 3월 5일
파일/DB명	재학생 학적부(HAKJUK01-F)		
업무명	학적 관리	작성 부서	교무과
타 업무와 공용여부	공용	보존 기간	영구
데이터 양	85,000 레코드	사용 주기	수시
월평균 처리량	1,000건	재편성 빈도	2회/년
파일/DB 구조	ISAM 파일	전산화 여부	☑ 전산 ☐ 비전산
정보 담당		사용 목적	
소속	담당자	• 학적에 관한 모든 정보 기록	
학적과	박지은		

파일관리 항목

No	항목명	자릿수	문자구분	비고
1	학번	7	N	Key1
2	성명	12	A	
3	주민번호	13	N	Key2
4	한자명	12	A	
5	현주소	40	A	
6	보호자명	12	A	
7	연락처	12	N	
8	입학학과	2	A	code
9	입학년도	6	N	
.	.			.

No	항목명	자릿수	문자구분	비고
45	학적 변동	2	A	code
46	휴학기간(FROM)	6	N	년월일
47	휴학기간(TO)	6	N	
48	내용	20	A	
.	.			.
.	.			.
.	.			.

비고	
	1. 학번을 Primary Key로 사용하고, 주민번호를 Secondary Key로 사용
	2. 졸업생에 관한 학적 내용은 졸업생 마스터 파일로 매년 2회 이기 작업
	3. 수시 발생하는 학적 변동사항에 따라 갱신함

5) 코드정보의 조사

정보시스템 개발에 있어 대상을 정확히 식별하고 분류하기 위해 다양한 코드를 사용한다. 이들 코드들은 파일에 저장된 정보를 탐색하고 손쉽게 관리하는데 유용하게 사용

된다. 코드의 사용은 데이터 저장량을 줄이고 데이터의 오류를 쉽게 검증할 수 있게 한다. 코드 조사 시 포함되어야 할 항목들로는 코드 이름과 용도, 전체 자릿수, 첫 자리와 끝자리의 특성, 코드부여 방식, 코드화된 정보량 및 변화량 등이다. 다음은 대학교의 학사관리를 위한 학번 부여 코드의 예이다.

XXXX-XXX-XXX

입학년도 학과 일련번호

6) 정보처리 절차의 조사

시스템 분석은 현행 업무가 어떤 프로세스를 거쳐 어떤 정보를 산출하고 전달하는가를 분석함으로써 새로운 해결대안을 마련하는데 초점을 두고 있다. 즉, 기존 시스템의 정보처리과정을 분석하여 생산성을 저해하는 문제점을 발견하고 이에 대한 이상적인 해결책을 모색하는 것이 분석의 주된 목적이다. 업무처리 프로세스 조사는 현행 업무처리 프로세스 상에서 여러 가지 입력되는 자료가 어떤 처리과정을 거쳐 원하는 출력정보를 산출하는가를 조사한다.

정보처리 절차 조사에서 수집된 정보들은 개발할 시스템의 정보처리 방법과 절차를 설계하는 기본 데이터로 활용된다. 본 조사에서는 업무 현장이나 시스템에 의해 수행되는 정보처리 흐름과 특성을 파악하고 출력을 생성하기 위한 활동을 파악한다. 그리고 각 단계에서 사용되는 입력, 파일, 출력정보 등의 항목을 조사한다. 그리고 예외적인 상황 처리방법, 즉 돌발적으로 발생하는 사태의 원인, 발생빈도나 시간, 처리 담당자, 처리방법도 병행하여 조사한다. 조사과정에서 업무처리 절차를 설명하는 도표나 문서를 획득하면 그 조사가 보다 더 용이해진다. 또한 수집된 정보가 빈약할 경우에는 현장조사를 이용하여 데이터를 추가적으로 수집한다. 이렇게 하여 수집된 업무처리 절차에 관한 정보를 토대로 전반적인 업무흐름은 시스템 흐름도나 업무흐름도로 정리하고 세부적인 업무절차는 순서도 등을 이용하여 작성한다.

3 요구자료 수집 기법

정보시스템을 성공적으로 개발하기 위해서는 시스템 개발에 필요한 정보를 정확하게 수집해야 한다. 요구자료 수집 시 필요한 정보는 각종 문서를 이용하여 획득하고 정리해야 한다. 왜냐하면, 실제로 많은 정보들이 업무 담당자들의 머리 속에 묻혀 있기 때문이다. 사용자의 요구사항을 정확히 규명하고 업무처리 절차를 정확히 분석하기 위해서는 사용자와의 주기적인 접촉과 함께 수집할 정보가 존재하는 위치, 용도, 중요성 등을 고려하여 적절한 조사자료 수집 방법을 선택해야 한다.

정보시스템 분석을 위한 조사자료를 수집하기 위한 기법으로는 면담조사(interviews), 설문지(questionnaires), 문서분석(document analysis), 관찰(observation), 회의(meetings) 기법 등이 있다.

3.1 면담 조사법

면담(interview)은 시스템 개발을 위한 조사자료 수집에 있어 가장 일반적으로 사용되는 방법으로 특정한 조사목적을 가지고 일정 기간동안 시스템 개발과 관련된 사람들을 만나 진행한다. 기업의 현장에서 일어나는 실제 업무내용, 업무량, 현행 시스템의 문제점 등에 대해 직접 업무담당자를 만나서 조사하는 방법이다. 면담조사는 필요한 정보를 업무담당자와 대화를 통해서 직접 획득하므로 많은 시간이 소요되며, 필요한 정보가 문서 형태로 기록되지 않은 경우에 사용하는 것이 적합하다.

면담조사는 만나는 사람의 수에 따라 개인 면담과 집단 면담으로 나눌 수 있다. 면담은 한 번에 많은 사람을 만나 많은 질문을 하기 어렵기 때문에 한 번에 한 명 또는 소수의 몇 명을 대상으로 하는 것이 좋다. 면담과정에서 일반적인 질문을 할 수도 있고 구체적인 질문을 할 수도 있다. 면담자(interviewer)인 시스템분석가는 면담을 진행하는 동안 피면담자(interviewee)의 정보시스템에 관한 이해도나 협력 내지 지원의지, 그리고 현장에서의 애로사항 등을 종합적으로 파악할 수 있다.

면담조사의 성패는 적절한 면담자의 선택과 질문 내용의 설계와 응답자의 진솔 되고 성의 있는 답변, 그리고 면담 후의 피드백 등에 의해 좌우된다. 그러나 면담은 질문에 대한 충분한 사전 설계와 계획이 있다 하더라도 응답자에 대한 조사과정 상의 통제가 어렵다. 응답자는 면담 당시의 분위기와 자신의 심리적인 상태에 따라 응답에 응하는 정도의 차이가 크다. 면담자가 응답자의 요구사항이나 시스템의 문제점, 그리고 개선방향 등에 대하여 응답자로부터 더 많은 정확한 정보를 얻기 위해서는 대화술과 면담 시 응답자에 대한 집중이 필요하다.

면담조사의 일반적인 절차는 ① 면담 대상자 선정, ② 면담 질문 설계, ③ 면담 준비, ④ 면담 수행, ⑤ 사후 확인 및 정리의 5 단계로 진행된다.

1) 면담 대상자 선정

면담의 첫 번째 단계는 면담 대상자 명단을 작성하고, [표 4-6]과 같이 각각의 면담 대상자별로 인터뷰 스케쥴을 작성하는 것이다. 인터뷰 스케쥴은 면담의 목적과 면담 시간 및 장소 등에 대한 일정을 짜는 것이다. 인터뷰 스케쥴은 면담시간을 잡기 위한 비공식적인 리스트이거나 또는 시스템 조사계획에 포함된 공식적인 리스트 일 수도 있다. 정보시스템 조사에서 인터뷰의 주요 대상이 되는 인물들은 프로젝트 후원자(project sponsor), 현업 부서의 핵심 사용자들이다.

면담 대상자인 조직 내의 각 부서원들은 정보시스템에 대하여 각각 상이한 관점과 생

[표 4-6] 인터뷰 스케쥴 예

면담 대상자	직위	면담 목적	시간	장소
김진국	회계담당관	신규 회계정보시스템에 대한 전략적 비전 파악	9월 1일(월요일) 16:00 ~ 18:00	담당관실
홍길동	외상매출금 담당자	현행 외상매출금 처리상의 문제점과 미래 목적 파악	9월 2일(화요일) 14:00 ~ 16:00	회의실
최진실	외상매입금 담당자	현행 외상매출금 처리상의 문제점과 미래 목적 파악	9월 2일(화요일) 16:00 ~ 18:00	회의실
홍금란	전산자료 처리실장	외상매출금 및 외상매입금 처리 프로세스에 대한 상세 설명	9월 3일(수요일) 16:00 ~ 18:00	회의실

각을 가지고 있다. 그러므로 현재 조사대상이 되는 문제에 대하여 상급자의 관점과 하급자의 관점을 모두 다 수용하기 위해서는 조직의 상위직급 관리자뿐만 아니라 현업을 직접 담당하는 일선 담당자들도 면담 스케쥴에 포함시켜야 한다. 또한 면담 주제의 범위도 시스템에 대한 이해도가 증진될수록 점차 넓혀가야 한다. 그 범위는 먼저 한 두 명의 상급 관리자를 대상으로 특정 주제에 관한 전략적 관점을 들은 후, 점차 중간 관리자들을 대상으로 넓혀 감으로써 그 주제에 대한 폭을 넓힐 수 있다. 시스템 조사자는 이들과의 면담을 통하여 개발되어야 할 시스템에 대한 기대 역할과 비즈니스 프로세스에 대한 충분한 정보를 얻어 전체적인 윤곽을 이해한다. 그리고 실무담당자나 스텝들을 통하여 업무프로세스의 작동과정에 대한 자세한 사항을 파악한다. 시스템 조사를 위한 면담 대상자는 이와 같이 하향식으로 그 대상자의 폭을 넓혀 나가다가, 면담과정에서 필요시 하위직급 담당자의 범위를 넘어서 일어나는 일들에 대해서는 그 역으로 다시 상위직급의 관리자에게로 올라가 면담이 이루어진다. 이러한 반복적 과정이 이루어지다 보면 실제로 처음 계획한 면담 인원보다 통상적으로 50~70% 더 많은 사람들과 면담을 하게 된다.

2) 면담 질문 설계

면담 대상자가 선정되고 나면 각 대상자별로 인터뷰 질문내용을 짜야 한다. 면담 질문의 형태는 [표 4-7]과 같이 폐쇄식 질문(closed-ended question)과 개방식 질문(open-ended question), 그리고 짚어보기식 질문(probing question)으로 나눌 수 있다.

[표 4-7] 질문의 유형 예

질문의 유형	예 제
폐쇄식 질문	• 하루에 전화주문은 몇 건 받습니까? • 고객이 주문을 하는 형태는? • 매월 매출 보고서에서 어떤 정보가 누락됩니까?
개방식 질문	• 현행 시스템에 대하여 어떻게 생각하십니까? • 일과 중에서 직면하는 문제점을 무엇입니까? • 신규 시스템에서 어떤 것들이 중요하게 충족되어야 합니까?
짚어보기식 질문	• 왜 그렇습니까? • 하나의 예를 들어주시겠습니까? • 보다 더 자세히 설명해주시겠습니까?

(1) 폐쇄식 질문

폐쇄식 질문은 구체적인 답변을 요구할 경우 주로 사용한다. 즉, 특정 사실에 대한 정보를 얻거나 중요한 이슈에 대한 입장을 취하기를 강요할 때 적절하다. 예를 들어 "일일 신용카드 결제는 몇 번 정도 일어납니까?"와 같은 형태이다. 폐쇄식 질문은 조사자가 조사내용을 통제하기 쉬우며, 원하는 정보만을 얻을 수 있는 장점이 있다. 그러나 이 방법은 응답자가 사전에 충분한 생각을 해서 자신의 의견을 피력하거나 문제의 원인이 되는 이유(why)를 물을 수 없다.

(2) 개방식 질문

개방식 질문은 여러 문장의 반응을 요구하는 질문이다. 개방식 질문은 현행 시스템이나 제안하는 새로운 응용시스템의 기능을 설명하는데 좋으며, 제안된 시스템이나 대안에 대한 응답자의 감정, 의견 및 기대를 파악하는데 도움을 준다. 개방식 질문은 응답자의 주관적인 의견이나 시스템에 대한 상세한 설명을 듣고 싶을 때 주로 사용한다. 예를 들어 "부가세 환급은 어떤 절차를 거쳐서 이루어지나요?"와 같이 복잡한 업무프로세스를 기술하게 하는데 사용될 수 있다. 개방식 질문은 많은 정보를 모을 수 있게 하며, 면담과정에서 밝혀내어야 할 정보에 대하여 응답자에게 더 많은 통제권을 준다.

(3) 짚어보기식 질문

짚어보기식 질문은 특정 사안에 대하여 그 이유나 방안을 더 알아보거나 면담자가 응답자의 답변을 명확히 이해하지 못할 경우 주로 진행한다. 이 방법은 응답자가 먼저 응답한 내용을 더 확장하거나 정보의 내용을 확인할 수 있도록 한다. 또 다른 측면에서 본다면 짚어보기식 질문이 나온다는 것은 현재 진행중인 토의내용에 면담자가 관심이 높으며 열심히 경청하고 있다는 표시이기도 하다. 짚어보기식 질문이 공손하게 잘 이루어질 경우 이 방법은 매우 많은 정보를 얻을 수 있는 장점이 있다. 그런데 많은 초보 조사자(시스템 분석가)들은 짚어보기식 질문을 꺼려한다. 왜냐하면 응답자가 자신을 초보로 얕잡아 보거나 응답자가 설명한 내용을 잘 이해하지 못하고 있는 것으로 오인할 수 있다는 생각에 사로잡힐 수 있기 때문이다.

위의 세 가지 방법 중에서 어떤 유형도 최선의 방법은 아니다. 일반적으로 면담과정에서 이들 세 가지 방법들이 서로 조합되어 사용되어진다. 정보시스템 개발 프로젝트의 초기단계에서는 현행 프로세스에 대한 명확한 이해가 부족한 상태이므로 비구조화된 면담방식(unstructured interviews)으로 면담 프로세스를 시작한다. 비구조화된 면담은 조사하고자 하는 것에 대하여 폭넓게 그리고 개괄적인 내용을 중심으로 이루어진다. 이 단계에서 면담자에게 요구되는 정보는 일반상식적인 수준의 것이므로 폐쇄형 질문은 극히 적으며, 현재 쟁점이 되고 있는 주요 사안에 대한 개방식 또는 짚어보기식 질문들이 주류를 이룬다.

프로젝트가 진행됨에 따라 시스템 조사자(분석가)는 비즈니스 프로세스를 더 잘 이해하게 되고 보다 그 수행과정에 대하여 더 구체적인 정보를 필요로 한다. 이 시점에서 조사자는 구조화된 면담방식(structured interviews)을 사용하게 된다. 이 방식은 조사자가 얻고자 하는 정보와 묻고자 하는 질문항목을 미리 정하고 면담에 응한다. 구조화된 면담방식에는 주로 폐쇄형 질문들이 주로 사용되어진다.

어떤 형식의 면담이 이루어지든 상관없이 면담 질문은 논리적 순서에 의거하여 조직화 되어야 한다. 그렇게 함으로써 면담을 순조롭게 진행할 수 있다. 면담 질문을 설계하는데 있어 두 가지 접근법, 즉 하향식 접근법(top-down approach)과 상향식 접근법(bottom-up approach)이 있다. 하향식 접근법은 포괄적이고 일반적인 주제에서 출발하여 보다 더 세부적인 주제로 들어가는 방식인 반면, 상향식 접근법은 구체적인 질문에서 출발하여 보다 더 폭넓은 주제로 확산시켜가는 방식이다. 조직 내 경영계층과 관련하여 질문될 수 있는 예를 들어보면 [표 4-8]과 같다. 그러나 실제 적용에 있어서는 이들 두 가지 방식이 혼용되어 사용된다. 즉, 광범위하고 일반적인 이슈에서 출발하여 보다 더 구체적인 질문으로 진행하고, 그 구체적인 질문과 연관지어 보다 더 일반적인 이슈로 되돌아가 검토한다.

[표 4-8] 하향식/상향식 질문 예

조직 계층	범위	질문 예	출발점
상위계층	매우 일반적	• 주문처리 개선 방안은 무엇인가?	하향식 ↓
중간계층	적절히 구체적	• 고객의 반품수를 줄일 수 있는 방법은 무엇인가?	
하위계층	매우 구체적	• 주문처리에서 오류수를 어떻게 하면 줄일 수 있을 것인가?(예, 잘못된 배송)	↑ 상향식

3) 면담 준비

면담을 수행하기 위해서는 일반적인 면담 계획이 수립되어야 한다. 면담계획에는 적

절한 순서에 따라 질문하고자 하는 리스트, 예상되는 답변과 관련된 토픽 간의 연결, 실행방법 등을 명세하여야 한다. 그리고 응답자가 어떤 분야에 많은 지식을 갖고 있는지도 확인해야 한다. 그렇게 함으로써 응답자가 답하기 어려운 질문들을 묻지 않게 된다. 그리고 조사영역과 질문내용, 그리고 면담계획을 재검토하여 시간이 부족할 경우 어디에 우선순위를 둘 것인가를 명확히 정해야 한다.

일반적으로 폐쇄형 질문으로 구성된 구조적 질문방식이 비구조적인 질문방식보다 준비하는데 더 많은 시간과 노력을 요한다. 그래서 일부 초보 조사자들은 비구조적 면담을 더 선호하는 경향이 있다. 이것은 매우 위험할 수 있으며, 오히려 비생산적일 수 있다. 왜냐하면 한번의 면담에서 수집되지 못한 정보들로 인하여 부차적인 면담을 필요로 하게 되며, 이것은 면담자를 성가시게 하기 때문이다. 대부분의 경우 동일한 주제에 대하여 반복하여 면담하는 것에 대하여 매우 싫어한다.

조사자는 면담에 임하기 전에 응답자에게 사전에 면담의 주제와 일정, 그리고 면담 이유 등을 통지하여야 한다. 이렇게 함으로써 응답자는 면담 전에 그에 관하여 생각을 정리할 수 있는 기회를 가질 수 있다. 이러한 사전 통보는 외부 컨설턴트가 조사를 수행하거나 또는 자주 인터뷰를 하지 않는 낮은 직급의 사용자에게는 매우 중요하다.

4) 면담 수행

면담에 들어가게 되면 응답자와의 관계를 돈독히 하는 것이 매우 중요하다. 응답자가 조사자를 신뢰할 경우 조사자가 원하는 내용을 허심탄회하게 말할 것이다. 조사자는 응답자의 눈에 보다 더 프로답게 보여야 하며, 편중되지 않은 독립적인 정보탐색자로 비춰져야 한다. 면담이 시작되기 전에 응답자에게 왜 자신이 선택되었는지를 간략히 설명한 후 사전에 준비한 면담 설문지를 가지고 면담을 시작한다.

면담 진행 중에 응답자가 제공하는 모든 정보를 주의 깊게 기록하는 것이 가장 중요하다. 이 때 가장 좋은 방법은 응답자가 말하는 모든 내용들을 가능한 다 받아 적는 것이다. 심지어는 별로 관련성이 없어 보이는 내용에 대해서도 메모를 하는 것이 좋다. 면담자는 면담 내용을 받아 적다가 응답자의 설명이 빠를 경우 속도를 늦추거나 잠시 멈추어 정리를 하는 것을 두려워하지 말아야 한다. 왜냐하면 응답자에게 그 부분이 중요하다는 것을 명확하게 표명하는 것이기 때문이다. 면담 내용에 대하여 녹음기를 사용하는 것에 대해서는 논란의 여지가 많다. 그러나 응답자가 녹음기 사용을 허락하는 경우 녹음을 해

두는 것이 좋다. 만일 면담 과정에서 모든 내용을 다 기록하기 어렵다고 판단될 경우 보조 기록자를 동반하여 가는 것이 좋다.

면담이 진행되는 과정에서 논의되는 이슈에 대하여 정확히 이해하는 것이 중요하다. 만일 특정 내용이 이해되지 않은 경우 다시 한번 더 질문을 하도록 한다. 질문을 할 때 혹시나 우문(dumb question)이 될까봐 두려워 할 필요가 전혀 없다. 내용을 잘못 이해하여 엉터리로 내용을 적는 것보다는 약간 어리석게 보이는 것이 더 낫다. 그리고 면담 과정에서 조사자가 이해하지 못하는 속어(slang)나 특수용어(jargon)들이 나올 경우 이들을 명확히 정의해 두어야 한다. 면담 동안에 이해를 높이는 가장 좋은 방법은 주기적으로 핵심 내용을 요약하고, 그 요약된 내용을 응답자에게 다시 피드백 받는 것이다. 이러한 방법은 잘못 이해된 부분을 해소하고 들은 내용을 검증하는 역할을 한다.

마지막으로 객관적인 사실과 응답자의 견해(opinion)를 구분할 수 있어야 한다. 예를 들어 응답자가 "우리들은 너무 많은 신용카드 처리요구를 받고 있다"라고 했을 경우 이것은 응답자의 견해이다. 이러한 견해에 대해서는 "하루에 얼마나 많은 건수를 처리합니까?"라는 짚어보기식 질문을 통하여 내용을 좀 더 명확히 할 수 있다. 응답자의 견해와 객관적인 사실을 구분하는 것은 시스템 개선을 위해 매우 중요하다. 예를 들어, 응답자가 높은 시스템 오류나 점차 증가하는 오류의 수치에 대하여 강력한 불만을 표시하고 있는데도 불구하고 시스템 로그 상에서 오류가 감소로 나타나고 있다면, 신규 시스템에서는 그 오류가 매우 중요하게 다루어져야 함을 시사한다.

면담을 마치는 시점에는 응답자에게 면담계획에 포함되지 않은 중요한 정보를 제공하거나 질문을 할 시간을 주어야 한다. 대부분의 경우 응답자는 더 추가적인 정보제공에 관심사항이 없지만, 응답자가 추가적인 정보를 줄 경우 이것이 예상치 못한 중요한 정보가 될 수도 있다. 그리고 혹시 면담을 해야 할 또 다른 사람이 있는지에 대해서도 꼭 물어보는 것이 좋다. 명심해야 할 것은 면담은 정해진 시간 내에 끝내야 한다. 혹시 시간이 촉박할 경우 중요하지 않은 사항들은 생략하거나 추후의 면담계획에 포함하는 것이 좋다.

면담의 말미에는 추후의 일들(post interview follow-up)에 대하여 간단히 설명하고 마친다. 가능한 새로이 개발될 시스템의 특성이나 납품 일자 등에 대하여 섣불리 말할 필요는 없으며, 오히려 함께 면담을 갖게 된 것에 대한 감사의 말로 마치는 것이 좋다.

5) 사후 확인 및 정리

면담이 끝난 후 시스템 조사자는 면담과정에서 얻은 정보를 기초로 면담보고서(interview report)를 작성해야 한다. 보고서는 면담 노트에 적힌 것들을 식별하기 쉬운 형태로 정리한 것이다. 면담 보고서는 면담 내용을 잊어버리기 전에 면담 후 48시간 내에 작성하여야 한다. 면담 보고서는 응답자에게 피드백 하여 한 번 읽어주기를 요청하고, 수정되어야 할 내용이나 명확히 해야 할 내용들을 알려주도록 요청한다. 이 과정에서 응답자가 많은 수정을 요청할 경우 다시 한번 더 면담을 신청하여 내용을 보완하는 것이 좋다. 작성된 보고서는 그것에 대한 접근권한을 가진 사람을 제외하고는 절대 배포되어서는 아니 된다.

3.2 설문지 조사법

설문지(questionnaires)는 개인으로부터 정보를 얻기 위해 만들어진 질문항목들의 집합체이다. 설문지는 많은 사람들을 대상으로 정보와 의견을 수렴하는데 자주 이용된다. 시스템 조사의 경우 설문지는 외부의 컨설턴트나 공급업자와 같은 조직 외부인들이 시스템 사용에 대한 의견을 물을 때 많이 사용되어지고 있다. 대부분의 사람들은 설문지라 하면 종이에 새겨진 것을 연상하나 오늘날 웹이나 이메일을 통한 디지털 전자매체 형태의 설문지도 많이 사용되어지고 있다. 전자적 매체의 활용은 종이 설문지의 배포와 회수에 비해 비용과 시간을 획기적으로 줄일 수 있다.

설문지 조사법은 면담 조사법에 비하여 깊이 있는 정보를 얻기는 어렵지만 많은 사람들로부터 짧은 시간 내에 정보를 얻을 수 있다. 또한 익명으로 응답을 얻을 수 있으므로 면담 보다 솔직한 반응을 얻을 수 있다.

설문지 조사법도 앞의 면담 조사법과 거의 비슷한 과정을 거쳐 이루어진다. 그 절차는 ① 설문 대상자 선정, ② 설문지 설계, ③ 설문지 회수 및 관리, ④ 사후 관리 등으로 이루어진다.

1) 설문 대상자 선정

무슨 사실 정보가 필요한지를 결정하고, 누가 그 정보를 제공하는데 적절한가를 선정한다. 정확하고 편의성이 없는(unbiased) 정보를 얻기 위한 설문지를 보낼 사람을 결정하는 데 있어 통계적 표본추출(sampling) 기법을 활용한다. 표본을 추출하는데 있어 중요한 점은 모든 설문응답자들이 그 설문을 모두 다 완성하지는 않는다는 점이다. 경험적인 관점에서 볼 때 종이형태나 이메일의 경우 그 응답율이 50%를 넘지 않으며, 웹을 통한 응답의 경우 30%를 넘지 못한다.

2) 설문지 설계

설문지 조사법에서 가장 중요한 요소는 좋은 설문항을 개발하는 것이다. 왜냐하면 설문지 상의 내용을 응답자가 명확히 잘 이해할 수 있어야 정확한 정보를 얻을 수 있기 때문이다. 설문지의 설문항은 매우 간결하게 작성되어져야 하며 잘못 이해할 여지를 남겨서는 안 된다. 그러므로 설문항은 폐쇄식 설문이 일반적으로 가장 많이 사용된다. 설문은 조사자가 사실과 견해를 명확히 분리할 수 있게 해야 한다. 종종 견해를 묻는 설문은 응답자가 동의 또는 비동의 하는 정도로 물을 수 있다. 예를 들어 "네트워크 문제가 일상적입니까?"와 같은 식이다. 반면 사실을 묻는 질문은 보다 더 정확한 값을 찾고자 할 경우 사용된다. 예를 들어 "하루에 얼마나 자주 네트워크 문제가 발생합니까?"와 같은 식이다.

좋은 설문지 설계를 위해서는 다음과 같은 사항을 준수하는 것이 좋다.

- 위협을 주지 않고 주위를 끄는 설문으로 시작한다.
- 설문항목들은 논리적으로 연관성 있는 섹션으로 묶는다.
- 중요한 설문항목들은 설문지의 앞부분에 배치한다.
- 한 페이지 내에 너무 많은 항목을 넣어 복잡하게 하지 않는다.
- 약어를 사용하지 않는다.
- 편의(biased) 되거나 모호한 항목이나 용어를 피한다.
- 혼돈을 피하기 위하여 문항에 번호를 붙인다.
- 애매한 설문들을 가려내기 위하여 설문지 사전 테스트를 한다.
- 응답자에 대한 익명성을 제공한다.
- 질문 항들은 상대적으로 스타일에 통일성을 기해야 한다.
- 척도를 고려한 설계
- 분석 설계를 고려한 대안적 설문 고려
- 항목별 독립성 유지

3) 설문지 회수 및 사후 관리

질문지 관리에서 핵심 이슈는 응답자가 질문지를 완성한 후, 다시 되돌려 보내오는 것이다. 즉 응답률을 높이는 작업이다. 많은 마케팅 문헌들이 응답률을 높이기 위한 방법들을 소개하고 있다. 응답률을 높이기 위해 일반적으로 사용하는 기법은 다음과 같다.

- 설문의 목적과 이유 그리고 응답자로 선정된 이유 등을 명확히 밝힌다.
- 설문지를 반송해야 할 시간을 명확히 밝힌다.
- 설문지를 완성하도록 유인책을 사용한다.
- 설문응답에 대한 결과를 요약하여 보낸다.

이 외에도 조사자(시스템 분석가)는 조직 내부에서 응답률을 높이는 방법을 강구해야 한다. 하나의 예로서 설문지를 돌린 후 1~2주 내에 응답하지 않는 사람에게 개인적으로 접촉하여 부탁을 하거나 또는 응답자의 상급자에게 그룹 회의에서 설문지에 답해줄 것을 요청한다.

설문이 마감되면 설문결과보고서를 작성한다. 그리고 회수된 설문지는 적절하게 분석되어지며 분석 결과를 요구한 응답자에게는 설문결과를 즉시 받아볼 수 있게 전달한다.

3.3 문서분석 기법

종종 프로젝트 팀은 현행 시스템(As-Is system)을 이해하기 위해서 문서분석법을 사용한다. 현행 시스템에서 작업방식은 그 조직의 정책과 규정, 업무처리 절차 등의 영향을 받는다. 현재 조직에서 사용하고 있는 문서를 분석함으로써 현행 시스템에 대한 업무프로세스를 쉽게 이해할 수 있다. 조직에서 사용되는 문서는 각종 보고서, 정책 및 규정집, 업무처리 절차집, 사용자 매뉴얼, 전략 및 임무 진술서, 조직 도표, 직무기술서, 성능 표준 명세서, 권한 이양서, 예 · 결산서, 일정계획서, 사업계획서, 메모, 거래 장부, 법률문서, 재무제표 등 대부분 업무와 관련되어 있다. 문서에는 조직 내부 문서뿐만 아니라 그 조직과 관련되어 있는 외부 문서도 포함된다. 외부 문서에는 산업추세분석서, 기술추세에 관한 연구보고서, 시장조사 및 제품개발에 관한 연구보고서 등 매우 다양하다.

문서분석법은 사용자의 생각을 포함하지 않으므로 보다 객관적인 정보를 제공해주며, 작업 과정에 대한 질문이나 이슈를 파악하는데 도움이 된다. 반면 문서분석법은 면담과 같이 사용자 또는 직무담당자의 심리적 상태를 나타내지는 못한다. 문서분석법은 조직의 정보요구에 대한 일부분만을 설명할 수 있을 뿐이다. 조직에서 사용되는 문서는 공식적인 시스템(formal system)을 나타낸다. 때론 현실 속에 존재하는 비공식 시스템(informal system)은 공식적인 것과는 사뭇 다르다. 이러한 차이점은 어떤 요구들이 변화되어야 하는지를 강력히 시사한다. 예를 들어 전혀 사용되지 않는 양식이나 보고서들은 없애야 하며, 특정 문서 양식 내에서 사용되지 않는 항목들은 재고되어져야 한다. 시스템 요구가 변화할 필요가 제기되는 시점은 바로 사용자들이 직접 자신의 양식을 만들거나 현재의 양식에서 부가적인 정보를 필요로 하는 때이다. 이러한 변화는 현행 시스템의 개선이 필요함을 의미한다.

조직의 역사가 일천하거나 조직화 되지 못한 경우 문서화가 잘 되어 있지 못하여 문서분석법의 장점을 살리지 못하는 경우가 많다. 또한 전산화된 시스템이 구축된 조직의 경우에도 이전에 진행된 프로젝트에서 충분히 문서화를 하지 않은 경우 잘 정리된 문서를 갖지 못하는 경우가 많다. 그러므로 시스템 개발의 각 단계마다 모든 활동에 대한 철저한 문서화 작업이 제 때 이루어져 한다. 시스템을 완성한 후 되돌아가서 문서화를 할 시간이 없기 때문이다.

3.4 관찰법

관찰법(observation)은 한 사람 또는 두 사람 이상의 작업을 직접 혹은 자동화된 장치를 통하여 관찰하여 자료를 얻는 방법이다. 직접 현장관찰은 작업자 옆에서 작업수행 단계와 활동 내역을 기록하는 방법이다. 자동화된 관찰법은 컴퓨터 소프트웨어의 이용, 전자우편의 이용, 그리고 컴퓨터를 이용하여 취한 행동을 추적한다. 이 추적된 내용은 컴퓨터 로그 파일에 저장되어지며, 이것을 분석하여 작업과정을 기술한다.

관찰법은 관찰 장소와 대상에 따라 정점 관찰법(point observation)과 작업흐름 추적법(work flow trace observation)으로 나눌 수 있다. 정점 관찰법은 장소를 옮기지 않고 특정 업무 영역을 집중적으로 조사하는 방법으로 같은 장소를 시간대로 나누어 반복해서 관찰한다. 반면, 작업흐름 추적법은 작업의 흐름을 처음부터 끝까지 천천히 따라가면서 업무 전반에 걸친 정보를 수집한다. 즉, 작업의 흐름을 따라 순서대로 관찰하는 방법이다.

관찰법은 작업자가 스스로 무엇을 어떻게 작업을 수행하는지를 표현하기 어려운 상황에서 유용하다. 실제로 다수의 연구에서 많은 경영자들이 자신이 어떻게 일을 수행하며, 자신의 시간을 어떻게 배분하는지를 진술하지 못하는 경우가 허다하다. 관찰법은 면담이나 설문지와 같은 간접적인 원천으로부터 모아진 정보의 타당성을 체크하는 훌륭한 방법이다. 그러나 관찰 시간이 많이 소요되며, 관찰 중에 행한 작업이 정상적인 작업상황을 대표하지 않을 수도 있다는 것이다. 사람들은 관찰되어진다고 생각되어질 때에는 매우 조심하는 경향이 있기 때문에 관찰된 내용이 실제와 다를 수 있다.

관찰법은 면담정보를 보충하는데도 사용되어진다. 그 사람 사무실의 위치와 사무실 가구 등은 조직 내에서 그 사람의 권력과 영향도를 짐작케 하는 단서가 될 수 있다. 관찰과정에서 나온 단서가 면담에서 그 사람이 주장한 것을 완전히 뒤집어 해석하게 할 수도 있다. 예를 들어 어떤 관리자가 "컴퓨터를 통하여 전자결제가 이루어져야 하며, 컴퓨터에서 나온 보고서만이 정확하고 신뢰할 수 있다"라고 주장하고서는 실제 관찰을 한 결과 하루 종일 컴퓨터를 거의 켜지 않거나 하급자가 수작업으로 작성한 종이문서로 된 것에만 결제를 하는 경우 그 사람의 주장은 완전히 가식적인 것으로 볼 수 있다. 따라서 면담에 부가하여 필요한 정보를 충분히 얻거나 면담의 결과가 명확하지 않은 경우 관찰을 통하여 보충할 수 있다.

3.5 회의와 JAD 기법

정보수집과 동시에 집단 토의를 통하여 문제 해결을 위한 아이디어를 얻을 수 있는 방법으로 가장 많이 사용되는 기법중의 하나가 회의(meetings)이다. 회의는 정보시스템 개발과 관련된 사람들이 특정한 장소에서 특정한 주제에 관하여 문제해결과 합의점을 도출하는데 주로 사용된다. 종종 회의는 면담을 보완하거나 면담내용을 검증하기 위하여 이해관계자들을 소집하여 행하는 경우도 있다. 또한 사용자 그룹은 회의를 통하여 공동으로 신규 시스템에 대한 요구사항이나 응용시스템 설계 방안들을 시스템 개발자에게 제시할 수 있다. 이 외에도 조직이 당면한 문제를 해결하기 위하여 브레인스토밍(brainstorming)이나 맹렬 아이디어 제시법 등과 같은 창의적 아이디어를 수집하는데도 회의기법을 사용할 수 있다.

회의를 통한 정보수집 기법으로 정보시스템 개발에서 가장 많이 이용하는 기법 중의 하나가 JAD(joint application development)이다. JAD는 1970년대 후반 IBM에서 개

발한 기법으로 정보시스템 요구사항을 도출하기 위하여 프로젝트 팀 멤버, 사용자, 관리자들이 한 자리에 모여서 첨단 회의 장비와 시설을 갖추고 회의를 진행하는 기법이다. JAD는 숙련된 회의진행자(facilitator)의 진행 하에 10~20명의 이해관계자가 한자리에 모여서 시스템 개발을 위한 사용자의 요구사항을 도출하는 구조화된 프로세스이다. 회의진행자는 회의의제(agenda)를 정하고 토론을 이끌어가는 사람이다. 그렇지만 회의진행자는 토론에 직접 참여하여 아이디어나 의견을 개진하지 않으며, 중립자로서의 역할을 지녀야 한다. 회의진행자는 그룹의사결정기법이나 시스템 분석 및 설계 기법에 정통한 전문가이어야 한다. JAD 진행 중 한 두 명의 서기가 회의진행자를 보조하여 회의내용을 기록하고 복사물을 만드는 등 보조 역할을 한다.

JAD 그룹 회의는 모든 이슈들이 토의되고 요구되는 정보들이 수집될 때까지 몇 시간 또는 며칠, 심지어 수 주에 걸쳐서 진행된다. 대부분의 JAD 회의장에는 U자형의 테이블에 각 참석자 마다 노트북을 놓을 수 있으며, 앞면이나 옆면에는 프로젝터(projectors)와 스크린(screen), 화이트보드(white board), 그리고 플립챠트시트(flip chart sheets) 등이 배치되어 있다. JAD 회의 진행은 ① 참석자 선정, ② JAD 세션(session) 설계, ③ JAD 세션 준비, ④ JAD 세션 진행, ⑤ 세션 사후관리 등의 순으로 진행된다.

1) 참석자 선정

JAD 참석자 선정은 면담자 선정방법과 비슷한 방법으로 이루어진다. 참석자는 회의에 대한 기여도, 조직에 대한 폭넓은 이해도, 그리고 신규 시스템에 대한 정치적 지원도 등을 고려하여 선정한다. JAD 회의가 진행되는 동안 참석자는 사무실을 비워야 하므로 사무실은 JAD 세션이 끝날 때까지 업무에 지장을 초래하지 않는 범위에서 최소한의 스탭을 남겨둔다. JAD 세션에 참석하는 요원은 그 부문에서 핵심적인 역할을 담당하는 사람이어야 한다. 그런데 최고경영층의 적극적인 지지에도 불구하고, 많은 경우 JAD 세션이 실패하는 주된 원인 중의 하나가 바로 해당 부문의 핵심요원이 참석하지 못함으로 발생한다. JAD 세션 진행자 역시 해당 부분에 풍부한 지식과 경험을 갖춘 사람으로 선정하는 것이 좋다. 조직 내에 JAD 세션 진행 전문가가 없을 경우 외부의 전문 JAD 컨설턴트를 초빙하는 것이 좋다.

2) JAD 세션 설계

JAD 세션은 프로젝트의 규모와 범위에 따라 짧게는 반나절 정도에서 길게는 몇 주에

걸쳐서 진행된다. JAD 세션은 단순히 정보의 수집차원을 넘어서 시스템 요구분석까지 진행한다. JAD 세션이 진행되는 동안 시스템 분석가와 사용자들은 서로 협력하여 시스템 분석의 결과물인 사용자 요구 정의서, 유즈케이스(use case)나 프로세스 모델 등을 만들 수 있다.

JAD 세션의 성공여부는 앞의 면담과 마찬가지로 세션 설계에 달려 있다. 보통 JAD 세션 역시 면담 설계와 동일한 원리를 사용하여 설계되고 구조화된다. 대부분의 JAD 세션은 시스템 사용자로부터 특정 정보를 수집하기 위하여 설계되어지므로 회의 전에 질문할 내용들을 사전에 정해야 한다. 면담과 JAD의 차이점은 모든 JAD 세션은 구조화되어져야 하며, 사전에 치밀하게 계획되어져야 한다. 또한 JAD는 열띤 토론을 유도하는 경우가 많으므로 폐쇄식 질문은 거의 사용하지 않는다. 정보수집 목적이 JAD 세션의 경우 하향식 접근법을 택하는 것이 좋다. 그리고 JAD 세션 설계시 각각의 회의항목은 30분 정도로 할당하며, 중간에 휴식시간을 넣는다.

3) JAD 세션 준비

JAD 세션이 시작되기 전에 각각의 참석자와 분석가들은 사전에 자신이 해야 할 일들에 대하여 준비를 해야 한다. 세션은 사무실과 떨어진 장소에서 진행되며, 논의되거나 질의되는 내용이 매우 심도 있게 진행되므로 참석자에게 사전에 충분한 준비를 하도록 주지를 시켜야 한다. 그리고 참석자에게 사전에 준비 사항이나 준비 방법에 대하여 알리거나 교육을 시킬 필요가 있으며, 그들이 왜 참석하며 회의에서 무엇을 기대하는지를 명확히 주지시켜야 한다. 예를 들어 JAD 세션이 현행 시스템에 대한 이해를 돕는 것이 목적이라면 회의 참석자는 현업에서 사용하는 업무처리절차 매뉴얼이나 사용하는 각종 문서들을 준비해야 한다. 또는 세션이 시스템 개선의 목적이라면, 회의 참석자들은 사전에 시스템 개선에 대한 방안들을 머릿속에 정리하고 있어야 한다.

4) JAD세션의 진행

JAD 세션은 공식적인 회의 의제(agenda)에 따라 진행되도록 하며, 회의석상에서는 공식적인 회의규칙(ground rule)을 따른다. 일반적인 회의규칙으로는 회의 스케쥴 준수, 타인의 의견 존중, 합의사항 수용, 한번에 한 명씩 발언하기 등이다. 세션 진행과정에서 진행자의 역할이 매우 중요하다. 참석자들 모두 토의될 시스템에 대하여 많은 기대를 갖고 왔기 때문에 이들의 의견과 요구사항을 조화롭게 이끌어 새로이 개발될 시스템에 반영하는 것이 회의 진행자의 역할이다. 그러므로 JAD 세션 진행자는 시스템 분석 및 설계뿐만 아니라 대인관계기술, 회의진행 등에 대한 풍부한 경험과 지식을 갖추어야 한다. JAD 세션 진행자가 수행해야 할 중요한 세 가지 기능을 들면 다음과 같다.

첫째, 진행자는 회의 참석자들이 회의진행목록에 충실하도록 독려해야 한다. 회의진행목록에서 벗어나는 유일 경우는 프로젝트 관리자나 후원자가 예기치 않은 새로운 정보를 제시하고, 그것이 JAD 세션(프로젝트)의 새로운 방향을 설정해야 하는 경우이다. 이 경우를 제외하고 회의 참석자들이 본론에서 벗어날 경우 진행자는 이들을 원상 복귀하도록 종용해야 한다.

둘째, 진행자는 시스템 개발과 관련한 기술적 용어나 속어들에 대하여 회의 참석자들이 쉽게 이해할 수 있도록 설명해주어야 하며, 분석에 사용된 특정 기법에 대하여 참석자가 이해할 수 있도록 해야 한다. 참석자들은 그들의 업무영역에서 전문가이지 시스템 분석 및 설계 전문가는 아니기 때문이다. 또한 진행자는 참석자가 정확한 정보를 효과적으로 제공하는 방법을 알려줄 필요가 있다.

셋째, 진행자 또는 그 보조자는 모든 사람이 쉽게 볼 수 있는 장치(스크린, 화이트보드, 플립챠트 등)를 이용하여 회의 중 중요한 내용을 기록하여 볼 수 있도록 한다. 진행자는 회의에서 나온 정보들을 체계적으로 구조화하여 참석자들이 핵심 이슈를 쉽게 인식할 수 있도록 한다. 이 과정에서 진행자는 철저한 중립을 지켜야 하며, 자신의 의견을 넣지 말아야 하며, 오로지 집단의 의견수렴과 정리, 그리고 의사소통에 충실해야 한다. 그렇다고 해서 진행자가 문제해결을 전적으로 회의 참석자에 맡기고 방관하라는 의미는 아니다. 진행자는 참석자들의 의견을 종합하고 갈등을 조정하는 역할을 맡아야 한다.

JAD 세션 진행자가 회의를 원활히 진행하고 관리하는 방법으로 대표적인 몇 가지 방법을 열거하면 다음과 같다.

- 특정인이 집단 토의를 주도하는 것을 막아야 한다.
- 소극적인 참여자를 적극적으로 독려해야 한다.
- 국부적인 토의를 막고 모두 본론에 매진하도록 한다.
- 동일한 토의내용이 반복해서 발생하지 않도록 한다.
- 격론이 벌어질 경우 이를 중재해야 한다.
- 문제가 쉽게 풀리지 않은 경우 문제해결을 위한 새로운 기법이나 접근법을 시도한다.
- 상호간의 의견이 평행선을 달릴 경우 적절한 조율방안을 제시한다.
- 회의 도중 참석자들의 긴장을 완화하기 위한 유머와 기지를 발휘한다.

5) 세션 사후관리

면담과 마찬가지로 JAD 세션이 완료되고 나면 결과보고서를 작성하여 참석자에게 회람을 한다. 보고서 작성 방식은 면담 후 보고서 작성방식과 동일하게 회의의 목적 및 개요, 참석자 명단, 회의결과 요약, 중점 토의사항, 상세 내용 별첨 등으로 구성한다. 일반적으로 JAD 세션은 많은 시간에 걸쳐서 많은 정보를 수집하기 때문에 보고서 완성에 1~2주가 걸릴 수 있다.

3.6 요구자료 수집 기법의 비교

앞에서 열거된 각각의 요구자료 수집기법은 장 · 단점을 가지고 있다. 실무에서 자료 수집 시 이들 기법들을 특정 상황에 맞추어 선택하며, 필요시 조합하여 사용한다. 적절한 기법을 선택하는 데 있어 이들 기법들의 장 · 단점을 파악하는 것이 중요하다. 이들 기법들의 장 · 단점을 정리하면 [표 4-9]와 같다.

[표 4-9] 자료수집 기법의 장 · 단점

기법	장점	단점
면담법	• 사용자의 요구를 심도 있게 파악할 수 있음 • 질적 · 양적 정보 모두 획득 가능 • 상세정보 및 요약정보 획득가능	• 주관적, 편견된 정보일 수도 있음 • 다른 방법을 통한 정보의 정확성 검증 필요 • 면담자의 수가 많을 경우 부적절함
설문지법	• 많은 사람들을 대상으로 조사가능 • 응답자의 익명성 보장 가능 • 응답자의 태도나 감정을 정확히 표현 • 폐쇄식 질문을 통한 객관적인 정보의 취득가능	• 무응답이 생길 수 있음 • 질문항목의 신뢰성과 타당성이 검증되어야 함 • 응답자의 오류에 대한 통제 불가능
문서분석법	• 객관적 자료의 이용가능 • 문서를 얻기가 용이함 • 문제영역의 현상파악 용이	• 현재의 사용 문서가 미래에도 지속되어 업무 개선 효과 저해가능 • 사용자의 태도나 동기 등에 대한 정보파악이 어려움
관찰법	• 말로 표현하기 힘든 내용 이해 • 편견과 주관성 배제가능 • 문제영역에 대한 이해 용이	• 관찰시 작업자의 행동에 영향 미침 • 모든 상황 관찰이 어려움 • 많은 시간을 요함
회의 및 JAD법	• 다양한 정보의 취득과 분석가능 • 합리적 의사결정을 통한 합일점 도달 • 사용자의 요구사항을 정확히 파악 • 많은 사용자 참여를 통한 요구분석과 이해도 증진 • 전문 진행자에 의한 회의진행	• 회의 참석자가 많을 경우 의사결정을 내리는데 많은 시간이 필요함 • 논쟁으로 많은 시간을 보냄 • 회의 진행을 위한 전문가 확보가 어려움 • 특정 인물에 의한 회의주도 및 의견 획일화 우려 존재

앞에서 제시된 사용자 요구자료 수집을 위한 다섯 가지 기법의 특징들을 조사목적과 핵심 성공요인, 정보의 원천, 깊이와 폭, 통합정도, 정보의 신뢰도와 신선도, 그리고 사용자 참여정도와 비용 등의 관점에서 [표 4-10]와 같이 서로 비교 · 분석할 수 있다. 이들 특징과 앞에서 제시된 각 기법별 장 · 단점을 서로 비교하여 조사자는 적절한 기법을 선택해야 한다. 실무적인 관점에서 본다면 요구분석의 목적과 시간 및 예산에 따라 이들 기법들을 조합하여 사용한다.

대부분의 정보시스템 개발의 경우 시스템 분석가가 먼저 상급 관리자와의 면담을 시작으로 조사를 시작하며, 이들로부터 시스템의 큰 밑그림을 파악하고 조사의 범위를 확정짓는다. 그 후 현업부서에 사용하는 문서와 업무양식들을 수집하여 업무의 개괄적인 부분들을 파악한다. 그리고 추가적인 정보를 얻기 위하여 중간 관리자나 실무자들을 대상으로 면담을 실시한다. 시스템 분석이 본격화되면 JAD와 같은 요구분석기법을 적용하여 사용자의 요구사항을 서로 조정하고 문제해결방안을 검토한다. 시스템분석가는 JAD 기법을 통하여 미래 개발될 시스템(To-Be system)의 개념과 아키텍처를 확정짓는다.

[표 4-10] 요구자료 수집 기법의 특징 비교

구분	면담법	설문지법	문서분석법	관찰법	JAD법
조사의 주된 목적	현행 시스템 이해 및 개선	현행 시스템 이해 및 개선	현행 시스템 이해	현행 시스템 이해	현행 시스템 이해 및 개선
성패 요인	• 면담 설계 대화술 • 담당자의 협조 • 조사자의 능력	• 설문지 설계 • 적절한 표본 • 설문지 회수율 • 응답 분석력	• 조사자 개인의 능력 • 이용가능한 문서의 수	• 관찰력 • 관찰시간	• 세션 설계 진행자의 자질 • 참여자의 선택
정보의 원천	응답자의 지식	담당자 머리	문서, 업무양식	현장업무	참여자의 지식
소요 시간	보통	보통	짧음	많음	많음
수집 정보량	소량	소량	대량	대량	대량
정보의 폭	좁음	넓음	넓음	좁음	중간
정보의 깊이	깊음	중간	얕음	얕음	깊음
정보의 통합 정도	낮음	낮음	낮음	낮음	높음
정보의 신선도	최신	최신	과거	현재	최신
정보의 신뢰도	보통	보통	높음	높음	높음
사용자 참여 정도	높음	중간	낮음	낮음	매우 높음
비용	중간	낮음	낮음	높음	높음

주요용어

Main Terminology

- 가상질의분석(what-if analysis)
- 관찰(observation)
- 경제성 분석(economic analysis)
- 경제적 타당성 분석(economic feasibility analysis)
- 기능적 요구사항(functional requirement)
- 개방식 질문(open-ended question)
- 구현독립(implementation independence)
- 능률 분석(efficiency analysis)
- 논리적 모델(logical model)
- 면담조사(interviews)
- 문서분석(document analysis)
- 목표탐색(goal seeking)
- 물리적 모델(physical model)
- 비기능적 요구사항(nonfunctional requirement)
- 서비스 분석(service analysis)
- 설문지(questionnaires)
- 시스템 분석(system analysis)
- 시스템 조사(system investigation)
- 시스템 환경조사(system environment investigation)
- 업무처리능력 분석(performance analysis)
- 요구사항 분석(requirement analysis)
- 예비조사(preliminary survey)
- 의사결정지원시스템(DSS: decision support system)
- 전문가시스템(ES: expert system)
- 정보 분석(information analysis)
- 정보보고시스템(IRS: information report system)

- 정보화추진위원회(steering committee)
- 중역정보시스템(EIS: executive information system)
- 짚어보기식 질문(probing question)
- 통제 분석(control analysis)
- 폐쇄식 질문(closed-ended question)
- 현행 시스템 조사(current system survey)
- BPA(business process automation)
- BPI(business process improvement)
- BPR(business process reengineering)
- JAD(joint application development)

연습문제

Exercises

1. 논리적 모델과 물리적 모델의 차이점은 무엇인가? 그리고 이들 두 가지 모델에서 주안점을 두는 것은 무엇인가?
2. 시스템 분석 과정에서 문제를 해결해 나가기 위한 접근법 두 가지를 설명하라.
3. 현행 시스템(As-Is system)에서 미래의 신규 시스템(To-Be system)을 개발하기 위해 필요한 활동은 무엇인가?
4. 정보기술을 이용한 경영문제의 해결을 위한 PIECES 분석 프레임워크란 무엇인가?
5. 사용자 요구사항에서 기능적 요구사항과 비기능적 요구사항의 차이점을 설명하고, 그 예를 들어보아라.
6. 시스템 기능향상을 위한 방법을 모색하기 위하여 새로운 시스템을 설계하는데 있어 그 변화의 정도에 따라 이용가능한 세 가지 전략 방법은 무엇인가?
7. 시스템 조사의 유형에는 어떤 것들이 있으며, 이들의 차이점을 설명하라.
8. 시스템 조사에서 조사해야 할 내용은 무엇인가?
9. 면담조사의 절차에 대하여 설명하라.
10. 폐쇄식 질문, 개방식 질문, 짚어보기식 질문의 차이점을 설명하고, 그 예를 들어보아라.
11. 면담시 면담자가 응답자와의 응대에서 지켜야 할 주요한 사항들을 열거하여 보아라.
12. 좋은 설문지 설계를 위해서 준수해야 할 사항들을 열거하여 보아라.
13. 문서분석 기법이란 무엇인가? 그리고 조직에서 사용되는 문서의 종류를 열거하여라.
14. 관찰법의 종류에는 어떤 것이 있는가? 그리고 이들은 각각 어떤 상황에서 유용한가?
15. JAD 세션 진행자가 수행해야 할 중요한 세 가지 기능에 대하여 설명하라.
16. 요구 자료수집 기법들을 열거하고 이들의 장 · 단점을 비교 설명하라.

참고문헌

Literature Cited

김성락, 유현, 이원용, 실무사례중심의 시스템 분석 및 설계, OK Press, 2002.

윤청, 패러다임 전환을 통한 소프트웨어 공학, 생능, 1999.

이민화, 시스템 분석과 설계, 도서출판대명, 2003.

이영환, 시스템 분석과 설계 : 경영정보시스템 개발을 중심으로, 법영사, 1994.

이영환, 박종순, 시스템 분석과 설계, 법영사, 1998.

이주헌, 실용 소프트웨어 공학론 : 구조적 · 객체지향기법의 응용사례 중심으로, 법영사, 1997.

홍성식, 권기철, 실무지향적 시스템 분석과 설계, 21세기사, 2003.

Booch, G., *Object-Oriented Analysis and Design with Application*, Benjamin/Cummings, 1994.

Dennis, A. and B. H. Wixom, *Systems Analysis & Design*, John Wiley & Sons, 2003.

Dennis, A., B. H. Wixom, and D. Tegarden, *Systems Analysis & Design: An Object-Oriented Approach with UML*, John Wiley & Sons, 2002.

Pressman, R. S., *Software Engineering: A Practitioner's Approach*, McGraw-Hill, 1992.

Valacich, J. S., J. F. George, and J. A. Hoffer, *Essentials of Systems Analysis and Design*, 2nd ed., Prentice-Hall, 2004.

Whitten, J. L., L. D. Bentley, and V. M. Barlow, *System Analysis & Design Methods*, 3rd ed., Irwin, 1994.

Yourdon, E., *Modern Structured Anlayis*, Prentice-Hall, 1989.

유즈케이스 모델링

CHAPTER 05

PREVIEW

앞 장에서는 사용자의 요구를 조사하는 방법과 기법에 대하여 기술하였다. 본 장에서는 이러한 사용자 요구를 보다 더 공식적으로 기술하고, 이를 세분화 하는데 초점을 둔다. 사용자의 요구는 몇 개의 사용자 요구집합으로 구분할 수 있으며, 이들을 분석하고 사용자와 효과적으로 의사소통하기 위해서는 시각적인 도구의 사용과 함께 사용자 수준에서 이해할 수 있는 형태로 문제를 기술하고 업무의 진행과정을 묘사할 수 있어야 한다. 이러한 분석과 의사소통의 도구로 유즈케이스(use case) 모델링 기법이 유용하다. 본 장에서는 유즈케이스를 기술하는 방법과 유즈케이스들 간의 관련성을 그림으로 표현하는 방법을 중점적으로 다룬다. 그리고 유즈케이스 모델링 기법을 보완하는 기법으로 시나리오 기법을 소개한다.

OBJECTIVES OF STUDY

- 유즈케이스의 필요성과 역할을 이해한다.
- 유즈케이스를 기술하는 방법을 익힌다.
- 유즈케이스 모델링의 기본적인 과정을 익힌다.
- 유즈케이스 다이어그램을 작성하는 방법을 숙지한다.
- 시나리오 기법이 적용될 수 있는 영역을 이해한다.
- 시나리오 기법을 사용한 요구사항 분석 방법을 익힌다.

CONTENTS

1 유즈케이스 모델링 기초

1.1 유즈케이스의 필요성

지금까지 많은 프로젝트들이 실패로 끝난 주된 원인은 바로 사용자 요구에 대한 정확한 분석의 부재가 가장 큰 원인이다. 사용자는 컴퓨터 전문가들이 사용하는 용어나 언어를 잘 이해하지 못한다. 따라서 서로 간의 의사소통에 한계가 있다. 프로젝트의 시작부터 프로젝트의 결과물을 사용하는 사용자 혹은 프로젝트를 맡긴 의뢰인과의 대화 결여로 인하여 사용자가 원하는 시스템 개발을 이루지 못해 프로젝트가 실패하는 사례가 빈번하다.

이러한 문제를 해결하고 사용자의 요구사항을 보다 더 정확히 모델링하기 위한 도구가 바로 유즈케이스(use case)이다. 유즈케이스 분석을 통해 모델링 된 유즈케이스 다이어그램(use case diagram)은 시스템 전체적인 시각(매크로 관점)에서 사용자와의 원활한 의사소통을 촉진시킨다. 그리고 각각의 유즈케이스에 대한 상세 명세서인 유즈케이스 기술서(use case description)는 특정 유즈케이스에 대하여 사용자가 사용하는 언어로 문제를 기술할 수 있게 한다.

유즈케이스란 말 그대로 시스템과 상호 작용하는 행위자(actor)의 사용 사례를 묘사한 것이다. 예를 들어 어떠한 건물을 만든다고 생각하자. 실제로 이러한 건물은 먼저 설계를 하여야 한다. 건물의 설계에서 이 건물이 주로 어디에 어떻게 사용될지를 생각하게 된다. 이렇게 건물을 짓는 것과 비슷한 형태로 정보시스템(소프트웨어)을 개발하는 경우 그 시스템의 주요 용도를 사용자와의 상호작용으로 그 사용도를 표시한 것을 유즈케이스라 한다.

유즈케이스 분석은 최근 객체지향 분석기법에서 기본적으로 채택하는 기법이다. 객체지향 분석 및 설계를 위한 표준화된 모델링 언어인 UML(unified modeling language)에서 유즈케이스 모델링이 표준 도구로 사용되어지고 있다. 소프트웨어 공학이 탄생된 이래 과거 수 년 동안 구조적 기법에서 모델링의 초점이 되는 프로세스 모델

(process model)과 정보공학 방법론에서 모델링의 중심이 되는 데이터 모델(data model)을 시스템 분석가들은 기본적인 분석 도구로 사용하여 왔다. 그러나 이들 분석 도구 역시 사용자 관점에서 본다면 매우 복잡하고 어렵다는 것이 많은 학자와 실무자들의 주장이다. 이러한 문제를 쉽게 해결하고 사용자 지향적인 모델링 도구로 제안된 모델이 유즈케이스 모델(use case model)이다. 구조적 접근법에서 유즈케이스와 비슷한 개념의 분석 도구는 비즈니스 시나리오(business scenarios)이다.

최근 실무에서 많은 시스템 분석가들이 사용자를 처음 만나 복잡한 프로세스에 대한 기술(description)과 사용자 요구사항을 분석하고 정리하는 도구로서 유즈케이스 모델링 접근법을 채택하고 있다. 그리고 이 유즈케이스 모델을 토대로 기능 모델과 데이터 모델을 작성한다. 유즈케이스 모델은 현행 비즈니스 프로세스를 모델링 하는 As-Is 모델의 작성뿐만 아니라 장차 개발될 To-Be 모델의 개발에도 사용될 수 있다.

1.2 유즈케이스의 개념과 목적

유즈케이스는 어떤 결과물을 산출하는 활동들(activities)의 집합이다. 각각의 유즈케이스는 시스템의 반응을 유발하는 이벤트(event)에 대한 대응방법을 묘사한다. 예를 들어 자동판매기 시스템에서 연쇄작용 이벤트(trigger event)는 사용자가 동전을 넣고 물건 선택 버튼을 누르는 것이다. 또 다른 예로는 대학의 도서관 시스템의 경우 학생이 도서를 빌리거나 반납을 하는 것과 같이 시스템의 외부로부터 연쇄작용 이벤트가 발생한다. 이외에도 도서 반납기한이 지나서 독촉장을 보내기 위해서 시간을 체크하고 이로부터 연쇄작용이 걸리는 경우도 있다. 이경우 시스템 내부에서 특정한 시간에 대하여 연쇄작용이 이루어진다. 유즈케이스는 연쇄작용 이벤트의 흐름을 묘사한다.

이벤트 구동 모델링(event-driven modeling)의 경우 시스템에서 발생하는 모든 것들은 특정 연쇄작용 이벤트에 대한 반응으로 볼 수 있다. 시스템은 이벤트가 발생하면 반응을 보이고, 유즈케이스에 정의된 행동(actions)을 수행한 후 다시 대기상태로 되돌아간다. 시스템에서 이벤트 발생의 대부분은 사용자가 시스템을 사용함으로써 발생한다. 이벤트가 없을 경우 시스템은 휴면상태에 있으며, 다음번 이벤트가 발생할 때까지 대기한다. 컴퓨터 화면보호기를 상상하면 쉽게 이벤트에 대한 시스템 반응을 이해할 수 있을 것이다. 화면보호기는 정해진 시간이 지나면 화면보호모드로 들어가 대기하고 있다가 사용자가 마우스나 키보드를 만지면 원래의 윈도우 화면으로 되돌아간다. 마우스 클릭이나 키보드 타이핑이 곧 바로 이벤트이며 이러한 이벤트 동작을 받아 이벤트 핸들러(event handler)가 시스템의 특정 프로그램을 구동시킨다.

특정 이벤트에 대하여 처리하는 프로세스의 복잡도는 유즈케이스마다 상당한 차이가 있다. 앞의 예에서 도서 대출과 같은 이벤트의 경우 사용자의 신원을 확인하고 대출내역을 기록하는 것과 같이 간단한 몇 개의 활동들로 구성된 단순한 프로세스일 수도 있다. 반면, 인터넷 쇼핑몰에서 고객주문 이벤트와 같이 그와 연관되어 동시에 발생하는 여러 개의 활동으로 이어지는 복잡한 형태를 지닌 유즈케이스일 수도 있다. 한편 어떤 프로세스는 유즈케이스가 활성화 될 때마다 매번 수행되는 것도 있으며, 어떤 것은 매우 드물게 발생하는 경우도 있다. 예를 들어 도서반납 후 책의 상태가 나빠서 다시 제본수리를 해야 하는 경우는 매우 드물게 발생한다. 단순한 유즈케이스의 경우 하나의 경로를 따라 발생하나 예외적인 상황이 많은 복잡한 유즈케이스의 경우 여러 가지 가능한 경로를 따라 이벤트가 발생할 수 있다.

유즈케이스는 이러한 복잡한 상황을 쉽게 이해할 수 있도록 하며, 이후의 프로세스 모델링이나 데이터 모델링 활동을 용이하도록 하기 위하여 작성한다. 이에 대해서는 다음의 6장과 7장에서 자세히 설명한다. 사용자 요구정의 과정에서 충분히 잘 설명되어지고 이해되어진 단순한 프로세스에 대해서는 굳이 유즈케이스를 만드는 노력을 할 필요는 없다. 이 경우에는 사용자 요구정의 단계에서 나온 정보만으로 곧 바로 프로세스 모델이나 데이터 모델을 작성하는데 사용할 수 있다. 그러나 BPR(business process reengineering)이나 업무처리방식에 있어 커다란 변화가 예상되는 경우에는 유즈케이스를 작성하는 것이 매우 중요하다.

유즈케이스를 작성하는 경우 시스템분석가는 필요한 정보를 수집하기 위하여 사용자 그룹과 긴밀히 협력해야 한다. 이를 위해서는 인터뷰, JAD, 또는 직무관찰과 같은 요구자료 수집기법을 사용해야 한다. 유즈케이스를 작성하는데 필요한 정보를 수집하는 것은 비교적 단순한 과정이나 상당한 실무경험이 필요하다. 사용자는 시스템분석가와 긴밀히 작업하여 유즈케이스를 만들거나 또는 종종 그들 혼자 힘으로 유즈케이스를 작성하기도 한다.

1.3 유즈케이스의 특징

사용자의 요구사항을 분석하는 사용자 지향적인 분석 도구로서 유즈케이스는 다음과 같은 특징을 지니다.

(1) 사용자와의 의사소통 수단

정보시스템 프로젝트의 성패를 좌우하는 가장 중요한 요소는 시스템 개발과정에서 사용자의 참여도이다. 특히 시스템 분석 단계에서 사용자의 요구사항을 정확히 파악하고 업무프로세스를 정확히 이해하는 것이 시스템 개발자에게는 무엇보다도 중요하다. 유즈케이스는 사용자 관점의 모델링 도구이므로 사용자와 시스템분석가 간의 긴밀한 협력과 업무프로세스에 대한 이해를 증진시키는데 매우 중요한 역할을 한다.

(2) 구현 독립적인 모델

유즈케이스의 경우 시스템 외부, 즉 사용자의 관점에서 해당 시스템을 바라볼 때의 기능을 나타낸다. 따라서 유즈케이스는 시스템 구현에 대한 고려 없이 현재 또는 미래에 개발될 시스템에서 처리되어야 할 프로세스에 대한 개념적 모델링과 논리적 모델링에 초점을 둔다.

(3) 매크로 모델링과 마이크로 모델링의 지원

유즈케이스 모델링은 유즈케이스 기술서를 이용하여 하나의 유즈케이스에 대하여 기본적인 정보와 주요 입출력 요소뿐만 아니라 업무처리에 대한 시나리오를 묘사할 수 있게 한다. 이는 마이크로 모델링을 효과적으로 지원하는데 효과적인 도구이다. 그리고 유즈케이스들 간의 관계에 관한 모델링은 유즈케이스 다이어그램을 통하여 표현한다. 유즈케이스 다이어그램에서는 유즈케이스들 간의 포함(include) 관계나 확장(extend) 관계를 묘사할 수 있게 함으로써 매크로 모델링을 지원한다. 유즈케이스 다이어그램은 유즈케이스의 내부적 수행 과정은 블랙박스로 보고 이들 간의 관계에 초점을 둔 모델링이다.

(4) 개발의 기본 단위

시스템 사용자와 개발자 간의 합의를 통하여 시스템의 기능이 확정되면, 그 기능은 앞으로 설계와 구현의 기본 단위가 된다. 하나의 유즈케이스는 프로세스 모델링에서 하나의 기능(function) 또는 업무프로세스가 되며, 설계에서 하나의 모듈이 되며, 테스트를 위한 하나의 기본 단위가 된다.

2 유즈케이스 기술서

유즈케이스 다이어그램 상의 각각의 유즈케이스에 대하여 유즈케이스 기술서(use case description)를 작성한다. 유즈케이스 기술서는 행위자의 연쇄작용 이벤트에 대하여 발생하는 모든 활동들에 대한 상세한 내역을 담고 있다.

2.1 유즈케이스의 유형

유즈케이스는 추상화 수준과 모델링의 목적에 따라 여러 가지 유형으로 나눌 수 있다. 본서에서는 유즈케이스에서 보여주는 정보의 양, 즉 추상화 수준에 따라 개요수준 유즈케이스(overview use case)와 상세 유즈케이스(detail use case)로 구분한다. 그리고 유즈케이스 작성의 목적에 따라 필수 유즈케이스(essential use case)와 실제 유즈케이스(real use case)로 나눈다.

개요수준 유즈케이스는 상위수준에서 사용자의 요구사항을 도출하기 위한 도구이다. 이것은 시스템 요구를 이해하는 과정의 초기 단계에서 작성되어진다. 이 유즈케이스에는 명칭, ID 번호, 주요 행위자, 유형, 개요 등과 같은 유즈케이스에 관한 기본적인 정보를 문서화 한다. 사용자와 시스템분석가가 이러한 상위수준의 요구사항인 개요에 대하여 합의가 이루어지면 개요 유즈케이스에 보다 더 상세한 수준의 유즈케이스를 작성한다. 상세 유즈케이스는 가능한 유즈케이스에 대한 모든 정보를 문서화 한다.

필수 유즈케이스는 요구되는 기능을 논리적으로 이해하기 위하여 필요한 최소한의 필수적인 사항들만을 기술한다. 실제 유즈케이스는 현재 또는 개발될 시스템 상에서 실제로 행위자가 수행하는 실제적인 업무절차나 물리적 요소들을 명세한다. 예를 들어 어느 클리닉센터의 고객예약 유즈케이스를 연상하여 보자. 이는 고객의 진료예약을 접수받아 처리하는 유즈케이스이다. 필수 유즈케이스에서는 다음과 같이 기술되어질 것이다. 접수창구의 직원이 "고객이 원하는 예약시간과 예약가능한 시간을 매치시킨다"라고 기술할 것이다. 반면 실제 유즈케이스에서는 접수창구의 직원이 "MS Exchange를 이용하여 달력(calendar)의 이용가능한 날짜를 조회하여 예약상황을 컴퓨터 모니터 상에 리스트하고 고객이 요구한 날짜와 시간에 어느 의사가 할당가능한가를 찾아 매치시킨다"라고 기술할 것이다. 따라서 필수 유즈케이스는 구현문제와는 독립된 논리적 모델(logical model)을 나타내며, 실제 유즈케이스는 특정 하드웨어나 장치, 그리고 소프트웨어 등을 고려한 물리적 모델(physical model)을 나타낸다. 따라서 실제 유즈케이스에서는 그것이 구현되어졌을 때 시스템을 어떻게 사용하는가 하는 방법을 구체적으로 기술한다. 논리적 모델과 물리적 모델의 특성에 대해서는 다음 장에서 자세히 설명한다.

2.2 유즈케이스의 구성요소

유즈케이스 기술서는 기본적 정보를 나타내는 부분과 행위자가 주고받는 정보, 즉 입출력 부분, 그리고 시나리오별 처리프로세스에 대한 상세사항 부분으로 나눌 수 있다. [표 5-1]은 인터넷 쇼핑몰의 "주문 보냄" 유즈케이스 기술서의 예를 보여주고 있다.

[표 5-1] 유즈케이스 기술서의 예

<table>
<tr><td colspan="2">유즈케이스명</td><td>주문보냄</td><td>ID</td><td>3</td><td>중요도 수준</td><td>높음</td></tr>
<tr><td colspan="2">주요 행위자</td><td colspan="3">고객</td><td>유즈케이스유형</td><td>상세, 필수</td></tr>
<tr><td colspan="2">이해관계자</td><td colspan="5">고객 : 인터넷 쇼핑몰에서 물건을 구매하기 위하여 웹 사이트를 찾음
주문관리자 : 고객의 주문을 최대한 만족시키고자 함</td></tr>
<tr><td colspan="2">개 요</td><td colspan="5">주문보냄 유즈케이스는 고객이 쇼핑몰 사이트를 방문하여 어떻게 주문을 넣는가를 기술한다.</td></tr>
<tr><td colspan="2">연쇄 작용</td><td colspan="5">고객이 쇼핑 사이트를 방문하여 주문을 넣을 경우</td></tr>
<tr><td colspan="2">연쇄작용 유형</td><td colspan="5">외부(External)</td></tr>
<tr><td rowspan="4">관계</td><td>연관</td><td colspan="5">고객</td></tr>
<tr><td>포함</td><td colspan="5">장바구니 담기, 대금 결제</td></tr>
<tr><td>확장</td><td colspan="5">주문 수정, 고객 등록</td></tr>
<tr><td>일반화</td><td colspan="5"></td></tr>
<tr><td colspan="2">정상적인
이벤트 흐름</td><td colspan="5">1. 고객은 인터넷 쇼핑몰 사이트에 접근한다.
2. 고객은 상품 찾기 검색창에 검색어를 입력한다.
3. 시스템은 검색어 관련 상품 리스트를 보여준다.
4. 고객은 원하는 상품의 상세정보를 보기 위해 리스트 내의 상품 중의 하나를 선택한다.
5. 시스템은 고객이 선택한 상품에 대한 상세정보와 그 하단에 상품평가에 대한 정보를 보여준다.
6. 고객은 상품을 장바구니에 담는다.
7. 고객은 쇼핑이 완료될 때까지 “장바구니 담기” 유즈케이스를 이용하여 3에서 6의 과정을 반복한다.
8. 고객은 원하는 상품에 대하여 주문서를 작성하여 시스템에게 보낸다.
9. 주문액에 대한 "대금 결제" 유즈케이스를 실행한다.
10. 고객은 사이트를 떠난다.</td></tr>
<tr><td colspan="2">하위 흐름</td><td colspan="5">9a-1. 고객은 카드종류를 선택한다.
9a-2. 고객은 카드번호와 암호를 입력한다.
……</td></tr>
<tr><td colspan="2">대체 흐름
또는
예외 흐름</td><td colspan="5">〈검색 실패 시〉
3a-1. 고객은 새로운 검색어를 입력한다.
3a-2. 고객은 원하는 상품이 나올 때까지 2에서 3의 과정을 반복한다.
……
〈장바구니 수정 시〉
6a-1. 고객의 장바구니의 제품 중 수량을 수정한다.
6a-2. 고객은 장바구니의 제품 중 구매를 원하는 않는 품목은 삭제한다.
……</td></tr>
<tr><td colspan="2">기타
특이사항</td><td colspan="5">• 10초 내에 검색결과가 제시되어야 한다.
• 대금 결제는 카드로만 가능하다.</td></tr>
</table>

1) 기본 정보 부분

유즈케이스에 대한 기본 정보를 묘사하는 부분은 유즈케이스 식별번호(ID), 유즈케이스 이름, 간단한 설명, 연쇄작용, 유형 등을 적는다. 유즈케이스 이름은 가능한 간단해야 한다. 식별번호는 일련번호를 부여하는 것이 통례이며, 유즈케이스를 참조하기 쉽게 한다. 기본 정보 부분에 대한 기술은 가능한 짧게 하며, 유즈케이스의 개괄적인 정보만을 보여주어야 한다.

유즈케이스명은 유즈케이스가 수행하는 기능을 대표하는 이름을 사용한다. 그 형태는 명사+동사의 형태이다. 유즈케이스 ID는 분석 대상 시스템에 존재하는 모든 유즈케이스를 쉽게 식별하고 찾기 위하여 유일한 번호를 부여한다. 유즈케이스 유형은 앞에서 제시된 바와 같이 개요수준 또는 상세수준, 필수 또는 실제 유즈케이스로 구분된다. 주된 행위자는 유즈케이스를 기동시켜 사용하는 사람이거나 또는 다른 외부실체로서 유즈케이스에 연쇄작용을 일으키는 이벤트를 보내는 주체이다.

유즈케이스의 기본적인 목적은 주된 행위자의 목적을 충족시키는 것이다. 유즈케이스의 개요 부분은 유즈케이스가 기본적으로 수행하는 내용을 간략하게 하나의 문장으로 기술한다. 유즈케이스 기술서의 오른쪽 상단에 있는 중요도 수준은 유즈케이스 개발의 우선순위를 정하는데 사용되어질 수 있다. 시스템 개발에 필요한 자원이 한정되어 있는 경우 모든 기능을 동시에 모두 다 개발할 수 없다. 이 경우 우선순위를 정하여 개발하게 된다. 중요도 순위는 어느 기능이 중요한가를 명시적으로 사용자에게 인지하도록 한다. 중요도 수준은 "높음", "중간", "낮음"과 같이 퍼지 척도(fuzzy scale)를 사용하거나 또는 중요도 평가항목들의 가중평균값을 이용하는 방법 등이 있다. 유즈케이스의 중요도를 정하는 평가항목을 열거하면 다음과 같다. 이들 각각의 평가항목들은 0에서 5사이의 값을 할당할 수 있다.

- 유즈케이스가 중요한 비즈니스 프로세스를 맡고 있는가?
- 유즈케이스가 수익창출이나 원가절감에 얼마나 기여하는가?
- 유즈케이스를 구현하기 위한 기술이 신기술인가? 또는 위험성은 높은가? 따라서 상당한 연구를 필요로 하는가?
- 유즈케이스에 기술된 기능이 복잡한가? 위험성이 높은가? 시간제약이 높은가?
- 유즈케이스는 점점 더 상세해지는 설계부분의 이해도를 증가시킬 수 있는가?

하나의 유즈케이스는 다수의 이해관계자가 관심을 가질 수 있다. 유즈케이스 기술서에는 각 유즈케이스에 관심을 가진 이해관계자들을 열거하고, 이들의 관심사항을 정리한다. 유즈케이스의 주된 이해관계자는 유즈케이스와 상호작용하는 행위자이다. 예를 들어 "주문 보냄" 유즈케이스의 주된 행위자인 "고객"이 주된 이해관계자이다. 이 외에도 주문관리자도 관심을 가진 이해관계자이다.

기본 정보 부분에서 식별해야 할 중요한 것 중의 하나가 바로 연쇄작용이다. 연쇄작용은 유즈케이스가 활성화 되도록 하는 이벤트이다. 연쇄작용은 고객과 같은 시스템 외부의 이벤트로부터 걸려오는 것이 보통이다. 예를 들어 고객이 주문을 넣거나 화재발생기의 경고음이 울리는 것과 같은 것이다. 그러나 종종 연쇄작용은 특정한 시점(예, 도서 반납 시점)이 되면 걸려오는 경우도 있다. 이러한 것을 시간 연쇄작용(temporal trigger)이라 한다.

2) 관계

유즈케이스 기술서의 관계부분은 해당 유즈케이스가 다른 유즈케이스나 행위자와 어떻게 관계를 맺고 있는가를 나타낸다. 관계(relationship)의 유형은 ① 연관(association), ② 포함(include), ③ 확장(extend), ④ 일반화(generalization) 관계로 나눈다.

연관관계는 유즈케이스와 그것을 사용하는 행위자 간에 발생하는 커뮤니케이션을 나타낸다. 행위자는 유즈케이스를 사용하는 사용자의 역할을 표현한 것이다. "주문 보냄" 유즈케이스에서 고객은 주문서를 보내는 역할을 한다.

포함관계는 유즈케이스를 실행하는 중에 다른 유즈케이스의 일부를 반드시 포함하는 경우를 표현한다. 이것은 공통으로 사용되어지는 기능을 별도로 분할하여 두고 필요시 불러서 사용하는 것과 같다. 따라서 포함관계는 기능적 분할이 이루어지게 한다. 특히 복잡한 유즈케이스의 경우 여러 개의 단일 기능을 수행하는 유즈케이스로 분할하고 이를 포함하는 유즈케이스를 만들 수 있다. 인터넷 쇼핑몰의 "대금 결제"와 같은 유즈케이스의 경우 고객이 주문을 하는 유즈케이스의 기능 중 일부를 수행하는 유즈케이스이다. 포함관계로 분할된 유즈케이스는 독립된 모듈로 만들어져 다른 유즈케이스에서 재사용되어질 수 있다.

확장관계는 기능의 확장형태로 선택적인 행위가 일어날 경우 기본 유즈케이스에서 파생되어지는 것을 표현한다. "주문 보냄" 유즈케이스의 경우 고객이 주문을 하는 도중

신규로 회원에 가입할 경우 "고객등록" 유즈케이스를 사용하게 되며, 보낸 주문을 수정하거나 취소하고자 할 경우 "주문수정" 유즈케이스를 사용하게 된다. 이것은 정상적인 이벤트의 흐름에서 발생하는 것이 아니라 예외적이거나 대체안적인 이벤트 흐름이 발생하는 경우에 새로운 확장관계가 만들어 질 때 발생한다.

일반화관계는 객체지향의 상속(inheritance) 개념을 지원하는 유즈케이스를 표현한다. 예를 들어 인터넷 쇼핑몰의 경우 고객 주문은 "회원 주문 보냄"과 "비회원 주문 보냄"으로 나눌 수 있다. 이들은 "주문 보냄" 유즈케이스를 보다 더 구체화한 형태이다. 이 두 유즈케이스는 일반화된 "주문 보냄" 유즈케이스의 특성을 그대로 이어 받으며, "회원 주문 보냄" 유즈케이스의 경우 "고객 등록", "회원 마일리지 적용" 유즈케이스로 확장되거나 포함할 수 있다. 구체화된 유즈케이스에 대한 행위자 역시 부모 행위자(parent actor)로부터 구체화된 자녀 행위자(child actor)를 가질 수 있다. 앞의 경우 "고객"은 "회원" 행위자와 "비회원" 행위자로 구체화 될 수 있다.

3) 상세 시나리오

행위자와 유즈케이스가 추출이 다 되었다면 시나리오를 작성하기 위하여 이벤트 흐름(event flow)을 분석해야 한다. 이벤트 흐름이란 유즈케이스에서 행위자들의 행위 흐름을 나타낸다. 이벤트 흐름 내에 유즈케이스에 대한 사용자의 행위의 시작과 끝이 어떻게 나타나는지 표시하게 된다. 이벤트 흐름에는 ① 주된 이벤트 흐름(main flow of event), ② 하위 흐름(subflow), ③ 대체 흐름(alternate flow of event), ④ 예외 흐름(exceptional flow of event)이 있다.

주된 이벤트 흐름은 유즈케이스에서 행위의 중심적 흐름을 나타낸다. 주된 이벤트 흐름은 유즈케이스 내에서 실행되어지는 정상적인 이벤트 흐름(normal flow of event)에 초점을 둔다. 때로는 이들 정상적인 흐름이 복잡한 경우 몇 개의 하위 단위로 분할하여 하위 흐름을 만들 수 있다. 하위 흐름은 정상적인 흐름이 조건에 따라 몇 가지로 분기하거나 복잡한 흐름을 단순화 하여 표현해야 하는 경우에 자주 나타난다. 예를 들어 인터넷 쇼핑몰 시스템의 관리자가 로그온 하고 난 후, "주문처리" 유즈케이스를 사용하는 경우 '주문확인', '재고확인', '결제확인', '배송등록' 등과 같은 몇 가지 선택적 일들 중의 하나를 선택하여 수행하는 경우에 해당한다. 하위 흐름이 다른 여러 곳에서 사용가능한 경우 포함관계를 갖는 유즈케이스로 분할한다.

정상적인 이벤트 흐름 중에서 정상적인 상황에서 벗어나 선택적인 상황이나 예외적인 상황이 발생할 경우 대체 흐름이나 예외 흐름으로 표시한다. “주문 보냄” 유즈케이스의 경우 고객이 상품 정보를 검색하는데 있어 원하는 상품을 찾지 못하거나 장바구니 내역을 변경하는 경우 등이다. 이러한 대체 흐름이나 예외 흐름을 작성하는 주된 목적은 정상적인 흐름을 가능한 단순화하기 위한 것이다.

4) 기타 특이사항

앞에서 열거된 특성들 외에도 유즈케이스 기술서에는 유즈케이스의 사용이나 개발에 관련된 중요한 기타 사항들을 명세할 수 있다. 예를 들면, 유즈케이스의 복잡도, 실행 예상시간, 유즈케이스와 연관된 시스템, 행위자와 유즈케이스 간의 특정 자료흐름, 유즈케이스와 관련된 특정 속성이나 제약과 운영사항, 유즈케이스 실행을 위한 선행조건, 유즈케이스 실행에 기초한 보증사항 등을 명기할 수 있다.

2.3 유즈케이스 기술서 작성을 위한 지침

이벤트 흐름은 유즈케이스 기술서 작성에 있어 가장 핵심 부분이다. 따라서 유즈케이스를 기술하는데 있어 이벤트 흐름을 식별하고 묘사하는데 많은 관심을 가져야 한다. Dennis 등(2002)은 유즈케이스 기술서 작성을 위한 지침을 다음과 같이 7가지로 제시하고 있다.

첫째, 각각의 단계를 주어+동사+직접목적어+(전제조건+간접목적어) 형태로 작성한다. 즉, S+V+D+(P+I) 구문을 사용하라는 것이다. 이 형식은 영문의 경우이다. 이와 같이 문장을 기술하는데 있어 구문형식에 맞추어 기술함으로써 주체(행위자)와 동작(행위), 그리고 그 대상과 실행조건을 명확히 파악할 수 있게 한다. 또한 이것은 다음 장 이후에서 설명할 기능 모델링이나 데이터 모델링(객체 모델링)에서 실체나 객체 클래스를 쉽게 식별할 수 있게 한다. 예를 들어 “고객은 원하는 상품에 대하여 주문서를 작성하여 쇼핑몰 시스템에게 보낸다”라는 이벤트 단계의 경우 ‘고객’은 주어이며 ‘쇼핑몰 시스템’은 목적어, ‘보내다’는 동사이다. 실제로 모든 문장을 S+V+D+(P+I) 구문으로 표현하기는 어렵다. 그러나 가능한 이러한 형태로 표현하려고 노력해야 한다.

둘째, 누가 해당 이벤트 단계의 주도자(initiator)인가를 명확히 해야 한다. 즉, 누가

또는 무엇이 행동의 주체이며, 누가 메시지 수령자(receiver)인가를 명확히 해야 한다. 일반적으로 행동의 주체가 문장의 주어가 되며 메시지 수령자는 문장의 직접 목적어가 된다. 위의 예에서 '고객'은 주도자이며, '쇼핑몰 시스템'은 수령자이다.

셋째, 독립적인 관찰자의 관점에서 이벤트 단계를 묘사한다. 먼저 각각의 단계를 행위 주도자와 수령자 모두의 관점에서 각 단계를 작성한다. 이들 양자의 관점에서 볼 경우, 객관적인 기술서를 작성할 수 있다. 예를 들어 "고객은 고객담당자에게 자신의 주소와 연락처를 제공한다"라는 문장으로 기술했을 경우 고객과 고객담당자의 양자의 관점에서 문장을 기술한 것이다. 이것은 고객이나 고객담당자의 일방적인 관점이 아닌 제3자의 관점에서 기술된 문장이다.

넷째, 동일한 추상화 수준에서 이벤트 단계를 작성한다. 추상화 수준이 높은 유즈케이스의 경우 업무처리 진행량이 매우 압축되어 있으며, 추상화 수준이 낮은 상세한 유즈케이스의 경우 업무처리 진행에 대하여 매우 자세하게 분할된 단계로 표현되어져 있다.

다섯째, 유즈케이스는 의미 있는 행동 집합을 담고 있어야 한다. 각각의 유즈케이스는 하나의 트랜잭션(transaction)을 나타내므로 다음과 같은 요소들을 지녀야 한다. ① 주된 행위자는 시스템에게 요구 메시지(데이터)를 보냄으로써 유즈케이스의 실행을 주도해야 한다. ② 시스템은 그 요구가 유효함을 보증해야 한다. ③ 시스템은 그 요구(데이터)를 처리한다. 필요에 따라 시스템은 자신의 상태를 변화시킨다. ④ 시스템은 주된 행위자에게 처리결과를 보낸다. 이들 4가지 행위 세트는 이벤트 흐름을 작성하는 데 있어 완전한 반응을 보이는 시스템의 기술을 위한 기본 절차이다.

여섯째, KISS(keep it simple stupid)의 원칙을 적용한다. 유즈케이스의 정상적인 이벤트 흐름이 너무 복잡하거나 길면, 소단위의 유즈케이스로 분할하거나 하위 흐름으로 분할해야 한다. 그러나 너무 많은 분할은 금물이다.

일곱째, 이벤트 흐름이 반복되는 경우 반복 단계를 알리는 문장을 포함한다. 예를 들어 "어떤 조건이 될 때까지 A번에서 B번 사이를 반복하라"와 같은 식이다. 반복구문은 프로그래밍에서 제어의 루프를 만들어 구현한다.

3 유즈케이스 모델링과 다이어그램

유즈케이스 모델은 시스템 사용자(행위자)와 시스템 간의 상호 대화작용에 초점을 둔 모델이다. 사용자는 자신의 업무를 수행하기 위하여 어떠한 목적을 가지고 시스템을 사용한다. 시스템은 사용자가 요구하는 기능을 제공한다. 따라서 유즈케이스는 시스템이 제공하는 기능이며, 유즈케이스 다이어그램은 시스템이 사용자에게 제공하는 전체적인 기능을 사용자의 관점에서 한 눈에 볼 수 있게 만든 그림이다. 유즈케이스 다이어그램은 상위수준에서 시스템의 기능을 잘 이해할 수 있게 해준다. 따라서 유즈케이스 다이어그램은 시스템의 요구사항을 수집하고 정의하는 SDLC의 초기 단계에 작성되어진다. 유즈케이스 다이어그램은 시스템이 "무엇(what)"을 하는지를 정확히 파악하는데 있어 사용자와의 효과적인 커뮤니케이션을 위한 간단하고 직관적인 방법을 제공한다.

유즈케이스 다이어그램은 시스템에서 식별된 유즈케이스들을 블랙박스로 보고 이들 간의 관계를 모델링 하는 도구이다. 유즈케이스란 말 그대로 컴퓨터 시스템과 사용자가 상호작용을 하는 하나의 사례이다. 예를 들어 인터넷 쇼핑몰의 경우 "고객이 주문을 보내다", "쇼핑몰 관리자가 주문을 처리하다", "쇼핑몰 관리자가 월별 주문통계를 뽑다" 등과 같은 것이다. 이들 유즈케이스는 특정한 사용자(행위자)와 상호 작용하여 독립적으로 존재하기도 하지만 때로는 하나의 유즈케이스가 다른 유즈케이스를 불러오거나 파생이 일어나는 관계를 맺고 있다.

3.1 유즈케이스 모델링 과정

유즈케이스는 시스템의 기능을 묘사하는데 사용되어지며, 행위자와 시스템 간의 상호 대화 모델로 사용되어진다. 따라서 시스템의 배경(context)뿐만 아니라 시스템에 대한 상세한 요구사항을 모델링 하는데도 사용되어진다. 유즈케이스의 주된 목적이 시스템의 기능적 요구사항을 문서화 하는데 있지만, 진화하는 시스템을 테스트하기 위한 기초로 사용되어질 수도 있다.

유즈케이스는 As-Is 시스템뿐만 아니라 미래에 개발될 To-Be 시스템의 행위모델을 작성하는데도 사용될 수 있다. 유즈케이스 작성을 위한 정보수집에서 가장 일반적으로

사용되는 조사기법은 면담과 JAD 세션이다. 이러한 조사기법을 통하여 도출된 사용자 요구사항을 토대로 유즈케이스 모델링을 하는 일반적인 절차를 제시하면 다음과 같다 (Dennis et al., 2002).

제 1단계 : 주요 유즈케이스의 식별

1. 시스템의 경계를 설정한다.
2. 주된 행위자 리스트를 만든다.
3. 주된 행위자의 목적을 열거한다.
4. 주요 유즈케이스의 개요를 식별하고 기술한다.
5. 현재의 유즈케이스를 신중히 검토하고 필요시 수정한다.

제 2단계 : 주요 유즈케이스의 확장

6. 확장할 유즈케이스를 선택한다.
7. 확장될 유즈케이스의 상세내역을 채운다.
8. 유즈케이스의 정상적인 이벤트 흐름을 작성한다.
9. 정상적인 이벤트 흐름이 너무 길거나 복잡하면 하위 흐름으로 분할한다.
10. 예외적인 흐름이나 대체안적인 흐름을 나열한다.
11. 예외적인 흐름이나 대체안적인 흐름 각각에 대하여 행위자와 시스템의 반응 방법을 열거한다.

제 3단계 : 유즈케이스의 검증

12. 현재의 유즈케이스 집합을 검토하고, 필요시 수정한다.
13. 필요시 위의 과정을 반복한다.

제 4단계 : 유즈케이스 다이어그램 작성

유즈케이스 기술서가 완성되면 유즈케이스 다이어그램을 작성한다. 다이어그램의 작성은 다음과 같은 4단계 과정을 거쳐 작성한다.

1. 시스템 경계를 그린다.
2. 다이어그램 상에 유즈케이스를 위치시킨다.
3. 다이어그램 상에 행위자를 위치시킨다.
4. 관계선을 연결하고, 관계(일반화, 확장, 포함)를 표시한다.

1) 유즈케이스의 식별

유즈케이스 모델링의 첫 번째 활동은 시스템의 경계를 설정하는 것이다. 이것은 시스템분석가로 하여금 개발할 시스템의 범위를 명확히 하고 개발기간과 예산을 정확히 예측하는데 도움을 준다. 그러나 일반적으로 시스템 개발이 진행되면서 사용자의 요구가 확장되거나 하여 시스템의 범위에 변화가 발생한다. 시스템분석가는 정해진 예산과 시간 내에 프로젝트를 완성하기 위해서는 사전에 사용자와 프로젝트 의뢰인과 함께 시스템의 범위를 명확히 하여 문서화 하는 것이 필요하다.

두 번째 단계는 유즈케이스의 주된 행위자를 식별하는 것이다. 주된 행위자는 시스템의 이해관계자나 이용자의 리스트로부터 찾는다. 여기서 행위자는 시스템 이해관계자 또는 사용자의 역할을 명기한 것이지 특정 사용자를 지칭하는 것이 아님을 다시 한번 더 상기하기 바란다. 앞의 두 단계는 서로 밀접하게 얽혀있다. 왜냐하면 행위자가 추가되거나 할 경우 시스템의 경계도 변경되기 때문이다.

시스템과 상호작용을 하는 행위자를 식별하기 위해서 다음과 같은 몇 가지 질문을 통해서 나온 것들을 행위자로 간주할 수 있다.

- 시스템의 주 기능을 사용하는 사람은 누구인가?
- 누가 시스템으로부터 업무 지원을 받는가?
- 누가 시스템을 운영, 유지 보수하는가?
- 시스템과 정보를 교환하는 외부 시스템은 무엇인가?
- 시스템이 내어놓은 결과물에 누가 관심을 가지는가?
- 한 사람이 여러 가지 역할을 하는가?
- 시스템이 기존의 시스템과 상호작용 하는가?
- 여러 사람들이 동일한 역할을 하는가?

그리고 시스템 정의서로부터 행위자 후보를 추출하기 위한 몇 가지 규칙을 제안하면 다음과 같다.

- **규칙 1** : 각 문장에서 주어나 간접 목적어가 사람인 경우 행위자일 가능성이 높다. 시스템에 정보를 입력하거나 시스템으로부터 정보를 얻을 수 있는 역할을 담당하는 시스템 또는 사용자를 행위자로 본다. 따라서 어떤 행위의 주체(주어)나 대상(목적어)이 주로 행위자이다.
- **규칙 2** : 한 문장에서 주어로서 사람은 아니지만 역할을 가지는 의도적 동작주체(명

사, 고유명사로 표현됨)를 행위자의 후보로 본다. 여기서 '의도적'이란 말은 특정 한 결과를 목적으로 수행하는 것을 의미한다.

- **하위 규칙 2-1** : 동작의 주체이지만 의도하지 않은, 즉 우연히 혹은 의미 없는 동작을 수행하는 경우 행위자로 볼 수 없다.
- **하위 규칙 2-2** : 동작의 주체 중에서 이벤트를 발생시키는 않는 주체는 행위자의 후보에서 제외한다.

- **규칙 3** : 요구사항 기술서에는 직접 나타나지는 않더라도 시스템의 상태에 변화를 줄 수 있는 주체(상태에 능동적인 역할을 할 수 있는 주체)는 잠정적으로 행위자로 본다.

- **규칙 4** : 동작을 수행하는 주체는 아니지만 다른 동작 주체의 행위에 의한 결과를 받아보거나, 그 결과로 자신의 상태에 변화를 가져올 수 있는 대상은 행위자 후보로 본다.

행위자가 식별되면 세 번째 단계에서는 시스템과 관련을 맺고 있는 행위자들의 목적(goals)을 열거한다. 그 목적은 시스템이 행위자에게 제공하는 기능을 나타낸다. 각각의 행위자들이 무슨 과업을 수행해야 할 것인지를 식별함으로써 쉽게 목적을 찾을 수 있다. 행위자들의 목적을 식별하기 위해서는 다음과 같은 질문에 대한 답변을 찾음으로써 가능하다.

- 행위자가 시스템에서 어떤 정보를 생성하고, 참조하고, 갱신하고, 삭제하는가?
- 행위자가 시스템과 커뮤니케이션 하는데 외부변화가 있는가?
- 시스템이 행위자에게 전달하는 정보가 있는가?

네 번째 단계는 주요 유즈케이스를 식별하고 작성하는 것이다. 시스템에서 유즈케이스를 식별하기 위해서는 다음과 같은 몇 가지 질문을 통해 찾아낼 수 있다.

- 사용자가 요구하는 시스템의 주요 기능은 무엇인가?
- 사용자가 시스템의 어떤 정보를 수정, 조회, 삭제, 저장하는가?
- 시스템이 행위자에게 보내는 이벤트나 메시지가 있는가?
- 행위자가 시스템에 보내는 이벤트나 메시지가 있는가?
- 시스템의 입력과 출력을 위해 무엇이 필요한가? 그리고 입력과 출력이 어디에서 오고 어디로 가는가?
- 시스템의 구현에서 가장 문제가 되는 점은 무엇인가?

시스템 정의서로부터 유즈케이스 후보를 추출하기 위한 간단한 몇 가지 규칙을 제안하면 다음과 같다.

- **규칙 1** : 행위자 후보와 관련된 문장에서 동사구를 분석하여 행위자 후보가 수행할 수 있는 활동들의 순서를 찾는다. 행위자 후보가 수행하는 이벤트에 따라 임시 유즈케이스 후보를 추출한다.
- **규칙 2** : 행위자 후보의 활동에 따른 유즈케이스 중에서 시스템에 관한 활동이 아니라 단순히 동작의 내용이나 상태를 기술하는 경우 행위자 후보와 임시 유즈케이스에서 제거한다.

식별된 각각의 유즈케이스에 대하여 먼저 유즈케이스의 기본적인 정보(ID 번호, 유형, 주요 행위자, 개요 등)를 기술한다. 개요수준의 유즈케이스를 먼저 작성함으로써 핵심 유즈케이스를 식별하고, 시스템의 전체적인 기능요구사항을 충족시키는데 필요한 개괄적인 기능을 가늠할 수 있을 뿐만 아니라 유즈케이스 간의 기능중복을 막을 수 있다.

다섯 번째 단계는 현행 유즈케이스의 집합을 검토하고 필요시 유즈케이스를 분할하거나 통합하는 작업을 수행한다. 이 단계의 초점은 주된 유즈케이스를 식별하는 것이지 유즈케이스의 상세한 이벤트 흐름을 완벽하게 기술하는 것은 아니다. 따라서 이 단계에서는 개괄적인 수준의 유즈케이스를 대상으로 분할과 통합을 고려한다. 한 시스템에서 발견될 수 있는 유즈케이스의 수는 해당 시스템의 규모와 관련이 있다. 그러나 통상적으로 하나의 시스템에서 가장 적합한 주요 유즈케이스의 수는 3개에서 9개 사이 정도로 본다. 만일 9개 이상의 유즈케이스가 식별될 경우 시스템을 분할하거나 또는 패키지로 그룹화 하는 것이 바람직하다. 이렇게 함으로써 복잡성을 줄일 수 있다. 일반적으로 시스템의 복잡도는 그 규모와 상관관계가 있다.

2) 유즈케이스의 확장

여섯 번째 단계는 하나의 주요 유즈케이스를 선택하여 확장하는 것이다. 이 때 우선순위는 중요도가 높은 것부터 이다. 우선순위를 결정하기 위해서는 앞의 제 2절에서 제시된 기준과 같은 것을 적용하면 좋다.

일곱 번째는 [표 5-1]과 같은 유즈케이스 기술서 템플릿에 맞추어 상세내역을 채워가는 것이다. 즉, 그 유즈케이스와 관련된 모든 이해관계자들을 열거하고 그들의 관심사항을 정리하며, 유즈케이스의 개요와 연쇄반응, 관계 등에 대한 상세한 사항을 기록한다.

여덟 번째는 각각의 유즈케이스에서 요구되는 정상적인 이벤트 흐름을 각 단계별로

상세히 작성한다. 이벤트 흐름은 유즈케이스의 목적을 달성하기 위하여 비즈니스 프로세스가 무엇을 수행하는가를 중심으로 작성한다. 이벤트 흐름을 작성하기 위해서는 앞의 제 2절에서 제시된 유즈케이스 기술서 작성법에 충실히 따른다.

아홉 번째는 정상적인 이벤트 흐름이 너무 복잡하거나 길지 않는가를 검토한다. 가능한 이벤트 흐름의 길이가 균등한 수의 단계가 되도록 한다. 일반적으로 사용자들은 현행(As-Is) 시스템의 이벤트 흐름의 각 단계는 쉽게 작성할 수 있으나, 신규(To-Be) 시스템의 이벤트 흐름을 묘사하기는 쉽지 않아 자문을 필요로 한다.

열 번째 단계는 대체 또는 예외 흐름을 식별한다. 대체/예외 흐름은 주된 흐름의 연장으로 선택적이거나 예외적인 행위를 나타낸다. 따라서 이것들은 비주기적으로 나타나거나 정상 흐름이 실패할 경우 나타난다.

열 한 번째 단계는 앞에서 식별된 대체나 예외 흐름에 대하여 이벤트 흐름을 작성한다. 대체 또는 예외 흐름이 실행될 경우, 행위자나 시스템이 산출해야 할 반응을 기술한다. 이 역시 앞의 제 2절에서 제시된 유즈케이스 기술서 작성법에 충실히 따른다.

3) 유즈케이스의 검증

열 두 번째 단계는 지금까지 작성된 유즈케이스들을 면밀히 검토하고 수정한다. 시스템 사용자와 함께 각각의 이벤트 흐름이 정확한지를 검토한다. 검토과정에서 유즈케이스를 분할하거나 통합할 수 있는 기회를 찾을 수 있다. 또한 의미론적으로나 문법적으로 틀린 부분을 수정할 수 있다. 때로는 전혀 새로운 유즈케이스를 발견할 수도 있다. 또한 이 단계에서 유즈케이스들 간의 관계(연관관계, 포함관계, 확장관계, 일반화관계)를 재검토하고 수정할 수 있다. 유즈케이스를 검증하는 가장 강력한 방법으로는 사용자에게 역할연기(role-play)를 요청하거나 유즈케이스에 작성된 이벤트 흐름에 따라 실제로 프로세스를 한 번 실행해보는 것이다.

마지막 열 세 번째 단계는 앞에서 제시된 전 단계를 반복적으로 수행하여 유즈케이스의 정도를 높이는 작업이다. 유즈케이스의 문서화가 완벽하게 될 때까지 앞의 과정을 반복한다.

3.2 유즈케이스 다이어그램

상세수준의 유즈케이스가 완성되면 유즈케이스 다이어그램을 그리는 것은 매우 단순하고 빠르다. 유즈케이스 다이어그램은 개념적인 수준에서 유즈케이스와 행위자들 간의 관계에 중점을 둔 모델이다. 따라서 유즈케이스 다이어그램은 추상화(abstraction) 수준과 정보은닉(information hiding)의 수준이 매우 높은 모델이다. 유즈케이스 다이어그램의 장점은 유즈케이스와 행위자 간의 연관 관계, 그리고 유즈케이스들 간의 확장 관계나 포함 관계를 일목요연하게 볼 수 있다는 것이다.

유즈케이스 모델링은 매우 단순한 표기법과 구성요소를 갖고 있다. 유즈케이스 모델링에서 식별되어야 하는 구성요소는 행위자, 유즈케이스, 유즈케이스 사이의 관계로만 구성된다. 이들 구성요소에 대한 표기법을 정의하면 [표 5-2]와 같다.

[표 5-2] 유즈케이스 다이어그램 표기법

구성요소명	표기법	설 명
행위자/역할	행위자/역할	• 행위자는 시스템에서 수행하는 역할을 중심으로 명칭을 부여한다. • 시스템으로부터 수혜를 받는 외부 실체로서 사람 또는 시스템이다. • 시스템 경계선 바깥쪽에 표시한다. • 일반화 관계를 이용하여 다른 행위자와 관계를 정의할 수 있다.
유즈케이스	유즈 케이스	• 시스템 기능의 주된 부분을 표시한다. • 다른 유즈케이스로 확장될 수 있다. • 다른 유즈케이스를 포함할 수 있다. • 시스템 경계선 안쪽에 표시한다. • 명칭은 명사 + 동사 형태(대상에 대한 처리)로 나타낸다.
시스템 범위	시 스 템	• 개발하고자 하는 시스템의 범위(경계)를 나타낸다. • 시스템 명칭은 박스의 상단 부분에 표시한다.
연관 관계	1 *	• 행위자와 유즈케이스 간의 링크(link)를 나타낸다. • 링크는 행위자가 유즈케이스 사용(상호작용)관계를 나타낸다. • 선 상단이나 하단의 끝 부분에 행위자와 유즈케이스 연관관계의 다중성(multiplicity)을 표시한다.
포함 관계	<<include>>	• 유즈케이스를 실행하는데 있어 다른 유즈케이스를 포함하는가를 표현한다. • 화살표 방향은 기본 유즈케이스(base use case)로부터 사용되어지는 유즈케이스(used use case)로 향한다.
확장 관계	<<extend>>	• 선택적인 행위를 포함하기 위하여 유즈케이스의 확장을 표현한다. • 화살표의 방향은 확장된 유즈케이스(extentions use case)로부터 기본 유즈케이스(base use case)로 향한다.
일반화 관계		• 유즈케이스들 간의 일반화나 구체화된 관계를 나타낸다. • 화살표의 방향은 구체화된 유즈케이스(specialized use case)로부터 기본 유즈케이스(base use case)로 향한다. • 행위자들 간에도 일반화 관계를 표현할 수 있다.

유즈케이스들은 시스템 경계(system boundary) 내에 위치한다. 시스템 경계는 시스템의 내부와 외부를 명확히 가르는 역할을 한다. 시스템의 명칭은 시스템 경계의 내부 상단 또는 외부의 적절한 위치에 배치한다.

[표 5-2]에서 제시된 유즈케이스 다이어그램 표기법을 이용하여 인터넷 쇼핑몰의 유즈케이스 다이어그램을 그리면 [그림 5-1]과 같다.

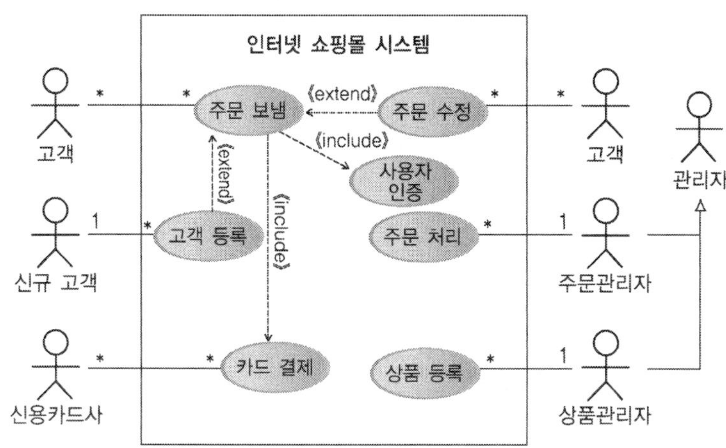

[그림 5-1] 인터넷 쇼핑몰 유즈케이스 다이어그램

1) 행위자

행위자(actor)는 시스템의 사용자 또는 시스템과 상호작용 하는 시스템 또는 하드웨어로서 시스템의 외부에 존재하는 실체(external entity)이다. 행위자는 시스템으로부터 메시지를 받거나 시스템에 메시지를 보내는 역할을 한다. 즉, 시스템과 정보를 교환하는 역할을 수행한다. 행위자는 시스템에 정보를 입력하거나 출력정보를 받아볼 수 있다. 때론 이들 두 가지 모두를 수행하기도 한다. 행위자는 시스템의 개인 사용자가 아니라 하나의 역할을 나타낸다. 예를 들어 홍길동이란 사람이 보험회사에 보험을 들려고 한다. 여기서 홍길동이란 개인이 행위자가 되는 것이 아니라 그의 역할인 보험가입자가 행위자의 명칭이 되는 것이다. 행위자의 예로서는 인터넷 쇼핑몰의 경우 고객, 쇼핑몰 주문관리자, 상품관리자와 같은 사람일 수도 있으며, 공급업자, 세무서와 같은 정보시스템과 관련성을 가진 외부조직 또는 경리과와 같은 내부조직일 수도 있으며, 카드결제처리 시스템과 같은 컴퓨터 정보 시스템일 수도 있다.

때로는 행위자도 일반화 관계를 표현할 수 있다. 즉, 어떤 행위자의 경우 보다 더 일반화된 행위자의 특수한 역할을 수행하는 행위자일 수도 있다. 예를 들어 [그림 5-1]에서 신규 고객의 경우 고객정보등록을 해야 하는 고객의 특수한 형태이다. 그리고 주문관리자나 상품관리자는 쇼핑몰 관리자들의 특수한 형태들이다. 구체화된 하위 행위자의 경우 상위 행위자의 행동을 상속받는다.

2) 유즈케이스

행위자는 시스템 사용의 목적을 가지고 있다. 이러한 행위자, 즉 시스템 사용자의 목적에 대응하여 제공하는 기능이 바로 유즈케이스이다. 유즈케이스의 표기는 유즈케이스의 이름을 포함한 타원으로 표시한다. 유즈케이스는 서로 관련성이 있는 사용자의 요구사항을 특정 단위로 분할하여 기술한 것이다. 따라서 유즈케이스는 시스템 사용자가 시스템을 이용하여 수행하고자 하는 단위업무를 추상화 한 것이다.

유즈케이스는 특정한 행위자에 대하여 관측가능한 결과를 산출하는 일련의 이벤트 흐름으로 언제나 행위자에게 어떤 가치를 제공해야 한다. 이러한 일련의 과정과 유즈케이스에 대한 기본적인 정보와 특성, 그리고 다른 유즈케이스나 행위자와의 관련성에 대한 자세한 명세는 유즈케이스 기술서로 작성한다.

유즈케이스는 사용자 요구사항을 충족시키기 위한 방법이나 법칙을 기술하고 있음으로 하나 혹은 그 이상의 기능적 요구사항을 충족시킬 수 있어야 한다. 그러므로 유즈케이스의 명칭을 정할 때는 기능적 요구사항을 가장 잘 설명할 수 있도록 하며, 시스템이 정보를 처리하고자 하는 대상을 나타내는 명사형태와 사용자의 행위와 관련된 동사형태를 결합하여 만드는 것이 좋다. 예를 들어 인터넷 쇼핑몰 주문처리시스템의 경우 고객이라는 행위자가 상품을 구매하고자 할 경우, 고객은 시스템을 통하여 주문을 보내게 된다. 이러한 요구를 처리하는 유즈케이스 명칭으로 "주문 보냄"이란 명칭을 사용한다.

유즈케이스 다이어그램을 작성하기 위해서는 시스템의 유즈케이스를 식별하고 이들에게 적당한 명칭을 부여한 후 다이어그램의 시스템 경계선 안에 적절하게 배치를 한다. 유즈케이스는 시스템의 핵심적인 기능을 표현한 하나의 단위이다. 이러한 핵심적인 기능은 행위자와의 상호작용에 의해서 나타내어진다. 유즈케이스는 사용자나 혹은 의뢰인의 입장에서 본 기능적인 요구사항이다. 시스템의 핵심적인 기능은 사용자나 의뢰인의 입장에서 반드시 필요한 사항이어야 한다.

3) 행위자와의 연관관계

유즈케이스는 연관관계(association relationships)를 통하여 행위자와 연결되어 진다. 유즈케이스 다이어그램은 유즈케이스와 행위자 간의 상호작용 관계를 보여준다. 행위자와 유즈케이스 간의 연관관계는 링크선(link line)으로 표시한다. 링크선은 행위자와 유즈케이스 간의 쌍방향 커뮤니케이션을 나타낸다. 만일 커뮤니케이션이 일방적으로만 흐른다면 실선 화살표로 표시하면 된다. 양방향으로 커뮤니케이션이 일어난다면 화살표가 없는 실선을 사용한다. [그림 6-1]에서 "고객" 행위자와 "주문 보냄" 유즈케이스 간에는 상호작용 커뮤니케이션이 양방향으로 일어나므로 화살표가 없는 실선으로 표시되어 있다.

행위자와 유즈케이스 사이의 연관관계에서 다중성(multiplicity)을 표시할 수 있다. 다중성은 별표(*)로 표시한다. 예를 들어 "고객"이 "주문 보냄" 유즈케이스를 여러 번 사용할 수 있고 "주문 보냄" 유즈케이스가 여러 "고객"에 의하여 사용될 경우, 즉 대응관계가 다대다(many-to-many)인 경우 링크선의 위의 양쪽에 별표를 하면 된다. 그리고 대응관계가 일대다(one-to-many)인 경우에는 일의 관계에 있는 곳에 1을 표시한다. 예를 들어 고객 신규 등록의 경우 한 고객이 한 번만 "고객 등록" 유즈케이스를 사용하므로 "신규 고객"과 "고객 등록" 간에는 일대다의 관계로 표시한다.

4) 유즈케이스 사이의 관계

행위자와 유즈케이스의 연관관계를 표시한 후 유즈케이스들 간의 관계를 찾아 연결한다. 유즈케이스들 간의 관계유형으로는 포함관계(include relationship), 확장관계(extend relationship), 그리고 일반화관계(generalization relationship)가 있다.

(1) 포함관계

여러 개의 유즈케이스들이 공통으로 사용하는 기능의 경우 공유할 수 있는 독립된 유즈케이스를 만들어 재사용성을 높일 수 있다. 예를 들어 [그림 5-1]의 인터넷 쇼핑몰에서 "카드 결제" 모듈은 여러 개의 쇼핑몰에서 공동으로 이용할 수 있는 유즈케이스로 볼 수 있다.

포함관계는 사용하려는 유즈케이스가 사용되어지는 유즈케이스의 기능을 필수적으로 포함하는 것을 의미한다. 포함관계의 표기법은 열린머리 점선화살표로 표시하며 화살표 위에 스테레오타입(stereotype) 형태로 표시한다. 스테레오타입은 UML에서 어휘를 확장하기 위한 것으로 기존의 구성요소에서 파생되었지만 해당 문제영역에서 특정한 구성요소를 새로이 만들어 사용하는 경우에 사용하는 방법이다. 스트레오타입은 명칭 양쪽에 두개의 꺽은 선 괄호(《 》)를 사용하여 표현한다. 유즈케이스 다이어그램에서 포함 관계는 열린 머리 점선화살표(관계를 나타내는 기본 구성요소임) 위에 "《include》"와 같이 표시한다.

(2) 확장관계

기존의 유즈케이스에 새로운 요구사항을 추가하여 표현하고자 할 때 기존의 유즈케이스를 참조하도록 하는 확장관계를 표시할 수 있다. 확장관계는 사용하려는 유즈케이스가 사용되어지는 유즈케이스의 행위를 선택적으로 포함하는 것을 의미한다. 다시 말해, 기존 유즈케이스에서 예외사항이나 비정상적인 상황이 발생하여 특이한 조건에서만 수행되는 이벤트 흐름이 있는 경우에 확장 관계로 표현할 수 있다. 예를 들어 [그림 5-1]의 인터넷 쇼핑몰에서 "주문 수정" 유즈케이스의 경우 고객이 주문을 수정하고자 하는 경우에만 발생한다. 그리고 "고객 등록" 유즈케이스의 경우 주문서를 작성하다가 회원으로 가입하고자 하는 경우에 고객 등록 프로세스로 넘어가게 된다. 포함 관계에서는 공동기능을 표현하는 유즈케이스가 없는 경우 포함 관계 연관성을 가지는 다른 유즈케이스를 독립적으로 설명하기 어렵지만, 확장관계에서는 기존 유즈케이스 만으로도 독립적으로 설명이 가능하다. 확장관계 역시 열린머리 점선화살표로 표시하며 화살표 위에 "《extend》"와 같이 스테레오타입(stereotype) 형태로 표시한다. 확장관계의 경우 화살표의 방향에 주의해야 한다. 확장관계는 일종의 유즈케이스 파생 관계를 나타내므로 화살표 방향을 기본 유즈케이스(base use case) 쪽으로 화살표의 머리가 향하게 한다.

(3) 일반화관계

일반화관계는 하나의 유즈케이스가 다른 유즈케이스와 유사하나 그 이상의 더 많은 기능을 수행할 때 사용한다. 객체지향에서 상속(inheritance) 관계와 동일한 의미를 갖는다. 구체화된 유즈케이스(child use case)는 일반화된 유즈케이스(parent use case)로부터 기능과 의미를 상속받고, 자신만의 기능을 추가하거나 재정의하여 완전한 유즈케이스를 생성한다. 일반화관계의 표기는 닫힌 머리 화살표로 나타낸다. 화살표의 방향은 구체화된 유즈케이스에서 기본 유즈케이스(부모 유즈케이스)로 향한다.

4 시나리오 기법

4.1 시나리오 기법의 개념과 적용 방법

시나리오 기법(scenario technique)은 사용자의 요구사항을 체계적으로 나타내고, 시스템 기능을 추출하기 위해 사용되는 기법 중의 하나다. 이 때 시나리오는 시스템과 사람 간의 상호작용에 관한 기술서(description)가 된다. 시나리오 기법은 첫째, 사용자 관점으로부터 외부의 시스템 행동을 직접적으로 기술할 수 있다. 둘째, 초기뿐만 아니라 지속적으로 사용자 참여를 지원하고, 요구사항 분석단계에서부터 상호작용을 지원한다. 셋째, 비용효과적인 프로토타입을 만드는 가이드라인을 제시한다. 넷째, 요구사항 명세를 검증하는데 도움을 준다. 다섯째, 요구사항에 기초하여 테스팅을 위한 채택기준(acceptance criteria)을 제공한다. 이렇기 때문에 시나리오 기법은 사용자의 요구사항을 분석하는데 있어 기술적 측면의 요구사항 혹은 비즈니스 측면의 요구사항 뿐만 아니라 디자인 측면의 요구사항 수집도 가능하다.

이런 측면에서 시나리오는 유즈케이스와도 유사한 측면을 가진다. 또한 유즈케이스 분석의 일부분으로 사용되어 진다. 그러나 유즈케이스는 시스템과 행위자 간의 상호작용 기술에 초점을 맞춘 반면, 시나리오는 시스템 기능에 대한 사전지식이 없거나 상호작용형태가 불확실한 경우에 주로 사용된다. 따라서 시스템을 설계하는 과정 중에 기술적 지식이 없는 비전문가들로부터 요구사항을 도출하는데 유용하게 이용될 수 있다. 특히 구현될 시스템의 경계(boundary)가 모호하거나, 사용자의 요구사항을 체계적으로 수집하기 힘든 경우에 용이하게 적용될 수 있다.

시나리오는 사용자 관점으로부터 시스템 상호작용 측면을 기술하는 과정 중 어느 때라도 적용가능하다. 하지만 일반적으로 실제 구현을 위한 기술적인 측면이나 예산상의 제약사항을 배제하고 시스템의 설계 가능성을 고려하는 상황일 때 유용하게 적용될 수 있다. 그러므로 시나리오는 시스템 구현을 위한 기술적 측면에서의 복잡성을 제거하고, 최종 사용자가 접하게 되는 인터페이스 범위 내에서 시스템 상황을 단순화 시키는데 도움을 준다.

시나리오는 ① 시스템 개발과 관련된 모든 참여자들이 해당 시스템을 이해하고, ②설계와 관련된 제 요소들(parameters)에 대한 동의를 구하고, ③ 해당 시스템이 어떤 상호작용을 지원해야 하는지에 대한 명확한 기술을 위해 사용된다. 따라서 시나리오는 시스템의 유용성 테스트(usability tests)와 시스템 개발을 위한 검토회의(walk-through)를 수행하는데로 유용하게 사용될 수 있다. 그리고 이를 통해 시스템이 수행하는 일련의 과업(task)을 도출할 수 있다.

시나리오를 작성하기 위해서는 먼저 해당 시스템이 수행하는 과업에 대한 기본적인 이해와 사용자가 해당 시스템을 사용하는 상황(context)을 이해해야 한다. 이를 위해서 다음의 4가지를 고려해야 한다.

첫째, 시나리오는 주어진 상황을 탐색하는 과정 중에 발생되는 데이터 및 프로세스의 흐름으로부터 추출되어야 한다. 그러나 이러한 데이터에 접근할 수 없거나 데이터가 부족할 경우, 사전지식(prior knowledge)이나 타당한 추측(best guess)을 통해서도 작성될 수 있다.

둘째, 해당 시스템을 구현하기 위해 요구되는 기술이 설계의 제약을 가져올 수도 있기 때문에, 시나리오를 쓰기 위해서는 사용자와 시스템 간에 발생되는 상호작용 상황을 최대한 간단한 언어(simple language)로 표현하는 것이 중요하다.

셋째, 구현하고자 하는 시스템이 현재 기술의 범위 밖에 있더라도, 시나리오를 작성할 때 시스템과의 상호작용을 나타낼 수 있는 모든 관련 측면을 포함해야 한다. 예를 들면 문화와 관련된 이슈나 태도와 관련된 이슈 등도 참조사항(references)에 포함될 수 있다.

넷째, 시나리오가 작성되면 반드시 해당 시스템 혹은 기술과 관련되어 보증되지 않는 부분에 대한 재검토(review) 및 제거(remove) 과정을 거쳐야 한다. 이러한 과정을 통해 시스템이 실제 상황에서 구현될 수 있는지가 규명된다.

4.2 시나리오 기반의 요구사항 분석

1) 시나리오의 구조

시나리오를 구성하는 주요 요소는 시스템의 기능과 관련된 사항인 기능적 측면의 구성요소와 시스템의 기능과 직접적으로 관련이 없는 사항인 비기능적 측면의 구성요소로 나눌 수 있다. 기능적 측면의 구성요소로는 행위자(actor), 목표(goal), 에피소드

(episode) 등이 있으며, 비기능적 측면의 구성요소로는 정황 또는 상황(context), 자원(resource), 예외상황(exception), 제한조건(constraint) 등이 존재한다(Alspaugh et al, 1999).

행위자는 해당 시나리오에서 어떤 역할을 수행하는 사람 혹은 조직체로서 시스템과 관련 있는 사람이나 사물 혹은 시스템 그 자체를 의미한다. 목표는 사용자가 요구하는 상위단계의 요구사항을 나타낸다. 즉, 개발하고자 하는 최종 시스템의 개념적 형태로서 전체 시스템이 달성해야 할 일을 묘사한다. 이 때 각 시나리오의 작성 이유나 동기 등이 표시된다. 에피소드는 개개의 상황에 대한 설명으로 실제 시나리오의 가장 중요한 부분이다. 이러한 에피소드에 의해 종속 시나리오가 생성되고 시나리오 간의 결합이 이루어진다.

정황 또는 상황은 현재 시나리오가 어떤 도메인 혹은 관점에 속해있는가를 나타낸다. 일반적으로 하나의 시스템은 여러 개의 시나리오로 구성되며, 시나리오의 관리적 측면에서 각 시나리오가 어떤 부분에 대한 것인지 알려준다. 즉, 문맥을 통해 시나리오가 해당 시스템에서 어떠한 지리적 위치를 차지하고 있는가를 나타난다. 자원은 지원 수단 혹은 장치를 의미하며, 그 외 예외적 상황에 대한 언급과 해당 시나리오의 제한조건 등이 존재한다.

이러한 시나리오를 구성하는 구성요소들 간의 관계를 도식적으로 나타내면 [그림 5-2]와 같다.

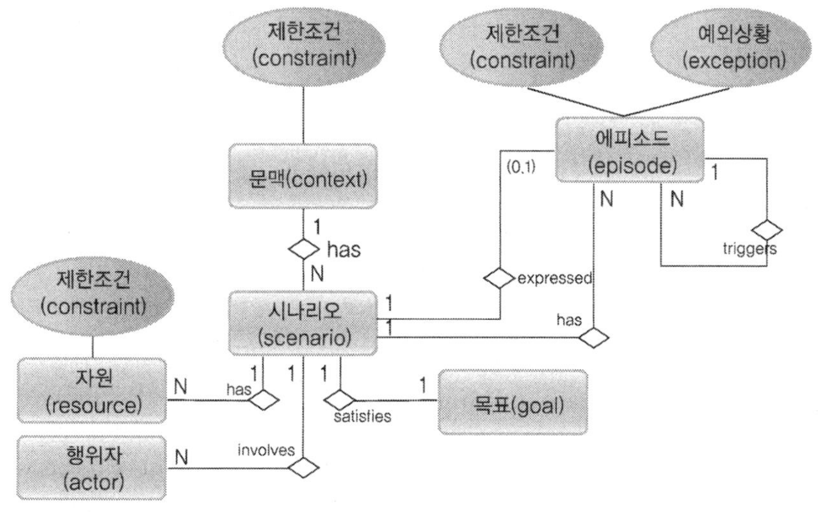

[그림 5-2] 시나리오 구조도

2) 시나리오 기반의 요구사항 분석 절차

복잡하고 규모가 큰 시스템을 개발할수록 올바른 요구사항 분석은 중요하다. 특히 수행할 프로젝트가 대규모이거나 사용자가 분산되어 있거나, 혹은 시스템의 범위를 명확히 규명하기 힘든 상황에서 사용자의 요구사항 분석을 수행할 때 시나리오 기법이 활용될 수 있다. [그림 5-3]은 시나리오 기반의 요구사항 추출 및 분석하는 과정을 나타낸다.

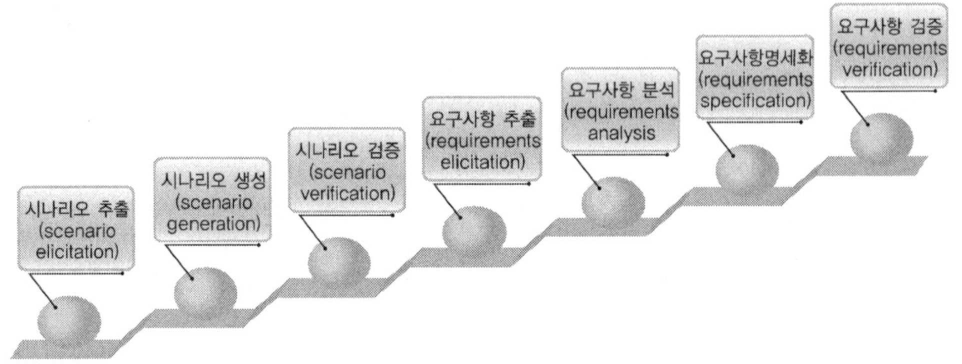

[그림 5-3] 시나리오 기반의 요구사항 분석 절차

(1) 시나리오 추출

사용자와의 논의를 통해서 시스템 분석가는 상위 수준의 요구사항을 추출한다. 이 단계에서는 시스템의 목표를 정하고, 시스템의 행위자들이 스토리를 만드는데 있어 요구되는 모든 정보들을 추출한다. 시나리오를 추출함에 있어 하향식 방식(top-down approach)과 점진적 방식(incremental approach)이 이용될 수 있으며, 각 시나리오와 관련된 행위자와 이벤트, 자원, 용어집 등도 함께 정의한다. 이 때 설문지 조사, 인터뷰, 대담(대화), 담화 분석 등과 같은 기법들이 사용될 수 있다.

(2) 시나리오 생성

시나리오 생성 단계는 추출된 시나리오를 정의된 프레임워크에 따라 정형화된 형태로 구성하는 단계이다. 시스템의 행위를 기술함에 있어 에피소드가 이용되고, 이 에피소드들과 관련된 행위자, 자원, 그리고 예외상황 등이 연결된다. 예외상황 부분을 포함함으로써 시스템이 올바른 행위에서 벗어난 상황을 포함하여 발생 가능한 모든 경우에 대

처할 수 있도록 한다.

시나리오의 생성은 크게 수직적 생성(vertical scenario generation)과 수평적 생성(horizontal scenario generation)으로 나눌 수 있다. 시나리오의 수직적 생성은 시나리오 내의 한 에피소드를 확장시켜 새로운 시나리오를 만듦으로써 시나리오를 빠짐없이 자세하게 기술할 수 있도록 한다. 시나리오의 수평적 생성은 시나리오를 보다 명확하게 기술하는 것이다. 즉, 분석을 통해 모호하고 불명확한 용어를 재정의하고, 시나리오 프레임워크에 정의된 요소들 간의 관계를 확립한다. 이를 통해 향후 시나리오 검증과 관리가 용이해질 수 있다.

(3) 시나리오 검증

시나리오 검증 단계는 이전 단계에서 만들어진 시나리오에 대한 정확성, 완전성, 일관성을 검증한다. 시나리오를 검증하는 방법으로 체크리스트(checklists), 교차검증(cross-referencing) 등의 방법이 사용된다. 이 단계에서는 시나리오에 기술된 에피소드에 대한 검증과 시나리오와 시나리오 사이의 관계, 시나리오 요소들 간의 관계 등에 대한 검증도 수행되며, 만족스러운 결과가 도출될 때까지 반복적으로 수행된다.

(4) 요구사항 추출

본 단계는 앞에서 만들어진 시나리오를 기반으로 실제로 개발하고자 하는 시스템에 대한 구체적인 사용자 요구들을 찾아내는 단계이다. 따라서 이 단계에서 사용자로부터 하위 수준의 요구사항이 도출될 수 있으며, 각 하위 시나리오가 개별적인 요구사항 명세서를 가지게 된다. 또한 이 단계에서는 시스템에 대해 수집된 배경 지식을 토대로 조직화를 통해 사용자가 원하는 요구사항들을 추출할 수도 있다.

(5) 요구사항 분석

요구사항 분석단계는 시나리오를 중심으로 추출된 요구사항들을 분석하여 사용자의 필요를 정확히 이해하고, 문제 해결을 위한 여러 가지 제약사항들을 정리하는 단계이다. 즉, 앞 단계에서 도출된 요구사항들을 분류하고 충돌이나 반복, 애매모호한 내용들을 해결함으로써 요구사항들에 대한 우선순위가 부여될 수 있다. 만약 이 단계에서 요구사항들에 대한 변화가 발생하면 이전 단계로 되돌아가서 필요한 과정들이 반복된다. 일반적으로 시나리오 자체가 요구사항들을 분류하는 기준이 될 수 있다.

(6) 요구사항 명세화

이 단계에서는 앞서 분석된 요구사항들을 명확하고 정확하게 기록함으로써 문서화 작업을 수행한다. 즉, 기존의 요구사항 명세서와는 달리 시나리오가 중심이 되어 요구사항 명세서를 작성한다. 따라서 시나리오를 중심으로 시스템에 대한 소개, 용어집, 기능적 요구사항, 비기능적 요구사항(환경, 제한, 표준 등) 등을 기술한다.

(7) 요구사항 검증

요구사항 검증 단계에서는 프로토타입 제작을 통해 시나리오를 중심으로 주요 요구사항들이 반영되었는가와 요구사항 명세서가 제대로 기술되었는가를 검증하는 단계이다. 이 때 타당성, 일치성, 완전성, 사실성 등이 검증되며 이에 대한 결과가 만족스럽지 못할 경우 요구사항 분석을 통해 요구사항 명세서를 재작성한다.

4.3 시나리오 기법 적용 예제

기술적 지식이 없는 비전문가들로부터 사용자의 요구사항을 추출하거나, 시스템의 경계가 모호한 시스템으로부터 사용자의 요구사항을 체계적으로 수집하는데 있어 시나리오 기법은 매우 유용하다. 예를 들면, 스마트 홈 서비스(smart home services)와 같은 시스템으로부터 사용자의 요구사항을 추출할 때 시나리오 기법이 적용될 수 있다. 본 절에서는 시나리오 기법 적용의 사례로 스마트 홈 서비스가 가지는 특성에 기초하여 가상의 시나리오를 통해 사용자의 요구사항을 추출하여 이를 도식화하는 과정을 제시한다.

스마트 홈 서비스 시스템은 생활환경의 지능화, 환경 친화적 주거생활로서 삶의 질을 향상시키기 위해 만들어진 지능화된 가정 내 생활환경이나 거주 공간으로 정의될 수 있다. 또한 스마트 홈은 유무선 홈 네트워크로 연결된 가정 내 정보가전 기기에 의해 누구나 시간이나 장소에 구애받지 않고 다양한 디지털 홈 서비스를 제공받을 수 있는 미래지향적인 가정환경이며, 다양한 센서 기술을 바탕으로 집 자체가 환경변화를 인지하고 그에 맞는 적절한 서비스를 제공하도록 한다.

이러한 특성에 비추어 먼저 정황수집 단계로서 시나리오 상황을 가상으로 기술하였

다. 이를 토대로 SAC(scenario activity chart)를 통해서 각 상황별 시나리오를 그림으로 도식화한 후, 구축될 시스템에 대해 컨트롤이 필요한 과업을 탐색함으로써 사용자 요구사항을 도출하였다.

(1) 시나리오 상황

스마트 홈 시스템을 설계하기 위해 가상으로 사용자가 스마트 홈에 거주할 경우의 상황을 꾸며보았다. 즉, 스마트 홈 시스템이 구현된 가정 구성원이 아침에 일어나서 출근하기 전까지 집안의 기기들을 컨트롤 할 수 있는 과업(task)이 어떤 것들이 있을 수 있는지에 초점을 맞추었다. 도출된 시나리오 상황기술은 장소 이동과 시간의 흐름에 따른 방법을 통해 출근 전까지 시간대별로 연상하고 집안의 기기에 조치를 취할 필요가 있는 것은 어떤 경우 인지, 또한 스마트 홈이 구현된다면 무엇을 하고 싶은지 자유롭게 상상

[표 5-3] 스마트 홈 서비스의 시나리오 예

장소	시나리오 상황
침실	· 정해진 시간에 일어난다. · 수면 정도 및 수면 상태가 확인된다. · 자동적으로 오늘의 스케줄이 확인된다.
거실	· 실내 환기 및 조명 등이 자동으로 조절된다. · 운동 중 신체의 이상 유무가 확인된다. · 병원이나 의료기관과 상담 및 예약 등 커뮤니케이션을 할 수 있다. · TV 등을 통해 정보를 상호작용할 수 있다.
욕실 (화장실)	· 소변을 보면서 건강상태를 확인한다. · 용무 중 최신 정보(뉴스 혹은 관심분야)를 시청한다. · 건강 상태에 적합한 환경에서 샤워를 한다.
주방	· 건강 및 체질에 맞는 식단이 차려진다. · 원거리에 있는 사람과 원격접속을 통해 화상으로 보면서 식사를 한다. · 냉장고 내부의 식재료에 대한 상태를 확인하고, 필요한 음식재료를 주문할 수 있다. · 자신의 건강에 적합한 요리를 추천해서 요리법을 설명해준다.
옷방	· 날씨나 외부 환경에 적합한 옷을 추천한다. · 가상으로 옷을 입어본다.

하는 방식이었다. 그 결과 브레인스토밍을 통해 도출된 장소적 상황은 침실, 거실, 욕실, 주방, 옷방 등에서 스마트 홈과 관련된 서비스가 시나리오로 도출될 수 있었고 이를 [표 5-3]과 같이 정리하였다.

(2) SAC 작성

시나리오를 표현하기 위해 다양한 방법이 사용될 수 있다. 그 중에서도 SAC (scenario activity chart)은 [표 5-4]와 같이 5가지의 기호로 구성된 단순한 그래픽 도구이다. 이를 통해 시나리오 프로세스에 따라 개별적인 SAC를 작성함으로써 시나리오 상황을 이벤트별로 알 수 있도록 지원한다.

[표 5-4] SAC의 기호와 활동명

기호	활동명	기호	활동명	기호	활동명
(둥근 사각형)	이벤트	(사각형)	활 동	(마름모)	대 안
(원 안의 검은 점)	종 료	(화살표)	진행흐름		

앞에서 제시된 스마트 홈 서비스의 시나리오 상황에 따라 SAC(scenario activity chart)를 [그림 5-4]와 같이 도식화 할 수 있다.

〈침실 : 아침에 일어나 침대에서 오늘 일정을 살펴본다.〉

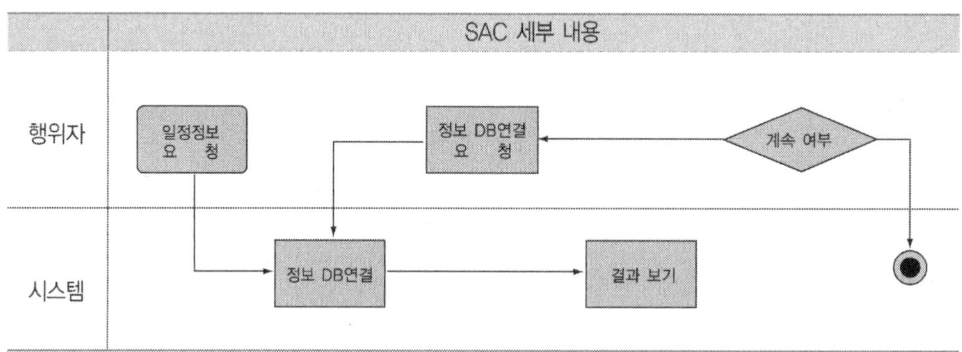

〈화장실 : 화장실에서 소변을 보면서 건강상태를 확인한다.〉

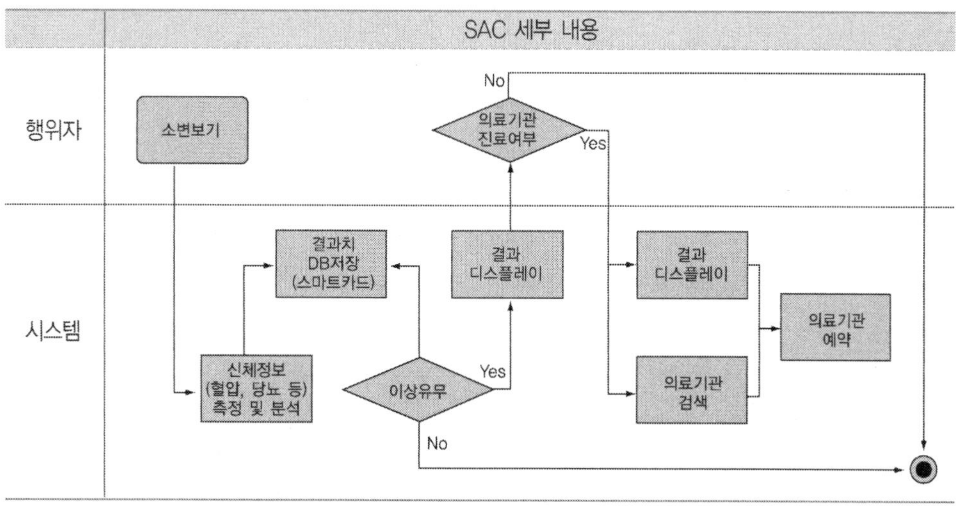

〈거실 : 거실에서 운동 중 신체 이상 유무를 확인한다.〉

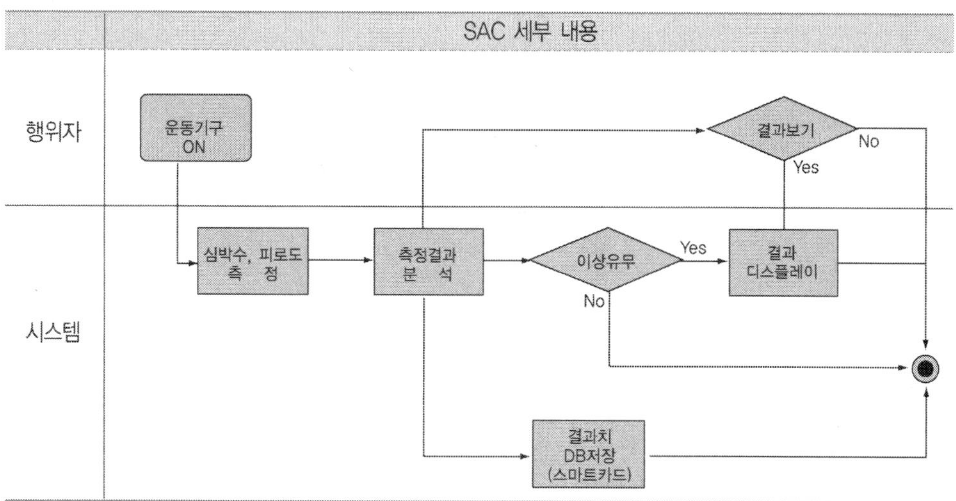

〈욕실 : 세면 중 최신정보를 시청한다.〉

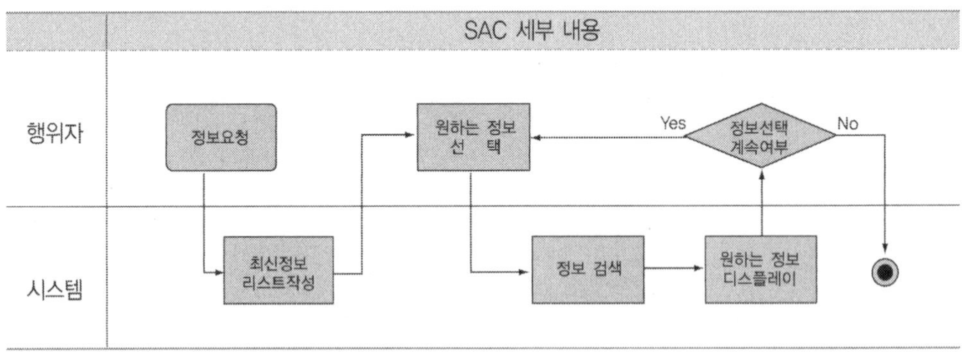

〈주방 : 냉장고로부터 원하는 정보를 확인 후 주문처리를 수행한다.〉

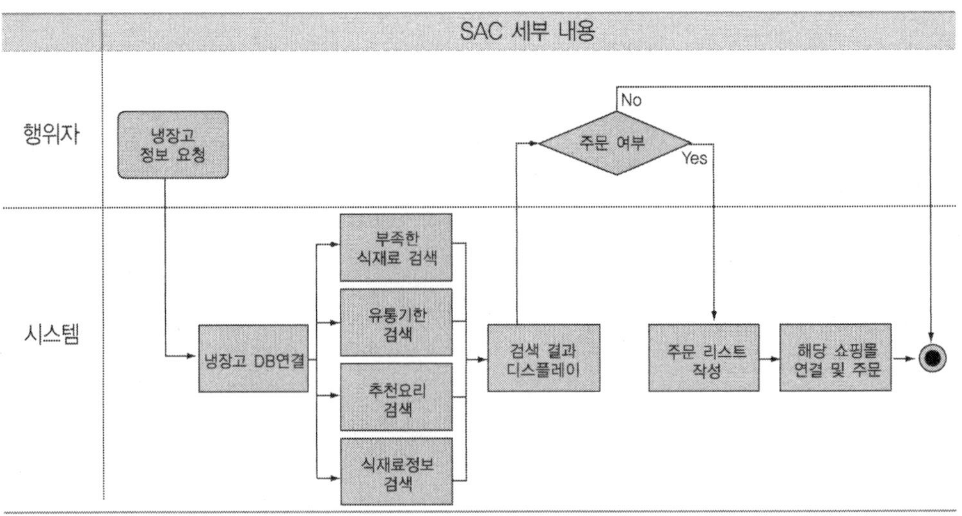

〈옷방 : 시스템이 추천한 옷을 가상으로 입어본다.〉

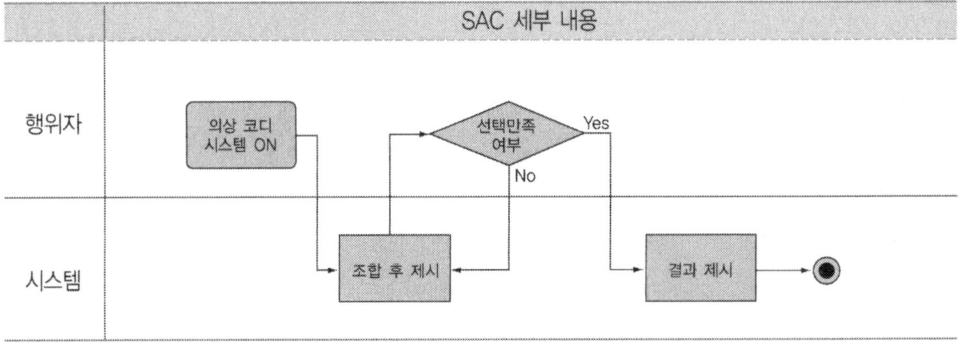

[그림 5-4] 스마트 홈 시스템에 대한 SAC

(3) 요구사항 과업의 추출

앞서 제시된 시나리오에 대해 스마트 홈 시스템에 조치를 취할 필요가 있는 과업으로 기술적으로 가능해지는 원격 컨트롤과 자동적으로 수행되는 자동 컨트롤로 분리를 하여 전원 On/Off, 자료 꺼내기, 자료 입력, 예약 등의 요구사항 과업을 추출하여 [표 5-5]와 같이 정리하였다.

[표 5-5] 스마트 홈 시스템에 대한 요구사항 과업 추출

원격 컨트롤	전원 On/Off	• 러닝머신 작동시키기 • 트레이너 가상화면 켜기
	자료꺼내기	• 오늘 일정 중 세부 항목과 관련된 자료 보여주기 • 수면 정도 보여주기 및 조언 • 트레이너 가상화면 출력 • 자신에게 맞는 음식의 요리법 보기
	자료 입력	• 원격지 상대방과의 원격접속 실시 • 음식 요리법 보내기 • 식재료 주문
	예약	• 모닝 알람 • 약물 복용시간 알람
자동 컨트롤	전원 On/Off	• 알람시간에 맞게 커튼 열리고 햇살 비춰주기 • 모니터 자동 전원 On/Off, TV전원 On/Off • 화장실 물 내리기
	자료꺼내기	• 오늘의 일정 보여주기 • 침대센서로부터 수면상태, 수면정도 체크한 화면 분석결과 제시 • 운동기구의 센서에서 심장박동 변이 및 신체피로도 분석결과 제시 • 화장실 유리에 유행과 관심분야 정보 제시 • 산림욕 분위기 창출, 음이온 방출 • 병원과 의사 정보 보여주기 • 자신의 신체 정보에 맞는 식단 제공 • 냉장고 서버에 접속해 내용물 검색 및 확인 • 추천받은 옷 보기 • 약물 복용 알려주기
	자료 입력	• 침대센서로부터 받은 정보를 자동으로 DB에 입력하기 • 운동기구 센서로부터 받은 정보 자동으로 DB에 입력하기 → 스마트카드로 전송 • 화장실 센서로부터 받은 정보 자동으로 DB에 입력하기 → 스마트카드로 전송 • 의료기관 선택 및 조회 • 의사와의 예약 결과 자동으로 DB에 입력하기 → 일정 프로그램 DB로 자동전송 • 추천 받은 옷 가상 이미지를 통해 입어보기

주요용어

Main Terminology

- 개요수준 유즈케이스(overview use case)
- 데이터 모델(data model)
- 링크선(link line)
- 마이크로 모델링(micro modeling)
- 매크로 모델링(macro modeling)
- 비즈니스 시나리오(business scenarios)
- 상세 유즈케이스(detail use case)
- 스테레오타입(stereotype)
- 시나리오 기법(scenario technique)
- 실제 유즈케이스(real use case)
- 연관관계(association relationship)
- 연쇄작용 이벤트(trigger event)
- 유즈케이스 기술서(use case description)
- 유즈케이스 다이어그램(use case diagram)
- 유즈케이스(use case)
- 이벤트 구동 모델링(event-driven modeling)
- 이벤트 핸들러(event handler)
- 이벤트 흐름(event flow)
- 일반화관계(generalization relationship)
- 포함관계(include relationship)
- 프로세스 모델(process model)
- 필수 유즈케이스(essential use case)
- 행위자(actor)
- 확장관계(extend relationship)
- KISS(keep it simple stupid)
- SAC(scenario activity chart)
- UML(unified modeling language)

연습문제 Exercises

1. 유즈케이스란 무엇이며, 유즈케이스 분석은 왜 필요한가?
2. 유즈케이스 모델링의 기본적인 목적은 무엇인가?
3. 대학의 도서대출에 대한 이벤트 구동 과정을 설명하여라.
4. 이벤트 핸들러란 무엇인가?
5. 시간 연쇄작용(temporal trigger)과 외부 연쇄작용(external trigger)의 차이점은 무엇인가?
6. 유즈케이스 모델링은 매크로 모델링과 마이크로 모델링을 동시에 지원할 수 있는가?
7. 필수 유즈케이스와 실제 유즈케이스의 차이점을 설명하라.
8. 유즈케이스의 관계 유형을 분류하고, 그에 대한 개념을 설명하라.
9. 유즈케이스 기술을 위해 사용되는 이벤트 흐름의 종류를 들어보고 설명하라.
10. 인터넷 쇼핑몰에서 고객의 "주문 보냄" 유즈케이스의 정상적인 이벤트 흐름을 묘사하여 보아라.
11. 유즈케이스 기술서의 이벤트 흐름을 문장으로 묘사하는데 있어 구문형식에 맞추어 기술해야 하는 이유는 무엇인가?
12. 유즈케이스에서 하나의 트랜젝션(transaction)을 나타내는 4가지 행위 세트는 무엇인가?
13. KISS(Keep It Simple Stupid)의 원칙이란 무엇인가?
14. 유즈케이스 모델링에서 시스템의 경계를 설정하는 것이 왜 중요한가?
15. 시스템과 상호작용을 하는 행위자를 식별하기 위한 방법을 열거하라.
16. 행위자들의 목적을 식별하기 위한 방법을 열거하라.

17. 시스템에서 유즈케이스를 식별하기 위한 방법을 열거하라.

18. 만일 여러분들 중에서 인터넷 쇼핑몰의 사용 경험이 있다면, 그 경험을 토대로 인터넷 쇼핑몰의 유즈케이스 다이어그램을 그려보아라.

19. 18번 문제에서 회원등록 유즈케이스가 있다면, 이에 대한 개요수준의 필수 유즈케이스 기술서를 작성하여 보아라.

20. 요구사항을 추출함에 있어 시나리오 기법이 유용하게 적용될 수 있는 시스템의 예를 제시해 보시오.

21. 시나리오를 기반으로 요구사항을 분석하는 절차를 설명하라.

22. 쇼핑 중에 집안의 가전기기와 연동하는 시스템의 시나리오에 대한 SAC를 작성하여 보아라.

참고문헌

Literature Cited

이우용, 고영국, 박태희, 김준수, UML과 객체지향 시스템 분석설계, 도서출판 그린, 2002.

Schmuller, J. 저, 곽용재 역, 초보자를 위한 UML : 객체지향 설계, 인포북, 1999.

Alspaugh, T.A., A. I. Anton, T. Barnes , and B.W.Mott, "An Integrated Scenario Management Strategy," *IEEE Software*, 1999.

Brown, D., *An Introduction to Object-Oriented Analysis*, John Wiley & Sons, 1997.

Dennis, A. and B. H. Wixom, *Systems Analysis & Design*, John Wiley & Sons, 2003.

Dennis, A., B. H. Wixom, and D. Tegarden, *Systems Analysis & Design: An Object-Oriented Approach with UML*, John Wiley & Sons, 2002.

Hsia, P., J. Samuel, J. Gao, and D.Kung, "Formal Approach to Scenario Analysis," *IEEE Software*, 1994, pp.33-41.

Jacobson, I., M. Chrierson, P. Jonsson, and G. Overgard, *Object-Oriented Software Engineering: A use Case Driven Approach,* Addison-Wesley, 1992.

Kain A.H., S. Kramer, and R. Kacsich, "A Case Study of Decomposing Functional Requirements Using Scenarios," *Proceedings of the 3rd International Conference on Requirements Engineering*, 1998, pp. 156-163.

Rosson, M.B. and J.M. Carroll, *Usability Engineering*, Morgan Kaufmann, 2002.

Rumbaugh, J., M. Blaha, W. Presmerlani, F. Eddy, and W. Lorensen, *Object-Oriented Modeling and Design,* Prentice-Hall, 1991.

Rumbaugh, J., I. Jacobson, and G. Booch, *The Unified Modeling Language User Guide,* Addison-Wesley, 1999.

Rumbaugh, J., I. Jacobson, and G. Booch, *The Unified Modeling Language Reference Manual*, Addison-Wesley, 1999.

Weidenhaupt, K., K. Pohl, M. Jarke, and P. Haumer, "Scenarios in System Development: Current Practice," *IEEE Software*, 1998, pp. 34-45.

구조적 분석과 프로세스 모델링

CHAPTER 06

PREVIEW

구조적 분석기법은 프로세스 중심의 하향식 접근법을 이용한 분석기법이다. 프로세스 모델은 조직에서 업무를 수행하는 활동, 즉 비즈니스 프로세스를 묘사한 것이다. 프로세스 모델링 도구로서의 자료흐름도는 As-Is 시스템의 모델링뿐만 아니라 To-Be 시스템의 모델링에도 사용될 수 있다. 도형중심의 프로세스 분석 도구인 자료흐름도는 매크로적인 관점에서 시스템을 모델링 할 수 있게 하며, 자료사전은 자료흐름과 저장에 대한 상세한 내역을 묘사하는데 사용되며, 미니명세서는 프로세스 내부의 처리방법을 묘사하는데 사용된다.

OBJECTIVES OF STUDY

- 구조적 분석의 기본 개념과 원리를 이해한다.
- 논리적 모델과 물리적 모델의 차이점을 이해한다.
- 구조적 분석도구인 자료흐름도와 자료사전, 미니명세서 작성법을 익힌다.
- 자료흐름도 작성에 있어 지켜야 할 원칙을 익힌다.
- 기능의 분할과 프로세스의 단계화 방법을 익힌다.
- 완성된 프로세스 모델의 검증방법을 익힌다.

CONTENTS

1 구조적 분석의 기초

1.1 구조적 분석의 개념과 기본원리

1968년 Dijskstra가 NATO의 한 컨퍼런스(conference)에서 GOTO 문장 없이도 프로그램이 가능하다는 것을 소개함에 따라 구조적 프로그래밍(structured programming)이란 개념이 태동하게 되었다. 1960년대 후반부터 컴퓨터 기술이 급속히 발전함에 따라 소프트웨어의 수요가 폭발적으로 증가하였다. 하드웨어 기술의 급속한 발전과 범용컴퓨터의 보급은 상대적으로 소프트웨어를 개발하는 엔지니어들에게 위기를 불러 일으켰으며, 이에 따라 소프트웨어 개발의 생산성을 강조하는 소프트웨어 공학(software engineering)의 탄생을 가져오게 되었다.

1970년대 중반 구조적 프로그래밍을 효과적으로 지원할 수 있는 구조적 설계(structured design) 개념이 제시되고, 1970년대 후반에는 복잡한 시스템을 효과적으로 분석하기 위한 구조적 분석(structured analysis) 개념이 제시되었다. 이로서 소프 프트웨어 시스템을 효과적으로 개발할 수 있는 체계적인 기법인 구조적 기법(structured technique)이 완성되었다. 이 후 1980년대 들어서면서 소프트웨어 개발의 규모가 방대해지고 네트워크까지 가미되면서 그 개발의 양상은 더욱 더 복잡해지기 시작했다. 구조적 기법은 시스템개발 수명주기의 전 과정에 걸쳐서 체계적인 개발 방법론(development methodology)으로 발전하였다. 구조적 분석 및 설계 기법의 제안과 시스템 개발 방법론으로 정착시키는데 있어 가장 많은 공헌을 한 학자들로는 DeMarco, Yourdon, Constantin, Gane & Sarson 등을 들 수 있다. 이들의 노력으로 구조적 분석 및 설계 기법은 정보시스템 개발에 있어 가장 중요하며 기본적인 소프트웨어공학 기술로 자리 잡았다. 그리고 소프트웨어 개발에서 있어 보편타당한 기본적인 원리를 연구하고 제시함으로써 소프트웨어 발전에 커다란 공헌을 하였다.

구조적 분석 기법은 프로세스 중심의 시스템 분석 기법으로 하향식(top-down) 접근법을 이용한 분석 기법이다. 구조적 분석은 효율적인 시스템 요구분석 명세서를 작성하기 위하여 자료흐름도(DFD: data flow diagram)라는 도형중심의 분석용 도구를 이용

하여 정형화된 분석 절차에 따라 사용자의 요구사항을 파악하고 문서화하는 기법이다.

이러한 구조적 분석의 개념을 적용하는 데 있어 다음과 같은 네 가지 중요한 기본 원리가 적용된다(이영환, 박종순, 1998).

(1) 추상화(abstraction)의 원리

복잡한 현실 문제를 해결하기 위하여 문제의 핵심이 되는 요소들만을 추출하여 문제를 단순화 시키는 것을 말한다. 따라서 추상화는 "어떻게(how)" 행해지는가를 도외시한 채 "무엇(what)"이 행해지고 있는가에 초점을 둔다. 즉, 문제를 둘러싸고 있는 지엽적인 사실들에서 탈피하여 이상적인 해결책을 도출하는 것이다. 구조적 분석 기법에서는 현실 세계에서 실제 일어나고 있는 물리적인 프로세스를 모델링 한 물리적 자료흐름도(physical DFD)로부터 논리적 자료흐름도(logical DFD)를 도출한다. 논리적 자료흐름도는 물리적으로 구현된 요소를 제거하고 논리적 측면에서 순수한 자료흐름에 초점을 두어 모델링 한 것으로 문제의 해결책을 찾고 이상적인 자료흐름을 모색하는 데 있어 매우 유용하다.

(2) 공식성(formality)의 원리

구조적 방법론에서는 시스템 개발과정을 몇 개의 단계로 나누고, 매 단계에서 각각의 활동에 대한 결과를 문서로 공식화시키고 있다. 그리고 이들 문서에 대한 논리적 타당성을 엄격히 검증한다. 예를 들어 시스템 요구분석의 결과물인 자료흐름도에 대하여 데이터 보존법칙(data conservation rule)과 균형법칙(balancing rule) 등을 통하여 모델링의 엄밀성을 검증한다. 이들 개념들에 대해서는 제 3절에서 자세히 설명한다. 소프트웨어 개발을 프로그래머의 육감에 의존한 예술적 경지에서 과학적 원리를 적용한 공학의 한 분야로 끌어 올리려는 움직임도 따지고 보면 공식성의 원리에 연유한다. 공식성의 강조는 문서화와 검증의 부담을 가중시키며, 창의성을 짓누른다는 비판도 없지 않다. 그러나 문서화를 통하여 의사소통을 원활히 하고, 개발과정의 가시성과 효율적 프로젝트 관리를 이룰 수 있다.

(3) 분할정복(divide and conquer)의 원리

복잡한 현실 문제를 해결하기 위하여 [그림 6-1]과 같이 문제자체를 일련의 작은 문제로 나누어 전체 시스템에 위압당하지 않고 한 부분 한 부분씩 집중적으로 공략해 나가는 방법이다. 분할정복의 원리는 추상화의 원리와 함께 복잡도를 해결하기 위한 원리이다. 구조적 분석 도구인 자료흐름도에서는 단계적 상세화 개념을 적용하여 문제를 분할한다. 문제분할은 처리기나 자료흐름을 중심으로 기능을 분할한다. 이렇게 분할된 문제는 마치 퍼즐의 한 조각과 같이 다른 조각과 정확히 결합될 수 있도록 되어 있어 퍼즐맞추기식으로 결합이 가능하게 되어 있다.

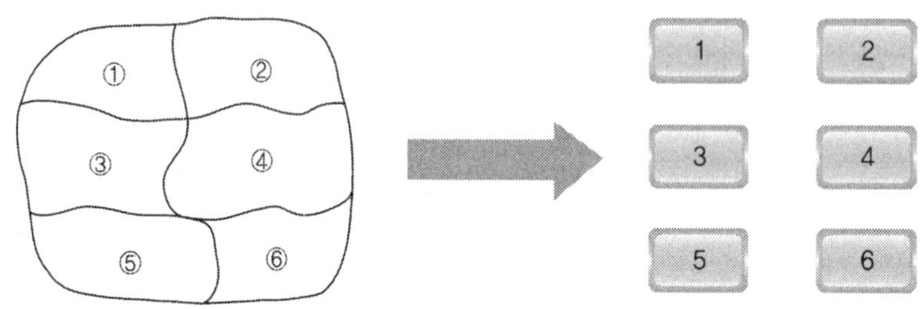

[그림 6-1] 문제 분할의 개념

(4) 계층적 조직화(hierarchical ordering)의 원리

분할된 조각들을 전체적인 관점에서 나무처럼 계층적 구조를 이루도록 배열시켜 관리를 쉽게 하는 것이다. 자료흐름도에서 단계적 상세화로 분할된 각 기능 조각들은 그 레벨에 따라 일련번호가 부여되어져 계층적으로 조직화 될 수 있게 한다. 분할정복과 계층적 조직화의 원리를 결합시킴으로써 모듈식 프로그래밍을 넘어서 진정한 구조적 프로그래밍의 개념이 적용되는 것이다.

1.2 구조적 분석의 특징

구조적 기법은 프로그램 모듈들을 개별적으로 설계하여 개발한 후 통합하는 상향식 시스템 개발 접근법(bottom-up approach)이 아니라 시스템적 시각에서 문제를 분할하고 구조화하여 개발하는 하향식 개발 접근법(top-down approach)을 채택하고 있다. 즉, 시스템 개발과정을 시스템 기초조사, 구조적 분석, 구조적 설계, 구조적 프로그래밍, 구조적 테스트의 단계로 나누어 각 단계별로 활동에 대한 엄격한 문서화와 연계성을 중요시 한다. 그리고 개발과정에서 발생한 산출물에 대한 중간 검토회의(walkthrough)를 매 단계마다 실시함으로써 사용자 참여기회를 확대하고 있다. 구조적 기법이 실무에 정

착되기 이전에 정보시스템 개발과정에서 주로 나타난 주요한 문제점들은 다음과 같다.

첫째, 사용자와 시스템 개발자 간의 의사소통의 결여로 사용자 요구사항을 제대로 분석하지 못함에 따라 시스템 개발이 종료된 후에도 핵심적인 요구사항들이 추가로 나타나는 경우가 종종 발생한다. 이로 인하여 시스템 사용자의 개발팀에 대한 불신과 시스템의 이용률 저하, 프로젝트 비용의 초과 등의 문제를 초래하게 된다.

둘째, 사용자는 시스템 수용에 대한 준비가 되어 있지 않다. 사용자는 시스템이 완전히 개발되어 탑재되기 전까지는 시스템의 모습을 상상할 수 없으며, 개발팀에서 무슨 일을 하는지 알지 못한다. 개발과정에서 사용자 미참여로 인하여 사용자는 자신이 사용할 시스템(To-Be system)에 대한 어떠한 사전 지식도 없으며, 어느날 갑자기 시스템을 탑재하였으니 사용하라는 통지만 받았을 경우 사용자의 시스템에 대한 거부감이 매우 높다.

셋째, 개발과정의 변화에 대한 융통성이 결여되어 있다. 순차적으로 시스템 개발이 진행되므로 개발도중에 발생하는 변화를 수용하기 어렵다. 더욱이 프로그램이 완성된 후에 GOTO 문장으로 서로 얽히고 설킨 프로그램 모듈을 유지보수하기란 더욱 더 어렵다.

구조적 기법은 특정 모듈의 변경에 대한 파급효과를 최소화 하도록 분석하고 설계되어진다. 구조적 분석은 이러한 문제점들을 극복하는데 있어 그 출발점이 된다. 시스템 개발 실패의 주된 원인은 주로 잘못된 사용자 요구사항 파악에 있다. 이는 바로 사용자의 참여부족과 의사소통의 부재에 기인한다. 구조적 분석은 이러한 문제점들을 체계적으로 극복할 수 있는 특성을 지니고 있다. 구조적 분석의 중요한 특성을 정리하면 다음과 같다.

(1) 프로세스 중심의 표준화된 모델링 도구의 제공

구조적 분석은 단순하고 표준화된 분석도구를 사용함으로써 시스템 분석의 질적 향상을 가져올 수 있다. 그래픽 기반의 자료흐름도는 프로세스 중심의 시스템 모델을 작성하기 위한 도구를 제공하며, 시스템을 하향식으로 분할 할 수 있게 하고, 분석의 중복성을 배제할 수 있게 한다. 자료흐름도는 시스템의 기능을 계층적으로 분할하여 조직화 할 수 있게 하며, 매크로 수준의 개념적 모델링(conceptual modeling) 개념을 지원한다. 또한 프로세스의 처리과정과 논리를 상세하게 기술할 수 있는 미니명세서(mini specification)는 구조화된 문장이나 그래프 또는 테이블을 이용하여 기술함으로써 표

현의 단순성과 표준화, 그리고 가시성을 높여주고 있다.

(2) 분석가와 사용자간 의사소통의 원활과 사용자 참여 확대

구조적 분석은 도형 중심의 문서화 도구를 사용하여 분석가와 사용자 간에 의사소통이 원활히 된다. 사용자 요구사항을 논리적 개념으로 표현함으로서 사용자 중심의 모델을 작성하게 하고, 이를 이용하여 사용자와의 검토회의(walkthrough)를 실시한다. 이는 사용자 요구사항을 개발 초기부터 반영함으로써 개발 후 사용자의 적극적인 수용을 가능하게 한다.

(3) 엄격한 문서화와 검증을 통한 모델링 품질 향상

체계적인 방법론에 의한 정형화된 분석 절차에 따라 진행함으로써 사용자 요구사항을 정확히 표현하고 모델링 한다. 기능중심의 하향식 분할 매카니즘의 적용과 엄격한 모델의 검증을 요구하며, 모델링 결과의 철저한 문서화는 고품질의 소프트웨어 개발을 위한 기초를 제공해준다. 또한 개발의 초기 단계부터 잘못된 사항이나 비합리적인 업무처리들을 쉽게 발견할 수 있게 한다.

1.3 논리적 모델링과 물리적 모델링

정보시스템을 모델링하기 위해서는 시스템의 두 가지 모델링 관점을 이해해야 한다. 즉, 논리적 모델(logical model)과 물리적 모델(physical model)이다. 논리적 모델은 특정 구현방법 혹은 기술에 관계없이 시스템에 대한 사용자의 순수한 요구사항만을 표현한 모델이다. 반면, 물리적 모델은 사용자의 개발 요구사항을 실제로 구현하기 위하여 처리기에 할당된 내역을 구체화 한 구현모델(implementation model)이다.

논리적 모델링은 완전한 기술(perfect technology)의 관점에서 시스템의 본질적 요소만을 다루는 필수적 모델을 작성하는 것으로 완전한 기술에 대한 가정은 분석가가 요구사항을 논리적 관점에서 정확하게 파악하도록 지원한다. 논리적 모델은 사용자의 필수적 요구사항을 구현방법이나 기술을 배제하고 시스템의 구성을 사용자가 이해하기 쉽게 모델링 한 것이다. 따라서 논리적 모델은 시스템이 수작업 혹은 자동화 작업으로 운영되는가에 관계없이 같은 모습이다. 그러므로 논리적 모델은 기술적인 구현을 고려하

지 않고 즉, 구현 독립적으로 시스템에 존재해야 하는 필수적 요구사항을 모델링 한 것이다. 구조적 분석에서 필수적 요구사항은 필수적 활동과 필수적 저장 데이터로 나눌 수 있다. 필수적 활동은 다시 기본적 활동과 보관적 활동, 그리고 이들을 복합한 복합적 활동으로 나눈다.

① 기본적 활동(fundamental activity) : 시스템의 존재를 정당화하는 기능으로 시스템이 외부환경에 반응을 나타내는 활동이다.
② 보관적 활동(custodial activity) : 기본적 활동이 일을 수행하기 위해 필요한 데이터를 획득하여 저장하는 기능이다.
③ 복합적 활동(compound activity) : 필수적 활동과 보관적 활동을 모두 수행하는 활동이다.
④ 필수적 저장 데이터(essential stored data) : 기본적 활동이 일을 수행하기 위해 보관되어져야 할 데이터이다.

물리적 모델은 시스템의 목표 달성을 위하여 처리해야 할 요구사항을 분할하고 물리적 처리기(컴퓨터나 특정 개인 또는 조직)에 업무를 할당하는 방법에 초점을 맞춘 것이다. 따라서 사용자들의 요구사항을 특정 처리절차, 처리방법 및 구현 환경에 따라 구현한 모델이다. 물리적 모델에서는 논리적 모델의 필수적 활동과 필수적 저장 데이터를 현실적 환경에서 수행할 수 있도록 표현한다. 즉, 필수적 활동을 수행하는 사람, 기술 및 방법 등을 기술한다. 물리적 모델에서는 필수적 활동을 수행하기 위해서 조직에서 수반되는 각종 관리적 및 행정적 활동도 포함한다.

구조적 기법을 완성한 Yourdon은 가장 이상적인 시스템 개발을 위해서 [그림 6-2]와 같이 모델링 절차를 4단계로 나누고 있다. 구조적 기법은 이들 4 단계에 걸친 모델링을 통하여 As-Is 시스템의 문제점을 분석하고 새로운 구조적 분석 절차와 모델인 To-Be 시스템을 설계하는 절차로 이루어진다.

1) 현행 물리 모델링(current physical modeling)

분석가와 사용자가 반복적으로 면담하여 현재 운영되고 있는 시스템의 업무처리절차 및 구현 환경을 있는 그대로 모델링하는 단계이다. 이 모델에서는 현재 현업에서 업무를 수행하는데 필요한 사람(개인 또는 조직)과 장비(컴퓨터, 네트워크) 등을 모두 포함한다. 이 물리적 모델은 현행 시스템을 쉽게 이해할 수 있고, 시스템의 문제점 및 개선방향 등

을 확인할 수 있다. 또한 사용자와 의사소통을 원활하게 수행하는데 도움을 준다. 현행 시스템의 물리 모델을 작성하는 방법은 다음과 같다.

① 개발 대상의 조직을 확인하고, 처리기 사이의 데이터 흐름을 결정한다. 이를 위해 먼저 시스템 조사를 실시한다. 시스템 조사는 대상 시스템의 최고책임자와의 면담으로 시작한다.

② 대상 조직과 타 조직 간의 데이터 흐름을 조사한다. 이를 위해 업무처리 프로세스에 대하여 거래별로 중간관리자나 실무 담당자를 만나 상세 인터뷰를 실시하고, 업무처리에 사용되는 각종 양식이나 문서들을 수집하여 분석한다. 인터뷰는 경영층으로부터 실무 단계의 사용자까지 하향식으로 실시한다.

③ 현재 수행되고 있는 시스템의 운영 절차와 방법이 어떻게 이루어지고 있는지를 확인할 수 있는 물리적인 실물 모델을 작성한다.

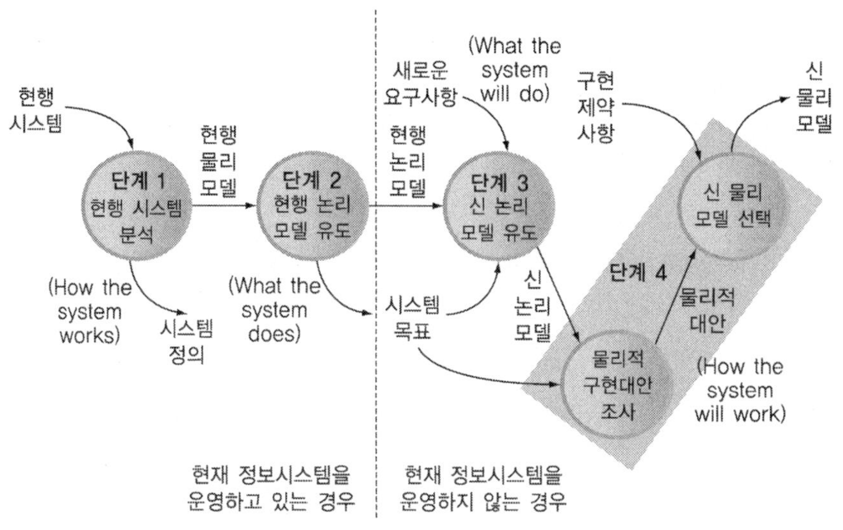

[그림 6-2] 구조적 분석 절차와 모델

2) 현행 논리 모델링(current logical modeling)

앞 단계에서 도출한 현행 시스템의 물리 모델은 조직의 필요와 현재의 이용가능한 기술의 한계 등으로 인하여 필수적 요구사항과 필수적 저장 데이터에 부가하여 많은 물리적 특성이 포함되어 있다. 논리적 모델을 만들기 위해서는 현 시스템에서 수행되고 유지되어야 필수적인 요구사항(필수적 활동과 저장 데이터) 만을 추출할 수 있다. 즉, 현행

물리 모델에 포함된 물리적 특성을 제거하여 구현방법에 관계없이 현행 시스템에서 수행해야 할 필수적 기능과 데이터를 모델링 한다.

새로운 시스템을 개발하기 위해서는 현행 시스템이 무엇을 하는지를 알아야 하며, 새로운 시스템이 개선된 방법으로 처리할 수 있는 물리적 제약조건을 조정해야 한다. 이를 위해서는 물리적 특성을 제거하여 행정적, 기술적, 인적, 시간적 제약에서 벗어난 시스템의 필수적 활동과 필수적 저장 데이터를 파악해야 한다. 현행 물리 모델로부터 논리 모델을 도출하기 위해서는 다음과 같은 단계를 거친다.

① 현행 물리 모델로부터 회사 조직, 처리장소, 인위적인 처리 절차 등 물리적 특성을 제거하고, 현행 시스템에 필요한 필수적 활동을 식별한다.
② 현행 시스템의 필수적 요구사항을 추출하기 위해 완전한 기술 하에서, 사상(event)과 반응(response)을 식별한다.

3) 신 논리 모델링(new logical modeling)

현 시스템의 논리모델에 새롭게 추가 또는 변경되어야 할 기능을 반영하여 새로운 시스템에서 수행될 모든 기능 및 이에 필요한 자료에 대한 모형을 수립하는 과정이다. 즉, 현행 논리 모델에 다음의 사항을 추가하여 새로운 시스템이 수행해야 할 일을 정의하는 단계이다. 이러한 활동을 통하여 업무프로세스의 개선과 혁신을 이룰 수 있다.

① 현행 물리 모델과 현행 논리 모델 작성 과정에서 발견된 문제점 및 개선될 요구사항들을 정리한다. 특히 조직의 상위계층 사용자들의 요구사항이 제대로 파악되었는지 점검한다.
⑤ 현행 논리 모델에 추가되어야 할 기능이나 변경되어야 할 기능을 식별한다.
⑥ 새로운 시스템에서 수행할 기능과 필요한 데이터에 대한 모델을 작성한다. 이것은 분석의 마지막 단계로서 사용자 요구분석에 대한 최종 산출물을 생성한다.

특히, 이 단계에서는 업무프로세스의 혁신을 위한 BPR(business process reengineering)을 달성하기 위한 요소들을 집중적으로 검토한다. 이를 위해서는 우수한 성과를 내는 기업을 벤치마킹(benchmarking) 하거나 업계의 표준 업무 프로세스를 도입하는 방안을 적극 검토한다.

4) 신 물리 모델링(new physical modeling)

신규 시스템의 논리모델로부터 현재의 이용가능한 기술로 구현할 수 있는 To-Be 시스템 모델을 창출한다. 이 단계에서는 현재 이용가능한 처리 절차 및 방법 등의 구현을 위한 기술을 탐색하고, 이를 통해 새로운 시스템이 수행해야 할 일을 실현시키는 방법을 도출한다. 그리고 사용자 관점에서 실제로 시스템이 어떻게 작동하는지를 보여준다. 신 논리 모델은 완전한 기술의 특성을 기초로 작성되었으며 시스템 운용 방법이나 시스템의 구축과 운영에 필요한 비용을 고려하지 않았다. 그러나 새로이 구축될 물리적 시스템은 현재의 하드웨어 기술, 현재 기업의 조직과 업무 분담, 장비의 기술적 한계, 새로운 시스템의 운영방법과 예산 등을 고려하여 설계를 한다.

2 구조적 분석 도구

구조적 분석 기법은 하향식 분할 개념을 토대로 사용자의 요구사항을 분석하는 방법이다. 분석 단계의 결과를 문서화 하는데 있어 핵심 도구(tools)로는 다음과 같다([그림 6-3] 참조]).

① 자료흐름도(DFD: data flow diagram)

② 자료사전(DD: data dictionary)

③ 미니명세서(MS: mini-specification)

- 구조적 언어(structured language)
- 의사결정 트리(decision tree)
- 의사결정 테이블(decision table)

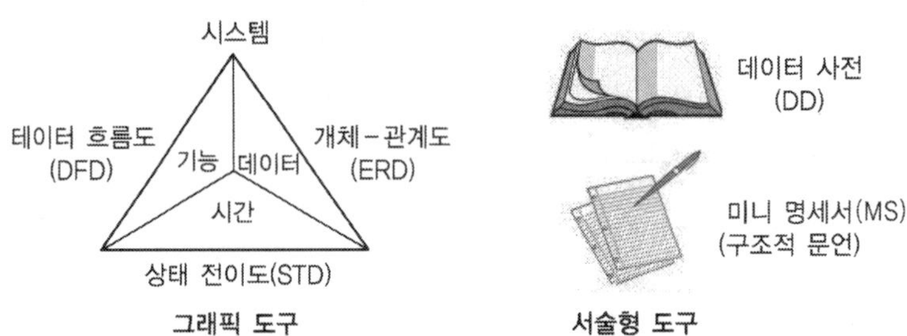

[그림 6-3] 구조적 분석 도구

2.1 자료흐름도

자료흐름도(DFD)는 기능별로 분할된 시스템의 활동적인 구성요소(처리기) 및 그들 간의 연관관계를 데이터 흐름으로 연결한 네트워크 구조의 모델링 도구이다. 자료흐름도는 기능적 관점에서 시스템이 어떠한 일(what)을 하는지 알 수 있게 한다. DFD는 기능처리를 나타내는 원들의 네트워크 형태로 버블 차트(buble chart)라고도 한다. DFD는 기능적 관점에서 업무 프로세스를 모델링 할 수 있으므로 프로세스 모델(process model)을 작성하는데 유용하게 사용된다. 물리적 자료흐름도의 경우 실제 업무처리 현상에서 일어나는 작업과정을 묘사하기 때문에 작업흐름도(work flow diagram)로 활용될 수 있다.

1) 자료흐름도의 구성요소

자료흐름도는 시스템의 활동을 [표 6-1]에서 제시된 네 가지 기본적인 요소(자료흐름, 처리기, 자료저장소, 관련자)들 간의 인과적 관계를 묘사한다. 자료흐름도를 구성하는 구성요소들 간의 네트워크 관계를 그림으로 묘사하면 [그림 6-4]와 같다. 자료흐름도를 구성하는 요소들에 대한 표기법은 학자들마다 조금은 차이가 있다. [표 6-1]는 DeMarco가 제안한 표기법으로 실무에서 가장 많이 이용된다. 처리기의 경우 전산화된 모델링도구를 감안하여 모가 둥근 3단 박스로 표현할 수 있다([그림 6-5]의 오른쪽 그림 참조).

구성 요소	기 호	설 명	업무 모델링 대상
자료흐름 (data flow)	⟶	• 외부 입출력과 처리기, 처리기 사이를 연결시켜 주는 연결자 • 화살표의 방향이 이름을 가진 데이터 흐름의 방향	• 주체사이의 교환정보 • 문서, 카드, 보고서 • 입출력물, 구두 지시 • 이동 가능한 정보
처리기 (process)	○	• 데이터의 변환 과정, 변환 과정 상의 한 단계를 의미 • 고유번호로 구분하여 변환과정을 체계화	• 현장의 활동(주체) • 사람, 업무 담당자 • 부서, 조직, 기업 • 업무 기기들
자료저장소 (data store)	═	• 시스템상의 임시 데이터를 저장하기 위한 장소를 표현	• 장기적인 정보저장 수단 • 문서 파일 박스, 캐비닛 • 파일, 데이터베이스
외부실체 혹은 관련자 (external entity or terminator)	□	• 데이터의 공급처, 출력처 • 시스템의 외부 개체	• 현장 외부의 활동 주체 • 원시 입력의 출처 • 작업 명령의 시작점 • 최종 출력의 수취인

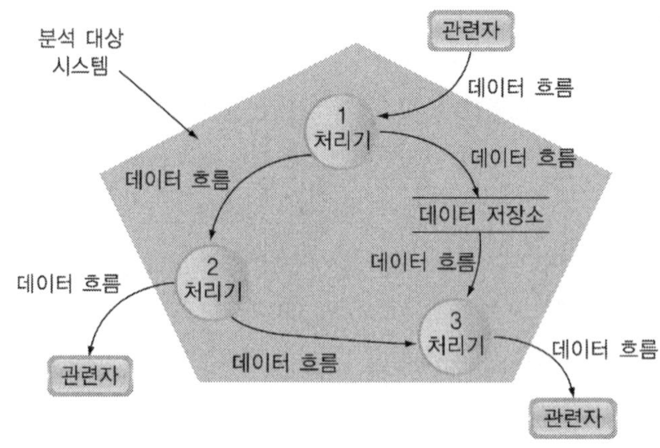

[그림 6-4] 자료흐름도 구성요소들 간의 관련성

2) 처리기(process)

처리기는 입력되는 자료흐름을 출력되는 자료흐름으로 변환하는 요소로서 일반적으로 [그림 6-5]의 좌측과 같이 원으로 표시하고 처리기 이름을 원안에 적는다. Yourdon 표기법을 사용할 경우 처리기를 3단 박스로 표시하여 1단에는 레벨번호, 2단에서 처리기명, 3단에는 처리를 담당하는 사람 또는 조직을 표현하는 경우도 있다.

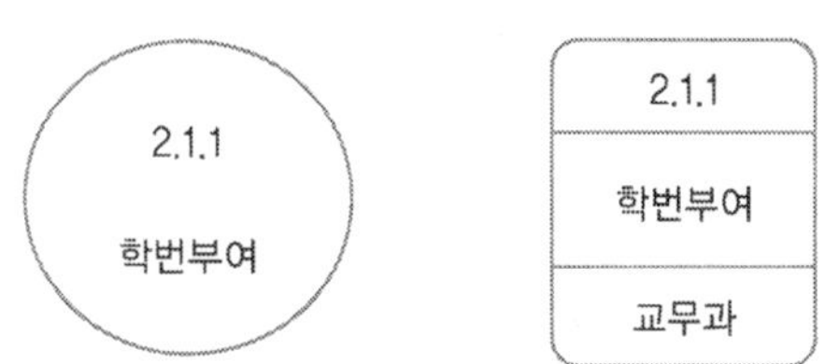

[그림 6-5] 처리기의 표현 형태

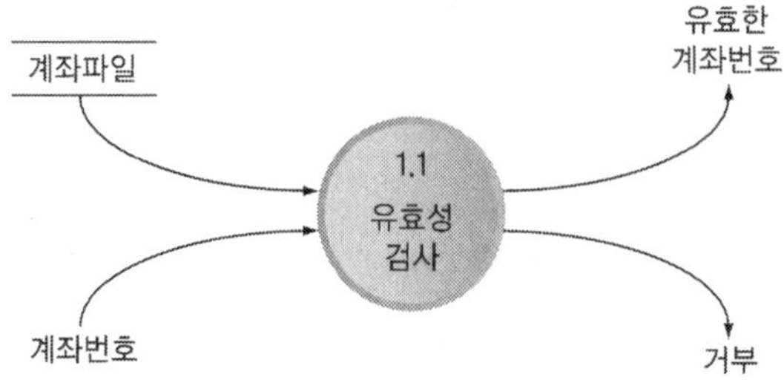

[그림 6-6] 처리기와 입출력

각 처리기는 고유한 번호를 부여함으로서 변환과정의 레벨을 정할 수 있다. 그리고 처리기 명은 모든 행위를 대표할 수 있는 명칭을 사용하며 처리의 대상에 해당하는 명사부분과 행위를 묘사하는 동사부분을 합하여 간결한 단어로 표현한다.

예) 교무과에서 학번을 부여한다 → 학번부여

또한 구체적인 처리 과정이나 방법은 기술하지 않는다. 이것은 미니명세서에서 설명한다. 처리기는 자료흐름을 통하여 다른 요소들과 연결된다. 또한 [그림 6-6]과 같이 하나의 처리기에 여러 개의 입출력이 있을 수 있다. 그리고 각 처리기는 반드시 한 개 이상의 입력자료 흐름과 출력자료 흐름이 존재해야 한다.

3) 자료흐름(data flow)

자료흐름은 DFD 구성요소 사이의 연결자(interface)를 나타내준다. 즉, 자료흐름은 처리기와 처리기, 처리기와 관련자, 처리기와 자료저장소의 접속 관계를 표현하는데 사용하며, 화살(→)표시는 자료 흐름을 나타낸다. 자료흐름은 단일 형태의 정보항목일수도 있으며, 정보 구성요소들의 묶음, 즉 자료군(data packets)의 형태일 수도 있다. 자료군이란 같은 곳에서 발생하여 같은 목적지로 흘러가야 할 서로 관련이 많은 데이터 요소들의 묶음이다. 분석과정에서 시스템 분석가가 식별할 수 있는 자료흐름들을 열거하면 다음과 같다.

- 업무용 서식, 문서, 공문 및 각종 보고서
- 보고서나 단말기에 전달되는 조회 응답
- 컴퓨터의 입력 및 출력물
- 일정한 형태의 내용이 명확한 구두 지시
- 컴퓨터 간의 데이터 전송

각 자료흐름에는 의미 있는 명칭이 붙어야 한다. 일반적으로 문서가 이동할 경우 문서명을 그대로 사용하며 명칭은 화살표와 나란히 기입하도록 한다. 단순 파일에 연결되는 경우에는 자료흐름의 명칭을 생략할 수 있다. 그러나 2개의 자료흐름에 동일한 이름을 부여할 수 없으며, 2개의 자료흐름 구성 성분이 같더라도 데이터가 포함하고 있는 의미가 다르면 다른 이름을 부여한다. 그리고 자료흐름은 반드시 처리기와 연결되어 있어야 한다.

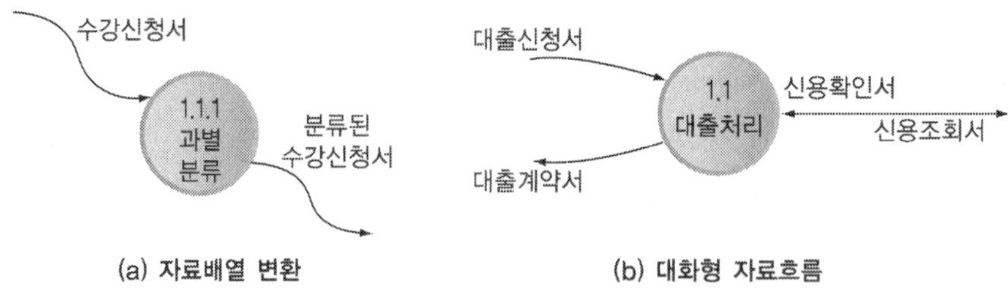

(a) 자료배열 변환 (b) 대화형 자료흐름

[그림 6-7] 자료흐름의 특수한 예

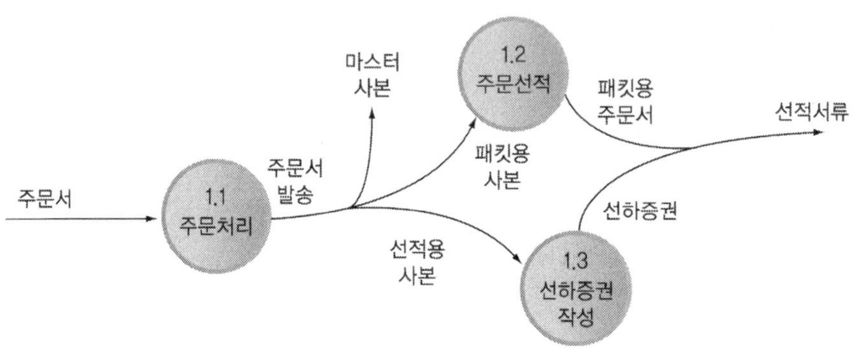

[그림 6-8] 자료흐름의 분기와 통합(출처 : 이영환, 박종순, 1998)

자료흐름을 표현하는데 있어 몇 가지 특수한 형태들이 존재한다. 입력된 자료가 다른 추가적인 데이터 없이 어떤 처리기를 거처 자료의 형태만 변했을 때(예, [그림 6-7]의 (a)와 같이 순서 만 변경), 자료흐름 명칭은 처리된 결과를 나타내는 표현을 사용한다. 그리고 [그림 6-7]의 (b)와 같이 상호 대화식으로 자료흐름이 일어나는 경우 양쪽 화살표를 사용한다. 한편 [그림 6-8]과 같이 동일한 자료흐름이 두 개 이상의 처리기로 분리되거나 또는 두 개 이상의 자료흐름이 합쳐져서 하나의 통합된 자료흐름으로 표현할 수 있다. DFD에서는 순수한 자료흐름 만을 모델링하므로 [그림 6-9]에서 (a)의 현금이나 제품과 같은 물자의 흐름이나 (b)의 시간개념(예, 매달 20일)에 따른 처리 제어와 같은 제어의 흐름 또는 항목은 표기하지 않는다.

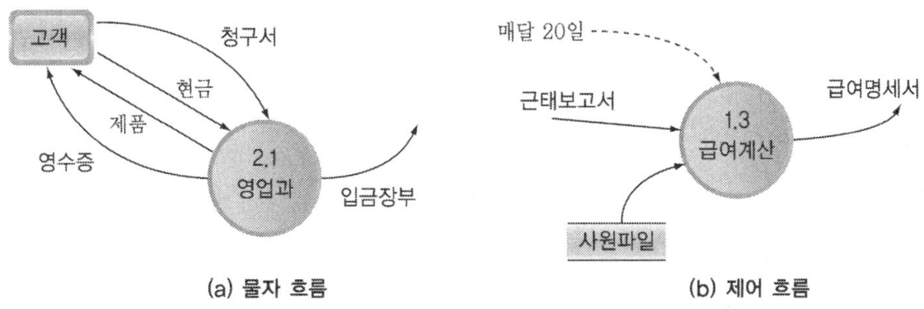

[그림 6-9] 잘못된 자료흐름 표기법

4) 자료저장소(data store)

자료저장소는 머물고 있는 자료군의 집합으로 두 개의 직선을 평행선으로 나타내고, 평행선 안에 이름을 부여하여 표시한다. 각 자료저장소는 자료흐름(→)에 의하여 연결되며 화살표의 방향에 의하여 자료를 읽어 오는 것인지 저장시키는 것인지를 구별할 수 있다. 자료저장소의 구체적인 자료 항목과 그 내용은 자료사전(data dictionary)에 자세히 기술한다. 시스템 분석가들이 자료저장소의 내용으로 식별할 수 있는 것으로는 다음과 같다.

- 데이터를 임시로 저장할 수 있는 데이터 창고
- 데이터의 보관 장소
- 컴퓨터의 파일이나 데이터베이스
- 장부, 문서 및 결재함
- 업무 수행에 필요한 참고집 및 도표집

자료저장소는 반드시 처리기에만 연결되어져야 한다. 자료흐름이 처리기를 거치지 않고 데이터 저장소에서 관련자나 다른 자료 저장소로 직접 연결될 수 없다. 자료저장소와 처리기를 연결하는 자료흐름의 화살표 방향은 [그림 6-10]에서 보는 바와 같이 4가지 유형으로 구분할 수 있다. [그림 6-10]에서 (a)는 처리된 자료를 보관하는 것으로 자료흐름의 화살표 방향은 자료저장소 방향으로 향한다. 그림 (b)는 저장된 자료를 읽거나 참조하는 것으로 화살표 방향은 저장소에서 처리기 쪽으로 향한다. 그림 (c)는 저장된 자료를 갱신하는 것으로 처리기와 자료저장소 양쪽으로 향하는 양방향 화살표를 사용한다. 그리고 그림 (d)는 이미 저장된 자료(레코드)를 읽고, 새로운 내용을 추가하거나 삭제하여 다시 자료저장소로 저장하는 형태이다.

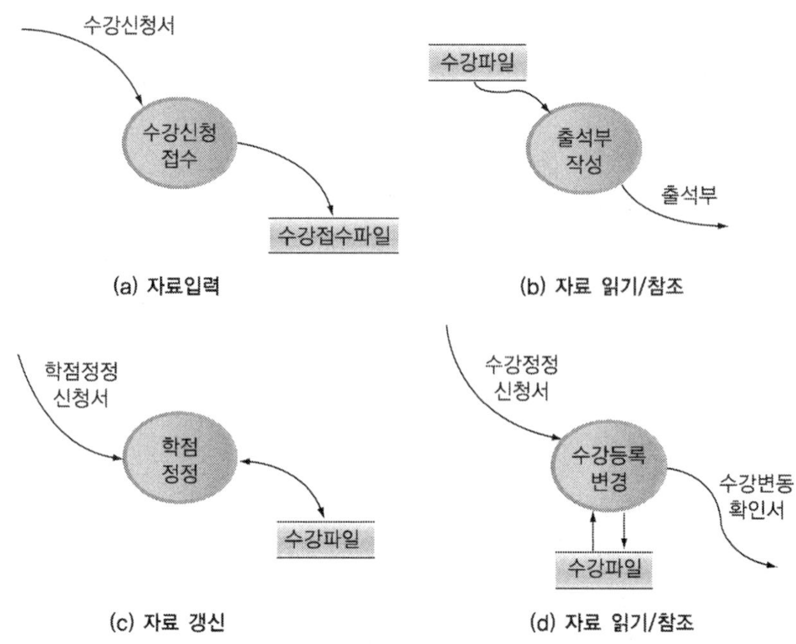

[그림 6-10] 자료저장소와 자료흐름 유형

5) 관련자(terminator) 또는 외부 실체(external entity)

관련자는 시스템 밖에서 시스템에 정보를 제공하거나, 시스템의 응답을 받아 보는 사람, 조직, 또는 다른 시스템 등이다. 따라서 이들을 외부 실체라고도 한다. 관련자는 시스템에 원천 정보의 입력을 제공하는 자료의 발생지(source)이거나, 정보를 최종적으로 수취하는 목적지 또는 도착지(sink or destination)를 의미한다. 관련자의 명칭은 한 개인이나 막연한 부서명칭보다 그 역할을 담은 이름을 기술하는 것이 바람직하다. 예를 들어 "홍길동", "정부부서"보다는 "정보통신부", "교육부", "국세청"으로 기술한다. 관련자로 식별될 수 있는 외부 실체들을 열거하면 다음과 같다.

- 고객, 공급선, 정부기관 등과 같이 회사밖에 존재하는 조직이나 집합체
- 개발하고자 하는 시스템과 상호연관이 있으나 시스템 개발 범위에 포함되지 않는 다른 시스템
- 입력 거래의 최초 출발점
- 정보시스템에서 제공되는 보고서나 출력 정보의 수취인

2.2 자료사전

자료사전(DD: data dictionary)이란 DFD에 나타나는 자료흐름과 자료저장소에 대한 내용을 정의하는 것이다. 즉, 이들을 구성하는 자료항목, 이들 자료의 의미, 자료 원소의 단위 및 특별한 경우의 값 등을 정의하는 도구이다. 자료사전은 자료항목들에 대하여 약속된 기호를 사용하여 알아보기 쉽게 구조적으로 정의한 집합체이다. 자료사전은 시스템에 입력되는 거래, 출력되는 보고서, 온라인 입출력, 자료저장소에 저장되는 자료의 내용을 자료항목 단위로 설명한다. DFD에서 자료사전이 있음으로서 자료흐름과 자료저장소 부분에 대한 상세한 기술을 별도로 할 수 있게 하며 DFD가 단순 명료하고 쉽게 이해하도록 해준다. 또한 이것은 향후 데이터베이스나 파일 설계, 입출력 화면이나 입출력 양식 설계의 기초가 된다.

자료사전은 자료흐름이나 자료저장소의 내용을 정의하는데 있어 기본적으로 순차(구성), 선택, 반복의 세 가지 구조로 표현한다. 자료사전의 기본적인 표기법을 정의하면 [표 6-2]와 같다.

[표 6-2] 자료사전의 표기법

기 호	의 미
=	정의(is equivalent to, is composed of)
+	구성(and, concatenation)
[|]	선택(options, choose only one of)
{ }	반복(iteration of component)
( )	생략 가능(optional)
* *	설명(comment)

1) 자료사전의 정의와 구성

자료사전에서 정의(= : equals sign) 부분은 자료흐름과 자료저장소에 대한 구성 내역을 설명하거나 주석을 사용하여 자료항목(data items)의 의미를 기술하거나 또는 각 자료요소(data element)에 대한 값이나 단위를 표현할 때 사용한다. 구성(+ : plus sign)은 자료흐름과 저장소를 구성하는 자료항목을 순차적으로 나열하는데 사용하는 표기법이다. 자료의 구성을 표현한 예를 살펴보면 아래와 같다.

학생증=학과+학번+학년+이름+생년월일
주민등록증=성명+주민등록번호+본적+주소+발행일+발행기관

2) 선택

자료항목의 선택은 분리되어 나열된 두 개 이상의 항목들 중 하나를 선택하는 기호이다. 선택은 옵션(option) 사항을 나타내며, 대괄호(square brackets sign)인 "[ ]"로서 표시하고 항목을 구분하기 위하여 구분자 [|]를 사용한다. 예를 들어 A=[B|C|D]로 표현된 경우, A는 B 이든가, C 이든가, 아니면 D 중의 하나이다. X=[A|B|A+B]로 표현된 경우, X 는 A 이든가, B 이든가, 아니면 A 와 B 모두 이다. 옵션 사항을 실제 자료사전에서 표현한 예를 보면 다음과 같다.

출장신청서=직원번호+직원이름+출발일자+귀환일자+출장목적
+[항공료 | 택시비 | 등록비 | 숙박비 | 식대]+총경비

3) 반복

하나 또는 그 이상의 데이터 항목이 여러 번 반복되는 경우 중괄호(braces sign)인 "{ }"로 표시하고 그 안에 반복되는 항목들을 표시한다. 반복 횟수는 "{ }"의 왼쪽에 최소값, 오른쪽에 최대값을 표시한다. 반복 횟수를 기록하지 않으면, 최소값은 0, 최대값은 무한대이다. 자료사전을 이용하여 반복을 표현하는 예를 보면 다음과 같다. 주문서의 경우 하나의 주문에 대하여 여러 개의 제품을 주문할 수 있으므로 반복 항목(제품번호, 품명, 수량, 가격)이 존재한다. 아래의 경우 한 주문서에 최대 20개까지의 주문이 가능함을 표시한다. 그리고 급여명세서의 경우 각 개별 지급항목과 공제항목은 여러 개가 있다.

주문서=주문번호+주문일자+[고객이름 | 고객번호]+1{제품번호+품명
+수량+가격}20+주문총액

급여명세서=주민등록번호+직원성명+주소+고용주 이름+1{지급항목+금액}15
+총급여+1{공제항목+금액}15+총공제액+수령액

4) 생략 가능

자료항목 중에서 생략 가능한 항목은 소괄호(parentheses sign)인 "( )"로 표시한다. 아래 성적증명서의 자료사전의 경우 이수과목은 반복항목이며, 이수과목을 출력하

는데 여기서 '과목번호'는 생략할 수 있다.

성적증명서=학과+학번+이름+1{이수과목}45+ 총학점+평균성적

이수과목=(과목번호)+과목명+이수구분+성적

5) 설명

자료항목이나 요소의 의미를 설명하거나 별칭(aliases), 발생시기, 발생건수, 활성기간, 보존기간, 보안관련 사항 등과 같은 보조적인 내용들은 "*" 기호(asterisk sign)를 사용하여 표현한다. 이 사항들은 자료항목의 이해를 돕거나 데이터베이스 설계의 기초자료로 활용될 수 있다. 다음은 구매품의서에 대한 설명 예이다.

구매품의서 : *구매요구서의 별칭
*구매행위를 위하여 구매부장의 사전 결재를 얻기 위한 문서
*발생 시기 : 매일
*발생 건수 : 일일 평균 5건
*활성 기간 : 1개월
*보존 기간 : 5년

6) 자료항목의 상세정의

자료사전을 구성하는 항목이 복잡할 경우, 항목을 묶은 상위수준의 자료항목의 이름을 정의하고, 그 항목에 대하여 다시 상세하게 기술할 수 있다. 이 때 묶음 자료항목의 이름은 그 내용에 적합한 것을 붙이며, 그 구성요소를 대표하는 것을 붙인다.

계산서=계산서번호+판매일자+고객내역+1{지불기록}15+계정형태+
1{판매내역}10+세금+총계

고객내역=고객성명+고객주소+거래 개시일

지불기록=지불 기한일자+지불 접수일자

계정형태=[단체|개인]

판매내역=품명+수량+단가+금액

7) 자료요소

자료항목 중에서 하위 계층의 자료항목으로 더 이상 분할되지 않는 것을 자료요소(data element)라 일컫는다. 자료요소는 이산적 요소와 연속적 요소로 구분된다. 자료사전에는 이들 자료요소가 취할 수 있는 값, 범위, 값이 가지는 의미 등을 설명문인 "*" 기호를 앞에 붙여 표현할 수 있다. 그리고 자료요소의 값인 경우 쌍따옴표 " " 표시를 한다. 예를 들어 지불방법에 대한 자료요소에 대하여 "현금", "신용카드", "계좌이체"의 세 가지 형태가 존재할 경우의 표기법은 다음과 같다.

*지불방법=["현금" | "신용카드" | "계좌이체"]

2.3 미니명세서

미니명세서(mini-specification)는 DFD 상에 있는 원으로 표시되는 처리기의 처리 과정을 묘사하는 도구이다. 이는 업무처리방침(policy)이나 처리절차(procedure)에 따라 자료에 가해지는 자료처리 내지 가공행위를 나타낸다. 미니명세서는 입력 자료를 출력 자료로 변화시키기 위한 과정을 구체적으로 기술한 문서이다. DFD의 각 최소 단위 처리(하나의 원)에 대하여 반드시 하나의 미니명세서를 작성하도록 한다. 미니명세서는 반 페이지 내지 한 페이지 분량이 되도록 작성하며 내용이 간단 명료(concise and clear)하고, 애매모호함이 없고(unambiguous), 완전(complete) 해야 한다.

자료흐름의 처리과정을 구성하는 방침과 절차는 어떻게 다른가? 처리방침은 어떤 과업이나 업무의 수행 시 지켜야 할 규칙을 모아놓은 것으로 의사결정이 이에 따라 이루어진다. 예를 들어 외상매출 시 특정 기업의 신용상태에 따라 외상매출금을 초과하지 못하도록 하는 규정이 있는 경우 이것이 바로 방침이다. 따라서 일반적으로 방침은 규정이나 회사의 내규로 명시되어 있어 이들은 회사의 규정집 등을 참조하면 된다. 방침을 기술하는 미니명세서의 경우 그 정책을 구현시키는 방법에 관해서는 기술할 필요가 없다. 즉 "what to do"에 관해서만 기술하지 "how to do"에 대해서는 기술하지 않는다.

반면, 업무처리절차는 어떤 과업을 수행하는 단계적 지시사항(instructions)을 말한다. 즉, 절차는 방침을 실천에 옮기는 수단으로 볼 수도 있다. 예를 들어 종업원의 휴가나 병가 등에 관한 규정이 방침이라면 병가를 신청하는 요령은 절차에 해당한다. 기업에서는 이러한 것들에 대해서는 업무처리요령 내지 매뉴얼로 만들어 두고 있다. 방침에 비

해 절차는 명문화가 덜 되어 있는 경우가 많다.

1) 구조적 언어

구조적 언어 또는 구조적 영어(structured english)는 프로세스를 명세하기 위한 특수한 언어이다. 이는 제한된 수의 동사와 명사를 사용하여 조직적으로 만들어진 비형식적, 비공식적 언어이다. 우리가 사용하는 일상 언어의 경우 이야기 식으로 표현하거나 지나친 형용사나 부사를 사용하므로 문장이 복잡하고 핵심적인 내용을 파악하기 어렵게 하거나 애매하게 할 수도 있다. 또한 컴퓨터 프로그래머들이 사용하는 언어나 모듈 설계에 사용하는 의사코드(pseudo code)의 경우 기술적이고 축약된 형태가 많아 사용자들이 이해하기 힘들다. 분석단계의 중요한 목적 중의 하나는 바로 시스템 모델링을 통한 사용자와의 효과적인 커뮤니케이션에 있다. 따라서 사용자가 쉽게 이해하고 명확한 커뮤니케이션을 위한 언어가 필요하다. 따라서 구조적 언어는 프로그래밍 언어의 정확성과 자연어의 비정형성 및 가독성 사이의 균형을 유지해야 한다. 구조적 언어의 특징을 자연 언어나 프로그래밍 언어와 비교하면 [표 6-3]과 같다.

[표 6-3] 구조적 언어의 특징 비교

구분	자연 언어	구조적 언어	프로그래밍 언어
사용자	업무담당자	시스템 분석가	프로그래머
특징	업무중심의 용어 신속성 및 유연성 사용자에게 익숙함	• 제한된 언어 : 자료사전에 정의된 이름 • 제한된 문장 : 간단한 명령문과 산술식 • 제한된 제어구조 : 순서, 선택, 반복	• 간결성 • 명확성 • 제한된 제어구조

구조적 언어에 사용되는 객체들은 반드시 자료사전에 정의되어 있어야 한다. 그리고 구조적 문언에서는 처리기의 업무처리절차를 묘사하는데 있어 간단한 명령문과 산술식만을 사용함으로서 언어의 단순함과 명쾌한 문제기술을 기할 수 있다. 구조적 언어를 작성하는데 지켜야 할 중요한 사항은 다음과 같다.

- 형용사나 부사는 사용을 회피하고 명사 및 동사를 사용한다.
- 복문이나 중문의 사용을 회피하고 단문 및 명령형 문장만을 사용한다.
- 구조적 프로그래밍의 3대 기본 구성요소인 순차(sequence), 선택(selection), 반복(repetition) 구조만으로 문장을 표현한다. 이들 세 가지 구조를 그림과 구조적 언어로 표현하면 [그림 6-11]과 같다.

자료흐름도 내의 자료저장소나 자료흐름에 대한 자료사전과 처리 과정에 대한 구조적 문언의 표현 예를 제시하면 [그림 6-12]와 같다. 구조적문언에서 사용되는 모든 명사형태의 요소는 제어구조를 나타내는 문장을 제외하고 자료사전에 정의되어 있어야 한다.

제어구조	그래픽표현	구조적 언어
순차구조	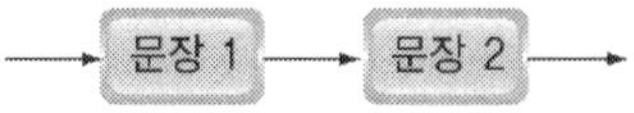 문장 1 → 문장 2	문장 1 문장2 ⋮

선택구조	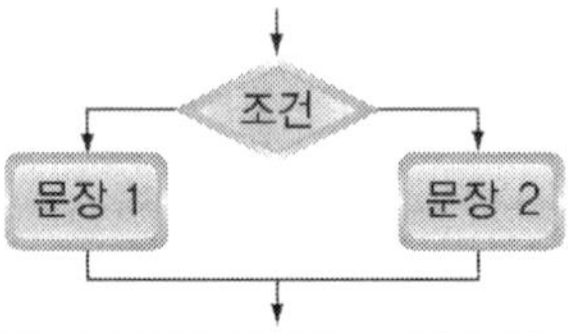 조건 → 문장 1 / 문장 2	IF 조건 THEN
		문장 1
		ELSE
		문장 2
		END IF

	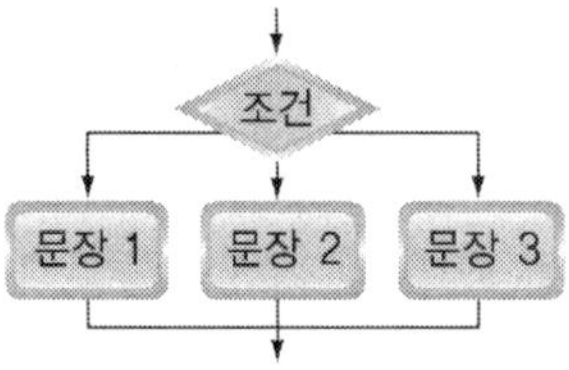 조건 → 문장 1 / 문장 2 / 문장 3	SELECT CASE CASE 조건 1 문장 1 CASE 조건 2 문장 2 END CASE ⋮

반복구조	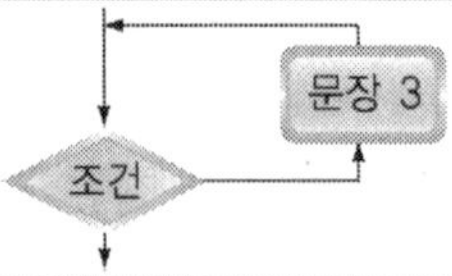 조건 → 문장 3	WHILE 조건 DO
		문장
		⋮
		END WHILE

	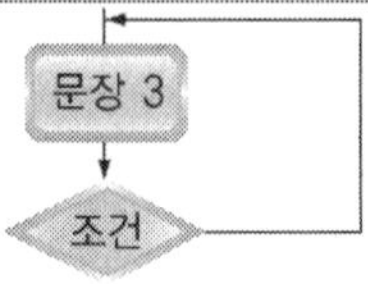 문장 3 → 조건	REPEAT 문장 ⋮ UNTIL 조건

[그림 6-11] 제어구조의 표현과 구조적 언어

순차구조는 업무처리순서에 따라 명령문장을 순서대로 배열하는 것이다. 컴퓨터는 한 번에 하나의 명령만을 처리한다. 따라서 컴퓨터를 통하여 작업을 수행하고자 하는 순서에 맞추어 구조적 문장을 순서대로 나열한다. 선택구조는 둘 중에 하나를 선택하는 구조와 여러 개 중에서 하나를 선택하는 구조로 나눌 수 있다.

- IF~THEN~ELSE(만약 ~ 이면 ~ , 아니면 ~ 만약 끝)
- SELECT CASE~END CASE(~ 경우에 따라 다음 중 택일)

반복구조는 정해진 횟수를 반복하는 형태의 문장과 조건에 따라 문장을 반복하는 형

(a) 자료흐름도

(b) 자료사전

사원파일={사원번호+사원이름+사원주소+지불형태+[월급|주급데이터]}
지불형태=["주단위"|"월단위"]

...

주봉데이터=기본임율+작업시간+시간당 특근수당
급여내역서=사원번호+사원이름+사원주소+총급여

(c) 구조적 언어

```
WHILE 사원 파일의 사원 레코드 존재 DO
    사원번호를 키로 하여 사원 파일을 읽는다
    SELECT CASE 지불형태
        CASE 주단위
            IF 작업시간 > 40시간 THEN
                급 여=기본임율 *40
                특근시간=작업시간-40
                특근수당=특근시간 *시간당 특근수당
                총 급 여=급여+특근수당
            ELSE
                총 급 여=작업시간 *기본임율
            END IF
        CASE  월단위
            총 급 여=본봉+수당-공제액
            ...
    END CASE
    급여내역서를 출력한다
END WHILE
```

[그림 6-12] 자료사전과 구조적 언어

태로 나눌 있다. 후자는 다시 두 가지, 즉, 조건을 먼저 검사하고 조건이 참인 한 계속해서 반복수행하는 형태와 문장을 먼저 수행하고 난 후 조건을 검사하여 참이 될 때까지 반복수행하는 두 가지 형태가 있다.

- DO FOR n ~ (다음에 대하여 몇 번 반복수행)
- WHILE ~ DO ~ END WHILE(다음에 대하여 ~ 하는 동안 반복수행)
- REPEAT ~ UNTIL ~(다음에 대하여 ~ 될 때까지 반복 수행)

2) 의사결정도와 의사결정표

구조적 언어는 업무처리절차를 묘사하는데 적합한 반면, 조직의 정책이나 방침과 같이 복잡한 의사결정 문제를 간결하게 표현하는데 부적합하다. 이 때 적합한 도구로는 의사결정도(decision tree)나 의사결정표(decision table)이다.

의사결정도는 정책 및 방침에 대한 의사결정을 나무형태, 즉 수형도로 표현한 것이다. 의사결정도는 복잡한 의사결정 문제를 표현하는데 있어 유용한 도구이다. 이것은 독립적인 조건들은 분리해 내고 각각의 가능한 조합들로부터 행동(action)을 이끌어내는데 유용한 모델링 도구이다. 즉, 어떤 변수의 값이 결정되면 어떤 행위를 취하는 것을 표현하는데 유용하다. 의사결정도를 작성하는 일반적인 절차는 다음과 같다.

① 필요한 모든 조건을 식별한다.
② 식별된 조건들 중에서 가장 중요한 조건이나 실세계에서 가장 우선적으로 일어날 수 있는 조건 등을 순서적으로 나열한다.
③ 각 조건들의 조합결과에 따라 취할 수 있는 모든 처리방침을 결정한다.

의사결정도는 의사 결정의 수가 적을 때 읽고 이해하기 편리하나 모든 조건과 행위의 조합이 표현되지 않을 수도 있으므로 중요한 조건을 빠뜨릴 우려가 있다. 이를 보완하기 위해 유용한 표현 도구가 의사결정표이다. 의사결정표는 의사결정 문제를 도표 상에 나타낸 형태이다. 사용자는 의사결정도보다 이해하기 힘들다. 그러나 조건의 수가 많을 때 효과적이다. 간단한 의사결정 문제를 의사결정표로 작성하면 오히려 불편하다. 의사결정표를 작성하는데 있어 입력 데이터와 처리방침은 표의 왼쪽에 표시하며, 조건들에 따른 규칙과 처리방법은 표의 오른쪽에 표시한다. 조건은 참(T : true)과 거짓(F : false), 예(Y : yes)와 아니오(N: no)로 표현한다. 의사결정표를 작성하는 일반적인 절차를 보면 다음과 같다.

① 조건과 변수를 식별하고, 변수가 취할 수 있는 모든 값을 나열한다.
② 조건들의 조합 수를 계산하여 모든 가능한 처리 방침을 식별한다.

③ 조건과 처리방법에 대한 규칙을 표에 나열한다.

④ 모호한 규칙에 대해서는 별도의 주석문을 달아둔다.

다음은 항공사의 기내 서비스 방침이다. 이들 방침에 대한 의사결정도는 [그림 6-13]과 같으며, 의사결정표는 [표 6-4]와 같다.

> 어느 항공사에서 서비스의 내용이 항공료가 35만원 이상이고, 탑승객이 좌석의 반을 넘게 되면 국제선과 국내선 모두 식사와 칵테일을 무료로 제공하고, 승객수가 좌석수의 절반 이하로 탑승한 경우 국제선만 식사를 제공한다. 반면 항공료가 35만원 미만이고, 좌석의 반 이상이 탑승한 경우 국내선은 무료 칵테일을 제공하나 탑승자가 좌석의 절반 이하인 경우 칵테일은 유료로 제공한다.

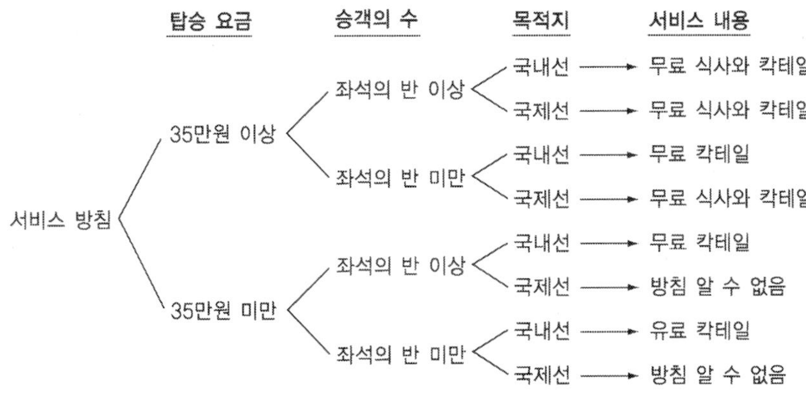

[그림 6-13] 항공사 기내 서비스 정책 의사결정도

[표 6-4] 항공사 기내 서비스 정책 의사결정도

서비스 방침		규칙 1	2	3	4	5	6	7	8
조건	1. 항공료 35만원 이상	Y	Y	Y	Y	N	N	N	N
	2. 좌석 반 이상 탑승	Y	Y	N	N	Y	Y	N	N
	3. 국내선 여부	Y	N	Y	N	Y	N	Y	N
처리 방법	1. 무료 식사 제공	Y	Y	N	Y	?	?	?	?
	2. 무료 칵테일 제공	Y	Y	Y	Y	Y	?	N	?

3 프로세스 모델링과 자료흐름도 작성

3.1 프로세스 모델링의 개념과 원칙

구조적 분석기법은 업무 프로세스를 중심으로 시스템을 분석하는 기법이다. 모든 조직은 자신들의 목표를 달성하기 위하여 업무를 정의하고 이들 업무를 잇는 업무 프로세스를 구축하고 있다. 프로세스는 실행이 가능한 하나의 업무활동을 의미한다. 사전적으로 본다면 '처리', '과정', '진행'의 의미를 가지고 있다. 이것은 시간의 흐름과 업무의 흐름이라는 것이다. 업무프로세스란 이러한 단위 업무들의 집합이다. 프로세스 모델(process model)은 비즈니스 시스템이 어떻게 작동되고 있는가를 표현하는 공식적인 방법이다. 즉, 조사된 사용자의 요구사항과 유즈케이스(use case)를 어떤 방법으로 처리하는가를 기술하는 것이다. 프로세스 모델은 업무를 수행하는 프로세스나 활동을 기술하며, 이들을 따라 어떤 데이터들이 이동하는가를 나타낸다.

예를 들어 인터넷 쇼핑몰에서 주문을 처리하는 프로세스를 살펴보자. 고객은 쇼핑몰 사이트를 방문하고 사용자 인증을 거친 후, 장바구니에 자신이 구매하고자 하는 물건을 담아 '구매하기' 버튼을 누르면 구매신청서가 작성되고 곧바로 결제를 거처 주문이 완료된다. 이 과정에서 고객파일로부터 고객의 정보를 불러오고, 고객이 쇼핑을 하는 동안 장바구니에 고객의 구매내역을 일시적으로 담았다가, 고객이 주문서를 보내면 주문파일에 고객의 주문내역이 기록된다. 그리고 신용카드 결제를 위해서는 신용카드 결제대행사와 시스템이 연결되어 결제승인번호를 받는다.

이러한 업무 프로세스를 효과적으로 모델링 하는데 있어 앞에서 배운 자료흐름도(DFD)는 아주 우수한 도구이다. 본 절에서는 자료흐름도를 이용하여 업무 프로세스를 모델링 하는 방법을 주로 다룬다. 자료흐름도는 문제를 기능단위로 분할하고 계층적으로 조직화 할 수 있게 할 뿐만 아니라 업무 단위와 이들 사이로 흐르는 정보를 효과적으로 모델링 하는데 있어 가장 널리 사용되는 도구이다. 자료흐름도는 As-Is 시스템과 신규로 개발될 To-Be 시스템을 묘사하는데 모두 사용될 수 있다. 또한 물리적 모델링과 논리적 모델링에 모두 사용될 수 있다. 본 절에서 사용하는 자료흐름도는 현행시스템의 논리적 모델링에 초점을 두고자 한다.

구조적 기법의 중요한 원리중의 하나가 공식성의 원리이다. 이 원리에 따라 작성된 문서나 설계도면은 엄격한 검증을 필요로 한다. 따라서 자료흐름도를 작성하는데 있어서 다음과 같은 몇 가지 중요한 법칙들이 있으며, 이들 법칙을 엄격히 지킴으로써 훌륭한 품질의 모델링을 추구할 수 있다.

(1) 데이터 보존의 법칙(data conservation rule)

어떤 프로세스로부터 산출되는 출력 자료들은 해당 프로세스가 자신의 입력 자료들만을 사용하여 만들어진 자료여야 한다. 예를 들어 믹스기에 입력으로 '오렌지'를 넣었으면 당연히 '오렌지쥬스'가 나와야 한다. 그러나 엉뚱하게도 '사과쥬스' 가 나온다면 이것은 중간 처리과정이 잘못되었거나 모델링이 잘못된 것이다. 즉, 존재하지도 않는 데이터가 새롭게 생성된 것이다.

(2) 최소 데이터 입력의 법칙(minimal data parsimony rule)

하나의 프로세스는 출력자료를 만들어내기 위해 필요한 입력자료 이상의 자료들을 가지지 말아야 한다. 예를 들어 '월급제 종업원의 급여액 계산' 프로세스가 있을 경우 일급제나 시간제 종업원을 제외한 정규 직원의 근무 레코드와 인사기본정보만을 이용해야 한다.

(3) 독립성의 법칙(independence rule)

독립성은 프로세스의 독립성을 의미한다. 즉, 하나의 프로세스는 입력 또는 출력자료의 정의내용이 변하지 않는 한, 다른 프로세스에 의하여 영향을 받음이 없이 실행 기능을 지속적으로 수행한다. 이렇게 다른 프로세스에 영향을 받지 않는다는 것은 업무의 기능이 변하여 시스템의 유지보수를 할 경우 다른 프로세스는 고칠 필요가 없고, 변화된 부분을 처리하는 프로세스만 고치면 되므로 시스템 유지보수의 유연성을 높여준다. 예를 들어 자판기에서 '믹서'는 두 개의 서로 다른 프로세스로부터 원료의 입력을 받는다. 믹서 프로세스는 '온수' 이건 '냉수' 이건 상관없이 그저 사용자가 메뉴를 선택한데로 물과 잘 섞기만 하면 되는 것이다.

(4) 지속성의 법칙(persistence rule)

지속성이란 프로세스가 입력과 출력의 정의가 바뀌지 않는 한 입력이 들어오면 항상 수행할 준비가 되어 있다는 뜻이다. 예를 들면 주문서를 통해 상품에 대해서 몇 개의 주문을 했는지 입력을 하면 부가가치세를 포함한 가격이 출력되는 프로세스를 생각해 보

자. 프로세스의 입력으로 주문수량을 입력하면 해당 상품의 단가를 읽어 와서 부가가치세를 포함한 가격을 출력하게 된다.

(5) 순차처리의 법칙(ordering rule)

자료흐름을 통하여 흘러들어온 자료는 그들이 프로세스에 도착한 순서대로 실행이 되며, 자료저장소에 있는 자료는 특정한 순서로 수행된다. 즉, 자료저장소 또는 다른 프로세서나 관련자료로부터 입력되는 데이터에 대한 처리는 입력되는 순서에 따라서 처리되고, 자료저장소로의 접근은 어떠한 순서에 의해서 접근해도 괜찮다는 것이다. 예를 들어 자판기를 생각해보자. 자판기에서 커피, 율무차 등을 뽑아 먹는 각각의 사용자는 메뉴를 순서대로 입력하고 입력 받는 순서대로 처리를 한다. 물론 저장소에는 어떠한 순서로 접근하여도 상관이 없다. 만약 커피를 사용자가 선택하였다면 분명히 온수기를 통한 뜨거운 물과 커피가 섞여 종이컵에 담겨져 나올 것이다. 즉, 냉수기가 먼저 물컵에 접근했건 온수기가 먼저 물컵에 접근했건 상관이 없다는 뜻이다.

(6) 영구성의 법칙(permanence rule)

영구성의 법칙은 흐르는 데이터는 처리된 후 없어지기도 하고 변하기도 하는데, 자료저장소의 데이터는 아무리 읽어도 없어지지 않는다. 그러나 실물세계의 경우에는 이 법칙이 적용되지 않는다. 예를 들어, 위의 자판기 예에서 영구성의 법칙에 어긋나는 것이 존재한다. 자판기의 물이나 커피, 율무차 등은 사용자가 사용할 때마다 당연히 자판기에서 없어지는 것이다. 그러나 디스크에 저장된 데이터의 경우 물리적인 고장이 생기지 않는다면 디스크에 있는 파일을 아무리 읽어도 그것이 변화하거나 삭제되지는 않는다. 프로세스 모델링에서도 마찬가지로 자료저장소에 있는 데이터는 아무리 읽어도 없어지거나 변화되지 않는다.

3.2 기능의 분할과 프로세스 단계화

1) 기능계층도

일반적으로 업무 프로세스는 그 크기에 따라 기능영역(function area), 기능(function), 프로세스(process), 단위프로세스(unit process)로 상세화 수준이 나누어진다. 정보시스템의 분석대상이 되는 기업이나 기관의 업무영역은 경영전략, 조직, 업무

등의 관점에서 분할 될 수 있다. 업무는 기업이나 기관에서 실제로 사용 중인 전사적 업무처리지침서, 사업장이나 부서의 업무처리 지침서 또는 부서원별 업무분장내역, ISO 매뉴얼 등에 나타난다. 특정 부서의 업무는 타부서와의 From/To업무가 있고 부서만의 고유한 업무가 있다.

기능영역(function area)은 업무기능의 집합체이다. 예를 들어 대기업의 경우 '부문' 또는 '사업부' 등이 기능영역에 해당 한다. 기능(function)은 그 조직의 한 분야를 완전하게 지원하는 업무활동, 즉, 지속적 업무활동을 말한다. 예를 들어 경영관리, 재무관리, 자재관리, 생산관리, 영업관리, 인적자원관리 등이다. 다음으로 프로세스(process)는 잘 정의된 업무 활동들로 그것의 실행은 특정 엔티티(데이터)의 입력 및 출력으로 규정될 수 있다. 프로세스는 항상 특정한 시작점과 종점을 가진다. 예를 들어 프로젝트 계획수립, 회원가입, 수강신청 등이다. 단위프로세스(unit process)는 프로세스를 구성하는 최하위 단위(primitive process, elementary process)로 일반적으로 입력처리, 출력처리 등을 규정한다. 이것은 실체 또는 객체(파일, 테이블, 클래스 등)에 대한 기본적인 작업(신규생성, 수정, 삭제, 조회)을 주로 규정한다. 예를 들어, 주문처리 프로세스상에서 주문내역 등록, 고객 ID 부여, 고객명단 확인 등이다.

[그림 6-14] 기능계층도

분할된 기능을 일목요연하게 계층적으로 조직화 하는데 있어 유용한 도구가 기능 계층도(function hierarchy diagram)이다. 이를 기능 챠트(function chart) 또는 기능

분할도(function decomposition diagram)라고도 한다. 기능계층도는 [그림 6-14]와 같이 시스템의 기능을 계층적으로 분할하여 정복하는 기법으로 자료흐름도를 작성하기 전에 작성한다.

2) 프로세스의 단계화

대부분의 경우 비즈니스 프로세스는 매우 복잡하고 대규모라서 하나의 DFD로 다 표현하기에는 역부족이다. 따라서 대부분의 프로세스 모델들은 프로세스 분할을 통하여 문제를 분할한다. 자료흐름도도 이러한 분할정복의 원리를 적용한다. 자료흐름도는 문제를 기능단위로 단계화(leveling) 한다. 자료흐름도에서 단계화는 DFD가 한 장의 종이에 표현하기 어려울 정도의 많은 처리기가 존재할 경우 처리기를 그 하위 단위로 분할한다. 단계화를 역으로 본다면, 기능적으로 가까운 처리기들을 한 개의 처리기로 병합하여 한 장의 종이에 표현하는 것으로 처리기의 개수를 줄이는 과정이다. 이를 통하여 규모가 큰 DFD를 여러 장의 도면으로 분할하고 체계적으로 조직화 하여 전체적인 윤곽에서부터 보다 더 상세화를 더해가면서 문제를 쉽게 이해할 수 있다.

자료흐름도를 단계화하여 계층적으로 조직화하는 과정을 그림으로 묘사하면 [그림 6-15]와 같다. 단계화 된 DFD의 구성요소로는 최상위도(배경도), 상위도, 중위도, 하위도로 구성된다. 상위계층은 추상화의 수준이 높으며, 하위계층으로 갈수록 보다 더 구체화되어 간다. 같은 계층에서는 좌에서 우로 가면서 그 계층의 처리 분담내역을 표현한다.

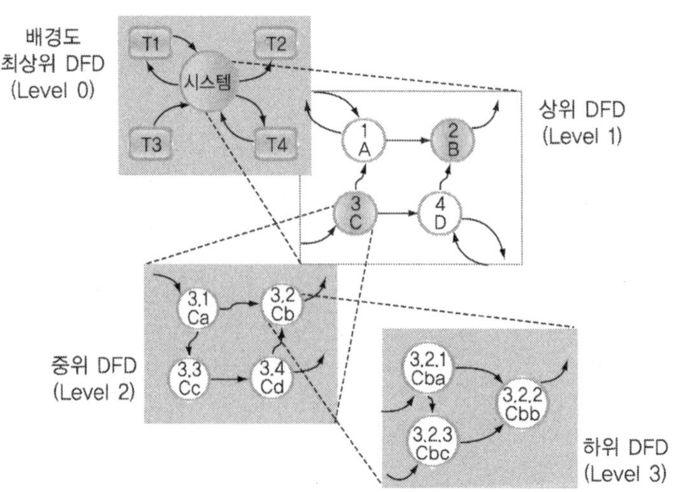

[그림 6-15] 자료흐름도의 단계화

3) 배경도

자료흐름도에서 최상위도(level 0)를 배경도(context diagram)라 하며, 시스템 외부와의 인터페이스 개요를 파악하게 한다. 이는 개발하고자 하는 대상 시스템 전체를 하나의 요소로 취급하여 자료의 원천(source)과 정보의 최종 종착점(sink), 즉 외부실체 또는 관련자와의 연결을 나타낸다. 배경도는 시스템 분석의 대상과 범위를 설정하는 역할을 한다. 즉, 배경도는 시스템이 무엇을 하는 것인가를 알아볼 수 있도록 해준다.

배경도를 작성하기 위해서는 먼저 모델링 하고자 하는 시스템의 명칭을 담은 하나의 프로세스 심볼(원)을 그리고 레벨 수준을 나타내는 0 표시를 명칭 앞에 붙인다. 배경도에는 물론 레벨 수준 표시를 하지 않아도 무방하다. 그리고 원 주변에 시스템과 상호작용하는 외부실체 또는 관련자들인 사람, 조직, 또는 또 다른 정보시스템을 그려 넣고 자료흐름 연결표시를 한다. 배경도에는 자료저장소 표시는 나타나지 않는다.

예를 들어 인터넷 쇼핑몰 시스템의 경우 쇼핑몰과 관계되는 관련자들로는 고객, 쇼핑몰 관리자 외에도 은행이나 카드사 또는 카드대행사와 같은 금융기관, 물건을 공급하는 공급업체, 그리고 배송을 맡은 배송업체 등을 들 수 있다. 이들은 인터넷 쇼핑몰 시스템을 둘러싼 이해관계자들로서 쇼핑몰 운영시스템과 서로 필요한 정보를 주고받는다. 예로서 인터넷 쇼핑몰 시스템에 대한 배경도를 그리면 [그림 6-16]과 같다.

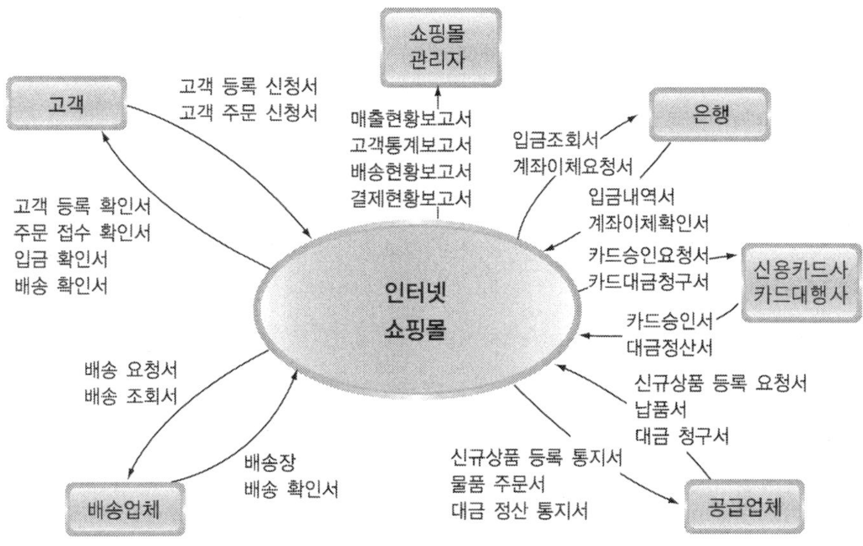

[그림 6-16] 인터넷 쇼핑몰 배경도

4) 자료흐름도의 분할

배경도를 처음으로 분할하여 만든 것이 레벨 1 다이어그램이다. 이것은 시스템을 전체적인 기능으로 분할하여 표현한 자료흐름도로서 분할도 중에서 가장 상위에 해당한다. 레벨 1 다이어그램은 다시 중간 계층의 DFD(middle level DFD)로 분할된다. 중간 계층 DFD는 상위 계층과 최하위 계층 사이에 있는 모든 계층의 DFD들이다. 이들은 자녀도(child diagram)를 가지고 있는 DFD들이다. 따라서 상위 계층의 DFD와 하위 계층의 DFD는 부모도와 자녀도의 관계(parent-child relationship)이다.

DFD의 분할은 최종적으로 더 이상 하위의 DFD로 분할할 수 없는 처리기들로만 구성된 최하위 계층의 DFD(bottom level DFD)가 될 때까지 분할을 계속한다. 이렇게 분할된 DFD 도면들은 마치 퍼즐을 맞추듯이 서로 붙이면 딱 맞게 된다. 최하위 계층의 DFD는 기능 단위(functional primitive) 또는 단위 프로세스로 구성된다. 기능단위는 더 이상 분할할 수 없는 처리기이다. 이것은 업무 처리 방법이 한 페이지 이내에서 충분하게 설명될 수 있는 처리기로서 처리 방법은 앞에서 배운 미니명세서로 상세하게 기술한다. 기능 단위들은 주로 단일의 기능에 해당한다.

계층화된 DFD의 부모도와 자녀도의 관계에서 그 관계를 구분하기 위하여 처리기의 레벨번호와 이름을 부여한다. 즉, 상위 단계의 프로세스1에서 분할된 하위 단계의 프로세스들은 1.1, 1.2, 1.3 등과 같은 번호를 부여받는다. 마찬가지로 하위 단계의 프로세스 1.2가 다시 분할된다면, 그것의 하위 단계 DFD는 다시 1.2.1, 1.2.2, 1.2.3 등과 같이 된다. DFD 분할과 처리기들의 수를 조정하는 일반적인 지침은 다음과 같다.

- DFD는 한 장의 도면에 처리기를 7±3개 정도로 분할한다.
- 데이터 흐름에 주목하여 개념적으로 의미 있는 접속 관계가 이루어지도록 분할한다.
- 처리기의 수에 있어서 상위 계층의 분할은 하위 계층보다 많아도 된다.
- DFD의 분할은 이해를 저하시키기 않는 한 많이 하는 것이 좋다.
- DFD를 명확하게 표현하여 이해하기 좋도록 표현한다.

하위수준의 DFD를 작성하기 위해 DFD의 처리기를 적절하게 분할해야 한다. DFD를 분할하는 방법으로는 ① 자료흐름을 중심으로 분할하는 방법(data flow oriented decomposition method) ② 처리기(처리기능)를 중심으로 분할하는 방법(process oriented decomposition method)이 있다.

자료흐름중심 분할방법은 시스템을 한 개의 처리기로 보며, 분할해야 할 처리기를 블랙박스(black box)로 취급하고 입력되는 데이터와 출력되는 데이터를 중심으로 나눈다. 즉, 데이터를 수집하여 데이터의 입출력, 데이터 변환을 중심으로 시스템을 분할하고, 연결 개념을 이용하여 DFD를 구성한다. 자료흐름 중심의 분할법을 수행하는 세부적인 절차는 다음과 같다.

- **단계 1** : 순수한 입출력 데이터 흐름을 부여한다.
- **단계 2** : 데이터 흐름을 연결한다.
- **단계 3** : 처리기를 표시한다.
- **단계 4** : 새로 생긴 자료흐름에 이름을 부여한다.
- **단계 5** : 새로 생긴 처리기에 이름을 부여한다.
- **단계 6** : 자료저장소의 설정과 이름을 부여한다.
- **단계 7** : 단계 1에서 6까지의 과정을 반복한다.

이상의 절차에 따라 DFD를 분할하는 과정을 간단한 예를 들어 그림으로 제시하면 [그림 6-17]과 같다.

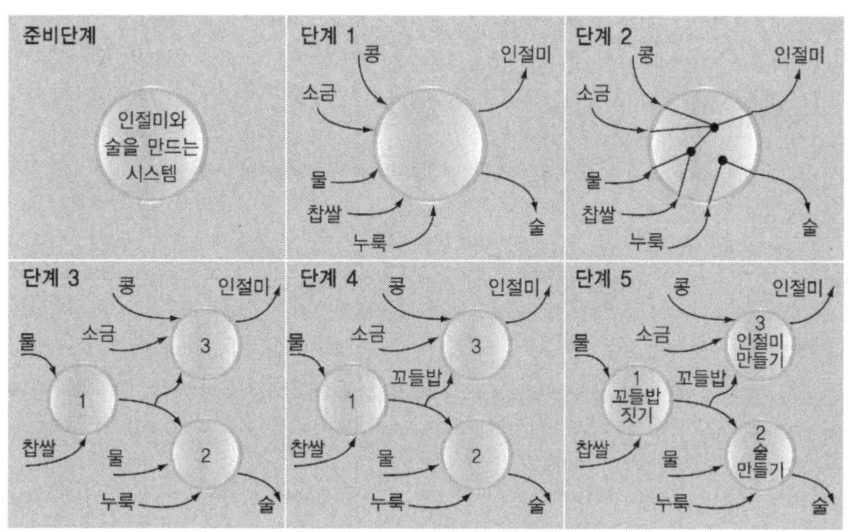

[그림 6-17] 자료흐름중심 분할 절차

처리기중심 분할방법은 시스템이 수행해야 할 업무들을 먼저 설정하고 업무처리에 필요한 자료의 흐름을 정의하는 방법이다. 즉, 공통의 자료흐름을 가지는 업무들을 서로 찾아 연결하는 방법이다. 이 방법은 분석 대상 시스템이 큰 경우에 더욱 효과적인 방법이다. 처리기중심 분할법의 세부적인 절차를 제시하면 다음과 같다.

- **단계 1** : 상위 계층의 처리기 내에서 수행해야 할 처리요소를 식별한다.
- **단계 2** : 식별된 각각의 처리요소를 처리기로 표시한다.
- **단계 3** : 각각의 처리기에 필요한 모든 자료흐름과 자료저장소를 연결한다.
- **단계 4** : 공통의 자료흐름이나 자료저장소를 공유하는 처리기를 연결한다.
- **단계 5** : 자료흐름의 연결이 잘되고 DFD가 명료해질 때까지 단계 1에서 단계 4의 과정을 반복한다.

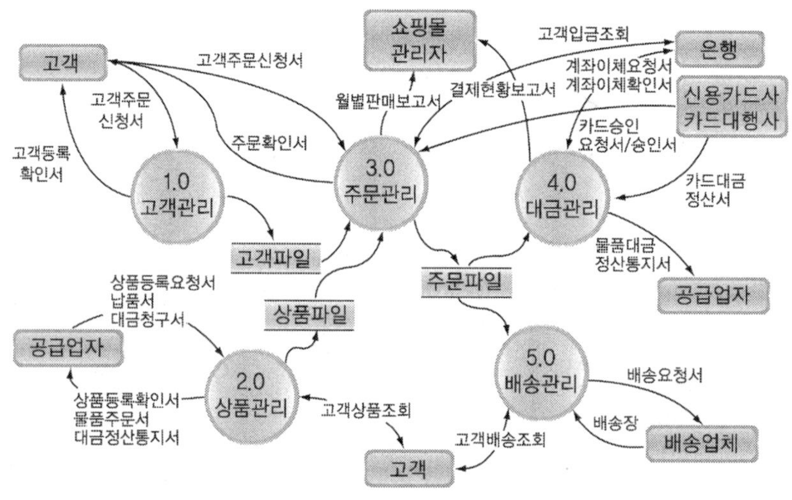

[그림 6-18] 인터넷 쇼핑몰 시스템의 레벨 1 다이어그램

예를 들어 [그림 6-16]의 인터넷 쇼핑몰 시스템의 배경도를 분할하는 경우를 들어보자. 처리기 중심 분할방법을 적용할 경우 처리요소를 먼저 식별한다. 인터넷 쇼핑몰 시스템은 [그림 6-18]과 같이 그 기능에 따라 고객관리, 상품관리, 주문관리, 대금관리, 배송관리로 나눌 수 있다. 일반적으로 레벨 1 다이어그램은 시스템의 기능영역(function area)이나 기능(function)을 중심으로 분할한다. 다음으로 이들 5개의 처리기를 도면의 적절한 위치에 배열한다. 이들 처리기에서 나온 자료나 입력될 자료를 저장하는 자료저장소를 식별하고, 각각의 처리기에 필요한 모든 자료흐름과 자료저장소를 연결한다. 자

료흐름으로 가장 먼저 식별되는 것은 시스템 정의서의 문맥상에 나타난 자료흐름들이다. 그리고 각 처리기별로 입력되는 자료와 출력되는 자료의 이름을 붙인다. 이들 자료흐름에 대한 자세한 내용은 자료사전에 명시한다.

[그림 6-19]는 인터넷 쇼핑몰의 주문관리(3.0)를 다시 6개의 하위 프로세스로 분할하여 그린 레벨 2 다이어그램이다. 레벨 2 다이어그램 역시 레벨 1에서 프로세스로 들어오는 자료흐름과 나가는 자료흐름의 명칭과 내용이 일치해야 한다. 인터넷 쇼핑몰의 주문관리 프로세스를 설명하면 다음과 같다. 먼저 고객이 신청한 주문신청서는 주문접수파일에 저장되어지며, 회원확인과 주문상품의 재고확인을 거친 후, 결제처리(여기서는 카드와 무통장입금거래 모두 가능한 것으로 가정함)를 거쳐 주문등록이 이루어진다. 주문등록이 완료되면 주문등록내역을 고객에게 e-Mail 등으로 통보한다.

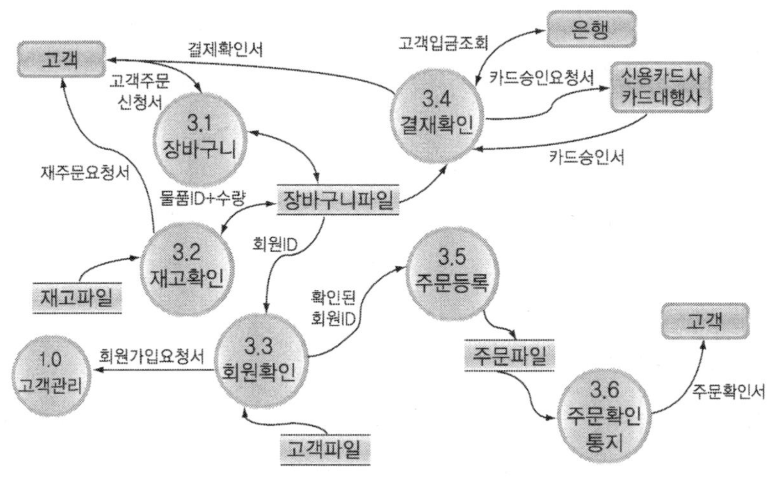

[그림 6-19] 인터넷 쇼핑몰 시스템의 레벨 2 다이어그램

3.3 프로세스 모델의 평가와 검증

시스템분석가는 업무조사의 시간적, 인지적 한계로 인하여 업무를 완벽하게 알지는 못한다. 따라서 처음부터 자료흐름도를 작성하는데 있어 단 한번에 완벽한 모델링을 하기란 어렵다. 그러므로 작성된 DFD는 사용자와 함께 구조적 검토회의 기법인 JAD 기법 등을 통하여 반복적으로 검토하여 개선해야 한다. DFD를 평가하고 개선하기 위해서는 정확성 검토(correct test), 유용성 검토(usefulness test), 그리고 재분할

(topological repartitioning) 과정을 거친다.

1) 정확성 검토

시스템 분석가가 사용자의 요구사항을 잘못 판단하거나 사용자의 요구사항을 DFD로 잘못 표현할 수도 있다. 정확성 검토는 DFD 작성 시에 지켜야 할 모든 원칙이나 규칙들이 정확하게 지켜지고 있는지에 대한 형식적 정확성을 검토하는 것이다. 먼저 DFD 작성의 정확성을 검토하는데 있어 다음의 세 가지 균형법칙(balancing rule)을 검토한다([그림 6-20] 참조).

(1) 비주얼 균형(visual balancing)

부모 다이어그램과 자식 다이어그램에서 사용된 자료흐름 이름은 동일하고 그 구성이 같아야 한다. [그림 6-20]에서 2번 프로세스로 B 데이터가 들어서서 C 데이터가 나간다. 따라서 그 자녀도에도 B가 들어와서 C가 나가야 한다.

(2) 자료사전 균형(dictionary balancing)

부모 다이어그램에서의 입력 자료흐름 또는 출력 자료흐름의 구성은 자식 다이어그램에서 입력 자료흐름 전체 또는 출력 자료흐름 전체와 동일해야 한다.

(3) 파일 균형(file balancing)

부모 다이어그램에서 사용된 파일은 자식 다이어그램에서도 동일하게 사용되고, 상세하게 분할된 모든 프로세스에 대하여 일치성을 가져주어야 한다.

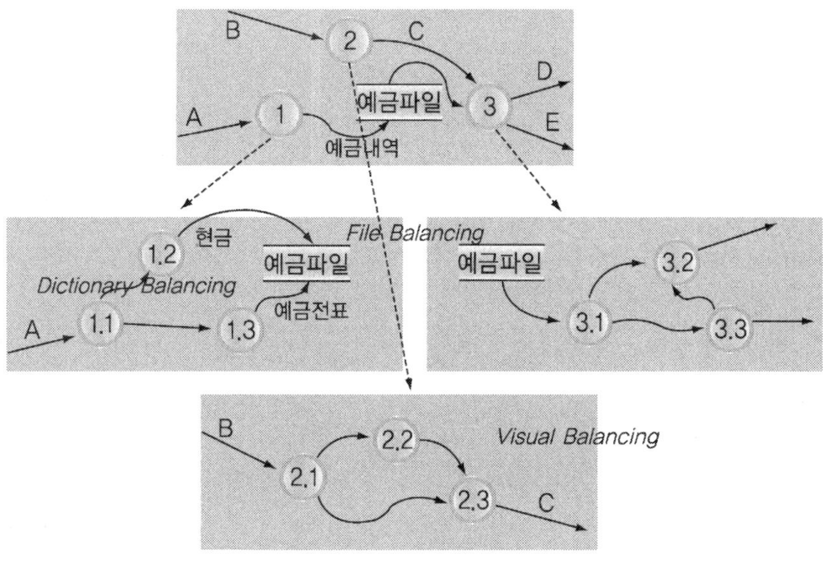

[그림 6-20] DFD 균형법칙

다음으로 문법적으로 틀린 블랙홀(black hole)과 미라클(miracle) 또는 화이트홀(white hole)이 있는지를 검토한다. 블랙홀은 입력 흐름만 있고 출력 흐름이 없는 처리기이며, 미라클 혹은 화이트홀은 입력 흐름은 없고 출력 흐름만 있는 처리기이다. [그림 6-21]은 블랙홀과 화이트홀의 예이다.

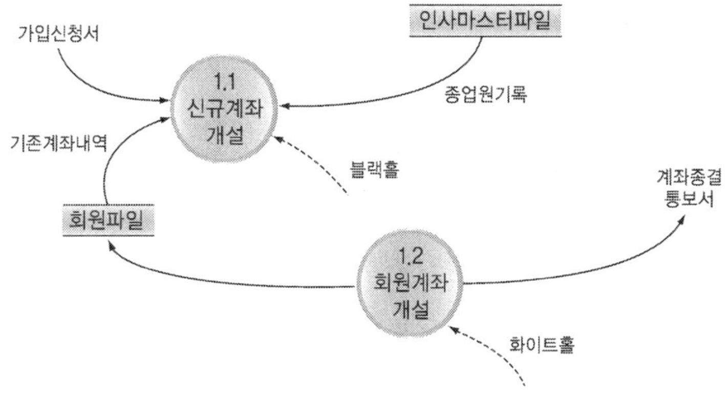

[그림 6-21] 블랙홀과 화이트홀

이 외에도 정확성을 검토하는데 있어 다음과 같은 요소들을 고려해야 한다.

- 데이터 보존의 법칙을 포함하여 [표 6-5]에서 제시된 DFD 작성규칙에 위배되지 않았는지 검토한다.
- 자료흐름과 자료저장소의 명칭의 일관성이 잘 유지되고 있는지 검토한다.
- DFD 상에 제어흐름이나 실물흐름이 있는지 검토한다.
- 다른 시스템 모델링(유즈케이스, 데이터 모델, 자료사전, 미니명세서)에서 사용한 개념들과 일치하는지를 검토한다.

[표 6-5] DFD 작성 및 검증 규칙

요소	검증 규칙	잘못된 예	올바른 예
자료흐름 확인	① 출력 흐름만 있는 프로세스는 존재하지 않음(미라클 혹은 화이트홀). 단, 외부실체 중 소스(source)는 출력만을 가질 수 있음	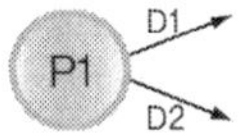 P1 D1 D2	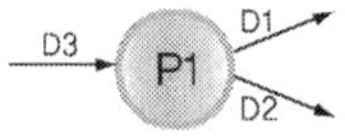 D3 P1 D1 D2
	② 입력 흐름만 있는 프로세스는 존재하지 않으(블랙홀). 단 외부실체 중 싱크(sink)는 입력만을 가질 수 있음	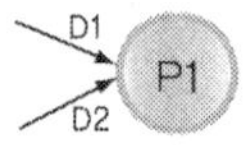 D1 D2 P1	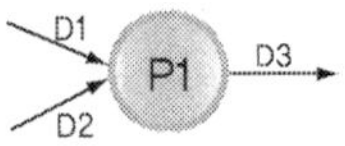 D1 D2 P1 D3
	③ 구성요소간 각 자료흐름은 한 방향으로 나타나야 함. 그러나 프로세스와 자료저장소간 갱신 전에 읽는 것을 나타내는 양방향 흐름이 가능할 수도 있지만, 일반적으로 다른 시간에 발생하기에 두 개의 분리된 화살표로 표기함	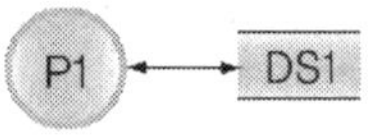 P1 DS1	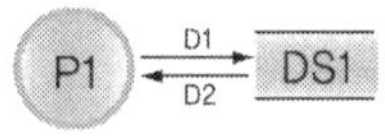 P1 D1 D2 DS1
	④ 자료흐름상에 나타나는 분기는 동일한 위치로부터 동일한 자료가 다른 프로세스, 자료저장소 혹은 외부 실체로 이동함을 의미함	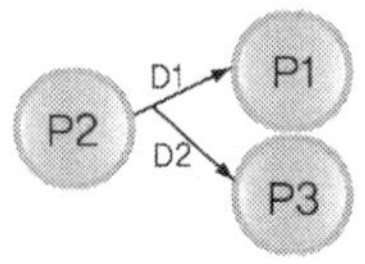 P2 D1 D2 P1 P3	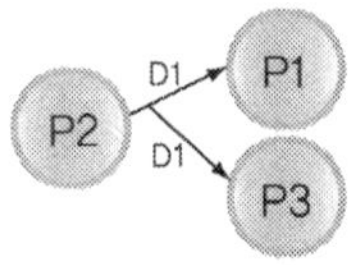 P2 D1 D1 P1 P3
	⑤ 자료흐름상에 나타나는 결합은 다른 프로세스, 자료저장소, 혹은 외부실체로부터 동일한 자료가 동일한 위치로 이동함을 의미함	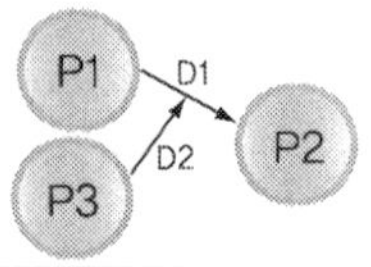 P1 P3 D1 D2 P2	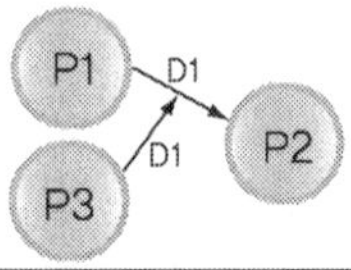 P1 P3 D1 D1 P2
	⑥ 하나의 프로세스에서 자료흐름이 직접적으로 역행할 수 없음. 따라서 프로세스를 통해 해당 자료흐름을 처리한 후 원래의 프로세스로 전송할 수 있는 또다른 프로세스가 존재해야 함	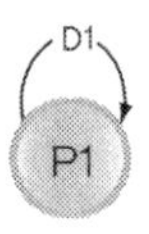 D1 P1	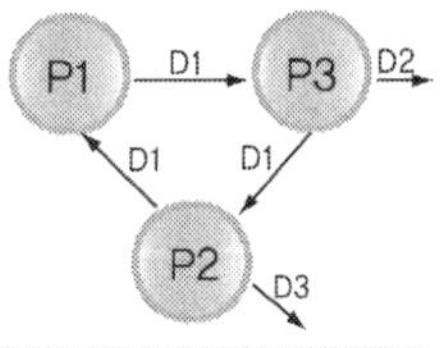 P1 D1 P3 D2 D1 D1 P2 D3

요소	검증 규칙	잘못된 예	올바른 예
이름 부여	⑦ 처리기(process)의 이름은 동사의 의미를 부여할 수 있어야 함	고객 / 고객파일	고객관리
	⑧ 자료저장소의 이름은 명사의 형태로 나타나야 함	고객관리	고객파일
	⑨ 외부실체(소스 및 싱크)의 이름은 명사의 형태로 나타나야 함	고객관리	고객
	⑩ 자료흐름은 명사의 형태로 나타나야 함. 또한 동일한 화살표 방향을 가진 여러 개의 자료흐름이 발생할 경우 하나의 화살표상에 각각의 자료흐름 명칭이 나타날 수 있음. 이 때, 자료흐름이 자료저장소로 향할 경우에는 해당 자료의 갱신을 의미하고, 자료흐름이 자료저장소로부터 발생할 경우에는 해당 자료의 추출이나 사용을 의미함	고객주문 →	고객주문 → 신청서
처리기(process) 확인	⑪ 자료는 하나의 외부실체(소스)로 부터 다른 외부실체(싱크)로 직접 이동할 수 없음. 외부실체간 관련성이 존재한다면 해당 프로세스에 의해 이동해야하며, 관련성이 없을 경우 해당 자료흐름은 DFD에 표시되지 않음	E1 —D1→ E1	E1 —D1→ P1 —D2→ E1
	⑫ 자료는 외부실체로부터 자료저장소로 직접 이동할 수 없음. 반드시 해당 프로세스에 의해 자료저장소로 이동되어야 함	E1 —D1→ E1	E1 —D1→ P1 —D2→ DS1
	⑬ 자료는 자료저장소로부터 외부실체로 직접 이동할 수 없음. 반드시 해당 프로세스에 의해 자료이동이 발생해야 함	DS1 —D1→ E1	DS1 —D1→ P1 —D2→ E1
	⑭ 자료는 하나의 자료저장소로부터 다른 자료저장소로 직접 이동할 수 없음. 반드시 해당 프로세스에 의해 자료이동이 발생해야 함	DS1 —D1→ DS2	DS1 —D1→ P1 —D2→ DS2

*D : 자료흐름(data flow), P : 처리기(process), DS : 자료저장소(data store), E : 외부실체(external entity)

2) 유용성 검토

DFD가 문법적으로 정확하게 작성되었다 하더라도 사용자가 쉽게 이해할 수 있는가를 검토하여야 한다. 유용성을 검토하는데 있어 다음과 같은 점들을 고려한다.

- 한 도면 상에 너무 많은 프로세스가 존재하여 복잡하지 않는가를 검토한다.
- 자료흐름이나 처리명, 그리고 자료저장소에 대하여 사용자 관점에서 정확한 명칭이 사용되었는가를 검토한다.
- 시스템의 분할은 기능을 중심으로 균형 있게 이루어졌는지 검토한다.
- 개념적 오류나 모호함이 없는지 검토한다.
- 플로차트 식이 아닌 퍼즐 맞추기 식 모델링 방법이 잘 적용되었는지 검토한다.

3) 재분할

작성된 DFD는 앞에서 제시한 정확성과 유용성 검토를 통하여 오류가 있거나 분할이 추가적으로 더 필요한 경우 재분할이 이루어진다. 분할은 복잡도를 감소시키고, 문제를 계층적으로 조직화 할 수 있게 한다. 처리기의 재분할은 주로 다음의 경우에 고려하는 것이 좋다.

- 기능분할의 균형이 부족하고, 특정 과업을 중심으로 편재가 심한 경우
- 특정 처리기로 자료흐름이 몰릴 경우
- 서로 상이한 기능이나 개념이 혼합되어 있는 경우

하나의 처리기에 대한 하위 단계의 자료흐름도가 분리되었을 경우, 상위 단계의 자료흐름도 역시 분할될 수 있는지를 검토한다.

주요용어 Main Terminology

- 개념적 모델링(conceptual modeling)
- 계층적 조직화(hierarchical ordering)
- 공식성(formality)의 원리
- 관련자(terminator) 또는 외부 실체(external entity)
- 구조적 기법(structured technique)
- 구조적 분석 및 설계(structured analysis and design)
- 구조적 언어(structured language)
- 구조적 프로그래밍(structured programming)
- 구현모델(implementation model)
- 균형법칙(balancing rule)
- 검토회의(walkthrough)
- 기능 계층도(function hierarchy diagram)
- 기능 분할도(function decomposition diagram)
- 기능 챠트(function chart)
- 기능(function)
- 기능영역(function area)
- 논리적 모델링(logical modeling)
- 논리적 자료흐름도(logical DFD)
- 단위프로세스(unit process)
- 데이터 보존의 법칙(data conservation rule)
- 독립성의 법칙(independence rule)
- 물리적 모델링(physical modeling)
- 물리적 자료흐름도(physical DFD)
- 미니명세서(mini specification)
- 배경도(context diagram)
- 분할정복(divide and conquer)의 원리
- 비주얼 균형(visual balancing)

- 상향식 시스템 개발 접근법(bottom-up approach)
- 순차처리의 법칙(ordering rule)
- 영구성의 법칙(permanence rule)
- 외부 실체(external entity)
- 의사결정 테이블(decision table)
- 의사결정 트리(decision tree)
- 자료군(data packets)
- 자료사전 균형(dictionary balancing)
- 자료사전(DD: data dictionary)
- 자료요소(data element)
- 자료저장소(data store)
- 자료항목(data items)
- 자료흐름(data flow)
- 자료흐름도(DFD: data flow diagram)
- 지속성의 법칙(persistence rule)
- 처리기(process)
- 최소 데이터 입력의 법칙(minimal data parsimony rule)
- 추상화(abstraction)
- 파일 균형(file balancing)
- 프로세스 모델링(process modeling)
- 프로세스(process)
- 하향식 개발 접근법(top-down approach)

연습문제

Exercises

1. 구조적 기법의 발달과정을 설명하라.
2. 구조적 기법의 기본적인 지향점은 프로세스 중심인가? 아니면 데이터 중심인가?
3. 구조적 분석 기법의 기본원리에 대하여 설명하라.
4. 상향식 시스템 개발 접근법과 하향식 개발 접근법의 차이점을 설명하라. 그리고 구조적 기법은 어떤 개발 접근법을 택하고 있는가?
5. 1970년대 구조적 기법이 실무에 정착되기 이전에 정보시스템 개발과정에서 주로 나타나는 문제점들은 무엇인가?
6. 구조적 분석의 중요한 특성들을 열거하여 보아라.
7. 논리적 모델링 단계에서 필수적 활동을 구성하는 요소들을 설명하라.
8. 분석 단계의 결과를 문서화 하는데 있어 핵심 도구(tools)를 설명하여라.
9. 자료흐름도를 구성하는 4가지 요소는 무엇인가?
10. 인터넷 쇼핑몰에서 관련자는 어떤 것들이 있는가? 그리고 주문서에 대한 자료사전을 작성하여 보아라.
11. 시스템 분석과정을 DFD로 작성하여 보아라.
12. DFD와 플로우챠트의 주된 차이점은 무엇인가. 시스템 분석에서 왜 DFD가 플로우챠트 보다 우수한가?
13. 시스템의 정보를 최종적으로 수취하는 경영진은 외부 실체인가? 그 이유는 무엇인가?
14. 조직에서 업무를 수행하는 직원, 즉 정보를 산출하여 경영자에게 보고하는 직원은 외부 실체인가, 아니면 프로세스인가? 그 이유는 무엇인가?
16. 훌륭한 품질의 모델링을 위하여 자료흐름도를 작성하는데 있어서 지켜야할 법

칙들에 대하여 설명하라.

17. 배경도를 작성하는 목적은 무엇인가?

18. DFD 작성의 정확성을 검토하는데 있어 세 가지 균형법칙에 대하여 설명하라.

19. 다음은 도서관의 도서대출시스템에 대한 정의이다. 이를 읽고 다음 물음에 답하여라.

> 대출희망자는 카드목록을 뒤져 대출신청서에 학번, 성명, 책명과 저자명, 목록번호 등을 기입한 후 도서대출증과 함께 카운터에 제출한다. 도서관 직원은 대출증의 유효여부, 미반납도서 여부, 도서대출한도(1인당 최고 5권) 등을 검사한 뒤 위반사실이 없으면 서가에 가서 책을 찾는다.
>
> 서가에서 책이 발견되면 대출신청서와 책 뒷면에 반납일을, 그리고 대출증 뒷면에 책명, 반납일 등을 기입한 뒤 대출신청서는 파일에 보관하고 책과 도서대출증을 내어준다.
>
> 한편 학생이 도서를 반납하면 도서관직원은 도서대출증 해당란에 '반납필' 도장을 찍은 뒤 책을 서가에 갖다 놓는다. 반납기일이 경과한 도서에 대해서는 매주 금요일마다 대출신청서 파일을 뒤져서 반납독촉장을 작성하여 해당 학과에 보내며, 이 때 연체료(하루 100원)도 통보한다. 미반납도서의 반환과 연체료 납부가 해결될 때까지 그 학생에 대해서는 도서대출증이 금지된다.

(1) 도서대출시스템의 배경도를 그려라.
(2) 도서대출시스템의 레벨 1 자료흐름도를 그려라.
(3) 대출신청서 대하여 자료사전을 작성하라.
(4) 반납독촉처리에 대하여 구조적 문언을 작성하라.

20. 다음은 비디오 가게의 비디오관리시스템에 대한 정의이다. 이를 읽고 다음 물음에 답하여라.

> 비디오 가게주인은 새로운 비디오 테이프가 공급사로부터 납품되어 오면 각 테이프에 대하여 고유번호를 부여(하나의 타이틀에 대하여 여러 개 가능)하여 비디오대장에 테이프를 등록한다.
>
> 고객은 가게에 전시된 비디오 테이프를 선택하여 비디오 테이프 대여를 신청하면 가게주인은 고객의 전화번호를 물어 그 고객의 비대오 체납여부를 확인하고, 체납시 연체료를 징수한다. 비디오 대여기간은 신프로(구입 1년 미만)의 경우 모두 1박 2일이며, 구프로(구입 1년 이상)인 경우 성인용은 2박 3일, 청소년용은 3박 4일, 어린이용은 4박 5일이다. 또한 연체료는 신프로의 경우 하루에 모두 800원이며, 구프로의 경우 하루에 성인용은 500원이고, 그 외에는 300원이다.
>
> 만일 고객이 처음 비디오 테이프를 대여할 경우에는 고객에 대한 간단한 신상정보인 전화번호, 이름, 주소 등을 물어 고객대장에 등록한다.
>
> 가게주인은 월요일 오전에 지난 주 동안의 분야별(러브, 액션, 역사, 무술, 애니메이션 등)로 대출상황을 분석하고, 공급사가 제공한 신규 비디오 정보를 바탕으로 신규 비디오 구입계획을 수립하여 각 비디오 공급사에 주문한다.

(1) 비디오대여시스템의 배경도를 그려라.

(2) 비디오대여시스템의 레벨 1 자료흐름도를 그려라.

(3) 비디오대장과 고객대장의 자료사전을 작성하라.

(4) 비디오 연체료 계산에 대하여 의사결정트리 또는 의사결정테이블을 작성하라.

참고문헌

Literature Cited

김성락, 유현, 이원용, 실무사례중심의 시스템 분석 및 설계, OK Press, 2002.

박재년, 구조적 시스템 분석과 설계 : 실무중심, 정익사, 1992.

왕창종, 구연설, 이언배, 구조적 시스템 분석과 설계 기법, 정익사, 1992.

우치수, 구조적 기법 : 소프트웨어 공학, 상조사, 1994.

윤청, 패러다임 전환을 통한 소프트웨어 공학, 생능, 1999.

이민화, 시스템 분석과 설계, 도서출판대명, 2003.

이영환, 박종순, 시스템 분석과 설계, 법영사, 1998.

홍성식, 권기철, 실무지향적 시스템 분석과 설계, 21세기사, 2003.

DeMarco, T., *Structured Analysis and System Specification,* Prentice-Hall, 1978.

Dennis, A. and B. H. Wixom, *Systems Analysis & Design*, John Wiley & Sons, 2003.

Dennis, A., B. H. Wixom, and D. Tegarden, *Systems Analysis & Design: An Object-Oriented Approach with UML,* John Wiley & Sons, 2002.

Gane, C. and T. Sarson, *Structured System Analysis: Tools and Techniques,* Prentice-Hall, 1978.

Hoffer, J. A., J. F. George, and J. S. Valacich, *Modern System Analysis and Design,* Addison-Wesley, 1999.

Kendall, K. E. and J. E. Kendall, *Systems Analysis and Design,* 3rd ed., Simon & Schuster Co., 1995.

Keneall, P. A., *Introduction to System Analysis & Design: A Structured Approach,* 3rd ed., Irwin, 1996.

Lucas Jr., H. C., *The Analysis, Design, and Implementation of Information Systems,* McGraw-Hill, 1985.

Martin, J. and C. McClure, *Structured Techniques for Computing,* Prentice-Hall, 1985.

Pressman, R., *Software Engineering: A Practitioner's Approach,* McGraw-Hill, 1992.

Valacich, J. S., J. F. George, and J. A. Hoffer, *Essentials of Systems Analysis and Design,* 2nd ed., Prentice-Hall, 2004.

Yourdon, E., *Modern Structured Analysis,* Prentice-Hall, 1989.

데이터 모델링

CHAPTER 07

PREVIEW

데이터 모델링이란 기업의 정보구조를 체계적으로 나타내는 방법으로 기업의 데이터를 사용자 관점에서 인식, 분석하여 이를 표준화된 심볼을 이용하여 표현하는 기법을 말한다. 데이터 모델링은 논리적 데이터 모델링과 물리적 데이터 모델링으로 구분할 수 있는데 논리적 데이터 모델링은 데이터베이스 구축의 분석 단계에 해당하고, 물리적 데이터 모델링은 데이터베이스 구축의 설계단계에 해당한다. 본 장에서는 논리적 데이터 모델링에 대해 설명할 것이다.

OBJECTIVES OF STUDY

- 논리적 데이터 모델링의 개념에 대해 이해한다.
- 개체관계도 정의에 대해 학습한다.
- 개체, 관계, 식별자 작성기법에 대해 학습한다.
- 무결성 설계에 대해 학습한다.
- 정규화 기법에 대해 학습한다.

CONTENTS

1 논리적 데이터 모델링의 개요

1.1 논리적 데이터 모델링의 정의

데이터 모델링(data modeling)은 시스템 분석 단계에서 수행하는데 [그림 7-1]처럼 다양한 고객 요구사항들을 구조화하는 것을 의미한다. 이러한 데이터 모델링은 시스템 요구사항을 분석하는데 가장 중요한 부분이라고 할 수 있다. 데이터 모델링이란 기업의 정보구조를 체계적으로 나타내는 방법으로 기업의 데이터를 사용자 관점에서 인식, 분석하여 이를 표준화된 심볼(symbol)을 이용하여 표현하는 기법을 말한다. 이러한 데이터 모델링은 데이터가 중복되지 않아야 하고, 일관성을 가지고 정확하게 유지해야 하며, 체계적인 구조를 가질 수 있게 하는데 목적이 있다. 그리고 비즈니스요구에 대한 유연성 있는 대처가 필요하며 불필요한 개발비용과 유지보수 비용을 제거하는 효과가 있다.

데이터 모델링은 논리적 데이터 모델링(logical data modeling)과 물리적 데이터 모델링(physical data modeling)으로 구분할 수 있는데 논리적 데이터 모델링은 데이터베이스 구축의 분석 단계에 해당하고, 물리적 데이터 모델링은 데이터베이스 구축을 위한 설계 단계에 해당한다.

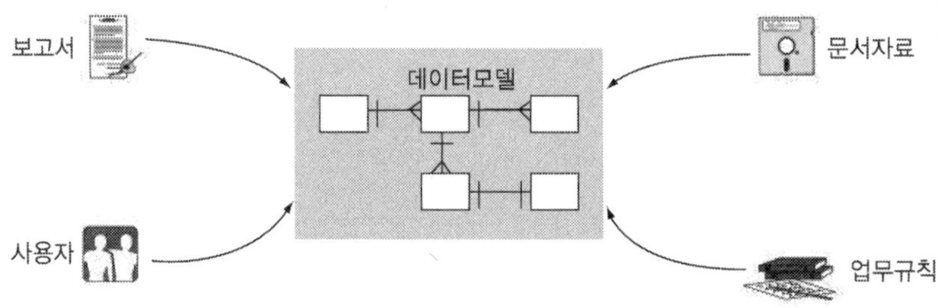

[그림 7-1] 데이터 모델의 대상

개념적 데이터 모델링(conceptual date modeling)은 논리적 데이터 모델링의 첫번째 단계로서 조직 전체적인 관점에서 데이터 골격을 만드는 것으로 개체(entity), 속성(attribute), 관계(relationship) 등을 정의하고 서로 관련을 맺는 작업을 수행한다. 따

라서 논리적 데이터 모델링은 개념적 데이터 모형 토대구축, 개체별 식별자 정의, 데이터 모형 상세화, 데이터 모형 통합순으로 이루어진다.

데이터 모델링은 정보전략계획(ISP: information strategy planning)의 주제영역(subject area)을 중심으로 개체를 추가한 뒤, 기존 개체와 관계를 구체화하고, 업무규칙을 추가하면, 해당 업무영역에 대하여 필요한 데이터, 데이터 간의 연관성, 데이터의 구체적인 내용, 데이터의 정확성을 위한 업무규칙 등이 무엇인지 알 수 있다. 즉, 논리적 데이터 모델링은 비즈니스에 대한 종합적인 이해를 바탕으로 기업 내에 존재하는 데이터에 대하여 프로세스와는 독립적으로 인식하여 이를 알기 쉽고 체계적으로 표현한 기업의 정보요구라고 할 수 있다.

데이터 모델링 과정은 [그림 7-2]와 같다. 기업 내에 자발적, 중복적으로 존재하는 데이터를 분석가가 관찰하고 비즈니스에 대한 종합적인 이해와 체계적인 모델링방법론을 바탕으로 사용자의 데이터 요구사항을 분석하여 논리적 데이터를 모델링한다. 그리고 개체와 개체를 합치고 통합하기도 하면서 물리적 데이터베이스를 설계하게 되는데 이 때 정규화된 산출물이 비정규화되기도 한다. 그리하여 데이터베이스 설계를 완성하게 되는 것이다.

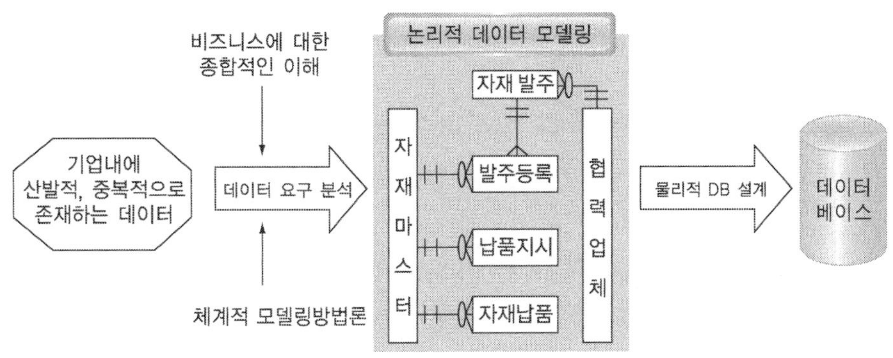

[그림 7-2] 데이터 모델링 과정

논리적 데이터 모델링은 아래와 같은 적정성 판단 기준을 지키도록 해야 한다.

- 구조적 타당성(structural validity) : 데이터를 정의하고 구성하는 방법의 일관성
- 단순성(simplicity) : 사용자의 이해 용이
- 비중복성(non-redundancy) : 필요한 데이터는 한 군데에 한 번만 존재

- 공유성(sharability) : 어떠한 적용업무나 기술에 특화되지 않은 다수에 의해 사용 가능
- 무결성(integrity) : 비즈니스에서 데이터를 사용하고 관리하는 방식의 일관성
- 확장성(extensibility) : 현재 상태에서 최소한의 노력으로 새로운 요구를 수용할 수 있는 능력

논리적 데이터 모델링의 핵심성공요소(CSF: critical success factor)는 아래와 같다.

- 해당 비즈니스에 대한 종합적인 지식을 가진 현업 담당자와 공동으로 작업
- 논리적 데이터 모델링 전 단계에 걸쳐 체계적인 방법론의 사용
- 프로세스와는 독립적 개념으로 데이터 중심으로 접근
- 데이터의 구조적 측면과 무결성(업무규칙) 측면을 동시에 고려
- 정규화(normalization)기법 채택
- 모델링 작업 참여자들 간의 방법론에 대한 지식 공유

1.2 개체와 관계

데이터모형 토대구축에서는 개체정의, 관계정의, 개체 관계도를 작성하게 된다. 해당 업무영역(business area)에 대하여 필요한 정보를 얻기 위한 기본 데이터인 개체와 수행되는 업무규칙으로부터 얻어지는 데이터 간의 연관관계인 관계(relationship)를 일목요연하게 표현한 것이 개체관계도(ERD : entity relationship diagram)이다. 이를 이용하여 해당 업무영역에 대한 정보요구사항을 그림으로 표현하고 분석가와 현업 담당자(이용자) 간에 의사소통을 원활히 할 수 있다. 또한 이것은 논리적 데이터베이스 설계의 기초가 된다. ERD는 조직의 전체적인 시각에서 데이터베이스의 총체적 스키마(schema)를 표현하는 도구로 사용되므로 개념적 모델이 된다.

1) 개체

데이터 모델링에서 개체(object)는 의미 있는 유용한 정보를 제공하기 위하여 기록, 관리하고자 하는 데이터로 사람, 사물, 장소, 개념 또는 사건 등이 될 수 있다. 대부분의 경우 논리적 모델에서의 개체는 나중에 데이터베이스의 테이블이 된다. 개체 정의 절차는 ①개체 추출, ②개체 분류, ③개체 검증 순으로 이루어진다.

우선 개체를 추출하기 위해서는 유일한 식별자(unique identifier)가 있는지를 알아본다. 유일한 식별자가 존재할 경우 해당업무에 유용하고 의미 있는 개체가 존재할 가능성이 매우 높다. 이를 위해 현업에서 현재 사용하고 있는 서류, 문서양식, 자료 파일(data file), 데이터베이스, 현업 담당자와의 인터뷰 등을 실시한다. 이를 종합적으로 검토하여 [표 7-1]과 같은 개체 정의표를 작성한다.

개체 정의표의 작성기준에는 개체명, 범위, 대상, 건수, 증가율이 있다. 개체명에서는 현업용어를 사용해야 한다. 즉, 판매테이블을 영업테이블로 쓰고자 할 때 현업에서 쓰는 이름이 있는데 그 이름 그대로 써야 하는 경우라고 할 수 있다. 또한 제품, 상품과 같이 단수명사를 사용해야 하며, 약어로 된 테이블을 사용하지 않도록 하고, 필요 수식어를 사용하도록 한다. 범위는 개체의 포괄적 범위기술이어야 하며 대상은 개체에 포함될 내용(건)의 대상을 구체적으로 기술하도록 한다. 건수는 개체에 포함될 개별 인스턴스의 수를 말하며 증가율은 시간경과에 따른 건수의 증가율(%)을 말한다.

이러한 개체 정의표는 개체를 검증하기 위해 사용된다. 업무적으로 의미 있는 정보를 제공하는지, 즉 유용성이 있는지, 식별자의 존재여부, 2개 이상의 속성 존재여부, 다른 개체와의 관계, 2개 이상의 레코드 존재여부 등을 통해 개체의 필요성을 검증한다.

[표 7-1] 개체 정의표 작성의 예

	개체명	범위	대상	건수	증가율
작성 기준	- 현업용어사용 - 단수명사 - 약어사용 배제 - 필요수식어 사용	개체의 포괄적 범위기술	개체에 포함될 내용(건)의 대상을 구체적으로 기술	개체에 포함될 개별 인스턴스의 수	시간경과에 따른 건수의 증가율(%)
작성 예	고객	기관, 기업, 또는 개인	당사의 제품을 구매한 사실이 있거나 구매할 계획이 있는 기관, 또는 개인	5,000건	10%/년

2) 관계

(1) 관계의 정의

관계(relationship)란 개체 간에 존재하는 상호 간의 연관성으로 해당 개체와 관련된 업무가 수행되는 일련의 규칙이다. 간단히 말하면 개체들 간의 의미 있는 연결로 관계형 데이터베이스에서 개체들 간의 관계제약조건과 참조무결성(referential integrity)을 확보하는데 있어 가장 중요한 요소라 할 수 있다.

관계에 참여하는 개체의 관계 수에 따라 [그림 7-3]과 같이 단일 관계, 이원관계, 삼원 관계가 있다. 단일 관계는 한 개체 집합의 인스턴스 관계로 순환관계이다. 이원관계는 두 개체 집합의 인스턴스들 사이의 관계로 데이터 모델에서 사용되는 관계의 가장 일반적인 유형이다. 그리고 삼원 관계는 세 개의 인스턴스들 사이에 존재하는 관계를 말한다. [그림 7-3]의 (c)에서 "수량"은 관계에서 발생하는 속성이다.

(a) 단일 관계(unary relationship)

(b) 이원 관계(binary relationship)

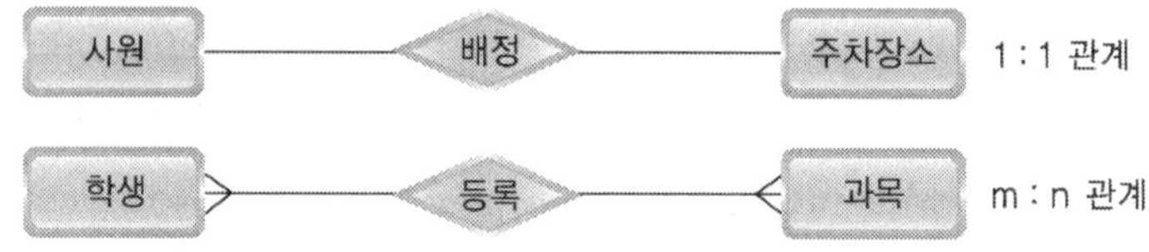

(c) 삼원 관계(ternary relationship)

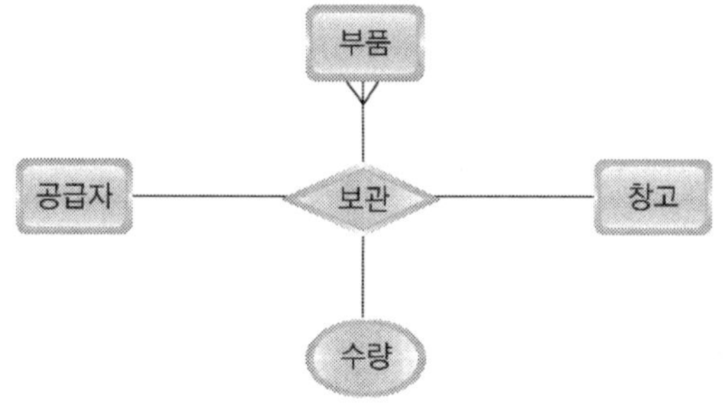

[그림 7-3] 관계의 유형

관계 정의 절차는 관계 추출, 관계 분류, 관계 검증 순으로 이루어진다. 관계 추출에서는 업무영역의 업무 진행절차(process life cycle) 분석, 업무용 서식 또는 장부에 함께 나타나는 개체들, 2개의 개체를 연관시켜 주는 동사, 2개 이상의 개체를 결합하여 업무적으로 의미 있는 정보 등을 종합 검토하여 관계 정의표를 작성한다. [표 7-2]는 관계 정의표 작성의 예를 보여주고 있다.

관계제약조건에는 매핑제약조건과 참여제약조건이 있다. 매핑제약(mapping constraint) 또는 기수성(cardinality) 조건은 하나의 관계 타입을 통하여 참여하는 개체 타입에 속한 개체들 사이에 맺어질 수 있는 매핑 수를 제한하는 제약조건이다. 매핑 수는 크게 다음과 같이 3가지로 분류되며 테이블간의 참조무결성(referential integrity) 설정은 다음과 같다.

- 일대일(one to one) 관계 : 한쪽 테이블의 기본키를 다른 테이블의 외래키로 삽입
- 일대다(one to many) 관계 : 테이블의 기본키를 다른 테이블에 외래키로 삽입
- 다대다(many to many) 관계 : 양쪽 테이블의 기본키를 모두 포함하는 새로운 테이블 생성

그리고 참여 제약(participation constraint) 조건 또는 선택성(optionality)은 한 개체가 관계에 참여하는 것이 필수인지 선택인지를 지정하여 주는 제약조건이다. 기수성(cardinality)과 선택성(optionality)의 표기법은 [표 7-2]와 같다.

[표 7-2] 관계 정의표 작성의 예

	부모 개체 (Parent)	자식 개체 (Child)	관계명	관계 제약조건	기수 비율	선택 비율	전이성 유무
작성 기준	부모 개체명	자식 개체명	부모와 자식간의 연관성을 표현하는 동사로 관계의 방향성을 고려하여 각각의 명칭을 부여	- 기수성 1 : 1 ─┼─┼ 1 : M ─┼─< M : M >─< - 선택성 필수성 ─┼── 선택성 ─O──	부모개체 건당 자식 개체 건수 (3=1 : 3)	선택적일 경우 선택될 확률(%)	부모가 바뀔수 있는 가능성 유무 (개체가 아닌 건)
작성예	고객	주문	──→ : 주문하다 ←── : 주문되어지다	┼┼──O<	3	20%	YES

관계는 [그림 7-4]와 같이 정상적 관계, 자기관계, 병렬관계, 상호배타적 관계로 분류할 수 있다. 정상적 관계가 대부분의 관계에서 발견되는 형태이고, 자기 관계는 상사와 부하직원과 같이 동일한 개체 간에 상하관계가 존재하는 경우에 나타난다. 병렬관계는 두 개체 간에 복수개의 관계가 동시에 발생한 경우에 표기해 준다. 상호배타적 관계는 한 개체 밑에 하위 유형별 개체가 존재할 경우에 사용한다. 이를 일반화 관계(generalization)라 한다. 이에 대해서는 제13장 객체지향 분석 및 설계에서 자세히 다룬다.

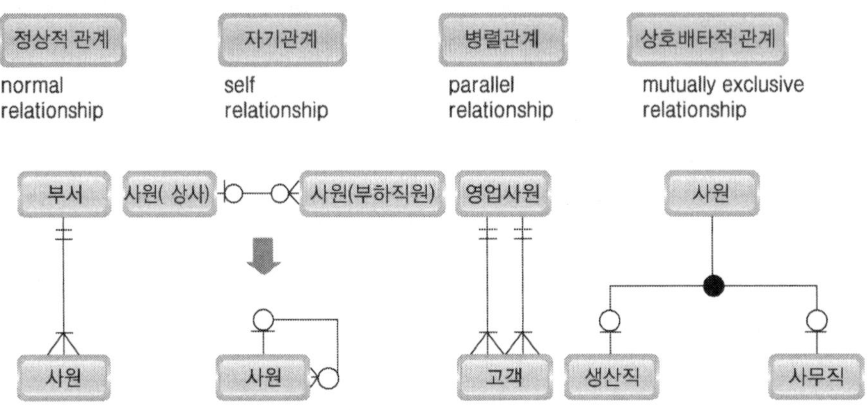

[그림 7-4] 관계 분류

(2) 관계의 검증

관계검증을 하기 위해서는 다음 세가지 방법이 있다.

첫째, 중복되는 부분을 제거해 주어야 한다.

먼저 순환관계(circular relationship)는 제거해 주어야 한다. [그림 7-5]와 같이 우선 다대다 관계를 먼저 삭제하는 것이 좋다. 그리고 사슬관계(chain relationship)가 나타나는 경우에도 [그림 7-6]과 같이 제거한다.

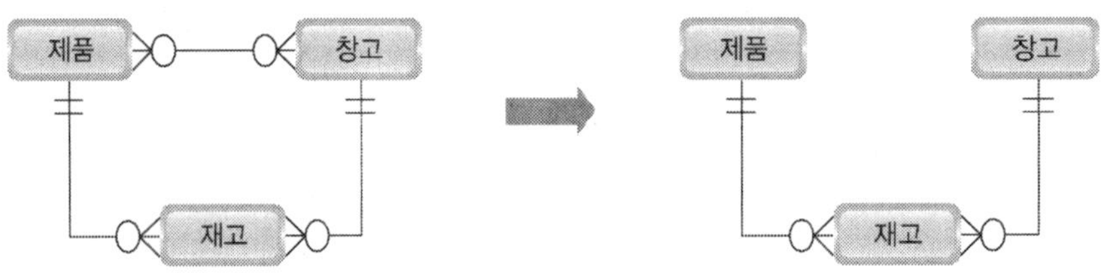

[그림 7-5] 순환관계의 제거

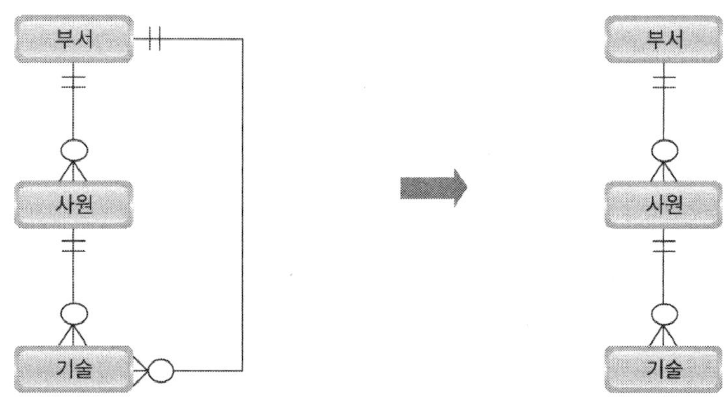

[그림 7-6] 사슬관계의 제거

둘째, 다대다(m : m) 관계인 경우에는 단순화시킨다.

병행관계에서 다대다 관계가 발생하는 경우에는 복수개의 관계가 존재하는 경우가 대부분이기 때문에 [그림 7-7]과 같이 관계의 의미를 세밀하게 파악하여 관계를 세분화하는데 별개의 관계일 때는 새로운 관계를 생성시켜준다.

[그림 7-7] 관계의 세분화

또한 연결개체에서 숨겨진 정보가 추가적으로 발견된다면, [그림 7-8]과 같이 연결개체를 추출하여 관계를 맺는다.

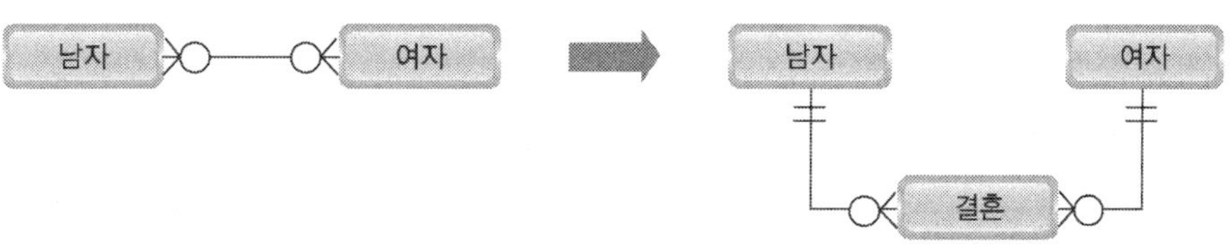

[그림 7-8] 연결 개체의 추출

셋째, 현재(snapshot) 관점과 이력(long term) 관점으로 나누어서 관계를 검증해야 한다. [그림 7-9]를 보자. 현재관점에서의 관계를 살펴보면 사원은 부서에 필수적으로 속해야 된다. 여기서 부서를 바꾸면 항상 현재의 부서를 모르는 반면에 이를 이력관점으로 보면 사원은 부서에 필수적으로 속하지 않아도 된다는 것이다. 이는 사원이 어느 부서에서 어느 부서로 옮겼는지에 대한 그 사원의 이력을 알 수 있다. 현재관점이 적합한

지 이력관점이 적합한지는 시스템 분석가 결정할 수 없으므로 현업에서 필요한 것을 사용하도록 한다.

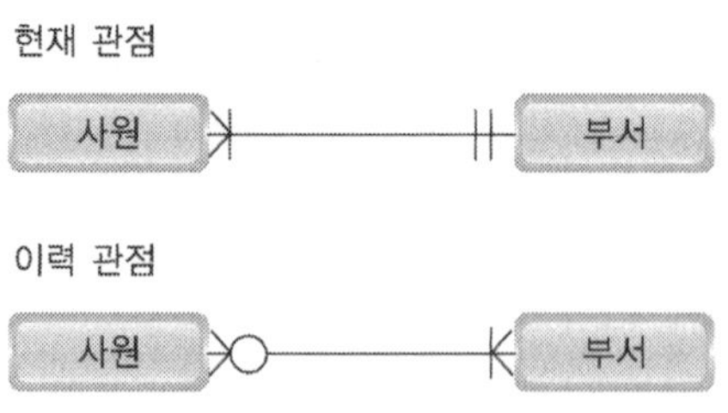

[그림 7-9] 현재 관점과 이력 관점의 관계

1.3 개체관계도 작성

개체관계도는 개체와 이들 간의 관계를 알기쉬운 도형을 사용하여 일목요연하게 그림으로 표시한다. 개체와 관계를 사용하여 개체의 표기, 개체의 배열, 관계의 연결, 관계명 표시, 관계의 기수성 표시, 관계의 선택성 표시등을 작성기법으로 개체관계도를 작성하는데 이것이 가장 전형적인 형태의 관계도이다.

개체를 표기할 때는 사각형 도형안에 개체명을 기록하고 개체를 배열하도록 한다. 프로세스 진행주기와 관련된 개체는 진행순서를 고려하여 좌에서 우 또는 상에서 하 방향으로 배열하도록 한다. 그리고 중심에 배열된 개체와 관계를 가진 연관개체를 가까운 쪽으로 배열하며 배열된 개체와 관계를 갖는 핵심 개체를 외곽으로 전개하도록 한다.

관계의 연결은 관계가 존재하는 개체 간을 실선으로 연결하고 가능한 한 관계선의 겹침을 피하도록 한다. 그리고 관계명을 표기할 때에는 관계선의 좌우 또는 상하에 관계명을 기록한다. 관계명을 기록하는 것이 원칙이긴 하지만 생략할 수도 있다. 관계명 기록시에는 시계 방향에 따라 관계의 방향성을 일치시킨다. 선택성 표기는 해당 개체의 한 건에 대한 상대 개체의 선택성을 상대 개체쪽에 표기하는 것으로 표기방법에는 필수적(mandatory)과 선택적(optional)이 있다. 이를 바탕으로 영업관리시스템의 개체관계도를 작성하면 [그림 7-10]과 같다.

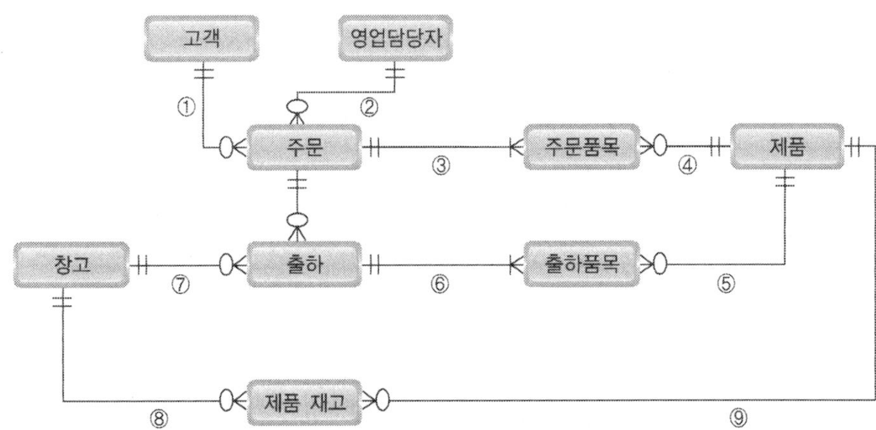

[그림 7-10] 개체관계도 예

① 고객과 주문관계에서는 한 고객이 여러 번 주문할 수 있기 때문에 관계는 일대다(1 : m)가 되며, 모든 고객이라고 해서 주문을 한 것은 아니기 때문에 선택적(optional) 관계가 된다.

② 영업담당자와 주문 관계에 대해서는 한 담당자가 여러 명의 고객 주문을 관리할 수 있기 때문에 일대다가 되며 한 영업담당자는 주문을 관리할 수도 있고 안할 수도 있기 때문에 선택적 관계가 된다.

③ 주문과 주문품목관계는 주문된 상품은 여러 주문품목에 포함될 수 있으므로 일대다가 되며 고객이 주문한 상품은 필수적(mandatory)으로 주문품목에 포함되어 있어야 한다.

④ 주문품목과 제품 관계는 한 제품이 주문품목에 여러 번 존재할 수 있기 때문에 일대다가 되며 한 제품이 주문품목에 존재할 수도 있고 존재하지 않을 수도 있기 때문에 선택적 관계가 된다.

⑤ 제품과 출하품목 관계는 한 제품이 출하품목에 여러 번 존재할 수 있기 때문에 일대다가 되며 한 제품이 출하품목에 존재할 수도 있고 존재하지 않을 수도 있기 때문에 선택적 관계가 된다.

⑥ 출하와 출하품목 관계는 출하되는 상품이 출하품목에 여러 번 포함될 수 있기 때문에 일대다가 되며 출하되는 상품은 반드시 출하품목에 포함되어 있어야 하기 때문에 필수적 관계가 된다.

⑦ 창고와 출하 관계는 하나의 창고에서 여러 번 출하할 수 있기 때문에 일대다가 되며 하나의 한 창고에서 출하를 지정할 수도 있고 지정하지 않을 수도 있기 때문에

선택적 관계가 된다.

⑧ 창고와 제품 관계는 한 창고에서 여러 제품 재고를 보관할 수 있기 때문에 일대다가 되며 하나의 창고에서 여러 제품 재고가 보관될 수도 있고 그렇지 않을 수도 있기 때문에 선택적 관계가 된다.

⑨ 제품과 제품재고 관계는 한 상품의 재고가 여러 개 있을 수도 있기 때문에 일대다가 되며 한 제품이 제품재고에 저장될 수도 있고 저장되지 않을 수도 있기 때문에 선택적 관계가 된다.

앞에서 설명하였던 바와 같이 데이터 모형 토대 구축단계를 살펴보면 개체 정의에서는 개체를 추출, 개체정의표 작성, 개체 검증을 살펴보았고 관계 정의에서는 관계 추출, 관계정의표 작성, 관계 검증에 대해서 살펴보았다. 그리고 개체 관계도 작성에서는 개체의 표기, 개체의 배열, 관계의 연결, 관계명 표기, 관계의 기수성, 관계의 선택성에 대해서 살펴보았다.

2 개체 상세화

2.1 개체별 식별자의 정의

이제 개체별 식별자(identifier) 정의에 대해 알아볼 것이다. 개체별 식별자 정의 단계에서는 식별자 정의, 외래키 정의, 외래키 업무규칙 정의 등의 순으로 이루어진다.

1) 식별자의 정의

식별자는 하나의 개체유형의 인스턴스들을 고유하게 구분하는데 사용하기 위해 사용되는 후보키 중 하나로 즉 개체의 특정 건(occurrence) 또는 인스턴스(instance)의 유일성을 보장해 주는 속성 또는 속성의 집합 개념이다. 식별자 정의 절차로는 대상 식별자를 선정하고 개체 무결성 검증을 하여 기본키를 선정한다. 먼저 대상 식별자를 선정하기 위해서는 개체 내 특정 건의 유일성을 보장하고 모든 개체는 최소한 하나 이상의 식별자를 보유해야 하며 식별자 값은 한번 설정되면 불변이어야 한다.

예를 들어 개체가 사원이고 후보 식별자(candidate identifier)가 "사원번호", "주민등록번호", "성명", "생년월일", "성명", "퇴사일자" 등이라 하자. 대상 식별자를 선정하고 나면 개체 무결성을 검증하는데 두 가지 규칙이 있다. 첫 번째 규칙은 기본키를 구성하는 속성은 반드시 값을 가져야 하며, 두 번째 규칙은 기본키는 유일성을 보장해 주는 최소한의 집합이어야 한다는 것이다. 따라서 이 두 가지 규칙을 만족하는 속성은 사원번호와 주민등록번호가 된다.

개체무결성을 검증하고 나면 마지막으로 기본키 선정을 하는데 기본키는 업무적으로 활용도가 높고 길이가 짧은 것으로 선정한다. 개체의 일반화(generalization) 관계에서 하부유형 개체(sub type entity)인 경우 상부유형 개체(super type entity)와 기본키를 동일하게 지정해야 한다. 앞서 후보 식별자로 선정한 속성에서 사원번호는 활용도가 높고 길이가 짧으므로 기본키(primary key)로 선정하고 주민등록번호는 활용도가 낮고 길이가 길기 때문에 대체키(alternate key)로 선정한다.

2) 외래키의 정의

두 개체 간의 관계를 결정하는 속성으로 자식개체에 위치하며 대부분의 경우 부모개체의 기본키와 같은 속성으로 구성되는 것을 외래키(foreign key)라고 한다. 즉 자식 테이블이 부모테이블을 참조하면서 생기는 컬럼(column)을 말한다. 외래키의 정의 절차는 자식개체(child entity)를 결정하고 외래키를 정의하는 순으로 이루어진다. 먼저 [그림 7-11]과 같이 자식개체를 결정한다. 자식개체는 일대다 관계인 경우 다(many)쪽이 되며, 일대일인 경우 선택성을 갖는 쪽이 된다. 그리고 다대다인 경우 일대다로 분할한다.

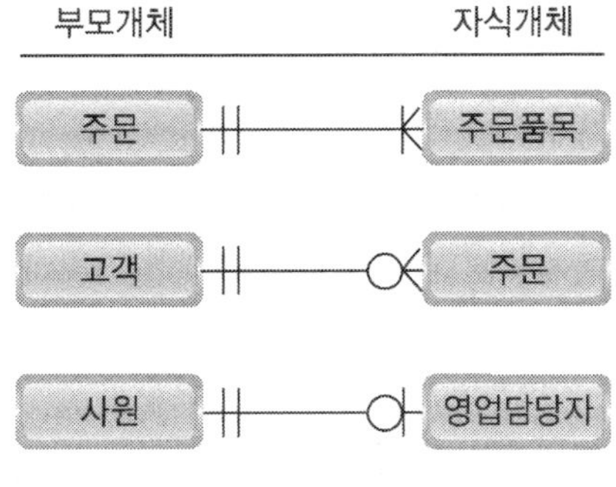

[그림 7-11] 부모개체와 자식개체

이렇게 자식개체의 결정이 이루어지면 [그림 7-12]와 같이 외래키를 정의한다.

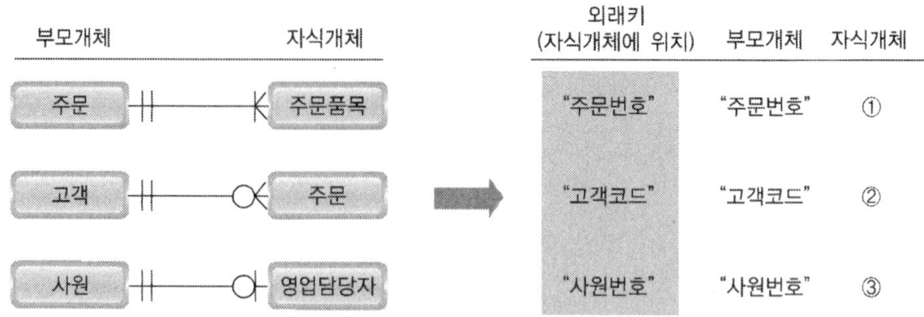

[그림 7-12] 외래키의 정의

①의 기본키의 일부가 외래키가 되는 경우에는 일대다의 관계에서 발생하고, ②의 기본키가 아닌 다른 속성이 외래키가 되는 경우에도 일대다의 관계, ③에서는 일대일의 관계에서 발생한다. 이때 외래키와 부모개체의 속성의 이름을 같게 하면 혼돈을 줄 수 있다.

3) 외래키 업무규칙의 정의

외래키 업무규칙(foreign key business rule)은 개체 간의 관계로부터 나오는 데이터 무결성 개념으로 참조 무결성(referencial integrity)이라고 한다. 이는 관계를 갖는 개체의 특정 한 건의 데이터가 입력이나 삭제 또는 관계를 결정하는 속성이 수정될 때, 이를 통제하여 데이터의 정확성을 보장해 주기 위한 업무규칙이다. 외래키 업무규칙의 정의 절차는 ①외래키의 업무 규칙 추출, ②외래키의 업무 규칙 정의, ③외래키의 업무 규칙 검증 등의 순으로 이루어진다.

외래키 업무규칙 추출에서는 입력, 수정, 삭제의 세가지 규칙을 별도로 파악할 수 있다. 먼저 입력규칙(insert rule)은 자식개체에 데이터가 입력될 때 또는 외래키가 수정될 때 적용된다. 즉 자식테이블에 데이터를 입력할 때 부모테이블에 있는 데이터만 입력할 수 있다. 삭제규칙(delete rule)은 부모개체에 특정 데이터가 삭제될 때 적용되는데 현업업무처리 기준에 따라 삭제 여부를 결정한다. 마지막으로 수정규칙(update rule)은 기본키가 아닌 경우에 한해서 부모개체의 관계에 대응하는 속성이 수정될 때 적용된다. 외래키 업무 규칙을 추출할 때에는 데이터베이스의 관점에서 데이터 무결성(정확성, 일치성)만을 강조하지 말고 현업의 업무처리 규칙에 근거하여 추출하여야 한다. 세가지 외래키 업무규칙을 정리한 것이 [표 7-3]이다.

[표 7-3] 외래키 업무규칙

• 입력규칙(insert rule)

Dependent : 대응되는 부모개체가 있는 경우에만 자식개체의 입력/수정 허용
Automatic : 자식개체의 입력/수정을 항상 허용하고 동시에 대응되는 부모개체가 없는 경우 이를 자동 생성
Nullify : 대응되는 부모개체가 없는 경우 외래키를 널(null) 값으로 처리
Default : 대응되는 부모개체가 없는 경우 외래키를 지정된 초기 값으로 처리
Customized : 특정한 검증조건이 만족되는 경우에만 자식개체의 입력/수정을 허용
No Effect : 자식 개체의 입력/수정을 조건 없이 허용

• 삭제규칙(delete rule)

Restrict : 대응되는 자식개체가 없는 경우에만 부모개체의 삭제를 허용
Cascade : 부모개체의 삭제를 항상 허용하고 동시에 대응되는 자식개체의 모든 것을 자동 삭제
Nullify : 부모개체의 삭제를 항상 허용하고 동시에 대응되는 자식개체의 외래키를 널로 수정
Default : 부모개체의 삭제를 항상 허용하고 동시에 대응되는 자식개체의 외래키를 지정된 초기 값으로 수정
Customized : 특정한 검증조건이 만족되는 경우에만 자식개체의 삭제를 허용
No Effect : 자식 개체의 삭제를 조건 없이 허용(관계의 무결성을 깨뜨린다.)

• 수정규칙(update rule)

Restrict : 대응되는 자식개체가 없는 경우에만 부모개체의 수정을 허용
Cascade : 부모개체의 수정를 항상 허용하고 동시에 대응되는 자식개체의 모든 것을 자동 수정
Nullify : 부모개체의 수정을 항상 허용하고 동시에 대응되는 자식개체의 외래키를 널로 수정
Default : 부모개체의 수정을 항상 허용하고 동시에 대응되는 자식개체의 외래키를 지정된 초기 값으로 수정
Customized : 특정한 검증조건이 만족되는 경우에만 자식개체의 수정을 허용
No Effect : 자식 개체의 수정을 조건 없이 허용

이러한 원칙하에 관계별로 [표 7-4]와 같이 외래키 업무규칙 정의표를 작성한다. 이 표를 작성한 후에는 작성자는 현업 담당자와 지속적인 검토작업을 통해 수정 보완해야 한다.

[표 7-4] 외래키 업무규칙 정의표

부모체계	관계	자식개체	외래키	업무규칙		
				입력	삭제	수정
주문	─┼┼────<	주문품목	주문번호	Dependent	Cascade	N/A
고객	─┼┼────○<	주문	사업자등록번호	Dependent	Restrict	N/A

마지막으로 외래키 업무규칙 검증을 하기 위한 방법으로 모든 관계에 대하여 반드시 한 개의 입력규칙과 삭제규칙을 지정하고 부모개체에서 관계를 결정하는 속성이 기본키가 아닌 경우 한 개의 수정규칙을 지정한다. 또한 입력규칙/삭제규칙에서 "Nullify"보다는 "Default"를 사용하고, 외래키가 기본키의 일부일 경우 "Nullify"를 사용해서는 안 된다. 상부유형 개체와 하부유형 개체관계일 때 입력규칙은 "Dependent" 또는 "Automatic", 삭제규칙일 경우에는 "Restrict" 또는 "Cascade" 등으로 설정한다.

지금까지 설명한 개체별 식별자 정의에서는 대상 식별자 선정, 개체 무결성 검증, 기본키 선정이 이루어졌으며 외래키 정의에서는 자식개체를 결정, 외래키를 정의하였다. 또한 외래키 업무규칙의 정의에서는 입력규칙, 삭제규칙, 수정규칙과 같이 외래키 업무규칙을 추출하고 외래키 업무규칙을 정의하여 외래키 업무규칙을 검증하였다.

2.2 속성과 도메인의 정의

데이터 모형 상세화 단계에서는 속성(attribute) 정의, 도메인(domain) 정의, 하부유형 개체 정의, 속성 업무규칙 정의 순으로 이루어진다.

1) 속성

속성은 개체에 통합되는 구체적인 데이터 항목으로 더 이상 분리될 수 없는 최소의 데이터 보관 단위이며 개체에 내포되어 있는 성질 혹은 특성을 말하며 개체 또는 관계의 성질을 표현한다. 속성의 이름은 명사를 사용하고 타원으로 표시하여 관련 있는 개체를 연결한다. 이러한 속성에는 개체 집합의 인스턴스를 유일하게 식별할 수 있는 속성, 혹은 속성들의 집합인 후보키와 개체 집합의 유일한 식별로 사용하기 위해 선택된 후보키인 기본키가 있다.

[표 7-5] 속성의 예

개 체	속 성	속성값
사원	성 명	홍길동
	입사일자	1998.3.5
	사 번	1234
	생년월일	1973.1.1
	근무부서	영업
	직 책	팀장

이러한 속성 정의절차는 ① 속성 추출, ② 속성 배치, ③ 속성 검증 순으로 이루어진다. 먼저 속성 추출을 위한 자료원천(source)은 정보 분석 단계에서 수립된 각종 자료 즉 서식, 장부, 보고서, 기존 정보시스템, 프로세스 모델링의 자료사전 등이다. 속성명을 부여할 때에는 현업에서 주로 사용하고 있는 단어를 중심으로 추출하고, 소유격 사용과 약어사용을 배제하며, 이름 표준안을 준비하도록 한다. 다음으로 속성을 배치할 경우에는 기본키에 종속되는 속성을 해당 개체에 배치하고 가능한 범위 내에서 부모개체 쪽으로 배치하도록 한다. 예를 들어 [그림 7-13]을 보면, 제품명의 속성은 주문 개체보다는 부모개체인 제품 개체에 배치하는 것이 타당하다.

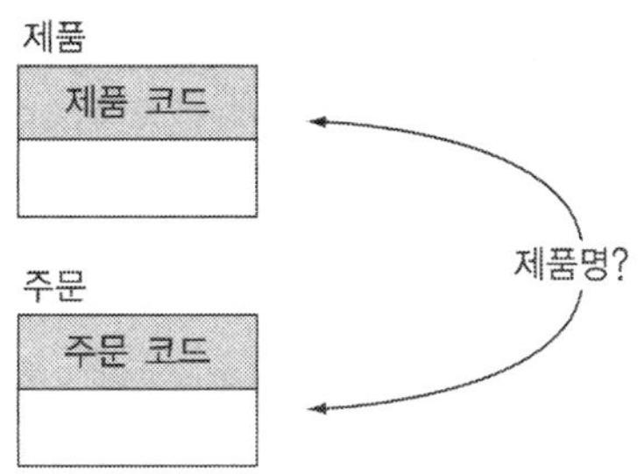

[그림 7-13] 속성의 배치원칙 1

그리고 속성이 여러 개의 값을 가질 수 있는 경우에는 [그림 7-14]와 같이 새로운 자식개체를 만들어 자식개체의 속성으로 재배치한다.

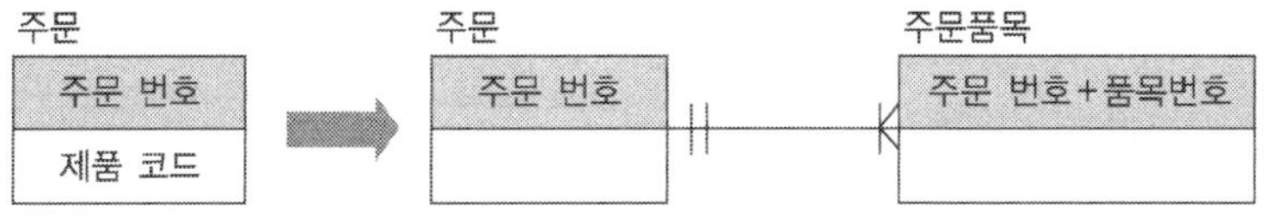

[그림 7-14] 속성의 배치원칙 2

또한 다대다가 발생하는 경우, 관계에 구체화 시켜주는 속성이 존재한다는 것을 의미하므로, [그림 7-15]와 같이 관계를 개체로 전환시켜 해당 속성을 배치한다.

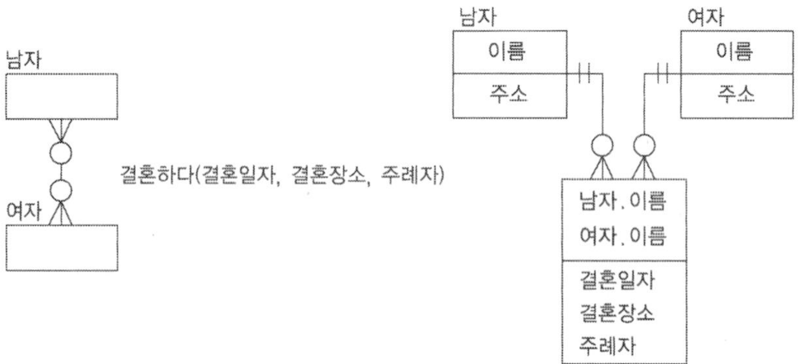

[그림 7-15] 속성의 배치원칙 3

상부유형 개체와 하부유형 개체 내에 속성을 배치하는 경우에는, [그림 7-16]과 같이 상부유형 개체에 하부유형 개체의 구분항목을 속성으로 등록하고 하부유형개체 모두에 포함되는 속성을 상부유형 개체로 이동한다.

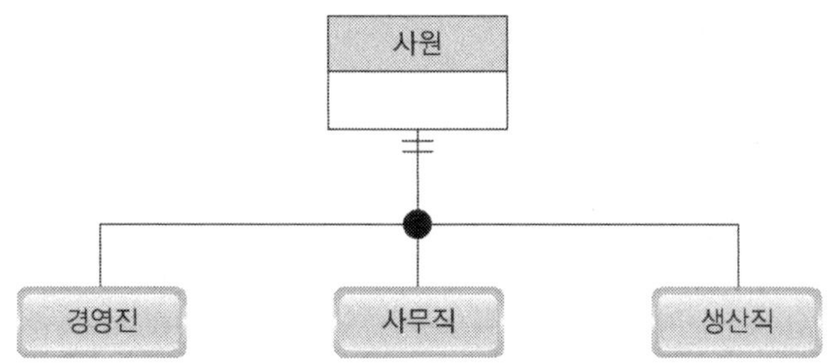

[그림 7-16] 속성의 배치원칙4

마지막으로 속성의 배치를 마친 후 속성 검증이 이루어지는데 코드 값을 갖는 속성의 사용 지침은 아래와 같다.

- 현업에서 통상적으로 사용하는 것 이외에는 가급적 사용 억제 ("결혼구분" : '1' - 미혼, '2' - 결혼, '3' - 이혼, '4' - 홀아비)
- 전산처리를 기초로 한 각종 프로그램 형태의 속성은 제외('마감처리구분' , …)
- 외래키 업무규칙 정의표의 속성 의미에 따라 상호 독립적으로 유지 ('제품분류코드' , '품목분류' , '기능분류' , '규격분류')

2) 도메인

도메인은 속성이 가질 수 있는 값에 대한 업무적 제약요건으로부터 파악된 일련의 특성을 의미한다. [그림 7-17]의 예를 보면, 입사일자의 속성값을 어떤 식으로 표기해야 하는지의 규칙을 규정하고 있다. 이러한 도메인 정의 절차는 도메인 추출, 도메인 정의, 도메인 검증 순으로 이루어진다.

개체	속성	속성값
사원	입사일자	1. '94/1/1 2. '94/6/1 3. '94년 첫째 월요일 4. "-(Null)

[그림 7-17] 도메인의 예

도메인을 추출하기 위해서는 모든 속성에 대하여 다음과 같은 특성을 현업의 업무규칙으로부터 파악한다.

- 데이터 형태(data type) : 숫자, 문자, 날짜 등
- 길이(length)
- 보여지는 모습(format/mask) : YY/MM/DD, 9999-999-9999 등
- 허용되는 값의 제약조건(value constraint) : 'A' Thru 'D'
- 의미(meaning)
- 유일성(uniqueness)
- 널여부(null support) : Null/Not Null
- 초기값(default value)

도메인을 추출한 후에는 도메인을 정의하기 위해 [표 7-6]과 같이 도메인 정의표를 작성한다.

[표 7-6] 도메인 정의표의 예

속성명	Data Type	Length	Format	Range	Meaning	Uniqueness	Null Support	Default Value
사원번호	Digit	4	9999	1000–7999	사원번호	Unique	Not Null	N/A
주민등록번호	Digit	7	9999999	N/A	주민번호 끝 7자리	Unique	Not Null	N/A
성명	Char	20	N/A	N/A	사원이름	Not Unique	Not Null	N/A
입사일자	Digit	8	YY/MM/DD	공휴일 제외	입사한 날짜	Not Unique	Not Null	Sysdate

이 도메인 정의표 역시 현업담당자와의 지속적인 검토와 수정이 필요하며, 도메인 정의가 끝나고 도메인 검증을 실시한다. 먼저 기본키에 대한 검증을 한다. 단일 속성인 경우는 "Unique"인데 사원 개체의 기본키인 사원번호가 "Unique"가 되며, 2개 이상의 속성으로 구성된 경우 각 속성은 "Not Unique"로, 주문품목 개체의 기본키인 주문번호와 일련번호는 "Not Unique"이다. 또한 기본키는 반드시 "Not Null"이어야 하며 하부유형개체의 기본키 도메인은 상부유형개체의 기본키 도메인의 하부유형이 된다.

다음으로 외래키에 대한 검증을 살펴보면 외래키의 도메인은 부모개체의 대응속성(대부분 기본키)의 도메인과 일치한다. 예를 들어, [그림 7-18]을 보면 자식개체의 외래키의 도메인값은 부모개체의 주문번호의 도메인값과 일치해야 한다.또한 외래키의 "Uniqueness"는 관계의 기수성과 일치한다. 예를 들어 일대일은 "Unique", 일대다는 "Not Unique"이라 할 수 있다.

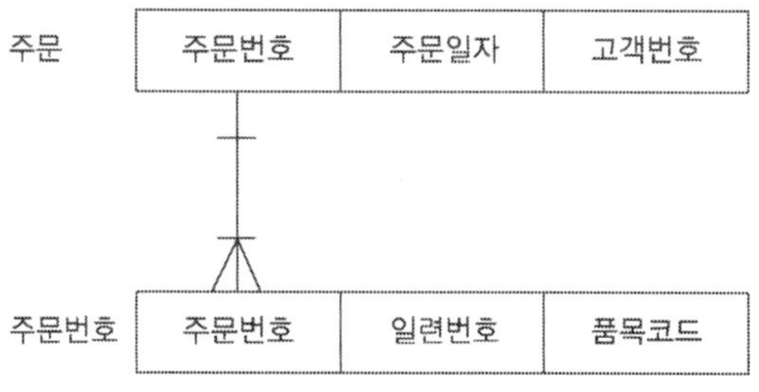

[그림 7-18] 외래키 도메인의 검증

다른 속성으로부터 계산되거나 유도되어진 파생속성(derived attribute)과 추출속성에 대한 검증으로는 원시속성의 데이터 유형과 일치해야 하며 허용되는 값의 제약조건에 파생 알고리즘 또는 추출 공식을 명기한다. 예를 들면, [그림 7-19]에서 "금액" 속성

은 "수량"과 "단가"를 곱하여 나온 파생속성이다. 그리고 [그림 7-20]에서 주문개체의 주문총액은 추출 알고리즘을 통해 파생된 속성이다.

금액?　　수량 × 단가
"Numeric"　"Numeric"

[그림 7-19] 파생속성의 검증

주문.주문총액

Data Type : Digit
Length : 10
Format : ₩9,999,999,999
Range : >=0
추출알고리즘 : Sum(주문품목, 금액)
　　Where 주문품목.주문번호 = 주문.주문번호
Meaning : 해당주문 건의 총 주문 금액
Uniqueness : Not Unique
Null Support : Not Null
Default Value : 0

[그림 7-20] 추출속성의 검증

2.3 속성 업무규칙의 정의

속성 업무규칙(attribute business rule)이란 도메인 무결성에 부가하여 입력, 수정, 삭제 또는 조회 등의 작업이 동일 개체나 또는 다른 개체의 속성에 미치는 연쇄작용(triggering operation)에 관련된 업무규칙으로 데이터 무결성의 마지막 단계이다. 업무 규칙으로 예를 들어 설명하면, 아래와 같은 규칙을 정할 수 있다.

규칙1) 외상주문은 해당고객의 미수총액이 천만원을 초과한 경우 접수 할 수 없다.
규칙2) 납기일은 주문일로부터 3일 이후 이어야 한다.
규칙3) 주문접수 수량은 해당 품목 포장단위의 배수이어야 한다.

속성 업무규칙 정의 절차로는 ① 속성 업무규칙 추출, ② 속성 업무규칙 유형분류, ③ 속성 업무규칙 정의 순으로 이루어진다. 우선 속성업무규칙 추출은 속성값이 무결성과 관련된 모든 사용자 규칙에 대하여 아래와 같은 항목을 현업의 업무규칙으로부터 파악한다.

사용자 규칙은 해당 업무규칙을 알기 쉽게 기술하고 사건은 사용자 규칙을 유발시키는 행위, 개체명은 사건에 영향을 미치는 개체, 속성명은 사건에 영향을 미치는 속성('UPDATE' 일 경우), 조건은 연쇄작용이 발생하기 위한 조건, 연쇄 작용은 사건에 의해 유발되어 수행되어야 할 행위로 파악한다.

속성 업무규칙은 4가지 유형으로 분류할 수 있다. 첫 번째 유형은 사용자 규칙에 의한 연쇄작용으로 예를 들면 납기일은 주문일로부터 3일 이후이어야 한다. 두 번째 유형은 원시속성의 변화에 의한 추출속성의 연쇄작용으로, 예를 들면 지불.지불액(지불개체의 지불액속성)의 변경시 주문.주문관련(주문개체의 주문완결체크 속성)으로 나타낼 수 있으며, 세 번째 유형으로는 하부개체유형의 삭제에 따른 상부개체유형의 연쇄작용을 말한다(그림 7-21 참조).

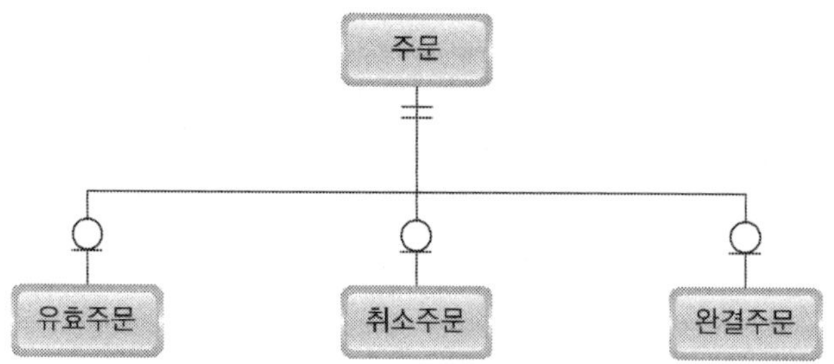

[그림 7-21] 속성 업무규칙의 예

마지막 유형으로는 시점에 의해 자동적으로 유발되는 연쇄작용으로 예를 들면 주문대금 완납일자로부터 1년이 경과하면 자동 삭제 되는 경우이다. 속성업무규칙 유형 분류를 바탕으로 속성업무규칙 정의가 이루어지는데 속성업무규칙 정의표의 예는 [표 7-7]과 같다.

[표 7-7] 속성 업무규칙 정의표의 예

사용자규칙	사 건	개체명	속성명	조건	연쇄작용
유형1 : 납기일은 주문일로부터 3일 이후이어야 한다.	INSERT	주문	N/A	납기일<주문일+3	입력취소
유형2 : N/A	UPDATE	주문	납기일	납기일<주문일+3	수정취소
	INSERT	지불	N/A	해당주문건에 대한 현재까지의 지불액 합계=주문총액	set 완결구분='Y'
	UPDATE	지불	지불액		
	UPDATE	지불	지불액	지불액<주문총액	set 완결구분='N'

이와 같이 속성정의는 속성추출, 속성 정의, 속성 검증을 순으로 이루어지며, 도메인 정의는 도메인 추출, 도메인 정의, 도메인 검증순으로 이루어진다. 마지막으로 속성업무 규칙 정의는 속성업무 규칙 추출, 속성업무 규칙 유형분류, 속성업무 규칙 정의로 이루어진다.

3 정규화

정규화(normalization)는 데이터베이스 설계시에 고려해야 할 매우 중요한 요건이다. 정규화는 데이터베이스의 물리적 구조나 물리적 처리에 영향을 주는 것이 아니라, 논리적 처리 및 품질에 큰 영향을 미친다. 데이터베이스 설계자는 컴퓨터 시스템 기억장치의 효율성을 위해 파일상의 레코드와 레코드 상의 데이터 요소들을 그룹화해야 한다. 심지어는 하나의 데이터베이스 또한 수많은 그룹의 조합을 갖는다. 레코드들에 있어서 서로 관련되는 데이터 속성 요소들 간의 종속성을 최소화하기 위한 구성 기법이 정규화이다. 정규화는 데이터의 입력, 수정, 삭제 시 문제점이 발생하지 않도록 구조화된 관계로 테이블(table)을 변경하는 것이며 완전히 정규화된 데이터모형은 논리적 데이터모델링의 목적인 정확성, 일치성, 단순성, 미중복성, 안정성 등을 보장해주는 최적의 테이터 모형이다.

3.1 비정규형 데이터 모델의 문제점

비정규형 관계는 속성이 오직 하나의 원자 값(atomic value)을 취해야 한다는 조건을 만족하지 못하는 관계이다. 즉, 비정규형 관계에서는 한 튜플(tuple)이 여러 개의 값을 갖는 다중치(multi-valued) 속성이나 복합 값을 취하는 형태라 할 수 있다. [그림 7-22]는 인터넷 서점 쇼핑몰의 상품주문 테이블이다. 일단 테이블은 오직 상품주문 테이블만 있다고 가정한다. 이 테이블의 기본키는 회원ID와 상품번호를 결합하여 만들었다. 이 때 데이터의 입력, 삭제, 수정시 다음과 같은 문제점이 발생한다.

기 본 키

회 원 ID	상 품 번 호	상 품 이 름
seek	BB20311	경영정보시스템
seek	BB20101	지식의 지배
seek	BB35371	인터넷 뛰어넘기
stafwars	BB20311	경영정보시스템
stafwars	BB20101	지식의 지배

[그림 7-22] 비정규형 상품주문 테이블 예

- 삽입이상 : 아직 주문하지 않은 새로운 책은 테이블에 입력할 수 없다. 기본키 중의 하나인 회원ID가 아직 없기 때문이다.
- 삭제이상 : seek회원이 "BB35371"상품을 주문취소할 경우, 상품번호가 "BB35371"인 것이 단 한 개만 테이블에 있다면 상품정보도 함께 없어지게 된다.
- 수정이상 : 상품이름 중 "경영정보시스템"을 "경영정보학 연구"라고 수정할 경우, 상품이름이 중복되어 있기 때문에 여러 부분을 수정해야 한다.

따라서 데이터의 입력, 수정, 삭제시 문제점이 없도록 테이블을 설계하는 것이 필요한데 이런 과정을 정규화를 통해서 이룰수 있다.

3.2 정규화 단계

정규화는 데이터의 중복성과 불일치성을 최소화하기 위해 가장 단순한 구조로 테이블을 만드는 것이다. 적절한 정규화 작업은 데이터베이스 품질을 좌우하므로 데이터베이스 설계에 있어서 가장 중요한 작업이다. 그리고 이와 같이 중복성을 최소화할 수 있도록 테이블을 정의하는 작업이 데이터 모델링에서 가장 중요한 부분이라 할 수 있다. 정규화는 [그림 7-23]과 같이 비정규형 테이블에서 3차 정규형 테이블까지 단계적으로 중복성을 줄여나가는 과정이다. 물론 3차이상의 Boyce-Coad 정규형, 4차 정규형, 5차 정규형이 있다. 이에 대해서는 데이터베이스 전문서적을 참고하기 바란다.

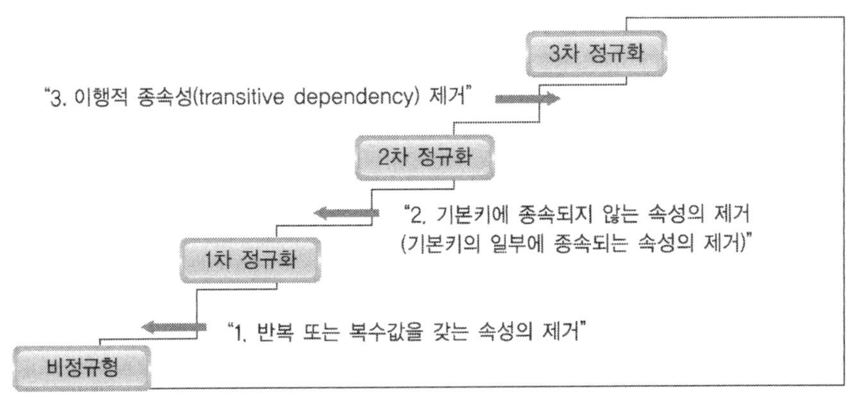

[그림 7-23] 정규화 단계

1) 비정규형 테이블

인터넷 서점에서 [그림 7-24]와 같은 주문서를 사용한다고 가정하자. 이와 같은 주문서를 이용해 관계형 테이블을 만들고자 한다. 정규화를 고려치 않고 일단 주문서에 나와 있는 정보를 이용해 테이블에 표현한 것이 [그림 7-25]이다.

기본키로 주문번호와 상품번호로 설정하였다. 주문서의 합계부분은 분량과 정가를 알면 구할 수 있는 값이므로 속성으로 선정하지 않았다. 이 테이블도 앞서 설명한 [그림 7-22]의 경우처럼 '삽입이상', '수정이상', '삭제이상' 등이 발생한다. 예를 들어 주문 담당자가 이 주문을 처리하기 위해서는 '고객이름', '회원ID', '주문일자' 등을 반복해서 입력해야 하는 불편이 있음을 알 수 있다. 이 테이블을 기초로 하여 정규화된 테이블을 만들어 보자.

주 문 서

http://www.bookbook.com
주문번호 : 26456　　　　주 문 일 : 2006년 11월 1일
고객이름 : 홍길동　　　　회 원 ID : seek
주　　소 : 서울 성동구 행당동 17
전　　화 : 02-2290-0001

상품번호	제 목	저 자	분량(권)	정 가	합 계
BB20311	경영정보시스템	조남재 외	2	25,000	50,000
BB20101	지식의 지배	체스터 서로우	1	9,500	9,500
BB35371	인터넷 뛰어넘기	신선주	1	16,500	16,500

중간 합계	76,000원
배송 비용	1,500원
금액 합계	77,500원

[그림 7-24] 인터넷 서점의 주문서 예제

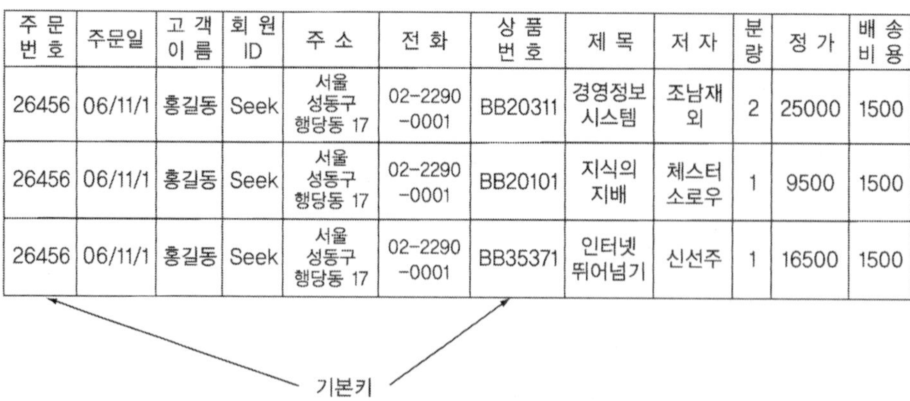

주문번호	주문일	고객이름	회원ID	주소	전화	상품번호	제목	저자	분량	정가	배송비용
26456	06/11/1	홍길동	Seek	서울 성동구 행당동 17	02-2290 -0001	BB20311	경영정보 시스템	조남재 외	2	25000	1500
26456	06/11/1	홍길동	Seek	서울 성동구 행당동 17	02-2290 -0001	BB20101	지식의 지배	체스터 소로우	1	9500	1500
26456	06/11/1	홍길동	Seek	서울 성동구 행당동 17	02-2290 -0001	BB35371	인터넷 뛰어넘기	신선주	1	16500	1500

[그림 7-25] 인터넷 서점 주문서의 비정규형 테이블

2) 1차 정규화

1차 정규화에서는 반복되는 속성이나 그룹 속성을 제거하고 이를 새로운 개체로 분리한 뒤 기존의 개체와 일대다의 관계를 형성한다. 1차 정규형화는 가장 초보적인 형태의 정규화이며, 그 자체만으로 바람직한 관계를 형성하고 있다고 보기 어렵다. 1차 정규화라도 뒤에 설명되는 2차 정규화의 조건을 만족하지 못하면 데이터 사용 과정에서 입력, 삭제 문제, 데이터의 중복 등 여러 가지 문제점을 발생시킨다.

[그림 7-25]의 비정규형 테이블에서 반복되는 속성을 살펴보면, '주문번호', '주문일', '고객이름', '회원ID', '주소', '전화', '배송비용' 등이 반복됨을 알 수 있다. 반복되는 양만큼 테이블의 낭비와 데이터를 입력해야 하는 수고가 따라야 한다. 따라서 반복집단을 별도로 분리하여 테이블을 추가하였다. 즉 테이블은 주문서 테이블에서 [그림 7-26]과 같이 주문대장 테이블과 주문상세 테이블로 분리하였다. 주문번호는 주문대장 테이블과 주문상세 테이블에 공통적으로 들어가 있는 공동필드이다. 이 때 주문번호는 두 테이블 간을 연결해주는 역할을 한다.

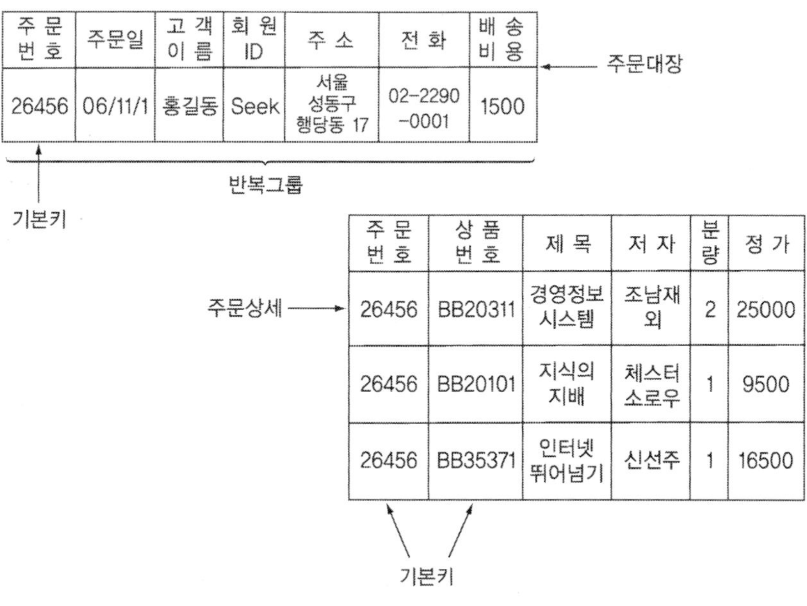

주문번호	주문일	고객이름	회원ID	주소	전화	배송비용
26456	06/11/1	홍길동	Seek	서울 성동구 행당동 17	02-2290 -0001	1500

주문번호	상품번호	제목	저자	분량	정가
26456	BB20311	경영정보 시스템	조남재 외	2	25000
26456	BB20101	지식의 지배	체스터 소로우	1	9500
26456	BB35371	인터넷 뛰어넘기	신선주	1	16500

[그림 7-26] 인터넷 서점 주문서의 1차 정규형 테이블

3) 2차 정규화

2차 정규화는 키가 아닌 모든 속성이 기본키에 완전 함수적 종속(fully functional dependency)관계를 갖는 것이다. 제 1 정규형 관계를 제 2 정규형으로 전환하기 위해서는 후보키(candidate key)에 종속되지 않는 키가 아닌(nonkey) 속성들을 모아 별도의 관계로 분리시켜 나가야 한다. 즉, 부분적 종속성(partial dependency)을 갖는 필드를 제거한다. 복합키(composit primary key)로 구성된 경우 해당 테이블 안의 모든 컬럼들은 복합키 전체에 의존적이어야 한다. 쉽게 설명하면, 2차 정규화는 기본키에 부분적으로만 종속되는 속성을 제거하는 단계이다. 1차 정규형 테이블인 주문대장 테이블과 주문상세 테이블에는 여전히 데이터 중복성이 존재하고 있다(그림 7-26 참조). 먼저 주문상세 테이블을 보면, 이 테이블의 기본키는 주문번호와 상품번호이다. 그런데 '제목', '저자', '정가' 등의 속성을 살펴보면 기본키 중 상품번호에만 종속되어 있음을 알 수 있다. 따라서 2차 정규화에서는 [그림 7-27]과 같이 기본키에 부분적으로만 종속되는 속성을 분리하여 별도의 테이블을 만들었다.

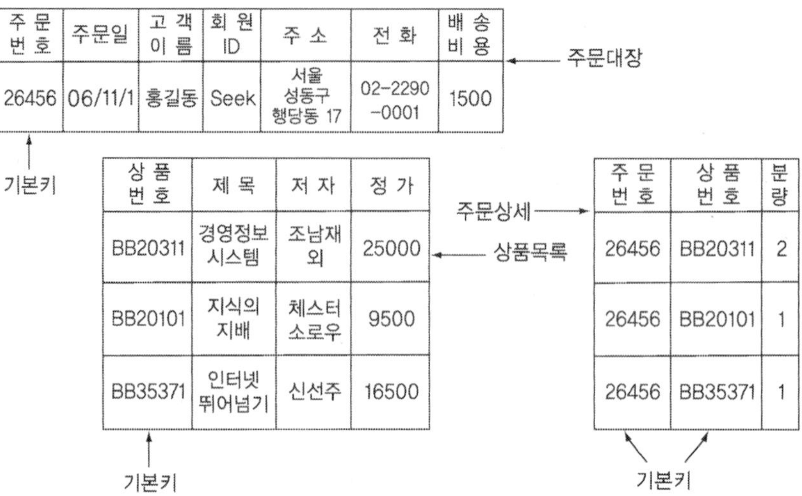

[그림 7-27] 인터넷 서점 주문서의 2차 정규형 테이블

4) 3차 정규화

3차 정규화는 키가 아닌 모든 속성은 이행적 종속(transitive dependency)이지 않아야 한다. 또한 [그림 7-27]에서 보면, 주문대장 테이블에 '고객이름', '주소', '전화' 등의 속성은 주문대장 테이블의 기본키와는 직접적인 관련은 없고 오히려 '회원ID'에 종속되어 있는 것을 알 수 있다. 따라서 3차 정규화에서는 [그림 7-28]처럼 이런 속성을 별도의 테이블로 분리하였다.

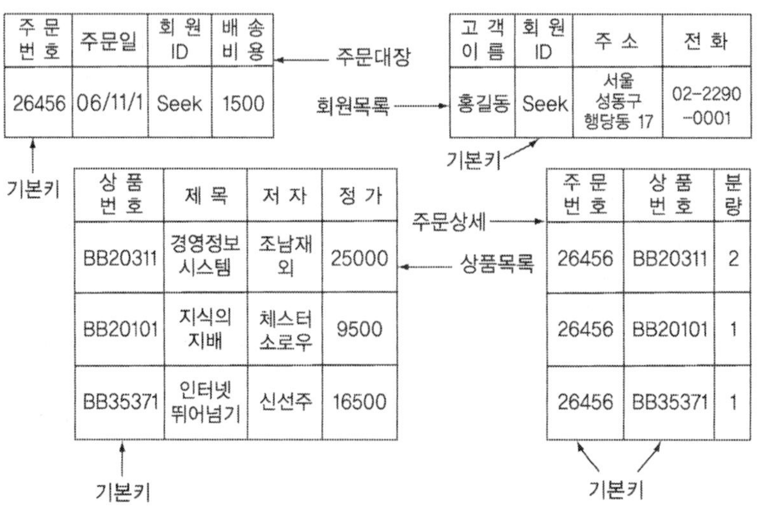

[그림 7-28] 인터넷 서점 주문서의 3차 정규형 테이블

이 때, 특정 테이블에서 다른 속성으로부터 계산할 수 있는 속성(derived attribute)은 제거되어야 한다. 예를 들면 주문테이블에서 판매금액은 주문수량(분량)과 상품단가(정가)를 곱하여 산출 될 수 있다. 이 경우 판매금액은 제거되어야 한다. [그림 7-28]은 3차 정규형이 완전히 달성된 형태이다.

5) 개체관계도

인터넷서점 주문시스템이 정규화된 개체의 관계를 그림으로 나타내면, [그림 7-29]와 같다.

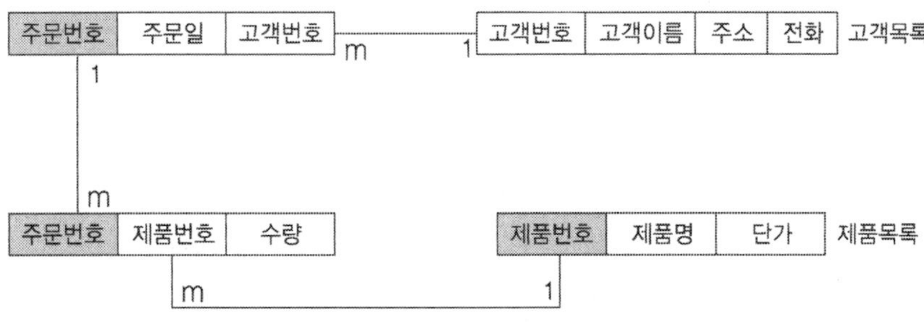

[그림 7-29] 정규화된 개체의 관계

정규화에 의해 3차 정규형 테이블을 정의하게 되면 분리된 테이블 사이에 관계가 형성된다. 이 관계에 의해 다시 분리되기 전의 테이블이 제공할 수 있었던 정보를 복구하게 되는 것이다. 도출된 상품목록, 주문대장, 주문상세, 회원목록 테이블 간의 관계를 살펴보면 다음과 같다.

- 한번의 주문 시 여러 개의 주문내역(여러 개 의 제품)을 가질 수 있다.
- 한 회원은 주문을 여러 번 할 수 있다.
- 상품에 대해 여러 번에 걸쳐 판매될 수 있다.

이를 바탕으로 [그림 7-30]은 마이크로소프트 엑세스로 개체와 관계를 표현하였다. 그림을 보면, 상품목록 테이블과 주문상세 테이블간에는 일대다의 관계를 형성하고 있다.

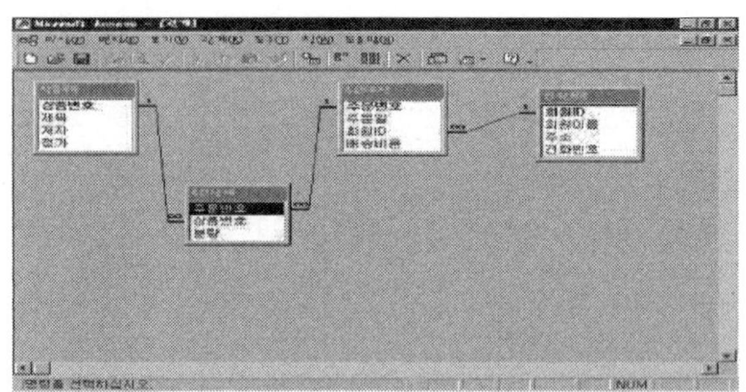

[그림 7-30] 인터넷 서점 주문서의 개체와 관계

3.3 데이터모형 통합

데이터모형 통합을 하기 위해서는 업무영역에 대한 논리적 데이터 모형의 각기 다른 사용자나 세부 업무활동에 대한 개체들을 조합하여 완벽한 논리적 데이터 모형을 완성한다. 데이터모형 통합의 목적은 복합적인 개체들을 정확하게 표현하고, 중복성 제거, 개체 관계의 불일치성을 해결, 개체 간의 새로운 관계나 업무규칙을 추가하는 것이다. 진행절차로는 개체와 기본키 업무규칙 통합, 관계와 외래키 업무규칙 통합, 속성과 속성 업무규칙 통합으로 이루어진다.

이중에서 개체와 기본키 업무규칙 통합을 살펴보면 첫째로 동일한 기본키를 갖는 개체의 통합을 고려해야 하는 경우이다. 이때는 통합 개체의 기본키에 이전 개체들의 모든 속성을 포함해야 한다. 예를 들면 [그림 7-31]과 같이 고객과 판매처는 의미론적으로 동일한 형태를 가진 것이다.

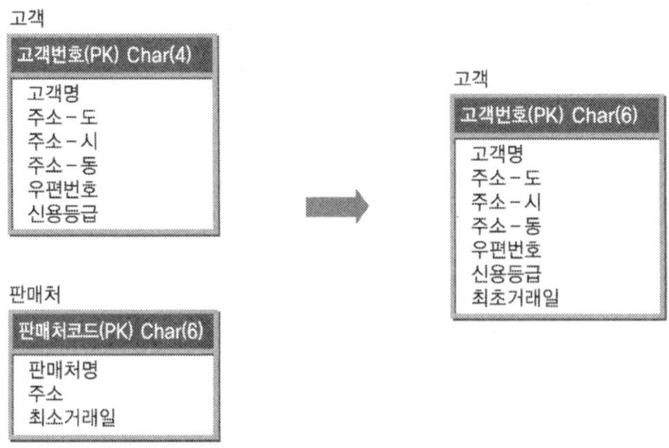

[그림 7-31] 동일한 기본키를 갖는 개체의 통합

두 번째로는 기본키가 서로 식별자(identifier)가 될 수 있는 개체와 통합을 고려하는 경우이다. 이 또한 통합된 개체의 기본키는 이전 개체들의 모든 속성을 포함해야 한다. 예를 들면 [그림 7-32]와 같다. 동우회코드는 사원의 부분집합이며 각각 다른 기본키를 사용하고 있다.

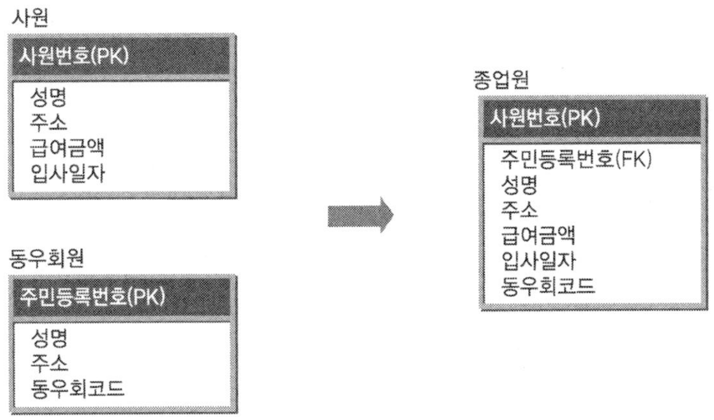

[그림 7-32] 서로 다른 기본키를 갖는 개체의 통합

셋째로는 기본키는 같으나 도메인 중 '허용되는 값의 범위'가 틀릴 경우 상부유형개체의 추가 생성해야 한다(그림 7-33참조).

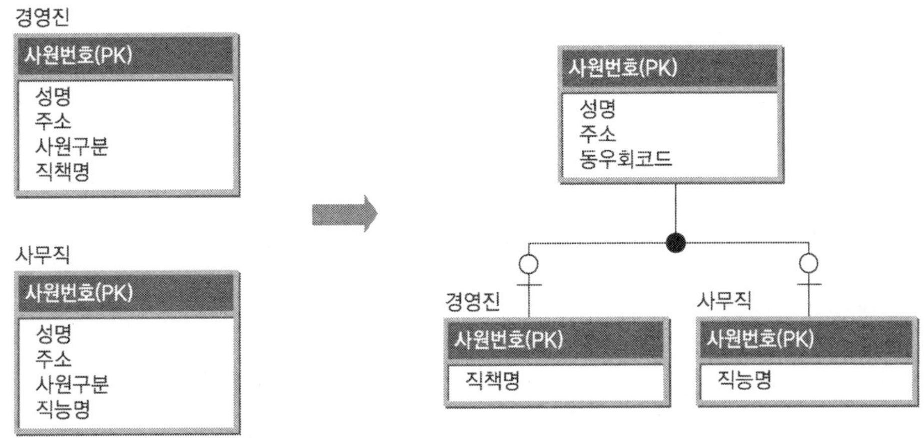

[그림 7-33] 기본키는 같으나 도메인 범위가 다른 개체의 통합

주요용어 Main Terminology

- 관계(relationship)
- 개체(entity)
- 개체관계도(ERD: entity relationship diagram)
- 기수성(cardinality)
- 기본키(primary key)
- 논리적 데이터 모델링(logical data modeling)
- 도메인(domain)
- 대체키(alternate key)
- 데이터 모델링(data modeling)
- 물리적 데이터 모델링(physical data modeling)
- 선택성(optionality)
- 속성(attribute)
- 속성 업무규칙(attribute business rule)
- 식별자(identifier)
- 외래키(foreign key)
- 외래키 업무규칙(foreign key business rule)
- 이행적 종속(transitive dependency)
- 정보전략계획(ISP: information strategy planning)
- 참조 무결성(referencial integrity)
- 정규화(normalization)
- 테이블(table)
- 함수적 종속(functional dependency)
- 후보 식별자(candidate identifier)

연습문제 Exercises

1. 논리적 데이터 모델링에 대해 설명하여라.
2. 데이터모형 토대구축시 필요한 개체, 관계, 개체 관계도에 대해서 설명하라.
3. 기본키와 외래키를 비교 설명하라.
4. 속성과 도메인은 무엇인가?
5. 정규화가 왜 필요한지에 대해 설명하라.
6. 정규화 단계에 대해서 서술하라.
7. 비정규형 데이터 모델의 문제점에 대해서 간략하게 서술하라.
8. 제 6장의 19번 연습문제에 정의된 도서 대출시스템에 대하여 다음 물음에 답하라.

   (1) 개체관계도(ERD)를 작성하여라.

   (2) 대출신청서의 속성을 열거하고 도메인 정의표를 작성하라.

   (3) 대출신청서의 속성업무규칙정의표를 작성하여라.

   (4) 대출신청서에 대하여 1차 정규화를 하라.
9. 제 6장의 20번 연습문제에서 정의된 비디오관리 시스템에 대하여 다음 물음에 답하라.

   (1) 개체관계도(ERD)를 작성하여라.

   (2) 비디오 대여 장부의 속성을 열거하고 도메인 정의표를 작성하라.

   (3) 비디어 대여 장부에 대하여 1차 정규화를 하라.

참고문헌 Literature Cited

김연홍, 우성미, 문택근, 알기 쉽게 해설한 데이터베이스 모델링, 프리렉, 2002.

마노 타다시 저, 임병균 역, 실천적 데이터모델링 입문, 영진.COM, 2005.

손호성, 소설처럼 읽는 DB 모델링 이야기, 영진.COM, 2006.

이영환, 박종순, 시스템분석과 설계, 법영사, 1998.

이태동, 조선구, 데이터베이스론(개정판), OK Press, 2005.

이춘식, 데이터베이스 설계와 구축, 한빛미디어, 2005.

정선호, 데이터베이스 개론과 실습, 한빛미디어, 2004.

Coad, P. and E. Yourdon, Object-Oriented Analysis, 2nd ed., Yourdon Press, 1991.

Coad, P. and E. Yourdon, Object-Oriented Design, 2nd ed., Yourdon Press, 1991.

Dennis, A. and B.H. Wixom, *Systems Analysis and Design*, 2nd Edition, John Wiley & Sons, Inc., 2003.

Gillenson, M.L., Fundamentals of Database Management Systems, John Wiley & Sons, 2005.

McFadden, F.R., J.A. Hoffer, and M.B. Prescott, Modern Database Management, 5th ed. Addison Wesley, 1999.

Teorey, T.J., S.S. Lightstone, and T. Nadeau, Database Modeling and Design, 4th ed., Morgan Kauffman, 2005.

Whitten, J.L., L.D. Bentley, and K.C. Dittman, *Systems Analysis and Design Methods*, 6th Edition, McGraw Hill, 2004.

정보시스템 설계 전략 및 아키텍처 설계

CHAPTER 08

PREVIEW

본 장에서는 정보시스템 설계 전략과 아키텍처 설계에 대해 학습하고자 한다. 정보시스템 개발 프로세스의 측면에서 보면 앞 장까지의 내용이 논리적 분석단계였고, 다음 장부터는 설계단계가 진행될 예정이다. 이에 본장에서는 향후 어떤 방식으로 설계를 하면 되는가에 대한 전략을 학습할 것이고, 아키텍처는 어떤 방식으로 설계하면 좋을지에 대한 논의를 하고자 한다.

OBJECTIVES OF STUDY

- 개발방법론 선택전략에 대해 학습한다.
- 설계전략에 대해 학습한다.
- 아키텍처 설계의 개념에 대해 이해한다.
- 소프트웨어 아키텍처의 설계방식에 대해 학습한다.
- 정보기술 인프라스트럭처 아키텍처의 설계방식에 대해 학습한다.

CONTENTS

1 정보시스템 설계 전략

1.1 개발방법론 선택전략

정보시스템에 대한 개발을 시작할 때 가장 먼저 생각해야 하는 것은 어떤 방법으로 시스템을 개발할 것인지를 결정하는 것이다. 전통적으로 가장 많이 이용되는 일반적인 방법으로 시스템개발수명주기(SDLC: system development life cycle)가 있다.

전통적인 SDLC방식은 시스템의 분석, 설계, 개발, 유지보수라는 단계적인 추진과정을 통해 시스템을 개발하므로, 프로젝트 관리의 체계적인 통제가 가능하다. 그러나 시간이 많이 소요되고 비용이나 인력면에서도 위험부담이 크다. 또한 급변하는 환경에 신속한 대응이 어렵다는 단점을 가지고 있다. 이러한 단점을 보완하기 위해서 여러 대안들이 제시되어있는데 프로토타이핑, RAD(rapid application development), 최종사용자 컴퓨팅(EUC: end-user computing), 패키지 소프트웨어 적용 등이 그것이다.

이와 같이 다양한 방법론을 가지고 시스템 개발에 있어 어떠한 방법을 선택할 것인가는 다음과 같은 요소에 의해 결정된다.

① 시스템의 크기(size of the system)
② 조직 전반에 미치는 시스템의 영향(the impact of the system across the organization)
③ 여타 조직들과 비교하여 상대적인 시스템의 고유성(uniqueness of the system with respect to other organizations)
④ 문제의 구조화 수준(the structure class of the problem)
⑤ 최종사용자의 능력(end user ability)

시스템의 크기는 얼마나 큰 시스템인지, 사용자 또는 일이 얼마나 많은지, 다루는 프로세스가 얼마나 큰지에 대한 것이다. 그리고 시스템의 영향은 시스템으로 인해 시스템 작동이 되지 않으면 회사의 운영이나 작동이 안된다고 볼 수 있다. 시스템의 고유성이란 지금 개발하려는 업무의 시스템이 이 회사에만 있는 특별한 시스템인지에 대한 고유성

을 말하며, 문제가 잘 정리되어 있지 않으면 거기에 맞는 시스템을 개발하기가 힘들기 때문에 문제의 구조화를 한다.

어떠한 방법을 적용할 것인가를 결정하는 과정은 다음과 같은 의사결정모형을 통해서 가능하다. 가장 먼저 생각할 점은 시스템의 독특성 또는 고유성 수준이다. 고유한 시스템은 그 분야에서만 사용 가능하므로 높은 비용과 높은 위험이 따른다. 그에 반해 고유하지 않은 시스템은 외부에서 구입할 수도 있고 구성할 수도 있다. 고유하지 않은 시스템은 다른 곳에서도 사용이 가능하므로 이미 만들어진 패키지로 구성이 가능하다.

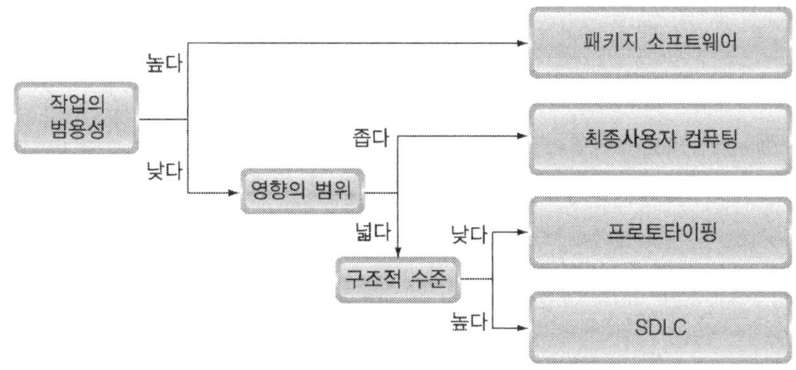

[그림 8-1] 방법론 선택전략 (출처 : 조남재 · 노규성, 1998)

조직 전반에 영향을 미치는 시스템은 많은 사람들과 여러 부서에 영향을 주므로 책임자에 의한 세심한 주의가 요구된다. 조직전반에 영향을 주는 프로젝트는 기술과 책임을 잘 관리하기 위해 정보시스템 전문가를 필요로 하지만 특정 조직에 영향을 주는 프로젝트는 사용자의 높은 참여정도가 요구된다.

낮은 영향을 주면서 조직에의 영향이 적고 특정 사용자에게 고유한 문제들은 정보기술에 능숙한 최종사용자들에 의해 다루어질 수 있다. 즉, 최종사용자 컴퓨팅 방식이 적절하다. 하지만 만일 최종사용자들에게 기술이 부족하다면, 그 일은 다시 시스템 전문가들에게 넘겨져 SDLC와 프로토타이핑 중 하나를 선택해야 한다.

구조적인 문제들은 애매한 문제들에 비해 관리하기가 훨씬 용이하다. 즉, 쉽게 이해가 되는 문제들은 해결방안이 잘 적용되고 있는지를 교과서 사례에 비춰서 검토할 수 있으나 이해하기 어려운 애매한 문제들은 교과서에 해결책이 나와 있지 않아 좋은 해결책을 찾기가 어렵다. 고도로 구조화된 문제들은 어떤 부분이 잘못될 가능성이 높은지 예견할 수 있기 때문에 SDLC를 사용함으로써 위험을 줄일 수 있다. 하지만 비구조적인 문제들의 경우에는 사용자와 분석가, 설계자들 사이에 어떤 이해에 도달하기 위한 많은 의사소통을 필요하므로 프로토타이핑 접근법이 이용된다.

1) 패키지 소프트웨어(package software)

(1) 패키지 소프트웨어의 개요

패키지 소프트웨어란 컨설팅업체나 소프트웨어 공급업자, 또는 설비 제공자로부터 구매한 후 용도에 맞게 수정하는 것으로 수정은 자체내에서도 가능하고 외부로부터 제공가능하다. 패키지 소프트웨어에서 관리적 책임은 사용자나 시스템분석가가 존재하고 있는 시스템들을 정밀하게 검토한 후 평가안을 만들어 선택한다.

ERP 패키지, 회계패키지를 위시하여 사용자 기업들을 위해 만들어진 인적자원관리시스템, 공장자동화 소프트웨어, CAD/CAM, 전략계획 패키지 등이 대표적인 상용 패키지들이다. 이러한 패키지들의 대부분은 사용자가 자사의 특성에 맞는 버전(version)을 만들 수 있도록 원시 프로그램(source program)이 제공된다.

패키지 소프트웨어를 활용하는 것은 구매자의 하드웨어에 상용패키지 소프트웨어를 설치하고 상황에 맞추어 거래 형식, 데이터 형식, 데이터베이스 또는 추가적 스크린들을 더하는 과정이다. 호환성의 확보와 하드웨어의 효율적인 활용, 네트워크에의 접속, 보다 많은 수의 사용자들을 위한 패키지의 재구성 등이 필요할 수 있으며, 이를 위해서는 패키지의 수정을 위한 기술적 능력이 준비되어야 한다.

패키지 소프트웨어의 장·단점은 다음과 같다.

〈장점〉

- 규모의 경제를 이룰 수 있고 외부로부터의 기술 도입이 가능하며 보다 빠르고 명확하다.
- 분명한 후보자(소프트웨어나 시스템)가 있는 경우, 응용 시스템이 잘 정의되고 사용자에게 익숙한 경우, 용도에 적합하게 변경이 가능한 경우 적합하다.

〈단점〉

- 변경에 합의하지 못하는 여러 종류의 사용자가 있는 경우 부적합하다.
- 시스템 구입에 명확한 기준이 없는 경우 부적합하다.
- 공급자가 적당한 비용이나 시간 내에 수정하려 하지 않거나 수정할 수 없을 경우 부적합하다.

(2) 패키지 소프트웨어의 선택절차

시중에는 다양한 패키지 소프트웨어가 존재한다. 이러한 패키지를 선택하기 위해 먼저 기존에 나와 있는 소프트웨어들을 탐색하고 조직이 원하는 소프트웨어 개발방향을 파악해야 한다. 이러한 두 가지 관점에서 조사가 끝나면 사용자가 원하는 형태의 패키지가 있는가를 평가하고, 적합한 패키지를 선택하게 된다. 이때 적합한 선택 대안이 존재하지 않은 경우 사용자 요구를 수정하거나, 자체개발 방법 또는 다른 아웃소싱 형태를 고려할 수 있다. 선택된 패키지에 대해서는 공급자와 계약을 체결하고 이를 사용자의 특수한 요구에 맞게 부분적인 수정을 하게 된다. 이러한 부분적인 수정들은 공급자가 사용자의 요구들을 입력하고 분석함으로써 다음에 나올 패키지 개발에 반영하게 된다. 따라서 결국 그러한 순환은 다양한 사용자들의 요구를 공통적으로 수용할 수 있는 범용성이 우수한 패키지 소프트웨어가 개발된다는 것을 의미한다. [그림 8-2]는 앞서 설명한 패키지 소프트웨어 선택 과정을 도식화 한 것이다.

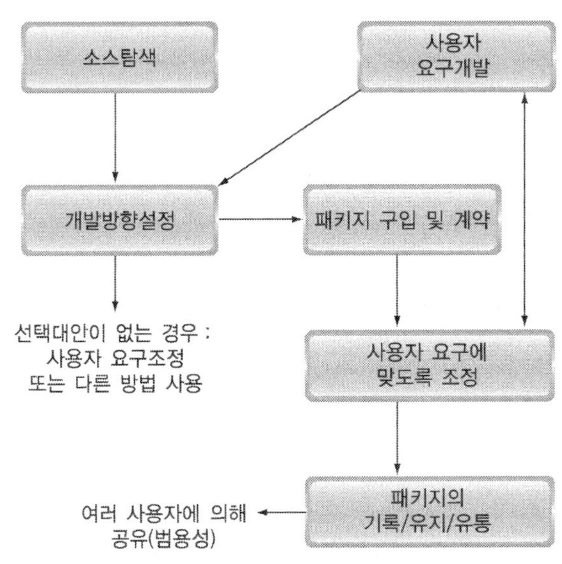

[그림 8-2] 패키지 소프트웨어 선택 프로세스

2) 최종사용자 컴퓨팅(end-user computing)

컴퓨터 및 정보기술의 보편화와 함께 기업의 전산화는 급속도로 확산되었다. 이에 따라 컴퓨터 전문가가 아니더라도 일정 수준으로 사용할 수 있는 사용자가 급격히 늘어났고 기업의 모든 정보처리를 전산부서에 맡길 수만은 없게 되었다. 최종사용자 개발이란 이러한 추세에 맞춰 정보시스템 전문가나 컴퓨터 전문가가 아니더라도 쉽게 사용자 자신이 필요로 하는 시스템을 개발하고 발전시켜 나가는 것이다(그림 8-3 참조).

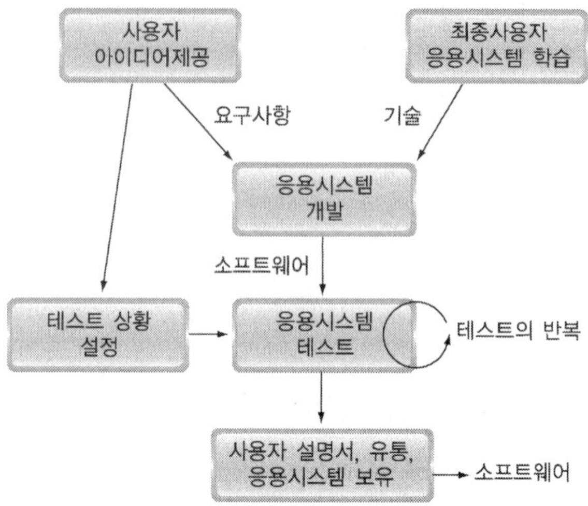

[그림 8-3] 최종사용자 개발 소프트웨어

이러한 최종사용자 컴퓨팅의 장 · 단점은 다음과 같다.

〈장점〉

- 사용자의 학습효과가 있다.
- 작은 시스템의 경우 적은 비용이 소요된다.
- 영향력이 작고, 개인 특유의 시스템에 적합하다.
- 높은 기술과 양심있는 사용자를 요구한다.

〈단점〉

- 사용자들이 교육 받는데 많은 시간이 소요된다.
- 많은 에러 및 부적절한 문서화 가능성이 상존한다.
- 시스템의 품질 보장이 불가능하다.

3) 프로토타이핑(prototyping)

(1) 프로토타이핑의 개요

현대의 기업은 과거 어느 때보다 빠르게 변화하면서 동시에 복잡성과 다양성을 띠는 환경 하에 있다. 이에 따라 현대의 정보시스템 또한 과거에 비해 빠른 변화와 다양한 요

구에 대응할 수 있는 유연성과 반응성을 필요로 한다. SDLC방식은 변화가 적은 비교적 정형화된 업무에 효율적이다. 그러나 SDLC방식에서는 사용자의 요구내용을 수정하거나 시스템의 문제점을 수정하기 위해서는 개발단계까지 수행된 많은 노력을 되풀이해야 하기 때문에 개발기간이 지연되고 개발비용이 증가하는 단점이 있다. 특히 복잡하거나 지속적으로 변화하는 업무를 대상으로 시스템을 개발하는 경우라든가 사용자의 요구사항이 민감하게 반영되어야 할 경우에 더욱 그러하다. 이러한 문제를 해결하기 위한 정보시스템 개발 방법으로 프로토타이핑(prototyping) 개발법이 있다.

SDLC는 사용자가 요구사항을 명확히 규정할 수 있다는 가정하에 시스템을 설계하고 이 단계를 완전히 마무리해야 실현단계로 진행할 수 있다. 그러나 프로토타이핑에서는 사용자가 정보요구사항을 정확히 규정하기 어렵고, 문서화하기 어렵다는 가정하에 일단 임시가동이 가능한 시스템을 만들고 이를 사용해 나가면서 개선해 나간다.

이러한 프로토타이핑 기법의 장 · 단점은 다음과 같다.

〈장점〉

- 사용자의 높은 참여를 통해 빠른 시스템 개발이 가능하다.
- 주로 작고, 잘 조직화된 그룹이나 요구사항을 정확히 파악한 사람이 있는 경우 적합하다.
- 분석가의 숙련도가 제고된다.

〈단점〉

- 협조하지 않는 사용자나 책임을 회피하는 사용자, 또는 자신의 요구를 모르는 사용자에게는 부적합하다.
- 훈련이 덜 되었거나 경험이 없는 분석가에게 부적합하다.
- 규모가 크거나 정형화되지 않은 사용자 그룹에 부적합하다.

(2) 프로토타이핑의 개발절차

프로토타이핑 개발방법에 의해 시스템 개발을 시도하면 일단 초기의 시스템인 프로토타입이 개발된다. 프로토타입이란 차후에 수정한다는 전제하에 사용자의 기본적인 요구만을 반영하여 최대한 짧은 시간내에 만들어낸 모형 시스템이다. 프로토타입이 구축되면 사용자들은 그것을 사용해보고 그 프로토타입이 적절한지, 유용한지 또는 사용하는데 불편한 점은 없는지를 살펴본다. 이 경우 다음과 같은 3가지 결과가 나올 수 있다.

① 성공적 추정 : 프로토타입 사용자들이 그 결과에 만족해하는 경우

② 실패/폐기 : 설계자나 사용자가 기술적 타당성이나 유용성이 없다고 판단하고 폐기하는 경우

③ 개선요구 : 설계자와 사용자가 프로토타입의 일부분은 만족하지만 일부분은 개선해야 한다는데 동의하는 경우

가장 보편적인 결과는 일부 개선을 필요로 하는 상황이다. 이런 경우에는 설계자들은 보고서의 형식이나 양식을 변형시킴으로써 새로운 부분을 추가하며, 원하지 않는 부분을 삭제하고 새로운 형식을 만들어 프로토타입을 변형시켜 나간다. 그리고 이러한 과정은 그 결과가 만족스럽다거나 실행취소로 나타날 때까지 반복된다(그림 8-4 참조).

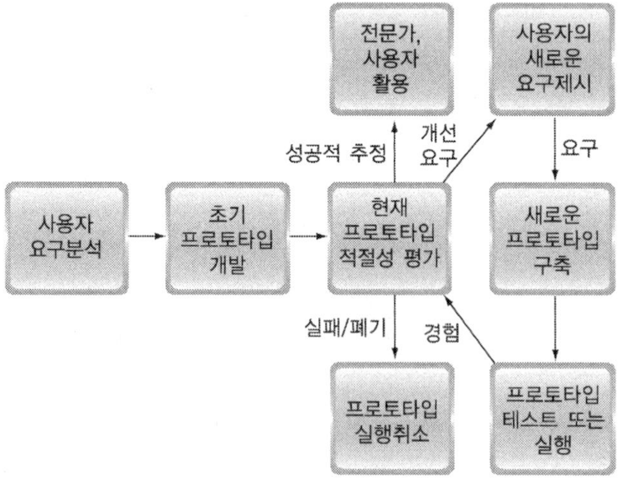

[그림 8-4] 프로토타이핑 프로세스

4) SDLC(system development life cycle)

앞서 제 1장에서도 설명했듯이, 정보시스템 개발에 있어서 가장 전통적인 방식이자 가장 일반적으로 사용되는 방식이 SDLC 모형이다. SDLC는 업무가 정형화되어 변화가 적은 경우, 특히 복잡한 중 · 대형 프로젝트 개발에 많이 이용된다.

SDLC는 일반적으로 6가지 단계에 따라 순차적으로 정보시스템개발을 수행해 나가는 방법론이다.

① 요구분석(requirement analysis)

② 현행 시스템 분석(current systems analysis)

③ 시스템 설계(systems design)

④ 코딩과 설치(coding & installation)

⑤ 실행 및 교육(implementation & education)

⑥ 유지 및 보수(maintemance)

이러한 SDLC의 장단점은 다음과 같다.

〈장점〉

- 사용자가 시스템 기술적인 면에서 무지하거나 이미 경험한 적이 있는 프로젝트에 유용하다.
- 책임의 소재가 분명하다.
- 조직전반에 영향을 미치는 프로젝트에 적합

〈단점〉

- 사용자의 요구를 정확히 알지 못하거나 요구가 변화하는 경우에는 부적합하다.
- 시스템을 가능한 한 빨리 운영해야 할 경우 부적합하다.

1.2 설계 전략

일반적으로 정보시스템을 설계하여 개발하는 방식을 크게 자체개발, 패키지 소프트웨어 구매, 아웃소싱 등으로 나누어 볼 수 있다. 본 절에서는 이와 관련 설계방식의 선택 전략에 대해 알아 보고자 한다. 본 서는 전반적으로 자체개발을 전제로 진행하기 때문에 패키지 소프트웨어를 구매하는 경우와 아웃소싱하는 경우로 나누어 살펴보겠다.

1) 패키지 소프트웨어 구매

기업에서 구매하는 패키지 소프트웨어 중 대표적인 것이, 전사적 자원관리시스템(ERP: enterprise resource planning)이다. 이러한 ERP 소프트웨어는 일련의 통합된 모듈들로 구성된다. 각 모듈은 회계, 유통, 제도, 인사관리 등과 같은 개별적인 전통적 업무 기능을 지원한다. 모듈과 전통적 접근법의 차이는 비즈니스 기능의 영역보다는 비즈니스 프로세스에 초점을 두고 통합되어 있다는데 있다. 예를 들면, 일련의 모듈들은 주문을 받는 것에서부터 선적에 따른 재고를 조정하고 판매에 따른 청구서를 발행하는 것까지 모든 주문등록과정을 지원한다. ERP 소프트웨어를 이용하면, 회사는 비즈니스 프로세서의 모든 부분을 단일화된 정보시스템으로 통합할 수 있다. 단일거래의 모든 측면들은 비즈니스 기능의 영역에 초점을 둔 분리된 시스템보다는 단일 시스템에서 끊임없이 발생한다.

ERP의 이점으로 모든 비즈니스 프로세스에 대한 단일 데이터저장소와 모듈의 유연성을 들 수 있다. 단일 저장소의 이용은 유지보수를 쉽게 할 뿐만 아니라 더 일관성 있고 정확한 데이터를 보장해준다. 모듈은 기본 시스템이 설치된 후에 필요에 따라 추가 모듈을 덧붙일 수 있기 때문에 매우 유연하다. 추가된 모듈은 기존 시스템에 곧바로 통합된다. ERP의 단점도 또한 있다. 시스템이 매우 복잡하여 시스템 구축을 완료하는 데 드는 시간이 매우 길다. 조직은 대부분 자체적으로 시스템을 구축할 전문화된 인력을 보유하고 있지 않기 때문에, 컨설턴트나 소프트웨어 제공사의 직원에 의존해야만 하는데 이는 매우 많은 비용을 수반한다. 어떤 경우에 조직은 ERP로의 이전에 따른 이점을 얻기 위해 조직이 수행하는 업무방식을 변경해야만 하기도 한다.

ERP패키지는 주요 몇몇 공급사들에 의해 전체 패키지 시장이 좌우되고 있다. 가장 잘 알려진 기업은, 독일 기업으로 R/3을 생산하는 것으로 유명한 SAP AG이다. SAP은 System, Applications, and Products in Data Processing의 약자이다. SAP AG는 1972년에 설립되었으며, 지금의 괄목할 만한 성장은 1992년 이후에 이루어졌다. SAP AG는 2001년에 세계 소프트웨어 공급사 순위에서 11위를 차지했다. 또 다른 ERP 공급사로는 1987년에 설립된 미국의 피플소프트(PeopleSoft)사가 있다. 피플소프트는 인력관리에 초점을 둔 소프트웨어로 출발하여 금융, 자재관리, 유통, 제조 등으로 확장하였다. 그 외 Oracle과 J. D. Edward & Company 등의 회사에 공급한다. 반면, 국내에서는 주로 중소기업에 맞추인 ERP소프트웨어가 주를 이루고 있다. 대표적인 소프트웨어를 살펴보면, 삼성SDS의 uniERP II, 한국기업전산원의 탑엔터프라이즈, 영림원의 K시스템, 더존디지털웨어의 더존ERP 등이 있다.

2) 아웃소싱

아웃소싱(outsourcing)이란 한마디로 주문이나 계약에 의해 자사의 정보시스템 기능을 전문업체(vendor)에게 위탁하는 것을 말하는데, 기업은 이러한 아웃소싱을 통해 충분한 기술력을 획득하고, 동시에 경영자원의 여유분을 기업 본업에 집중함으로써 경영의 효율성을 얻고자 한다. 이는 1989년 미국의 이스트만 코닥(Eastan Kodak)사가

자사의 정보처리 업무를 IBM, DEC, Business Land사에 부분별로 위탁하면서 시작되었다. 아웃소싱은 크게 정보시스템의 전부를 위탁하는 형태와 일부분만을 위탁하는 형태로 구분된다. 정보시스템 아웃소싱은 초기에는 기업의 전산부문에서 단순한 시스템 개발 또는 설비관리에 활용하는 정도로 국한되다가 정보시스템 기획, 개발, 운영 및 유지, 보수에 이르기까지 일괄 위탁하는 시스템 통합 형태로 범위가 확대되었다. 이러한 정보시스템 외주의 활용은 기업의 고유영역으로까지 확대되어 가고 있는 추세이다.

아웃소싱의 전략적 의의는 아웃소싱의 장점을 통해 자세히 파악할 수 있다. 가장 일반적인 아웃소싱의 원인은 기업이 고객에게 독특한 가치를 제공하고 탁월한 우위를 달성할 수 있는 핵심역량에 자신의 자원을 집중하고, 어떠한 기업에서나 가질 수 있고 능력이나 중요성이 요구되지 않는 활동 등은 외부에 아웃소싱을 함으로써 자본수익의 개선, 위험의 감소, 유연성의 증가, 비용절감 등의 전략적 효과를 얻고자 하는 것이다.

3) 설계 전략 선택

설계전략을 준비해야 되는 이유는 개발될 시스템의 요구사항과 제약조건 때문에 발생한다. 다양한 설계방식마다 각각 장점과 단점이 서로 상이하기 때문에, 조직상황에 적합한 설계전략을 선택하는 것이 중요하다. 각 설계방식마다 주요 특징은 [표 8-1]에 정리하였다. 설계전략 선택에 있어 비교의 기준이 되는 요소들은 다음과 같다.

(1) 업무 요구사항

업무 요구사항이 독특하다는 의미는 다른 기업과 비교해 볼 때, 보편적이지 않은 요구사항이라는 것을 의미한다. 따라서 이런 경우에는 자체개발을 해야 한다. 반면 요구사항들이 일반적인 내용이라면 이런 사항들은 이미 패키지소프트웨어 내에 해당 기능이 있을 가능성이 높기 때문에 패키지 소프트웨어를 구매하는 것이 더 유리하다.

(2) 자체개발 경험

자체개발을 하기 위해서는 해당 업무영역에 대한 정보화 경험과 정보시스템 개발경험을 동시에 보유해야 하지만, 패키지 소프트웨어의 구매인 경우에는 업무지식 만을 요구한다.

(3) 기술력

자체개발의 경우 프로젝트와 관련된 기술력을 보유해야만 프로젝트를 성공시킬 수 있는 반면, 패키지 소프트웨어인 경우 이러한 능력을 보유하고 있지 않아도 가능하

다. 아웃소싱의 경우에는 성공적인 아웃소싱을 위해서는 협력업체와 유기적인 관계 형성이 매우 중요하기 때문에 아웃소싱관리 능력이 요구된다.

(4) 프로젝트 관리

자체개발의 경우 프로젝트를 관리할 프로젝트 관리자의 확보와 검증된 방법론을 보유하고 있어야 한다. 반면, 패키지 소프트웨어를 도입할 경우, 공급업체에 대한 관리능력을 확보해야 한다. 그리고 아웃소싱인 경우에는 아웃소싱을 조직과 잘 접목시키는 것이 중요하므로 내부 업무 조정능력이 우수한 관리자가 존재해야 한다.

(5) 시간제약

패키지 소프트웨어는 이미 만들어진 솔루션을 구매해서 적용하는 것이기 때문에 빠른 시일 내에 시스템을 도입하는 것이 가능하다.

[표 8-1] 설계전략

	자체개발	패키지 소프트웨어	아웃소싱
업무 요구사항	독특함	일반적임	요구사항이 핵심업무영역은 아님
자체개발 경험	업무영역과 기술영역의 경험있음	업무영역의 경험있음	없음
기술력	자체개발할 수 있는 기술력 요구	기술력 자체는 중요하지 않음	아웃소싱하려는 것 자체가 기술력임
프로젝트 관리	능력있는 프로젝트관리자와 검증된 방법론을 보유하고 있음	공급업체에 대한 조정능력이 우수한 프로젝트관리자 보유	아웃소싱의 범위와 조직수준을 잘 접목시킬 수 있는 프로젝트관리자 보유
시간제약	여유가 있음	빨리 도입해야 함	상황에 따라 다름

(출처 : Dennis & Wixom, 2003)

2 아키텍처 설계

정보시스템 구축시 고려해야할 주요 아키텍처는 크게 소프트웨어 아키텍처(architecture)와 정보기술 인프라스트럭처(information technology infrastructure) 아키텍처로 나눌 수 있다.

2.1 소프트웨어 아키텍처의 설계

1) 소프트웨어 아키텍처의 구성요소

모든 소프트웨어 시스템은 4가지 기능으로 나누어진다. 첫 번째는 데이터 스토리지(data storage)이다. 대부분의 소프트웨어들은 데이터의 저장기능이 반드시 있어야 한다. 워드프로세서와 같은 사무용 소프트웨어는 파일이라는 형태로 데이터를 저장하며, 기업용 정보시스템은 데이터베이스에 데이터가 저장된다. 특히 데이터베이스에 저장되는 데이터는 개체관계도(ERD)에 나오는 개체(entity)가 테이블로 변모한 것이다. 두 번째 기능은 데이터 엑세스 로직(data access logic)이다. 정보처리는 SQL을 이용해 데이터베이스에 접근했을 때 발생한다. 세 번째 기능은 어플리케이션 로직(application logic)이다. 이 부분은 자료흐름도(DFD)에 작성된 기능이 프로그램으로 변모한 것이다. 네 번째 기능은 프리젠테이션 로직(presentation logic)이다. 사용자가 어플리케이션을 이용하기 위해 컴퓨터 화면을 통해 접근하는데, 주로 사용자의 명령이 이루어지는 영역이다. 최근 웹 어플리케이션이 활성화되면서, 그 중요성이 매우 강조되고 있다. 이 중 두 번째 기능인 데이터 엑세스 로직과 세 번째 기능인 어플리케이션 로직부분을 합쳐서 프로세스 로직(process logic)이라고도 부른다. 따라서 크게 소프트웨어 아키텍처의 설계는 [그림 8-5]와 같이 프리젠테이션 설계, 비즈니스 프로세스(프로그램) 설계, 데이터 설계 등으로 구분할 수 있다.

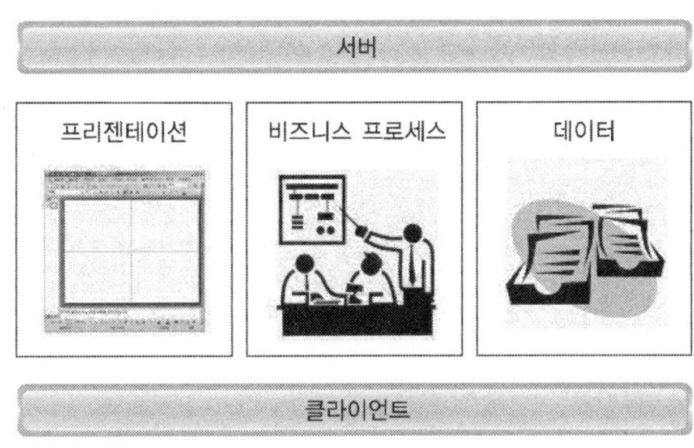

[그림 8-5] 소프트웨어 아키텍처

(1) 프리젠테이션

프리젠테이션은 사용자와 컴퓨터가 대화하는 방식을 말한다. 최근 인터넷 환경에서의 어플리케이션 개발이 주를 이루고 있기 때문에, 현재 웹화면 제작도구(예, 나모웹

에디터, 드림위버 등)가 많이 활용되고 있다. 그 외 많은 프리젠테이션 도구들이 존재하며, 각 제품마다 독특한 기능들을 보유하고 있다.

(2) 비즈니스 프로세스

과거에는 3세대 프로그래밍 언어(C, C++)나 4세대 프로그래밍 언어(Power Builder, Visual Basic)로 구현되었으나, 최근에 웹 환경이 발달하면서 자바스크립트와 같은 전용 웹프로그래밍 도구도 많이 활용되고 있다.

(3) 데이터

데이터는 다양한 형태로 여러 가지 장치에 저장될 수 있다. 클라이언트/서버 모델에서는 데이터가 클라이언트와 서버 양쪽에 모두 저장될 수 있는데 데이터가 어느 곳에 저장되어야 할 것인지는 고객의 요구에 의해 결정되기도 하며, 데이터의 저장위치는 설계시 고객의 특별한 비즈니스 프로세스를 반영하는데 이슈가 될 수 있다.

2) 논리적 소프트웨어 계층구조

논리적 소프트웨어 계층 구조를 이해하기 위한 것은 소프트웨어의 주요기능이 어느 곳에 위치할 것이냐를 정하는 문제와 밀접하게 연결되어 있다. 이는 클라이언트/서버 컴퓨팅 방식을 이해하는 것과도 밀접한 관계가 있다. 클라이언트/서버 컴퓨팅은 대형 컴퓨터에 의한 정보처리만을 수행하는 것이 아니라, 업무에 알맞은 규모의 각종 컴퓨터를 상호 연결하여 효율적으로 사용하자는 개념이다. 기존 처리 방식과 클라이언트/서버 컴퓨팅의 가장 큰 차이점은 [그림 8-6]과 같이 소프트웨어 기능의 역할 분담에 의한 시스템 구조의 조정이다.

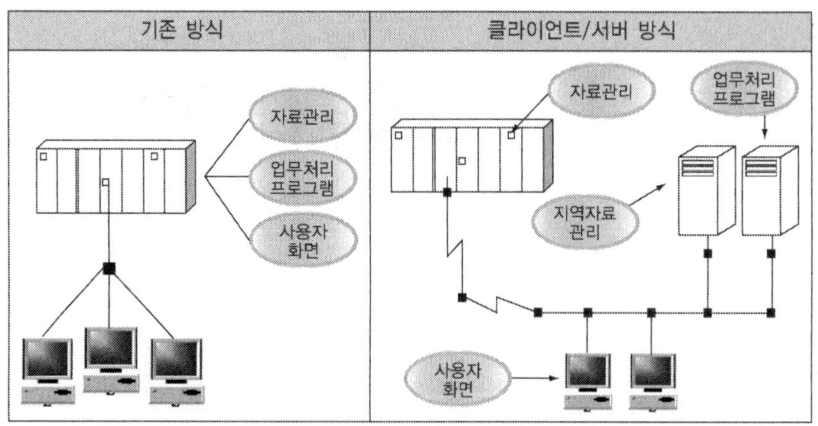

[그림 8-6] 기존방식과 클라이언트/서버 방식의 비교

따라서 클라이언트/서버 컴퓨팅은 클라이언트, 서버, 네트워크를 기반으로 하여 데이터 관리, 비즈니스 프로세스 및 프리젠테이션이 세부적으로 어디에 위치하느냐에 따라 [그림 8-7]과 같은 다양한 모델이 제시될 수 있다.

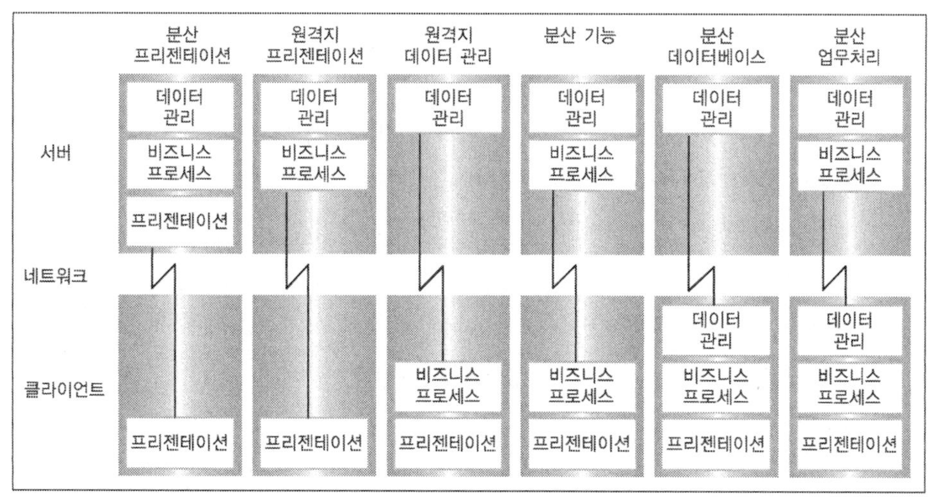

[그림 8-7] 클라이언트/서버 모델 유형

(1) 분산 프리젠테이션(distributed presentation) 모델

분산 프리젠테이션 모델은 메인 프레임 환경하에서만 적용되는 것으로 국한지어 생각하는 경향이 있으나, 실제로 메인프레임이 아닌 워크스테이션을 이용해서도 구현이 가능하다. 그러나 대개의 경우 분산 프리젠테이션 모델은 메인프레임 환경에서 클라이언트/서버 환경을 구축하고자 할 경우 사용되며, 현재 많은 적용 사례가 있을 뿐만 아니라 클라이언트/서버 환경의 성공적인 구현을 안전하게 수행할 수 있는 방법이다. 또한 이는 기존의 메인프레임 어플리케이션에 GUI(graphic user interface)를 제공함으로써 기존 시스템의 사용자 편리성을 높일 수 있고, 클라이언트/서버 환경 구현의 중요한 첫 걸음이 될 수 있다. 이 모델을 사용하면 기존에 사용하던 시스템이 있는 경우 클라이언트/서버 환경으로 이전할 수 있으므로 하드웨어 추가 비용 부담과 환경 변화에 대한 위험 부담을 줄일 수 있다. 그러나 어플리케이션 개발에 있어서 프리젠테이션의 분리로 클라이언트와 서버에서 정해진 화면 및 데이터 이외의 메시지 전송이 불가능하다.

(2) 원격지 프리젠테이션(remote presentation) 모델

원격지 프리젠테이션 모델은 어플리케이션의 프리젠테이션은 GUI를 사용하면서 클라이언트에서 실행되고, 비즈니스 프로세스와 데이터관리는 서버에서 수행된다. 클라이언트는 PC, 노트북, 워크스테이션 등을 포함하여 모두 사용될 수 있다. 서로 다른 종류의 클라이언트를 사용할 경우에는 컴퓨터마다 기계어 코드가 다르므로 클라이언트의 프리젠테이션은 종류별로 작성해야 한다. 원격지 프리젠테이션 모델은 클라이언트/서버 컴퓨팅 모델의 여섯 가지 중에서 첫 번째 모델인 분산 프리젠테이션 모델과 매우 비슷하지만 중요한 차이가 존재한다. 두 가지 모델 모두 비즈니스 프로세스와 데이터 관리는 서버에서 실행되고 프리젠테이션은 GUI를 이용하여 클라이언트에서 실행된다. 그러나 분산 프리젠테이션 모델에서는 메인프레임의 비즈니스 프로세스가 변경되지 않기 때문에 프리젠테이션은 여전히 메인프레임에 기초한 문자중심의 인터페이스에 의해 제공된다. 하지만 대개의 경우 원격지 프리젠테이션 모델에서는 서버의 비즈니스 프로세스와 클라이언트의 프리젠테이션 모두 GUI환경으로 개발된다.

(3) 원격지 데이터 관리(remote data management) 모델

원격지 데이터 관리 모델에서는 프리젠테이션과 비즈니스 프로세스가 클라이언트에서, 데이터 관리는 서버에서 수행된다. 이때 클라이언트는 PC, 노트북 및 워크스테이션 등이 될 수 있다. 클라이언트/서버환경으로 개발 및 접근하기가 가장 쉬운 모델이며, 보편화되어 있는 모델이다. 이 모델의 장점은 접근이 쉽다는 점이나, 실제 사용에 있어서 클라이언트의 요청에 대한 서버의 응답이 미가공 데이터(raw data)이므로 네트워크 트래픽이 증대되어 어플리케이션의 속도저하를 가져 올 수 있다. 그리고 어플리케이션이 클라이언트에 모두 있으므로 서버의 부담을 줄일 수 있으나, 클라이언트의 부담이 가중되어 많은 양의 처리를 해야 하는 작업 및 복잡한 계산을 할 경우(예, 회계시스템)에 다른 클라이언트/서버 컴퓨팅 모델을 채택하는 것이 바람직하다. 원격지 데이터 관리 모델의 가장 큰 특징 중의 하나는 데이터가 중앙 집중화된다는 것이다. 따라서 하나의 데이터 서버는 많은 클라이언트에 의해 액세스된다. 클라이언트는 서버가 관리하고 있는 데이터에 대한 액세스를 수행한다는 것 이외에는 완전히 다른 유형의 어플리케이션 작동이 가능한 어떠한 종류이어도 좋다. 이 모델에서 관계형 데이터베이스(RDBMS: relational database management system)가 서버의 데이터 관리를 구현하기 위한 가장 보편적인 수단중의 하나이지만 데이터는 다양한 유형일 수도 있고 여러 가지 다른 방법으로 조직화될 수 있다.

(4) 분산기능(distributed function) 모델

분산 기능 모델에서는 비즈니스 프로세스를 양분하여 하나는 서버에서 수행하고, 나머지 하나는 클라이언트에서 수행한다. 그리고 데이터 관리는 서버에서 수행하며 프리젠테이션은 클라이언트에서 수행한다. 이 때 서버의 비즈니스 프로세스를 이 비즈니스 프로세스가 요구하는 데이터에 가깝게 위치시키는 것은 네트워크 트래픽을 줄일 수 있기 때문이다. 왜냐하면 비즈니스 프로세스가 그것이 요구하는 데이터와 멀리 떨어져 있을 경우, 데이터에 대한 요구는 클라이언트로부터 네트워크를 통하여 서버로 전달되어지며 그리고 나서 처리된 결과가 서버로부터 다시 네트워크를 통하여 클라이언트로 보내져야 하므로 네트워크 트래픽이 증가하게 된다. 비즈니스 프로세스는 데이터에 대한 보다 효율적인 접근 이외의 이유로도 나뉘어질 수 있다.

(5) 분산 데이터베이스(distributed database) 모델

데이터를 분산하기 위한 방법으로는 분할(segmentation)[1]과 복제(replication)[2]의 두 가지 방법이 있는데 이러한 방법을 각각 사용할 수도 있고 경우에 따라서는 혼합하여 사용할 수도 있다.

(6) 분산 업무처리(distributed business processing) 모델

클라이언트/서버 시스템의 분산 데이터베이스 환경은 통상 분산 RDBMS를 사용해서 구현한다. 분산 DBMS는 최종 사용자와 어플리케이션의 분산 데이터 사용에 따른 복잡한 문제를 해소시켜 준다. 분산 DBMS의 목표는 가능한 많은 데이터를 사용자 가까이에 두면서, 여러 장소에 위치한 데이터에 대한 투명한 액세스를 제공하는 것이다.

> 씬(thin) 클라이언트/서버 아키텍처 : 인터넷 표준의 클라이언트/서버 아키텍처를 말한다. 예를 들어, 프리젠테이션 로직은 페이지가 화면에 나타날 수 있게 되도록 HTML 또는 XML로 디자인한다. 단순한 프로그램 명령문은 다양한 기능을 수행하는 어플리케이션 로직에 해당되는데, HTML 또는 XML 파일을 정의하는 인터페이스는 어플리케이션 로직에 영향을 미치지 않고 변화되어 질 수 있다. 마찬가지로 그것은 데이터베이스에 저장되어지고 SQL 명령문 사용으로 접근하여 프리젠테이션 로직 또는 데이터의 변화 없이도 어플리케이션 로직을 변화시키는 것이 가능하다.

1) 데이터는 미리 정해진 기준에 따라 분할되는 데 이러한 기준은 어플리케이션의 특성에 따라서 매우 다양해진다. 그러나 일반적으로 고려할 요소로는 사용에 따른 지리적 특징이나 사용 형태를 들 수 있다.

2) 데이터가 여러 장소에서 모두 필요할 경우 각 지역에 데이터의 사본을 만들어 놓을 수 있다. 중복되는 데이터 사본을 만들게 되면 네트워크상에 전송되는 데이터량을 줄이게 되어 사용자에게 향상된 응답시간을 제공한다.

2.2 정보기술 인프라스트럭처 아키텍처의 설계

1) 정보기술 인프라스트럭처 아키텍처의 구성요소

(1) 서버환경

모든 유형 및 크기의 프로세서 플랫폼, 즉 메인 프레임, 중형 컴퓨터, 워크스테이션, 서버 등이 있다. 일반적으로 이 모든 것이 서버라고 호칭된다. 서버의 도입시 고려해야 할 사항은 다음과 같다. 서버 내에 프로세스의 수와 성능은 전반적인 정보시스템의 속도에 영향을 미친다. 특히 온라인 거래처리를 수행하는 작업의 속도와 밀접한 관련이 있다. 최적의 성능을 위해서는 프로세서 활용 비율이 80%를 넘지 말아야 한다. 프로세서, 메인 메모리, 채널의 실시간 활용도를 측정하는 툴들(tools)이 있으며, 대부분의 메인 프레임 컴퓨터 및 일부 서버 모델에서는 캐시 메모리가 있어 이 방법으로도 트랜잭션 프로세싱을 조정할 수 있다.

(2) 기억장치 환경

디스크 기억장치는 온라인 시스템의 전체적인 성능에 막대한 영향을 미친다. 디스크 환경이 잘 조정되어 있다면 온라인 작업의 응답 시간은 적절한 것인데 이는 데이터에서 특정 트랙을 찾고, 그 트랙에서 특정 데이터를 찾은 후 이를 제어장치로 불러내어 읽거나 쓰고 다시 채널을 따라 전송할 준비를 하고 채널로 전송하며 그리고 마지막으로 목적

SAN과 NAS

SAN(storage area network)은 서버와 디스크 어레이 사이에 고속 광섬유 스위치를 설치하여 구성을 강화한 것으로 속도와 유연성 향상이라는 두 가지 이점이 있다. 광 채널은 표준 채널의 초당 6내지 10 메가비트 전송율에 비해 서버와 디스크어레이 사이의 데이터 전송 속도를 초당 100 메가바이트 까지 높일 수 있다. 이는 데이터 전송률과 온라인 응답 시간을 획기적으로 개선시켜 준다. SAN은 스위치내의 매개변수를 이용하여 버퍼, 경합 현상, 부하 균형을 조정함으로써 성능을 향상시킬 수 있다. 그러나 SAN은 광 채널 및 스위치로 인해 값이 비싸다는 단점이 있다.

NAS(network attached storage)는 서버 및 클라이언트와 함께 디스크 어레이를 직접 네트워크에 부착시키는 방식이다. 디스크 어레이는 특정 목적의 인터페이스를 이용하여 또는 다목적 서버에서 실행되는 다목적 운영체제 소프트웨어를 이용하여 네트워크에 연결한다. 이 방법을 이용하면 데이터가 NAS 장치에서 네트워크를 통해 직접 서버 또는 클라이언트로 이동할 수 있다. NAS는 보통 PC 클라이언트 네트워크의 네트워크 드라이브에서 많이 이용되는데, SAN보다 나쁜 점은 속도가 느리다는 것이다. NAS 환경에서의 데이터 전송 속도는 보통 네트워크 속도에 의해 제한을 받으며, 보통 초당 10내지 100 메가비트의 속도로 실행된다. 지금은 초당 1 기가비트까지의 속도가 가능한 기가비트 이더넷(ethernet)이 널리 사용되고 있다.

지까지 도달하는데 걸리는 디스크 기억장치와 관련된 시간이 컴퓨터 시간상으로 비교적 오랜 시간이기 때문이다. 이러한 단계를 단축시키고 이 시간을 줄일 수 있다면 온라인 응답 시간이 현저히 향상될 것이다.

디스크 기억장치 성능을 향상시키는 가장 효과적인 방법 중의 하나는 RAID(redundant array of independent disk) 타입의 기억장치내의 캐시 메모리를 활용하는 것이다. 캐시가 디스크 성능 향상에 그처럼 효과적인 이유는 디스크에 들어오고 나가는 엄청난 수의 입출력 트랜잭션과 관련해서 디스크에서 데이터를 찾고 검색하는 시간을 없애 주기 때문이다. 캐시는 다음에 어떤 데이터를 요구할지 예측하는 미리 가져오기 알고리즘을 이용하여 이를 미리 고속 캐시 메모리에 로딩함으로써 이런 작업을 가능케 한다. 이러한 기능과 알고리즘은 제품마다 서로 상이하다. 따라서 정보기술 인프라에 투자하기 전에, 해당 조직의 인프라 환경에 어느 제품을 사용할 수 있으며 또 어느 제품이 가장 적합한지 꼼꼼히 살펴보아야만 한다.

(3) 네트워크 환경

네트워크 아키텍처 설계시 가장 먼저 고려해야 할 부분은 전체적인 망설계(network design)와 토폴로지(topology)이다. 이를 위해서는 용량 설계 예측이 전제되어야 한다. 용량 설계 예측에는 동시 사용자 수, 최대 트랜잭션 트래픽 부하, 트랜잭션 도착 패턴 및 유형에 대한 합리적인 예측이 포함되어야 한다. 이 예측은 주어진 작업에 필요한 적절한 대역폭 양을 결정하는데 도움이 된다. 구체적인 고려사항들은 다음과 같다

- **망 속도(network speed)** : 망 속도는 네트워크 성능에 영향을 미치는 주요 요소 중에 하나다. 물론 속도가 더 빠르면 성능이 더 좋다. 서버 및 디스크 환경에서와 마찬가지로 자원에 대한 균형이 잡혀야 하며 비용이 정당화될 수 있어야 한다.
- **네트워크 프로토콜(network protocol)** : 네트워크 프로토콜의 선정문제는 보통 업무, 프로그래밍, 응용 프로그램의 요구에 따라 정해진다. 대안이 가능한 경우에는 성능과 관련한 잠재적인 파급효과, 특히 트레이스(trace)나 스니퍼(sniffer) 같은 진단 프로그램을 실행할 때의 파급 효과에 대해 생각해 보아야한다. 이는 보안 문제와도 밀접한 관련이 있기 때문이다.

2) 정보기술 인프라스트럭처 아키텍처 선정시 고려사항

정보시스템 인프라스트럭처 아키텍처 선정시 고려해야 5가지 사항은 다음과 같다.

(1) 공급업체

클라이언트-서버 환경의 경우에 있어, 공급업체와의 관계는 매우 중요하다. 클라이언트-서버 환경에서는 다양한 플랫폼이 사용될 가능성이 더 크기 때문이다. 전통적인 메인프레임 환경에서는 프로세서의 비용이나 성능을 감안하여 소수의 플랫폼만을 사용했고, 플랫폼이 적으면 기술 지원이나 현장 유지 관리 서비스를 제공할 공급업체 역시 적었기 때문에 관리가 수월하였다.

(2) 멀티플랫폼 지원

클라이언트-서버 환경에서는 비용이 저렴하고 아키텍처가 다양하기 때문에 여러 플랫폼을 사용하는 경우가 많다. 엔터프라이즈 애플리케이션에 맞추어 조정하고 조정할 수 있기 때문이다. 일반적으로 클라이언트-서버 환경에서는 3개 이상의 각기 다른 서버(Sun, HP, IBM, Compaq)를 구축하고 있다. 클라이언트-서버 환경에서는 필요한 설비와 지원 패키지가 다양하기 때문에 하드웨어와 소프트웨어 공급업자가 많다. 제품이 다양하다는 사실 자체 때문에 기업으로서는 자체 인력만으로 이들 자산을 관리하기가 어렵다고 볼 수 있다. 그러므로 필요한 지원을 확보하기 위해 공급업체와의 긴밀한 관계를 구축하는 것이 더욱 중요하게 되었다. 또한 서버 플랫폼이 다양하게 존재한다는 사실 때문에 기술지원 문제가 발생한다. NT나 UNIX 등 다양한 아키텍처를 지원하려면 기존 인력을 상대로 다양한 플랫폼에 대해 교육시키거나 각각의 플랫폼에 대해 전문 지식을 갖춘 기술자를 추가로 고용해야 한다. 어쨌든 시스템 관리 프로세스 구축에 앞서 여러 기술 제품의 지원에 필요한 총비용을 고려해야 한다.

(3) 성능

클라이언트-서버 환경에서는 각기 다른 운영 시스템이 많다. 리눅스, NT, 각종 UNIX(예, IBM/AIX, HP/UNIX, Sun/Solaris) 등 다양한 아키텍처가 각기 다른 운영 시스템을 기반으로 한다. 그러므로 요구되는 기술도 다르고, 때로는 호스트 서버 시스템의 효과적인 조정을 위해 서로 다른 소프트웨어 도구가 필요할 수도 있다. 단일 아키텍처를 중심으로 표준화를 했다고 해도(예, Sun/Solaris), 서버가 많을 때는 운영 시스템 레벨이 복잡할 수 있다. 또한 메모리 크기, 버퍼의 수와 길이, 병렬 채널의 수 등 핵심 조정 요소가 운영 시스템 레벨별로 다를 수 있다. 소수의 대용량 프로세서를 사용하기 때문에 운영 시스템이 그리 다양하지 않은 메인프레임이나 미드레인지 환경에서는 이런 문제를 찾아보기 어렵다.

(4) 통제

클라이언트-서버 환경의 운영 시스템의 통제를 언급할 때, 한 개 서버 전체를 특정 애플리케이션 전용으로 사용하는 것도 고려해야 할 중요한 부분이다. 메인 프레임 환경에서는 대부분의 애플리케이션이 단일 운영 시스템에서 가동되지만, 클라이언트-서버 환경에서는 애플리케이션마다 전용의 플랫폼을 두고 있는 경우가 많다. 한 개 애플리케이션이 전용의 서버를 사용하기 때문에 운영 시스템의 통제가 훨씬 간단한 것이라고 생각할 수 있다. 하지만 실제로는 빈번한 애플리케이션 업그레이드와 가용 데이터의 확장, 하드웨어 업그레이드, 사용자의 지속적 증가로 인해 메인프레임이나 미드레인지에 비해 운영 시스템의 통제가 더 힘들다.

(5) 용량기획

클라이언트-서버 환경에서 고려해야 할 마지막 시스템 관련 이슈는 용량 기획이다. 클라이언트-서버 환경에서 애플리케이션은 메인프레임 환경보다 더 빠르고 더 예측할 수 없이 확장되는 경향이 있다. 이러한 급속하고 때로는 예상치 못한 확장 때문에 각종 자원이 추가적으로 필요하게 된다. 서버 프로세서, 메모리, 디스크, 채널, 네트워크 대역폭, 스토리지 어레이, 데스크탑 용량 등의 자원이 추가되어야 한다. 그러므로 적정 용량이 제공되도록 하려면, 이 모든 자원을 대상으로 보다 정확한 작업 부하를 예측해야 한다.

2.3 아키텍처 설계를 위한 요구사항 분석

아키텍처 설계를 위해서도 조직과 고객의 요구사항을 반영해서 진행해야 한다. 아키텍처 설계시 고려해야 할 요구사항의 영역은 크게 운영측면, 성과측면, 보안측면으로 나누어 볼 수 있다.

1) 운영측면의 요구사항

시간이 흐르면서 조직도 함께 변화하게 되고, 이에 따른 시스템 환경에도 변화가 생기게 된다. 이에 이러한 환경의 변화속에서도 안정적으로 시스템을 운영하기 위해서는 아키텍처 설계시 다음과 같은 운영측면의 요구사항들을 고려해야 한다.

(1) 기술적 환경 요구사항

기술적 환경 요구사항은 시스템이 작업을 수행할 있는 하드웨어와 소프트웨어의 유형을 상술한다. 모바일 시스템을 개발하는 경우라면, 컴퓨터 이외에 소규모 디스플레이를 가진 PDA나 휴대폰에서 작동되어야 하기 때문에 이와 관련된 기술적 요소들을 고려해야 한다.

(2) 시스템 통합 요구사항

이번에 구축되는 시스템이 기존에 있는 다른 정보시스템과 연결되어야 하는지의 여부이다. 통합되어야 한다면, 어플리케이션, 네트워크, 데이터베이스 등의 측면에서 호환성에 대해서도 함께 고려해야 한다.

(3) 기술적 변화가능성 요구사항

기술 변화가 급속한 환경이라면 이에 적절하게 정보시스템 환경도 변화시켜야 한다. 예를 들어, 운영초기에는 특정 정보시스템에 대해 웹 환경으로만 접속하다가, 추후 많은 사용자들이 모바일 환경으로 접속하기를 원할 가능성이 있다면 이러한 변화가능성도 아키텍처 설계시 고려해야 한다.

(4) 유지보수가능성 요구사항

시간이 지날수록 업무 프로세스도 변화하고 이에 따른 정보처리 요구사항도 발생하게 된다. 모든 변화는 다 예상할 수는 없지만 어느 정도는 할 수 있다. 따라서 향후 고객의 요구사항에 대응할 수 있도록 시스템 설계를 해 두는 것이 바람직하다.

2) 성과측면의 요구사항

성과측면의 요구사항은 응답시간, 저장용량, 신뢰도와 같은 시스템의 성과와 관련된 사항들에 초점을 맞춘다.

(1) 속도 요구사항

대표적인 속도 요구사항은 시스템의 응답시간이다. 모든 사용자 요구에 시스템이 즉시 응답하는 것이 더 좋을지는 모르나, 경제적인 측면에서는 실용적이지 않을 수 있다. 따라서 어느 정도의 응답시간을 유지하는 것이 적정한가를 고려해서 시스템 설계를 해야한다.

(2) 용량 요구사항

용량 요구사항은 데이터베이스의 크기를 이해하는 것이 중요하다. 어느 정도의 사용자가 동시에 정보시스템에 접속할 것인가에 따라 요구되는 용량은 서로 판이하게 달라진다.

(3) 이용가능성과 신뢰성 요구사항

어떤 시스템은 근무시간에만 이용하도록 되어 있지만, 온라인 쇼핑몰과 같은 시스템은 24시간 운영체제를 지원해야 한다. 그리고 어떤 시스템은 같은 건물에 입주해 있는 사람들만을 대상으로 서비스를 제공할 수도 있지만, 또 어떤 시스템은 사용자가 전세계에 흩어져 있을 수도 있다. 따라서 사용자들이 언제, 어디서, 어떤 방식으로 정보시스템을 사용하는가를 충분히 고려해서 설계해야 한다.

3) 보안 측면의 요구사항

보안의 목표는 계획적인 행동이던지 아니면 우연히 발생한 사고이던지 시스템이 혼란에 빠지게 되거나 데이터의 손상이 오는 것을 보호하는 데에 있다. 최근 인터넷의 급속한 사용증가는 보안의 중요성을 더욱 높여주었다.

(1) 시스템 가치

어느 조직에서 가장 중요한 컴퓨터의 자산은 장비가 아니고 조직의 데이터이다. 많은 경우에서 보면 정보시스템은 장비의 비용을 훨씬 넘는 가치를 가지고 있다. 예를 들어, 은행에서 보안문제로 인해 일시적으로 서비스 제공이 어려워지면 곧바로 커다란 손해로 연결되기도 한다.

(2) 접근 통제 요구사항

시스템에 저장되어진 데이터의 일부는 기밀이 유지되기를 필요로 한다. 일부 데이터는 특정한 사람들만 변경 또는 삭제가 가능해야 한다. 따라서 이러한 측면 요구사항 파악도 매우 중요하다.

(3) 바이러스 통제 요구사항

대부분 흔한 보안 문제는 바이러스에서부터 온다. 최근 연구에서는 조직의 거의 90%가 매년 바이러스 감염을 경험했다고 나타났다. 바이러스는 예기치 못한 사건에서 발생한다. 특정 시간이 되면 시스템은 사용자의 컴퓨터로부터 데이터를 입력하거나 업로드하는 것을 허용하는데 이때 바이러스에 감염될 가능성이 높다.

주요용어

Main Terminology

- 네트워크 프로토콜(network protocol)
- 분산 데이터베이스 모델(distributed database model)
- 분산 업무처리 모델(distributed business processing model)
- 분산 프리젠테이션 모델(distributed presentation model)
- 분산기능 모델(distributed function model)
- 소프트웨어 아키텍처(software architecture)
- 시스템개발수명주기(SDLC : system development life cycle)
- 아웃소싱(outsourcing)
- 원격지 데이터관리 모델(remote data management model)
- 원격지 프리젠테이션 모델(remote presentation model)
- 전사적 자원관리(ERP : enterprise resource planning)
- 최종사용자 컴퓨팅(EUC : end user computing)
- 클라이언트/서버 컴퓨팅(client/server computing)
- 토폴로지(topology)
- 패키지 소프트웨어(package software)
- 프로토타이핑(profotyping)
- GUI(graphic user interface)
- NAS(network attached storage)
- SAN(storage area network)

연습문제 Exercises

1. 개발방법론 선택 전략의 필요성을 설명하고 전략선택 의사결정모델을 제시하라.
2. 소프트웨어 아키텍처 설계 3대 구성 요소는 무엇인가?
3. 클라이언트/서버 컴퓨팅이란?
4. 클라이언트/서버 컴퓨팅 모델을 설명하라.
5. 원격지 데이터관리 모델의 특징을 설명하라.
6. 데이터를 분산하기 위한 방법인 분할과 복제 방법의 차이점을 설명하라.
7. 설계전략을 선택하는데 있어 상호비교할 수 있는 기준에는 어떤 것들이 있는가? 그리고 이들 기준에 따라 자체개발, 패키지 소프트웨어, 아웃소싱 전략간의 차이점을 비교하라.
8. 네트워크 아키텍처 설계시 고려해야 할 요소들은 무엇인가?
9. 정보시스템 인프라스트럭처 아키텍처 선정에서 고려해야 할 5가지 요소는 무엇인가?
10. 인터넷 쇼핑몰 아키텍처 설계시 운영측면의 요구사항들에는 어떤 것들이 있는가?
11. 웹기반 시스템 아키텍처 설계시 성능(성과)이나 보안상의 요구사항들을 열거하여 보아라.

참고문헌

Literature Cited

리치 쉬저 저, 김상열 역, IT 시스템 관리, 네모북스, 2005.

이태동, 조선구, 데이터베이스론(개정판), OK Press, 2005.

조남재, 노규성, 경영정보시스템, 세영사, 1998.

최은만, 소프트웨어 공학, 정익사, 2005.

Atkinson, C., J. Bayer, C. Bunse, E. Kamsties, O. Laitenberger, R. Laqua, D. Muthig, B. Peach, J. Wust, and J. Zettel, Component-Based Product Line Engineering with UML, Addison Wesley, 2002.

Bass, L., P. Clements, R. Kazman, and K. Bass, Software Architecture in Practice, Addison Wesley, 1998.

Bosch, J., Design and Use of Software Architectures, Addison Wesley, 2000.

Dennis, A. and B.H. Wixom, *Systems Analysis and Design*, 2nd Edition, John Wiley & Sons, Inc., 2003.

Hoffer, J.A., J.F. George, and J.S. Valacich, Modern System Analysis and Design, Addison-Wesley, 1999.

Hofmeister, C., R. Nord, and D. Soni, Applied Software Architecture, Addison Wesley, 1999.

Jazayeri, M., A. Ran, and F.V.D. Linden, Software Architecture for Product Families: Principles and Practice, Addison Wesley, 2000.

Kendall, K.E. and J.E. Kendall, Systems Analysis and Design, 3rd ed., Simon & Schuster Co., 1995.

Kendall, P.A., Introduction to System Analysis & Design: A Structured Approach, 3rd ed., Irwin, 1996.

Lucas Jr., H.C., The Analysis, Design, and Implementation of Information Systems, McGraw-Hill, 1985.

Shaw, M. and D. Garlan, Software Architecture-Perspectives on an Emerging Discipline, Prentice-Hall, 1996.

Sommerville, I., *Software Engineering*, 7th edition, Addison-Wesley, 2004.

Whitten, J.L., L.D. Bentley, and K.C. Dittman, *Systems Analysis and Design Methods*, 6th Edition, McGraw Hill, 2004.

물리적 데이터베이스 설계

CHAPTER 09

PREVIEW

데이터베이스의 물리적 설계단계는 논리적 설계 단계의 논리적 스키마를 기반으로 데이터베이스의 물리적 스키마를 설계하는 단계이다. 물리적 스키마는 물리적 설계 단계의 논리적 스키마를 컴퓨터의 물리적 장치에 저장하기 위하여 특정 목표 DBMS(예 : MS-SQL Server, Oracle 등)의 저장 구조와 접근 방법을 기술한 스키마를 가리킨다. 본 장에서는 물리적 데이터베이스 설계에 대해 설명할 것이다.

OBJECTIVES OF STUDY

- 물리적 데이터베이스 설계의 개념에 대해서 이해한다.
- 데이터 사용량 분석방법에 대해 학습한다
- 역정규화 절차와 유형에 대해서 학습한다.
- 뷰, 인덱스, 트리거 설계에 대해 학습한다.

CONTENTS

1 물리적 데이터베이스 설계 개요

1.1 물리적 데이터베이스 설계 작업

물리적 데이터베이스 설계는 논리적 데이터베이스 모델링 산출물을 내부모델, 즉 물리적 데이터베이스 구조로 전환하는 과정이다. 물리적 파일과 데이터베이스 설계는 다음과 같은 SDLC 단계를 통해 수집되는 정보들을 이용한다.

- 논리적 설계 단계에서 작성된 논리적 데이터베이스 구조(ERD와 논리적 데이터모델 설계)
- 사용자 요구정의 단계에서 수집된 사용자 정보처리요구(자료사전등에 명시된 사용빈도, 응답시간, 보안사항, 백업, 회복, 유지 등)
- 구현할 DBMS, 운영체제, 네트워크 등의 아키텍처 환경
- 조직적 환경(사용자 수, 근무지 개수 등)

논리적 설계에 의해 설계된 논리적 데이터 구조인 데이터베이스의 논리적 스키마는 저장 데이터베이스의 물리적 데이터 구조로 변환하여 표현하여야 한다. 이를 데이터 구조화(data structuring)라고 한다. 데이터 구조화는 데이터 모델링에 의한 컴퓨터 세계의 논리적 데이터 구조를 컴퓨터 세계의 물리적 데이터 구조로 변환하여 표현하는 과정을 말하며, 그 표현 결과는 데이터베이스의 물리적 스키마(physical schema)로 기술된다. 앞서 8장에서도 언급되었지만, 아키텍처 설계시 어떤 DBMS(예 : MS-SQL Server, Oracle, Access 등)를 도입하게 될 지 결정내리게 된다. DBMS에 따라 속성의 데이터 타입의 종류나 특징 등이 서로 상이하기 때문에, 논리적 데이터베이스 모델링의 산출물은 물리적 데이터베이스 설계시에 이러한 특징은 반영시켜주어야 한다. 또한 사용자의 정보처리 요구나 조직적 환경에 따라 적절한 대응을 위해, 논리적 데이터베이스의 구조를 변경(역정규화)하거나 뷰(view), 인덱스(index), 트리거(trigger) 등을 만들어 놓을 필요도 있다.

따라서 물리적 데이터베이스 설계 단계에서는 다음과 같은 작업이 수행된다.

- 데이터 사용량 분석 및 분배전략 수립 : 데이터 사용량 분석표, 데이터 구조도 작성, 데이터 분산분석표 작성
- 논리적 데이터 구조를 물리적 데이터구조로의 변환
- 역정규화
- 물리적 설계를 위한 SQL문 작성 : 뷰, 인덱스, 트리거 설계
- 테이블 기술서 작성 : 선정된 DBMS를 고려한 테이블 기술서 작성

1.2 데이터 사용량 분석 및 데이터 분배전략

물리적 데이터베이스를 설계 하기 위해서는 먼저 데이터 사용량 분석을 해야 한다. 관계형 데이터베이스의 경우 메모리의 부하가 크기 때문에 모든 데이터를 메인 메모리 공간에 불러와 관련된 테이블의 조인 작업을 수행한다. 이 경우 데이터베이스의 성능문제가 중요한 이슈이다. 따라서 하드디스크에 저장할 때나 조인작업에 사용할 때 테이블의 전체 건들을 모두 처리하는 방식이 아닌 부분 범위의 로우(row) 만을 처리하는 방식으로 데이터베이스 구조 및 테이블 구조를 설계해야 한다.

데이터 사용량을 분석하는 방법으로는 데이터베이스에서 요구되는 주요 트랜젝션과 프로세스를 식별하고 접근경로와 추정사용빈도를 결정하기 위하여 각각의 트랜잭션과 프로세스를 분석한다. 그 결과 [그림 9-1]과 같이 트랜젝션 분석표를 작성한다. 예를 들어, 특정한 주문에 있어 열 건의 상품을 주문 처리하는 경우, 트랜젝션을 분석하면, 우선 주문테이블에 신규주문을 1건 생성(write)하고 주문품목테이블에 10건의 주문내역을 기록(write)한다. 이때, 상품테이블의 내용을 10건 참조(read)한다. 즉 총 21건의 트랜젝션이 발생한다.

트랜젝션번호 : 0-01	작성일자 : 2006/11/15
트랜젝션 명 : 주문서 작성	트랜젝션 량 : HR, 최고시 : 10/HR

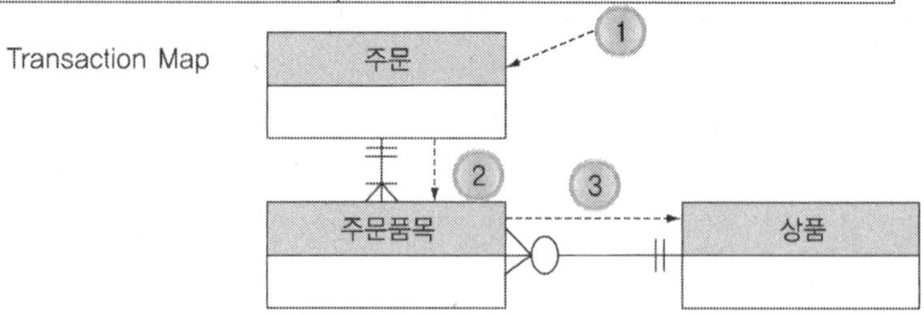

Transaction Map

번호	이름	접근유형	참조횟수	
			트랜잭션 당	기간 당
1	Entry-주문	W	1	2
2	주문-주문내역	W	10	20
3	주문품목-상품	R	10	20
총참조 수			21	41

[그림 9-1] 트랜젝션 분석표

그리고 모든 트랜잭션이 분석되면 모든 테이블(개체)에 대한 데이터사용량 분석표를 [표 9-1]과 같이 작성한다. 이 표를 바탕으로 테이블의 크기를 예측할 수 있으며, 백업(backup)은 어떤 방식으로 이루어질지를 결정하게 된다.

[표 9-1] 데이터 사용량 분석표

개체명	개체유형	건수	주기	최대길이	평균길이	보관주기	비 고
주문	T	1,000	월	50	1,000	1년	
생산지시	T	120	월	40	120	1년	
자재	M	15,000	장기	250	15,000	장기	
거래처	M	1,200	장기	350	1,200	장기	
자재재고	S	15,000	1년	550	15,000	10년	
제조구분	C	20	장기	50	20	10년	

* T : transaction, M : master, S : sum, C : code

이러한 데이터 사용량 분석표를 바탕으로 개체관계도(ERD)를 이용하여 데이터베이스의 종합적인 지도에 해당하는 데이터구조도(data structure diagram)나 복합로드맵(composite load map)을 작성한다. 이러한 자료와 설계도면들은 논리적 데이터베이스를 물리적 데이터베이스로 전환함에 있어 매우 중요한 역할을 한다. 여기서 데이터 구조도란 개념적 데이터 모델인 개체관계도(ERD)의 확장으로 실체건수, 보관주기, 로우의

최대 또는 평균길이, 실체유형, 보관기관, 관련 실체 간의 필수요건인지 선택요건인지의 여부, 외부식별자, 무결성규칙, 참조시작점 등을 기록하는 것으로 물리적 데이터베이스 매크로적인 설계 도면 역할을 한다. [그림 9-2]는 주문관리시스템과 관련된 부분의 데이터 구조도를 예로 나타낸 것이다.

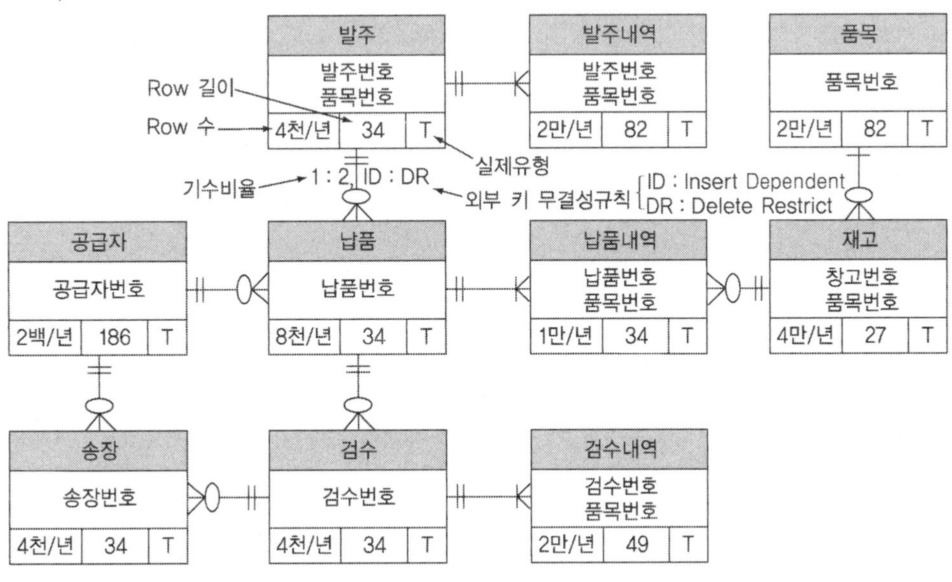

[그림 9-2] 데이터 구조도

이렇게 작성된 데이터 구조도는 다음과 같이 활용된다.

- 데이터베이스 객체인 테이블이나 인덱스 설계에 활용
- 초기 데이터베이스 객체의 하드디스크 사용 공간 확보에 이용
- 하드디스크 상의 배치결정이나 데이터베이스 할당에 이용
- 데이터 분산설계의 기초 자료로 이용
- 데이터베이스 성능향상의 기초 자료로 이용

다음으로 물리적으로 분산된 조직의 경우 데이터의 분산 배치를 위하여 데이터 분산분석을 한다. 데이터 분산분석을 위해 먼저 사업장 유형분석을 한다. 이것은 프로세스와 사용자의 정보요구의 집합으로 이루어진 논리적 묶음으로 데이터와 애플리케이션의 분산과 집중처리 분석의 기초자료가 된다. [표 9-2]는 사업장별로 업무활동이 어떻게 이루어지는가를 분석한 표이다. 일반적으로 해당 업무의 트랜잭션이 해당 사업장에서 발생할 가능성이 높기 때문에 물리적 데이터베이스 설계와 배치에 활용된다.

[표 9-2] 사업장 유형분석

업무활동 \ 사업장	본사	공장 1	공장 2	영업센터
주문접수	○			
생산지시	○			
제품생산		○	○	

다음으로 어떤 데이터가 어떤 사업장에서 발생하고 조회되며 수정되는가를 분석한다. [표 9-3]은 데이터-사업장 연관분석표를 나타낸 것이다. 데이터-사업장 연관분석표는 클라스터 분석을 통하여 데이터베이스의 물리적 배치설계에 활용된다.

[표 9-3] 데이터-사업장 연관분석표

데이터 \ 사업장	본사	공장 1	공장 2	영업센터
주문	U			C
생산지시	C	U	U	
제품생산	U	C	C	
출하지시	C	U	U	
제품출하		C	C	U
입금	C			

* U : use, C : create

1.3 논리적 데이터 구조를 물리적 데이터 구조로의 변환

1) 관계의 변환

논리적 데이터 구조를 물리적 데이터 구조로 변환하기 위해서는 다음과 같은 사항들이 변환되어야 한다. 먼저 실체의 테이블로의 변환이 있다. 여기서 테이블명은 복수가 아닌 단수이어야 하고 30자 이내이여야 하며 표준화된 명칭을 사용해야한다. 다음으로 속성의 칼럼으로의 변환이 있는데 속성명은 표준화된 약어 사용을 권장하고 있고 기본키는 "Not Null", "Unique" 등의 제한을 두어야 한다. 그리고 관계를 외래키로 변환하기 위한 사항들로는 다음과 같다.

- 일대일(mandatory) : 필수사항 반대쪽의 기본키를 필수사항 테이블의 외래키로 포함

- 일대일(optional) : 보다 빈번히 사용되는 테이블이 외래키를 가짐
- 일대일 순환관계 : 해당 테이블 내에 "Unique"한 외래키 칼럼 추가
- 일대다 : 일(1)에 있는 기본키를 다(m)의 외래키로 삽입
- 일대다 순환관계 : 해당 테이블 내에 "Unique"한 외래키 칼럼 추가

2) 필드변환 및 데이터 유형 결정

필드(field)는 프로그래밍언어 또는 데이터베이스관리시스템(DBMS)과 같이 시스템 소프트웨어에 의해 인식되는 응용 데이터의 가장 작은 단위로 논리적 데이터베이스 모델의 속성 하나는 여러 개의 필드명으로 표현 될 수도 있다. 예를 들어, 고객테이블의 고객이름이라는 속성은 "고객이름", "고객성명", "이름", "name", "NM" 등 다양한 형태로 표현가능하다. 각 필드들은 응용시스템이 구현될 때 별도의 정의가 필요하다. 일반적으로는 논리적 데이터베이스에서 정한 이름을 그대로 물리적 데이터베이스의 이름으로 사용하는 것이 타당하나, 현업에서 별도의 이름에 대한 코드체계가 있거나 시스템 오류[1] 등의 이유로 바꾸어서 사용하는 경우가 자주 있다.

데이터 유형(data type)의 결정은 시스템 소프트웨어에 의해 인식되는 코딩체계(coding scheme)를 결정하는 것이다. 어떤 데이터유형을 사용하는가는 데이터 저장 공간과 접근에 요구되는 속도와 밀접한 관계가 있다. 따라서 데이터유형의 결정은 물리적 파일과 데이터 설계의 측면에서 매우 중요하다. 데이터유형을 선정하는 것은 아래 4가지 목적 간의 균형을 이루는 것에 초점을 맞추는데, 이러한 균형 관계는 응용시스템에 따라 달라 질수 있다.

- 저장 공간의 최소화
- 필드의 모든 값들에 대한 표현 가능
- 필드에 대한 데이터 무결성 증진
- 필드의 모든 데이터에 대한 작업(또는 조작)지원

DBMS에 따라 데이터 유형은 서로 상이하기 때문에, 사용하게 될 DBMS의 특징을 잘 이해할 필요가 있다. 예를 들어, [표 9-4]는 Microsoft Access 2000에서 가능한 데이터 유형들을 열거한 것이다.

---

1) 테이블의 속성이름을 한글로 할 경우, 데이터베이스에서 여러 가지 오류가 발생하는 경우가 있기에 많은 엔지니어들은 영어로 이름을 부여하는 것이 습관화되어 있다.

[표 9-4] MS Access의 데이터 유형

데이터 유형	설 명
텍스트(text)	• 텍스트로 된 데이터나 텍스트와 숫자의 조합으로 된 데이터를 저장할 때 사용 • 전화 번호, 부품 번호, 우편 번호와 같이 계산할 필요가 없는 숫자와 이름, 주소 등의 데이터를 저장할 때 사용 • 최대 255자까지 저장 가능 • 필드의 기본 크기는 50자
메모(memo)	• 텍스트로 된 데이터나 텍스트와 숫자의 조합으로 된 데이터를 저장할 때 사용 • 최대 65,536자까지 저장 가능
숫자(number)	• 숫자 값이 포함된 데이터를 저장할 때 사용 • 산술 계산에 사용되는 숫자 데이터를 저장할 때 사용 • 바이트 필드 크기는 0부터 255까지의 정수(실수 값 없음) 저장 • 디스크 공간 1바이트 차지
날짜/시간(date/time)	• 100에서 9999까지의 년도에 대한 날짜와 시간 값 • 8바이트의 저장 공간 필요
통화(currency)	• 숫자 값이 포함된 데이터를 저장할 때 사용 • 화폐 계산이나 고도의 정확성을 요구하는 계산을 할 때 사용 • 계산 중에 반올림을 방지하고자 할 때 사용 • 소수점 왼쪽으로 15자리, 소수점 오른쪽으로 4자리까지 표시 • 디스크 공간 8바이트를 차지
일련번호 (auto number)	• 각 레코드의 고유 번호가 테이블에 추가되는 대로 자동으로 저장 • 순차, 임의, 복제 데이터베이스 ID 등 세 종류의 숫자를 만들 수 있음 • 4바이트의 저장 공간 필요
예/아니오(yes/no)	• True/False, On/Off 등과 같이 미리 정의된 형식이나 Yes/No 데이터 형식처럼 2가지의 값을 가지는 데이터 • 1비트(bit)의 저장 공간 필요
OLE객체 (OLE object)	• 개체 연결과 포함에 대한 OLE 프로토콜을 지원하는 개체 • 서식이 있는 텍스트나 긴 문서를 저장 • Windows Paint 그림이나 Microsoft Excel 스프레드시트 같은 OLE 서버의 OLE 개체는 필드나 폼, 보고서에서 연결되거나 포함
하이퍼링크 (hyperlink)	• 개체에서 다른 개체로 이동하는 포인터 • 대상은 다른 웹 페이지 또는 그림이나 전자 메일 주소, 파일(멀티미디어 파일이나 Microsoft Office 문서), 프로그램이 될 수 있음 • 일반적으로 URL 형식의 하이퍼링크 주소를 갖는 데이터
조회 마법사 (lookup wizard)	• 다른 테이블이나 콤보 상자를 사용한 값 목록에서 값을 선택할 수 있도록 하는 필드를 만듬 • 이 옵션을 선택하면 마법사가 실행되어 조회 필드를 만들어 줌 • 마법사를 끝낸 후에, Microsoft Access는 마법사에서 선택한 값들을 기반으로 데이터유형지정. 참조 무결성을 강화하기 위해 외래키를 위해 사용됨. 외래키의 길이 또는 조회 값의 길이를 지정하는 것에 따라 저장 공간은 결정됨

"주문일"이라는 필드를 텍스트 데이터유형으로 표현한다면, 윤년의 처리나 부적절한 날짜(예, 3월 33일) 등의 현상이 발생할 가능성이 있을 것이다. 또한 "고객문의내용"이라는 필드를 텍스트 데이터유형으로 표현한다면, 255자를 넘는 내용은 기록하지 못할 것이다. 따라서 특정 필드의 데이터유형을 결정할 경우에는 최소한 이 필드의 최대값을 다룰 수 있는 길이를 선택해야 하며, 게다가 비즈니스가 성장함에 따라 늘어나는 값을 수용할 수 있는 정도의 길이를 고려하여 필드의 길이를 결정해야 한다. 따라서 현업의 데이터가 어떤 형태인지를 미리 파악해야 한다. 숫자라는 데이터유형을 사용함으로써 텍스트와 같이 부적절한 값들에 대한 입력을 방지할 수도 있고, 음수(negative number)를 입력하는 것이 문제가 된다면 응용프로그램 코드 또는 양식 설계시 양수(positive number)로 값을 제한하도록 설정할 수도 있다. 또한 데이터유형이 응용시스템의 활동에 적합하게 결정되도록 주의해야 하는데 그렇지 않을 경우, 유지보수가 필요하게 되므로 향후 데이터의 숫자증가를 예측함으로써 미래에 필요한 데이터유형을 선택하도록 한다.

3) 데이터 무결성 통제

데이터 무결성을 보장해 주기 위해서는 다양한 통제방법을 고려해야 한다. 물론 응용 프로그램에서 통제가 가능하지만, 일반적으로 데이터베이스의 통제 기능을 이용하는 것이 더 바람직하다. 왜냐하면 응용 프로그램에서 하는 통제들이 모든 프로그램에 대해 동일하게 적용되는 것이 아니며, 프로그램 변경시에도 계속 신경을 써야 하기 때문에 프로그래머의 생산성에 나쁜 영향을 줄 수 있다. 따라서 항시 적용될 수 있도록 데이터베이스에 설정하는 것이 보다 낫다. 데이터 무결성 통제 방법으로는 기본값 설정(default value setting), 입력 마스크 설정(input mask setting), 범위 통제(range control), 참조 무결성(referential integrity), 널값 통제(null value control) 등이 있다.

(1) 기본값 설정(default value setting)

새 레코드를 만들 때 필드에 자동으로 입력되도록 할 문자열 값을 지정한다. 예를 들어, 주문테이블에서 주문수량필드의 기본 값을 1개로 설정할 수 있다. 테이블에 레코드를 추가할 때 이 값을 그대로 사용하거나 숫자의 변경도 가능하다.

(2) 입력 마스크 설정(input mask setting)

괄호, 마침표, 하이픈과 같은 리터럴(literal) 표시 문자와 데이터를 입력할 위치, 사용 가능한 데이터 형식, 문자 수를 지정하는 마스크 문자로 구성되어 있다.

(3) **범위 통제**(range control)
숫자형과 문자형 데이터 모두 허용 값에 대한 제약을 가질 수 있다. 예를 들어 팔린 제품 단위들의 개수에 대한 필드는 하한 값으로 0을 가질 수 있도록 통제한다.

(4) **참조 무결성**(referential integrity)
관계 테이블 레코드간의 관계를 유효하게 하고, 사용자가 실수로 관련 데이터를 삭제하거나 변경하지 않도록 방지된다.

(5) **널값 통제**(null value control)
널값은 0과는 다른 특별한 값으로서 필드의 값이 실수로 누락된 경우이거나 알 수 없는 값인 경우를 의미한다. 예를 들어 신규 고객과 관련되어 고객 전화번호를 아직 파악하지 못한 경우, 널값으로 처리하면 주문처리에 있어서 많은 문제가 발생할 가능성이 있기 때문에 반드시 입력하도록 유도할 수 있다.

4) 물리적 테이블 설계

하나의 물리적 테이블(physical table)은 행과 이름 붙여진 필드들로 구성된 테이블이며 하나의 관계에 대응할 수도 있고, 그렇지 않을 수도 있다. 또한 논리적 데이터베이스 설계는 잘 구조화된 관계를 생성하는 데에 초점을 맞추고 있는 반면 물리적 테이블 설계는 보조 저장장치의 효율적 활용과 데이터 처리 속도에 초점을 맞춘다.

보조 저장장치(디스크 공간)의 효율적인 활용은 어떻게 데이터를 디스크로 적재하는지와 관련된다. 디스크는 물리적으로 페이지(page)라고 하는 단위로 분할되는데 이 단위는 하나의 기계 작동을 통해 읽거나 쓰는 단위이며 저장 공간은 테이블 행의 물리적 길이가 저장 단위로 거의 균등하게 나누어질 때 효율적으로 활용이 가능하다. 많은 정보시스템들에 있어서 이러한 균등한 분할을 이루기 매우 어려운데 이러한 분할은 데이터베이스의 통제 밖에 있는 운영체제 파라미터(parameter)들과 같은 요인들에 의해 영향을 받기 때문이다.

물리적 테이블 설계에 있어 두 번째로 중요하게 고려되는 것은 데이터 처리의 효율성이다. 데이터는 수행되어야 하는 입출력 동작의 수를 최소화하면서 보조 기억장치에서 서로 가까이 저장될 때 가장 효율적으로 처리가 가능하다. 전형적으로 하나의 물리적 테

이블에 있는 데이터들은 서로 가까운 위치에 저장된다. 역정규화(denormalization)는 정규화된 관계를 사용자의 사용패턴을 분석하여 사용자의 편이성 또는 시스템의 효율성 등을 고려하여 분할하거나 결합하는 과정이다. 역정규화는 정규화를 통해 피하고자 했던 오류와 불일치 발생의 기회를 증가시킬 수 있음에도 불구하고 역정규화는 데이터 처리 비용을 최적화하고자 하는 의도를 가지고 있다.

5) 파일 추가

역정규화의 결과는 하나 이상의 물리적 파일(physical file)들을 만들어 낸다. 이 물리적 파일은 보조 기억장치에 연이어 저장된 테이블 행들의 집합으로 하나의 파일은 하나 이상의 테이블들에 속한 행들과 열들을 포함하고 있으며 비정규화를 통해 생성된다. 데이터베이스 설계자는 파일구성에 대해 어떤 결정을 할 때, 다음과 같은 점들을 고려해야 한다.

- 빠른 데이터 조회
- 고성능 거래처리
- 저장 공간의 효율적 사용
- 데이터 처리의 실패 또는 데이터 손실에 대한 보호
- 재구성 필요 제기에 대한 최소화
- 데이터 양의 증가에 대한 대비
- 인가되지 않은 사용에 대한 보안

종종 이러한 목표들은 서로 충돌을 일으키므로 이들 간의 합리적인 균형을 고려한 파일 및 DB 구성 안이 결정되어야 한다. 파일과 데이터베이스 설계자는 파일 복원을 위해 다음과 같은 기법들을 용할 수 있다.

- 주기적으로 파일에 대한 백업(backup) 복사본을 만든다
- 트랜잭션 로그(transaction log) 또는 감사 추적(audit trail)용으로 파일에 대한 각각의 변화에 대한 복사본을 저장한다.
- 각 행의 변화 전후의 모습에 대한 복사본을 저장한다.

2 역정규화

정규화된 스키마는 데이터를 입력, 수정, 삭제할 때 관계를 맺고 있는 테이블을 참조해야 하고 가장 작은 단위로 테이블이 나뉘어져 있기 때문에, 연관된 정보를 조회하기 위해서는 조인을 수행해야 한다. 이러한 조인은 시스템의 부하를 유발하게 된다. 역정규화란 시스템의 성능 향상을 위해서 정규화된 데이터베이스 구조를 조정하는 것을 말한다. 테이블 내 속성 상호간 종속관계를 독립시켜 정규화의 수준을 높일수록 데이터 모델링의 목적인 정확성, 일치성, 단순성, 비중복성을 갖게 되나, 참조하는 조건이 늘어나게 되어 시스템 성능을 좌우하는 디스크 접근 횟수를 증가시키게 된다. 이런 이유로 역정규화를 실시한다. 역정규화는 테이블에 존재하는 데이터를 중복하여 속성 상호 간에 존재하는 여러 가지의 종속관계를 단순화시켜 표현하려는 것으로 데이터 조회시 조인연산을 감소시켜 시스템의 성능향상을 도모할 수 있다.

하지만, 역정규화된 데이터베이스가 갱신질의가 없는 순수한 검색질의만 발생하는 상황에서는 정규화된 모델보다 더 좋은 시스템 성능을 나타낸다. 그러나, 갱신질의와 검색질의가 함께 발생하는 일반적인 기업의 업무환경에서는 오히려 정규화된 모델보다 성능이 떨어짐을 보이며, 특히 시스템 사용자가 많은 경우에는 빈번한 로킹(locking) 현상을 유발하여 급격한 시스템 성능저하가 발생한다. 따라서, 전체 데이터베이스의 성능적 측면에서 일반적인 기업의 업무환경에서는 역정규화를 하지 않는 정규화된 모델이 우수하다. 역정규화를 수행하기 위해서는 우선 정확한 업무 분석과 사용자들의 업무 프로세스를 분석해야 하며 우선 데이터 사용량이 많은 테이블을 기준으로 해서 우선적으로 역정규화를 고려한다. 역정규화 유형에는 데이터 중복, 파생 컬럼의 생성, 테이블 분리, 요약 테이블 생성, 테이블 통합이 있다.

1) 데이터 중복 허용 : 컬럼 역정규화

특정 검색을 위한 조인(join)이 빈번하게 발생하는 경우, 조인 프로세스를 줄이기 위해 컬럼의 중복을 허용하는 경우이다. [그림 9-3]을 보면, 동아리 등록 테이블에서 검색시 학생테이블의 학생이름과 동아리테이블의 동아리명을 함께 참조하는 경우가 빈번할

경우, 아예 해당 컬럼을 중복함으로써 기본적으로 조회를 할 경우 조인을 수행하지 않도록 한다. 동아리 등록 테이블을 조회할 경우 학번에 해당하는 이름이나 동아리명을 가져오기 위해서 동아리 테이블과 조인을 수행해야 하는데 이는 성능저하의 원인이 되기 때문이다. 그러므로 학생 테이블에 있는 학생이름과 동아리 테이블에 있는 동아리명을 동아리등록에 컬럼으로 추가해 놓음으로써 학생테이블과 동아리테이블을 조인하지 않아도 쉽게 조회가 가능하기 때문에 역정규화를 시켜준다.

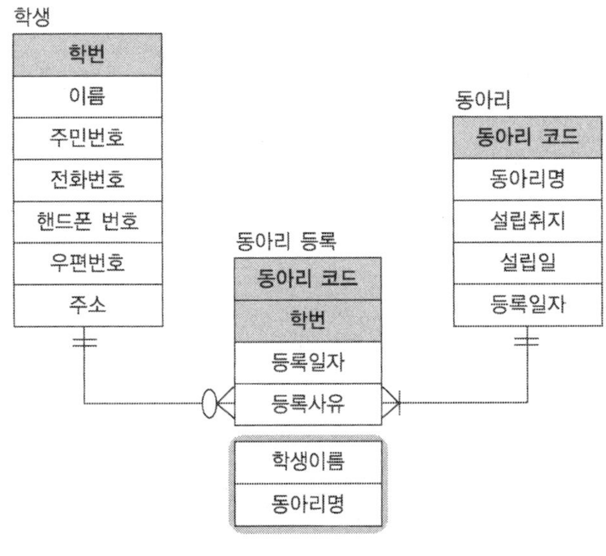

[그림 9-3] 데이터 중복

2) 파생 컬럼의 생성

계산을 통해서 얻어질 수 있는 결과 값을 테이블의 컬럼으로 만들어서 값을 저장하게 하면 조회할 때 마다 연산을 통해 결과값을 얻지 않아도 되기 때문에 조회의 성능을 향상시킬 수 있다.

예) 판매 테이블의 판매금액

판매금액=판매수량×판매단가

"판매수량×판매단가"를 함으로써 조회 할 때마다 연산을 하지 않고 판매금액의 컬럼만 추가하더라도 결과값을 쉽게 얻을 수 있다. 하지만, 판매수량이나 판매단가의 변경이 발생할 경우, 판매금액도 함께 수정해 주어야 한다는 단점도 있다.

3) 테이블 분리

[그림 9-4]와 같이 컬럼의 개수가 많을 경우 레코드의 크기(size)가 커서 데이터페이지에 저장을 많이 못하게 되고 따라서 데이터 페이지는 늘어나게 된다. 이로 인해 조회를 할 경우에 부하가 발생하게 된다. 하지만 컬럼을 기준으로 분리 할 경우 그 기준은 컬럼의 성격이나 업무적 활용도에 따라 분리하는데 여기서 테이블의 관계는 일대일이 된다. 이러한 경우 조회시 부하를 줄일 수 있다.

[그림 9-4] 컬럼 기준의 테이블 분리

[그림 9-5]와 같이 레코드를 기준으로 분리할 경우에는 데이터가 사용되는 빈도로 데이터를 분리해서 테이블을 만들고 데이터를 관리하고 데이터의 성격에 따라 데이터를 조회하는 유형이다. 예를 들면, 성적테이블에서 공부를 잘하는 학생과 중간학생, 못하는 학생을 빈번하게 조회할 경우에 where절을 사용해서 조회를 해야 한다. 하지만 [그림 9-5]처럼 사용자가 업무 분석에 따라 테이블을 분산시키면 where절을 사용하지 않아도 쉽게 조회가 가능하다.

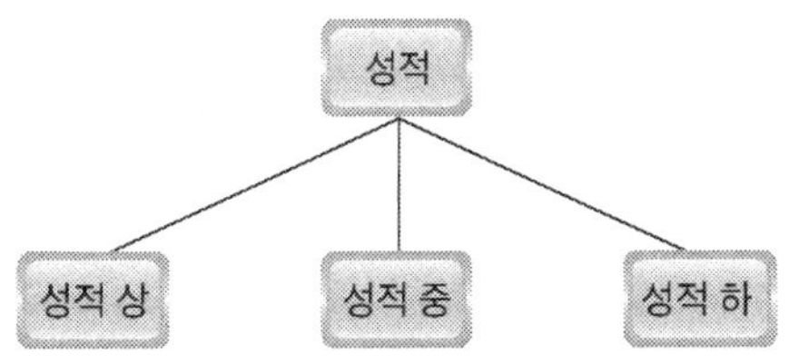

[그림 9-5] 레코드 기준의 테이블 분리

4) 요약 테이블 생성

[그림 9-6]은 판매테이블과 같이 비교적 많은 데이터가 저장되는 테이블에서 요약된 정보를 얻기 위하여 GROUP BY와 SUM 등을 이용하여 가공된 결과를 얻는 질의를 자주 실행하게 되는 경우 해당 질의를 수행하기 위해서 많은 계산 및 조회 프로세스가 발생하게 된다. 이러한 경우 조회의 프로세스를 줄이기 위해 요약된 정보만을 저장하는 테이블을 만드는 것이 좋다. 연간 매출액을 계산할 때 수많은 데이터를 조회해서 판매금액의 합계를 구하는 질의를 수행하는데 있어 시스템에 부하가 생기므로 트리거(trigger)를 이용해 판매테이블에 입력되는 데이터 값에 따라 상품별 매출액이 자동으로 관리될 수 있도록 해줘야 한다. 여기서 트리거란 업무 규칙을 정의하기 위한 데이터베이스 내의 개체로 데이터의 무결성과 일관성을 보장하기 위해 테이블에 데이터가 입력, 수정, 삭제되어질 때 다른 테이블에 연관된 작업이 동시에 진행되도록 하는 역할을 한다.

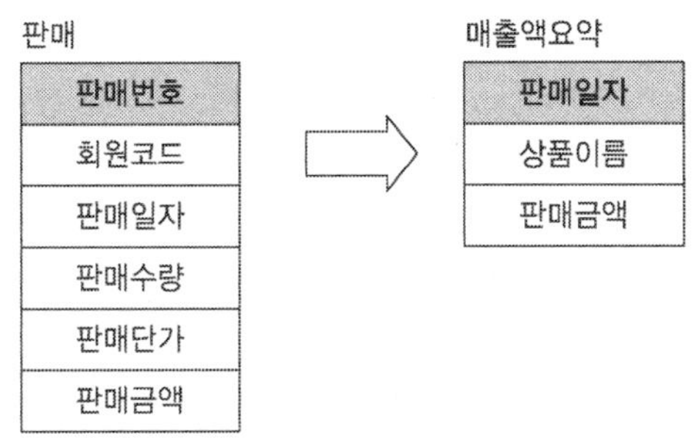

[그림 9-6] 요약 테이블의 생성

5) 테이블 통합

테이블을 나누고 나서 두 테이블 간에 한쪽이 입력이나 수정 삭제가 될 시에 두 테이블이 서로 참조해야 하고 정보를 보기 위해서 조인을 걸어야 한다. 그런데 이러한

프로세스가 시스템 성능에 많은 영향을 미친다면 하나로 합치는 것도 고려해 보아야 한다.

"국내 DB설계 방식 비효율적"...KAIST 문송천 교수 [아이뉴스24, 2004년 2월 18일자 기사]

조회 속도 향상만을 위한 데이터 중복 허용형 방식으로 데이터베이스를 설계하는 것은 전체 시스템의 효율성을 크게 저하시킨다는 주장이 제기됐다. 대부분의 기업들은 데이터 조회시 속도 향상을 목적으로 관행처럼 '데이터 중복허용형 설계 방식' (=역정규화 방식)을 적용하고 있는데, 이것이 오히려 전체 시스템 성능을 저하시키는 주범으로 작용하고 있다는 것이다.

KAIST 테크노경영대학원 데이터베이스연구실 문송천 교수팀은 '자료설계에서 역정규화의 부적격성' 이라는 논문을 통해 이같이 주장했다. 이번 연구는 데이터 중복허용 방식과 중복배제 방식의 모델을 설계하여 동일조건에서 DB 크기, 조건 결합의 수, 읽기 및 쓰기 비율, 질의의 빈도 등에 따른 응답시간을 측정하는 가상실험을 통해 이뤄진 것. 그 결과 데이터 중복허용 방식을 이용한 DB시스템은 데이터 중복으로 인해 추가적 저장공간 낭비는 물론 자료의 수정이나 입력 횟수가 많아질수록 사실상 응답속도가 평균 35%까지 저하되는 것으로 밝혀졌다. 이 논문은 관공서를 포함한 대부분의 국내기업이 정확한 실증적 분석 없이 고정관념적으로 데이터 중복허용 방식을 택하고 있는 실정에 경종을 울리고 있다. 그 경우 DB의 장점인 데이터 일관성을 포기하는 결과가 돼 데이터 입력, 수정과 같은 갱신시에 더 많은 시간이 요구되고 결국 전체 시스템의 성능 향상을 크게 저해하는 소탐대실의 우를 범하게 된다는 것이다.

문송천 교수는 "국내기업들의 평균 데이터 중복률은 65%나 될 정도로 위험수위에 육박하는 실정"이라며 "물론 데이터 중복배제 방식을 택하더라도 10~15% 정도의 데이터 중복은 불가피하지만 50%가량의 중복은 피할 수 있어 더욱 효율적"이라고 말했다. 또 "데이터 중복률은 사람으로 치면 콜레스테롤 수치와 같아 조절하지 않으면 세월이 흐름에 따라 데이터 경로상의 혈액순환 장애를 일으킬 것"이라며 "정보화 시대에 기업의 '데이터 인프라 갖추기' 는 절대 절명의 과제인 만큼 잘못된 관행이라면 깨야 할 것"이라고 말했다.

3 물리적 설계를 위한 SQL문 작성

3.1 뷰의 설계

관계형 데이터베이스에서는 데이터모델링을 통해 가능한 한 테이블을 분화시키고 중복된 컬럼을 두지 않도록 한다. 이런 경우 조회나 보고서를 만들기 위해서는 여러 테이

블을 서로 연결(조인)하거나, 역정규화 방식을 통해 통합 테이블을 만들기도 한다. 그러나 자주 반복적으로 사용하는 조인을 하는 것은 사용자의 사용편의성 문제에서 불편함을 주고, 역정규화 방식은 데이터무결성에 나쁜 영향을 줄 가능성이 있다. 이런 문제를 쉽게 해결해 주는 것이 뷰(view)이다. 뷰란 이미 존재하는 하나 혹은 그 이상의 베이스 테이블(base table)에서 원하는 데이터만 정확히 가져올수 있도록 미리 원하는 컬럼만 모아 가상적으로 만든 테이블을 말한다. 즉, [그림 9-7]과 같이 뷰는 진짜로 존재하는 테이블이 아니라 가상적으로 존재하는 테이블이라는 것이다.

사원 테이블

사원번호	이름	업무	관리자	고용일	급여	보너스	부서번호
7369	홍길동	점원	7902	17-DEC-80	800		20
7499	이순신	영업	7698	20-FEB-81	1600	300	30
7521	강감찬	영업	7698	22-FEB-81	1250	500	30
7566	유관순	관리자	7839	02-APR-81	2975		20

사원번호	이름	업무
7369	홍길동	점원
7499	이순신	영업
7521	강감찬	영업
7566	유관순	관리자

[그림 9-7] 보안을 위한 뷰의 예제

뷰를 사용하는 목적은 사용의 편의성과 보안의 이유이다. 복잡한 쿼리 문장들을 매번 실행 할 때마다 타이핑해야 한다면 매우 귀찮기 때문에 이런 것들을 뷰로 만들어 두면 수월하게 질의 할 수 있는데 이것이 뷰 사용의 편의성이다. 아울러 긴 쿼리 문장을 네트워크에 실어 보내려면 네트워크 트래픽도 많이 발생하는데 이런 네트워크 트래픽도 줄일 수 있다. 또한, 테이블 전체를 보여 주어서는 안 되는 경우 보여줄 컬럼들만 가져오는 뷰를 만들고 이것을 보여주면 된다. 이렇게 하면 숨기고 싶은 컬럼들을 숨겨 줄 수 있어 데이터베이스의 보안성을 높일 수 있다.

3.2 인덱스의 설계

1) 인덱스의 정의

인덱스(index)란 키 값을 기반으로 하는 테이블에서 검색과 정렬 속도를 올리는 기능이며, 테이블 행에 고유성을 적용할 수 있다. 그리고 테이블의 기본키는 자동으로 인덱스가 된다. 그러나 일부 필드는 필드의 데이터 형식 때문에 인덱스가 될 수 없다.

인덱스형 파일은 인덱스를 저장하기 위해 추가적인 공간이 필요하고 인덱스를 접근하는 데 추가적인 시간이 요구된다는 것이 단점이다. 반면, 순차적인 순서를 별도로 유지되기 때문에 무작위 순으로 데이터를 처리할 때나 순차적으로 처리할 때 모두 실용적이며, 비 클러스터드 인덱스(non clustered index)인 경우 다른 데이터와 분리되어 있기 때문에 같은 데이터 파일에 대해 여러 개의 인덱스를 만들 수 있다는 장점이 있다. 여러 개의 인덱스들을 효과적으로 이용하면 복잡한 조건을 가지는 자료도 신속하게 찾아낼 수 있다.

[그림 9-8]을 보면 알 수 있듯이, 인덱스가 설정되어 있지 않은 컬럼값으로 테이블을 검색하게 되면, 일반적으로 테이블 전체를 읽게(table scan) 된다. 하지만, 인덱스 검색방식으로 검색하게 되면, 우선 인덱스가 저장되어 있는 파일을 검색한 뒤, 인덱스와 연결된 데이터 페이지와 직접 연결한다. 따라서 특정한 값을 찾아오는 포인트 조회(point query)[2]인 경우에 유리하다. 이런 방식의 인덱스를 비 클러스터드 인덱스 방식이라고 한다.

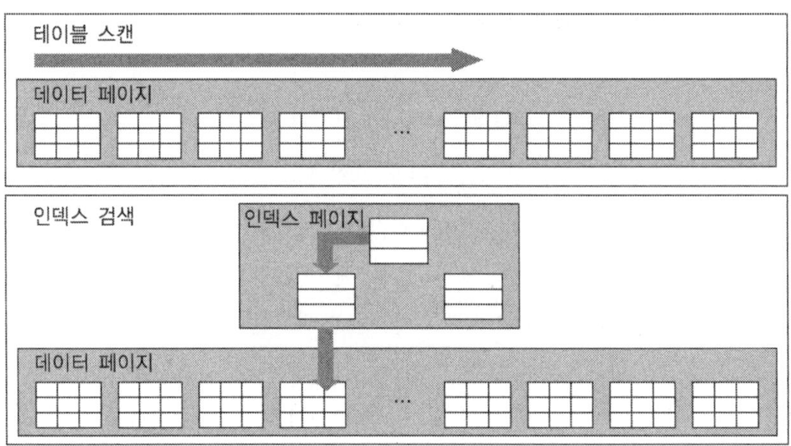

[그림 9-8] 데이터 검색 방법

2) 포인트 조회 : 단일 데이터 검색 즉, 검색한 결과가 하나이거나 없는 경우의 질의를 말한다. 예를 들어 미니홈피에서 일정관리를 할 경우, 일정관리의 테이블에서 날짜를 기준으로 일정을 검색하고자 한다면 얻어지는 결과가 많아야 한 개이거나 일정이 없는 날은 레코드가 없기 때문에 포인트 쿼리가 적당하다.

반면, 범위 조회(range query))[3]인 경우, 클러스터드 인덱스(clustered index)를 하는 것이 유리하다.

2) 인덱스 유형

(1) 클러스터드 인덱스

인덱스를 만들기 원하는 컬럼에 클러스터드 인덱스를 만들면 그 컬럼을 기준으로 물리적으로 데이터를 정렬한다. 따라서 범위조회를 할 경우 빠른 속도로 검색을 할 수 있다. [그림 9-9]와 같이 테이블에 기본키를 구성하게 되면 기본키 컬럼에는 기본적으로 클러스터드 인덱스가 구성된다. 범위로 데이터를 조회할 때, 클러스터드 인덱스는 인덱스 페이지를 만들지 않기 때문에, 비 클러스터드 인덱스 보다 빠르게 데이터를 조회할 수 있다.

번 호	이 름	*****	*****
1	정약용	*****	*****
2	안중근	*****	*****
:		*****	*****
20	신숙주	*****	*****
21	이퇴계	*****	*****

→

번 호	이 름	*****	*****
1	정약용	*****	*****
2	안중근	*****	*****
:		*****	*****
20	신숙주	*****	*****
21	이퇴계	*****	*****

[그림 9-9] 클러스터드 인덱스

(2) 비 클러스터드 인덱스

비 클러스터드 인덱스는 [그림 9-10]와 같이 데이터 페이지의 위치 정보를 인덱스로 구성한다. 실제 데이터를 가지고 있지는 않지만 어디에 해당 정보가 있다는 정보만을 가지고 있다. 즉, 인덱스 페이지에 인덱스 키값과 어느 위치에 이 데이터가 실제로 존재하는지의 정보가 들어있다. 또한 물리적으로는 데이터의 순서를 변경하지 않고 있는 그대로의 위치 정보를 인덱스로 구성한다. MS-SQL Server에서는 한 테이블에 249개까지의 비 클러스터드 인덱스를 만들 수 있다.

---

3) 범위 조회는 검색한 결과가 여러 개의 데이터 즉, 많거나 하나이거나 혹은 조건에 맞는 데이터가 없는 경우 아무런 결과가 없을 수 있는 질의이다. 판매테이블에서 판매일자를 기준으로 조회를 하면 여러 개의 레코드가 출력될 가능성이 있기 때문에 범위조회에 해당한다.

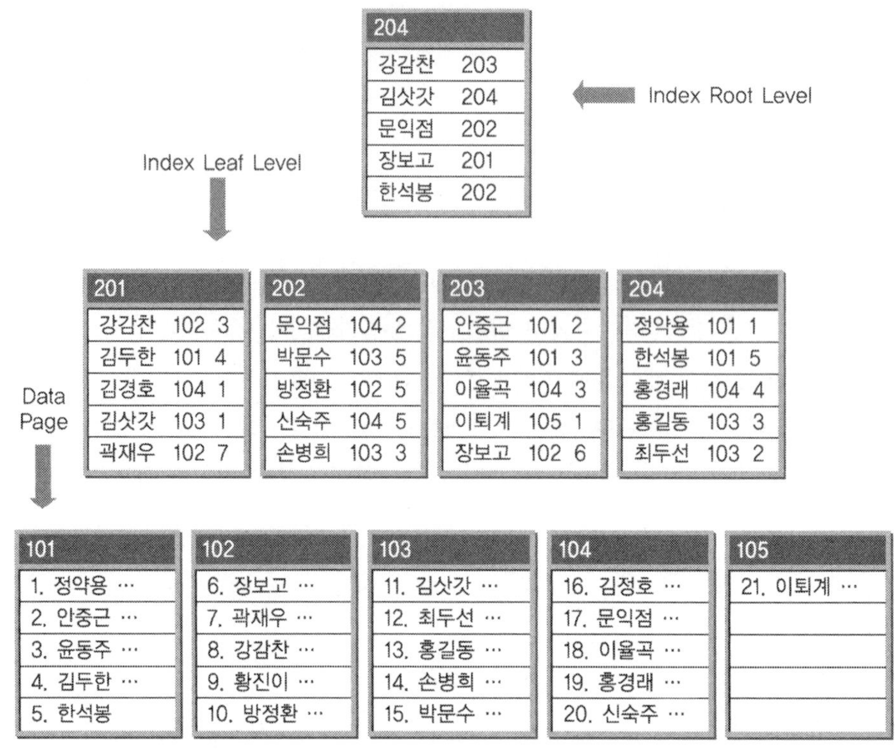

[그림 9-10] 비클러스터드 인덱스

3.3 트리거의 설계

트리거(trigger)는 데이터베이스가 미리 정해 놓은 조건을 만족하거나 어떤 동작이 수행되면 자동적으로 수행되는 동작을 말한다. 트리거는 데이터베이스에서 데이터에 대한 유효성 조건과 무결성 조건을 충족하는 데 유용하다.

테이블이나 뷰에는 Inserted, Deleted라는 두개의 가상 테이블이 존재하는데 하나의 레코드를 트랜잭션이 끝날 때까지 가지고 있게 되는데 먼저 데이터가 [그림 9-11]과 같이 입력되어질 경우를 살펴보도록 하자.

INSERTED 가상 테이블

사원번호	이름	주소	성별	입사일
4	강감찬	부산	남	20010630

실제 테이블 : 사원

사원번호	이름	주소	성별	입사일
1	정약용	서울	남	20010620
2	안중근	대전	남	20010621
3	신숙주	대구	여	20010621

[그림 9-11] 데이터 입력

INSERT INTO 사원(사원번호, 이름, 주소, 성별, 입사일)

VALUES(4, '강감찬', '부산', '남', 20010630)

먼저 INSERTED 가상 테이블에 VALUES값(사원번호필드에 4, 이름필드에 강감찬, 주소필드에 부산, 성별필드에 남, 입사일필드에 20010630의 값)들이 입력되어지고 난 후 INSERTED 테이블의 값이 실제 테이블로 옮겨진다.

입력된 데이터가 [그림 9-12]와 같이 수정되어야 할 경우가 있다. 즉,

INSERTED 가상 테이블

사원번호	이름	주소	성별	입사일
3	신숙주	대전	여	20010621

실제 테이블 : 사원

사원번호	이름	주소	성별	입사일
1	정약용	서울	남	20010620
2	안중근	대전	남	20010621
3	신숙주	대구	여	20010621

DELETED 가상 테이블

사원번호	이름	주소	성별	입사일
3	신숙주	대구	여	20010621

[그림 9-12] 데이터 수정

UPDATE 사원 SET 주소= '대전'

WHERE 사원번호=3

'사원 테이블에서 사원번호가 3인 사원의 주소를 대전으로 수정' 하는 조건문으로 먼저 수정할 새로운 값이 INSERTED 테이블에 입력 된 후 원래의 데이터 값이 DELETED 테이블로 옮겨지며 이후 INSERTED 테이블의 값이 실제 테이블로 옮겨진다.

마지막으로 [그림 9-13]과 같이 데이터가 삭제될 경우를 살펴보자.

DELETE 사원 WHERE 사원번호= '4'

[그림 9-13]에서 보면 '사원테이블에서 사원번호가 4인 행을 삭제' 함으로써 삭제할 값이 DELETED 테이블로 옮겨지게 된다.

DELETED 가상 테이블

사원번호	이름	주소	성별	입사일
4	강감찬	부산	남	20010630

실제 테이블 : 사원

사원번호	이름	주소	성별	입사일
1	정약용	서울	남	20010620
2	안중근	대전	남	20010621
3	신숙주	대구	여	20010621
4	강감찬	부산	남	20010630

[그림 9-13] 데이터 삭제

트리거에는 입력, 수정, 삭제 시 작업의 발생 시점을 기준으로 작업이 발생하기 전에 동작하는 'Instead of Trigger' 와 작업이 발생한 후에 동작하는 'After Trigger' 가 있다. 위에서 살펴보았듯이 트리거를 사용함으로써 테이블이나 뷰를 통해 데이터가 입력, 수정, 삭제될 경우 자동으로 실행되어지기 때문에 연관된 작업을 처리하는데 있어서 여러번 프로시저를 호출해서 실행하거나 여러번 SQL명령을 실행할 필요가 없기 때문에 사용하는 입장에서 복잡성을 줄일 수 있다. 뿐만 아니라 프로젝트 수행 시 개발자나 프로그래머들이 복잡한 업무를 숙지하지 않아도 되기 때문에 프로젝트를 안정적으로 수행할 수 있는 장점이 있다. 그러나 이런 좋은 점 대신 트리거는 성능의 저하라는 막대한 손실을 가져올 수 있다는 단점도 있다.

주요용어

Main Terminology

- 감사 추적(andit trail)
- 개체관계도(ERD : entity relationship diagram)
- 널값 통제(null value control)
- 데이터 사용량 분석표(data usage analysis table)
- 데이터 유형(data type)
- 데이터 구조도(data structure diagram)
- 로킹 현상(locking phenomenon)
- 물리적 데이터베이스 설계(physical database design)
- 범위 조회(range query)
- 범위 통제(range control)
- 복합로드맵(composite load map)
- 뷰(view)
- 비 클러스터드 인덱스(non clustered index)
- 역정규화(denormalization)
- 인덱스(index)
- 입력 마스크(input mask)
- 참조 무결성(referential integrity)
- 클러스터드 인덱스(clustered index)
- 트랜잭션 로그(transaction log)
- 트랜잭션 분석표(transaction analysis table)
- 트리거(trigger)
- 포인트 조회(point query)
- DBMS(database management system)
- SQL(structured query language)

연습문제

Exercises

1. 논리적 데이터베이스 모델링과 물리적 데이터베이스 모델링의 차이점은 무엇인가?
2. 물리적 데이터 모델링을 위해 어떤 정보를 준비해야 하는가?
3. 데이터 무결성 통제 방법에 대해 설명하라.
4. 역정규화는 왜 필요한가?
5. 과도한 역정규화는 시스템 관리자에게 어떤 위험을 초래할 수 있는가?
6. 인덱스의 필요성에 대해 설명하라.
7. 2가지 인덱스의 종류에 대해 설명하고 각각의 장 · 단점을 열거하라.
8. 뷰의 필요성에 대해 설명하라.
9. 트리거의 필요성에 대해 설명하라.
10. 제 7장의 8번 문제에서 작성한 ERD를 기초로 도서대출시스템의 도서반납 트랜잭션의 트랜잭션분석표를 작성하여 보아라. 이 때, 참조 횟수는 임의적으로 넣어라.

참고문헌

Literature Cited

김성락, 유현, 이원용, 실무사례중심의 시스템 분석 및 설계, OK Press, 2002.

우치수, 구조적 기법 : 소프트웨어 공학, 상조사, 1994.

이민화, 시스템 분석과 설계, 도서출판대명, 2003.

이주헌, 실용 소프트웨어 공학론 : 구조적·객체지향기법의 응용사례 중심으로, 법영사, 1997.

이태동, 조선구, 데이터베이스론(개정판), OK Press, 2005

윤청, 패러다임 전환을 통한 소프트웨어 공학, 생능, 1999.

최은만, 소프트웨어 공학, 정익사, 2005, pp.28-40.

Dennis, A. and B.H. Wixom, *Systems Analysis and Design*, 2nd Edition, John Wiley & Sons, Inc., 2003.

Fleming, C.C. and B. Halle, Handbook of Relational Database Design, Addison-Wesley, 1998.

Gillenson, M.L., Fundamentals of Database Management Systems, John Wiley & Sons, 2005.

Hoberman, S., Data Modeler's Workbench: Tools and Techniques for Analysis and Design, John Wiley, 2001.

McFadden, F.R., J.A. Hoffer, and M.B. Prescott, Modern Database Management, 5th ed. Addison Wesley, 1999.

Powell, G., Beginning Database Design, Wrox, 2005.

Rob, P. and C. Coronel, Database Systems: Design, Implementation, and Management, 5th ed., Course Technology Ptr, 2002.

Sommerville, I., *Software Engineering*, 7th edition, Addison-Wesley, 2004.

Teorey, Database Modeling and Design, 4th ed., Morgan-Kaufmann, 2005.

Whitten, J.L., L.D. Bentley, and K.C. Dittman, *Systems Analysis and Design Methods*, 6th Edition, McGraw Hill, 2004

프로그램 설계

CHAPTER 10

PREVIEW

프로그램 설계는 소프트웨어 프로그램을 구성하는 모듈 내부와 모듈 간의 구조적 관계를 설계하는 것이다. 분석단계에서 만들어진 프로세스와 기능 모델을 기초로 프로그램의 기능적 요구사항과 비기능적 요구사항을 설계하는 것이다. 본 장에서는 구조적 설계 기법을 중심으로 프로그램 설계 기법을 설명한다. 구조적 프로그램 설계의 기본적인 방법은 분석단계에서 만들어진 자료흐름도와 미니명세서를 기초로 모듈들 간의 구조적 관계를 설계하는 구조화 챠트와 모듈 내부를 설계하는 N-S 챠트로 전환하는 것이다.

OBJECTIVES OF STUDY

- 구조적 설계의 기본 개념과 특징을 이해한다.
- 모듈 결합도와 모듈 응집도의 개념을 이해하고 바람직한 설계품질 수준을 배운다.
- 구조화 챠트를 작성하는 방법을 숙지한다.
- 프로세스 모델을 전환하는 방법을 배운다.
- 모듈 상세설계 도구들의 세 가지 제어구조 표기법과 각각의 장 · 단점을 파악한다.

CONTENTS

1 구조적 설계의 기초

1.1 구조적 설계의 개념과 특징

SDLC 과정에서 본다면 설계 단계는 분석 단계의 높은 추상화 단계에서 낮은 추상화 단계로 나아가는 것을 의미한다. SDLC가 진행되면서 제안서 또는 문제설명서에서 시작하여 요구사항 분석서, 기본설계, 상세설계, 원시코드의 순으로 구체화 되어간다. 시스템 설계는 분석 단계에서 사용자 중심으로 만들어진 시스템 모델을 프로그래머가 사용할 수 있는 기술적인 모델로 변환시키는 활동이다. 설계활동은 사용자 요구사항을 분석하여 정형화시키는 단계와 사용자 요구사항에 대한 해결 방안을 구현하는 단계 사이를 연결시켜 주는 중요한 역할을 한다. 따라서 설계 단계에서 주안점을 두는 추상화 수준은 아래와 같이 세 가지 부분이라 할 수 있다.

- 제어 추상화(control abstraction) : 순차구조, 선택구조, 반복구조, 동기화 등
- 절차 추상화(procedural abstraction) : 어떤 기능을 수행하는 과정을 추상화(함수, 프로시저, 서브루틴 등)
- 데이터 추상화(data abstraction) : 데이터의 상세정보(데이터 구조)를 감춤

구조적 분석 및 설계 기법의 경우 구조적 분석 단계에서 작성된 자료흐름도(DFD)와 자료사전(DD), 그리고 프로세스 미니명세서를 이용하여 응용시스템의 프로그램을 설계한다. 구조적 설계(structured design)는 사용자의 요구사항과 해결방안을 새로운 시스템에서 어떻게 충족시킬 것인가에 대한 방법을 찾아 구체화시키는 단계이다. 즉, 소프트웨어의 기능, 프로그램 구조 및 모듈(module)을 설계하기 위한 전략, 평가 지침 및 문서화 도구를 제공하고 효율적인 시스템 개발을 지원하는 체계화된 설계 기법이다.

구조적 설계는 프로그램 구성요소들 간의 관계를 설계하는 기법으로 다음과 같은 설계 목표를 갖는다.

- 설계된 프로그램은 요구되는 기능을 수행할 수 있어야 한다.
- 프로그램 설계는 이해하기 쉬워야 하며 유지보수가 용이해야 한다.

- 개발된 프로그램에 오류가 없고 신뢰성(reliability)이 있어야 한다.
- 프로그램은 다른 기능을 추가하거나 수정하기 쉬운 유연성(flexibility)이 있어야 한다.
- 프로그램 설계를 기초로 쉽게 소프트웨어를 개발할 수 있어야 한다.
- 프로그램 개발에 소용되는 비용을 절감해야 한다.
- 개별적인 모듈은 단일 입구와 단일 출구로 되어 있어 모듈별로 테스트가 용이해야 한다.
- 한 모듈의 수정으로 인하여 다른 모듈을 수정해야 하는 파급효과가 최소화 되어야 한다.
- 개발된 모듈은 재사용성이 높아야 한다.

결국 구조적 설계의 궁극적인 목표는 성공적인 시스템 개발을 위하여 문제를 모듈 단위로 분할하고, 이를 다시 계층적으로 구조화함으로써 고품질의 소프트웨어를 저렴한 비용으로 개발하는 것이다. 따라서 구조적 설계는 다음과 같은 특징을 갖는다.

- 개발자들 간의 효과적인 의사소통을 위한 도식형태의 모델링 도구 사용을 중요시 한다.
- 분석단계에서 분할된 모듈들을 계층적으로 조직화 하여 전체적인 구조를 한 눈에 볼 수 있게 한다.
- 분석 모델을 설계모델로 전환할 수 있는 방법이나 기법을 제공한다.
- 모듈 설계에 있어 구조적 프로그래밍의 3원칙(순차, 선택, 반복 구조)을 지키도록 하며, 제어의 이동 경로를 쉽게 추적할 수 있게 한다.

1.2 구조적 설계의 기본원리

구조적 기법의 기본적 원리는 추상화(abstraction)의 원리, 공식성(formality)의 원리, 분할정복(divide and conquer)의 원리, 계층적 조직화(hierarchical ordering)의 원리임을 앞에서 밝혔다. 구조적 분석을 통하여 분할된 문제를 소프트웨어로 구현하기 위해서는 모듈화(modularization) 작업이 필요하다.

모듈(module)이란 하나 또는 몇 개의 논리적 기능을 수행하기 위한 명령어들의 집합으로 입력과 출력기능, 그리고 자료처리 매커니즘을 갖추고 있다. 시스템분석가의 입장에서 본다면 설계를 위한 단위이며, 프로그래머들의 관점에서 본다면 프로그램 코드들의 집합체인 서브루틴(subroutine) 또는 프로시저(procedure)로 볼 수 있다. 또한 소프트웨어 시스템의 관점에서 본다면 하나의 하위시스템(subsystem)으로 처리나 테스트를 위한 단위이며, 사용자의 관점에서 본다면 하나의 작업단위이다. 따라서 모듈은 다음과 같은 특징을 지닌다.

- 독립된 단위로 수행 가능한 명령어나 자료구조를 가진다.
- 특정 프로그래밍언어로 작성시 독립적으로 컴파일 할 수 있다.
- 단위 모듈의 경우 개발된 소프트웨어 테스트의 기본 단위가 된다.
- 물리적으로 하나의 독립된 파일로 저장될 수 있다.
- 다른 프로그램이나 모듈에서 사용할 수 있다.

프로그램을 모듈화 함으로써 개발된 시스템의 유지보수를 용이하게 해준다. 모듈을 계층적으로 조직화 함으로써 전체적인 구조를 쉽게 이해할 수 있다. 그리고 모듈의 설계도를 이용하여 사용자의 요구사항이 바뀔 경우 어느 부분을 수정해야할 지를 쉽고 빠르게 파악할 수 있다. 또한 에러 발생시 디버깅(debugging)을 용이하게 한다. 모듈이 단일입구와 단일출구로 설계되어질 경우 단독적으로 테스트가 용이하며, 어느 한 모듈에서 발생한 에러의 원인을 그 모듈 내부로 국한시킬 수 있어 디버깅의 효율성을 높일 수 있다.

고품질의 소프트웨어를 저렴한 비용으로 개발하기 위해서는 시스템을 구성하는 모듈의 독립성을 높이는 것이 무엇보다도 중요하다. 모듈 독립성은 소프트웨어를 구성하고 있는 요소들이 독립성을 가지고 기능을 수행함을 의미한다. 모듈의 독립성을 측정하는 지표로서 모듈 간의 결합도(coupling)와 모듈 내부의 응집도(cohesion)가 있다. 모듈의 독립성을 높이려면 모듈 간의 결합도는 낮아야 하고, 응집도는 높여야 한다.

1) 모듈 결합도

결합도란 모듈 간의 상호의존도를 의미하며, 목적 모듈의 독립성을 확보하기 위한 설계품질의 측정지표이다. 결합도의 종류에는 [표 10-1]과 같이 5종류가 있다.

[표 10-1] 모듈 결합도의 종류

유 형	설명	형태 개요
데이터 결합도 (data coupling)	두 모듈 간에 인터페이스를 통해 반드시 필요한 데이터(파라미트, 배열, 테이블 등) 만을 교환하는 결합이다. 교환되는 데이터는 처리대상이나 결과일 뿐 다른 모듈의 작동을 통제하기 위한 것이 아니다.	모듈A Call B(X) X Y → X, ← Y 모듈B Y=a+bX X Y
스템프 결합도 (stamp coupling)	복합 데이터 구조(레코드, 배열, 테이블)를 모듈 인터페이스를 통해 주고 받을 경우 실제로 사용되지 않는 데이터 항목까지 주고받는 결합형태이다. 만일 한 모듈에서 자료구조 변경이 일어나면 서로 데이터를 주고받는 모듈에 대한 수정이 필요하다.	모듈A Call B(X) X p q r → X 모듈B X p q r
제어 결합도 (control coupling)	한 모듈이 피호출 모듈에 기능을 제어하기 위해 플래그나 스위치 등과 같은 제어용 신호를 주고받는 결합이다. 이 경우 피호출 모듈의 내부구조를 어느 정도 알고 있어야 하므로 이러한 모듈설계는 정보은닉의 원리에 충실하지 못하다.	모듈A Call B(X,sw) ⇄ 모듈B SW
공통 결합도 (common coupling)	두 개의 모듈이 동일한 공유자료 영역을 사용한다. 프로그래밍 언어에서 이것을 지원하는 변수가 바로 공통변수(common variables) 또는 전역변수(global variables) 이다.	모듈A X Y - ⇄ X Y Z ⇄ 모듈B - Y Z
내용 결합도 (content coupling)	한 모듈이 다른 모듈의 내부와 직접 연결되거나 참조하여 다른 모듈내부를 수행하거나 제어하는 형태이다. 모듈들이 서로 상대방의 내부정보를 직접 이용한다는 것은 모듈화가 되어 있지 않다는 것이며, 소프트웨어 설계에서 극소수의 상황을 제외하고는 이러한 연결은 피해야 한다.	모듈A .... : GOTO XXX → 모듈B .... XXX .... Return

소프트웨어 개발에 있어 가장 이상적인 것은 데이터 결합만 이루어지는 것이다. 디자인 품질 수준차원에서 볼 때 바람직한 순서를 나타내면 [그림 10-1]과 같다.

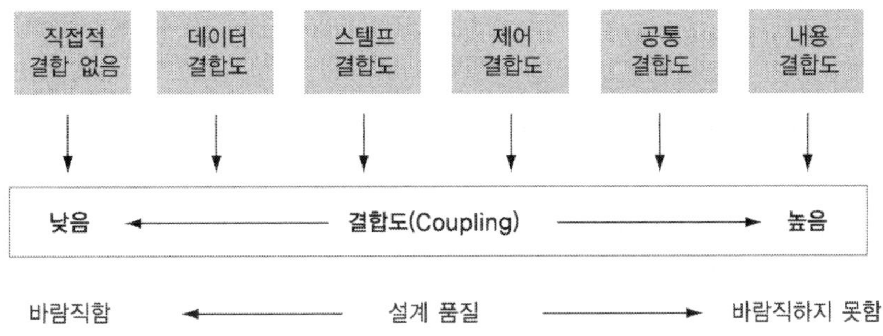

[그림 10-1] 모듈 결합도와 설계 품질 수준

2) 모듈 응집도

응집도란 하나의 모듈 내에서 모듈을 구성하는 요소들의 기능적 관계에 대한 일치성의 정도를 측정하는 품질지표이다. 모듈설계에 있어서 응집도를 측정하기 위한 지표로는 다음과 같이 7가지로 나눌 수 있다.

(1) 기능적 응집도(functional cohesion)

모듈내의 모든 요소들이 오직 하나의 단일 기능수행에 필요한 역할만을 수행한다. 예를 들어 아래 모듈(함수)과 같이 제곱근을 계산하는 경우를 들 수 있다.

```
real Procedure SquareRoot(real) {
    ......
    Calculate square root of the number given.
    .......
    return result;
}
```

(2) 순차적 응집도(sequential cohesion)

모듈 내 한 구성요소의 출력이 다른 구성요소의 입력이 되는 경우이다. 예를 들어 아래 모듈과 같이 매트릭스를 읽고 역행렬을 계산하여 출력하는 경우 순차적으로 처리가 이루어진다.

```
void Process_Matrix() {
    long aMatrix[5][5];
    long inverse_matrix[5][5];
    for (int i = 0; i < 5; i++)
        for (int j=0; j<5; j++)
            Read an element to an aMatrix[i][j];
        aMatrix의 역행렬 계산하여 inverse_matrix에 저장
        inverse_matrix 행렬을 출력
}
```

(3) 대화적 응집도(communicational cohesion)

한 모듈 내에 두 개 이상의 기능적 요소가 존재하며, 동일한 입력 데이터를 사용하여도 서로 다른 출력 데이터가 생성된다. 예를 들어 아래 Compute_Matrix 모듈과 같이 읽은 매트릭스 값을 이용하여 전치행렬과 역행렬을 계산하는 경우이다.

```
void Compute_Matrix() {
    long aMatrix[5][5];
    long transform_matrix[5][5];
    long inverse_matrix[5][5];
    for (int i = 0; i < 5; i++)
        for (int j=0; j<5; j++)
            Read an element to an aMatrix[I][j];
        transform_matrix = aMarix의 전치행렬을 계산
        inverse_matrix = aMarix의 역행렬을 계산
}
```

(4) 절차적 응집도(procedural cohesion)

두 개 이상의 문제가 프로세스 절차상 연결되어 나타나는 경우, 한 모듈 내에서 처리되나 제어의 연결만 있을 뿐 데이터의 전달은 없는 경우이다. 예를 들어 [그림 10-2]와 같이 해 이차원방정식을 푸는 프로그램의 경우 방정식의 해를 구하는 모듈(Solve_Quadratic_Equ)은 해를 푸는 알고리즘을 구현한 것으로 해를 구하는 절차모듈(Produce_Quadratic_Res)에서 받은 제어신호에 따라 일정한 작업을 수행한다.

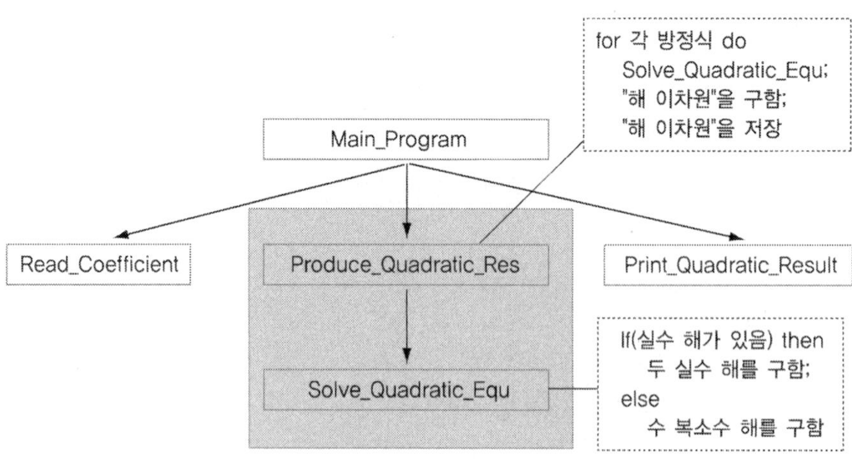

[그림 10-2] 절차적 응집도 예

(5) 시간적 응집도(temporal cohesion)

시간적인 선후관계를 갖는 기능들을 한 모듈에 모아 놓았을 뿐 자료의 공유 등은 없다. 예를 들어 다음의 초기화 모듈과 같은 것들이 이에 해당한다.

```
void Init_Variables() {

        no_student = 0;
        no_department = 0;
        university_name = "Gyeongsang National University"
        ......
}
```

위의 초기화 모듈은 각 변수들에 대한 초기화를 위해 동일한 시점에서 이루어지는 작업들을 하나의 모듈에 묶어 놓은 것으로 각 변수들에 초기화는 서로 연관성이 없다.

(6) 논리적 응집도(logical cohesion)

논리적으로 동일 범주에 속하거나 연관된 작업(예: 입출력, 오류처리기능 등)을 하나의 모듈로 묶어 놓은 것으로 작업의 선택은 외부로부터 행해진다. 즉 논리적 응집도를 가진 모듈은 해당 호출모듈과 제어 결합도를 가지게 된다.

(7) 우연적 응집도(coincidental cohesion)

이는 기능, 절차, 데이터 등의 면에서 무관한 요소들이 모여 하나의 모듈을 구성하는 경우이다.

이상의 일곱 가지 모듈내부의 응집도와 설계 품질의 수준과의 관계를 보면 [그림 10-3]과 같다. 바람직한 설계품질을 확보하기 위해서는 단일 기능의 구성요소들 만으로 모듈을 설계하는 것이 가장 이상적이다. 그러나 프로그래머의 스타일이나 파일의 크기, 실행의 속도 등을 고려하여 서로 연관된 기능들을 하나의 모듈에 넣을 수 있다.

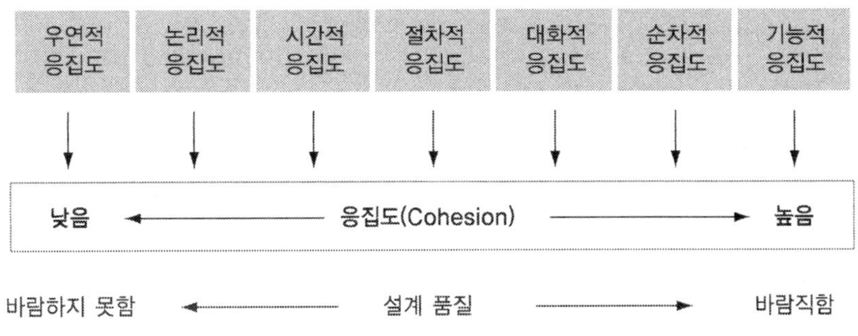

[그림 10-3] 모듈 응집도와 설계 품질 수준

모듈 간의 독립성을 추구하는 이유는 파급효과(ripple effect)의 방지와 유지보수의 용이성에 있다. 어떤 모듈의 내부를 변경할 경우 이의 영향이 그 모듈에만 국한되어야 한다. 모듈 간의 독립성이 높을수록 한 모듈의 변경에 대한 파급효과는 줄어든다. 유지보수의 관점에서 볼 때, 하나의 모듈을 변경할 경우 모듈의 세부사항까지 알아야 한다면 그만큼 유지보수를 어렵게 한다. 따라서 모듈 내부의 처리에 대한 과정은 블랙박스로 취급하고 모듈 간에 데이터 결합도(data coupling)만 갖도록 모듈화 하는 것이 가장 바람직하다.

3) 정보은닉

프로그램 설계에 있어 정보은닉(information hiding) 개념은 필요하지 않은 정보는 접근할 수 없도록 하여 한 모듈 또는 하부시스템이 다른 모듈의 구현에 영향을 받지 않게 설계되는 것이다. 이를 지역화(localization) 또는 캡슐화(encapsulation)라고도 한다. 정보은닉의 목적은 모듈사이의 독립성을 유지하고, 모듈 내부의 자료구조나 수행방법이 변경되더라도 그 모듈의 인터페이스(오퍼레이션)을 사용하는 외부 모듈에는 영향을 받지 않도록 하는데 있다. 정보은닉의 대상으로 다음과 같은 것들이 있다.

- 설계에서 은닉되어야 할 기본정보
- 상세한 데이터 구조
- 하드웨어 디바이스를 제어하는 부분
- 특정한 환경(OS, DBMS 등)에 의존하는 부분
- 물리적 코드(예, IP 주소, 문자코드 등)

구조적 설계는 프로세스들 사이의 관계를 계층적으로 조직한 구조화 챠트와 각 모듈의 내부를 구조적 프로그램의 원리에 맞추어 설계하는 것이다. 제어계층을 가진 프로그램 구조는 프로그램 요소인 모듈들 사이의 계층적 관계를 나타낸다.

1.3 구조적 설계 도구와 절차

구조적 설계는 구조적 분석의 결과로 생성된 시스템 명세서를 잘 이해하고 시스템의 특성을 파악함으로써 시작될 수 있다. 구조적 설계는 소프트웨어의 기능 설계와 프로그램 구조 설계, 모듈 설계들을 위한 설계전략이나 설계 평가 지침, 문서화 도구를 제공하는 체계화된 설계 기법을 말한다. 즉, 구조적 설계는 분석 단계의 산출물인 자료흐름도를 이용하여 시스템의 구조와 프로그램 모듈의 내부를 설계한 후 이것을 평가하여 구현전략을 수립하는 것이다. 이러한 구조적 설계 절차를 나타내면 [그림 10-4]와 같다.

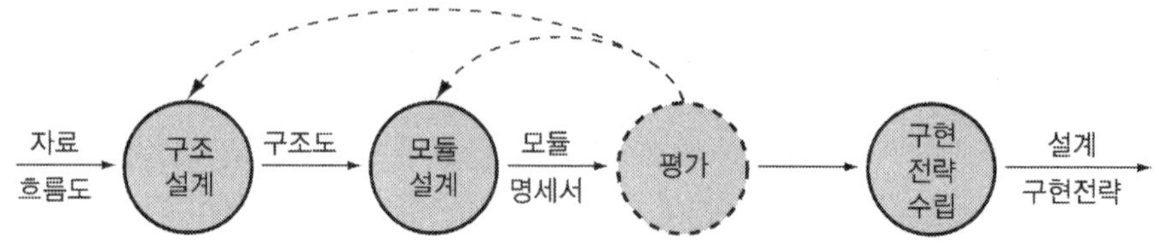

[그림 10-4] 구조적 설계 절차

첫 단계 프로그램 구조 설계는 소프트웨어 설계의 질을 좌우하는 초기 설계단계로서, 분석 단계에서 작성된 개념적 수준의 논리적 모형인 자료흐름도를 기초로 모듈들 간의 계층적 구조 외에도 모듈들 간의 자료나 제어교환 등을 명세화 한 것으로 구조화 챠트를 이용한다. 구조화 챠트를 작성하기 위해서는 시스템을 구성하는 프로그램 모듈들을 정의하고, 모듈사이의 상하 호출관계를 정의한 후, 호출들 사이에 교환되는 데이터나 제어흐름을 정의한다. 자료흐름도를 구조화 챠트로 유도해 내기 위한 두 가지 전략으로 변환

분석(transform analysis)과 거래분석(transaction analysis) 방법이 있다. 이에 대해서는 다음 절에서 자세히 설명한다.

두 번째 프로그램 모듈의 내부 설계 단계는 모형화된 모듈의 세부처리 내용을 명세한다. 모듈 명세서는 모듈의 기능을 설명하는 것으로 외부 모듈과 데이터 교환을 위한 인터페이스, 입력을 출력으로 전환시키는 절차와 알고리즘, 그리고 데이터 처리과정에서 사용되는 모듈의 내부 변수 등을 정의한다. 단위 모듈은 프로그램의 코드량이 적당량, 즉 25라인 정도의 규모로 이루어진 것이 이상적이며, 모듈 내부는 구조적 프로그래밍의 3가지 원칙인 순차(sequence), 선택(selection), 반복(repetition) 구조에 따라 설계한다. 이러한 구조적 프로그래밍의 3가지 원칙을 위배하지 않게 하기 위해서 권장되는 설계도구로 N-S 챠트(Nassi-Sheiderman chart)를 권장한다.

이상적인 시스템 설계는 사용자 측에서 요구한 내용을 정확하게 최대로 반영하는 것이다. 다시 말해서 고품질과 오류가 없는 시스템 개발은 분석가와 프로그래머들의 능력에 따라 차이가 많으며, 설계자의 성격에 의존하기도 하고 동시에 운영된 후 시스템 변화에 대한 유지보수 용이성은 시스템 설계의 품질에 의해 좌우된다고 할 수 있다. 시스템의 설계품질을 좌우하는데 있어 중요한 개념은 모듈 결합도와 응집도이다. 파급효과가 적은 우수한 품질의 모듈이란 모듈 간의 결합도는 낮으며, 모듈 내부의 응집도는 높아야 한다.

이상에서 제시된 3단계의 구조적 설계 절차와 관련 도구, 방법, 측정지표를 정리하면 [표 10-2]와 같다.

[표 10-2] 구조적 설계 절차와 수단

절차단계	이용 가능한 수단	비 고
문서화 도구	프로그램 구조화 챠트(structure chart) 모듈명세서(module spec): N-S 챠트 외	구조적 기법의 3원칙 지원
설계 전략	변환 분석(transform analysis) 거래 분석(transaction analysis)	분석 단계에서 설계 단계로의 전환 방법
설계 평가 지표	모듈 결합도(module coupling) 모듈 응집도(module cohesion)	설계 품질 측정 지표

구조적 설계 도구는 구조적 설계의 기본개념과 원리를 충실히 실현하기 위한 모델링 도구로서 다음과 같은 특성을 지녀야 한다.

- 모델링의 가시성을 높이기 위해서는 그래픽을 이용하는 아날로그 모델이 중심이 되어야 한다.
- 구조적 시스템 분석 활동의 결과를 구현하는데 있어 구조적 프로그래밍의 기본 원칙이 적용된 표기법을 지녀야 한다.
- 설계도는 소프트웨어 문서(documentation)의 역할을 할 수 있어야 한다.
- 설계도면 상에서 시스템 개발 참여자의 인지를 통하여 오류가 있는지를 쉽게 검증할 수 있도록 해야 한다.
- 표기법은 단순하고 명백해야 하며, 유지보수를 용이하게 할 수 있는 기본적 기능을 지녀야 한다.

설계는 사용자 중심의 시스템 모델에서 프로그래머 중심의 기술적인 모델로 전환하는 과정이다. 따라서 구조적 설계를 효과적으로 수행하기 위해서는 다음과 같은 지침을 따른다.

- 시스템을 블랙박스로 분할한 후 계층구조로 표현하여 단순화한다.
- 구조적 설계는 논리적으로 분할되고 모듈화 되어야 한다. 일반적으로 기능에 의한 분할과 모듈화가 이루어진다.
- 구조적 설계는 소프트웨어 구성요소(모듈)들 사이에 효과적인 제어를 가능하게 하는 계층구조를 가져야 한다.
- 모듈들 사이 또는 외부환경과의 인터페이스가 최소화되도록 설계되어야 한다.
- 구조적 분석과정에서 나타난 결과를 활용하여 설계가 이루어져야 한다.
- 시스템을 쉽게 이해할 수 있는 그래픽 도구를 사용한다.
- 요구분석 명세서를 설계 명세서로 쉽게 변환할 수 있는 설계 전략을 활용한다.
- 설계 대안의 품질을 평가할 수 있는 일련의 기준을 이용한다.

2 구조화 챠트

2.1 구조화 챠트의 기본 개념과 표기법

구조적 설계의 기본 개념은 앞의 구조적 분석 단계에서 작성한 자료흐름도(DFD)에 기초한 요구사항 명세서를 소프트웨어의 구조를 나타내는 구조화 챠트로 전환하는 것이

다. 구조화 챠트는 모듈들 간의 구조적 관계를 모델링 하는 데 적합한 매크로 모델링 도구이다. 구조화 챠트는 프로그램을 계층적으로 조직화 하는데 사용되는 도구이다. 이것은 분석단계에서 작성된 네트워크 구조 형태의 DFD를 계층 구조로 변환한 것이다. 구조화 챠트에서는 시스템 기능을 몇 개의 고유 기능으로 분할된 모듈, 여기서는 블랙박스로 나타내고, 블랙박스 간의 인터페이스 계층 구조로 표현한다. 또한 인터페이스를 위해 참조되는 모듈에 대한 호출관계와 모듈 사이에 교환되는 데이터와 제어의 흐름에 대한 내용을 표현한다. 구조화 챠트를 작성하기 위한 표기법은 [표 10-3]과 같다.

[표 10-3] 구조화 챠트 작성을 위한 표기법

구성요소	기 호	의 미
모 듈		정의된 모듈
		이미 다른 곳에서 정의된 모듈, 재사용 모듈
		정보은닉 모듈로 접속양식이 복잡할 때 공유영역에 결합자들을 숨김
		거래센터를 나타내는 모듈로 조건에 따라서 종속모듈이 선택적으로 호출됨
호출선		화살표의 꼬리쪽이 호출 모듈이고 머리쪽이 피호출모듈(종속모듈)임
		종속 모듈을 반복적으로 호출
결합자		데이터 결합자, 화살표 방향으로 가는 데이터 정보
		제어 결합자, 화살표 방향으로 가는 제어신호
연결표시		같은 페이지 내의 기호 연결
		다른 페이지로의 기호 연결
주 석		보충 설명이 필요할 때 이용

구조화 챠트는 [그림 10-5]와 같이 프로그램의 구조, 모듈들 사이의 구조를 계층적으로 표현한다. 그리고 모듈 사이의 자료와 제어의 흐름을 표현한다. 프로그램의 제어구조는 세 가지 구조 즉, 순차, 선택, 반복 구조만을 나타낸다.

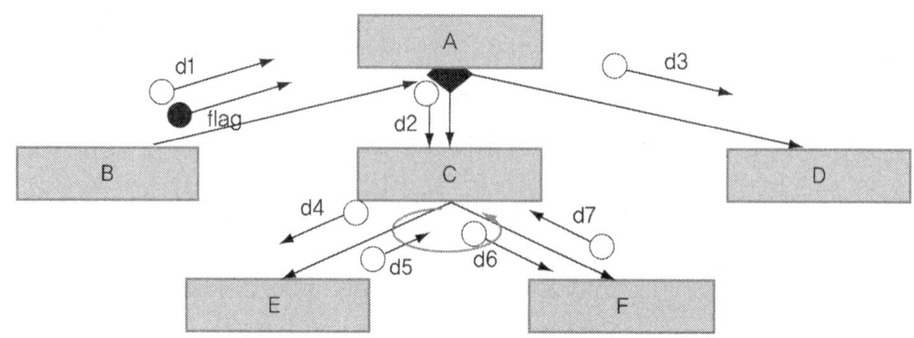

[그림 10-5] 구조화 챠트의 계층구조와 제어구조

구조화 챠트는 모듈들 사이의 입체적 분산(fan-out)을 통하여 모듈의 계층적 조직화를 이루고 있다. 상위모듈은 항상 하위모듈을 호출하여 자신이 업무 중 일부를 위임하여 처리한다. 또한 모듈의 재사용을 표현하기 위하여 하나의 하위모듈을 여러 개의 상위모듈이 공동으로 사용하는 집중(fan-in)의 표현이 가능하다. [그림 10-6]은 모듈의 분산과 집중 관계를 나타낸다.

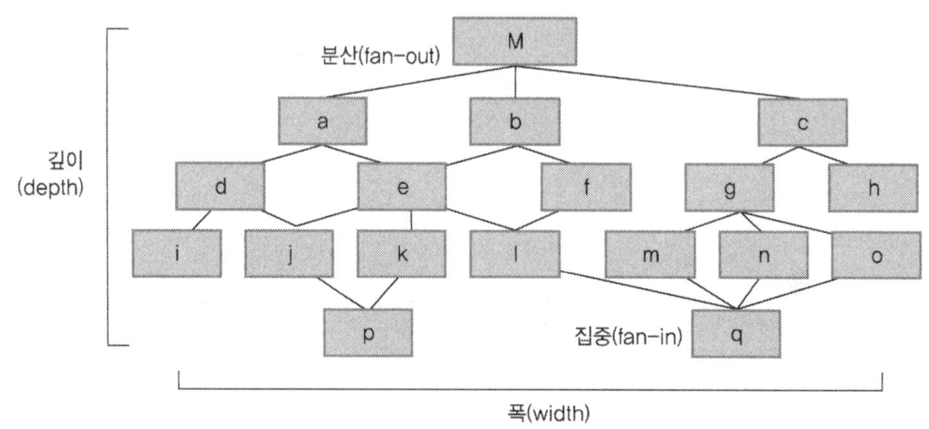

[그림 10-6] 모듈의 분산과 집중

[표 10-3]의 구조화 챠트 작성을 위한 표기법과 모듈의 분산 및 집중 개념을 적용하여 종업원 급여계산 프로그램의 구조화 챠트를 예시하면 [그림 10-7]과 같다. 종업원 급

여계산 구조화 챠트에서 '급여레코드 입력' 모듈과 '공제액 계산' 모듈은 공통 모듈로서 재사용이 가능하다. '월급제 총 급여 계산' 모듈은 정보은닉 모듈로서 월급제 종업원의 총 급여를 계산하기 위해서는 '고용인 마스터' 파일을 열어 고용인의 정보를 읽어 처리하는 별도의 과정이 필요하다. 이 부분이 바로 정보은닉을 한 부분이다.

종업원 급여를 계산하기 위해서는 먼저 종업원의 급여레코드를 읽어야 하며, 다 읽고 나면 제어를 다시 메인 모듈로 넘겨야 한다. 이 때 레코드를 다 읽었다는 제어신호가 EOF(end of file)이다. 급여레코드를 읽은 후 종업원의 유형에 따라 시간제 고용인과 월급제 고용인의 순급여를 계산하는 모듈을 각각 호출한다. 모듈 호출에서 선택을 표현하기 위하여 검은 색 다이아몬드로 표시하였다.

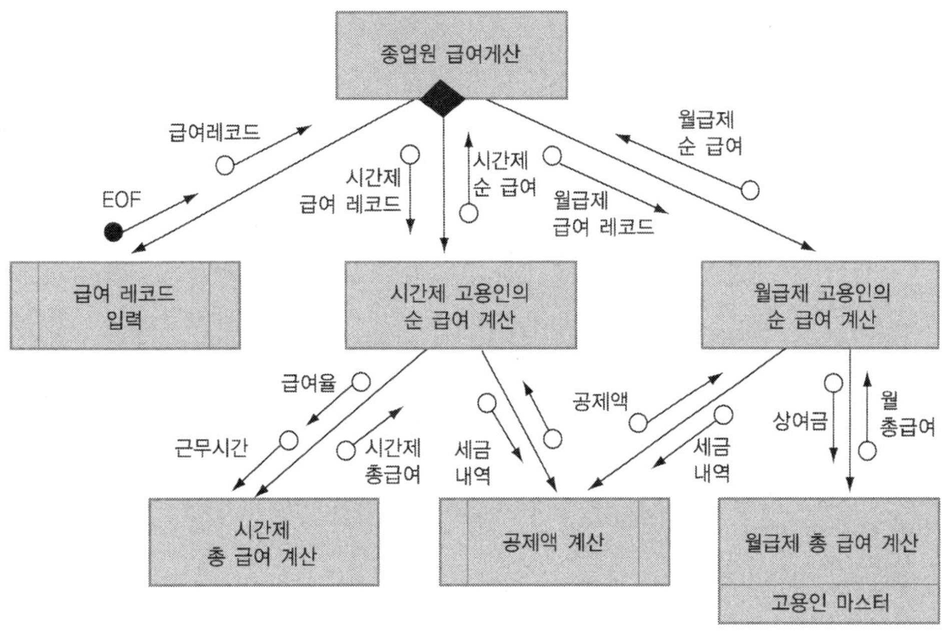

[그림 10-7] 구조화 챠트 작성의 예

2.2 프로세스 모델 전환 방법

구조적 설계의 핵심은 구조적 분석을 통하여 나온 프로세스 모델인 자료흐름도(DFD)를 구조화 챠트로 전환하는 것이다. 프로세스 모델에서는 다음과 같은 세 가지 유형의 기본적인 프로세스가 있다.

- 구심성 프로세스(afferent process)
- 중심 프로세스(central process)
- 원심성 프로세스(efferent process)

구심성 프로세스는 시스템에서 자료입력을 담당하는 프로세스이다. 중심 프로세스는 시스템 오퍼레인이션의 핵심적 기능을 담당한다. 원심성 프로세스는 시스템에서 정보를 출력하는 역할을 담당하는 프로세스이다.

DFD 상의 각 프로세스들은 구조화 챠트 상에서 하나 또는 그 이상의 모듈로 전환되어진다. 그리고 DFD 상의 각각 프로세스 계층 레벨은 구조화 챠트상의 해당 모듈의 계층 레벨과 서로 대응될 수 있다. DFD의 배경도 수준에 해당하는 것이 구조화 챠트의 최상위 메인 모듈이 되며, 전체적인 프로그램의 메뉴를 제어하는 모듈이 된다.

프로세스 모델을 설계모델인 구조도로 전환하는데 있어 가장 어려운 점은 바로 전환을 위한 정형화된 규칙을 정의하기 어렵다는 것이다. 앞에서 제시된 바와 같이 구조화 챠트에는 프로그램의 제어구조인 순차, 선택, 반복 구조를 명시적으로 표현하고 있다. 그러나 프로세스 모델(DFD)에는 이러한 개념이 명시적으로 표현되어 있지 않다. 이것이 분석모델을 설계모델로 자동적으로 전환하기 위한 도구인 CASE(computer aided software engineering) 소프트웨어의 개발을 어렵게 한다. 따라서 DFD를 구조화 챠트로 전환하기 위해서는 시스템 분석가의 오랜 경험을 통해서만이 가능하게 하는 것이다.

Yourdon & Constantine(1978)은 이러한 문제점을 극복하기 위하여 DFD를 구조화 챠트로 전환하는 두 가지 방법, 변환분석(transform analysis)과 거래분석(transaction analysis) 방법을 제시하고 있으며, 이것이 지금까지 DFD를 구조화 챠트로 전환하는 가장 기본적인 방법으로 사용되고 있다.

1) 변환분석

변환분석 방법은 [그림 10-8]과 같이 전체 DFD를 IPO, 즉 입력(input), 처리(process), 출력(output) 부분으로 3등분하고 자료가 입력자료상태(afferent)에서 출력자료상태(efferent)로 바뀌는 중간에 위치한 중앙변환중심점(transform center)을 파악하여 이를 중심으로 좌우에 입출력 모듈을 각각 계층화시키는 방법이다. 변환중심점을 발견하기 위한 경계를 식별하는 방법은 다음과 같다.

- 입력경계 : 입력과 관계되는 처리기(버블), 입력 자료를 정제하는 버블도 포함한다.
- 출력경계 : 출력과 관계되는 처리기(버블), 가공 처리된 자료를 출력에 적합하도록 정제하는 버블도 포함한다.

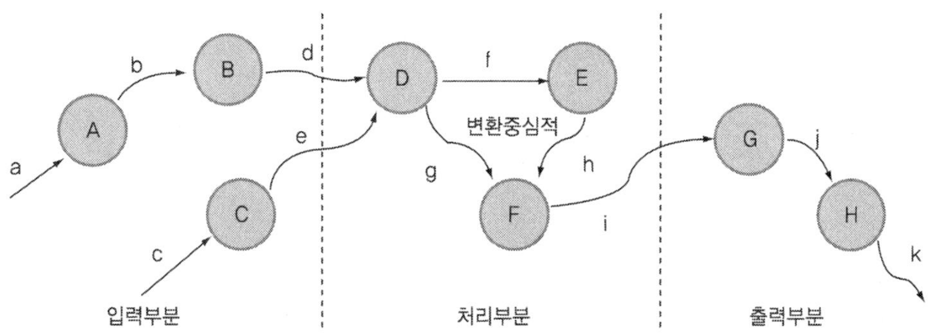

[그림 10-8] 변환분석을 위한 처리 분할

[그림 10-8]에서 D, E, F 모듈이 변환중심이 되며, A, B, C 모듈은 데이터를 입력받아 처리하는 모듈이며, 즉 d와 e 자료를 취득하는 부분이다. D모듈은 취득된 데이터를 분할하여 E모듈과 F모듈에게 전달한다. E모듈은 f 데이터를 중간 처리하는 모듈이며, F 모듈은 g와 h 데이터를 이용하여 처리를 마무리 하는 부문이다. 처리된 데이터는 G와 H모듈을 거쳐 출력된다. 변환중심점을 중앙처리모듈로 하여 구조화 챠트를 작성하면 [그림 10-9]와 같다.

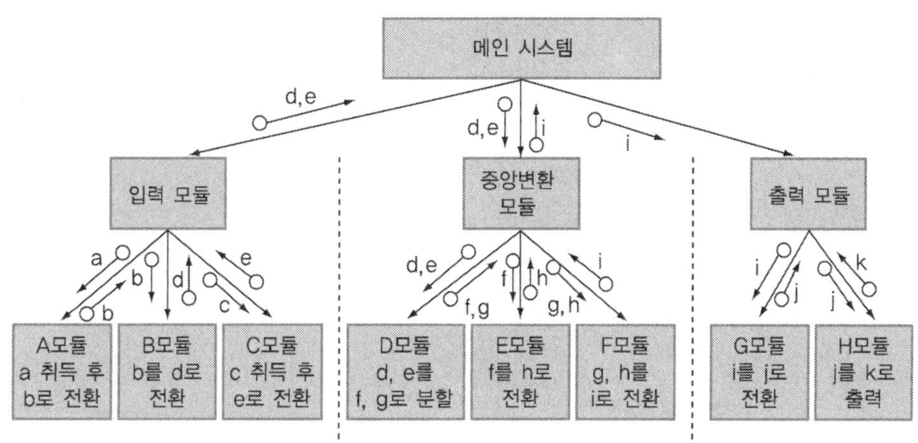

[그림 10-9] 변환분석을 통한 구조화 챠트 작성

2) 거래분석

거래분석 방법은 [그림 10-10]의 T 프로세스와 같이 거래가 한 곳에서 발생해서 거래유형에 따라 여러 개의 처리기로 흩어지는 거래중심점(transaction center)을 식별하고 이것을 상위모듈로 올리고 이를 중심으로 구조화 챠트를 작성한다. 거래중심점을 식별하기 위한 방법은 다음과 같다.

- 입력 값을 평가하고 그 결과에 따라 여러 처리 중 하나의 처리를 선택하여 수행한다.
- 필수 활동이 두 개 이상으로 갈라질 때 적용한다.

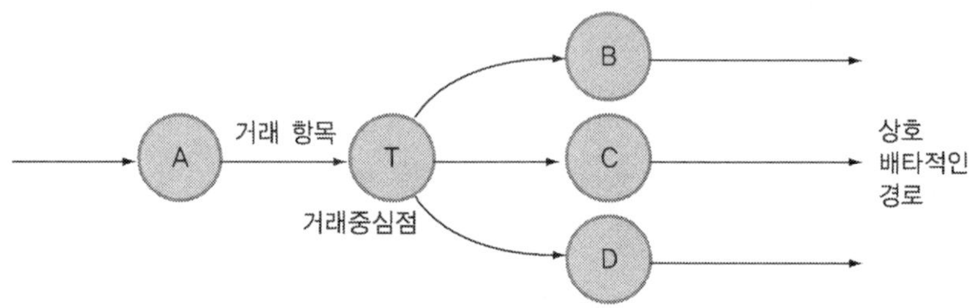

[그림 10-10] 거래중심점의 식별

거래분석 방법은 메뉴 추출과 같은 선택적 작업을 수행하는 모듈을 식별하는 데 매우 유용하다. 이 경우 거래중심점이 상위모듈이 되며, 각각의 처리작업은 선택하는 중심제어모듈이 된다. [그림 10-7]에서 종업원의 유형(시간제, 월급제)에 따라 순급여계산 모듈을 선택한다. 선택을 표현하기 위하여 다이어몬드 표시가 사용된다.

2.3 구조화 챠트 작성

1) 구조화 챠트 작성 단계

앞에서 작성된 프로세스 모델인 DFD는 구조화 챠트 작성을 위한 출발점이다. 구조화 챠트를 그리기 위한 기본적 절차는 다음과 같다.

단계 1 : DFD의 정제 및 수정

- DFD의 상위계층에서 하위계층으로 내려가면서 DFD를 합한다.
- 설계관점에서 DFD를 더욱 더 정제하여 상세화 한다.

- 하나의 프로세스가 단일의 기능을 수행할 때까지 요소분해(factoring) 방법을 적용한다. 즉 분할된 부분을 계속 하위 분할한다. 이러한 분해는 최하위 프로세스(leaf process)가 단일기능 즉, 원소적 프로세스(primitive process)가 될 때까지 계속한다.

단계 2 : 자료흐름의 유형 조사

- 자료흐름을 파악하기 위하여 변환분석과 거래분석을 실시한다.
- 변환분석을 통하여 DFD를 IPO, 즉 입력, 처리, 출력 부분으로 나누어 처리의 중심 모듈을 선정한다.
- 거래분석은 거래중심점을 찾아 이것을 중심 모듈로 하여 선택적으로 처리한다.
- 자료흐름의 유형에 따라 흐름의 경계를 정한다.

단계 3 : 모듈의 식별 및 평가

- DFD의 각각의 처리기(버블)에 대하여 하나 또는 그 이상의 단위 모듈로 전환한다.
- 모듈명은 프로세스명을 이용하여 붙인다.
- 모듈은 가능한 단일의 기능을 수행하도록 한다.
- 재사용가능한 모듈을 식별한다.
- 앞에서 제시된 모듈의 응집도와 결합도를 평가하고 모듈을 재분할 한다.

단계 4 : 모듈의 레벨 식별

- DFD를 프로그램 구조로 매핑하기 위해서는 각 모듈의 제어계층(control hierarchy) 구조를 정의해야 한다.
- DFD의 레벨수준을 기초로 각각의 모듈에 대한 구조화 챠트 상의 레벨을 식별하고 레벨번호를 매긴다.
- 상위 레벨로부터 분할하여 하위 레벨로 내려가는 하향식 접근법을 채택한다.
- DFD의 배경도가 메인시스템이 되며, 기능별로 최초로 분할된 레벨 1은 메인메뉴가 된다.
- DFD의 레벨 2는 각 기능의 중심 유즈케이스를 나타내므로 구조화 챠트 상에서는 중심 기능을 하는 모듈이 된다. 변환분석을 통하여 IPO(입력, 처리, 출력)부분을 식별하고 구조화 챠트 상에 대응모듈을 배치한다.
- DFD의 레벨 3 이하는 데이터를 입력하거나 처리 또는 출력하는 단위모듈들로 구성된다.

단계 5 : 모듈 간의 호출관계 및 제어구조의 식별

- 모듈의 레벨에 따라 상위모듈과 구분되어지며, 상위모듈은 하위모듈이나 공통 모듈을 호출한다.
- 하위모듈 호출은 특별한 표시가 없는 경우 좌측 모듈부터 시작하여 우측방향으로 나열된 순서에 따라 일어나므로 이에 따라 구조화 챠트 상에 모듈을 배열한다.
- 하위모듈을 선택적으로 호출하고자 할 경우 호출하는 모듈 부분의 하단에 다이어몬드 표시를 한다.
- 하위모듈을 반복적으로 호출하고자 할 경우 호출선 위로 타원형의 화살표를 표시한다.

단계 6 : 모듈 간의 데이터 및 제어신호 연결 표시

- 상위모듈이 하위모듈을 호출할 경우 데이터나 제어신호를 전달하고 그 결과를 되돌려 받는다.
- 모듈 호출선 위에 데이터 결합자(○→)와 제어 결합자(●→)를 배열하고 결합자의 명칭을 붙인다.

단계 7 : 구조화 챠트 정제

- DFD와 유즈케이스, 그리고 사용자 요구 정의서를 이용하여 작성된 구조화 챠트의 초기 버전 설계의 지침과 시스템의 특성을 고려하여 더욱 더 정제한다.
- 설계 자동화 도구인 CASE를 이용할 경우 해당 레퍼지터리(repository)에서 정의된 표준 프로세스와 대비하여 보면 쉽게 누락된 프로세스들을 찾거나 현재의 프로세스를 분할하는데 도움을 줄 수 있다.

2) 구조화 챠트 작성 지침

구조화 챠트를 이용하여 프로그램을 설계하는데 있어 따라야 할 몇 가지 지침을 제시하면 다음과 같다. 이러한 지침에 따라 구조화 챠트를 작성할 경우 구조적 설계를 보다 더 쉽게 이해할 수 있고 유지보수가 쉬운 프로그램을 개발할 수 있다.

첫째, 높은 응집력(cohesion)을 가진 모듈을 설계하라. 프로세스의 논리적 분할(logical factoring)을 기초로 단일의 기능을 수행하는 모듈로 만듦으로써 모듈 내부의 응집도를 높일 수 있다. 응집도가 높은 모듈은 쉽게 이해할 수 있으며, 모듈의 구현이 용이하고 그 활용도가 높다. 모듈의 응집성을 결정하는 기준으로는 다음과 같은 것들이 있다.

- 모듈이 하나의 기능을 수행하는가?
- 모듈 내의 무엇이 활동들을 연관시키는가?
- 모듈 내의 활동의 순서가 중요한가?
- 모듈 내의 활동들이 하나의 일반적인 범주에 속하는가?

이러한 기준들을 중심으로 모듈의 응집도를 판단하는 절차를 의사결정도로 그리면 [그림 10-11]과 같다. 그리고 각 응집도별로 그 허용의 정도를 제시한다.

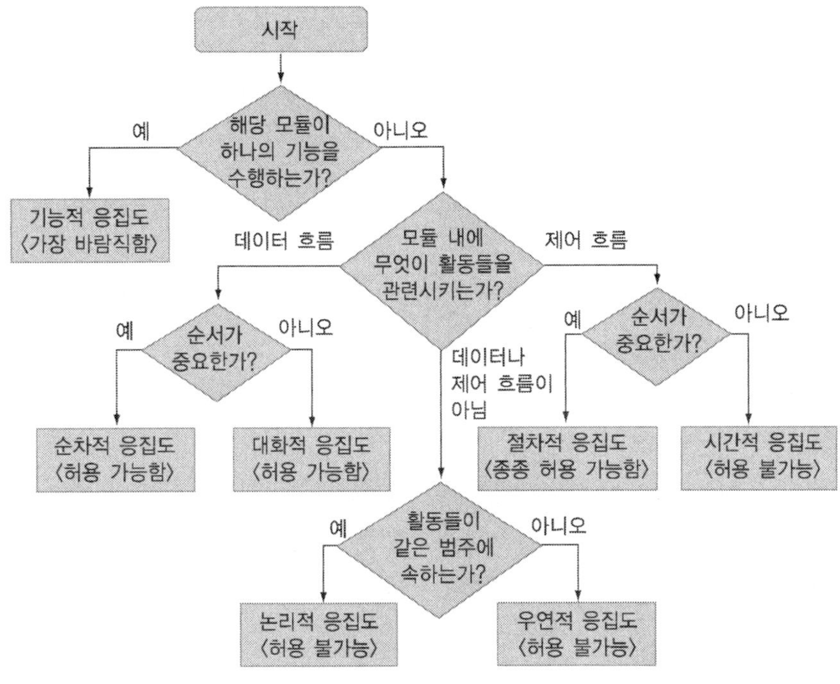

[그림 10-11] 응집도의 결정기준과 유형구분

둘째, 모듈 간의 결합도(coupling)를 낮추어라. 모듈간 결합도를 최소화 함으로써 모듈의 독립성을 높여 파급효과를 줄일 수 있다. 모듈의 결합도를 낮추기 위해서는 순수한 데이터 결합만 일어나게 하는 것이 가장 이상적이다. 구조화 챠트에서 모듈 간의 결합자의 수가 적을수록 프로그램의 유지보수가 더욱 더 용이하다.

셋째, 공통모듈(common use module)을 가능한 많이 만들어라. 모듈의 집중(fan-in)은 [그림 10-6]에서 보는 바와 같이 집중 서브루틴(공통모듈)과 상호작용 하는 제어 모듈의 수를 나타낸다. 집중을 가진 모듈은 높은 응집성을 가져야 한다. 응집성이 높은 모듈만이 집중을 갖는 것이 바람직하다. 집중을 가진 모듈은 그것을 호출하는 모듈과 같은 유형과 같은 수의 매개변수를 가져야 한다. 집중 되는 모듈은 구조화 챠트의 다른 부분에서도 재사용될 수 있다. 이 모듈은 범용코드로서 프로그램이 공동으로 사용하는 라이브러리(library)에 저장된다. 집중을 많이 가진 구조는 모듈의 재사용성을 증가시키며, 변경의 요구 발생시 유지보수를 쉽게 한다.

넷째, 하나의 모듈로부터 너무 많은 분산(fan-out)을 하지마라. 분산은 한 모듈로부터 호출되는 하위모듈의 수를 의미한다. 일반적으로 7개 이상의 하위모듈을 두면 구조화 챠트가 복잡해지는 경향이 있어 좋지 못하다. 이 경우에는 중간 제어모듈을 두어 하위모듈을 몇 개로 묶는다. 이것은 관리의 기본원칙 중 '관리폭(span of control)' 개념과 유사하다. 한 사람의 관리자가 통제할 수 있는 부하직원의 수에 한계가 있듯이 하나의 모듈이 제어하는 하위모듈의 수도 적절한 것이 효과적이다.

다섯째, 오류보고(error reporting)는 오류를 알고 있는 모듈이 직접 한다. 논리적 프로세스 모델은 완전 정보를 가정하므로 오류가 없지만 실제로 시스템을 운영하는 과정에서 하드웨어나 통신상의 오류가 발생한다. 예를 들어 물리적 오류에는 파일열기 오류, 보조기억장치 접근 오류, 통신장애 등을 들 수 있다. 따라서 To-Be 시스템의 물리적 프로세스 모델인 구조화 챠트에서는 오류를 다루는 모듈이 있어야 한다. 특정 모듈을 실행하다 오류가 나면 곧 바로 오류처리 모듈을 호출하여 사용할 수 있도록 한다. 예를 들어 학생파일에 담긴 레코드를 취득하는 모듈의 경우 파일을 여는 과정에서 파일이 없거나 물리적 디렉토리가 맞지 않는 등의 오류가 발생할 수 있다. 이 경우 '학생레코드 취득' 모듈이 '파일 열기' 오류를 감지하고 관련 오류메시지를 곧 바로 처리할 수 있도록 한다.

3 모듈 상세설계

3.1 프로그램 명세서

프로그램 설계는 기본설계와 상세설계로 나눌 수 있다. 기본설계는 거시적인 관점에서 소프트웨어의 구조를 설계하는 것으로 앞에서 배운 구조화 챠트가 여기에 해당한다. 상세설계는 구조설계에서 유도된 모듈 또는 오퍼레이션들에 대한 내부구조 즉, 알고리즘을 설계하는 것으로 제어추상화(control abstraction) 단계에 해당한다.

상세설계를 문서화하기 위하여 프로그램 명세서(program specification)를 작성한다. 프로그램 명세서는 모듈 명세서(module specification)라고도 한다. 프로그램 명세서는 프로그래머들이 특정한 프로그래밍 언어로 프로그램 코드를 작성하게 하는데 사용된다. 앞의 구조화 차트 상에 나타난 모든 모듈에 대하여 프로그램 명세서를 작성한다.

프로그램 명세서의 양식은 조직마다 약간의 차이는 있으나 대부분 다음과 같이 네 부분으로 구성되어 있다. [그림 10-12]는 프로그램 명세서의 표준양식을 보여주고 있다.

프로그램 명세서

도식 레벨	3	시스템명	**인터넷 쇼핑몰 시스템**	작성일	2007. 1. 5
모듈 번호	2.3	모듈명	**상품검색 결과 출력**	작성자	홍길동
작성 목적	쇼핑몰의 상품 검색 결과를 화면에 출력			개발 언어	ASP

이벤트 : 1. 고객이 찾고자 하는 상품 검색어를 입력
2. 고객이 통합검색 버튼을 클릭

입력명	데이터 타입	제공모듈	참고사항
Product_Title	string(50)	Module 2. 3. 1	상품 검색을 위한 검색어

출력명	데이터 타입	사용모듈	참고사항
Product_ID	string(10)	Module 2. 3. 1	상품 고유 식별자
Not_found	Logic	Module 2. 3. 1	상품을 찾지 못할 경우 사용됨

의사코드 :
```
Select Product_ID From Product_Table Where Product_Name "Product_Title"
If no Product is found
    set not_found True
Else
    set not_found False
End if
```

기타사항 : 1. 업무규칙 : 상품이 찾지 못할 경우 '이번 주의 추천상품'이 나타남.

[그림 10-12] 프로그램 명세서 작성 예

(1) 프로그램 정보(program information)

프로그램 명세서의 상단 부분에 모듈의 레벨과 모듈명, 작성 목적, 작성 일시와 작성자, 개발에 사용할 프로그래밍 언어 등을 명시한다.

(2) 이벤트(events)

프로그램 명세서의 두 번째 섹션은 프로그램 내에서 특정 기능에 대한 연쇄반응(trigger)을 불러일으키는 이벤트를 열거한다. 오늘날 대부분의 프로그램은 이벤트 구동(event-driven) 방식으로 시스템이 반응한다. 이벤트는 마우스, 키보드와 같이 컴퓨터 외부에서 걸려올 수도 있고, 시스템 시계와 같은 컴퓨터 내부에서 걸려올 수도 있다. 대부분의 이벤트는 사용자의 요구라고 볼 수 있다.

(3) 입력과 출력(inputs and outputs)

프로그램 명세서의 세 번째 섹션에는 해당 프로그램에 입력되거나 출력되는 데이터를 기술한다. 이것은 구조화 챠트 상에서 데이터 결합자나 제어 결합자로 식별되어진다. 프로그래머는 어떤 정보가 전달되고 왜 전달되는지 알아야 한다. 전달되는 데이터는 프로그램에서 변수로 되기 때문에 이들에 대한 자료구조를 파악할 수 있어야 한다.

(4) 처리 절차(process procedure)

프로그램 명세서의 네 번째 섹션은 모듈의 내부 처리과정에 대한 상세한 절차를 명세한다. 처리절차는 프로그램 작성을 위한 논리(logic)를 명세하며 처리논리를 기술하는 도구들은 매우 많다. 이들에 대한 자세한 설명은 다음 소절에서 설명한다. 처리논리를 기술하거나 모델링 하는데 있어 일반적으로 의사코드(pseudocode)를 많이 사용한다. 구조적 기법에서는 N-S 챠트를 기본 도구로 채택하고 있다.

(5) 기타사항

프로그램 명세서의 마지막 섹션에는 계산식, 특별한 업무규칙, 서브루틴이나 라이브러리의 호출 등과 같이 프로그래머에게 꼭 알려야 하는 사항들을 적는다. 또한 프로그램 명세서를 작성하는 도중에 발견한 구조화 챠트의 개선사항이나 정제사항을 적는다.

3.2 상세설계 도구

모듈의 상세설계는 컴퓨터 실행을 위한 방법인 프로그램 코드를 작성하는 기초가 된다. 상세설계는 프로그램의 세 가지 제어구조인 순차, 선택, 반복 구조를 표현한다. 지금까지 많은 소프트웨어 공학자들에 의하여 30여종 이상의 상세설계를 위한 도구들이 개발되어져 왔다. 이들 중에서 대표적인 상세설계 도구는 다음과 같다.

- 순서도(flowchart)
- N-S 챠트(Nassi-Sheiderman chart)
- 가상코드(pseudo code) : PDL(program design language)
- 액션 다이어그램(action diagram)
- 워니어-오어 다이어그램(Warnier-Orr diagram)
- 잭슨 다이어그램(Jackson diagram)
- HIPO 챠트(hierarchy-input-process-output chart)

이들 중에서 액션 다이어그램, 워니어-오어 다이어그램, 잭슨 다이어그램, HIPO 챠트는 프로그램 모듈들 간의 관계를 동시에 표현할 수 있는 모델링 도구이다. 즉, 매크로 관점의 모델링도 가능하다. 앞에서 제시된 모델링 도구들에 대한 간단한 특징과 제어구조의 표현법을 정리하여 제시하면 다음과 같다.

1) 순서도

순서도는 프로그램을 명세하는 도구로서 가장 먼저 개발된 도구이다. 이는 프로그램 설계에서 알고리즘의 제어흐름을 그래픽으로 모델링 하는 도구이다. 순서도의 장점은 간단하고 표현력이 높으며, 구조적으로 잘 작성할 경우 이해하기 쉽다. 따라서 간단한 모듈의 내부구조나 오퍼레이션을 설계하는데 적합하다. 그러나 단점은 너무 제어흐름을 따라가다 보면 구조적이 되지 못하고, 복잡한 프로그램 구조를 생성할 수 있다. 즉, GOTO 문을 무제한 사용할 우려가 있다. 순서도에서 세 가지 제어구조(순차, 선택, 반복 구조)를 표현하기 위한 표기법은 [그림 10-13]과 같다.

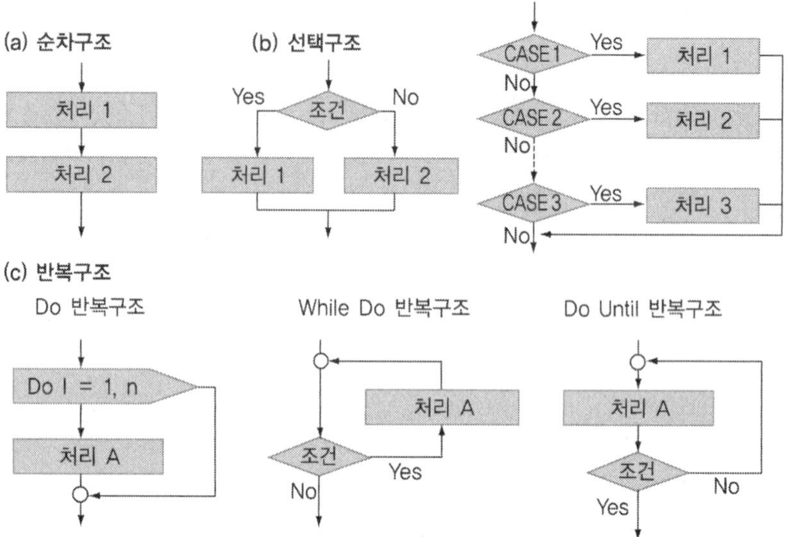

[그림 10-13] 순서도에서 제어구조 표현법

초보자가 순서도를 작성할 경우 구조적 프로그래밍의 기본 세 가지 원칙을 위배하기 쉽다. [그림 10-14]의 좌측은 구조적 프로그래밍의 기본 제어구조를 지키지 못한 순서도이며, 우측은 기본 규칙을 지킨 순서도이다. 구조적 프로그래밍의 제어구조를 지키지 못한 좌측의 경우 프로그래머들로 하여금 GOTO 문을 쓰게 만든다. 훌륭한 모듈이 되기 위해서는 하나의 입구로 시작하여 하나의 출구로 끝나야 한다.

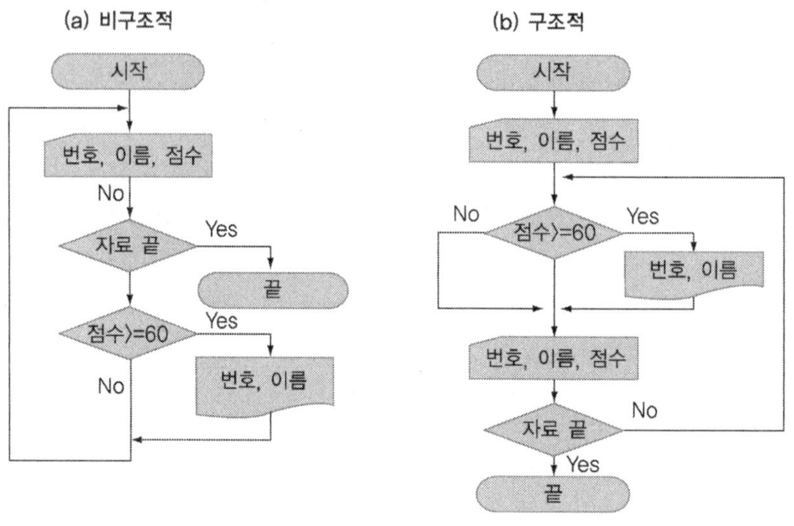

[그림 10-14] 순서도에 의한 비조적 설계와 구조적 설계의 예

2) N-S 챠트

순서도의 약점을 GOTO문과 같은 제어신호의 사용으로 제어의 점프(jump)를 가져와 스파게티와 같이 얽히고 설킨 프로그램을 작성할 우려가 있다. 따라서 구조화된 프로그램을 기술하는데 적합하지 않을 수 있다. N-S 챠트는 이러한 약점을 보완하기 위해 Nassi & Shneiderman이 개발한 것으로 논리 및 계층 구조를 잘 표현 할 수 있는 도표이다. N-S 챠트는 구조적 프로그래밍의 3 가지 원칙을 철저히 지키도록 되어 있으며 구조적 설계를 위한 기본도구로 채택되어지고 있다. N-S 챠트에서 구조적 프로그래밍의 3가지를 표현하는 표기법은 [그림 10-15]와 같다.

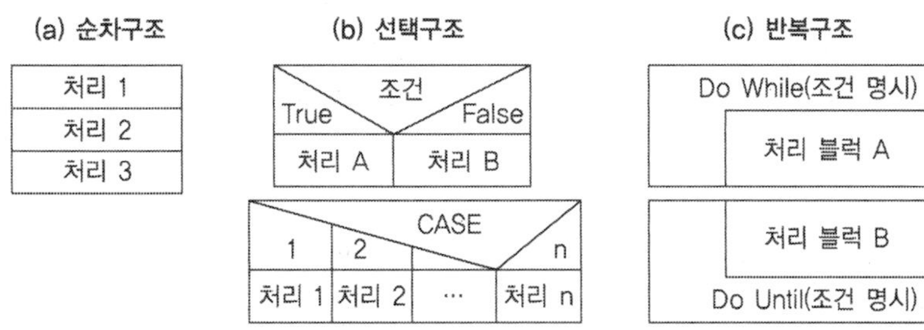

[그림 10-15] N-S 챠트에서 제어구조 표현법

N-S 챠트의 장점으로는 다음과 같다.

- 프로그램의 기본 제어구조를 서로 다른 도표로 표시하여 이해하기 쉽게 한다.
- 기능영역이 잘 정의되고 세부적인 논리표현에 적합한 다이어그램 표현기법이다.
- 프로그램 모듈의 논리를 구조화하여 표현하고 문서화하는데 편리하다.
- 읽기 쉽고 프로그램 코드로 변환하기가 쉽다는 점이다.
- 원천적으로 GOTO문을 사용할 수 없도록 한다.

반면, 단점으로는 다음과 같다.

- 프로그램의 전체적인 구조가 잘 이해되지 않아 대형 프로그램일 때 자료의 흐름을 표현하기에는 적합하지 않다.
- 처리요소들은 표현하고 있으나 이들 간의 인터페이스는 표시하지 못한다.
- 처리설계에만 적용되고 데이터 구조 설계에는 적용할 수 없다. 즉, 데이터 모델이나 자료사전과 관련을 맺기가 어렵다.
- 임의의 제어 전달은 불가능하다.

(a) 메뉴처리부분

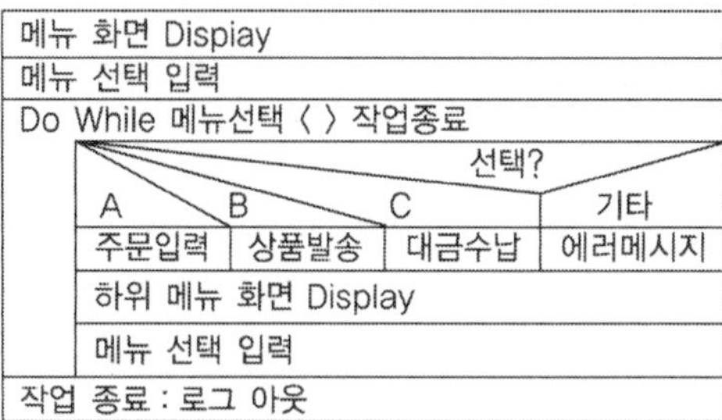

(b) 주문입력부분

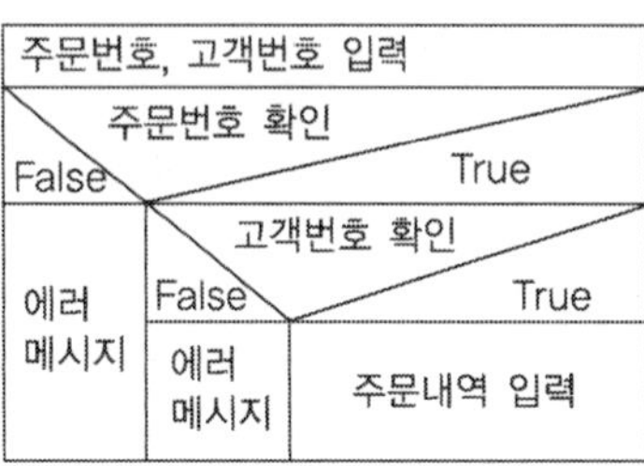

(c) 주문내역입력부분

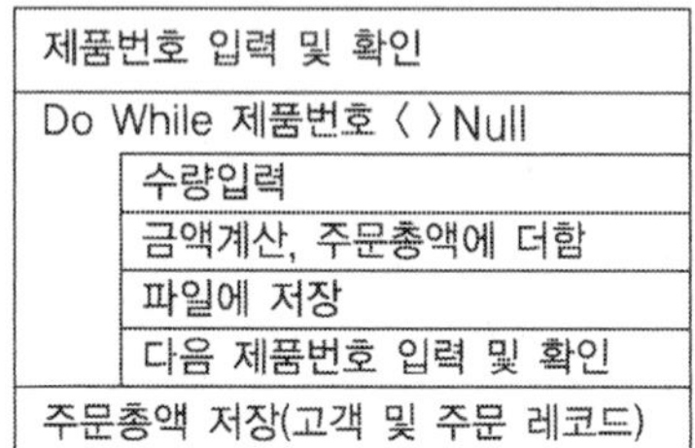

[그림 10-16] N-S 챠트를 이용한 주문처리시스템의 설계 예

N-S 챠트는 항상 사각형을 이용하여 처리 블록을 표현하며, 제어순서는 반복의 경우를 제외하고는 위에서부터 아래로 흐른다. 처리블럭 사이를 지나가는 수직선이 없으므로 혼란스럽지 않고, 위에서부터 시작하여 하나의 방향으로 출구가 있어 자연스럽게 단위모듈이 구성되며, 테스트를 용이하게 한다. 또한 N-S 챠트는 구조화 챠트의 상위모듈과 하위모듈 모두에 적용하여 사용될 수 있다. [그림 10-16]은 주문처리시스템의 최상층에서부터 그 하위 2단계까지의 모듈을 서로 연결지어 N-S 챠트로 표현한 것이다. (a)번 메뉴처리부분은 최상위 모듈로 메뉴를 선택하는 모듈이며, (b)번 주문입력부분은 이들 메뉴 중에서 주문입력이라는 하위 모듈에 대하여 기술한 것이다. 그리고 (c)번 모듈은 (b)번 모듈의 주문내역 입력에 대하여 보다 더 상세하게 묘사한 하위모듈이 된다.

3) PDL(program design language)

프로그램 설계 언어인 PDL은 고급 프로그램언어의 제어구조와 자연언어를 통합한 의사코드(pseudocode)의 일종이다. 프로그램 제어 혹은 데이터 타입의 정의에 자연언어를 사용할 수 있다. 이것은 직접 컴파일 할 수는 없으나, 프로그램의 설계 명세를 위한 언어로만 사용이 가능하다. PDL은 특정 언어의 제어구조를 흉내 내어 만들 수 있다. 이 경우 그 언어로의 자동적 전환을 통한 실행가능 코드를 생성하기가 용이하다. 예를 들어

PDL/C++의 경우 객체지향언어인 C++ 언어의 제어구조를 흉내 내어 만든 것이다.

순서도가 "어떤 순서로 처리하는가(how)?"에 적합한 표현 수단인 반면, "무엇을 하는가(what)?"에 대한 표현 수단으로 부적합하다. 하지만 PDL인 의사코드는 "what" 과 "how"를 동시 표현할 수 있다. 그리고 자연어와 유사하다는 점에서 문서화나 프로그램 설계정보 전달도구로서 유용하다.

이러한 PDL 언어를 자체적으로 설계하여 사용할 경우 고려해야 할 사항은 다음과 같다.

- 키워드 및 제어구조는 미리 정의하여야 한다.
- 처리에 대한 설명은 자연언어를 사용할 수 있다.
- 데이터 타입에 대한 정의를 내릴 수 있는 기능을 갖추어야 하며, 사용될 고급언어로 정의할 수 있는 모든 타입을 설명할 수 있어야 한다.
- 모듈 정의기능을 제공하여야 하며, 모듈 간에 서로 호출이 가능해야 한다.

다음은 PDL/C++를 이용하여 이차방정식의 해를 구하는 의사코드의 예이다.

```
void SolveEquation(long a, long b, long c)
{
    If (이차 방정식이 실수 해가 있음)
      {
           두 실수 해를 구한다.
      }
    Else
      {
           두 복소수 해를 구한다.
      }
    이차 방정식의 해를 프린트한다.
}
```

4) 액션 다이어그램

액션 다이어그램은 James Martin의 정보공학방법론에서 프로그램 설계를 위한 기본 도구로 사용되었다. 액션 다이어그램은 한 가지의 표현도구로 구조화 챠트와 같은 매크로 설계와 N-S 챠트와 같은 마이크로 설계를 동시에 할 수 있다. 액션 다이어그램에서 3가지 제어구조의 표현법은 [그림 10-17]과 같다. 액션 다이어그램에서는 꺽은 선 대괄호(bracket)를 이용하여 모듈로의 세분화와 모듈 내부의 처리 로직을 모두 다 표현한다. 즉, 한 가지의 도구로서 프로그램 구조와 모듈 내부설계를 병행한다. 액션 다이어그램은 단계적 하향식 설계기법을 지원한다. 그러나 단점은 N-S 챠트에 비해 프로그램 작동의 무결성 입증이 곤란하다. 즉 시스템이 고장 없이(bug-free) 작동할 수 있는가를 눈으로 검증하기가 쉽지 않다.

(a) 메뉴처리부분

```
┌ 처리 A
├ 처리 B
└ 처리 C
```

(b) 주문입력부분

```
┌ IF 조건 충족
│    처리 A
├ ELSE
│    처리 B
└ ENDIF
```

(c) 주문내역입력부분

```
╒ DO While(조건명시)
│    처리 A
│    처리 B
└ ENDDO
┌ DO UNTIL(조건명시)
│    처리 A
│    처리 B
╘ ENDDO
```

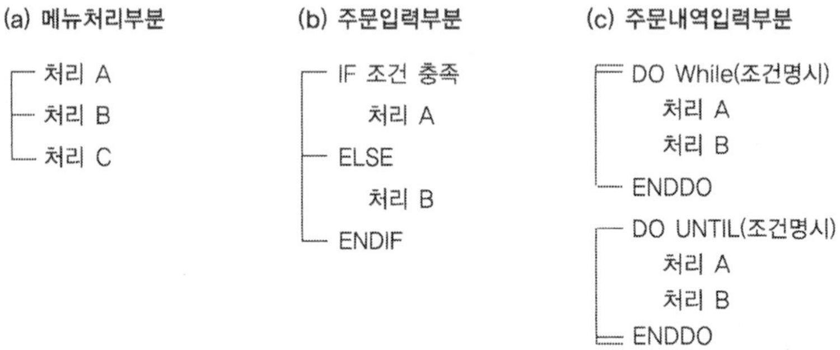

[그림 10-17] 액션 다이어그램의 제어구조 표현법

주문접수 프로세스

```
╒ FOR 모든 주문에 대하여 고객 레코드를 읽음
│ 신용상태 적격
│ ┌ IF 신용상태 = '불량'
│ │    주문거절통지서 출력
│ ├ ELSE
│ │    주문 레코드 생성
│ │ ╒ FOR 모든 주문품목에 대하여 주문내역 레코드 창출
│ │ │    재고화일 갱신
│ │ │    주문을 읽음
│ │ │    주문을 재계산
│ │ │    주문을 갱신
│ │ └ END LOOP
│ └ END IF
└ END LOOP
```

[그림 10-18] 주문접수 모듈 설계(예)

5) 워니어-오어 다이어그램

워니어-오어 다이어그램(Warnier-Orr diagram)은 Jen-Dominique Warnier와 Ken Orr에 의해 개발된 것으로 액션 다이어그램과 같이 매크로 모델링과 마이크로 모델링이 가능하다. 워니어-오어 다이어그램은 계층적 구조를 표현하고, 제어와 흐름을 표현하며, 실행될 함수의 횟수 표현이 가능하다. 실행제어 논리는 각주로 표기할 수 있으며, 선택구조는 (0, 1)을 함수이름 아래에 기술하고, 그리고 +(OR), ⊕(Exclusive OR) 표기를 한다. 워니어-오어 다이어그램에서 세 가지 제어의 표기법을 제시하면 [그림 10-19]와 같다.

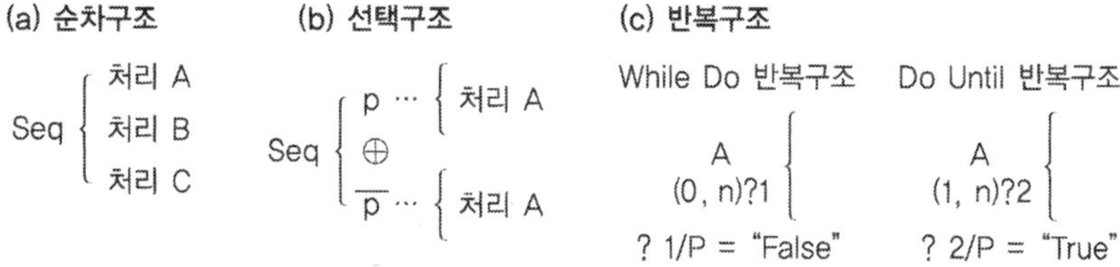

[그림 10-19] 워니어-오어 다이어그램의 제어구조 표기법

워니어-오어 다이어그램의 표기법의 장점으로는 새로운 시스템의 설계와 기존의 시스템에 대한 문서로 광범위하게 사용되며, 구조화된 프로그램을 코드로 옮길 경우 Begin-End 블럭구조 형식을 사용하여 간단하게 해결할 수 있다. 또한 데이터 구조에 대한 효과적인 문서화를 제공한다. 또한 4개의 기본적인 다이어그램 기법으로 구성되어 있기 때문에 사용법이 쉽다는 장점이 있다.

그러나 단점으로는 구조를 확실하게 표현할 수 있지만 세부적인 단계에서는 부피가 커지기 때문에 제어논리를 충분히 담을 수 없으므로 소규모의 문제에 적합하다. 또한 제어 논리를 각주로 이용하기 때문에 읽기가 불편하다. 그리고 데이터베이스에 기초를 둔 것이 아니기 때문에 계층적 구조만을 기술하고 있다.

워니어-오어 다이어그램은 출력지향적인 설계 방법으로 출력자료의 구조가 입력자료의 구조 및 프로그램 구조를 결정한다. [그림 10-20]은 워니어-오어 방법을 적용하여 보고서를 출력하는 모듈을 나타낸 것이다.

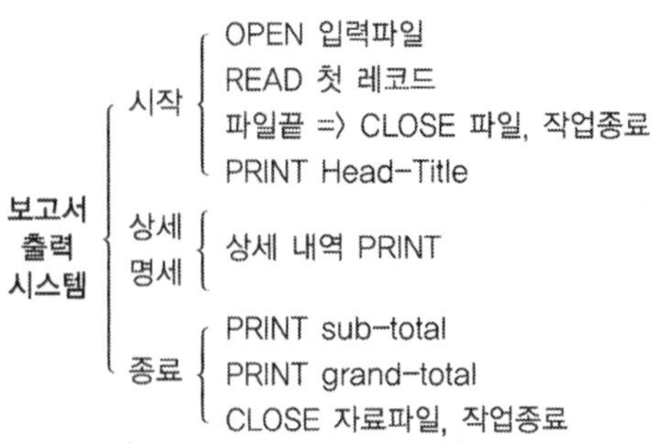

[그림 10-20] 워니어-오어 다이어그램의 표현 예

6) 잭슨 다이어그램

잭슨 다이어그램(Jackson diagram)은 입출력 자료구조(data structure)에 착안한 프로그램 설계방법으로, 주어진 문제에서 입력 및 출력 데이터의 구조를 정의하여 그들 구성요소 간의 1:1 대응관계를 찾아내어 그 바탕에서 프로그램 구조를 결정한다. 잭슨 다이어그램에서 기본 단위는 더 이상 분해할 수 없는 것으로서 직사각형 박스로 표현한다. 그리고 세 가지 제어구조에 대한 표현법은 [그림 10-21]과 같다.

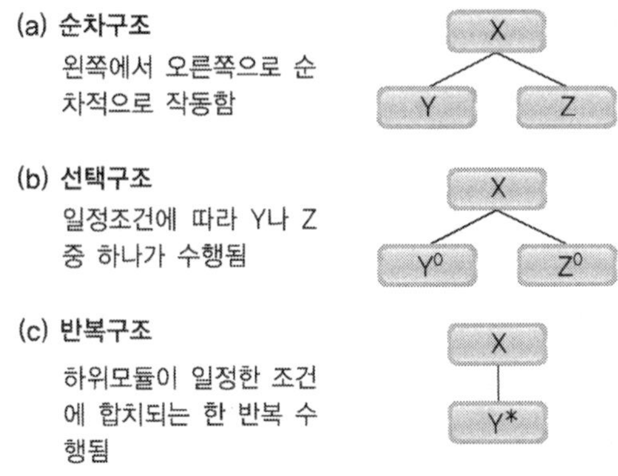

[그림 10-21] 잭슨 다이어그램 제어구조 표현법

잭슨 다이어그램은 입출력 데이터 구조에서 프로그램 제어구조를 유도함으로써 입출력 데이터 구조를 먼저 설계한 뒤, 서로 간의 대응관계를 찾아내어 이들 간의 변환 과정이 프로그램 구조를 결정한다. 잭슨 다이어그램을 이용하여 자재수불명세서를 출력하는 모듈을 예시하면 [그림 10-22]와 같다.

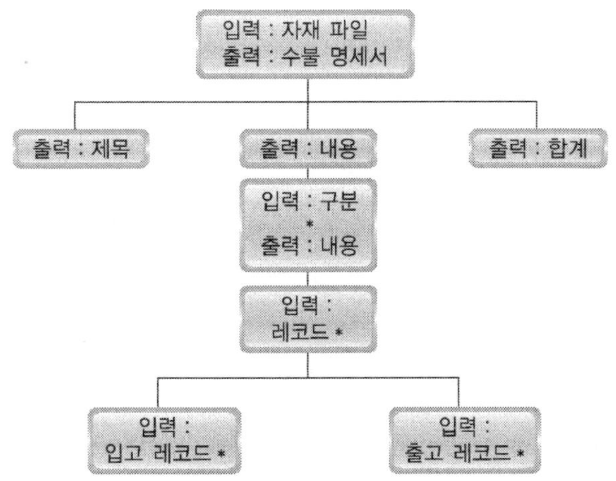

[그림 10-22] 잭슨 다이어그램의 예

잭슨 다이어그램의 장점으로는 직접적으로 순차, 조건, 반복을 포함한 절차적 구성이 가능하고, 역추적 상황 완화, 구조 불일치 해결, 소프트웨어 최적화에 사용이 되며, 예비 설계 기술보다 세부적인 설계 기술에 적용가능하다는 것이다. 단점으로는 파일 이용 시 비효율성이 증가하고, 개념상 불필요할 수 있으며, 프로그램의 설계가 이해하기 어려워 유지보수가 곤란하고, 프로그래밍의 오류를 유발할 수 있다.

7) HIPO 챠트

HIPO(hiearchy input process output) 챠트는 모듈들 간의 관계는 계층적 구조로 구성하고, 그 구조 내의 각각의 모듈을 IPO(입력, 처리, 출력)로 기술하여 문서화 하는 설계의 보조수단으로 사용하는 방법이다. HIPO 챠트를 구성하는 요소는 다음과 같다.

- 모듈 계층도 : 전체적인 관점에서 모듈 간의 계층관계만을 표현한다. [그림 10-23] 좌측 그림 참조.
- 모듈설명서 : 계층구조를 갖는 모듈에 대한 상세한 설명을 기술한 문서이다. [그림 10-23] 우측 그림 참조.
- IPO 다이어그램 : IPO(입력-처리-출력) 관점에서 입력 데이터와 관련 처리 모듈 또는 처리 명령문, 그리고 출력물과의 관계를 표현한다. [그림 10-24] 참조.

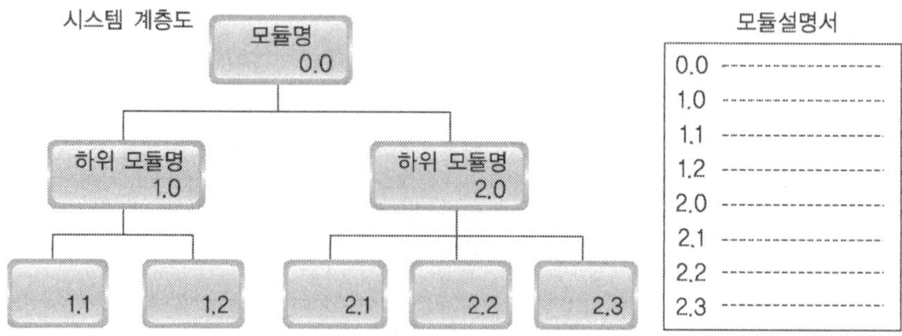

[그림 10-23] 모듈계층도 및 모듈 설명서

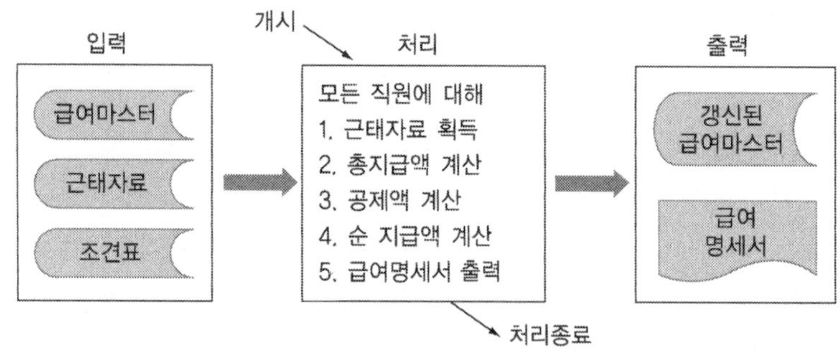

[그림 10-24] IPO(입력-처리-출력) 다이어그램

HIPO 챠트는 시스템의 총체적인 시각에서 각종 입력 파일들, 주요 처리기능, 출력 형태들을 설명할 수 있고, 상세설계에서는 모듈별로 특정 자료와 보고서 양식을 연결시키는 것과 같은 세부적인 처리기능을 표기할 수 있다. 그러나 단점으로는 그리기가 어려우며 프로그램 구조를 구체적으로 표현하는 방법이 없으며 처리단계나 입출력항목이 많아지면 표현이 어렵다는 것이다. 또한 데이터구조나 데이터간의 관계를 표현할 수가 없으며, 시스템 분석가나 설계자 또는 프로그래머를 위한 어떤 지침, 전략, 절차 등이 없다는 것이다.

주요용어 Main Terminology

- 가상코드(pseudocode)
- 거래분석(transaction analysis)
- 결합도(coupling)
- 공통 결합도(common coupling)
- 구조화 챠트(structured chart)
- 구조적 설계(structured design)
- 기능적 응집도(functional cohesion)
- 내용 경합도(content coupling)
- 논리적 응집도(logical cohesion)
- 대화적 응집도(communicational cohesion)
- 데이터 결합도(data coupling)
- 데이터 추상화(data abstraction)
- 모듈 명세서(module specification)
- 모듈(module)
- 모듈화(modularization)
- 변환분석(transform analysis)
- 서브루틴(subroutine)
- 순서도(flowchart)
- 순차적 응집도(sequential cohesion)
- 스템프 결합도(stamp coupling)
- 시간적 응집도(temporal cohesion)
- 액션 다이어그램(action diagram)
- 우연적 응집도(coincidental cohesion)
- 워니어-오어 다이어그램(Warnier-Orr diagram)
- 응집도(cohesion)
- 잭슨 다이어그램(Jackson diagram)
- 절차 추상화(procedural abstraction)

- 절차적 응집도(procedural cohesion)
- 정보은닉(information hiding)
- 제어 결합도(control coupling)
- 제어 추상화(control abstraction)
- 지역화(localization)
- 캡슐화(encapsulation)
- 프로그램 명세서(program specification)
- 프로시저(procedure)
- HIPO 챠트(hierarchy-input-process-output chart)
- N-S 챠트(Nassi-Sheiderman chart)
- PDL(program design language)

연습문제 Exercises

1. 설계 단계에서 주안점을 두는 추상화 수준의 종류와 그 개념을 설명하라.
2. 구조적 설계의 목표는 무엇인가?
3. 구조적 설계의 특징을 설명하라.
4. 소프트웨어 모듈의 특징을 설명하라.
5. 모듈의 독립성을 측정하는 지표로서 모듈 간의 결합도(coupling)의 유형과 그 특징을 설명하라. 그리고 디자인 품질 수준차원에서 볼 때 바람직한 형태의 결합도를 순서대로 나열하여 보아라.
6. 모듈설계에 있어서 응집도를 측정하기 위한 지표 7가지를 들어보아라. 그리고 디자인 품질 수준차원에서 볼 때 바람직한 형태의 응집도를 순서대로 나열하여 보아라.
7. 정보은닉의 목적은 무엇인가? 그리고 프로그램 설계에 있어 정보은닉의 대상은 주로 어떤 것들이 있는가?
8. 구조적 프로그래밍의 3가지 기본 요소인 순차, 선택, 반복 구조를 순서도와 N-S 챠트에서의 표현법으로 제시하라.
9. 훌륭한 구조적 설계 도구가 되기 위하여 갖추어야 할 도구의 특성은 무엇인가?
10. 구조화 챠트에서 순차, 선택, 반복 구조는 각각 어떻게 표현하는가?
11. DFD를 구조화 챠트로 전환하는 두 가지 방법인 변환분석과 거래분석 방법에 대하여 설명하라.
12. 구조적 상세 설계 도구들을 열거하고, 구조적 프로그래밍의 세 가지 제어구조를 표현하는 표기법을 그림으로 표현하여 보아라.
13. 구조적 상세 설계 도구 중에서 순서도와 N-S 챠트의 장 · 단점을 서로 비교하여 보아라.

14. 제 6장 19번 문제(도서대출시스템)에서 작성된 DFD를 구조화챠트로 전환하여 보아라. 그리고 반납독촉 처리에 대한 구조적 문언을 이용하여 미처리 모듈의 상세설계를 N-S 차트와 플로우챠트로 각각 작성하여라.

15. 제 6장 20번 문제(비디오관리시스템)에서 작성된 DFD를 구조화챠트로 전환하여라. 그리고 연체료 계산 모듈을 플로우챠트와 N-S 챠트로 각각 작성하여 보아라.

16. 인터넷 쇼핑몰 시스템의 주문처리 과정을 간단히 기술하고, 이를 처리하는 시스템을 개발하기 위한 설계도를 작성하고자 한다. 모듈들간의 관계를 구조화챠트로 작성하라. 그리고 주문서 작성 모듈과 결제처리 모듈을 N-S 챠트로 작성하라.

참고문헌

Literature Cited

김성락, 유현, 이원용, 실무사례중심의 시스템 분석 및 설계, OK Press, 2002.

박재년, 구조적 시스템 분석과 설계: 실무중심, 정익사, 1992.

왕창종, 구연설, 이언배, 구조적 시스템 분석과 설계 기법, 정익사, 1992.

윤청, 패러다임 전환을 통한 소프트웨어 공학, 생능, 1999.

이영환, 박종순, 시스템 분석과 설계, 법영사, 1998.

이영환, 시스템 분석과 설계: 경영정보시스템 개발을 중심으로, 법영사, 1994.

이주헌, 실용 소프트웨어 공학론: 구조적 · 객체지향기법의 응용사례 중심으로, 법영사, 1997.

홍성식, 권기철, 실무지향적 시스템 분석과 설계, 21세기사, 2003.

DeMarco, T., *Structured Analysis and System Specification*, Prentice-Hall, 1978.

Hoffer, J. A., J. F. George, and J. S. Valacich, *Modern System Analysis and Design*, Addison-Wesley, 1999.

Jackson, M. A., *Principles of Program Design*, Academic Press, 1975.

Keneall, P. A., *Introduction to System Analysis & Design: A Structured Approach*, 3rd ed., Irwin, 1996.

Lucas Jr., H. C., *The Analysis, Design, and Implementation of Information Systems*, McGraw-Hill, 1985.

Martin, J. and C. McClure, *Structured Techniques for Computing*, Prentice-Hall, 1985.

Orr, K., *Structured System Development*, Yourdon Press, 1977.

Page-Jones, M., *The Practical Guide to Structured Systems Design*, Yourdon Press, 1980.

Peters, J. F. and W. Pedrycz, *Software Engineering: An Engineering Approach*, John Wiley & Sons, 1998.

Pressman, R., *Software Engineering: A Practitioner's Approach*, McGraw-Hill, 1992.

Stevens, W., G. Myers, and L. Constantine, "Structured Design," *IBM System Journal*, Vol. 13, No. 2, 1974, pp. 115-139.

Yourdon, E. and L. Constantine, *Structured Design: Fundamentals of a Discipline of Computer Program and System Design*, Yourdon Press, 1978.

사용자 인터페이스 설계

CHAPTER 11

PREVIEW

사용자 인터페이스 설계는 인간과 컴퓨터 간의 의사소통을 원활히 하는데 초점을 둔다. 이를 위해서는 인간-컴퓨터 인터페이스 이론과 인간공학적인 이론이 접목되어야 한다. 인터페이스 설계를 위해서는 무엇보다도 인적인 요소의 중시와 사용자의 수준과 스타일이 고려되어야 한다. 효과적인 사용자 인터페이스 설계를 위해서는 인터페이스 설계의 원칙과 프로세스에 따라 진행해야 한다. 그리고 다양한 입·출력 설계 방법과 매체를 고려해서 사용자에게 가장 적합한 인터페이스가 되도록 설계해야 한다.

OBJECTIVES OF STUDY

- 컴퓨터-인간 인터페이스 모델을 이해한다.
- 인터페이스 설계 시 고려해야 할 요소와 설계지침들이 무엇인지를 숙지한다.
- 인터페이스 설계 프로세스를 이해한다.
- 다양한 인터페이스 설계 방식을 배운다.
- 입·출력 매체와 방식을 익힌다.

CONTENTS

1 사용자 인터페이스 설계의 기초

1.1 인간-컴퓨터 인터페이스의 이해

컴퓨터 혁명이후 정보화 사회의 도래로 인하여 우리 인간은 엄청난 생산성의 향상을 가져왔다. 뿐만 아니라 작업 방식에 있어서도 많은 변화가 있었다. 그 변화의 중심에 컴퓨터가 있으며, 컴퓨터는 인간사회에서 다양한 형태로 이용되고 있다. 이에 따라 컴퓨터가 인간에게 미치는 영향에 대한 충분한 고려가 필요하다. 이러한 문제를 체계적으로 연구하는 분야가 바로 인간-컴퓨터 상호작용(HCI : human-computer interaction) 분야이다. 지금까지 인간-컴퓨터 상호작용 방식은 컴퓨터의 발전과정에 따라 많은 발전을 거듭해오고 있다. 초창기 대부분의 컴퓨터는 명령과 질의를 중심으로 하는 인터페이스(command and query interface) 였으나 최근 그래픽 기반의 GUI(graphic user interface) 방식의 발달로 윈도우 중심의 포인트와 픽 인터페이스(point and pick interface)가 주류를 이루고 있다.

J. Foly의 사용자-컴퓨터 간의 인터페이스 모델에서는 사용자와 컴퓨터 간의 인터페이스를 4 단계로 분류하고 있다. 이 개념은 하향식 계층 구조를 표현하고 있으며 소프트웨어 인터페이스 설계 전략을 개발하는데 유용하다.

단계 1 : 개념 단계(conceptual level)

- 대화형 시스템에 관한 인지 심리적 모델을 적용하는 단계이다.
- 이 단계에서는 사용자가 원하는 작업이 무엇인가를 개념적으로 정의하는 것으로 예를 들어 "문서를 편집하고 싶어 한다"와 같은 식이다.

단계 2 : 의미 단계(semantic level)

- 입력 명령과 출력 결과가 사용자에게 주는 의미를 표현한다.
- 이 단계에서는 의미 지식(semantic knowledge)을 필요로 한다. 즉, "작업을 어떤 절차로 수행할 것인가"에 필요한 지식이다. 예를 들어 파일을 생성하기 위해 파일 로딩, 내용 추가, 저장 등을 차례로 수행하는 것과 같은 컴퓨터 행위와

작업 행위로 구분된다.

단계 3 : 구문 단계(syntactic level)

- 명령문을 구성하는 단어들의 정의를 표현한다.
- 구문 지식(syntactic knowledge)은 컴퓨터 기계 사용법에 관한 지식이다. 예를 들어 문서를 편집하는 과정에서 한 문자를 지우기 위해 delete, backspace, Ctrl-H, 마우스 오른쪽 단추, ESC 키 등을 눌러야 한다는 것을 아는 지식이다.

단계 4 : 어휘 단계(lexical level)

- 특정 명령 문구를 형성하는 절차를 갖는다.
- 이 단계에서 사용자는 명령의 어휘를 이해할 수 있어야 한다. 예를 들어 "file open"의 의미가 무엇인가를 알아야 한다.

사용자 인터페이스를 설계하기 위해서는 위의 4 단계에 따라 진행해야 한다. 즉, 개념적 수준에서의 인터페이스 요구분석에서 출발하여, 그 내용을 보다 더 구체화 하여 하위 단계로 진행한다.

1.2 인터페이스 설계의 고려요소

사용자 인터페이스는 사용자와 컴퓨터 시스템 사이의 의사소통을 중계하는 입 · 출력 장치와 대화형 언어 체제이다. 인간의 정보처리 능력이라는 관점에서 볼 때, 정보처리 서비스 제공에 관련된 컴퓨터 H/W 및 S/W를 인간, 즉 사용자 입장에서 설계하는 것이 시스템 개발에서 있어 무엇보다도 중요하다. 컴퓨터 시스템을 통하여 인간에게 제공되는 각종 정보처리 서비스를 인간이 쉽고 편리하게 사용할 수 있도록 지원할 수 있어야 한다. 이를 이해서는 사용자에게 친근하고 사용하기 쉬운 사용자 인터페이스를 설계해야 한다. 이러한 사용자 인터페이스를 설계하는데 있어 다음과 같은 질문에 답을 줄 수 있어야 한다.

- 사용자는 누구일까?
- 사용자는 새로운 컴퓨터 시스템과 대화하는 방법을 어떻게 배울까?
- 사용자는 시스템이 생산한 정보를 어떻게 해석할까?
- 사용자는 어떤 시스템을 기대할까?

이러한 질문들로부터 사용자 인터페이스 설계에 대한 기본적인 방향을 정할 수 있으며, 설계 시 중요하게 다루어야 할 사항들을 찾을 수 있다. 즉, 이로부터 컴퓨터 정보시스템을 사용하는 사람들에 대한 연구를 통하여 그 실마리를 찾을 수 있다. 사용자 인터페이스 설계의 기본 방향과 설계 시 고려해야 할 중요한 요소들로는 ① 인적 요소, ② 사용자 기술 수준과 작업 내용, ③ 사용자의 다양성, 그리고 ④ 작업환경 등이다.

1) 인적 요소의 중시

사용자 인터페이스란 컴퓨터 프로그램과 인간의 대화를 설정해 주는 메커니즘이다. 따라서 인적요소를 고려하면 대화가 매끄럽고 사용자와 프로그램 간에 균형 있는 설계를 가능하게 한다. 만일 시스템 설계에서 인적요소를 고려하지 않으면 그 시스템은 불친절하고 사용자의 불편함을 가져와 업무의 생산성을 떨어뜨리는 원인이 되기도 한다. 따라서 사용자 인터페이스 설계에 있어 무엇보다도 우선적으로 고려해야할 사항은 인적 요소이다. 인간-컴퓨터 상호작용 인터페이스 설계의 주요한 인적 특성으로는 시각, 청각, 촉각을 들 수 있다.

2) 사용자 기술 수준과 작업 내용

인간-컴퓨터 인터페이스 설계에 있어 고려해야 할 또 다른 중요한 요소는 사용자들의 컴퓨터 기술수준과 작업수준, 그리고 작업의 종류이다. 즉, 인터페이스 설계에 있어 사용자들의 서로 다른 기술수준, 그리고 성격, 그리고 행동적 특성들을 고려해야 한다. 그리고 최종 사용자에게 편리하고 자연스러운 작업 환경을 제공할 수 있어야 한다. 컴퓨터를 통한 사용자들의 작업 종류를 열거하면 다음과 같다.

- 정보를 생산자로부터 소비자에게 전달하는 교환 작업
- 사용자가 시스템과의 상호응답을 지시하고 통제하는 대화 작업
- 시스템 기능과 관련된 활동으로 일단 정보가 얻어지면 수행되는 인식 작업
- 정보와 인식을 통제하고 다른 일반적인 작업들이 일어나는 프로세스에 명령을 내리는 제어 작업

3) 사용자의 다양성

사용자 인터페이스를 설계하는데 있어 가장 중요하고 어려운 과제는 바로 사용자의 다양성이다. 사용자들은 지금까지 살아온 환경과 언어가 다르고, 취향과 스타일에 특색

이 있다. 특히 보편적이지 못한 사용자들을 고려하여 사용자 인터페이스를 설계하기에는 많은 어려움이 따른다. 사용자 인터페이스 설계 시에 사용자의 기본적인 능력이 고려되어야 한다. 인간의 기본 능력에 영향을 미치는 요인들은 매우 다양하다. 예를 들어 환기력, 조심성, 피로감, 지적능력, 지루함, 초조함, 불안감, 불면증, 무감각성, 노후성, 격리감정, 생리 사이클, 술이나 약물의 복용 정도 등이다. 따라서 인간을 고려한 사용자 인터페이스를 설계하기 위해서는 최종 사용자에 대한 지식이 필요하다. 왜냐하면 인간의 기본 능력 외에도 컴퓨터에 대한 기초지식과 능력, 그리고 사용동기의 차이가 다르기 때문이다.

사용자 인터페이스를 효과적으로 설계하기 위해서는 사용자를 몇 가지 유형으로 그룹화하고, 이들 집단을 대상으로 알맞은 인터페이스 설계 전략을 계획해야 한다. 일반적으로 사용자를 구분하는 간단한 기준으로 그 사람의 컴퓨터 사용능력과 지식의 수준을 중심으로 다음과 같이 3단계로 분류할 수 있다.

(1) 초보 사용자(novice users)
응용소프트웨어나 컴퓨터의 사용경험이나 다루는 지식이 거의 없는 사람들이다. 이들에게는 사용자 개입을 가능한 줄이고 사용하기 간단하고 쉬운 인터페이스를 제공한다. 또한 시스템의 진행상태를 지속적으로 알리는 기능을 부가한다.

(2) 사용 유경험자(knowledgeable intermittent users)
컴퓨터와 응용시스템에 대한 조금씩의 사용경험이 있는 사용자로서 빠른 기능과 쉬운 사용자 인터페이스를 동시에 원한다. 이들에게는 메뉴 및 용어를 일관성 있게 제공하고 도움말 기능을 사용하여 사용자 스스로 활용할 수 있게 하는 것이 좋다.

(3) 전문 사용자(expert users)
컴퓨터시스템에 대한 주변지식이 해박하고 응용소프트웨어 활용능력이 매우 높은 사람들이다. 이들은 단축키나 줄임법을 이용하여 컴퓨터와 상호 작용하여 빠른 시간 안에 정확한 결과나 응답을 기대한다. 이들에게는 복잡해도 응답이 빠르고, 융통성이 뛰어난 인터페이스를 제공해야 하며, 약어나 기능키, 단축키 등을 제공한다.

인터페이스를 설계하는데 있어 모든 사용자들의 수준을 맞추기는 어렵지만, 비교적 많은 사용자가 만족할 수 있도록 대표적인 사용자 수준에 맞추어야 한다. 그리고 고급기능이나 단축키, 기능키 등을 두어 숙련된 사용자들이 빠르게 상호 작용하는 기능을 부가적으로 제공할 수 있어야 한다. 많은 사용자들은 초창기에는 그 시스템에 초보자라 하더라도 사용경험이 축적되면서 숙련된 사용자로 성숙되어 가기 때문이다.

4) 사용자 작업환경

사용자 인터페이스를 설계하는데 있어서 고려해야 할 또 다른 중요한 요소는 바로 사용자를 둘러싼 물리적 환경 요소이다. 사용자 환경을 둘러싼 물리적 요소에 대한 몇 가지 예를 들면 다음과 같다.

- 작업자의 조명, 소음, 진동, 온도, 습도, 사무실 배치도 등.
- 화면의 컬러, 깜박이, 서체, 화면 변화속도 등.
- 작업대의 높이, 다리 공간 및 각도, 의자의 깊이, 각도, 등받이 등.

인터페이스 설계에 있어 물리적 환경 요소는 인간공학적인 원리의 적용을 중요하게 고려하도록 한다. 인간공학은 인간 특성과 가공물 사이의 관계를 최적화 시키는 학문으로 시스템 사용자를 둘러싼 물리적 특성과 사용자의 육체적, 심리적 특성 등을 동시에 고려한 설계를 지향한다. 인간공학적 원리가 적용된 사용자 인터페이스는 사용자에게 보다 더 안전하고 물리적 환경과 조화된 인터페이스를 만들 수 있게 한다.

1.3 인터페이스 설계의 원칙과 설계 지침

사용자와 컴퓨터 간의 인터페이스를 설계하는데 있어 먼저 사용자의 다양성을 인정하고 이들을 적절히 분류하는 작업이 중요하다. 사용자 다양성의 원리를 이해함으로써 사용자 인터페이스 설계를 보다 효율적으로 할 수 있다. 사용자 중심의 소프트웨어는 사용자가 소프트웨어를 사용하는 방법보다 소프트웨어라는 도구로 자신의 문제를 해결하는데 대부분의 작업시간 및 노력을 투자할 수 있도록 배려한 것이다.

사용자 인터페이스를 효과적으로 수행하기 위해서는 인터페이스 설계의 기본원리가 필요하다. 이를 위해 다음과 같은 몇 가지 측면에서 설계의 원칙이 지켜질 때 사용자 중심의 소프트웨어 개발이 가능하다.

- 공동의 노력 : 사용자와 함께 요구사항을 분석하고 설계한다.
- 사용자 능력 : 사용자의 요구사항을 충족시켜 편리하게 사용할 수 있도록 설계한다.
- 레이아웃 : 메뉴의 위치, 네비게이션 경로, 아이콘 배열, 명령어 입력창 등을 일관

성 있게 배열하고 이용패턴을 동일하게 한다.
- 작업상황 인식 : 사용자는 항상 자신이 현재 어디에서 작업을 하고 있으며, 무슨 정보가 화면에 출력되고 있는지 알아야 한다.
- 미적 디자인 : 충분한 여백과 색상, 폰트 등에 대한 디자인 미를 가져야 한다. 미적 요소가 가미되므로 작업의 즐거움과 감성을 높일 수 있다.
- 사용자 경험 : 사용자의 편리성과 학습의 편리성, 그리고 정보접근의 신속성 등에 대한 절충이 필요하다.
- 도움말 기능 : 도움말 기능을 소프트웨어에 반드시 포함되도록 설계한다.
- 사용자 노력의 최소화 : 인터페이스는 단순해야 한다. 사용자가 원하는 작업을 실행하는데 있어 3회 이상의 마우스 클릭이 일어나지 않도록 한다.

사용자 인터페이스 설계 시 설계자의 경험, 기술 논문 및 서적 등을 참조하여 설계한다. 친절하고 효율적인 인터페이스를 설계하기 위해서는 각 부문별로 다음에서 제시하는 일련의 지침을 활용해야 한다. 일반적인 상호작용에 대한 설계지침은 정보 출력, 데이터 입력 및 전체 시스템의 제어까지 포함한다. 사용자 인터페이스 설계에 있어 사용자와 컴퓨터 간의 상호작용 수행과정을 표현하는데 있어 중요한 설계지침은 다음과 같다.

- 일관성을 유지하라. 사용자 인터페이스에서 사용하는 메뉴, 명령어 입력 형태, 자료 입출력 형태 등에서 일관성을 유지해야 한다.
- 의미 있는 피드백을 제공하라. 사용자에게 사용자와 인터페이스 간의 의견교환을 위해 시각적이고 청각적인 피드백을 제공하라. 일반적으로 '메시지 박스' 나 '경고음' 등을 이용한다.
- 중요한 활동의 처리 전에 다시 한 번 더 검증을 요청하라. 만일 사용자가 시스템에 악영향을 주는 프로그램을 실행하거나 파일을 삭제하는 등과 같은 중대한 문제를 일으킬 수 있는 작업을 요청하는 경우 그 작업내용이 맞는지를 묻는 메시지를 보낸다.
- 시스템에서 지시한 내용에 대하여 언제든지 변경가능하게 하라. 직전의 작업 내용에 대하여 되돌아가는 기능을 넣어라.
- 사용자의 기억부하(memory load)를 최소화 하라. 사용자가 정보처리 중에 입력한 내용이나 처리 결과를 기억하는 단기 메모리를 이용하여 사용자가 기억해야 하는 정보의 양을 줄여라.
- 사용의 효율성을 추구하라. 키보드를 통한 입력이나 마우스의 움직임을 최소화 하고 사용자가 '이것의 의미가 무엇인지' 에 대한 질문이 없도록 한다.
- 실수에 관대하라. 사용자의 실수로 인하여 야기될 수 있는 실패로부터 시스템을 보호하고 사용자가 시스템과 올바르게 대화할 수 있도록 한다.
- 조직화된 메뉴를 제공하라. 기능에 따라 메뉴를 분류하고 화면의 위치에 따라 조직

화하라. 한 화면에 너무 많은 내용이 포함되지 않도록 하라.

• 상황에 맞는 도움말 기능을 제공하라. 현재 사용하고 있는 화면이나 작업에 맞는 도움말이 자동적으로 제시되게 하라. 이것이 사용자가 도움말을 얻는데 필요한 노력과 시간을 절약하게 한다.
• 간단한 명령어를 사용하라. 사용자가 기억하고 연상하기 편리한 명령어를 사용하며, 긴 명령어 보다는 축약된 명령어를 제공할 수 있어야 한다.

2 인터페이스 설계 프로세스와 방법

2.1 인터페이스 설계 프로세스

사용자 인터페이스 설계는 [그림 11-1]과 같이 다섯 단계로 이루어진다. 이들은 1단계에서 5단계로의 일연속적인 흐름이라기보다는 필요시 다시 그 전 단계로 되돌아가기도 한다.

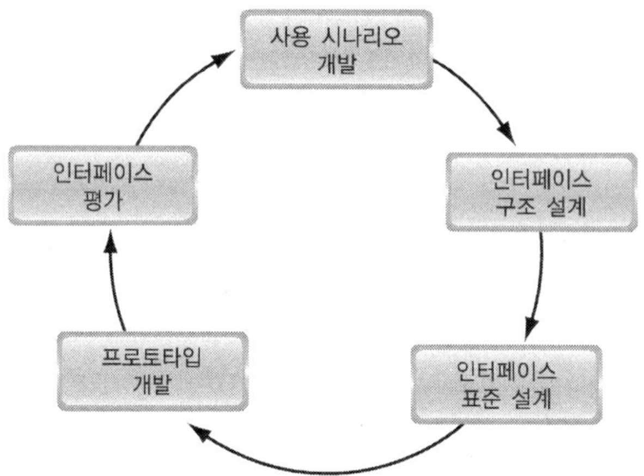

[그림 11-1] 사용자 인터페이스 설계 프로세스

1) 사용 시나리오 개발

사용 시나리오(use scenario)는 사용자의 일반적인 행동 패턴을 나타내는 것으로 이것을 작성하기 위해서는 앞의 분석단계에서 개발된 자료흐름도(DFD)와 유즈케이스(use

case)를 먼저 검토한다. 사용자 인터페이스는 사용자가 시스템 사용 시나리오에 따라 사용자가 원활히 따라 가도록 한다. 보통 사용 시나리오는 유즈케이스의 하나의 경로를 따라 이루어진다. 예를 들어 인터넷 쇼핑몰에서 고객이 상품을 검색하여 정상적으로 주문하는 하나의 경로에 대한 사용 시나리오를 만들어 보면 다음과 같다.

1. 고객이 검색어 창에 찾고자 하는 상품의 검색어를 입력한다.
2. 검색결과 창에 상품리스트를 보여준다.
3. 고객은 상품리스트 중에서 하나를 선택한다.
4. 선택된 상품의 상세정보를 보여준다.
5. 고객은 장바구니에 상품을 담는다.
   5.1 다시 상품을 검색한다.
6. 주문서를 작성한다.
   6.1 필요시 주문내역을 수정한다.
7. 결제를 한다.
8. 주문확인 메시지를 받는다.

위의 시나리오는 정상적인 주문처리 상황을 나타낸 시나리오이다. 이러한 시나리오는 비정상적인 또는 예외적인 상황에 대해서도 작성한다. 이렇게 작성된 시나리오 내의 각각의 활동은 DFD의 처리 프로세스와 관련되어 있다.

2) 인터페이스 구조 설계

사용 시나리오가 완성되면 인터페이스의 기본 구조를 정의한 인터페이스 구조도(interface structure diagram)를 개발한다. 인터페이스 구조도는 시스템 내의 스크린, 폼, 리포트 등의 모든 인터페이스와 그 연결 관계를 보여준다. 인터페이스 구조 설계는 인터페이스의 기본 구성요소를 정의하고 사용자에게 기능을 제공하기 위해서 어떻게 작동하는지를 보여준다. 즉, 시스템에 의해서 사용되어지는 모든 스크린, 폼, 리포트 등이 어떻게 관련되어져 있으며, 사용자들이 이들 구성요소들을 어떤 순서로 접근하는가를 보여준다. 일반적으로 풀 다운 메뉴 형태의 시스템의 경우 인터페이스는 계층적으로 조직화 된다. 이 경우 인터페이스 구조도는 메뉴들의 계층 구조도로서 트리(tree) 형태로 제시된다. 반면, 웹기반의 쇼핑몰과 같은 시스템의 경우 웹페이지 윈도우를 다이나믹하게 이동하므로 화면흐름도(screen flow diagram) 같은 형태로 인터페이스 구조를 설계한다. [그림 11-2]는 인터넷 쇼핑몰의 화면흐름도의 일부를 나타내고 있다. 화면흐름도의 경우 각각의 박스가 하나의 윈도우를 나타내며, 박스의 최상단에 도식명 또는 ID, 그리고 2단에 화면의 명칭, 3단에 핵심 입출력 정보의 리스트를 나타낸다. 그리고 화살표는 화면간 이동의 방향을 나타낸다.

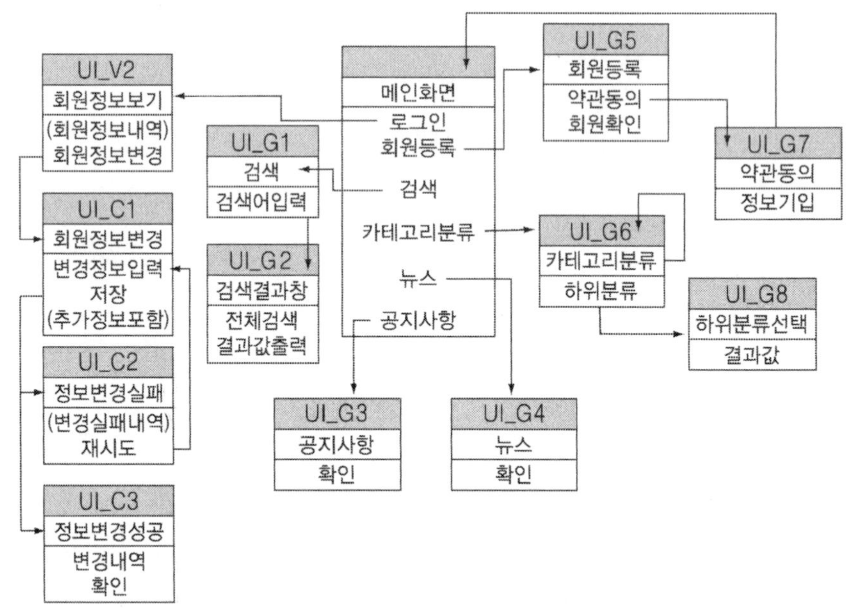

[그림 11-2] 인터넷 쇼핑몰의 화면흐름도 예

3) 인터페이스 표준 설계

인터페이스 구조가 설계되면 각각의 개별 인터페이스 상에 놓이는 기본적인 설계 요소인 인터페이스 표준을 설계한다. 응용시스템에 따라 시스템의 부분별로 적절한 인터페이스 표준 집합(웹 스크린, 종이 보고서, 입력 폼 등)이 있다. 예를 들어 데이터 입력 오퍼레이터들이 자주 사용하는 입력 폼의 경우 윈도우 기반의 폼 표준을 이용하여 설계하고, 원격지의 고객을 서비스하기 위해서는 웹 폼의 표준을 이용하여 설계할 수 있다. 인터페이스 표준을 설계하는데 있어 다음과 같은 요소들이 고려되어야 한다.

- 인터페이스 은유(interface metaphor) : 현실에 존재하는 것과 유사한 형태나 인간이 공통으로 인지하는 형태로 설계한다. 예를 들어 은행의 입금전표 입력화면의 경우 실제로 은행에서 사용하는 입금전표와 유사한 이미지의 스크린 화면을 설계하는 것이 좋다.

- 인터페이스 객체(interface object) : 인터페이스를 위한 템플릿을 만들 경우 다양한 인터페이스 객체를 사용한다. 이들 객체는 현실속의 객체를 쉽게 연상할 수 있어야 한다. 예를 들어 인터넷 쇼핑몰에서 장바구니의 경우 대형 할인전문점의 '쇼핑카트'를 이미지 아이콘으로 사용한다.
- 인터페이스 행동(interface behavior) : 인터페이스 템플릿은 네비게이션이나 명령어 스타일, 그리고 명령어 문법 등을 명세해야 한다. 네비게이션 설계에 있어서 가장 공통으로 사용되는 이름(예, 구매 대 매입, 수정 대 변경)을 부여한다.
- 인터페이스 아이콘(interface icon) : 인터페이스 객체나 행동들은 인터페이스 아이콘을 이용하여 표현한다. 인터페이스 행동의 경우 아이콘으로 표현하기 어려운 경우도 있다. 이 경우 동작을 나타내는 표현을 연상할 수 있는 아이콘을 설계한다.
- 인터페이스 템플릿(interface template) : 컴퓨터 스크린과 종이기반 폼이나 보고서 등의 일반적인 외양이다. 템플릿 설계는 기본적인 레이아웃에 입력 항목의 위치, 아이콘 등을 배치하고 컬러 등도 고려한다.

4) 인터페이스 디자인 프로토타입 개발

시스템 내의 개별 인터페이스(네비게이션 컨트롤, 입력 폼, 출력 화면 또는 리포트 등)에 대한 인터페이스 디자인 프로토타입을 만든다. 프로토타입은 컴퓨터 스크린 상에서 만들고 시뮬레이션 하며, 이 프로토타입은 사용자와 프로그래머에게 보여주고 그것이 작동하는 방법을 알려준다. 그리고 실제로 사용자에게 사용해 보게 한다. 일반적으로 인터페이스 설계에 사용되는 프로토타이핑 접근법으로는 다음과 같은 것들이 있다.

- 스토리보드(storyboard) : 손으로 스크린의 흐름을 그린다. [그림 11-2]의 화면흐름도가 이 방법에 해당한다.
- HTML 프로토타입 : HTML을 이용하여 웹 페이지 형식으로 구성하고 서로 링크한다.
- 언어 프로토타입(language prototype) : 특정 언어나 도구로 작성된 프로토타입이다. 예를 들어 Visual Basic 폼 디자이너로 디자인한 입력 폼이나 크리스탈 리포트로 만든 보고서들은 이러한 형태의 프로토타입에 해당한다.

5) 인터페이스 평가

개별 인터페이스들은 인터페이스 평가를 거쳐 만족스러운지를 체크하고 필요시 개선을 한다. 평가가 만족스럽지 못할 경우 앞의 단계로 되돌아가서 그 개선점을 찾는다. 인터페이스 평가를 위한 기법으로는 다음과 같다.

- 휴리스틱 평가(heuristic evaluation) : 앞에서 제시한 인터페이스 설계에 대한 몇 가지 원칙이나 휴리스틱을 만들어 비교하는 방법이다.
- 검토회의 평가(walkthrough evaluation) : 시스템의 이해관계자(사용자, 분석가, 프로그램머, 디자이너 등)가 한 자리에 모여 회의를 통하여 평가하는 방법이다.
- 상호 대화식 평가(interactive evaluation) : 사용자가 프로젝트 개발팀과 직접 HTML이나 특정 도구로 개발한 프로토타입을 직접 사용하면서 개선점을 찾는 방법이다.
- 공식적인 사용성 테스트 : 평가용 상용 소프트웨어를 이용하여 평가하는 방식이다.

2.2 인터페이스 설계 방법

사용자 인터페이스 설계는 기본적으로 사용자와 컴퓨터 간의 대화(dialog)를 위한 것으로 사용자의 사용에 대한 제어방식과 상호작용을 결정하는 것이다. 대화란 사용자와 컴퓨터 시스템 사이에 발생하는 모든 상호작용을 일컬어 말하며, 특정 목표를 달성하기 위한 사용자와 컴퓨터 간의 양방향 대화가 기본이다. 지금까지 일반적으로 사용되어지고 있는 사용자 인터페이스 설계 방식을 분류하면 ① 메뉴선택(menu selection) 방식, ② 대화언어(command) 방식, ③ 직접 조작(direct manipulation) 방식, ④ 양식 채움(form fill-in) 방식 등이 있다.

1) 메뉴선택 방식

메뉴선택 방식은 선형 메뉴(linear menu)나 풀다운 메뉴(full-down menu)를 이용한 방식으로 윈도우 환경에서 가장 널리 사용되고 있는 대화 방식이다. 이 방식은 사용자로 하여금 선택 메뉴 중에서 하나를 선택하게 한다. 선택 방법은 선택 메뉴의 이름이나 번호를 키보드로 입력하거나 아이콘과 마우스를 사용하여 클릭하는 방법 또는 터치스크린을 사용하여 펜 등으로 선택하게 하는 방법이 있다. 메뉴방식의 장 · 단점을 열거하면 [표 11-1]과 같다. 메뉴 방식의 종류에는 그 구조에 따라 다음과 같이 4종류로 나눌 수 있다([그림 11-3] 참조).

- 단일 메뉴(single menu)
- 선형 순차 메뉴(linear sequence menu)
- 계층형 메뉴(tree structure menu)

• 네트워크형 메뉴(network menu)

[표 11-1] 메뉴 방식의 장 단점

장 점	단 점
• 각 명령어를 알 필요가 없음 • 최소의 오타 가능성 • 소프트웨어 사고를 일으킬 가능성 없음 • 도움말 기능의 제공이 쉬움 • 초급, 중급 사용자에게 적합 • 교육 훈련 기간을 줄임	• 논리적인 표현이 매우 불편하거나 불가능함 • 복잡한 계층구조의 명령체계 표현의 어려움 • 숙달된 사용자에게 비효율적임 • 빠른 화면 표시 속도를 요구 • 메뉴 항목이 많아질 수 있음

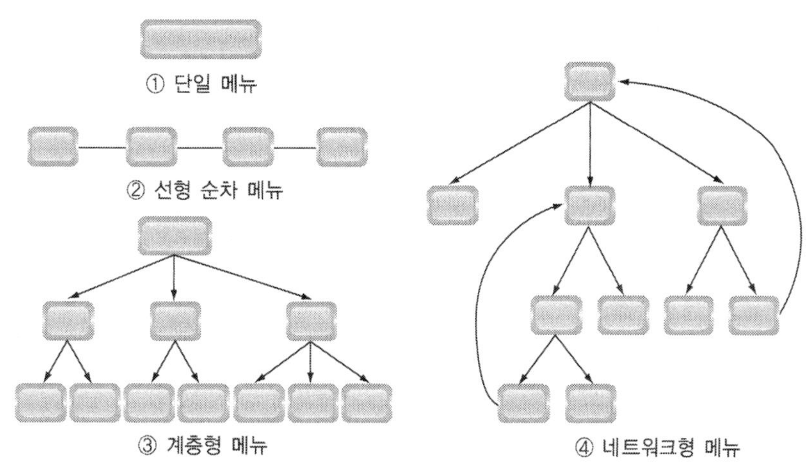

[그림 11-3] 구조에 따른 메뉴 방식의 종류

메뉴 항목을 분류하는데 있어 다음과 같은 원칙을 준수할 경우 명확하고 일관성 있게 분류할 수 있다.

• 논리적으로 같은 항목은 같은 범주에 포함시킨다.
• 모든 경우를 포함시켜 분류한다.
• 중복된 항목은 사용하지 않는다.
• 익숙하지 않은 항목은 사용하지 않는다.

또한 메뉴화면을 설계하기 위한 일반적인 지침은 다음과 같다.

• 작업의 의미를 효율적으로 표현하는 메뉴구조를 사용한다.

- 깊이보다 폭을 중시한다.
- 도형, 숫자, 제목을 제공한다.
- 논리적인 분류를 실시한다.
- 메뉴 항목 순서의 일관성을 유지한다.
- 의미 있는 이름을 사용한다.
- 간략하게 키워드를 시작으로 항목을 형성한다.
- 문법, 배열, 용어 사용의 일관성을 유지한다.
- 건너뛰기나 지름길을 허용한다.
- 이전 메뉴나 초기 메뉴로 복귀를 허용한다.
- 온라인 도움말, 반응시간, 출력속도, 화면크기 등을 고려한다.
- 메뉴명의 옆에 바로가기 키(hot key)도 동시에 제공한다.

2) 대화 언어 방식

대화언어 방식은 컴퓨터 명령어, 자연어, 질의 응답 등을 이용하여 소프트웨어와 사용자 간의 대화가 이루어지는 방식이다. 명령어 방식은 사용자가 키보드를 이용하여 문자부호를 직접 입력시키는 방법으로 의미 있고 입력의 양을 최소화시킬 수 있는 명령어의 선택이 중요하다. 명령어 방식의 장 · 단점을 제시하면 [표 11-2]와 같다.

[표 11-2] 명령어 방식의 장 단점

장 점	단 점
• 값싼 키보드로 충분함 • 명령어 처리 방법의 구현이 용이함 • 명령어를 복합적으로 활용하면 복잡한 명령도 가능함 • 유연성이 있음 • 사용자 정의 매크로 사용이 용이함 • 상급 사용자에게 적합함	• 복잡한 명령어들을 배워야 함 • 사용자가 오류를 범하기 쉽기 때문에 도움말 기능이나 오류 메시지를 제공해야 함 • 마우스의 사용이 불가능함 • 오류의 수정이 어려움 • 상당한 교육과 명령어 기억이 필요함

자연어 처리 방식은 일상 생활에서 사용하는 자연언어로 소프트웨어 인터페이스를 수행한다. 예를 들어 소프트웨어가 "누구의 데이터를 검색하시겠습니까?" 라고 물으면 "홍길동입니다" 라고 대답하는 방식이다. 이 방식은 특별한 언어를 익혀야 할 노고를 덜어 준다. 그러나 입력량이 불필요하게 많고 의사소통 상의 애매한 점들을 내포하고 있어 대화의 명료성이 떨어진다. 한편, 질의응답 방식은 대화형 시스템의 질문에서 사용자가 응답하는 대화 방식이다. 정성적인 대답(Yes/No)이나 정량적인 대답(숫자)을 사용한다.

명령어 방식의 인터페이스를 설계할 때 고려해야 할 전략으로는 명령어 구조 전략과 약어 전략이다. 전자는 명령어 방식의 구조를 어떤 형식으로 할 것인가에 관한 것이다. 일반적으로 명령어를 구성하는 방식은 다음과 같다.

- 명령어 + 변수
- 명령어 + 선택 명령어 + 변수
- 명령어들의 계층구조

약어 전략은 명령의 효율성과 컴퓨터와의 조화 등을 고려하여 약어로 대신 사용하는 것이다. 예를 들어 MS-DOS에서 Delete 약어로 Del을 사용하여 효과적으로 작업할 수 있게 한다.

3) 직접 조작 방식

직접 조작 방식은 사용자에게 간략화 된 작업 환경을 제시하여, 객체(아이콘 등)를 직접 조작함으로써 원하는 작업을 수행하는 방식이다. 효율적으로 설계된 직접 조작 인터페이스는 매우 간단하게 사용할 수 있으며, 복잡한 내용이 그림으로 간결하게 표현되어 사용자에게 시스템 사용에 대한 자신감을 제공한다. [그림 11-4]의 윈도우 화면의 경우 작은 그림으로 표현한 아이콘을 마우스로 클릭하여 명령을 직접 실행시킬 수 있다. 이러한 그래픽 사용자 인터페이스(GUI)가 오늘날 윈도우 환경의 기본 조작 방식이다. 윈도우 GUI 환경에서는 여러 개의 윈도우를 한 화면에서 동시에 볼 수 있고 명령은 아이콘을 마우스로 클릭하여 수행한다. 아이콘을 이용한 직접 조작 방식의 특징을 정리하면 [표 11-3]과 같다.

[표 11-3] 직접 조작 방식의 장·단점

장 점	단 점
• 배우기 쉽고 사용하기 편리함 • 화면 단위의 대화가 가능함 • 정보 출력의 그래픽화가 용이함 • 오류의 수정이 용이함 • 주관적인 만족도가 높음	• 설계가 잘못될 경우 혼잡성을 초래함 • 표준 방법이 없음 • 아이콘의 설계가 어려움

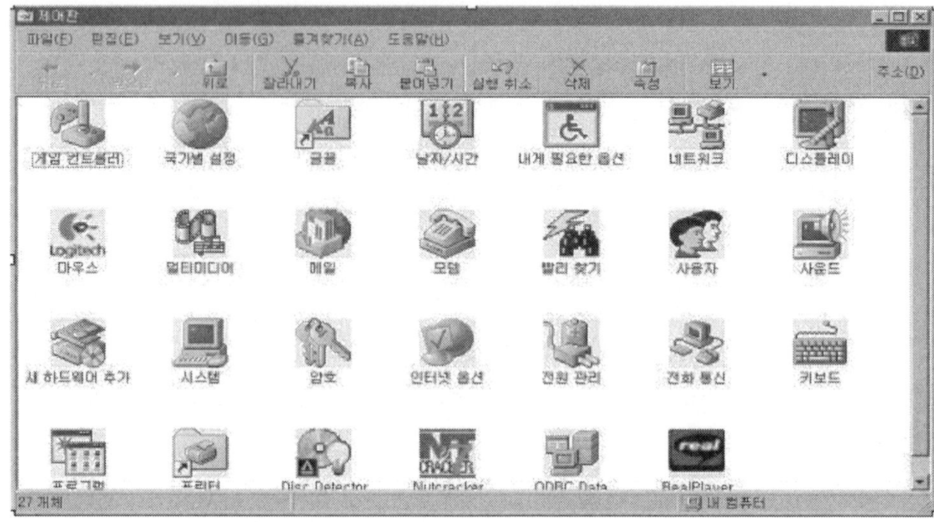

[그림 11-4] 윈도우 아이콘

직접 조작 인터페이스를 설계할 때 고려사항은 다음과 같다.

- 아이콘이 이해하기 쉬워야 한다.
- 잘못된 유추가 이루어지지 않도록 주의한다.
- 사용자 계층의 관습을 따른다.
- 아이콘을 알맞은 목적에 사용한다.
- 아이콘에 의한 상호작용은 신중하게 설계한다.

4) 양식 채움 방식

양식 채우기 방식은 데이터의 입력이 많이 필요한 경우 사용하는 대화방식이다. 화면에 입력해야 할 데이터 항목의 이름, 위치, 길이가 표시되면, 사용자는 커서를 이동하여 원하는 데이터를 채우는 형식이다. 화면에 표시된 형식이 종이에 인쇄된 양식과 거의 동일해야 한다. 이렇게 함으로써 사용자에게 친밀감을 제공해준다. [그림 11-5]는 양식 채우기 방식의 예를 보여준다. 이러한 양식 채우기 방식의 특징을 열거하면 [표 11-4]와 같다.

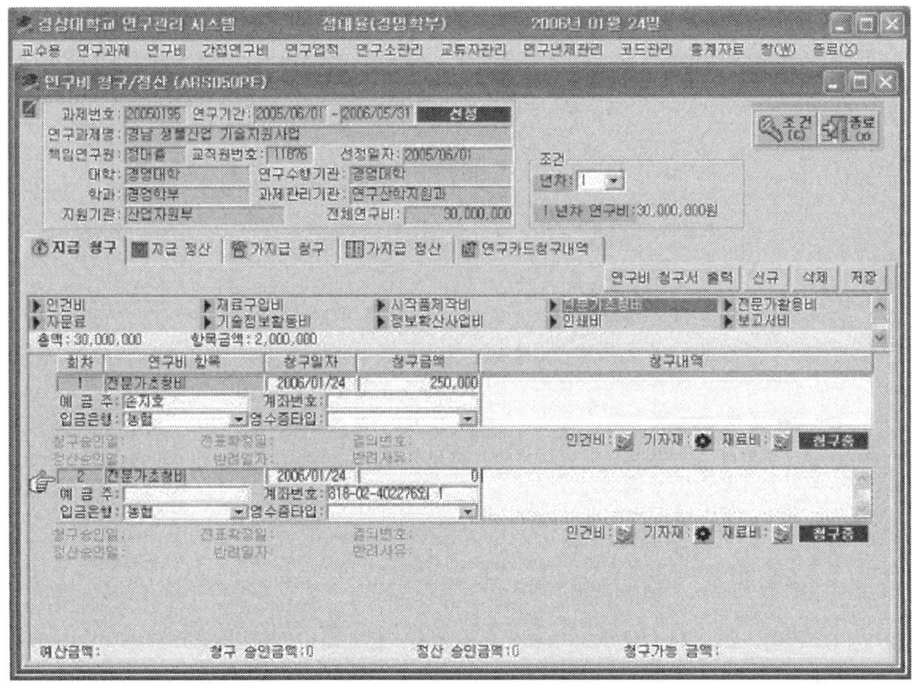

[그림 11-5] 양식 채우기 방식의 예

[표 11-4] 양식 채움 방식의 장 · 단점

장 점	단 점
• 다양한 입력 변수의 입력을 메뉴 방식보다 간단하게 처리함 • 교육과 훈련이 용이함 • 중급 또는 자주 사용하는 사용자에게 적합함	• 화면의 면적을 많이 차지함 • 형식 입력 간의 특성(이름, 입력, 방법 등)을 이해해야함

양식 채우기 방식의 데이터 입력 화면 설계를 위한 지침을 제시하면 다음과 같다.

- 입력할 수 있는 데이터의 길이를 밑줄이나 역상으로 표시한다.
- 숫자 데이터는 오른쪽에서 왼쪽으로 채워지도록 설계한다.
- 반드시 입력해야 하는 항목은 주의 표시를 한다.
- 커서의 이동을 쉽게 설명한다.
- 오류 정정 기능을 항목 단위, 또는 레코드 단위로 구성한다.
- 정상적으로 입력되지 않았을 경우는 오류 메시지를 출력한다.

시스템 사용 도중 오류가 발생할 경우 오류 메시지를 출력해야 한다. 오류 메시지는 친절하고, 정확하고, 일관성이 있어야 하며, 가능하다면 메시지에 에러를 수정하는 방법을 포함해야 한다.

3 입·출력 설계

3.1 입력 설계

1) 입력 설계의 개념과 목적

정보시스템은 입력, 처리, 출력, 저장으로 구성된다. 정보시스템 사용의 출발점은 입력에서 시작된다. 시스템으로부터 원하는 결과를 얻으려면 데이터를 입력해야 하며 최종적인 정보를 얻기까지 사용자는 시스템과 여러 차례의 상호작용을 해야 한다. 시스템에 최초의 자료를 제공하거나 원하는 결과를 얻기 위해 처리 도중에 지시하는 각종 명령이나 동작을 입력이라 한다.

입력 설계는 시스템에 입력 데이터를 어떤 매체를 통해 어떤 형태로 투입할 것인가를 결정하는 과정이다. 즉, 입력 설계는 입력 매체와 입력 방식을 결정하고 입력 대상을 표준화하며, 사용자의 인지스타일과 인간공학적 원리의 적용을 통하여 입력 양식(input form)을 결정하는 것이다.

가장 이상적인 입력의 원칙은 데이터가 발생한 장소 가까이에서 적시에 정확하게 데이터를 입력할 수 있도록 설계하는 것이다. 이것은 원시문서자동화(source data automation)를 통하여 이룰 수 있다. 입력 설계의 목적은 입력 문서의 양식과 화면의 이용에 있어 효율성, 정확성, 용이성, 일치성, 그리고 간소성을 가지도록 하는 것이다. 입력설계는 입력의 효율성과 입력 데이터의 유효성 검증 등에 중대한 영향을 미친다. 입력 설계가 잘못되면 입력 오류를 범하기 쉬우며 데이터의 완전성 또는 무결성(integrity)을 해칠 수 있다.

따라서 데이터 입력 설계는 시스템의 성공을 좌우하는 첫 단추와도 같다. 데이터 입력 설계를 위한 몇 가지 지침을 제시하면 다음과 같다.

- 사용자에게 요구되는 입력 활동의 수를 최소화 한다.
- 정보의 출력과 데이터 입력 간의 일관성을 유지한다.
- 사용자의 상황 판단을 빠르게 하여 신뢰도를 높여야 한다.
- 원시자료자동화를 추구한다.
- 입력 오류 시 사용자가 입력을 받아서 처리하는 것을 허용한다.
- 유연성 있는 상호작용과 사용자가 선호하는 입력모드를 선택할 수 있게 한다.
- 현재 사용 중인 상황에서 부적당한 명령을 복원할 수 있게 한다.
- 사용자가 상호작용의 흐름을 제어할 수 있게 한다.
- 모든 입력 동작을 보조하도록 도움말을 제공할 수 있게 한다.

2) 입력 방식과 입력 매체

입력 방식은 입력 매체와 연관되어져 있다. 입력방식은 그 수행의 주체가 누구냐에 따라 사람의 수작업에 의한 방식과 기계를 통한 자동적 입력방식으로 나눌 수 있다. 그리고 데이터 입력의 시점과 연결성의 형태에 따라 온라인 입력 방식과 오프라인 입력 방식으로 나눌 수 있다. 이들 방식에 이용가능한 입력 매체의 종류는 다음과 같다.

- 온라인 단말기 : 키보드, 마우스, 터치 스크린, 라이트 펜, 스타일러스, 조이스틱, 트랙 볼, 디지타이저, POS(point of sales) 터미널, 스캐너, 마이크 폰 등.
- 오프라인 매체 : 천공카드(punched card), 마크카드(mark card), 마크시트(mark sheet), 문자인식카드(OCR, MICR) 등.

(1) 온라인 입력 방식

온라인 입력 방식은 입력 장소와 시스템이 항상 전송 가능한 상태로 연결되어 있어서 현장 정보가 입력되는 순간에 즉시 처리되는 방식이다. 온라인 입력 방식은 그 형식에 따라 디스플레이(display) 방식, 키보드 프린트(keyboard print) 방식, 자동 데이터 수집(automatic data collection) 방식으로 나눌 수 있다.

① 디스플레이 방식

다양한 입력 장치로 입력한 자료가 CRT 화면상에 표시되어 정확히 입력되었는지를 확인할 수 있는 방식이다. 이 방식의 적용은 시분할 시스템으로부터 개인용 컴퓨터에 이르기까지 가장 널리 사용되는 입력 방식이다. 주요 입력 장치로는 키보드(keyboard), 라이트 펜(light pen), 스타일러스(stylus), 마우스(mouse), 터치 스크린(touch screen),

POS(point of sales) 터미널 등이 있다.

② 키보드 프린트 방식

키보드로 입력한 자료가 컴퓨터에서 처리된 후, 입력 값과 처리 결과가 프린터로 출력되는 방식이다. 이 방식은 은행의 온라인 업무, 재고관리 업무, 철도 승차권 발행 업무 등에 적용된다. 이 방식은 프린터의 인쇄 속도에 의하여 시스템의 성능이 좌우된다는 단점이 있다.

③ 자동 데이터 수집 방식

시스템으로부터 멀리 떨어진 곳에서 발생한 자료를 바로 처리해야 하는 경우에 사용되는 방식이다. 이 방식은 정보 입력 기능과 전송 기능을 갖추고 있어 현장에서 발생한 정보는 컴퓨터 시스템으로 바로 전송될 수 있다. 이 방식은 설치비용과 유지비용이 많이 드나 시스템의 효율을 높일 수 있다.

(2) 오프라인 입력 방식

오프라인 입력 방식은 [그림 11-6]과 같이 업무현장과 시스템이 연결되어 있지 않아서 현장에서 발생한 데이터를 수집하여 컴퓨터 시스템까지 물리적으로 운반하는 방식이다. 그 방식은 집중 입력 방식, 분산 입력 방식, 직접 입력 방식, 반환 입력 방식으로 나눌 수 있다.

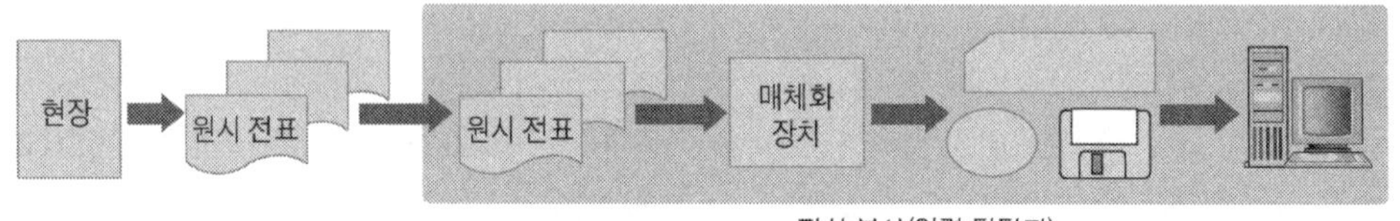

[그림 11-6] 오프라인 입력 처리과정

① 집중 입력 방식

현장 정보를 기록한 원시 전표를 데이터처리 부서에서 일정한 주기로 수집하여 일괄적으로 입력 매체를 통해 입력하는 방식이다. 이 방식은 자료를 수집하여 한꺼번에 입력하므로 시스템 효율을 높일 수 있어서 일괄처리시스템(batch processing system)에서 널리 이용된다. 이 방식의 특징으로는 데이터처리 부서의 전문 입력 담당자들이 자료 입력을 담당한다.

② 분산 입력 방식

원시 전표를 데이터처리 부서로 전달하지 않고 현장에서 바로 입력 매체를 통하여 보조 기억 장치에 저장한 후, 작성된 입력 데이터를 데이터처리 부서로 넘겨 일정한 주기로 수집처리 하는 방식이다. 이 방식의 장점은 현장에서 자유롭게 입력할 수 있으며, 책임 소재가 분명하다. 반면 현장마다 입력 장치를 갖추어야 하므로 시스템 설치비용이 과도하게 소요된다는 단점이 있다.

③ 직접 입력 방식

원시 전표를 거치지 않고 현장에서 발생한 정보를 바로 입력 매체에 기록하는 방식이다. 이 방식에 사용되는 매체는 OMR 카드, 마크 시트, OCR 카드, MICR 카드 등이 있다. 이 방식의 특징은 원시 전표와 입력 매체가 동일하다. 정보는 전달 과정이 길어지고 변화하는 작업이 추가될수록 왜곡되거나 훼손될 가능성이 높아진다. 여러 사람을 거치면서 훼손되거나 오용되기 쉬운 정보들은 최초의 사용자가 직접 기록하게 하는 것이 바람직하다. 이러한 방식은 여러 평가 기관에서 실시하는 각종 시험이나 대학 입시, 개인의 은밀한 신상 정보를 관리하는 분야에 이용된다.

④ 반환 입력 방식

반환(turn-around) 입력 방식은 [그림 11-7]과 같이 시스템이 출력한 정보를 그대로 시스템의 입력으로 사용하는 방식이다. 이 방식은 정보를 처리할 시스템이 직접 입력 매체를 작성하므로 입력과 출력이 동일하다. 이 방식에 사용가능한 매체로는 OMR 카드, OCR 카드, MICR 카드 등이 있다. 각 기관에서 발행하는 지로 용지나 은행의 수표 등에 이용된다.

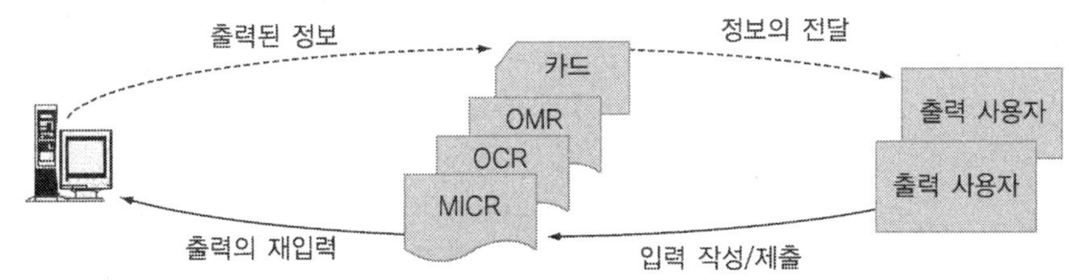

[그림 11-7] 반환 입력 방식

3) 입력 설계 순서

입력 설계를 위해서는 입력 정보의 내용과 대상 업무를 처리할 컴퓨터 시스템의 구성 및 기능, 그리고 사람과 컴퓨터 사이의 인터페이스 환경 등을 고려해야 한다. 입력 설계를 효과적으로 하기 위해서는 [그림 11-8]과 같은 다섯 단계를 거쳐 이루어진다.

[그림 11-8] 입력 설계 순서

(1) 입력 정보 발생 설계

현장에서 발생한 정보를 언제, 어디서, 누가, 무슨 용도로 사용하는가를 6하 원칙에 따라 각 항목별로 명확하게 조사한다. 현장에서 발생한 정보는 업무 담당자에 의해 기록된다. 즉, 입력 정보 명칭, 작성 목적, 발생자, 발생 장소, 발생 방법 및 형태, 발생 주기 및 시기, 발생 건수, 오류 체크 방법 등을 명확하게 조사한 후, 발생된 정보를 누가, 언제, 어디에, 어떤 형태로 작성하는지를 조사 · 정리한다.

(2) 입력 정보 수집 설계

시스템 분석가는 현장에서 발생한 자료의 수집과 운반에 관한 사항을 6하 원칙에 따라 결정한다. 즉, 수집 담당자, 수집 장소, 수집 방법 및 형태, 수집 경로, 수집 주기 및 시기, 오류 체크 방법 등을 정확히 조사·정리한다.

(3) 입력 정보 매체화 설계

사용할 매체의 특성 및 매체화 기기의 특성이나 기능을 파악하고 적절한 매체 선택과 매체화 담당자, 매체화 장소, 사용기기, 레코드 길이, 레코드 형식, 매체화 주기 및 시기, 오류 체크 방법 등을 조사·정리한다.

(4) 입력 정보 투입 설계

매체화된 내용을 컴퓨터 시스템에 입력시키기 위해 투입되는 투입 장치, 투입 주기 및 시기, 관련 파일의 입출력 등에 대하여 조사 · 분석하여 정리한다.

(5) 입력 정보 내용 설계

어떤 정보를 어떤 순서로 몇 자리의 어떤 형태(예, 문자, 숫자)로 입력시킬 것인가를

구체적으로 정의한다. 즉 항목 명칭, 항목 배열, 항목의 자릿수, 자료의 유형, 오류 체크 방법 등을 조사 · 분석하여 정리한다. 이 때 제 4장에서 제시된 입력조사표를 이용하면 편리하다.

4) 입력 데이터 체크

많은 사용자들은 시스템에 데이터를 입력하는 역할을 한다. 보통은 거래가 발생하는 원천에서 정보를 입력하고 그 정확성을 검토하는 것이 가장 이상적이다. 데이터 입력 시 사용자는 명령어를 선택하고, 입력 폼을 열어 데이터 및 코드값을 입력하거나 원시문서 자동화 도구인 스캐너나 POS터미널 등을 이용하여 데이터를 입력한다. 데이터 입력의 중요성을 한 마디로 나타내는 용어가 바로 GIGO(garbage in garbage out)이다. 아무리 훌륭한 정보시스템을 개발하였다 하더라도 현장의 종업원이 데이터를 정확히 입력하지 못할 경우 그 시스템은 무용지물이다. 심지어 그 정보를 잘못 활용할 경우 조직에 엄청난 피해를 준다. 따라서 입력 설계 시 오류체크시스템(error check system)의 설계가 매우 중요하다. 오류체크를 위한 데이터 체크 방식을 분류하면 ① 사람에 의한 체크 방식과 ② 기계(소프트웨어)에 의한 체크 방식으로 나눌 수 있다. 그리고 ③ 이 두 가지를 혼합한 방식도 고려할 수 있다.

오류체크시스템의 설계 시 가능한 오류가 포함되지 않도록 조치하는 오류방지시스템(error prevent system)에 대해서 고려해야 한다. 어쩔 수 없이 오류가 포함되었다면 그 오류를 가능한 조기에 신속하게 찾아낼 수 있는 오류검출시스템(error detecting system)을 고려해야 한다. 또한 데이터에 포함된 오류를 찾으면 그 내용을 바르게 수정하여 다시 입력 시켜서 처리하거나 출력에 반영시킬 수 있는 오류회복시스템(error recovery system)에 대해서 고려한다. 오류체크시스템을 분류하면 다음과 같다.

- 제도적 측면의 체크 : 전산화를 추진하고 유지해 가는 과정에서 제도적으로 오류를 방지하고 정확히 처리를 할 수 있도록 하는 조직 체계를 갖추는 것이다.
- 하드웨어 측면의 체크 : 하드웨어 회로 자체에서 오류를 자동적으로 발견하고, 자동적으로 정정하는 기계적인 체크 체제이다.
- 업무 처리 측면의 체크 : 업무를 처리해 나가는 과정에서 오류를 발견하도록 하고 발견된 오류는 수정 조치 또는 교정하여 오류를 제거하는 방식이다.
- 파일 대상의 체크 : 총계 체크(total check), 데이터 수 체크(data count check), 반향 체크(echo check), 오름차순 체크(ascending check), 내림차순 체크(descending check), 균형 체크(balance check) 등이 있다.

- 입력 데이터 대상의 체크 : 관련성 체크(relational check), 필드 체크(field check), 데이터 코드 체크(data code check) 등이 있다.
- 특정 항목 대상의 체크 : 유효 범위 체크(limit check), 체크 디지트 체크(check digit check), 타당성 체크(validity check), 양수-음수 체크(plus-minus check), 불능 체크(impossible check), 한계 초과 체크(overflow check) 등이 있다.
- 문자 대상의 체크 : 검증 체크(verify check), 모드 체크(mode check) 등이 있다.

3.2 출력 및 메뉴 설계

1) 출력 설계의 개념과 목적

정보시스템은 사용자가 원하는 형태로 정보를 출력할 수 있어야 한다. 출력에 대한 양식을 정의하는데 있어 일반적인 형식과 사용자의 특성에 대한 고려가 있어야 한다. 정보의 출력 방법은 매우 다양하다. 출력 방법을 정의하는데 있어 문자 스타일, 그림, 소리, 배치, 동작, 크기, 사용되는 색상과 해상도 등이 고려되어야 한다. 출력 설계가 잘못되면 무의미한 정보를 생성하게 되므로 시스템에서 요구하는 출력 정보를 산출해 내기 위하여 어떤 정보를 어떤 방법과 매체로 적시에 출력할 것인가를 결정하는 문제는 대단히 중요하다.

정보 출력을 효과적으로 설계하기 위한 지침은 다음과 같다.

- 정보를 효과적으로 이해할 수 있는 표현 형식을 선택한다. 일관된 수준, 표준 약어, 선호할 만한 색상 등을 이용한다.
- 사용자에게 필요한 정보만 출력하고, 현재의 사용 환경과 관련된 정보만을 출력한다. 즉 제공시기 및 배부처 관리에 있어 적시적소(right time, right person)의 원칙을 지켜야 한다.
- 사용자에게 관계 있는 데이터는 생략하지 않으며, 중요한 정보는 눈에 잘 띄는 곳에 배열한다.
- 관련된 정보들 간의 논리적 연결성과 위치 및 배열이 중요하며, 일관된 문맥(context)과 동일한 시각적 이미지를 유지한다.
- 출력 시 오류가 발생할 경우 즉각적인 메시지를 생성하여 사용자를 환기시킨다.
- 출력된 보고서는 이해하는데 도움이 되도록 대소문자, 요철, 텍스트 그룹화를 이용한다.

- 출력의 조작은 편리하고 빠른 접근이 가능해야 한다.
- 중요한 정보는 좌상단에 배열하며 시각적인 효과를 높일 수 있도록 한다.

2) 출력 설계의 표준화

컴퓨터에서 처리된 내용을 적절한 시기에 적정한 형태로 출력시키기 위해서는 출력 설계의 표준화가 필요하다. 이 때 출력 표준화의 대상은 ① 출력 방식, ② 출력 매체, ③ 출력 형식, ④ 출력 등록의 표준화로 나눌 수 있다. 출력 설계의 표준화를 통하여 설계 작업이 용이해지고 능률이 향상된다. 또한 출력 설계의 표준화를 통해 출력 내용을 이해하기 쉽고, 관리의 편리성이 제고된다. 그리고 시스템 개발에 관계되는 요원들 사이에 원활한 의사소통 도구가 된다. 출력 설계를 위해서는 출력매체의 특성을 이해해야 한다. 출력 매체를 두 가지 관점(인간중심, 기계중심)에서 분류하면 다음과 같다.

(1) 인간을 위한 출력 매체

인간을 위한 출력매체나 방식 또는 기계를 소개하면 다음과 같다.

- 라인 프린터(line printer) : 한 줄씩 차례로 인쇄하는 방식이다.
- 페이지 프린터(page printer) : 한 페이지씩 인쇄하는 방식이다.
- 플로터(plotter) : 설계 도면이나 도형 및 그림을 인쇄하는데 주로 사용한다.
- COM(computer output microfilm) : 종이에 인쇄하지 않고 처리 결과를 마이크로 필름(microfilm)에 기록한다. 대량의 정보를 축소하여 장기간 보관할 때 유용한 방식으로 소음이 없고, 보관 상태가 매우 양호하며, 공간 비용을 줄일 수 있다. 그러나 마이크로프로그램을 작성해야 하며, 정보량이 적으면 효과가 떨어진다.
- 문자 표시 장치(character display unit) : 숫자, 문자, 기호 등을 출력한다.
- 그래픽 표시 장치(graphic display unit) : 도형, 그림 등을 출력한다.
- 음성 출력 장치(voice output unit) : 음성 출력을 한다.

(2) 기계를 위한 출력 방식

보조기억장치와 같은 기계를 위한 출력 매체나 방식과 기계를 소개하면 다음과 같다.

- 파일 출력 방식 : 자기 테이프(magnetic tape), 자기 디스크(magnetic disk), 플로피 디스크(floppy disk), 종이 테이프(paper tape) 등이다.
- 시스템 전송 방식 : 호스트 컴퓨터(host computer)는 각 단말 장치에 메시지를 전

송하여 단말 장치의 동작을 통제하기도 하고, 특정 신호를 발생시켜서 멀리 떨어진 작업 현장을 원격 제어한다.

3) 출력 설계 순서

출력 설계에서 출력 정보의 내용, 양, 형태 등을 결정한다. 출력의 사용 목적에 적합한 설계를 하기 위해서는 컴퓨터 시스템의 규모 및 구성, 인간과 기계 사이의 인터페이스 등을 숙지해야 한다. 출력 설계의 조사 내용을 요구기능과 사용자 특성 측면에서 살펴보면 다음과 같다.

- 요구기능 파악, 즉 시스템의 목적과 기능을 파악하고, 어떤 목적으로 누가 언제 사용할 것인지를 파악해야 한다.
- 사용자 특성 즉, 사용자의 성격(담당자, 고객, 거래처, 경영자, 기관 등)을 파악해야 한다.
- 출력 항목 결정, 즉 배열 순서, 항목명, 자릿수, 문자 구분(한글, 영문, 한자, 숫자 등), 표현 형태(텍스트, 그래픽, 화상, 음성 등), 정밀도 등을 결정해야 한다.
- 정보 제공 방식을 결정해야 한다. 예를 들어 정기적인 서비스인 경우, 출력 주기(일, 주, 월, 분기 년 등)를 결정한다. 부정기적인 서비스인 경우 응답 시간(response time)을 결정한다.

출력 설계 순서는 [그림 11-9]와 같이 크게 4단계에 걸쳐서 이루어진다.

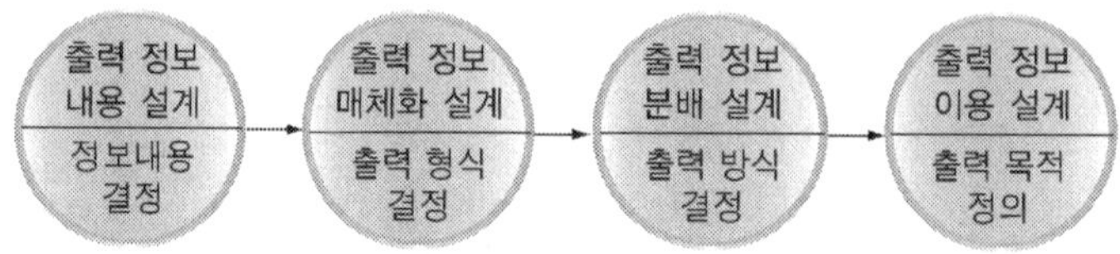

[그림 11-9] 출력 설계 순서

(1) 출력 정보 내용 설계

출력 항목의 출력 순서, 항목명, 자릿수, 자료 유형, 비고 등을 조사하여 정리한다.

(2) 출력 정보 매체화 설계

컴퓨터에서 출력되는 정보를 원하는 출력 매체로 출력시키기 위하여 출력 장소, 출력 장치, 매체화 명칭, 보조 기기, 레코드 길이, 정보 건수, 배열 순서, 주기 및 시기 등을 조

사 및 정리한다.

(3) 출력 정보 분배 설계

출력 정보에 대한 분배 설계는 출력된 정보를 어떤 경로를 통하여 이용자에게 도달하게 할 것인가를 결정한다. 출력된 정보의 분배 책임자, 분배 방법, 분배 경로, 분배 주기 및 시기 등을 조사 · 정리한다.

(4) 출력 정보 이용 설계

출력되는 정보를 누가 어떤 정보를 무슨 목적으로 어떤 경로로 얼마만큼의 주기로 언제 이용하는가를 확정한다. 출력 정보에 대하여 출력 정보 명칭, 출력 목적, 이용자, 이용 경로, 이용 주기 및 시기, 기밀 보호 여부, 보존 기간 등을 조사 · 정리한다.

4) 보고서 및 화면 설계

(1) 보고서

보고서(report) 설계의 가장 대표적인 방식은 프린터를 통하여 종이에 인쇄하는 형태이다. 출력 보고서에는 각종 원장, 대장, 전표, 명세표와 같은 업무용 보고서, 각종 통계 분석표, 집계 구분표, 그래프와 같은 관리용 보고서, 오류 리스트나 증명 리스트와 같은 검사용 보고서 등이 있다. 보고서는 출력 장치의 제약을 많이 받는다. 주요 제약사항은 다음과 같다.

- 사용 문자의 종류 및 제한 사항
- 인쇄의 폭과 인쇄 라인 수
- 문자 간격
- 문자의 확대 또는 축소 기능
- 복사 가능 매수
- 라인당 인쇄 문자 수
- 인쇄 용지의 제약 사항

보고서를 출력하기 위한 용지는 백지와 전용 용지로 나눌 수 있다. 백지(free form)는 장기 보관 또는 반복적으로 사용할 필요가 없는 내용을 작성자가 백지의 인쇄 용지(print sheet) 규격의 범위 내에서 비교적 자유롭게 출력 정보의 내용을 출력하도록 설

계해서 사용한다. 반면, 전용 용지(special form)는 장기적인 보관 및 반복적인 사용을 요하는 문서로서 사용해야 할 내용의 출력을 위하여 미리 인쇄한 출력 보고서 용지로 특정한 업무에 한정적으로 사용한다.

(2) 화면 설계

화면 설계(screen design) 역시 일관성 있는 화면 형식을 유지하고 각 화면마다 여러 종류의 출력요소를 일관성 있게 표현해야 한다. 한 화면 위에 있는 각 요소들을 서로 명확하게 구분하고 요소들 간에 충분한 여백을 제공하여 차별성 있는 출력요소를 유지해야 한다. 또한 한 화면에 많은 출력 요소들이 나타나지 않도록 몇 개의 화면으로 구성한다. 관련 있는 요소들은 한 화면에 나타나도록 하고, 화면마다 번호를 부여한다. 화면의 맨 위쪽에 제목을 표시하고 명령어 입력이나 입력 재촉기호, 메시지는 화면 아래쪽에 표시한다.

화면을 설계하는데 있어 사용자의 성격(초보자 그룹, 유경험자 그룹, 전문가 그룹 구분)이나 사용 환경 요소(접근 제한, 사용 제한 대책 수립), 그리고 응답시간 등을 파악해야 한다.

5) 메뉴 설계

메뉴(menu)는 시스템의 제공 기능들을 스크린에 나열한 것으로 프로그램 작동의 중요한 수단이다. 즉, 컴퓨터와의 주요 대화수단이다. 메뉴화면 설계의 출발점은 자료흐름도와 기능계층도이다. 메뉴는 시스템이 제공하는 기능을 계층적으로 조직화 한 것이다. [그림 11-10]은 MS Visual Basic의 메뉴 편집기를 사용하여 메뉴를 만드는 것을 보여주고 있다. 메뉴의 장점으로는 사용자의 입력 자료량이 적으며, 단순한 표현으로 사용자에게 친숙성을 주고, 별도의 도움말 정보가 필요 없으며, 단계적으로 구체화시킬 수 있다. 반면 한정된 개수의 대안 만을 제시할 수밖에 없으며, 길이가 긴 숫자의 나열이나 문장의 제시가 어렵고, 전시되는 화면에 과다한 내용이 제시될 염려가 있다는 단점이 있다.

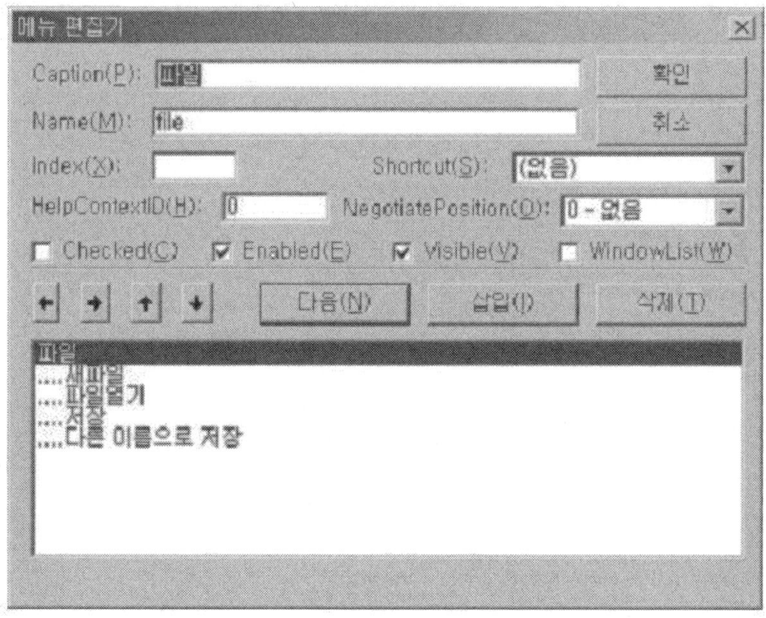

[그림 11-10] MS Visual Basic의 메뉴 편집기

주요용어 Main Terminology

- 검토회의 평가(walk-through evaluation)
- 대화언어(command)
- 데이터 무결성(data integrity)
- 메뉴선택(menu selection)
- 반환입력(turn-around input)
- 사용 시나리오(use scenario)
- 상호 대화식 평가(interactive evaluation)
- 선형 메뉴(linear menu)
- 스토리보드(storyboard)
- 양식 채움(form fill-in)
- 언어 프로토타입(language prototype)
- 오류검출시스템(error detecting system)
- 오류방지시스템(error prevent system)
- 오류체크시스템(error check system)
- 오류회복시스템(error recovery system)
- 원시문서자동화(source data automation)
- 인간-컴퓨터 상호작용(HCI : human-computer interaction)
- 인터페이스 객체(interface object)
- 인터페이스 구조도(interface structure diagram)
- 인터페이스 은유(interface metaphor)
- 인터페이스 아이콘(interface icon)
- 인터페이스 템플릿(interface template)
- 인터페이스 행동(interface behavior)
- 일괄처리시스템(batch processing system)
- 전문 사용자(expert users)
- 직접 조작(direct manipulation)
- 초보 사용자(novice users)

- 포인트와 픽 인터페이스(point and pick interface)
- 풀다운 메뉴(full-down menu)
- 화면흐름도(screen flow diagram)
- 휴리스틱 평가(heuristic evaluation)
- GUI(graphic user interface)
- HTML 프로토타입(HTML prototype)

연습문제 Exercises

1. J. Foly의 사용자-컴퓨터 간의 인터페이스 모델에 대하여 설명하라.
2. 사용자 인터페이스를 설계하는데 있어 어떤 요소들을 고려해야 하는가?
3. 사용자를 구분하는데 있어 컴퓨터 사용능력과 지식의 수준을 중심으로 분류하여 보아라.
4. 사용자 인터페이스 설계의 기본 원칙들을 열거하여 보아라.
5. 윈도우 환경에서 인터페이스 표준을 설계하는데 있어 고려해야 할 요소들은 무엇인가.
6. 인터페이스 설계에 사용되는 프로토타이핑 접근법에는 어떤 것들이 있는가?
7. 인터페이스 평가를 위한 기법을 열거하여 보아라.
8. 일반적으로 사용되어지고 있는 사용자 인터페이스 설계 방식을 분류하여 보아라.
9. 메뉴 방식의 유형을 들고 장 · 단점을 설명하여라.
10. 입력 설계와 데이터의 완전성 또는 무결성(integrity)과의 관련성을 설명하라.
11. 온라인 입력과 오프라인 입력방식과 매체의 종류를 들어 보아라.
12. 오류체크시스템에는 어떤 것들이 있는가?
13. 출력 매체를 두 가지 관점(인간중심, 기계중심)에서 분류하여 보아라.

참고문헌

Literature Cited

김성락, 유현, 이원용, 실무사례중심의 시스템 분석 및 설계, OK Press, 2002.

김창수, 문용은, 문태수, 장길상, 유비쿼터스 시대의 정보시스템 분석 및 설계, 법문사, 2005.

이민화, 시스템 분석과 설계, 도서출판대명, 2003.

이영환, 박종순, 시스템 분석과 설계, 법영사, 1998.

이주헌, 실용 소프트웨어 공학론 : 구조적 · 객체지향기법의 응용사례 중심으로, 법영사, 1997.

임춘봉, 신인철, 심재철, UML 사용자 지침서, 인터비전, 1999.

Bass, L., *Developing Software for the Use Interface*, Addison-Wesley, 1991.

Barfield, A. L., *The User Interface: Concepts and Design*, Addison-Wesley, 1993.

Dennis, A. and B. H. Wixom, *Systems Analysis & Design*, John Wiley & Sons, 2003.

Dennis, A., B. H. Wixom, and D. Tegarden, *Systems Analysis & Design: An Object-Oriented Approach with UML*, John Wiley & Sons, 2002.

Eberts, R. E., *User Interface Design*, Prentice Hall, 1994.

Preece, J., et al., *Human-Computer Interaction*, Addison-Wesley, 1994.

Shacle, B., *Human Factors and Usability in Human-Computer Interaction*, Prentice-Hall, 1989.

Shneiderman, S. B., *Designing the User Interface*, 3rd ed, Addison-Wesley, 1990.

Shneiderman, S. B., *Designing the User Interface: Strategy of Effective Human Computer Interaction*, 2rd ed, Addison-Wesley, 1992.

Valacich, J. S., J. F. George, and J. A. Hoffer, *Essentials of Systems Analysis and Design*, 2nd ed., Prentice-Hall, 2004.

Weinschenk, S., P. Jamar, and S. C. Yeo, *GUI Design Essentials*, Wiley Computer Pub., 1997.

시스템 구현 및 운영

CHAPTER 12

PREVIEW

양질의 정보시스템을 성공적으로 구축하기 위한 활동으로 시스템 구현 및 테스트, 검수, 그리고 운영 및 유지보수 등이 있다. 구현하고자 하는 정보시스템의 종류에 따라 적절한 프로그래밍 언어의 선택은 코딩과 테스팅을 수월하게 하며, 유지보수 작업을 용이하게 한다. 따라서 프로그래밍 언어의 선택은 프로젝트 응용 분야, 프로그래머의 숙련도, 개발 환경 등을 고려하여 신중히 선택해야 한다. 본 장에서는 시스템 설계서에 따라 프로그래밍을 하고, 시스템 테스트를 하며, 프로그램 개발기술서 등의 문서작업 등에 대해 살펴본다.

OBJECTIVES OF STUDY

- 시스템 구현을 위한 프로그래밍 관리의 이론적 배경에 대한 이해도를 높인다.
- 프로그램 구현단계의 유의사항에 대해 이해도를 높이고 실제 구현 상황에서의 문제점들을 학습한다.
- 프로그램 테스팅 기법과 디버깅 절차에 대한 이해도를 높힌다.
- 시스템 구현 단계에서의 프로젝트 관리자의 역할에 대해 학습한다.
- 프로그램 테스팅의 중요성과 테스팅 절차에 대해 학습한다.
- 프로그램 테스팅의 종류에 대해 이해한다.
- 테스트 케이스 설계의 중요성과 필요성에 대하여 언급한다.
- 문서화 작업 기법을 소개하고 이에 대한 이해도를 높인다.

CONTENTS

1 프로그램 관리

1.1 프로그램 구현 및 테스트

건축 프로젝트의 경우 건축물의 상세설계가 완료되면 설계도면에 충실하게 건축공사가 진행된다. 정보 시스템의 구현과정은 마치 건축물을 시공하는 과정과 유사하다. 개발을 위한 목표 시스템의 설계과정을 통하여 전체 시스템의 상세 설계서가 작성된다. 시스템 설계서에 입각하여 시스템을 구현하기 위한 활동을 프로그램 구현활동이라 한다.

일반적으로 설계 작업이 완벽하게 종료된 이후 코딩작업이 진행되는 것이 가장 바람직하지만 실제 현업에서는 설계과정과 프로그램 개발과정이 병행되어 수행되는 경우가 많다. 소프트웨어 개발작업을 지원해주는 CASE 툴(computer aided software engineering tools) 소프트웨어를 사용할 경우 전체 프로그램의 윤곽에 대한 소스코드를 생성해 주기 때문에 설계과정에서 CASE 툴을 활용하여 프로그래밍을 병행하기도 한다. 프로그램 개발과정에 CASE 툴을 사용하면 인터페이스 구현이나 설계에 필요한 코드를 생성해 주기 때문에 매우 편리한 도구이다.

프로그래밍 작업은 프로그래머의 자질에 따라 매우 개인적인 활동이며, 그 방법론에 있어서 일반화되거나 표준화된 프로세스가 없다. 즉 프로그래밍 작업은 개인의 창의력, 코딩 경험, 논리적 사고력 등의 개인적 능력에 좌우 되는 작업이라고 할 수 있다. 따라서 프로그래밍 작업은 창작활동이며, 예술 활동과 비교되기도 한다. 따라서 고급기술자와 저급기술자 간에는 이 같은 능력차이가 현저하다고 할 수 있다. 또한 프로그래밍을 위한 접근법에 있어서도 프로그래머의 성향에 따라 달라진다. 예컨대 초기에는 자신이 잘 이해하고 있는 모듈들을 개발하기 시작하여 점차적으로 범위를 확장해 가는 경우가 있고, 그와는 반대로 자신이 익숙한 부분은 마지막으로 미루고, 난이도 있다고 생각되는 모듈부터 개발을 하는 경우도 있다. 데이터에 대한 정의를 개발프로세스 초기단계에 미리 해 놓는 경우도 있지만 데이터의 정의는 개발프로세스의 가장 마지막으로 미루는 프로그래머도 있다. 따라서 이 같은 프로세스는 철저하게 프로그래머의 개인적 성향에 따라 달라질 수 있다.

소스코드(source code)의 프로그래밍 작업이 완료되면 자신이 개발한 소스코드를 테스트한다. 소스코드를 테스트 하는 과정에서 결점이나 오류가 발생한 경우 이를 수정하는 작업을 디버깅(debugging)이라고 한다. 디버깅 활동은 테스팅 활동과는 성격이 다르다. 테스팅(testing)이란 소스프로그램(source program) 속에서 오류나 결점을 찾아내는 활동이고, 디버깅 활동은 찾아낸 오류나 결점을 수정·보완하는 활동을 의미한다. 따라서 디버깅은 소프트웨어 개발과 테스팅활동에 모두 포함되는 활동이다. 테스팅 활동은 요구사항에 부합되도록 개발된 여부를 확신할 수 있는 때까지 반복적으로 실시된다([그림 12-1] 참조).

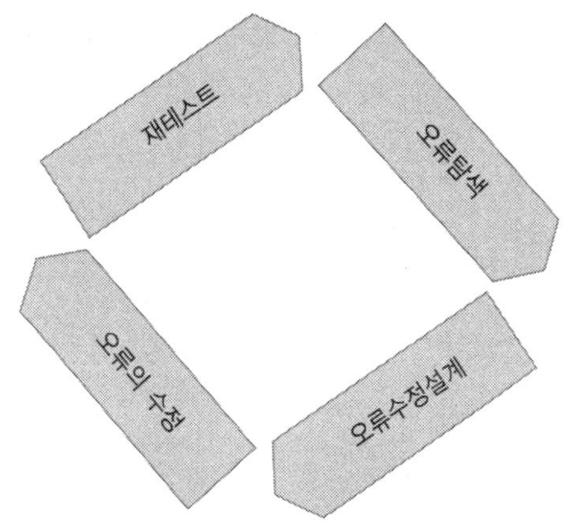

[그림 12-1] 디버깅 절차

프로그램의 구현단계를 실행하기 위해서 프로젝트 관리자는 프로그래머의 특성을 고려하여 각자에게 모듈할당을 하고, 팀원들의 활동내용을 재조정 혹은 조율하여야 하며, 초기 프로젝트 계획시에 수립했던 일정을 조정하는 등의 활동을 실시한다.

1) 프로그래머 구성

프로그래밍의 첫 번째 단계는 프로그래머들에게 모듈을 할당하는 것이다. 각 모듈(클래스, 객체 또는 메소드, 함수, 프로시저 등)들은 다른 모듈들과 분명히 구분되어야 한다. 프로젝트 관리자는 개별 프로그래머에게 유사 모듈들을 그룹화하여 할당해야 한다.

시스템 개발의 불문율은 프로젝트에 관련된 프로그래머들이 많을수록 시스템 개발에 걸리는 시간은 길어진다는 것이다. 이것은 프로그래밍 팀의 크기가 커질수록 그에 따른 커뮤니케이션 과정의 오류발생 가능성이 높이지며, 팀원간 업무조정 등과 관련된 시간이 기하급수로 증가하기 때문이다. 따라서 가능한 한 단위 프로그래밍 팀의 구성을 적게 하는 것이 최선이다.

2) 활동의 조정

프로젝트 구성원의 활동을 조정(coordinating)하는 일반적인 방법은 정기적으로 시스템 변동에 대한 회의를 가지는 것이다. 짧은 시간이라도 정기적인 회의는 구성원의 커뮤니케이션을 원활하게 한다. 팀원간 업무 조정을 효과적으로 하기 위해 중요한 것은 표준안을 만들고 이를 따르는 것이다. 프로젝트 팀이 표준안을 만들고 이를 따를 때 프로젝트 납기준수 가능성이 증대되고, 업무 조정이 효율적으로 이뤄질 수 있다. 일반적으로 프로그래머가 수행하는 업무영역은 개발(프로그래밍) 업무, 테스팅 업무, 생산 업무 등과 같이 나누어진다. 이러한 업무영역은 업무의 성격상 서로 상이한 활동영역이다. 시스템 상세설계서에 준하여 프로그래밍 작업, 즉 개발 작업이 진행되며, 프로그래밍 작업이 완료되면 테스트 가이드라인 혹은 테스트 케이스에 따라 모듈별 테스트, 서브시스템별 통합테스트를 실시하게 된다. 테스트는 개발자 수준에서 이루어지는 알파테스트(alpha test)와 실제 운영환경 하에서 실시되는 베타테스트(beta test) 과정으로 진행된다.

프로젝트 활동조정에서 무엇보다도 중요한 것은 시스템이 원래의 요구대로 이행되는지 여부이다. 각 모듈 또는 클래스와 메소드는 이들 요구사항(requirement)들과 함께 연관되어 있어야 한다. 대부분 객체지향 시스템 개발 접근법들은 사용 케이스(use case)별로 요구물들이 정리된다. 이 경우 모든 모듈들은 각 사용 케이스로 추적 될 수 있어야 한다.

완성 상태에서 다른 장소에 파일과 프로그램을 유지하는 것은 변경 통제(change control)를 관리하는데 도움이 된다. 변경 통제의 또 다른 기법은 프로그램 로그(program log)를 사용하여 프로그래머들이 모듈 또는 클래스와 패키지들을 변경하는 것을 추적할 수 있도록 하는 것이다. 로그는 프로그래머들이 특정 모듈 또는 클래스와 패키지를 사용한 'sign-out'과 'sign-in' 표시를 기록하고 있다. 프로그래밍 영역과 프로그램 로그는 시스템 분석가가 누가 작업을 하고 무엇을 했는지를 정확하게 파악할 수 있게 한다. CASE 툴을 구축 단계에서 사용한다면 변경 통제에 매우 유용하다. 대부분의 CASE 툴은 프로그램 상태를 추적할 수 있기 때문에 변경 관리에 유용하다.

3) 스케줄 관리

최초 계획 단계에서 만들어진 시간 추정은 분석 설계 단계에서 수정되어진다. 계획된 프로젝트의 스케줄에 따라 개발하는 것은 거의 불가능에 가깝기 때문에 시스템 구축과정에서 일정은 수정되기 마련이다. 시스템 계획 수립에서 밝힌 바와 같이 일정 수립에는 항상 10%의 여유를 두어야 한다. 프로그램 모듈을 개발하는 것이 기대한 것보다 양이 늘어나면, 그 양만큼 완성 시간도 늘려야 한다.

스케줄 관리의 문제를 가져오는 보편적 원인의 하나는 영역 파괴(scope creep) 현상이다. 영역 파괴는 시스템 설계가 종료된 후에 새로운 요구가 프로젝트에 추가될 때 발생한다. 이 때의 변경은 SDLC에서 많은 지연을 초래하기 때문에 영역 파괴는 많은 비용을 발생시킨다. 따라서 구축 시 발생되는 추가적 변경은 프로젝트 관리자의 승인을 받아야 하며, 비용-효과(cost-benefit) 분석 후에 이루어져야 한다.

스케줄 관리에서 공통적으로 발생하는 다른 한 가지 현상은 일일 지체(day-by-day slippage) 현상을 묵과하기 쉽다는 것이다. 한 패키지가 하루 지연되면 다음 패키지 또한 하루 지연되기 마련이다. 사소한 지체 현상이라도 주의 깊게 관찰하여야 하며 스케줄 관리에 추가되어 수정하여야 한다.

1.2 구현단계의 고려사항

프로그램 구현 단계에서 일반적으로 자주 발생하는 실수로는 연구지향의 개발자세, 저 임금인력의 사용, 코드 통제의 결여, 부적합한 테스팅 방식과 절차 등의 사항들에 대해 면밀하게 고려하여야 한다.

1) 사용자 지향의 개발

첫 번째로 연구지향의 개발을 지양해야 한다. 일반적으로 현 시점의 검정된 기술을 사용하는 경우는 신기술의 개발과는 다르게 접근해야 한다. 즉 검정되거나 표준화된 기술의 경우는 사용자지향의 연구개발(user-oriented R&D)이 되어야 한다. 기술 그 자체에 대한 연구개발이 아닌 기술을 활용한 제품의 연구개발이 이에 해당한다고 볼 수 있다. 반면에 신기술 개발을 위한 연구의 경우는 기술 그 자체의 개발이 주목적이므로 연구지향의 개발이 되어야 한다. 소프트웨어 개발의 경우는 프로그래밍 언어를 이용하여 제품을 개발하는 것으로 철저하게 사용자 지향의 개발을 해야 한다. 시스템을 사용하는 사용자들은 엔지니어가 아닌 비전문가이기 때문에 시스템을 이해하거나 소프트웨어로부터 제시되는 기술적 용어에 익숙하지 않다. 예컨대 시스템을 사용하는 도중 '메모리 오버플로우가 발생했음' 이라는 오류메시지가 화면에 나타나면 이 메시지를 본 사용자는 의미를 이해할 수 없게 된다. 이 같은 경우는 사용자들이 쉽게 알아 볼 수 있는 메시지로 바꾸어야 한다.

2) 인적자원의 최적화

프로젝트 비용의 절감을 위해 저 임금 인력만을 사용하는 것은 프로젝트의 실패가능성을 높인다. 물론 고 임금의 인력이라 해서 반드시 생산성이 높다거나, 직무의 품질이 양호하다고 할 수는 없다. 반대로 저 임금의 인력이라고 해서 반드시 생산성이 낮다고 볼 수는 없다. 그러나 일반적으로 저 임금의 컨설턴트나 기술자들의 경우는 검증된 고급 인력에 비해 생산성이 떨어질 수 있다. 많은 연구에서 최고의 프로그래머는 초보 프로그래머에 비해 6-8 배의 생산성을 가져온다고 하는 결과를 보여주었다. 따라서 프로젝트 비용이 중요한 요인일 경우 오히려 검증된 고급인력을 투입하여 전체 프로젝트 일정을 단축시키는 것이 경제적이라 할 수 있다.

3) 코딩 작업의 통제

대규모 프로젝트의 경우 프로그램 소스 코드 화일을 체계적으로 관리해야 한다. 만약 동일한 소스코드를 두 사람이 다룬다고 할 경우 버전관리에 문제를 가져와서 생산성에 치명적인 영향을 미칠 수가 있다. 따라서 복수의 사람이 동일한 소스코드를 가지고 작업을 하거나 변경을 하는 것은 지양해야 한다. 만약 해당 모듈의 난이도나 크기가 클 경우는 이를 다시 작은 모듈로 나눠서 1인당 1개의 모듈을 프로그래밍 하도록 하는 것이 좋다.

4) 부적합한 테스팅 절차

구현 단계에서 일어나는 프로젝트 실패의 한 원인은 프로그래머나 시스템 분석가에 의한 계획적인 테스트 절차에 따르지 않고 테스트하는 경우이다. 그러므로 프로젝트 계획시 체계적인 테스트 방식의 설정에 많은 시간을 할당해야 하는 이유가 여기에 있다. 테스트 케이스를 설계하고, 이들 케이스에 적합한 데이터를 이용하여 테스트가 실시되어야 하며, 테스트 결과는 반드시 문서화하여 개발자에게 인계되도록 해야 한다. 물론

개발자와 테스트 담당자가 동일한 경우는 문제가 없으나 구분되어 있는 경우에는 문서화 작업이 매우 중요하다.

2 테스트

2.1 테스트 단계

본 절에서는 개발된 시스템이 정상적으로 작동하는가를 테스트하기 위한 방법과 그 이론적 기초를 제시하고자 한다. 지금까지 많은 프로그램 테스트 기법들이 존재하였다. 본 절에서는 다음 장에서 설명될 객체지향 방법론에 의해 개발되어진 시스템의 테스트 기법을 중심으로 설명한다. 오늘날 대부분의 시스템 개발이 객체지향 프로그래밍 언어를 사용하여 개발되고 있기 때문에 객체지향 시스템 테스트 기법을 익히는 것이 학습자에게 많은 도움을 줄 것으로 생각된다.

테스팅의 목적은 시스템이 오류가 없다는 것을 증명하는 것이 아니다. 어떠한 시스템(특히 객체지향 시스템)이 오류가 없다는 것을 증명하는 것은 불가능하다. 테스트의 목적은 가능한 많은 오류를 찾아내는 것이다. 좋은 테스트란 숨어 있는 오류를 잘 찾는 것이다. 테스트는 일반적으로 [그림 12-2]와 같이 네 가지 단계가 있다. 단위 테스트(unit test), 통합 테스트(integration test), 시스템 테스트(system test), 인수 테스트(acceptance test)이다. 대부분의 응용 시스템에서 오류는 통합 테스트와 시스템 테스트 단계에서 발견된다(그림 12-2 참조).

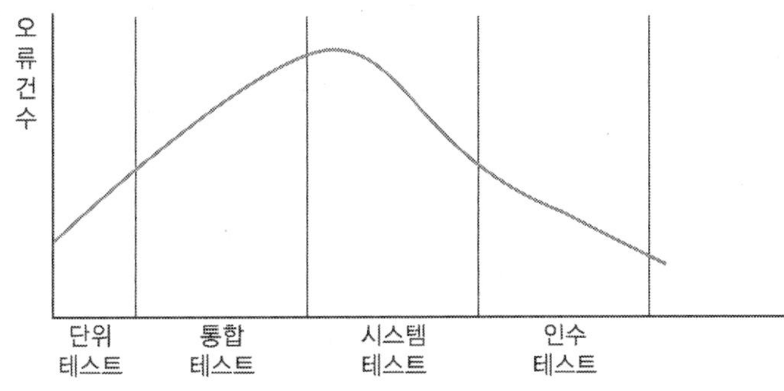

[그림 12-2] 테스트 단계와 오류건수

전통적인 테스팅 절차는 [그림 12-3]과 같이 나타낼 수 있다. 즉 가장 먼저 테스팅을 위한 테스트 케이스를 설계하고, 테스트를 위한 데이터를 준비한다. 다음으로 테스트 데이터를 이용하여 프로그램을 실행하고, 실행결과와 테스트 케이스를 비교분석한다.

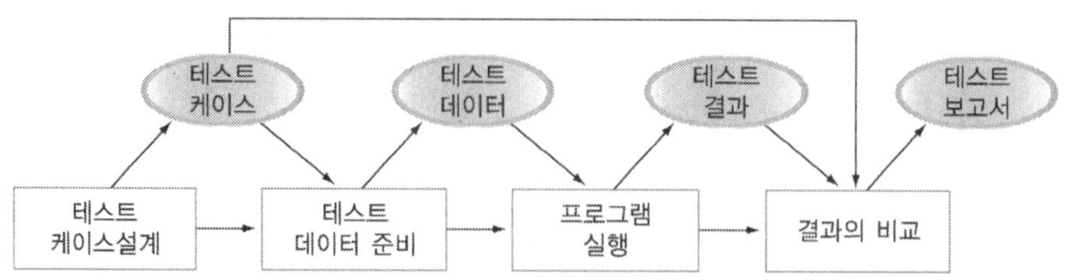

[그림 12-3] 소프트웨어 테스팅 프로세스(출처 : Sommerville, 2004)

2.2 테스트 계획

시스템 테스팅은 테스트 계획을 수립하는 것으로 시작된다. 테스팅은 시스템 개발 전 과정에서 이루어지기 때문에 SDLC 초기에 테스트 계획이 수립되어야 한다. 테스트 계획은 모든 제품에 명시되어야 한다. [그림 12-4]는 객체지향 방법을 적용할 경우 클래스를 위한 전형적인 단위 테스트 계획 폼을 보여준다.

[그림 12-5]는 어떤 클래스에 대한 불변성 테스트(invariant test) 명세서의 일부 리스트를 보여준다. 각 개별 단위 테스트는 특정 목적을 가지며, 일련의 테스트 케이스(test case)를 작성해야 한다. 불변성 테스트(invariant test)의 경우에는 비정상적 사항의 기술, 속성의 초기 값, 초기 값의 변화를 가져오는 이벤트(event), 관찰된 실제 결과, 기대 결과치, 통과(P: pass)와 실패(F: fail)을 보여준다.

클래스 불변성 테스트 명세서(Class Invariant Test Specification)

Page ___ of ___

클래스명 : ___________ 버전 번호 : ___________ CRC 카드 ID : ___________

작 성 자 : ___________ 설계 일자 : ___________ 실행 일자 : ___________

테스팅 목적 :

Test cases

Invariant Description	Original Attribute value	Event	New Attribute value	Expected Result	Result T/F
속성 명 : ___________					
1)________	________	________	________	________	________
2)________	________	________	________	________	________
3)________	________	________	________	________	________
속성 명 : ___________					
1)________	________	________	________	________	________
2)________	________	________	________	________	________
3)________	________	________	________	________	________
속성명 : ___________					
1)________	________	________	________	________	________
2)________	________	________	________	________	________
3)________	________	________	________	________	________

[그림 12-4] 클래스 테스트 계획

<table>
<tr><td colspan="3">클래스 테스트 계획
___ 페이지</td></tr>
<tr><td>클래스 명 : ______________</td><td>버전 번호 : __________</td><td>CRC 카드 ID : ________</td></tr>
<tr><td>작성자 : ________________</td><td>설계일자 : __________</td><td>실행일자 : ___________</td></tr>
<tr><td colspan="3">클래스 목적 :</td></tr>
<tr><td colspan="3">연관된 사용자 케이스 IDs : ______________________________
연관된 상위클래스 : ____________________________________</td></tr>
<tr><td colspan="3">테스팅 목적 :</td></tr>
<tr><td colspan="3">검토회의 테스트 요구사항 :
(walkthrough)</td></tr>
<tr><td colspan="3">Invariant-Based 요구사항 :</td></tr>
<tr><td colspan="3">State-Based 요구사항 :</td></tr>
<tr><td colspan="3">Contract-Based 요구사항 :</td></tr>
</table>

[그림 12-5] 클래스 불변성 테스트(invariant test) 명세서

테스트 명세서의 비슷한 타입들이 통합, 시스템, 인수 테스트에서도 나타난다. 일반적으로 모든 클래스들이 동시에 완성되지 않기 때문에 프로그래머들은 클래스들이 테스트 가능하도록 완성되지 않은 클래스를 위해 스터브(stub)를 만든다. 스터브는 프로그램 처리 조직은 구현되지 않았지만 특정한 입력이나 정보 요구에 대응하며 스크린에 단순한 메시지를 출력하거나 상수값을 보여주는 방법을 의미한다.

2.3 테스팅 종류

프로그래밍 작업이 완료되면 테스트 단계를 실행한다. 이는 작성된 프로그램 자체에

오류가 없이 구현이 되었는지, 사용자의 요구사항을 충실하게 반영하여 개발되었는지, 시스템 설계서에 준하여 개발되었는지, 모듈간 주고받는 데이터는 올바르게 작동하고 있는지 등에 대한 전반적인 테스트를 실시하는 단계이다. 시스템 테스팅은 모듈 단위로 테스트가 이루어지는 단위 모듈테스트, 전체 모듈과 하드웨어 상에 설치한 이후 통합적으로 이루어지는 통합 시스템 테스트, 그리고 사용자 즉 시스템을 실제로 사용할 사용자 혹은 클라이언트(개발의뢰자)에 의해 실시되는 인수테스트로 이루어진다. 테스트 절차는 [그림 12-6]과 같다.

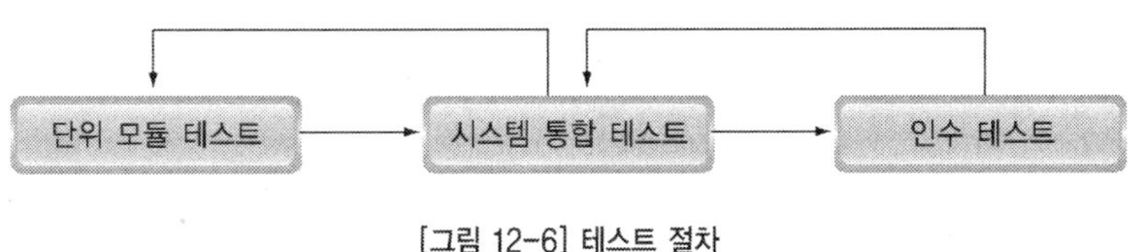

[그림 12-6] 테스트 절차

단위 모듈테스트 혹은 콤포넌트 테스트 과정에서 오류나 결점이 발견될 경우에는 디버깅 절차를 거쳐서 수정보완 되어야 하며, 모듈간 인터페이스 상에서의 문제는 통합테스트 과정에서 드러날 수 있다. 오류가 발견되지 않을 때까지 테스트는 반복적으로 수행되어야 한다.

1) 단위 모듈 테스트(콤포넌트 테스트)

단위 모듈 테스트는 시스템을 구성하고 있는 개별 모듈 혹은 콤포넌트들이 올바르게 주어진 기능을 문제없이 수행하는지를 테스트 하는 것이다. 개별 콤포넌트들은 서로 독립적으로 테스트 되어져야 한다. 즉 다른 시스템 콤포넌트와는 무관하게 테스트 되어져야 한다. 여기서 콤포넌트라 함은 개별 함수모듈 혹은 객체 클래스와 같은 단순 기능을 의미하며, 응집력이 높은 단위의 프로그램들이다.

단위테스트는 콤포넌트 내에 존재하는 오류나 결점들을 찾아내기 위한 테스트 과정으로 이들 오류나 결점들은 프로그래밍을 담당했던 개발자들이 테스트한다. 테스트 대상은 아래와 같은 콤포넌트들이다.

- 개별 객체(object)의 함수(functions) 혹은 메소드(methods)
- 복수개의 속성과 메소드로 구성된 객체 클래스(object classes)
- 복수개의 이종의 객체 혹은 함수를 구성하고 있는 복잡한 콤포넌트

개별 함수들이나 메소드들은 가장 간단한 형태의 콤포넌트들이며, 각자 다른 종류의 입력변수를 가진 함수나 메소드를 테스트할 경우 이들 루틴을 호출(call)하는 명령어들을 가지고 테스트를 실시한다. 객체 클래스를 테스트 할 경우는 객체들이 가진 기능을 모두 테스트 할 수 있는 테스트 도구를 설계하여야 한다. 따라서 객체 클래스의 테스팅에는 테스트 하고자 하는 객체와 관련된 모든 연산들을 분리해서 테스트 하고, 객체와 연관된 제반 속성에 대한 셋팅과 질의실행, 개별 객체에서 발생가능한 모든 상황에 대해 시뮬레이션 테스트를 실시하여야 한다.

단위테스팅 단계에서 인터페이스 테스팅도 매우 중요하다. 특히 객체지향 혹은 콤포넌트 기반의 개발방법론 사용시 인터페이스 테스팅이 반드시 실행되어야 한다. 객체와 콤포넌트는 인터페이스에 의해 정의되며, 타 시스템의 다른 콤포넌트와 결합하여 사용될 수도 있다. 복잡한 콤포넌트에서 인터페이스 오류는 개별 객체를 테스팅 한다고 발견되는 것은 아니며, 객체간 주고받는 데이터나 입출력 값에 의해 오류를 탐색할 수 있다.

일반적인 인터페이스 테스팅의 가이드라인은 아래와 같다.

- 테스트 할 소스코드를 점검하고, 콤포넌트를 호출하기 위한 명령어 목록을 정리한다. 콤포넌트들로 넘겨줄 변수와 극단적 변수값 등에 대한 테스트 조건들을 명시한다. 극단적 변수값은 인터페이스의 불일치성을 찾아 낼 수 있도록 해준다.
- 데이터구조 등을 표현하기 위한 포인터(pointer)를 테스트하기 위해서는 널포인터 파라메터(null pointer parameters)를 이용하여 테스트를 실시한다.
- 한 개의 콤포넌트가 순차적 인터페이스를 통해 호출되는 경우 실패(fail)를 일으킬 수 있도록 테스트 작업을 설계해야 한다.
- 스트레스 테스팅을 실시해야 한다. 즉 실제 상황보다 더 많은 양의 데이터나 메시지를 처리할 수 있는지를 테스트 할 필요가 있다. 이러한 테스트를 통해 처리속도 등에 대한 부분을 점검할 수 있다.
- 다수의 콤포넌트들이 공유 메모리를 통해 상호작용을 하는 경우가 많은데 이 같은 경우 콤포넌트의 실행순서를 변경하면서 테스트를 하여야 한다. 이 같은 테스트를 통해 프로그래머가 자신의 편의를 위해 정해진 순서로만 실행되도록 개발해 놓은 문제점을 찾아낼 수 있다.

상태 검증기술(state validation techniques)은 인터페이스 오류탐색을 위한 테스팅보다 훨씬 경제적이라고 할 수 있다. 예컨대 Java와 같은 강력한 컴퓨터 언어들의 경우는 컴파일러에 의해 인터페이스 오류들이 걸러지게 된다. 반면에 C언어와 같은 언어

들의 경우는 LINT같은 상태분석기를 이용하여 인터페이스 오류를 찾아낼 수 있다. 프로그램 검수과정에서는 검수과정에서 알고자 했던 의문점들과 콤포넌트 인터페이스에 집중하게 된다.

2) 시스템 통합 테스트

개별 콤포넌트들을 전체시스템으로 통합하여 테스트를 진행하는 것이다. 통합테스트는 콤포넌트들 간의 상호작용성에 문제가 없는지, 그리고 콤포넌트간 인터페이스 문제는 없는지 등에 대한 오류를 찾아내기 위한 과정이다. 또한 개발된 시스템이 기능적 요구사항과 비기능적 요구사항을 충족하는지도 검증한다. 시스템 통합 테스팅은 단계적으로 실행할 수도 있는데 예를 들면 테스트와 디버깅이 완료된 개별 콤포넌트들을 서브시스템으로 통합하여 테스트 하고, 이들 서브시스템을 통합하여 전체 시스템을 테스트하는 절차로 진행될 수도 있다.

한편 시스템 테스트(system tests)는 모든 콤포넌트들과 개별 객체 클래스들이 통합되어 오류 없이 작업이 이루어지는지를 보증하기 위해 시스템분석가에 의해 실시된다. 때로는 통합 테스트와 시스템 테스트를 분리하여 언급하는 경우도 있는데 시스템 테스트는 테스트의 범위가 광범위한 점 외에는 통합 테스트와 유사하다. 통합 테스트는 모든 클래스들이 오류 없이 함께 작업되는지에 초점을 두는 반면에, 시스템 테스트는 시스템이 비즈니스 요구에 얼마나 잘 부합하는지(요구사항 테스팅), 시스템이 사용하기에 얼마나 편리한지(사용용이성 테스팅), 시스템이 과중한 업무 로드에 얼마나 잘 수행하는지(성능 테스팅), 시스템의 문서화가 얼마나 정확한지(서류 테스팅) 등을 검사한다.

반복개발법(iterative development process)에서의 시스템 테스트는 사용자에게 제공될 부분개발물(increment)들을 테스트 한다. 폭포수 모델 개발법(waterfall process)에서의 시스템 테스트는 전체시스템을 테스트 한다. 대부분의 복잡한 시스템들의 경우 두 가지 단계의 시스템 테스트가 실시된다.

(1) 통합 테스트(integration test)

테스트 팀이 소스코드를 점검하고 문제가 존재하는 경우 통합팀이 문제가 있다고 판단되는 소스코드를 찾아내고, 디버깅이 필요한 콤포넌트를 찾아내야 한다. 대개 통합테스트는 시스템 내에 결점을 찾아내는 목적으로 실시된다.

(2) 양도 테스트(release test)

클라이언트나 최종사용자에게 넘겨줄 시스템을 테스트 하는 과정이다. 테스트 팀이 하는 일은 개발 완료된 시스템이 요구사항을 만족하는지, 시스템이 신뢰성이 있는지를 확인하는 일에 중점을 두게 된다. 양도 테스트는 시스템이 제대로 작동하는지 여부만을 체크하기 때문에 세부적 테스트는 하지 않는다. 따라서 양도 테스트를 '블랙박스 테스트' 라고도 한다. 오류나 결점이 발견될 경우 개발팀에 인계되고 개발팀에서는 이들 오류에 대해 디버깅을 실시한다. 사용자들이 양도 테스트에 참가할 경우에는 이를 '인수 테스트(acceptance test)' 라고도 하는데 이는 양도 테스트에 문제가 없을 경우에는 시스템을 인수하는데 문제가 없다고 판단하기 때문이다.

위와 같이 기본적으로 통합 테스트는 복수 개의 콤포넌트의 그룹을 대상으로 테스트하는 것으로 불완전한 상태의 시스템을 테스트하는 단계라고 볼 수 있는 반면에 양도 테스트는 사용자에게 시스템을 인계하기 직전에 실시하는 것으로 거의 완성단계의 시스템을 테스트하는 것으로 이해 할 수 있다. 따라서 원칙적으로는 통합 테스트의 우선순위는 오류나 결점을 찾아내는 것이고, 시스템 테스트의 우선순위는 시스템이 요구사항을 만족하는지 여부를 검증하는 것이다. 그러나 실제로는 두 테스팅 과정에 검증과 오류탐색 테스트가 병행하여 진행될 수도 있다.

3) 인수 테스트

인수 테스트(acceptance test)는 기본적으로 사용자에 의해 행해진다. 목적은 시스템이 완전한지, 개발된 시스템이 비즈니스 요구에 부합하는지, 사용자가 원하는 기능들이 제대로 구현되었는지 등을 검증하는 과정이다. 인수 테스트는 두 단계로 이루어진다. 사용자가 만든 데이터로 시스템을 테스트하는 알파(alpha) 테스트와 실제 데이터로 사용자가 시스템을 사용하는 베타(beta) 테스트가 있다.

2.4 테스트 케이스 설계

테스트 케이스 설계는 시스템 테스트와 콤포넌트 테스트의 일부분으로 테스트를 위한 기준, 즉 입력에 따른 예상 출력을 설계하는 과정이다. 테스트 케이스 설계의 목적은 소스 프로그램 내에 존재하는 오류나 결점을 발견하고, 전체 시스템이 요구사항을 만족하는지 여부를 검증하기 위해 테스트 기준을 만드는 프로세스이다.

테스트 케이스를 설계하기 위해서는 시스템 혹은 콤포넌트의 기능을 확인해야 하고, 기능을 실행시킬 수 있도록 데이터를 준비해야 한다. 또한 예상되는 출력결과와 출력물의 범위 등을 문서로 작성해야 한다.

테스트 케이스 설계를 위한 접근방법으로 ① 요구사항기반 테스트(requirement-based test), ② 분할 테스트(partition test), ③ 구조적 테스트(structural test) 등의 방식이 있다.

(1) 요구사항기반 테스트

요구사항기반 테스트의 경우는 구현된 시스템이 얼마나 요구사항에 부합하는가에 초점을 두고 테스트 케이스를 만드는 것을 의미한다. 이 접근법은 시스템을 구성하고 있는 콤포넌트들의 개발이 완료단계에 있을 때 사용하는 기법으로 주로 시스템 테스트 단계에서 사용된다. 각각의 요구사항에 대하여 시스템에 요구사항을 만족하는지 여부를 판단할 수 있도록 테스트 케이스를 만들어야 한다.

(2) 분할 테스트

시스템을 구성하고 있는 부분들을 입력과 출력부분으로 구분하고, 시스템이 분할된 입력데이트를 받아서 실행하는지, 분할데이터에 해당하는 정상적인 출력값을 생성하는지를 테스트 하기 위한 테스트 케이스를 만든다. 분할(partition)이란 공통된 특성을 가진 데이터 집단을 의미한다. 예컨대 음수데이터 집합, 30개 이하의 이름 데이터, 메뉴 선택시 발생하는 이벤트의 집합 등을 의미한다.

(3) 구조적 테스트

전체 프로그램의 구조를 잘 파악하고 있는 경우 전체 프로그램을 테스트하기 위해 프로그램 관련 지식을 이용하는 방법이다. 기본적으로 프로그램을 테스트할 때 모든 명령어를 한번에 하나씩 실행하면서 테스트를 할 수 있는 테스트 케이스를 만드는 접근법이다.

일반적으로 테스트 케이스의 설계 시에는 요구사항에 의존하여 상위수준에서의 테스트부터 시작해서 점차적으로 분할이나 구조적 테스트 단계의 상세 테스트로 진행하는 것이 편리하다.

3 문서 작업

3.1 문서 작업의 의의

테스트와 같이 문서 작업은 SDLC 전 과정에서 이루어져야 한다. 문서화 작업에는 기본적으로 두 가지 종류가 있다. 시스템 문서화(system documentation)와 사용자 문서화(user documentation)이다. 시스템 문서화는 프로그래머와 시스템분석가가 응용 소프트웨어를 이해하는데 도움을 주며, 시스템이 설치된 후 구축, 유지를 가능하게 한다. 시스템 문서는 시스템 분석과 설계 과정의 대규모 산출물이다. 이들 문서들은 프로젝트가 전개됨에 따라 만들어진다. 각 단계에서 시스템이 어떻게 작동하고 만들어지는가를 이해하는데 필수적으로 문서 작업이 행해진다. 많은 객체지향 개발 환경에서, 클래스와 메소드를 위한 상세한 문서 작업을 자동화 하는 것이 가능하다. 예를 들면, 자바(Java)에서 프로그래머가 자바형 스타일 주석을 사용한다면 자바형 유틸리티를 이용하여 자동적으로 HTML 페이지와 클래스, 메소드 문서작업이 가능하다. 대부분 프로그래머들은 문서에 많은 염증을 느끼므로 문서를 쉽게 만드는 작업이 쉬워야 한다.

사용자 문서(사용자 매뉴얼, 교육 자료, 온라인 이용 등)들은 사용자가 시스템을 작동하는 데 도움이 되도록 설계된다. 대부분의 프로젝트 팀은 사용자가 시스템을 작동하기 전에 교육을 받거나, 사용자 매뉴얼을 읽기를 원하지만 불행히도 그러하지 못하다. 대부분의 경우 특히, PC와 관련된 상업용 소프트웨어 패키지를 사용하는 경우 사용자들은 교육을 받거나 매뉴얼을 읽기 전에 소프트웨어 사용을 시작한다.

사용자를 위한 문서 작업은 자주 프로젝트 완성 시까지 남겨 둔다. 이는 아주 위험한 전략이다. 좋은 문서 개발은 사람들이 생각하는 이상으로 많은 시간이 걸린다. 문서를 만드는 데에는 문서의 설계, 문맥 작성, 편집, 테스팅이 필요하다. 좋은 문서를 위해서는 한 페이지당 3시간, 한 스크린 작업당 2시간 이상이 필요하다. 10 페이지 정도의 사용자 매뉴얼을 개발하려면 20시간이 걸린다는 이야기이다.

사용자 문서를 개발하고 테스트하는 데 필요한 시간은 프로젝트 계획 수립 시 포함되어야 한다. 대부분 조직에서 인터페이스 설계와 프로그램 명세서가 완성된 후 문서 개발

을 계획한다. 문서의 초안은 단위 테스트가 끝나자마자 바로 작성되어야 한다. 이것은 소프트웨어가 변경됨에 따라 문서가 변경되어야 하는 가능성을 줄이며, 인수 테스트가 시작되기 전에 문서가 테스트되고 수정되어야 하는 충분한 시간을 갖게 한다.

종이문서 형태의 매뉴얼이 여전히 중요시되지만, 온라인 문서가 더욱 중요시 되고 있다. 종이 문서는 사용자들에게 친숙하기 때문에 쉽게 사용된다. 특히 컴퓨터 경험이 적은 초보자에게는 더욱 친숙하다. 온라인 문서는 사용자가 명령어를 알 필요성이 있다. 그러나 다음과 같은 온라인 문서의 장점으로 앞으로 종이 보다 강점을 가질 것이다. 첫째, 종이 문서의 색인을 이용하는 것 보다 다양한 키워드를 사용하므로 정보 검색이 쉽다는 것이다. 둘째, 같은 정보라도 사용자가 찾고, 읽을 수 있는 다양한 형태로 반복하여 나타날 수 있다는 것이다. 셋째, 온라인 문서는 종이 문서에서는 가능하지 않는 다양한 가능성을 가진다는 것이다. 넷째, 온라인 문서는 여러 사람에게 알리는데 종이 문서 보다 비용이 적게 든다는 장점이 있다.

사용자 문서에는 기본적으로 참고 문서, 절차 매뉴얼, 튜토리얼 등과 같은 세 가지 형태가 있다. 참고 문서(reference documents)는 사용자가 특정 기능(필드 수정, 레코드 삽입 등)이 어떻게 수행되는지를 알기를 원할 때 사용하기 위해 작성된다. 사용자는 기능을 수행하기를 시도하거나 실패 시 참고 정보를 읽는다. 참고 정보를 작성할 때는 이들 정보를 읽는 사람이 조급한 경우가 많으므로 주의 깊게 작성해야 한다.

절차 매뉴얼(procedure manuals)은 비즈니스 업무가 어떻게 수행되는지를 설명한다. 월례 보고서나 고객 주문의 경우이다. 절차 매뉴얼의 각 항목은 일반적으로 시스템 내의 몇 단계나 기능을 필요로 하는 업무를 사용자에게 가이드 한다. 보통 입력이 참고 문서의 입력보다 길다.

튜토리얼(tutorials)은 시스템의 모든 요소를 어떻게 사용하는가를 가르쳐준다. 튜토리얼의 입력은 절차 매뉴얼 보다 길며, 순서대로 읽을 수 있도록 작성된다. 문서의 여러 형태에도 불구하고 문서의 전체적인 개발 과정은 인터페이스 개발 과정과 유사하다.

3.2 문서 구조 설계

본 절에서는 사용자 문서의 가장 일반적인 형태가 될 온라인 문서 개발에 초점을 둔다. 참고 문서, 절차 매뉴얼 또는 튜토리얼 모두 온라인 문서에 사용되는 일반적인 구조는 사용자가 문서 주제(documentation topic)에 따른 문서네비게이션 컨트롤(documentation navigation controls)을 개발하는 것이다. 문서 주제는 사용자가 읽기를 원하는 자료이고, 네비게이션 컨트롤은 사용자가 특정 주제를 찾거나 접근할 길이다. 문서 구조의 설계는 주제와 네비게이션 컨트롤의 다양한 타입을 식별하는 것으로 시작된다. [그림 12-7]은 온라인 참조 문서를 위해 사용된 문서 구조를 나타내고 있다. 문서 주제는 일반적으로 세 가지 원천으로 발생한다. 주제의 우선적 원천은 사용자 인터페이스에서의 명령어와 메뉴의 집합이다. 이 주제의 집합은 사용자가 특정 명령어나 메뉴가 어떻게 사용되는가를 이해하기를 원할 때 매우 유용하다. 사용자는 종종 명령어를 어떻게 찾는지, 시스템 메뉴 구조 어디에 존재하는지 모르는 경우가 있다. 그러나 사용자는 수행해야 할 업무가 있다. 사용자는 명령어 보다 그들 비즈니스 업무에 따라 사고하는 경향이 있다. 따라서 두 번째로 유용한 주제 집합은 업무(사용 시나리오, 윈도우 네비게이션 다이어그램, 실제 유저 케이스 등)를 어떻게 수행하는가에 초점을 두어야 한다. 주제의 세 번째 집합은 중요한 용어의 정의이다. 이들 용어들은 시스템 내의 유저 케이스와 클래스들이다. 때때로 명령어들도 포함된다.

주제의 네비게이션 컨트롤에는 다섯 가지 타입이 있다. 그러나 모든 시스템이 다섯 가지 타입을 사용하는 것은 아니다. 첫 번째는 논리적 형식으로 정보를 구성하는 콘텐츠의 테이블이다. 주제를 찾을 수 있도록 도와주는 책 끝의 색인과 같이 인덱스(index)는 주요 키워드에 근거한 주제에 접근하도록 한다. 텍스트 검색은 많은 단어의 조합이나 문장에 대해 주제를 통한 검색이 가능하도록 한다. 인덱스와 달리 텍스트 검색은 일반적으로 단어들에 조직화가 없다. 어떤 시스템들은 검색을 지원하는 지능형 에이전트(intelligent agent)를 사용한다. 마지막 다섯 번째 네비게이션 컨트롤은 주제들 사이에 웹(web)과 같은 링크들이다.

주제들에 대한 일반적인 형식은 응용 시스템과 운영체제 시스템 모두 유사하다(그림 12-8 참조). 일반적으로 문서의 주제는 굵은 고딕체로 시작되고, 단계적으로 기술된다. 또한 사용자들의 편의를 위해 스크린 이미지를 포함하기도 한다.

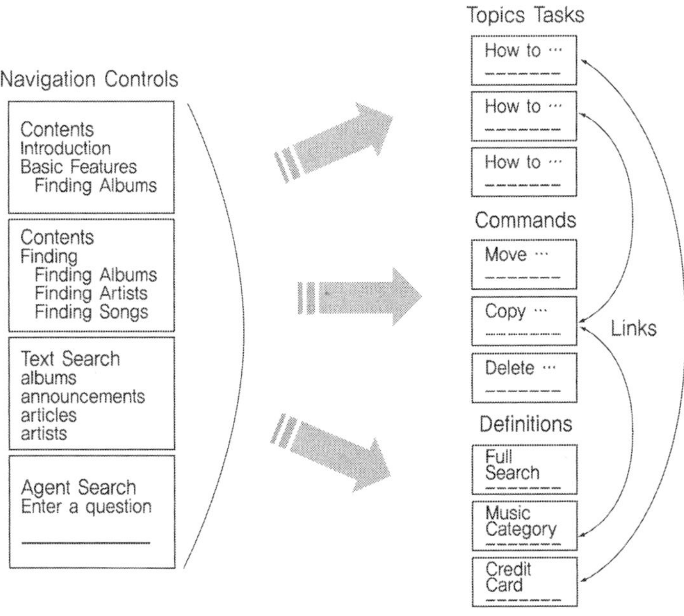

[그림 12-7] 온라인 참조 문서의 종류

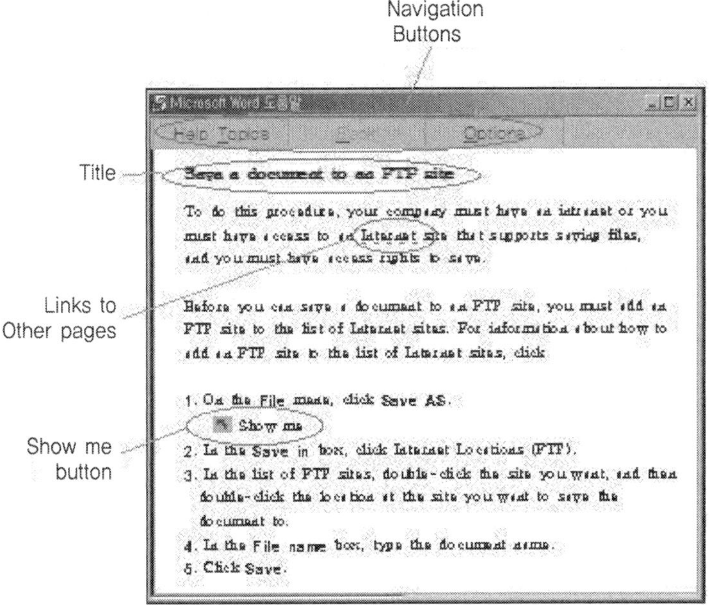

[그림 12-8] 문서 작성

주요용어

Main Terminology

- 구조적 테스트(structural test)
- 널포인터 파라메터(null pointer parameters)
- 단위 테스터(unit test)
- 디버깅(debugging)
- 문서 주제(documentation topic)
- 비용-효과 분석(cost-benefit analysis)
- 변경 통제(change control)
- 베타 테스트(beta test)
- 분할 테스트(partition test)
- 블랙박스 테스트(black-box test)
- 사용자 문서화(user documentation)
- 상태 검증기술(static validation techniques)
- 성능 테스팅(performance testing)
- 스터브(stub)
- 시스템 문서화(system documentation)
- 시스템 테스트(system test)
- 알파 테스트(alpha test)
- 영역 파괴(scope creep)
- 요구사항기반 테스트(requirement-based test)
- 인수 테스트(acceptance test)
- 통합 테스트(integration test)
- 테스팅 프로세스(testing process)
- 테스트 케이스(test case)
- CASE 툴(CASE tool)

연습문제 Exercises

1. 테스팅이 중요한 이유는?
2. 프로그램 단계에서 시스템 분석가의 중요한 역할은 무엇인가?
3. 프로젝트 수행에서 프로그래머가 추가됨에 따라 프로젝트 기간이 지연되는 이유는 무엇인가?
4. 테스트, 테스트 계획, 테스트 케이스 용어를 비교 설명하라.
5. 스터브(stub)는 무엇이며, 테스팅에 사용되는 이유는 무엇인가?
6. 블랙박스 테스팅과 화이트박스 테스팅을 비교 설명하라.
7. 단위 테스팅과 통합테스팅의 기본적인 목적을 기술하여 보아라.
8. 단위 테스팅과 통합 테스팅을 위해 테스트 케이스는 어떻게 개발되는가?
9. 시스템 테스트의 목적과 시스템 테스팅을 위한 테스트 케이스 개발방법을 설명하라.
10. 인수 테스트의 목적과 인수 테스트를 위한 테스트 케이스 개발방법을 설명하라.
11. 알파 테스트와 베타 테스트를 비교 설명하라.
12. 사용자 문서와 시스템 문서를 비교 설명하라.
13. 온라인 문서가 중요해지는 이유는 무엇인가?
14. 참조 문서, 절차 문서, 매뉴얼을 비교 설명하라.
15. 문서 주제와 문서 네비게이션 컨트롤에 기본적으로 사용되는 소스(sources)들은 무엇인가? 왜 이들이 중요한가?

16. 다음 사례를 읽고 물음에 답하시오.

> 김(Kim)은 새로운 시스템 개발 프로젝트의 프로젝트 관리자이다. 이 프로젝트는 김에게 프로젝트 관리자로서 첫 번째 프로젝트이다. 김은 그의 팀을 프로젝트의 프로그램 단계를 성공적으로 이끌었다. 프로젝트가 몇몇 실수 등으로 원만히 수행된 것은 아니지만, 그의 팀은 전반적으로 만족스러웠고 시스템의 품질도 유지되었다. 이제부터 프로그래밍이 시작되었고, 김은 열정적으로 이어지는 작업에 휴식을 기대하고 있다. 프로그래밍이 시작되기 앞서, 김은 프로젝트 완성 시간 측정이 너무 낙관적임을 알았다. 그러나 김은 자신의 첫 번째 프로젝트를 성공적으로 마치기 위해 프로젝트 종료 시점(deadline)을 맞추길 원한다. 프로젝트 일정의 압박으로, 김은 두 명의 대졸자와 두 명의 대학생 인턴을 프로그래밍 스탭에 보강하였다. 김은 유능한 경험자를 원하였지만 프로젝트 예산에 맞출 수밖에 없었다. 김은 약 2주 전부터 이들에게 프로그램을 할당하고 작업을 하게 하였다. 그러나 김은 프로그램 팀 리더로부터 불평을 듣게 되었다. 프로그래머들이 테스트할 프로그램을 찾지 못한다던지, 자신이 만든 프로그램이 누군가에 의해 일부분이 바뀐다는 내용이다.

1) 프로젝트의 프로그래밍 단계에서 프로젝트 관리자의 휴식 시간이 필요한가? 필요하다면 이유는 무엇인가?

2) 위 사례에서 나타나는 문제는 무엇인가? 프로젝트 관리자에게 어떤 충고를 하고 싶은가? 김이 주어진 예산에서 프로젝트 일정을 맞추는 것이 가능하게 보이는가?

참고문헌

Exercises

조남재, 박기호, 전순천, CBD프로젝트 정보시스템 감리사례연구, JITAM, 11(2), 2003, pp.167-178.

최은만, 소프트웨어 공학, 정익사, 2005, pp.28-40.

Hall, E., *Managing Risk: Methods for Software Systems Development*, Reading, MA: Addison-Wesley.(Ch. 5).

Luecke, R., "Crisis Management: Master the Skills to Prevent Disasters," *Harvard Business Review*, 2004.

Ould, M.A., *Managing Software Quality and Business Risk*. Chichester:John Wiley & Sons.(Ch. 5)

Sommerville, I., *Software Engineering*, 7th edition, Addison-Wesley, 2004.

객체지향 시스템 분석 및 설계

CHAPTER 13

PREVIEW

객체지향 기술의 발달은 소프트웨어 개발의 생산성을 급격히 향상시키고 있다. 객체지향의 주요한 개념들을 효과적으로 지원하기 위한 모델링 언어나 객체지향 시스템 개발 기법 또는 방법론들이 최근까지 무수히 많이 제기되었다. 그러나 실무적인 차원에서 시스템 분석 및 설계를 위한 통일된 모델링 언어의 필요성이 제기되었으며, 여러 객체지향 방법론을 통합하여 지원하는 모델링 언어인 UML(unified modeling language)이 탄생되었다. UML을 구성하는 대표적인 모델링 도구는 유즈케이스 다이어그램, 클래스 다이어그램, 순차 다이어그램, 상태 다이어그램 등이다. 본 장에서는 객체지향에 대한 기본 개념과 모델링 언어에 대하여 익힌다.

OBJECTIVES OF STUDY

- 객체지향 기술의 발달 과정과 주요 개념들을 이해한다.
- 객체지향 시스템 개발을 위한 수명주기에 대하여 이해한다.
- 시스템 모델링을 위한 세 가지 관점인 객체 모델링, 동적 모델링, 기능 모델링에 대한 개념을 이해한다.
- UML의 특징과 구조, 그리고 표현법을 익힌다.
- UML 다이어그래밍 기법을 익힌다.

CONTENTS

1 객체지향 기술의 발달과 기본 개념

1.1 객체지향 기술의 발달

객체지향 개발 방법론(OODM : object-oriented development methodology)은 소프트웨어 위기를 극복하기 위한 개발 방법 중 가장 최근에 나타난 것으로 현재까지 나타난 소프트웨어 개발의 문제점을 해결해 줄 많은 장점들을 보유하고 있다. 소프트웨어를 개발하면서 나타나는 근본적인 특성은 시스템에 대한 요구사항이 계속하여 변하게 된다는 점이다. 따라서 시스템은 요구사항 변경을 수용할 수 있어야 하며, 이를 위해 유연성(flexibility)과 적응력(adaptability)을 갖도록 설계되어져야만 한다. 그러나 과거의 개발 방법으로는 시스템의 확장이나 변경이 용이하지 못해 많은 어려움을 겪었으며, 객체지향 소프트웨어 개발 방법은 이를 극복할 수 있는 매우 유용한 방법론으로 인식되고 있다.

1) 객체지향 기술의 역사

소프트웨어 개발 기술의 발달 역사 측면에서 본다면 객체지향 기술은 지금까지 소프트웨어 개발에 대한 지식을 총체적으로 집약한 형태로 볼 수 있다. 여기서 소프트웨어 개발기술의 발달과정을 잠시 살펴보자. 1946년 미국방성의 탄도연구소의 요청에 의해 미국 펜실베니아 대학의 모클리(John W. Mauchly)와 에커트(John P. Eckert)가 3년여의 연구 끝에 선보인 세계 최초의 디지털 컴퓨터인 ENIAC(electronic numerical integrator and calculator)이 출현한 이래 컴퓨터 하드웨어 기술은 급속하게 발전하였다. 그러나 1960년대 말까지 소프트웨어 기술의 발전은 여전히 답보 상태에 있었다. 이러한 소프트웨어 위기를 극복하기 위해 출현한 학문이 바로 소프트웨어 공학(SE : software engineering)이다. 소프트웨어 공학은 1970년대 구조적 기법(structured technique), 1980년대 정보공학 방법론(information engineering methodology), 그리고 1990년대 객체지향 방법론(object-oriented methodology)의 발전에 힘입어 급속도로 발전하였다.

1970년대 이후 컴퓨팅 환경의 급속한 변화는 소프트웨어 수요의 급속한 증가와 함께 그 응용분야의 확산을 가져왔다. 또한 그 규모도 점점 방대해지고 복잡해지고 있다. 그런데 소프트웨어 개발 기술은 자동화가 어렵고 많은 인력을 필요로 한다. 대규모 소프트웨어 개발 프로젝트의 경우 개발 기간 또한 많이 걸리며, 개발비용도 급속히 증가한다. 그리고 개발된 후에도 유지보수에 많은 노력을 필요로 한다. 따라서 소프트웨어 개발과 유지보수에 있어 생산성(productivity)이 중요하다. 소프트웨어 개발에 있어 공학적 원리를 적용하여 생산원가를 절감하고 고품질의 소프트웨어를 저렴하고 신속한 비용으로 개발할 수 있는 방법을 연구하는 것이 바로 소프트웨어공학이다. 이러한 요구를 가장 효과적으로 지원할 수 있는 기술이 바로 객체지향 기술(object-oriented technology)이다. 객체지향 기술은 현재의 소프트웨어 위기 문제를 해결할 수 있는 강력한 대안이다. 객체지향 기술은 추상화(abstraction), 캡슐화(encapsulation), 상속성(inheritance) 등과 같은 객체지향 개념을 기반으로 개발된 기술로 소프트웨어의 확장성과 재사용성을 높이는 핵심 기술로 부상하고 있다.

객체지향 기술의 원조를 찾아 거슬러 올라가면 1940년대 말에서 1950년대 초에 제시된 인공지능 분야의 연구에서 최초로 객체라는 개념을 사용한 것으로 알려져 있다. 여기서 객체(object), 객체의 속성(attribute)이라는 용어가 처음으로 사용되어져 객체지향 개념의 도입이 시도되었다고 볼 수 있다. 그 후 1960년대 후반 객체지향 언어의 시조라 할 수 있는 Simula 언어가 출현하였다. Simula 언어는 시뮬레이션을 위한 전문 프로그래밍 언어이다. Simula에서 캡슐화(encapsulation)와 다형성(polymorphism) 등과 같은 객체지향의 기본 개념들이 소개되었다.

1970년대 객체지향이란 용어가 중요하게 인식되기 시작하였다. Smalltalk 언어의 설계 사상을 설명하기 위해 객체지향(OO : object-oriented)이란 용어가 최초로 사용되었다. 따라서 Smalltalk 언어가 현대적 개념의 객체지향 언어의 효시인 셈이다.

1980년대 접어들면서 객체지향 프로그래밍은 하나의 중요한 패러다임으로 자리잡아 가기 시작하였다. 이에 따라 Objective-C, C++, Flavors, Eiffel 등과 같은 다양한 객체지향 언어가 개발되기 시작했다. 이로부터 객체지향 기술이 많은 사람들로부터 관심의 대상이 되었다. 1980년대 말에서 1990년대 초 객체지향 프로그래밍의 표준 모델인 Smalltalk의 영향으로 GUI 기반의 소프트웨어 개발에 객체지향 방식이 매우 효율적으로 적용될 수 있었다. 이로써 그래픽 사용자 인터페이스의 채택이 보편화되기 시작하였다. 그 이후 객체지향 기술이 소프트웨어 개발 기술로 일반화되면서 객체지향 언어를 지원하는 DBMS(data base management system), 객체지향 기술에 기반을 둔 개발 방법론, 절차 및 도구들이 활발히 개발되기 시작하였다.

2) 객체지향 소프트웨어 개발 방법론의 분류와 수렴

객체지향 기술의 폭발적인 인기에 힘입어 1990년대 약 40여 가지 이상의 객체지향 개발 방법론들이 등장하였다. 이들 객체지향 소프트웨어 개발 방법론 중 대표적인 것으로는 Booch의 객체지향 설계 방법론, Rumbaugh 등의 OMT(object modeling technique), Jacobson의 OOSE(object-oriented software engineering), Coad & Yourdon의 OOA/OOD(object-oriented analysis and design), 그리고 Martin & Odell의 객체지향 정보공학방법론 등이 있다. 이들 객체지향 소프트웨어 개발 방법론은 그 발전의 형태에 따라 다음과 같이 세 가지 형태로 나눌 수 있다.

먼저, Booch의 객체지향 설계 방법론과 같이 C++, Smalltalk, Ada 언어와 같이 객체지향 프로그래밍을 지원하기 위해 제안된 방법론이다. Booch는 Ada 언어의 오랜 경험을 통하여 객체지향 설계방법론을 제안하였으며, Wirfs-Brock 등은 Smalltalk을 통한 개발 경험을 토대로 설계방법론을 제안하였다. 이들은 그 후 C++이라는 비순수 객체지향 언어를 고려하면서 자신들의 방법론을 계속 발전시켰다. 이들 방법론의 특징은 상향식 접근법으로 객체들끼리 주고받는 메시지의 형태, 클래스를 통한 객체의 생성 등과 같이 사용자 중심의 분석보다는 코딩에 가까운 설계방법론으로 프로그래머에게 더 친숙한 느낌을 준다.

반면, Jacobson의 유즈케이스(use case) 모델링은 시나리오 기반의 개발 방법론으로 사용자지향적인 관점에 초점을 두고 있다. 시나리오나 유즈케이스를 중심으로 한 방법론은 GUI(graphic user interface)나 클라이언트/서버 컴퓨팅 환경(client/server computing environment)에 보다 적합한 방법이다. 이 방법론은 직관적인 방법으로 단계적 절차를 밟으면서 만들어지는 유즈케이스에서 객체를 찾는다. 그리고 데이터나 객체들의 관점에서 보다는 사용자의 관점에서 문제를 접근한다.

오늘날 객체지향 기술의 중심을 이루는 개념은 객체클래스(object class)이다. Rum baugh 등, Coad & Yourdon, Martin & Odell 등의 방법론은 객체클래스를 중심으로 한 분석기반 객체지향 방법론이다. 이들 방법론은 과거 데이터 중심의 정보공학방법론과 데이터모델링 또는 정보모델링에 그 뿌리를 두고 있다. 이 방법론은 객체클래스들 간

의 관계를 표현하는데 중점을 두고 있으며, 객체다이어그램(E-R 다이어그램의 확장된 형태)을 가장 핵심 도구로 사용하고 있다.

1990년대 중반 이후 객체지향 기술이 보편화 되고 객체지향 기술의 일반화 및 상용화를 위한 표준화 작업이 진행되었다. 1995년 객체지향 프로그래밍에 관한 전문 학술대회인 OOPSLA(object-oriented programming systems, language and applications)에서 우후죽순처럼 솟아나는 많은 방법론을 통일하고 하나의 표준 모델링 언어의 필요성이 도출되었다. 이에 Rumbaugh, Booch, Jacobson 등이 중심이 되어 1997년 UML(unified modeling language)이라는 객체지향 분석 및 설계를 위한 표준 방법론을 완성하여 OMG(object management group)의 최종 승인을 받았다. 이로써 많은 객체지향 연구들이 하나로 통일될 수 있는 계기가 마련되었다. UML의 발전 과정을 간단히 정리하면 [그림 13-1]과 같다.

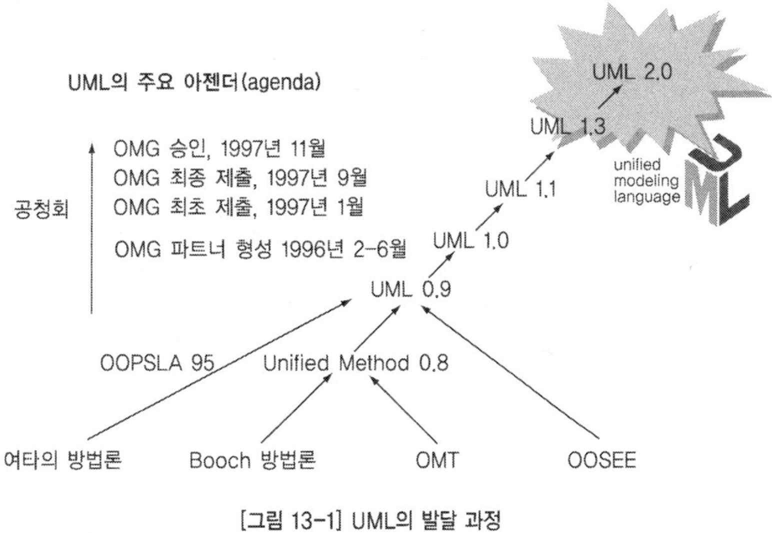

[그림 13-1] UML의 발달 과정

1.2 객체지향의 기본 개념

소프트웨어 개발을 위한 모델링은 크게 [그림 13-2]와 같이 세 가지 관점에서 이루어진다. 즉, 문제영역(domain)에 대한 시스템의 정적 데이터 구조를 모델링하는 것과 시스템의 처리를 나타내는 기능적 관점의 모델링, 그리고 시간의 흐름에 따라 시스템 변화를 묘사하는 동적인 관점의 모델링으로 나눌 수 있다.

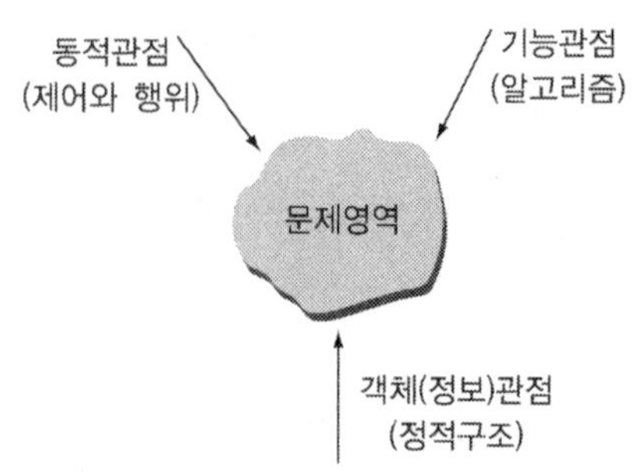

[그림 13-2] 소프트웨어 모델링 관점

객체지향 개발 방법은 객체(object), 객체의 속성(attribute)과 동작(behaviour), 유사한 객체의 집합으로 나누어진 클래스(class), 객체 사이의 관계(relationship) 등과 같은 기본 개념으로 시작된다. 객체지향 방법론은 데이터와 행위를 하나로 묶어 객체를 정의내리고 객체를 추상화시키는 작업이라 할 수 있다. 객체지향 개발은 데이터와 행위가 분리되었던 과거 개발 방법의 복잡성과 통합의 어려움을 극복하려는 데 있다. 소프트웨어 개발 과정 전체에 걸쳐 동일한 방법론과 표현 기법이 적용 될 수 있는 장점이 있다. 특히 객체지향 분석기법은 기존의 분석기법에 비해 실세계의 현상을 보다 정확히 모델링 할 수 있어 어려운 응용 분야들에 적용이 가능하다. 그리고 분석과 설계의 표현에 큰 차이점이 없어 시스템의 개발을 용이하게 해준다. 또한 분석, 설계, 프로그래밍의 결과가 큰 변화 없이 재사용될 수 있어 확장성이 용이하고 시스템 개발 시 시제품이나 선형 패러다임의 적용이 가능하다.

객체지향 개발 방법은 프로그램 기법만이 아니며 시스템 개발에 있어 근본적인 사고의 변환을 요구하는 새로운 기법이다. 객체지향 분석은 만들고자 하는 시스템을 객체 중심으로 기술하게 되며, 이는 우리가 주로 해왔던 하향식 방식과는 근본적으로 다르다. 객체지향 방법론은 객체 중심의 상향식 접근 방법이 도입되고, 기능중심이 아니라 정보 객체중심으로 시스템의 개발이 이루어진다. 객체지향 개발 방법론은 기존의 정보 모델링에 기초하고 있으며 여기서 나타난 객체의 정적인 구조에 객체의 동작을 추가시켜 객체를 완벽하게 기술하고 구현하는 방법론이다.

객체지향 방법과 기존의 절차중심의 방법과의 기본적인 차이점을 비교하면 [그림 13-3]과 같다. 객체지향 방법은 기본적으로 데이터와 행위(operation)를 그룹화한 객체를 중심으로 객체들 간의 능동적인 메시지(message) 전송을 통하여 서로 대화한다는 점이다. 이런 표현은 객체가 제각기 역할을 서로 분담함으로써 마치 한 개의 일을 서로 분

담하여 수행하는 실세계의 조직과 같은 것을 컴퓨터 상에서 재현할 수 있게 되는 것이다. 이렇게 함으로써 특정 프로그램의 변경에 따른 파급효과를 최소화시킬 수 있다. 이러한 객체지향 개념은 분석과 설계에서 현실에 존재하는 객체를 중심으로 문제를 분석하고 설계할 수 있도록 한다. 객체지향 개념을 실현하는데 주요한 몇 가지 개념을 정의하면 다음과 같다.

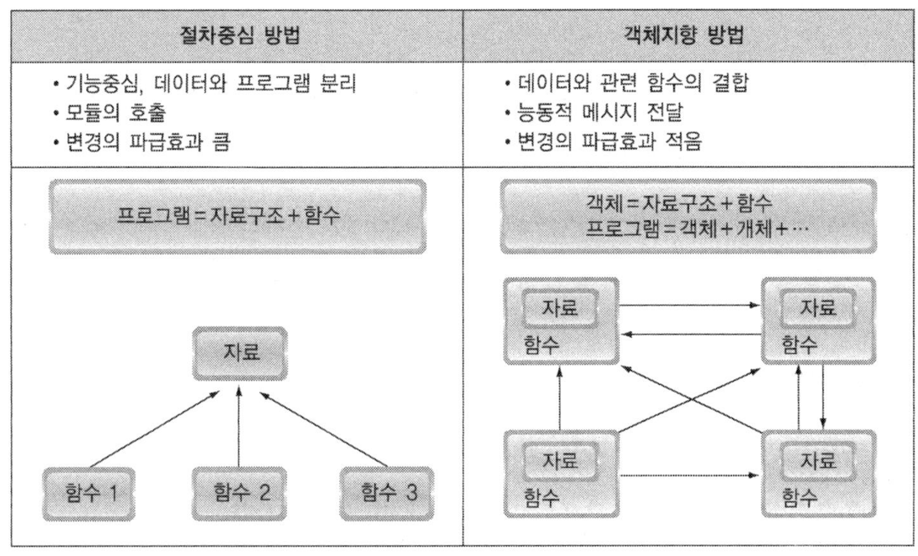

[그림 13-3] 절차중심 방법과 객체지향 방법

1) 객체와 클래스

객체(object)는 객체 모델링의 기본 단위이며, 클래스(class)는 유사한 객체들의 모임이다. 객체란 상태(state)와 행위(behavior)를 가진 것으로 유사한 객체의 구조와 행동이 공통 클래스로 선언된다. 시스템 개발자의 관점에서 본다면 객체는 문제영역의 현실세계에 존재하는 사물의 집합을 추상화하여 효율적으로 정보를 관리하기 위해 의미를 부여하고 분류하는 개념적인 단위이다. 객체의 예로는 학생, 교수, 교직원 등과 같은 사람이거나 강의실, 실험실, 자동차, 집, 컴퓨터 아이콘 등과 같이 눈에 보이는 실물이거나 또는 은행계좌, 시험성적, 인사고과, 비행기 좌석예약 등과 같이 개념적인 것일 수도 있다.

따라서 객체는 현실세계에 존재하는 물체 또는 추상적인 개념으로 특정 대상을 표현하는데 필요한 정보들의 종합적인 집합체이다. 소프트웨어의 관점에서 본다면, 객체는 필요한 데이터 구조와 그 데이터를 처리하는데 필요한 함수를 포함하는 소프트웨어 모듈이다. 객체는 자기 자신에 대한 정보와 행동하는 방법을 포함하고 있다. 즉, 현실세계의 물체를 표현하기 위한 데이터 속성(attribute)과 행위(behavior)의 조합이다.

객체 = 속성(데이터) + 행위(오퍼레이션)

속성은 객체 내의 상태를 나타내는 데이터이며, 행위(오퍼레이션)의 구체적인 형태가 메소드(method)이다. 메소드는 객체에 정의된 객체의 상태를 참조하거나 변경하는 프로시저(procedure) 또는 함수(function)이다.

클래스는 유사한 객체들의 모임으로, 클래스를 정의하기 위해서는 클래스가 가지는 속성(attribute)과 관련된 행위(함수)를 정의해야 한다. 예를 들어 [그림 13-4]와 같이 "종업원(Employee)"이라는 클래스는 '이름(name)', '직위(position)', '전화번호(phone)', '월급(salary)' 등의 속성을 가지며, '진급(Promote)', '전화변경(ChangePhone)', '월급인상(ChangeSalary)' 등의 행위(함수)를 가진다. 회사 내의 근무하는 '이순신'이라는 사람은 종업원 클래스에 속하는 하나의 인스턴스(instance)이다. 클래스들 사이의 연관성은 관계(relationship)에 의해 표시된다. 클래스와 객체의 차이점을 서로 비교하면 [표 13-1]과 같다.

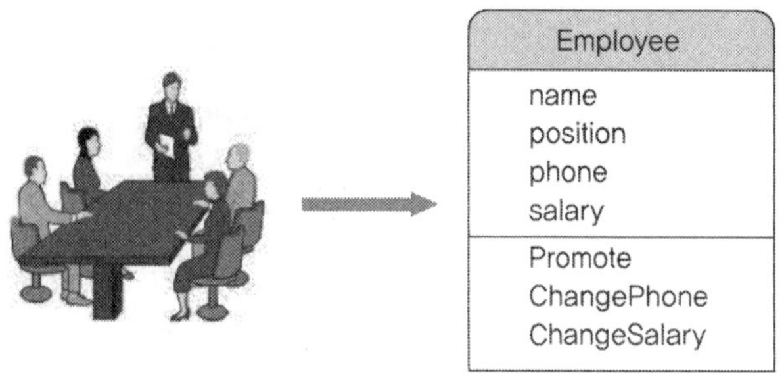

[그림 13-4] 클래스의 예

[표 13-1] 클래스와 객체의 비교

클래스	객 체
• 객체들을 생성해주는 본형(template) • 객체들의 특성을 기술해 놓은 서술형 • 개념적(conceptual), 가상적(imaginary) • 프로그램 텍스트 상에서만 볼 수 있음 • 디자인 단계에서의 관심사	• 어떤 클래스의 인스턴스 • 객체마다 각각의 상태를 갖고 있음 • 물리적(physical), 실제적(real) • Run-time에만 존재 • 실행단계에서의 관심사

객체의 주요한 특성을 정리하면 다음과 같다.

- 고유한 정체성을 가진다.
- 분류되어 클래스에 속한다.
- 계층관계 또는 전체-부분관계(aggregation : part-of)를 가진다.
- 잘 정의된 행위(behavior)와 의무(responsibility)를 가진다.
- 구현된 인터페이스가 분리된다.
- 내부 구조를 갖추며, 상태(state)를 지닌다.
- 다른 객체에게 서비스를 제공한다.
- 다른 객체에 메시지를 보낸다.
- 다른 객체로부터 메시지를 받아 적절히 반응한다.

2) 상속

상속(inheritance)은 상위 클래스가 갖는 속성과 오퍼레이션을 그대로 물려받는 것을 의미한다. 즉, 클래스 계층을 기초(상위 클래스와 하위 클래스)로 클래스 내의 데이터와 메소드를 물려받아 새로운 객체를 생성하는 메커니즘이다. 상속 시 하위 클래스에는 상위 클래스에 존재하지 않은 새로운 성질을 추가할 수 있다. 상속개념은 기존의 자원을 효율적으로 재사용하여 생산성을 높일 수 있게 한다. 즉, 객체지향의 상속개념은 소프트웨어의 재사용을 가능하게 하여 소프트웨어 개발의 생산성을 높인다.

[그림 13-5]에서 'Phone Mail item' 객체는 'Mail item' 이라는 객체가 갖는 모든 속성과 오퍼레이션을 다시 정의하지 않고 상속 받아 쓸 수 있다. 두 개 이상의 상위 클래스에서 상속받는 것을 복수 상속(multiple inheritance)이라 한다. 'Graduate student' 객체는 'Student' 이면서 동시에 'Faculty' 로 참여하여 학생들을 가르치기도 한다면 두 개의 상위 클래스에서 속성을 상속받을 필요가 있다.

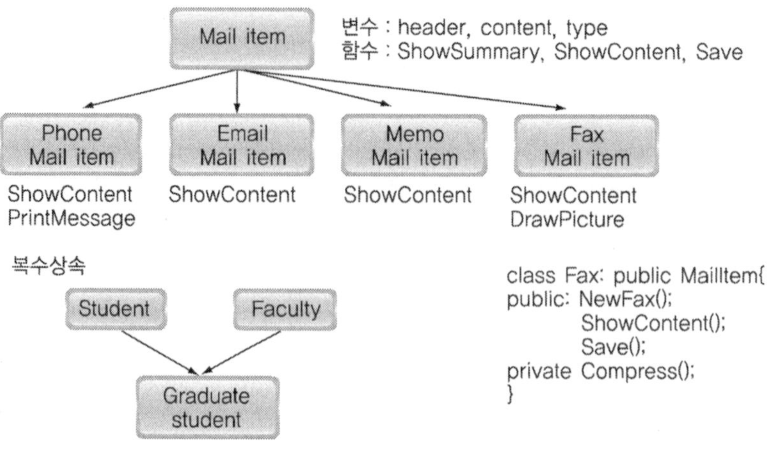

[그림 13-5] 상속의 예

3) 캡슐화와 정보은닉

캡슐화(encapsulation)는 [그림 13-6]과 같이 객체의 데이터 부분과 관련 오퍼레이션(함수) 부분을 하나로 모으는 개념이다. 즉 연관된 여러 항목을 모아서 캡슐을 씌우는 것이다. 예를 들면 학생들의 학번, 이름, 주소, 평점 등의 데이터와 학생에 관련된 작업을 처리하는 함수인 평점계산, 주소변경, 수강신청 등을 하나로 묶는 개념이다.

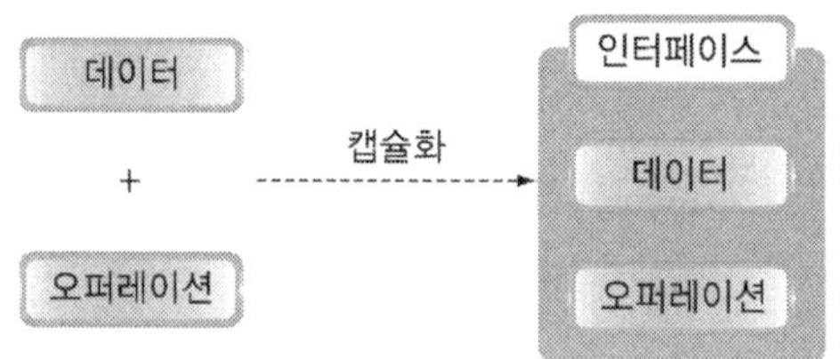

[그림 13-6] 캡슐화의 구조

캡슐화는 데이터와 오퍼레이션을 그룹화한 객체를 하나의 객체 단위로 묶어 개발할 수 있게 한다. 그리고 객체가 보유하고 있는 데이터와 연산에 대해 외부에 가시성(인터페이스)을 적절히 제공한다. 즉, 오퍼레이션을 가시화 하되 외부에서 직접 데이터에 접근하지 못하게 통제한다. 캡슐화를 통하여 다음과 같은 장점을 얻을 수 있다.

- 데이터 무결성(data integrity) 유지
- 모듈화(modularity), 복잡하고 큰 문제를 간단하고 작은 문제(객체 단위)로 분할 가능

- 애플리케이션의 다른 부분들 사이의 종속성 감소
- 애플리케이션에 종속된 코드의 양이 감소
- 새로운 애플리케이션에서 재사용할 수 있는 코드의 양이 증가

정보은닉(information hiding)은 캡슐 속에 있는 항목에 대한 정보를 외부에 감추는 것이다. 즉, [그림 13-7]과 같이 완전히 블랙박스화 하는 것이다. 정보가 외부에 은폐되었다는 것은 자료구조와 내부 오퍼레이션인 함수에 사용된 알고리즘을 외부에서 직접 접근하여 사용하거나 변경하지 못하게 하기 위함이다. 즉 하나의 블랙박스가 되는 것이다. 외부에서의 접근은 모듈이 갖는 기능들을 명세한 인터페이스를 통해서만 접근한다. 처리하려는 데이터 구조와 오퍼레이션에 사용된 알고리즘 등을 외부에서 직접 접근하지 못하도록 하고, 캡슐안의 오퍼레이션들만이 접근이 가능하다. 외부와의 연락은 공용의 인터페이스를 통해서만 이루어진다.

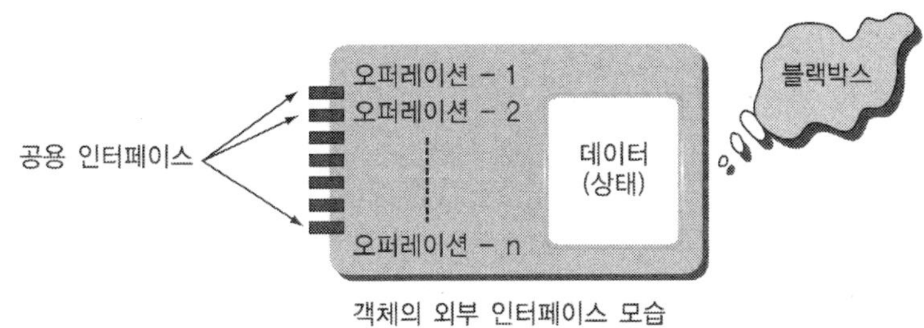

[그림 13-7] 정보은닉의 구조

4) 다형성

다형성(polymorphism)은 여러 가지 형태를 받아들일 수 있는 특징을 말한다. 객체는 특정한 메시지를 받아야 동작하는데, 같은 이름의 메시지를 다른 객체 또는 하위 클래스에 호출할 수 있는 특징을 다형성이라 한다. 따라서 다형성은 클래스가 하나의 메시지에 대해 각 클래스가 가지고 있는 고유한 방법으로 응답할 수 있는 능력으로 애플리케이션 상에서 하나의 함수나 연산자가 2개 이상의 서로 다른 클래스의 인스턴스들을 같은 클래스에 속한 인스턴스인 것처럼 수행할 수 있도록 하는 것이다.

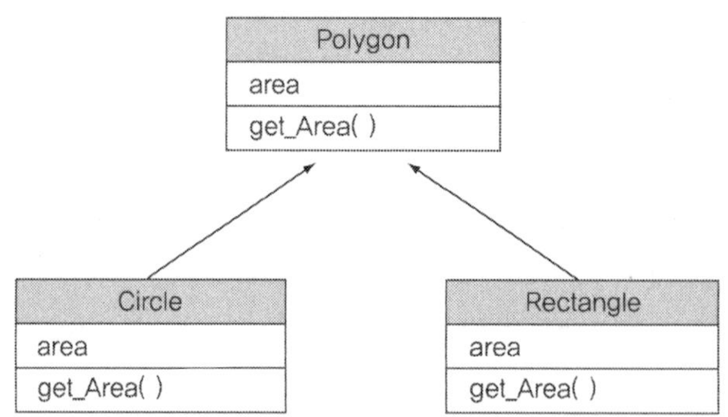

[그림 13-8] 다형성의 예

[그림 13-8]에서 'Polygon' 클래스의 면적을 구하는 get_Area() 함수는 그 모양에 따라 달라야 하지만 같은 이름의 오퍼레이션으로 호출할 수 있다. 'Ploygon' 클래스의 get_Area() 함수는 삼각형의 면적을 구하기 위한 메소드와 사각형의 면적을 구하기 위한 메소드가 동시에 존재할 수 있다. 따라서 다형성은 현재 코드를 변경하지 않고 새로운 클래스를 쉽게 추가할 수 있게 한다. 만약 위 예에서 'Triangle'이란 클래스를 추가하였을 때 'Polygon' 클래스 상속 계층의 객체들이 사용한 프로그램을 변경하지 않고 그대로 사용할 수 있다.

다형성의 개념은 모델링을 하는 사람(시스템 분석가) 보다는 소프트웨어 개발자(프로그래머)에게 유용하다. 초기 다형성은 엄격한 연산자 타입(type system)을 극복하기 위해 개발된 개념이다. 예를 들어 데이터 형이 서로 다른 두 개의 수(x와 y)를 더한다고 가정해보자. 이 때 x+y에서 +연산자는 x와 y의 데이터 타입에 따라 각각 모든 경우에 정의되어져야 하며, 이것은 각각의 데이터 타입에 맞추어 선택되어져야 한다. 이 경우 다형성 개념을 이용하면 아주 편리하게 해결될 수 있다. 다형성 개념을 적용하기 위한 주요한 기법으로는 다음과 같은 것이 있다.

- 형 강제변환(type coercion) : 엄격한 연산자 타입의 극복 가능
- 연산자 다중정의(operator overloading) : 융통성 있는 연산자의 사용 가능
- 포괄성(genericity) : 형 그 자체를 파라미터(parameter)화 할 수 있는 능력으로 범용 타입 생성 가능

2 객체지향 개발 접근법

2.1 객체지향 시스템 개발 수명주기

객체지향 개발 프로세스는 [그림 13-9]와 같이 일반적으로 객체지향 분석(object-oriented analysis), 시스템 설계(system design), 객체설계(object design), 구현(implementation) 단계로 나누어진다. 객체지향 분석은 사용자 요구를 분석한다는 점은 절차적 방법과 같지만 요구를 찾아내고 표현하는 방법이 다르다. 분석 결과는 앞에서 제시된 세 가지 모델(객체모델, 동적 모델, 기능모델)로 표현되어진다. 설계단계에는 시스템 구조와 단위 모듈, 즉 상세 설계를 하는 것은 같으나 모듈에 대한 기본 개념과 표현 방법이 다르다. 시스템 설계는 시스템의 구조를 서브시스템으로 분해한다. 이 과정 중에 성능 최적화 방안, 문제해결 전략, 자원 분배 방안들이 확정된다. 객체설계는 객체의 구현에 필요한 상세한 내역을 설계모델로 제작하고 상세화 한다. 이때 구체적인 자료구조와 알고리즘들이 정의된다. 구현 단계에서는 특정의 객체지향언어를 이용하여 프로그래밍을 하고 모듈을 테스트 한다.

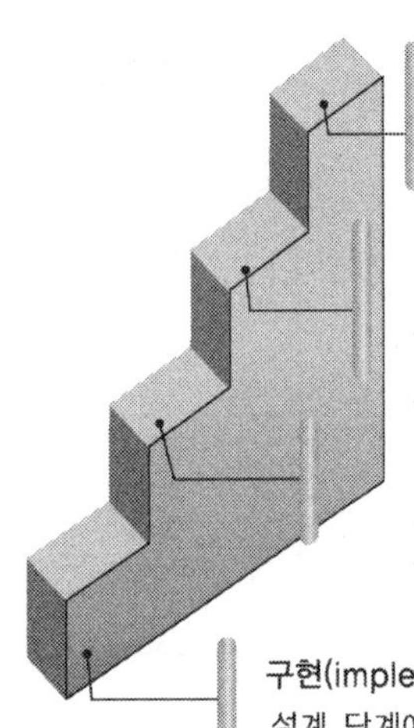

분석(analysis)

실세계의 정보 처리 현황과 문제점을 파악하여, 주요 업무프로세스의 중요한 특성들을 모형화 한다. 그리고 이를 업무프로세스를 수행하는데 필요한 객체를 식별하고 모형화한다.

시스템 설계(system design)

업무모형에 대한 효율적인 전산화 방안을 검토하여, 바람직한 시스템 구조를 결정한다. 시스템 설계자는 이 단계에서 성능의 최적화 방법, 문제해결 정책, 자원 활용 등을 결정한다. 한 시스템을 결정된 자원에 맞도록 여러 서브시스템(subsystem)으로 나눈다.

객체 설계(object design)

부 시스템 단위로 나누어 업무모형을 실제로 구현하는데 필요한 세부사항들을 추가한다. 각 클래스를 구현하기 위해 각 객체 클래스의 속성과 연산에 필요한 자료 구조와 알고리즘을 설계한다.

구현(implementation)

설계 단계에서 결정된 객체 클래스의 세부 사항들을 프로그래밍 언어, 데이터베이스, H/W 등을 이용하여 실제로 구현한다.

[그림 13-9] 객체지향 분석 설계

오늘날과 같이 기업의 규모와 형태가 다변화되고 업무 프로세스가 급변하고 있는 상황에서 적응력이 우수한 시스템을 개발하기 위해서는 진화적 개발 접근법이 많이 사용된다. 객체지향 방법에서는 반복적이고 점진적인 개발 프로세스를 적용하고 있다. 즉, 소프트웨어 시스템을 작은 단계로 나누어 반복적(iterative) 및 점증적(incremental)으로 개발해 간다.

객체지향 소프트웨어 개발 수명주기는 [그림 13-10]과 같이 ① 시작(inception) 단계, ② 상세화(elaboration) 단계, ③ 구현(construction) 단계, 그리고 ④ 전이(transition) 또는 진화 단계로 구성되어 있다. 시스템 개발과 진화과정에서 이러한 노력들은 반복적으로 계속하여 적용된다. 이를 통하여 초기 개념적 수준의 분석모델이 설계모델로 전환되고, 추상화 수준을 더욱 더 깊어지고 상세화 되어 개발하고자 하는 To-Be 모델로 진화되어 간다. [그림 13-10]에서는 시스템 개발 수명주기별 노력의 정도를 나타내고 있다. 시스템 개발이 진행됨에 따라 그 노력의 분포가 달라지며, 점차 구현모델로 나아가면서 구현노력의 비중이 증가한다. 시스템 진화 단계별 목적과 요구되는 산출물은 [표 13-2]와 같다.

객체지향 방법에서는 유즈케이스로 시스템을 분할하고 초기에 먼저 핵심적인 S/W 아키텍처를 구성한다는 점에서 프로토타이핑 기법과 다르다. 진화적 프로토타이핑(prototyping)과 비슷한 원리이므로 초기에 피드백(feedback)을 받아서 위험요소를 줄일 수 있는 장점이 있다. 그리고 점진적 개발을 통하여 새로운 요구사항 및 변경사항에 대하여 유연하게 대처 가능하다. 또한 지속적으로 수정을 가하므로 소프트웨어 품질을 향상시킬 수 있다.

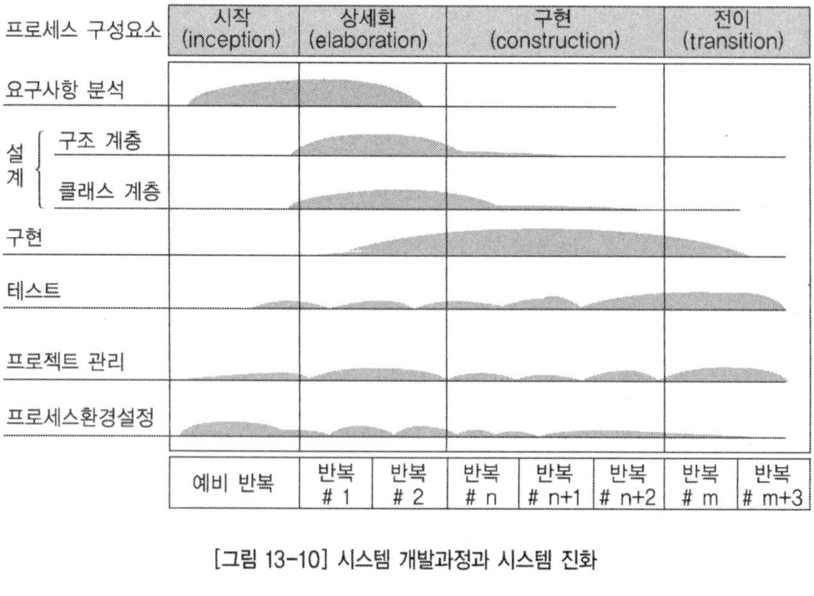

프로세스 구성요소
시작 (inception)
상세화 (elaboration)
구현 (construction)
전이 (transition)
요구사항 분석
설계 구조 계층
클래스 계층
구현
테스트
프로젝트 관리
프로세스환경설정
예비 반복
반복 # 1
반복 # 2
반복 # n
반복 # n+1
반복 # n+2
반복 # m
반복 # m+3

[그림 13-10] 시스템 개발과정과 시스템 진화

[표 13-2] 개발 및 진화 단계의 목적과 산출물

단계	목 적	요구되는 산출물	부가적인 산출물
시작 단계	• 새로운 시스템의 비즈니스 케이스(business case)를 설립하거나 기존 시스템의 주요 수정사항을 설정	• 프로젝트를 위한 핵심 요구사항 • 초기의 위험 평가	• 개념적인 프로토타입 • 초기의 문제영역 모델(10%~20%정도)
상세화 단계	• 문제영역 분석 • 적합한 기반 아키텍쳐 설정 • 프로젝트의 가장 위험한 요소 결정 • 프로젝트의 개괄적인 계획 수립	• 시스템 배경도, 시나리오, 문제영역(80%이상)을 포함하는 시스템 행위 모델 • 실행 가능한 아키텍쳐 • 문제영역에 기초한 기본 제품 버전 설정 • 개정된 위험 평가 • 평가 기준 • 배포 기술서 (release descriptions)	• 사용자 매뉴얼 초안
구현 단계	• 점증적으로 사용자 조직에 전이할 수 있는 완성된 소프트웨어 제품을 개발	• 실행가능한 소프트웨어 배포판(stream of executable releases) • 작동가능한 프로토타입 (behavioral prototypes) • 품질보증 결과 • 시스템과 사용자 문서 • 배포계획(deployment plan) • 다음 반복 단계를 위한 평가 기준	
전이 단계	• 사용자 조직에 소프트웨어 제품을 전이	• 실행가능한 소프트웨어 배포판 • 품질보증 결과 • 수정된 시스템과 사용자 문서 • 사후 프로젝트 성능 분석	

2.2 객체지향 모델링 및 설계

1) 객체지향 모델링

객체지향 분석기법은 이전의 분석기법에 비해 실세계의 현상을 보다 정확히 모델링 할 수 있어 복잡한 응용 분야들에 적용이 가능하다. 또한 분석과 설계의 표현에 큰 차이점이 없어 시스템의 개발을 쉽게 한다. 분석, 설계, 프로그래밍의 결과가 큰 변화 없이 재사용할 수 있어 확장성이 용이하다. 소프트웨어 시스템의 세 가지 관점(정보, 동적, 기능 관점)은 시스템의 각기 서로 다른 면을 보여주고 있어 이를 통합하여 소프트웨어를 설계하는 일이 쉬운 것이 아니었다. 객체지향 방법론은 이들을 체계적으로 통합하여 유연성과 적응력을 가진 우수한 품질의 소프트웨어를 만들 수 있는 최적의 방법으로 여겨지고 있다. 객체지향 분석 기법은 [그림 13-11]과 같이 시스템의 요구 사항을 분석하기 위해 세 가지 모델링 기법을 단계별로 적용하여 그 결과를 통합한다.

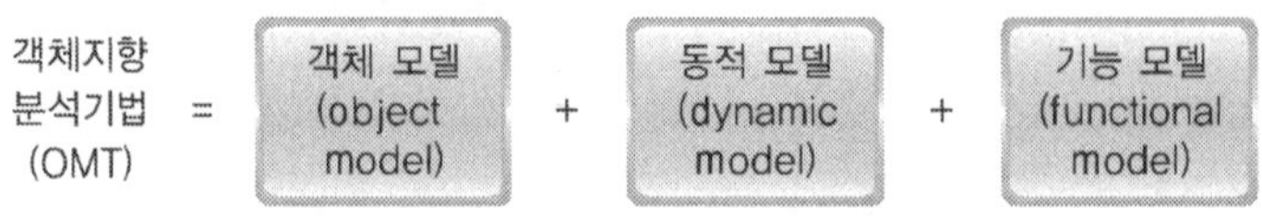

[그림 13-11] 객체지향 분석의 세 가지 모델

(1) 객체 모델링

객체 모델링(object modeling)은 정보 모델링(information modeling)에서 발전되었으며 시스템에서 요구되는 객체를 찾아내어 객체들의 특성과 객체들 사이의 관계를 규명한다. 객체 모델(object model)은 처리되는 자료(what is happen to)를 중심으로 시스템의 정적인 특징을 표현한다.

(2) 동적 모델링

객체 모델링에서 규명된 객체들의 행위와 객체들의 상태를 포함하는 라이프 사이클을 보여준다. 동적 모델(dynamic model)은 각 기능들이 언제 수행되는가(when it happens)를 중심으로 시간변화에 따른 시스템의 동작과 상태의 변화를 자세히 정의한다. 동적 모델링은 상태 다이어그램, 사건 추적도, 사건 흐름도 등을 이용한다.

(3) 기능 모델링

각 객체의 형태 변화에서 새로운 상태로 들어갔을 때 수행되는 동작들을 기술하는데 사용된다. 기능 모델(functional model)은 정보처리를 위하여 수행되어야 할 기능(what happens)을 자료흐름도를 이용하여 표현한다.

2) 객체지향 요구 분석

요구분석은 말 그대로 사용자의 요구를 알아보는 것이다. 개발 초기에 용역을 맡기는 고객의 요구를 충분히 알기 위해 그리고 이러한 요구를 구축할 시스템에 충분히 반영하기 위하여 요구분석의 단계가 필요하고 이것의 문서화가 필요하다. 또한 이 단계는 고객과 공급자 간의 마찰이 생길 때 이를 해결하기 위한 자료로서도 사용되어진다. 이러한 요구분석의 결과물로는 시스템에서 요구하는 기능을 적어놓은 일반적인 문서가 된다.

객체지향 요구사항 파악은 시스템이 만족시켜야 할 요구사항을 발견하고, 이를 유즈케이스를 통해 명세화 하는 과정이다. 계약서나 제안서에 명시된 부분보다 세부적으로 시스템의 요구사항을 세분화하고, 그 결과를 통합하여 고객이 원하는 시스템에 대해 서술해야 한다. 그리고 만족시켜야 할 기능, 성능, 인터페이스 등을 규명한다. 요구분석이 어려운 이유는 사용자, 고객의 문제점을 이해하고, 요구사항을 정확히 파악해야 하기 때문이다. 요구분석의 최종 산출물은 유즈케이스 모델이다.

유즈케이스 모델은 소프트웨어 개발 단계의 최상위 문서로서 시스템 개발 전체 과정에 걸쳐 기준이 되며, 시스템의 성능, 품질 평가의 기준과 표준으로 사용할 수 있도록 목표와 요구사항을 명확하게 정의한다. 유즈케이스 모델에는 앞의 제 5장에서 자세히 다룬 바와 같이 유즈케이스 기술서(use case description)와 유즈케이스 다이어그램(use case diagram)이 있다. 유즈케이스 기술서는 시스템이 제공해야 할 기능과 서비스를 구체적으로 명시한 것으로 초기 반복시기에 주로 작성되고, 고객과 개발자들 간의 일종의 약속이기도 하다. 유즈케이스 다이어그램은 행위자와 유즈케이스와의 관계, 그리고 유즈케이스들 간의 관계(포함관계와 확장관계)를 나타내며, 전반적인 시스템의 기능을 표현한다.

UML에서는 사용자 요구분석을 위한 도구로서 유즈케이스 다이어그램과 간단한 클래스 다이어그램(class diagram), 그리고 활동 다이어그램(activity diagram)을 사용한다.

3) 객체지향 분석

객체지향 분석(OOA : object-oriented analysis)은 요구사항 파악 단계에서 찾은 요구사항을 모델링 하는 과정이다. 이 단계에서는 앞에서 제시된 세 가지 관점에서의 모델(객체 모델, 동적 모델, 기능모델)을 작성하고 정제하는 단계이다. 이 과정에서 분석

모델은 개념 단계의 모델링 수준에서 논리적 설계 단계의 실제적인 모델로 진화되어 간다. 객체지향 분석에서 가장 중심이 되는 모델은 유즈케이스 모델을 바탕으로 만든 객체 모델이다. 분석 모델을 작성하기 위해서는 문제영역에 대한 풍부한 지식과 경험이 필요하다. 분석 모델은 사용자가 쉽게 잘 이해할 수 있도록 작성해야 한다. 그리고 유즈케이스 모델에서 표현된 사항을 충실하게 반영해야 한다.

분석의 단계에서는 실제 풀어야 할 문제에 대한 세부적인 분석을 필요로 한다. 하지만 이러한 분석에서 세부적인 구현기술(implementation technology)이나 특정 기술적인 요소들은 배제하고 실세계의 존재물에 해당하는 모델들(클래스, 객체, 상호작용)에 관한 것이다. 분석단계에서 행하여지는 일들을 간단히 소개하면 다음과 같다.

먼저, 해결해야 될 문제의 영역에 대한 지식을 얻어야 한다. 이 지식은 기존 시스템의 기술서(description), 사용자와의 대화, 업무프로세스(business process) 분석, 용어 사전 또는 카탈로그(term catalog), 동일한 문제를 가지고 접근하는 다른 팀의 보고서 등에서 가져올 수 있다.

둘째, 적당한 클래스들의 후보(candidate)들을 찾아야 한다. 이 과정에서 브레인스토밍(brainstorming)이 필요하며, 이 과정이 끝난 후 모든 클래스 후보들에 대하여 다시 한번 더 심각한 고찰이 필요하고 여기서 필요 없는 클래스가 생략되게 된다.

셋째, 클래스들 사이의 정적인 관계가 모델링 되어진다. 예를 들어 연관 관계(association relationship), 집합 관계(aggregiation relationship), 일반화 관계(generalization relationship), 종속 관계(dependencies relationship) 등으로 관계들이 표현된다. 이에 대해서는 다음 절에서 자세히 설명한다.

넷째, 객체들 사이의 행위(behavior)와 협력(collaboration) 등에 관한 사항은 상태 다이어그램(state diagram), 협력 다이어그램(collaboration diagram), 순차 다이어그램(sequence diagram), 활동 다이어그램(activity diagram) 등으로 표현한다. 이에 대해서도 다음 절에서 자세히 설명한다.

다섯째, 모든 다이어그램이 완성되면 종이에 시스템을 실행시켜봄으로써 다시 한번 검증하는 것이 필요하다.

여섯째, 기본적인 사용자 인터페이스의 프로토타입을 만든다.

따라서 UML에서는 사용자 요구분석을 위한 도구로서 다음과 같은 모델링 도구가

사용되어 진다.

- 클래스 다이어그램(class diagram)
- 순차 다이어그램(sequence diagram)
- 협력 다이어그램(collaboration diagram)
- 상태 다이어그램(state diagram)
- 활동 다이어그램(activity diagram)

4) 객체지향 설계

설계 단계는 분석 단계의 결과물에 기술적인 부분을 첨가하여 확장하는 것이다. 기술적인 확장이란 시스템을 어떻게 구현(implement)할 것인지에 초점을 두고 어떻게 동작하고 어떤 제약이 있어야 하는지에 관하여 생각하는 것이다. 이와 같이 설계 단계와 기술적인 하부구조를 분리하는 것은 분석 단계에서 만들어진 결과를 되도록이면 변화시키지 않고 유지하면서 하부구조를 좀 더 쉽게 변화시키거나 발전시킬 수 있도록 하기 위함이다.

객체지향 설계(OOD : object-oriented design)란 분석 과정을 통해 나온 세 가지 관점에서의 모델들을 더욱 상세하게 표현하면서 실세계의 모습들을 컴퓨터 내부로 옮기는 과정이다. 아직은 자세한 구현 과정이 나타나지 않지만 시스템이 어떻게 동작하는지에 대해 표현하는 과정이다. 설계 모델에서는 실제 프로그래밍을 위한 요소들을 효율적으로 표현할 수 있어야 한다. 즉, 분석 모델에 표현되지 않은 컴퓨팅 환경을 바탕으로 세부적인 사항을 표현해야 한다. 설계 단계에서는 비용, 소요시간, 용량, 신뢰성 등을 고려하여 현실과 예산에 맞는 설계 방법을 선택한다. 객체지향 설계단계에서 실제 일어나는 일은 다음과 같다.

먼저, 분석단계에 나온 클래스들에서 기능적 패키지(functional package)들을 분리시킨다. 예를 들어 사용자 인터페이스, 데이터베이스 처리, 커뮤니케이션을 위한 패키지가 분석단계에서 나온 클래스들에 포함되어 있다면 기능적 패키지로 분리시키고 없다면 첨가시킨다.

둘째, 동시성을 가진 행위의 경우 공유되는 자원에 대하여 활성 클래스(acitive classes)와 비동기적 메시지(asynchronous messages), 동기화 기법(synchronization technique) 등을 가지고 모델링을 한다.

셋째, 시스템의 출력에 해당하는 형식이 정해져야 한다. 시스템의 출력은 사용자가 원하는 최종 출력물이다.

넷째, 필요한 외부 클래스 라이브러리나 컴포넌트를 명시하여야 한다.

다섯째, 시스템에서 예상되는 예외(exception) 상황에서의 에러처리를 고려하여야 한다.

따라서 설계 단계에서는 시스템을 구현하기 위하여 분석 단계에서 만든 세 가지 관점의 모델들을 토대로 코딩 이전 단계로 나아가기 위한 전환설계(transition design)와 클래스와 애플리케이션 프로그램이 수행될 하드웨어나 네트워크 시스템의 구조와 운영환경을 설정하는 기술 설계(technology design)의 두 부분으로 나눌 수 있다. UML에서 설계단계에서의 결과물로는 다음과 같은 것이 나온다.

- 클래스 다이어그램(class diagram)
- 순차 다이어그램(sequence diagram)
- 협력 다이어그램(collaboration diagram)
- 상태 다이어그램(state transition diagram)
- 활동 다이어그램(activity diagram)
- 컴포넌트 다이어그램(component diagram)
- 배포 다이어그램(deployment diagram)

5) 객체지향 구현 및 테스트

객체지향 구현(OOI : object-oriented implementation)은 객체지향 언어를 이용하여 시스템의 기능이 실제 수행 가능한 모습으로 표현되는 과정이다. 객체지향 모델링 도구를 사용하여 분석과 설계를 했다면 적절한 코드 생성을 통해 구현을 손쉽게 할 수 있다. 구현의 자동화를 위한 CASE(computer-aided software engineering) 도구를 사용할 경우 코드의 생성과 디버깅의 효율성을 높일 수 있다. 구현 과정에서 객체의 속성과 연산, 그리고 인터페이스 등에 대한 보완 작업을 수행할 수 있다.

객체지향 분석과 설계에서 코딩을 먼저 하는 것은 바람직하지 못하다. 분석과 설계의 과정을 충분히 거치지 않고 바로 코딩을 할 경우 분석하고 설계하는 단계를 다시 하는 경우가 빈번하다. 이는 오히려 프로젝트를 망치거나 장기화 시킬 우려가 대단히 크다. 구현단계의 결과물로 어떤 다이어그램을 만드는 일은 드물다. 대신 설계 단계를 정정하

는 것이 필요하다.

시스템 개발의 마지막 단계로서 테스트는 코드에서의 에러를 발견하는 일이다. 여기서 에러의 발견은 프로그램에서의 실수가 아니고 성공이라고 보아도 좋다. 테스트 결과의 에러가 문서로 남게 되고 이것이 다음 버전에서 고쳐질 수 있기 때문이다.

테스트는 품질보증활동의 중요한 일부분이다. 요구사항 파악, 분석, 설계 및 구현 전 과정에 대한 최종 점검을 통하여 제품의 오류를 발견하고 수정할 수 있다. 최근 객체지향 테스팅(object-oriented testing) 기법들이 실무에 정착되어가고 있다. 이 방법 역시 테스트의 단위가 객체 모델이란 것을 제외하고는 기존의 방법과 동일하다. 테스트의 주요 단위로는 서브시스템 또는 전체 시스템을 구성하는 객체, 클래스, 컴포넌트 등이 될 수 있다. 그리고 분석, 설계 및 구현 단계의 클래스 단위, 또는 컴포넌트 단위의 시험을 포함할 수도 있고, 시스템 통합 시험, 인수 시험 등만 포함할 수도 있다. 테스트의 최종 산출물은 테스트 결과보고서이다. 객체지향 테스팅에 대해서는 다음 절에서 보다 더 자세히 설명한다.

2.3 객체지향 개발법에서의 테스팅

지금까지의 대부분의 테스팅 기법은 비객체지향개발(non-object-oriented development)방법론을 바탕으로 발전되어 왔다. 객체지향 개발은 새로운 개발접근법으로 기존의 테스팅 접근법의 대부분이 여전히 객체지향 시스템에 적용되고 있다. 테스팅에 영향을 가져오는 객체지향 시스템의 특징은 캡슐화(정보 은닉), 다형성, 상속, 클래스 라이브러리, 패턴의 사용, 프레임웍, 콤포넌트 등이다. 객체지향으로 개발되는 제품의 증가로 객체지향 개발에서 테스팅의 중요성이 증대하고 있다.

1) 캡슐화와 정보은닉

캡슐화와 정보은닉(encapsulation and information hiding)은 객체(object)를 만들기 위해 결합되기 위한 프로세스와 데이터에 허용된다. 이들은 가시적 인터페이스 뒤에 모든 것을 은폐한다. 이들이 효과적이고 효율적인 방법으로 시스템을 수정하고 유지하게 할지라도 시스템을 테스팅 하는 데에는 문제가 있다. 시스템을 사용자 요구에 맞게 테스트하기 위해서는 사용자 케이스(user cases)에 나타나는 비즈니스 프로세스를 테스

트하는 것이 필요하다. 그러나 비즈니스 프로세스는 공동의 클래스 집합에 분산되어 있다. 비즈니스 프로세스가 시스템에 끼치는 영향을 파악하는 유일한 방법은 시스템에서 일어나는 상태 변화를 관찰하는 것이다. 그러나 객체지향 시스템에서는 클래스의 인스턴스는 데이터를 감춘다. 그러면 어떻게 비즈니스 프로세스의 영향을 보게 하는 것이 가능하겠는가?

캡슐화와 정보은닉에서 발생하는 두 번째 문제는 단위 테스팅에서 '단위(unit)' 에 대한 정의의 문제이다. 테스트 되는 단위는 무엇인가? 패키지, 클래스 또는 메소드인가? 전통적 접근법에서는 한 함수에 포함된 프로세스이다. 그러나 객체지향 시스템에서 프로세스는 클래스 집합에 분산되어 있다. 따라서 개별 메소드의 테스팅은 의미가 없다. 답은 클래스이다. 클래스로 단위 테스팅이 이루어져야 한다. 세 번째 문제는 통합 테스팅에서 일어난다. 객체들은 집단 객체(aggregate objects)를 형성하기 위해 모일 수 있다. 자동차는 많은 부품들로 구성된다. 이들 부품들은 여러 그룹으로 형성되기도 한다. 또한 이들은 클래스 라이브러리, 프레임웍, 요소들로 사용될 수 있다. 어떻게 이들을 효과적으로 통합하여 테스팅할 것인가?

2) 다형성과 동적 결합

다형성과 동적 결합(polymorphism and dynamic binding)은 단위 테스트와 통합 테스트 모두에 영향을 준다. 개별 비즈니스 프로세스는 클래스 집합에 분포되어 있는 메소드 집합으로 실행되기 때문에 메소드 레벨의 단위 테스트는 무의미하다. 그러나 다형성과 동적 결합에서 같은 메소드가 다른 많은 객체에서 실행될 수 있다. 메소드 개별 실행의 테스팅은 무의미하다. 다시 말해 테스트는 클래스 단위로 이루어져야 한다. 또한 일부 예외적인 경우 외에는 동적 결합으로 어떻게 실행이 이루어지는지 알기가 불가능하다. 따라서 통합 테스팅은 매우 중요한 과정이다.

3) 상 속

상속(inheritance)은 객체지향의 프로그래밍 시 발생하는 것으로 한 개의 객체에 관련된 소스코드가 동일한 모듈에서만 존재할 수는 없다. 따라서 분산되어 있는 코드내에 존재하는 오류나 결점을 발견하는 것이 쉽지 않다. 그리고 객체의 전체적인 처리내용을 이해하기가 용이하지 않다. 상속을 사용하는 경우, 오류 즉 버그(bugs)가 상위 클래스에서 직간접으로 연결된 하위 클래스로 바로 전파될 수 있다. 그러나 상위 클래스에 적용

되는 테스트는 모두 하위 클래스에 적용될 수 있다. 이들은 단위 테스트와 통합 테스트에 영향을 준다.

4) 재사용성

객체 혹은 콤포넌트를 재사용할 경우는 기존의 테스트가 완료된 모듈들이므로 테스팅의 양을 줄여준다. 그러나 클래스가 다른 곳에 사용되어질 때 마다 클래스는 다시 테스트되어야 한다. 클래스 라이브러리, 프레임웍 또는 요소들이 사용될 때 마다 단위 테스트와 통합 테스트는 중요하다. 재사용되는 콤포넌트(component)는 테스트 단위가 콤포넌트 그 자체가 된다.

5) 객체지향 개발 프로세스와 제품

일반적으로 시스템 테스팅은 SDLC 주기 마지막 부분에서 실시된다. 이는 테스팅이 모든 프로그래밍 작업이 마친 후에 이루어짐을 의미한다. 객체지향 개발 프로세스에서 나오는 모든 산출물들이 테스트되어야 한다. 명확한 요구사항들은 사용자 케이스 테스팅을 통하여 정확하게 모델링 되도록 도와준다. 실행 단계보다 분석 단계에서 오류를 수정하는 것이 비용을 줄이는 것이다. 테스팅은 SDLC 전 부분에서 이루어져야 한다.

3 UML을 이용한 객체지향 시스템 분석 및 설계

3.1 UML의 개요

1) UML의 개념

UML(unified modeling language)은 객체지향 분석 및 설계를 위한 모델링 언어이다. 이는 Booch, Rumbaugh, Jacobson 등 객체지향 방법론에 관한 석학들이 내어놓은 통합된 시스템 개발 방법론을 지원하는 모델링 언어이다. 또한 객체 지향 기술에 관한 국제 표준화 기구인 OMG(object management group)에서 이미 UML을 표준 모델링 언어로 인정했다.

객체지향 기술이 급속도로 발전하던 1990년대 초반 여러 학자들이 주장하는 서로 다른 표기법의 사용으로 인하여 실무차원에서 많은 혼란을 초래하였다. 이에 서로 다른 표기법으로부터 나타나는 혼란을 제거하기 위하여 통합된 모델링 언어의 적용에 대한 필요성이 대두되었으며, 이로부터 의미모델(sementic model), 구문 표기 및 다이어그램 등의 분석과 설계 부품들의 표준화에 많은 노력을 기울인 결과 앞의 [그림 13-1]에서 보는 바와 같이 1997년 11월 UML 1.1이 객체지향 방법론의 표준으로 지정되었다. UML의 제정에 지대한 영향을 미친 학자와 이들이 제시한 주요한 개념들을 표시하면 [그림 13-12]와 같다.

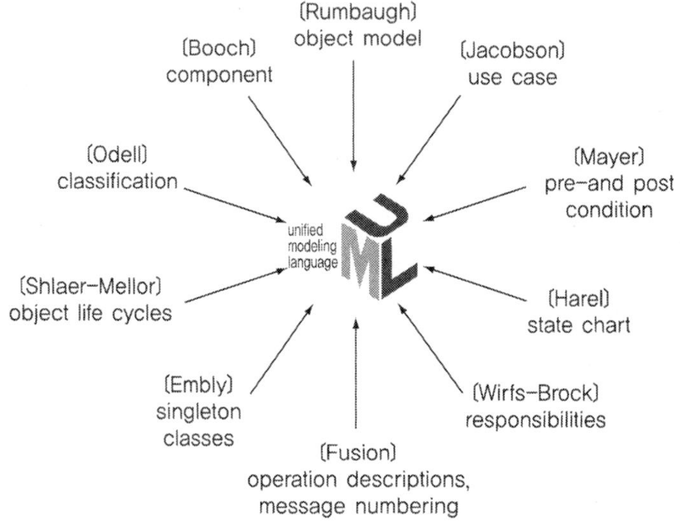

[그림 13-12] UML에 영향을 미친 학자와 개념

UML은 통합된 객체지향 방법론을 지원하는 모델링 언어이다. 방법론은 특정한 시스템을 성공적으로 개발하는데 필요한 단계와 각 단계별로 이용가능한 기법(techniques), 방법(methods), 그리고 도구(tools)를 총체적으로 엮어 만든 하나의 개발 체제이다. 모델링 언어는 이러한 방법론을 지원하는데 필요한 도구의 표현법을 정의한 약속체계이다. UML은 현실 문제의 모든 요소들과 개발하고자 하는 소프트웨어 시스템을 [그림 13-13]과 같이 다이어그램을 사용하여 나타내고 그 대상에 의미를 부여한다.

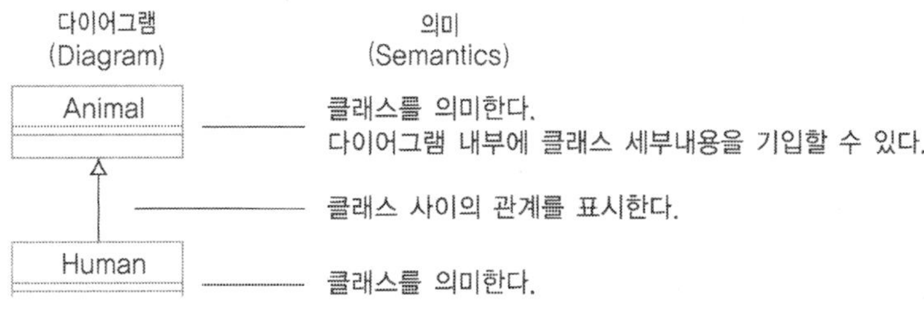

[그림 13-13] UML을 이용한 다이어그램의 예

2) UML의 특징

UML은 어휘와 규칙을 두어 시스템을 개념적이고 물리적으로 표현하여 의사소통을 돕는 것을 목적으로 한다. UML은 시스템을 이해하기 위하여 하나 이상의 모델을 서로 연결 사용하여 복합적인 모델로 이해를 돕는 역할을 한다. UML의 주요한 특징은 [그림 13-14]에서 보는 바와 크게 4가지로 나눌 수 있다.

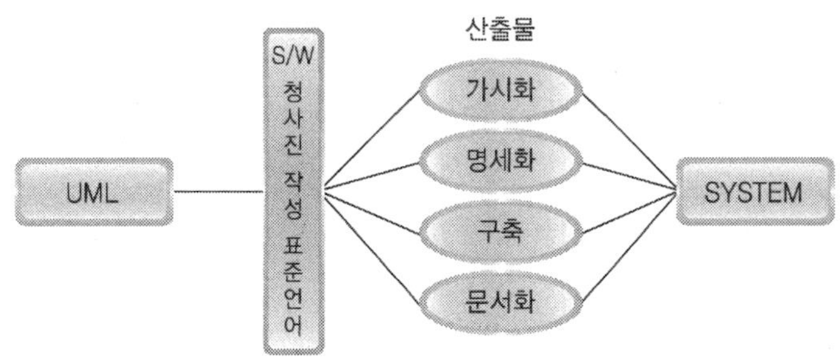

[그림 13-14] UML의 주요한 특징

첫째, UML은 가시화 언어이다. UML은 개념적 모델을 쉽게 작성할 수 있게 하며, 논리적 수준에서의 의사소통을 용이하게 하는 그래픽 언어이다.

둘째, 명세화 언어이다. 정확한 모델 제시와 완전한 모델 작성을 지원하기 위해서 개발된 모델링 언어이다. 분석, 설계의 주요한 결정을 표현한다.

셋째, 구축 언어이다. 다양한 프로그래밍 언어와 연결이 가능하며, 순 공학적 접근법과 역 공학적 접근법이 동시에 가능하다. 또한 실행 시스템의 예측이 가능하다.

넷째, 문서화를 위한 언어이다. 시스템에 대한 통제, 평가, 의사소통에 필요한 문서를 자동적으로 산출할 수 있게 한다. 즉, 사용자 요구사항, 아키텍쳐 설계, 원시코드, 프로젝트 계획, 테스트, 프로토타입, 배포 등의 문서화에 곧바로 사용가능하다.

3.2 UML의 구조와 표현법

UML을 이용하여 객체지향 분석 및 설계를 실시할 경우 이를 통해 나온 최종 산출물들의 구성체계를 제시하면 [그림 13-15]와 같다.

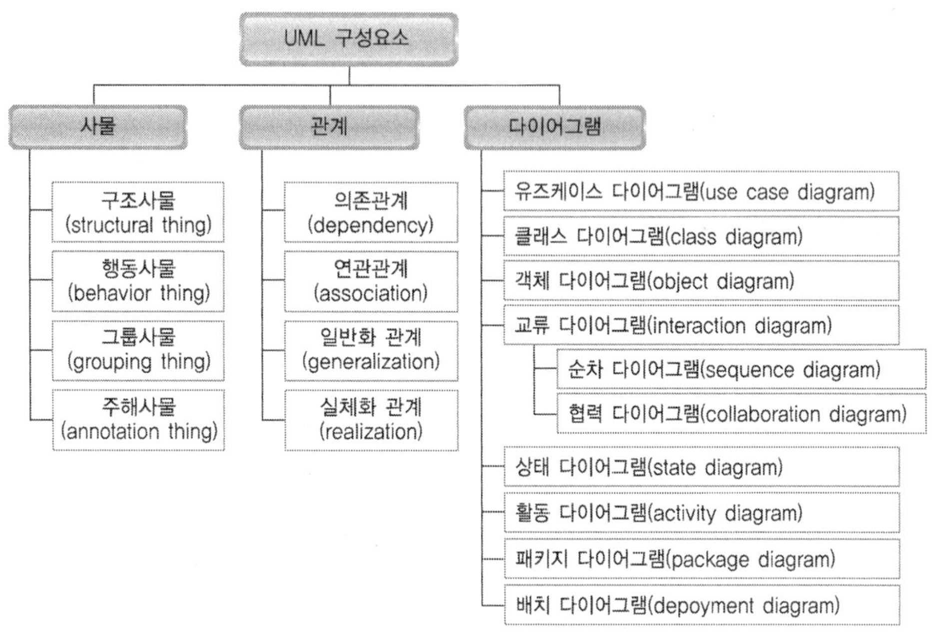

[그림 13-15] UML의 구조

3.2.1 사물의 표현

사물(things)은 추상적 개념으로 모형 구성의 기본 요소이다. 사물에는 [그림 13-15]와 같이 구조사물(structural thing), 행동사물(behavior thing), 그룹사물(grouping thing), 주해사물(annotation thing)로 나눌 수 있다. UML에서 이들 사물을 표현하기 위한 표기법을 제시하면 [그림 3-16]과 같다.

1) 구조사물

구조사물(structural thing)은 UML 모형의 명사형으로서 모형의 정적인 부분이며 개념적이거나 물리적인 요소들을 표현한다. 구조 사물에는 클래스(class), 활성 클래스

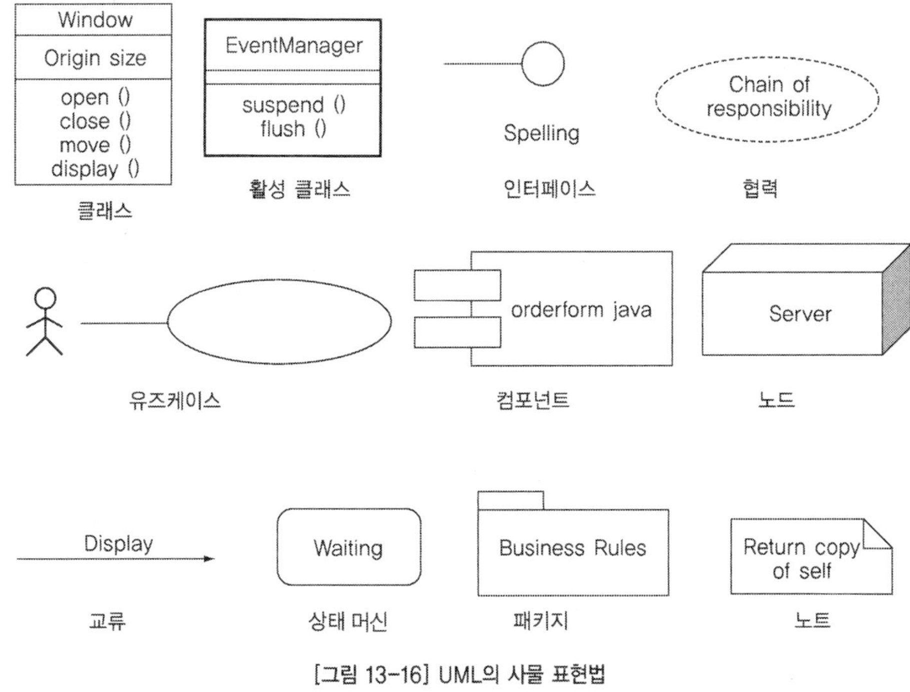

[그림 13-16] UML의 사물 표현법

(active class), 인터페이스 (interface), 협력(collaboration), 유즈케이스(use case), 컴포넌트(component), 노드(node) 등이 존재한다.

클래스(class)는 동일한 속성과 오퍼레이션, 관계, 그리고 의미를 공유하는 객체를 표현하는 것으로 3단 박스로 표현한다. 인터페이스(interface)는 클래스 또는 컴포넌트(component)의 서비스를 명세하는 오퍼레이션들의 집합이다. 인터페이스는 외부적으로 가시화 할 수 있는 요소의 행동을 설명한다. 인터페이스는 특정 클래스나 컴포넌트의 전체 또는 일부분만의 행동을 표현한다. 활성 클래스(active class)는 객체가 하나 또는 그 이상의 프로세스나 스레드(thread)를 갖는 클래스(제어 활동을 포함)이다. 객체들의 행동이 다른 요소들과 함께 동시적으로 발생하는 경우에 사용한다. 활성 클래스는 클래스와 유사하나 3단 박스에 테두리를 진하게 표시한다.

협력(collaboration)은 클래스 간의 교류(interaction)를 정의하며 서로 다른 요소와 역할들의 집합을 표현한다. 시스템을 구성하는 패턴을 표현하며 클래스의 행동적이고 구조적인 중요성을 도식한다. 협력은 점선 타원형으로 표현한다. 유즈케이스(use case)는 시스템이 수행하는 순차적 활동들을 기술하며 행위자에게 결과치를 제공한다. 행동 사물을 구조화하기 위하여 사용하며 협력으로 실현한다. 유즈케이스는 앞에서 보았듯이

타원으로 표시한다.

컴포넌트 (component)는 시스템의 물리적이고 대체 가능한 부분으로 인터페이스를 준수하고 구현한다. 클래스, 인터페이스, 협력 등 서로 다른 논리 요소를 물리적으로 패키지화 한다. 컴포넌트의 종류로는 애플리케이션(application), 문서(document), 파일(file), 라이브러리(library), 테이블(table) 등이 있다. 노드(node)는 실행 시에 존재하는 물리적 요소이며 컴퓨터 자원을 나타내고 약간의 메모리와 처리 능력을 포함한다.

2) 행동사물

행동사물(behavioral thing)은 UML 모형의 동사형으로서 모형의 동적인 부분이며 시간과 공간에 따른 행동 요소들을 표현한다. 행동사물에서는 교류(interaction)와 상태 머신(state machine)이 있다.

교류는 행위이며 지정된 목적을 완성하기 위하여 특정 문맥에 속한 객체들 사이에 주고받는 메시지들로 구성된다. 메시지는 화살표로 표현한다. 상태 머신은 특정 시점에서 클래스 상태의 순서를 지정하는 행동이다. 하나의 객체 혹은 교류에 발생하는 사건에 대한 대기 및 응답을 표현한다. 상태는 둥근 모 사각형으로 표현한다.

3) 그룹사물

그룹사물(grouping thing)은 UML 모형을 조직하는 부분이며 모델을 분해하여 재구성화 할 수 있는 단위 상자이다. 그룹사물에는 패키지(package)가 있다. 패키지는 요소들을 그룹으로 묶는 다목적 매커니즘을 제공한다. 컴포넌트와는 다르며 개발 시에만 존재하는 개념적인 모형이다. 이 외에도 그룹사물의 종류로는 프레임워크(framework), 서브시스템(subsystem)이 있다. 패키지는 폴더 모양으로 표현한다.

4) 주해사물

주해사물(annotation thing)은 UML 모형을 보조적으로 설명하는 부분이며 주석문(comment)으로서 모형 요소를 설명하고, 명확히 하는 표현 도구이다. 주해 사물에는 노트(note)가 있다. 노트는 하나의 요소 또는 요소들로 구성된 공동체에 첨부되는 제약과 주석을 표현하는 기호이다. 노트는 종이를 접은 모양으로 표현한다.

3.2.2 클래스의 표현

클래스는 동일한 속성(attribute), 오퍼레이션(operation), 관계(relationship), 그리고 의미를 공유하는 객체를 표현한다. 클래스는 [그림 13-17]과 같이 3단 박스로 표현한다. 표기법은 [그림 13-17]의 '고객' 클래스와 같이 1단에는 클래스 명, 2단에는 속성 명, 3단에는 오퍼레이션명을 적는다.

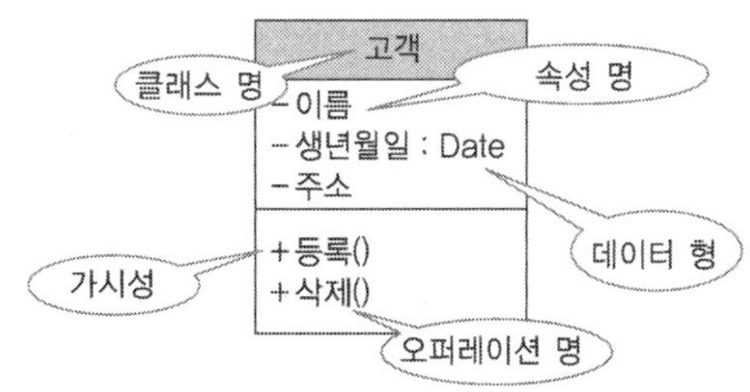

[그림 13-17] 클래스의 표현

1) 클래스 명칭

모든 클래스는 다른 클래스들과 구별되는 유일한 명칭을 가진다. 클래스 명칭은 그 자체의 명칭만을 사용하는 단순명(simple name)을 사용하거나 클래스가 소속된 패키지명을 포함하는 경로명(path pame)을 사용한다. 다음은 경로명을 사용한 클래스의 표기법의 예이다.

Java : : awt : : Rectangle
Business Rules : : FraudAgent

2) 클래스 속성

클래스의 속성(property)은 이를 대표하는 짧은 명사나 명사구로 이름을 붙이며 다음과 같은 구문에 맞추어 이름을 붙인다.

[Visibility] name [multiplicity] [: type] [= initial-value] [{property-string}]

속성명 앞에 그 속성의 가시성(visibility)을 나타내고 속성명 다음에 속성의 다중성과 유형, 그리고 속성의 기본값(default value)을 나열한다. 가시성은 클래스 멤버의 접근범위를 나타내는 요소이다. 접근의 허용은 다음과 같이 세 가지로 나뉜다.

+ : 공용 멤버(public member)를 나타내고, 어느 곳에서나 이 멤버의 접근이 허용된다
- : 사적 멤버(private member)를 나타내고, 클래스 멤버 내의 오퍼레이션만이 접근할 수 있다.
: 보호된 멤버(protected member)를 나타내고, 클래스 멤버뿐만 아니라 클래스를 상속받은 하위클래스(subclass)에서도 멤버의 접근이 가능하다.

프로퍼티 스트링(property-string)의 종류는 다음과 같다.

- changeable : 속성 값의 변화가 가능하다.
- add-only : 속성 값의 추가가 가능하다. 반면에 한번 생성의 이후 제거가 불가능 하다.
- frozen : 객체의 객체가 초기화 된 이후에 속성 값은 변화가 불가능하다.

클래스의 속성을 표기한 예로는 다음과 같다.

Origin-> 이름만 명시
+ Origin->이름과 가시성 명시
Origin : Point-> 이름과 타입 명시
Name[0..1] : String -> 이름, 다중성(multiplicity), 타입 명시
Origin : Point=(0,0) -> 이름, 타입, 초기값 명시
Id : Integer {frozen} -> 이름, 프로퍼티 명시

3) 오퍼레이션

오퍼레이션(operation)은 객체 행동에 영향을 주기 위해 특정 클래스의 객체로부터 요청할 수 있는 서비스를 표현한 것으로 객체에서 할 수 있는 것이 무엇인가를 추상화한 것이다. 클래스 내에서 오퍼레이션의 표현법은 다음과 같다.

[Visibility] name [(parameter-list)] [:return-type]

클래스는 캡슐화 되어 있다. 따라서 속성과 마찬가지로 타 클래스로부터 오퍼레이션에 대한 접근에 제한을 가할 수 있다. Public(+)의 경우 타 클래스로부터 접근이 가능하며, Private(-)의 경우 접근이 불가능하다. Protection(#)의 경우 클래스 계층구조에서 하위클래스의 접근만 허용된다.

오퍼레이션은 함수의 형태로 구현되어지므로 인수전달을 위한 파라메터를 표현하

며, 되돌아오는 값의 타입을 정의할 수 있다. 파라메터의 형태는 다음과 같이 표현되어 진다.

[direction] name : type [= default-value]

이러한 파라메터가 모여서 파라메터 리스트(parameter-list)로 이뤄진다.

방향(direction)의 종류는 다음과 같다.

- in : 파라메터가 입력 파라메터임을 나타내고 오퍼레이션의 수행 중 변화가 불가능하다.
- out : 파라메터가 출력 파라메터임을 나타내고 변화가 가능하다. 이 오퍼레이션을 호출자에게 변화의 사실을 알린다.
- in-out : 파라메터가 입출력 파라메터임을 나타내고 변화가 가능하다.

4) 클래스 책임

책임(responsibility)은 클래스가 수행해야 하는 의무 또는 계약을 나타낸다. 속성과 오퍼레이션 특성들로 클래스의 책임을 수행한다. 클래스 표현법에서 책임과 관련된 사항들은 [그림 13-18]의 (a) 그림과 같이 클래스의 제일 하단(새로이 4단으로 표현)에 정의한다. 클래스의 책임과 협력관계를 묘사하기 위한 도구가 CRC(class responsibility collaboration) 카드이다. [그림 13-18]의 (b)는 '주문' 클래스의 CRC 카드를 예를 든 것이다.

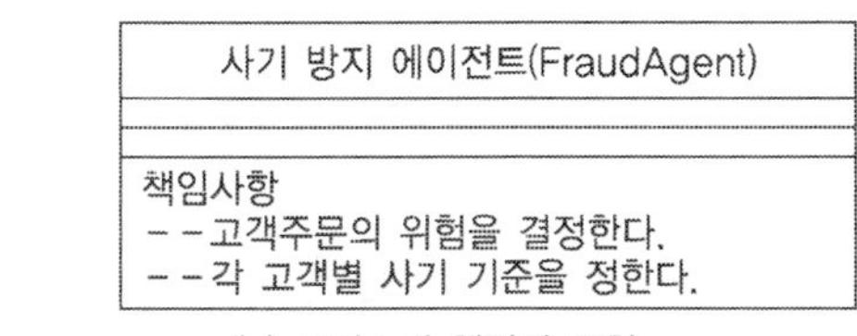

(a) 클래스의 책임의 표현

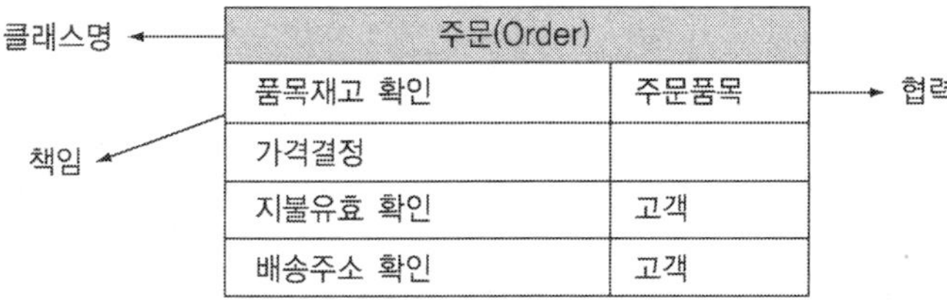

(b) CRC(협력-책임 카드)

[그림 13-18] 클래스 책임 표현

3.2.3 관계의 표현

당신은 집을 지을 때 문과 창문, 캐비닛, 그리고 조명과 같은 여러 가지 내부 구조물을 생각하게 된다. 이러한 것들은 각각 독립적으로 존재하지만 창문과 문이 벽에 붙어있어야 되고 조명이 천장에 있어야 하는 것처럼 서로서로 연관성을 가지고 있다. 이 처럼 각각의 구조물을 클래스와 인터페이스 등등으로 비유한다면 그것들의 연관성이 바로 관계(relationship)이다. 즉, 구성요소들 간의 의미 있는 연결이다.

관계에는 연관(association), 의존(dependency), 일반화(generalization), 그리고 객체의 정제화(refinement)로 나누어진다.

1) 연관 관계

연관 관계(association relationship)는 하나의 객체와 다른 객체들 사이가 관련되어 있을 때 그 특징을 구체화하기 위해 사용된다. 연관관계의 표기는 클래스 사이를 실선으로 표기한다. 연관은 연결된 클래스 사이의 관계를 나타낼 수 있는 이름을 가질 수 있고 또한 클래스는 관계에서 발생하는 역할명(role name)을 정의할 수 있다.

사람(person)
1.. *
일하다(works for) ▶
*
회사(company)
종업원
(employee)
고용주
(employer)

[그림 13-19] 클래스간의 연관관계 표현

[그림 3-19]에서 사람(person)은 회사(company)내에서 일을 하게 된다. 이와 같이 '회사' 클래스는 '사람' 클래스와 관련이 있고 이것을 나타내기 위해 연관 관계를 사용하였다. 여기서 연관 관계 이름을 '일하다(works for)' 로 나타내었고, 이에 해당하는 각 클래스의 역할로 종업원(employee)과 고용주(employer)를 사용하였다. 연관 관계에서 방향성(▶)은 연관 관계를 갖는 클래스들의 주체 관계를 나타낸다. 한편 연관 관계를 나타내는 실선의 양편에 있는 다중성(multiplicity)은 객체 인스턴스들 간의 매핑제약(mapping constraint, 일명 cardinality라고도 함) 또는 참여제약(participation-constraint, 일명 optionality라고도 함)을 나타낸다. 다중성의 표시 방법을 정리하면 [표 13-3]과 같다. 관계를 맺을 때 [그림 13-19] 처럼 '1..*' 나 '*' 등으로 다중의 표시를 하게 된다.

[표 13-3] 다중성의 표시 방법

대응 인스턴스의 수	인스턴스 표시	예 시
정확히 하나	1	한 부서에는 오직 하나의 보스가 있다.
영 또는 그 이상	0..*	종업원은 아이가 한 명도 없거나 여러 명 있을 수 있다.
하나 또는 그 이상	1..*	한 부서에는 최소한 1명 이상의 종업원이 있다.
영 또는 하나	0..1	종업원은 미혼이거나 기혼이다.
특정한 범위의 수	2..4	종업원은 1년에 2~4번의 휴가를 가질 수 있다.
다수의 이산적 범위	1..3, 5	종업원은 1~3개 또는 5개의 위원회 멤버이다.

연관 관계의 특수한 형태로서 집합(aggregation)과 합성(composition)이 있다. 집합은 전체와 부분의 관계(part-of)를 표시한다. 집합 관계는 연관 관계 선의 끝부분에 다이어몬드 표시를 한다. 여기서 다이아몬드 도형이 없는 쪽이 부분이 되고 다이아몬드 도형이 있는 쪽이 전체가 되도록 표기한다. 예를 들어 [그림 13-20]에서 보는 바와 같이 '회사' 는 '업무부서' 들로 조직화 되어 있는 경우 집합 관계로 모델링 할 수 있다. 이 경우 업무부서는 회사의 부분이 되고 회사는 업무부서의 전체가 된다.

단순한 집합의 경우 부분이 여러 개의 전체에 의해 공유될 수 있는 반면, 합성(composition)연관의 경우 전체에 대해 부분이 강한 소속감을 가지고 동일한 생명기간을 가질 때를 나타내다. 집합 관계(part-of 관계)는 독자 운영이 가능하나 합성 연관은 단독 사용이 불가하며 반드시 상위클래스의 객체와 함께 사용되어져야 한다. 예를 들어 종업원의 신체부위에 대한 것은 종업원과 서로 떨어질 수 없으며, 종업원의 수명과 일치한다. 따라서 '종업원' 과 '신체' 클래스는 [그림 13-20]과 같이 합성 관계로 나타낼 수 있다. 또 다른 예로 윈도우 시스템에서 하나의 '프레임' 은 하나의 윈도우에 속하게 된다. 이처럼 반드시 하나의 '윈도우' 에 소속되고 그 윈도우와 생명을 같이 하게 되므로 이 경우 합성으로 나타낸다.

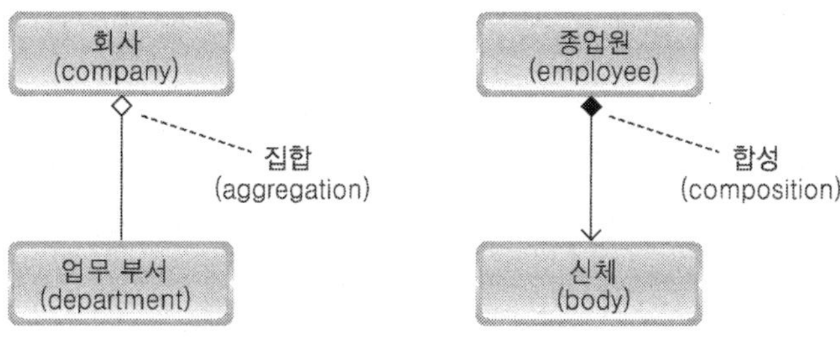

[그림 13-20] 클래스간의 집합과 합성 표현

2) 의존 관계

의존 관계(dependency relationship)는 하나의 특징이 변화함에 따라 다른 하나에 영향을 미칠 때의 관계를 표시할 때 사용한다. 예를 들어 윈도우 시스템에서 이벤트 클래스의 변화는 윈도 클래스에 바로 영향을 미침으로 이 둘의 관계를 의존 관계로 표시할 수 있다. 의존 관계는 사용 관계로써 한 사물의 명세서가 바뀌면 이를 사용하는 다른 사물에게 영향을 미친다. 의존 관계는 한 클래스가 다른 클래스를 오퍼레이션 용법에 파라메터로 사용하는 경우에 주로 활용된다. 의존 관계는 점선 화살표로 표시된다.

[그림 13-21]에서 보는 바와 같이 의존을 하게 되는 클래스로부터 화살표가 나가고 의존성을 가지게 하는 클래스로 화살표가 들어가게 된다. '거래(Transaction)' 클래스에서 'playOn' 오퍼레이션의 인수(argument)로 '채널(channel)' 의 타입이 들어가게 된다. 이로써 채널의 변화는 'playOn' 오퍼레이션에 영향을 주게 되는 것이다.

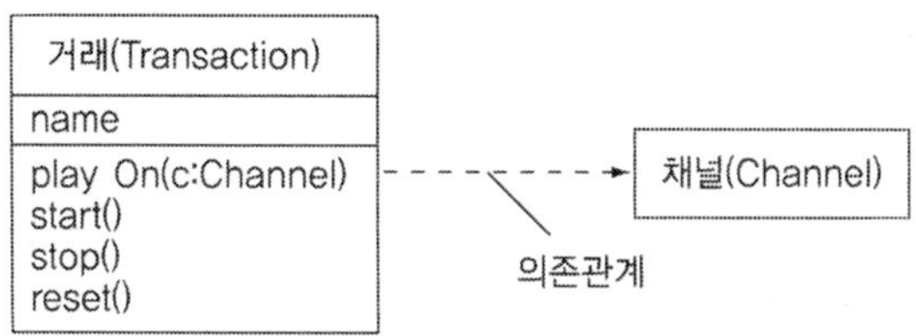

[그림 13-21] 클래스 간의 의존관계 표현

3) 일반화 관계

일반화(generalization)는 일반적인(general) 것과 이 일반적인 것에서 특수화된(specific) 것 사이의 관계를 나타낼 때 사용한다. 객체지향 언어에서 흔히 볼 수 있는 상속(inheritance)의 의미와 동일하다. 상속의 시점에서 볼 때 일반적인 것은 부모 클래스가 되고 특수화된 것은 자식 클래스가 되는 것이다. 그러므로 특수화된 것은 일반적인 것의 모든 속성과 오퍼레이션을 가지게 된다. 일반화의 표기는 삼각형 실선 화살표로 한다. 화살표의 꼬리가 부모 클래스 방향으로 향한다.

[그림 13-22]의 예에서 볼 수 있듯이 '도형(shape)' 의 특수한 형태인 '사각형(rectangle)', '원(circle)', '다각형(polygon)' 이 있고 '사각형' 의 특수한 형태가 바로 '정사각형(square)' 이다. '도형' 클래스의 모든 속성과 오퍼레이션은 하위클래스들이 가지고 있으며, 여기에 부가하여 각자 자기만의 속성이나 오퍼레이션을 개별적으로 가지고

있다. 예를 들면 '원(circle)' 클래스의 경우 반지름(radius) 속성을 추가적으로 갖는다.

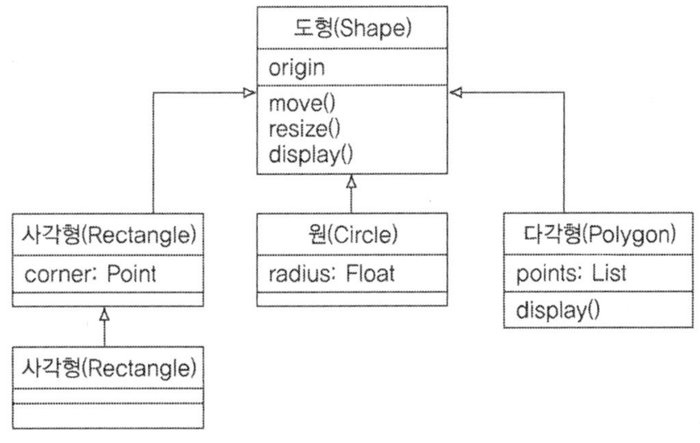

[그림 13-22] 클래스 간의 일반화 표현

4) 정제화

정제 관계(refinment relationship)는 동일한 것에 대하여 다른 추상화 레벨들에서 기술할 때 나타난다. 예를 들어 시스템 개발에서 분석 추상화 레벨과 설계 추상화 레벨에서 다른 기술을 보일 때 정제 관계를 사용한다. 설계는 개념적이고 논리적인 분석모델을 현실의 세계에 맞게 구현하기 위하여 보다 더 실제화(realization)한 것이다. 정제의 표기는 [그림 13-23]과 같이 삼각형 점선 화살표로 표기를 한다. 그리고 화살표 방향은 정제의 대상이 되는 쪽으로 향한다. 이는 일반화와 유사한 개념적 사고로 표기법을 표현한 것이다.

[그림 13-23] 클래스의 정제 표현

5) 제약사항과 주석문

제약사항(constraints)은 특별한 형태의 표기를 가지고 있지 않고 무형의 텍스트로 표시하게 된다. 제약사항은 UML에서 의미를 갖는 모든 것에 새로운 의미를 부여하거나 존재하는 규칙들을 변화시킬 때 사용한다. 또한 제약은 참(true)인 상황을 포함하는 조건을 나타낼 때도 사용된다. 예를 들어 [그림 13-24]에서 보는 바와 같이 자산 '포트폴리오'와 '은행계좌' 연관관계에서 {안전}이라는 제약사항을 덧붙일 수 있으며, '은행계좌'는 '기업' 계좌이거나 또는 '개인' 계좌로 나눌 수 있다. 이때 선택조건을 나타내는 {or} 제약조건이 사용되었다.

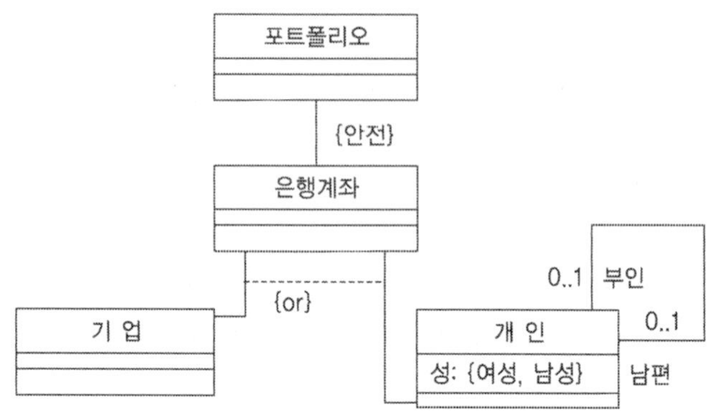

[그림 13-24] 제약사항의 표현

마지막으로 주석문(notes)는 한 쪽 꼭지가 접혀진 사각형으로 표시한다. 주석문은 모델링 전반에 걸쳐 사용되며 주석이 필요한 경우 사용한다.

6) 클래스 관계 모델링의 예

실제로 앞에서 배운 모든 관계 표현 요소를 이용하여 하나의 회사에 대한 정적인 구조를 모델링하기 위하여 클래스 다이어그램으로 나타내면 [그림 13-25]와 같다. 여기서 'Company' 클래스는 'Department'와 'Office' 클래스와의 합성(composition)이다. 즉, 회사는 부서와 사무실로 구성되어 있으며 이들이 없으면 존재할 수 없다. 'Office' 클래스의 특수한 형태중의 하나가 최고경영진이 머무는 'Headquarters'이다.

'Department'와 'Person' 클래스는 두 가지의 연관 관계로 이루어져 있다. 하나는 'Person' 역할이 관리자(manager)로서, 하나는 구성원(member)으로서 이루어져 있다. 여기에 제약사항을 첨가하여 관리자로서의 관계가 구성원으로서의 관계의 부분 집합이라는 의미를 더하였다. 'Person' 클래스의 오퍼레이션인 getContactInformation(), getPersonalRecords()는 ContactInformation과 personnelRecord의 변화에 따라 영향을 받게 됨으로 Person과 ContactInformation, PersonnelRecord는 의존 관계를 이루고 있다.

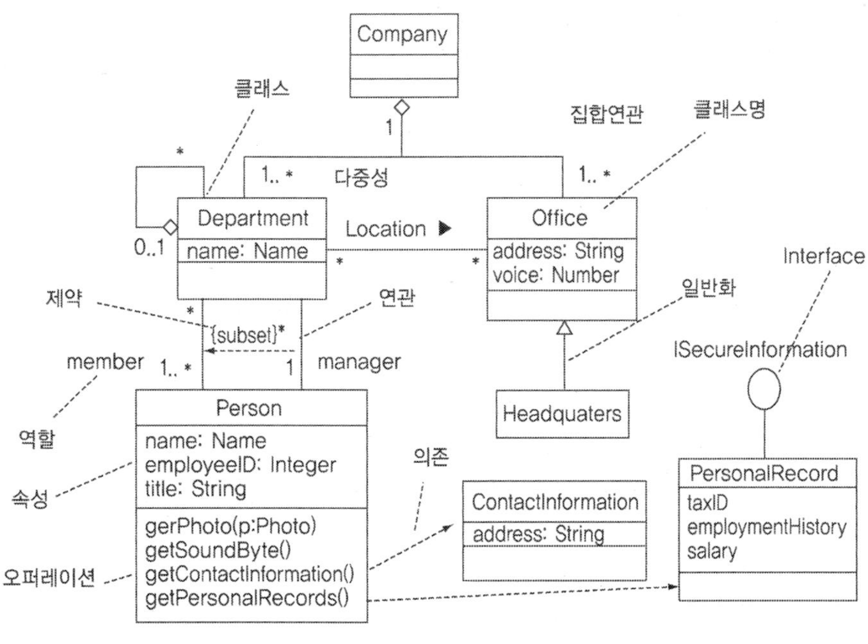

[그림 13-25] 관계 모델링의 예

3.3 UML 다이어그램 표현

UML 모델링은 분석과 설계 단계에서 [그림 13-15]의 UML 구조에서 제시된 9개의 다이어그램을 이용하여 문제를 상세화 하고 추상화 수준을 더해간다. 본 절에서는 UML 다이어그램에 대하여 간단히 소개한다. 유즈케이스 다이어그램은 5장에서, 그리고 클래스 다이어그램은 앞 절에서 충분히 설명하였으므로 여기서는 생략한다. 그리고 객체 다이어그램은 클래스 다이어그램의 표기법을 대부분 그대로 사용하며, 단지 실행상의 관심을 묘사하는 것이므로 여기에서 생략한다. 보다 더 자세한 내용은 UML 사용자 가이드를 참고하기 바란다.

1) 순차 다이어그램

클래스 다이어그램은 시스템의 정적인 구조를 보여준다. 하지만 순차 다이어그램(sequence diagram)은 협력 다이어그램(collaboration diagram)과 함께 시스템의 동적구조, 즉 객체와 객체그룹 사이, 객체와 객체 사이, 객체그룹과 객체그룹 사이의 동적인 행위를 기술하게 된다.

순차 다이어그램에서 종 좌표축은 시간개념을 표시하고 시스템과 상호작용 하는 행위자를 나열할 수 있다. 횡 좌표축은 객체들을 나열하고, 수직으로 점선을 표시하여 객체의 생명기간을 표시한다. 객체가 사멸되면 사멸되는 시점에 ×표시를 한다. 순차 다이어그램은 유즈케이스 기술서 내의 시나리오에 기초하여 작성한다. 아래 [그림 13-26]은 주문처리 유즈케이스의 순차 다이어그램을 나타낸다.

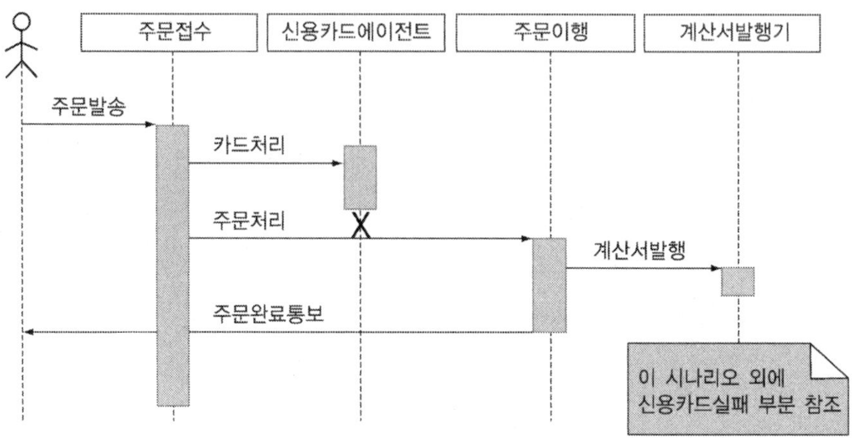

[그림 13-26] 순차 다이어그램의 예

2) 협력 다이어그램

협력 다이어그램(collaboration diagram)의 경우 객체들 사이의 행위를 나타내는 것은 순차 다이어그램과 동일하다. 그러나 두 다이어그램의 차이점은 순차 다이어그램이 시간에 따른 행위의 흐름에 역점을 두고 표현하지만, 협력 다이어그램의 경우 객체들 사이의 정적인 구조에 더 역점을 두고 있다. [그림 13-27]은 앞의 [그림 13-26]의 주문처리 순차 다이어그램을 협력의 관점에서 묘사한 협력 다이어그램이다.

순차 다이어그램과 협력 다이어그램이 모두 객체들 사이의 상호작용을 나타내므로 교류 다이어그램(interaction diagram)이라 통칭하기도 한다. 이런 교류 다이어그램이 필요한 경우는 하나의 유즈케이스 내부에 포함된 객체들 사이의 행위를 보일 때 필요하다.

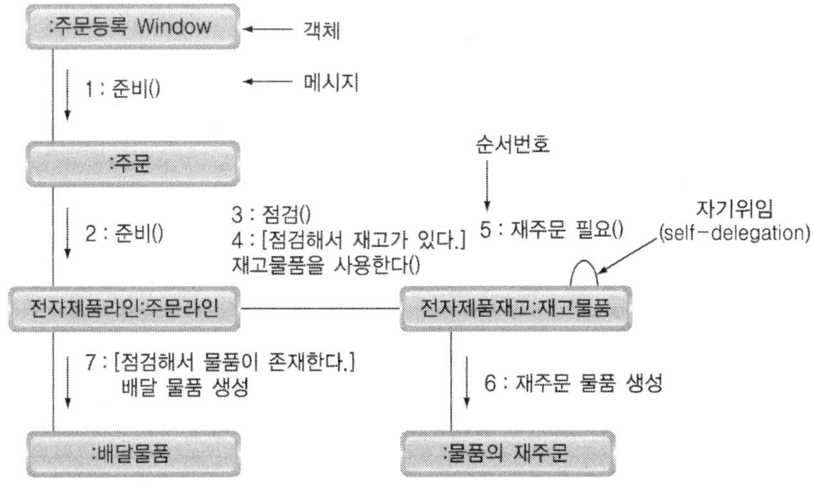

[그림 13-27] 협력 다이어그램의 예

3) 상태 다이어그램

상태 다이어그램(state diagram)은 객체가 가질 수 있는 모든 상태와 어떠한 이벤트를 받았을 때 결과로 어떠한 상태로 변화하는지를 나타낸다. 상태는 특정 시점에서 객체 값들의 집합이다. 상태는 특정 객체가 지속적으로 행동을 수행하고 있거나 다음 일을 하기 위해서 대기하고 있는 경우에 해당한다. 상태는 동작을 수행하거나 대기 상태 외에도 시작과 끝을 가지고 있다. 반면, 이벤트는 특정 시점에서 객체의 값(상태)을 바꾸는 순간적인 동작과 관련되어 있다.

상태 다이어그램은 특정 클래스에 대하여 작성하며, 클래스의 변화를 묘사하는데 적합한 도구이다. 상태 다이어그램에서 상태는 둥근모 사각형이나 타원으로 표시되며, 이벤트의 발생으로 인한 상태변화는 화살표로 표시한된다. 또한 상태의 시작과 끝을 표시하기 위해 검은 점(시작점)과 원 안에 검은점(끝점)을 사용한다. [그림 13-28]은 주문 배송 클래스의 상태변화를 묘사한 상태 다이어그램이다.

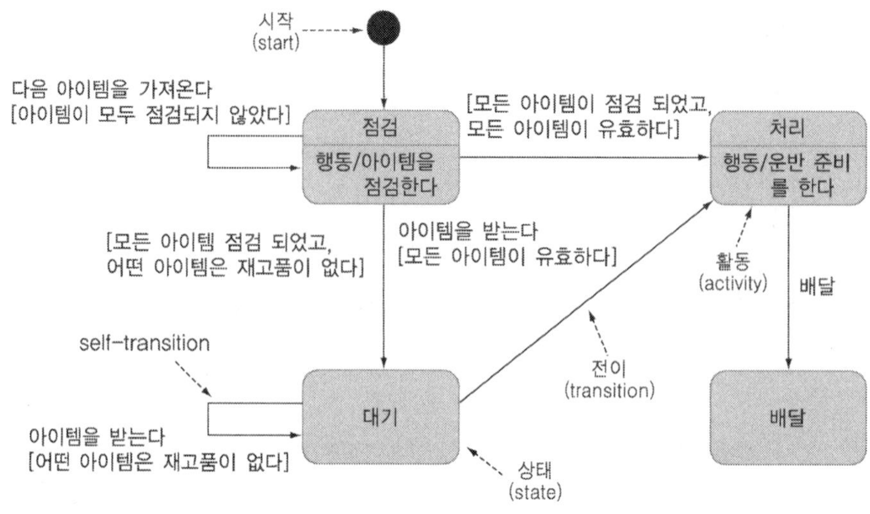

[그림 13-28] 상태 다이어그램의 예

4) 활동 다이어그램

활동 다이어그램(activity diagram)은 Jim Odell의 이벤트 다이어그램(event diagram), SDL 상태모델링 기법(state modeling techniques), Petri Nets 등의 여러 가지 이론이 섞여서 만들어 진 것이다. 이런 다이어그램은 순서도나 병렬적인 처리를 요하는 행위를 표현할 때 유용하다.

활동 다이어그램은 순서에 따라 활동을 모델링하기에 다이어그램의 작성에서 활동의 의미를 파악하는 것이 중요하다. 활동의 의미로 개념적인 다이어그램에서는 활동은 인간이나 컴퓨터에 의해 수행이 필요한 어떠한 업무(task)를 의미하고, 상세화(specification)하는 다이어그램이나 구현(implementation)을 위한 다이어그램의 경우 활동은 클래스의 오퍼레이션을 구현한 메소드가 된다. 활동 다이어그램을 작성하는데 있어 표기법은 상태 다이어그램과 마찬가지로 활동의 시작과 끝을 알리는 표시(검은 점과 원 안의 검은 점)가 있고 각각의 활동은 둥근모 사각형(또는 타원)으로 표시한다. 그리고 판단을 다이어몬드로 표시한다. 활동의 동기화(synchronize)를 표시하기 위해서 동기화 되어야 할 활동의 연결 끝점에 굵은 선(막대)으로 표시한다. [그림 13-29]는 음료를 마시는 활동을 활동 다이어그램으로 표현한 것이다.

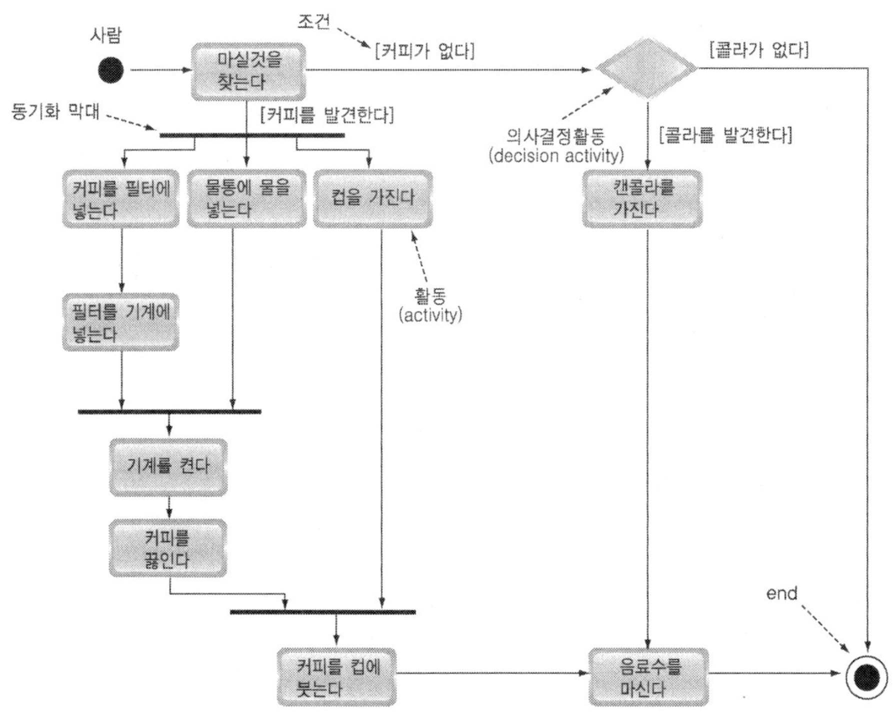

[그림 13-29] 활동 다이어그램의 예

5) 컴포넌트 다이어그램과 패키지 다이어그램

거대한 소프트웨어를 어떻게 작게 나눌 것인가? 이 말은 소프트웨어 방법론에서 문제시 하고 있는 가장 오래된 질문중 하나이다. 이 문제의 해결을 위해 초기 구조적 방법론에서는 기능적으로 분해(functional decomposition)하는 방법을 사용하였다. 시간이 지남에 따라 여기에 프로세스와 데이터의 분리현상이 일어났고 이것이 기능적인 분해의 방법에도 적용되었다. 하지만 클래스란 개념의 등장으로 이러한 방법을 대치하게 되었고 클래스들을 상위개념으로 묶는 것이 문제시 되었다. UML에서는 이러한 상위개념으로의 그룹화 방법으로 컴포넌트(component)와 패키지란 방법을 제시하였다. 패키지는 몇 개의 컴포넌트들로 구성되어져 있다. 하나의 컴포넌트는 하나 또는 몇 개의 클래스들로 구성되어져 있다. 컴포넌트들 간의 관계를 모델링하는 것이 컴포넌트 다이어그램이다.

패키지란 하나의 클래스가 아닌 클래스의 집합인 서브시스템이 하나의 모델링 요소(modeling element)가 된다. 쉬운 예로 하나의 요소를 모델링하기 위해 하나의 클래스 다이어그램을 작성하였다면 이 클래스 다이어그램이 하나의 패키지가 된다. 패키지 다이어그램은 이러한 패키지와 패키지들 사이의 의존 관계를 나타낸다. [그림 13-30]은 주문처리시스템의 패키지 다이어그램을 나타낸다. 여기서 점선 화살표가 패키지 간의 의존관계를 나타낸다. 여기서 AWT 패키지는 Java에서 제공하는 윈도우와 관련된 패키지이다.

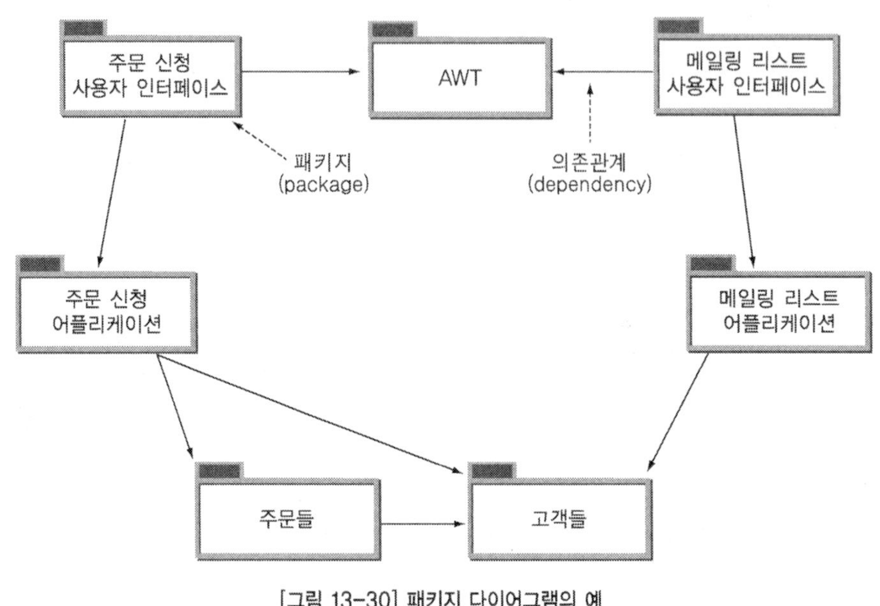

[그림 13-30] 패키지 다이어그램의 예

6) 배치 다이어그램

하드웨어 시스템들은 각각 고유의 특성을 가지고 있으며 서로 물리적으로 분산되어 질 수 있다. 이런 분산 환경에서의 시스템 구축은 시스템마다의 고유 특성을 담고 시스템 간의 관계를 표현한 다이어그램을 필요로 하게 된다. 이 때 필요한 것이 배치 다이어그램(deployment diagram)이다. 즉, 각 시스템마다 존재하는 하드웨어, 소프트웨어 컴포넌트들의 관계를 나타낸 것이 배치 다이어그램이다. 배치 다이어그램은 물리적 위치를 나타내는 노드(node)를 중심으로 컴포넌트들을 어떻게 배치할 것인가를 나타낸다. 이 때 노드는 하나의 물리적 계산단위(대부분 하드웨어적인 부분)를 나타낸다. [그림 13-31]은 클라이언트-서버(client-server) 컴퓨팅 하에서 건강정보를 서비스 하기 위하여 서버와 원격지에 떨어진 사용자 컴퓨터와의 컴포넌트 배치를 나타내고 있다.

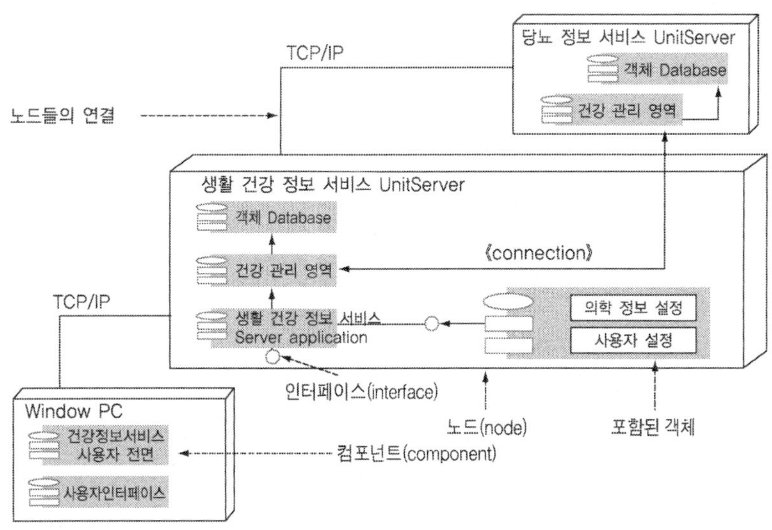

[그림 13-31] 배치 다이어그램의 예

7) 다이어그램 간의 종합적인 관련성

지금까지 제시된 UML 다이어그램은 효율적인 커뮤니케이션을 위한 도구일 뿐만 아니라 프로젝트가 진행되어가면서 반드시 해야 할 문서화를 효과적으로 수행할 수 있는 도구이다. 이들 다이어그램 간의 종합적인 관련성을 도식화 하면 [그림 13-32]와 같다.

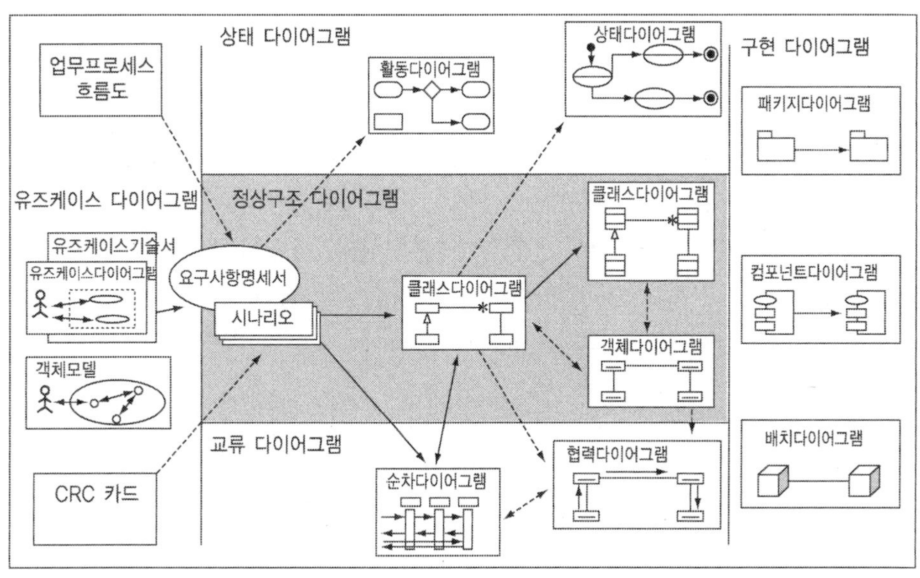

[그림 13-32] UML 다이어그램 사이의 관련도

UML의 핵심 도구는 객체의 정적 구조를 모델링 하는 클래스 다이어그램이다. 클래스 다이어그램은 객체지향 개발에서 있어서 전체적인 시각과 구조적인 시각을 동시에 표현할 수 있는 중요한 도구이다. 그리고 개발의 출발은 사용자 관점에서 작성하는 유즈케이스 모델링 이다.

UML은 소프트웨어 시스템을 개발하는데 있어서 [그림 13-33]과 같은 다양한 뷰(view)를 지원하도록 설계되어져 있다.

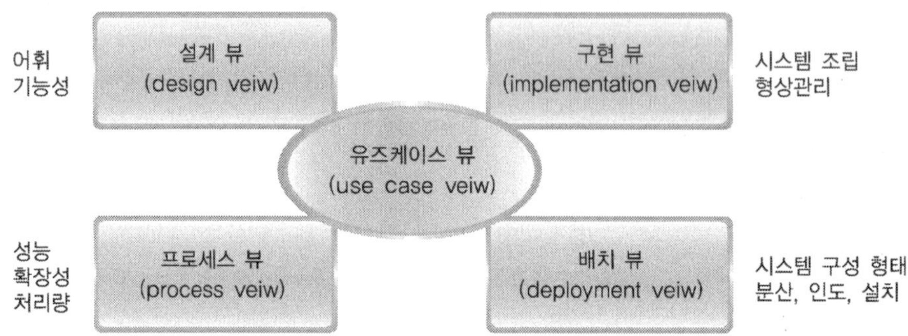

[그림 13-33] UML의 다양한 뷰 지원

유즈케이스 뷰(use case view)는 시스템 행동을 설명하며, 시스템 아키텍쳐를 구체화하는 요인들을 명세화 한다. 이는 최종사용자, 분석가, 설계자, 테스트 담당자에게 제공되는 뷰이다. 정적인 측면에서 유즈케이스 다이어그램이 사용되어진다. 동적인 측면에서는 교류 다이어그램, 상태 다이어그램, 활동 다이어그램이 모두 사용되어질 수 있다.

설계 뷰(design view)는 시스템이 최종사용자에게 제공해야 할 서비스를 표현하는 것으로 To-Be 시스템을 구성하는 클래스, 인터페이스, 협력 등을 설계한다. 정적인 측면에서 클래스 다이어그램이나 객체 다이어그램이 사용되어진다. 이 역시 동적인 측면에서는 교류 다이어그램, 상태 다이어그램, 활동 다이어그램이 모두 사용되어질 수 있다.

프로세스 뷰(process view)는 시스템의 성능, 신축성, 처리 능력을 표현한다. 시스템의 동시성과 동기화 메커니즘을 형성하고 있는 스레드(thread)와 프로세스로 구성된다. 정적인 측면에서 클래스 다이어그램이나 객체 다이어그램, 그리고 활성 클래스 다이어그램이 사용되어진다. 이 역시 동적인 측면에서는 교류 다이어그램, 상태 다이어그램,

활동 다이어그램이 모두 사용되어질 수 있다.

구현 뷰(implementation view)는 시스템 배치의 형상관리를 표현한다. 물리적인 시스템을 조립하고 배포하는데 사용되는 컴포넌트와 파일들로 구성된다. 정적인 측면에서 컴포넌트 다이어그램이 사용되어진다.

배치 뷰(deployment view)는 시스템을 구성하는 물리적 부분의 분산, 인도, 설치를 표현한다. H/W 형태를 형성하는 노드로 구성되어진다. 정적인 측면에서 배치 다이어그램이 사용되어진다.

주요용어 Main Terminology

- 가시성(visibility)
- 객체 모델(object model)
- 객체(object)
- 객체설계(object design)
- 객체지향 개발 방법론(object-oriented development methodology)
- 객체지향 구현(object-oriented implementation)
- 객체지향 기술(object-oriented technology)
- 객체지향 분석(object-oriented analysis)
- 객체지향 설계(object-oriented design)
- 관계(relationship)
- 구조사물(structural thing)
- 구현 뷰(implementation view)
- 그룹사물(grouping thing)
- 기능 모델(functional model)
- 다중성(multiplicity)
- 다형성(polymorphism)
- 동기화 기법(synchronization technique)
- 동적 모형(dynamic model)
- 메소드(method)
- 메시지(message)
- 배치 다이어그램(deployment diagram)
- 배치 뷰(deployment view)
- 비동기적 메시지(asynchronous messages)
- 상속(inheritance)
- 상태 다이어그램(state diagram)
- 설계 뷰(design view)
- 속성(attribute)
- 순차 다이어그램(sequence diagram)

- 스레드(thread)
- 연관(association)
- 오퍼레이션(operation)
- 유즈케이스 뷰(use case view)
- 의존(dependency)
- 인스턴스(instance)
- 일반화(generalization)
- 정보은닉(information hiding)
- 정제화(refinment)
- 제약사항(constraints)
- 주해사물(annotation thing)
- 집합(aggregation)
- 책임(responsibility)
- 추상화(abstraction)
- 캡슐화(encapsulation)
- 컴포넌트 다이어그램(component diagram)
- 클라이언트-서버 컴퓨팅 환경(client-server computing environment)
- 클래스 다이어그램(class diagram)
- 클래스(class)
- 프로세스 뷰(process view)
- 프로시저(procedure)
- 함수(function)
- 합성(composition)
- 행동사물(behavior thing)
- 협력 다이어그램(collaboration diagram)
- 활동 다이어그램(activity diagram)
- 활성 클래스(acitive classes)
- GUI(graphic user interface)
- OMG(Object Management Group)
- OOPSLA(Object-Oriented Programming Systems, Language and Applications)
- UML(Unified Modeling Language)

연습문제

Exercises

1. 객체지향 개발 방법론의 주요한 특징과 장점에 대하여 설명하라.
2. 소프트웨어 개발 기술의 발달을 시대별로 정리하여 보아라. 그리고 객체지향 기술은 완전히 새로운 기술인가?
3. 객체지향 기술의 어원이 될 수 있는 기술들을 정리하여 보아라.
4. UML의 발전과정을 설명하라. 그리고 왜 UML이 등장하게 되었는가?
5. 객체 인스턴스와 클래스의 차이점을 무엇인가?
6. 객체의 주요한 특성을 정리하여 보아라.
7. 상속의 개념을 설명하고 간단한 예를 들어보아라.
8. 캡슐화를 하는 이유는 무엇인가?
9. 다형성의 개념을 설명하고, 실제로 어떤 측면에서 유용한가?
10. 객체지향 소프트웨어 개발 수명주기의 단계별 활동 목적과 산출물에 대하여 설명하고, 프로토타이핑 접근법이 어떻게 접목되어질 수 있는지 설명하라.
11. 객체지향 모델링에서 지향하는 세 가지 관점의 모델링에 대하여 설명하라.
12. 객체지향 분석과 설계 절차에 대하여 기술하라.
13. 객체지향 프로그래밍을 통한 구현의 장점은 무엇인가?
14. UML의 주요한 특징 네 가지를 설명하여라.
15. UML에서 구조사물에는 어떤 것들이 있으며, 이들의 표기법에 대하여 정리하여 보아라.
16. 클래스의 속성과 오퍼레이션의 가시성의 종류에 대하여 설명하라.
17. 관계의 종류를 들고 하나의 예를 들어 UML 표기법을 이용하여 표현하여 보아라.
18. UML에서 다중성을 어떻게 표현하는가?

19. 집합(aggregation)과 합성(composition)의 차이점을 설명하라.

20. 대학의 성적관리시스템과 관련하여 클래스 다이어그램을 그려보아라.

21. 인터넷 쇼핑몰에서 정상적인 주문과정에 대하여 순차 다이어그램을 그려보아라.

22. 커피 자판기의 상태를 묘사하는 상태 다이어그램을 그려보아라.

23. UML의 다섯 가지 뷰에 대하여 설명하고, 각각의 뷰 별로 정적 구조를 나타내기 위해서 사용가능한 다이어그램은 무엇인가?

참고문헌

Literature Cited

이우용, 고영국, 박태희, 김준수, UML과 객체지향 시스템 분석설계, 도서출판 그린, 2002.

Schmuller, J. 저, 곽용재 역, 초보자를 위한 UML : 객체지향 설계, 인포북, 1999.

Booch, G., *Object-Oriented Analysis and Design with Applications*, Addison-Wesley, 1994.

Brown, D., *An Introduction to Object-Oriented Analysis*, John Wiley & Sons, 1997.

Burch, J G., *System Analysis, Design, and Implementation*, Boyd & Fraser, 1992.

Coad, P. and E. Yourdon, *Objet-Oriented Analysis*, 2nd ed., Yourdon Press, 1991.

Coad, P. and E. Yourdon, *Objet-Oriented Design*, 2nd ed., Yourdon Press, 1991.

Dennis, A. and B. H. Wixom, *Systems Analysis & Design*, John Wiley & Sons, 2003.

Dennis, A., B. H. Wixom, and D. Tegarden, *Systems Analysis & Design: An Object-Oriented Approach with UML*, John Wiley & Sons, 2002.

Fowler, M. and K. Scott, *UML Distilled: Applying the Standard Object Modeling Language*, Addison-Wesley, 1997.

Jacobson, I., M. Chrierson, P. Jonsson, and G. Overgard, *Object-Oriented Software Engineering: A Use Case Driven Approach*, Addison-Wesley, 1992.

Kim, W. and F. H. Lochovsky, *Object-Oriented Concepts, Databases, and Applications*, ACM Press, 1993.

Rumbaugh, J., M. Blaha, W. Presmerlani, F. Eddy, and W. Lorensen, *Object-Oriented Modeling and Design*, Prentice-Hall, 1991.

Rumbaugh, J., I. Jacobson, and G. Booch, *The Unified Modeling Language User Guide*, Addison-Wesley, 1999.

Rumbaugh, J., I. Jacobson, and G. Booch, *The Unified Modeling Language Reference Manual*, Addison-Wesley, 1999.

Wirfs-Brock R. and B. Willderson, "Object-Oriented Design: A Responsibility-Driven Approach," *Proceedings of the 1989 OOPSLA-Conference of Object-Oriented Programming Systems, Language and Applications*, 1989, 24(10), pp. 71-76.

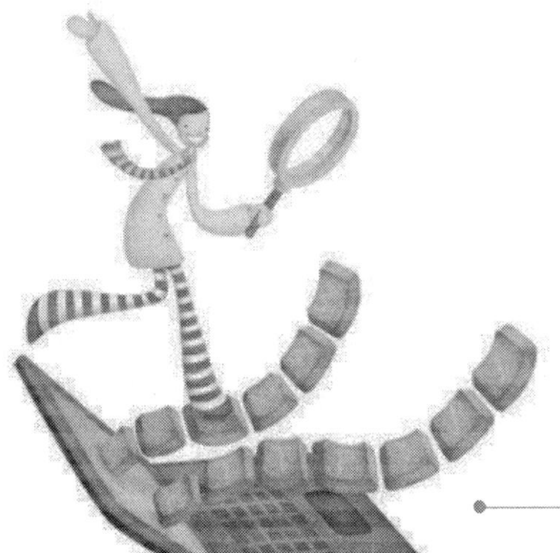

웹기반 정보시스템 분석 및 설계

CHAPTER 14

PREVIEW

웹기반 정보시스템은 TCP/IP 프로토콜에 기반하여 멀티미디어 하이퍼텍스트 기술 등과 같은 웹 기술이 포함되어 구축된다. 또한 지리적 한계성과 상이한 플랫폼을 극복하면서 내부 사용자와 외부 정보이용자들 모두에게 다양한 종류의 정보자원을 용이하게 접근할 수 있도록 도와주는 시스템이다. 그러므로 웹기반 정보시스템을 구축하기 위해서는 인터넷 기반, 기존 조직 내 정보시스템과의 연계, 하이퍼미디어의 속성 등을 반영해야 하므로 일반적인 정보시스템 개발 방법론을 그대로 적용하기에는 무리가 따른다. 본 장에서는 현재 사용되고 있는 대표적인 몇 가지의 웹기반 정보시스템 분석 및 설계 방법론을 익힌다.

OBJECTIVES OF STUDY

- 웹기반 정보시스템과 일반 정보시스템과의 차이를 이해한다.
- 웹기반 정보시스템을 개발하는 절차를 이해한다.
- 웹기반 정보시스템을 구성하는 객체를 학습한다.
- 웹기반 정보시스템 개발을 위한 개발방법론을 익히고 각 방법론들 간의 차이점을 이해한다.

CONTENTS

1 웹기반 정보시스템

1.1 웹기반 정보시스템의 개념

웹기반 정보시스템(WBIS : web-based information systems)이라는 것은 인터넷이라는 기반구조 위에서 HTTP나 TCP/IP 등과 같은 프로토콜을 사용해서 정보의 교환이 발생하는 상대적으로 새로운 형태의 정보시스템으로 간주될 수 있다. 웹기반 정보시스템의 범위 또한 인트라넷과 엑스트라넷 모두를 포괄할 수 있으며, 적용분야 역시 기업간의 전자상거래 부분을 포함하여, 고객과의 전자상거래, 전자정부 구축, 학교나 연구소 등과 연계된 지식정보 시스템 등과 같이 많은 부분에서 적용될 수 있다. 따라서 향후 웹기반 정보시스템의 적용 가능성과 성장 잠재성은 매우 높다.

웹기반 정보시스템은 단순하게 홈페이지를 개설하여 정보를 제공하는 것과는 다르다. 즉, 웹기반 정보시스템은 데이터베이스나 거래처리시스템(TPS : transaction processing systems) 등과 같이 웹기반이 아닌(non web-based) 여타 정보 시스템과 밀접하게 연계되어 조직 내·외부에서 발생하는 작업을 지원한다. 또한 웹기반 정보시스템의 경우 보다 광범위한 정보 이용자 계층으로 말미암아 이들의 상이한 정보자원 요구에 부응할 수 있는 시스템이 되어야 하며, 이러한 시스템을 구축하기 위해서는 기존 정보시스템과는 다른 설계 및 개발을 위한 새로운 접근방법이 요구된다.

웹기반 정보시스템의 대표적인 특징으로서 조직 내부에 존재하는 상이한 어플리케이션과의 통합이 가능해야 하며, 다양한 형태(multi-modal)의 웹기반 사용자 인터페이스와 결합될 수 있어야 한다. 또한 웹기반 정보시스템은 엑스트라넷의 경우와 같이 조직간 뿐만 아니라 인트라넷의 경우처럼 조직내 분산된 지식을 공유(distributed knowledge sharing) 하고, 협동작업(cooperative work)을 수행하며, 프로세스의 조정(coordination)과 커뮤니케이션(communication) 등과 같은 다양한 측면을 수행하는 플랫폼으로서의 기능을 담당해야 한다.

또한 웹기반 정보시스템은 능동적인 사용자 참여(active user role)와 유연성

(flexibility)으로 인해 '대중적인 속성'을 가지고 있다. Turoff와 Hiltz(1998)는 정보시스템에 참여하는 구성 요소들에게 이상적인 연결고리(super-connectivity)를 제공하는 도구로 언급하였다. 즉 웹기반 정보시스템은 DB나 워크플로우(work flow) 등과 같이 기존의 기저를 이루는 시스템의 컨텐츠나 구조 등을 변경할 수 있을 뿐만 아니라, 정보를 가공하고(manipulate), 조직화해서(organize), 표현(publish)까지 사용자가 조절할 수 있는 특징을 가진다. 그리고 웹기반 정보시스템은 네트워크로 연결된 지식기반 조직에서 분산되고 동적인 작업을 지원하기 위해 동시다발적으로 발생하는 정보자원 요구사항을 처리할 수 있는 상호작용 정보시스템(interactive information systems)으로 간주될 수 있다.

이러한 웹기반 정보시스템의 특성으로 말미암아 시스템 분석 및 설계자는 이를 반영할 수 있는 새로운 형태의 방법론이 요구된다. 따라서 본 장에서는 웹기반 정보시스템을 개발하기 위한 분석 및 설계 기법을 살펴본다.

1.2 일반 정보시스템과 웹기반 정보시스템의 차이점

웹기반 정보시스템과 같은 복잡한 정보 시스템을 개발하기 위해 개발 방법론을 선정함에 있어 고려해야 할 사항으로 [그림 14-1]과 같이 비즈니스(business) 측면, 정보(information) 측면, 기능적(functional) 측면, 사용자 인터페이스(user interface) 측면, 개발(development) 측면, 그리고 운영적(operational) 측면 등이 존재한다. 본 절

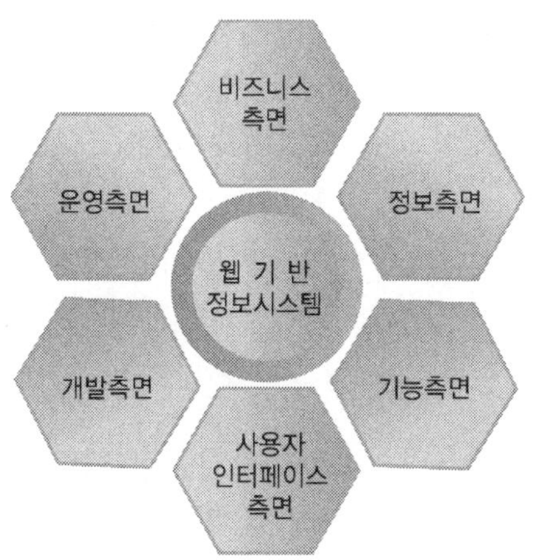

[그림 14-1] 웹기반 정보시스템 구축 시 고려사항

에서는 기존의 일반적인 정보 시스템과 웹을 기반으로 하는 정보 시스템과의 유사점과 차이점을 본 기준에 맞추어 살펴봄으로써 일반적인 정보시스템 개발을 위한 방법론이 웹을 기반으로 하는 정보 시스템에 그대로 적용될 수 없음을 알 수 있다.

1) 비즈니스 측면

먼저 기업에서 요구되는 정보 시스템은 기업의 특정 비즈니스 목표를 달성하기 위해 지원도구로서의 역할을 수행해야 한다. 예를 들면, 기업의 이미지를 높이던가, 대고객 서비스를 향상하던가, 생산성을 향상하던가, 기업의 정보자원을 수집하고 확산함에 있어 용이한 플랫폼을 제공하던가, 혹은 신속한 제품 개발을 하던가 등과 같은 내용이 여기에 해당될 수 있다. 이를 위해 그동안 MIS, DSS, MRP, ERP, CRM 등과 같은 솔루션들이 소프트웨어 공학 측면에서 개발되었고 해당 영역에서 그 역할을 수행해 왔다.

그러나 웹기반 정보시스템의 경우 기존의 솔루션이 수행했던 기능들을 인터넷이라는 플랫폼 위에서 운용되도록 하는 것에 덧붙여 한 가지 중요한 비즈니스 목표가 포함된다. 즉, 가상공간에서의 부가가치를 창출하기 위한 비즈니스 모델이 웹기반의 정보 시스템에서 새로이 요구되는 비즈니스 측면에서의 고려사항이 될 수 있다.

비즈니스 모델이라는 것은 Timmers(1998)의 정의에 따르면 다음의 세 가지로 요약될 수 있다. 첫째, 상품, 서비스, 정보흐름의 구조와 사업 참여자들의 역할을 규명해야 한다. 둘째, 비즈니스 참여자들이 누릴 수 있는 잠재적 이익을 설명할 수 있어야 한다. 셋째, 비즈니스 참여자들의 직접적인 수익 원천을 설명할 수 있어야 한다.

따라서 웹기반 정보시스템의 설계에 있어 비즈니스 참여자들이 누리는 이익이나 수익 원천에 대한 사실들을 반영하기는 힘들다 하더라도 상품, 서비스, 정보흐름의 구조와 참여자들의 역할에 대한 정의를 내릴 수 있는 방법론이 요구된다.

2) 정보 측면

정보시스템 설계측면에서 고려해야 할 정보 측면은 해당 어플리케이션이 제공해야 하는 정보자원의 종류를 기술하는 것이다. 정보시스템에서 다루어지는 정보자원은 구조화된 자료, 비구조화 된 자료 등을 포함에서 텍스트, 멀티미디어 등과 같이 다양한 형태로 존재한다. 이러한 정보자원을 복잡성에 따라 분류하면 데이터(data), 정보(information), 프로세스(process) 등으로 나눌 수 있다. 데이터라는 것은 항공요금, 주

가 등과 같이 객관적인 사실에 근거하며 단순한 형태로 제시된다. 정보는 어떤 근거에 바탕을 둔 구조화된 내용으로 예를 들면, 멀티미디어 정보나 매출액의 추이 등을 분석한 데이터가 여기에 해당된다. 프로세스는 처리하고자하는 목표가 뚜렷하며 상호작용의 특성을 지니고 있는 정보자원이다. 예를 들면, 온라인상에서 소득세를 계산한다든지 아니면 실시간으로 주가분석을 통한 투자 전략을 제시하는 것 등이 여기에 포함될 수 있다.

아울러 웹 기반의 정보시스템에서 처리되어야 하는 정보자원은 양적인 측면에서 볼 때 기존 정보시스템에서 처리했던 양과 비교할 수 없을 정도로 증가하였다. 또한 역동성(dynamics)과 응집성(coherence), 포괄성(comprehensive)이라는 세 가지 중요한 특성을 가지고 있다. 역동성은 정보자원의 동적인 특성으로 최신 정보의 끊임없는 갱신을 의미한다. 따라서 웹기반 정보시스템을 설계할 때 해당 정보의 효율적인 분배(dissemination) 측면을 고려해야 한다. 응집성은 정보요소가 서로 응집된 정도를 의미한다. 즉, 서로 관련성이 높은 정보가 모여 있을 때 의미 있는 정보를 제공할 수 있기에 시스템을 설계할 때 이를 반영할 수 있는 방법론이 요구된다. 포괄성은 웹에서 제시되는 정보는 소수 전문가의 욕구를 충족할 수 있어야 될 뿐만 아니라 다수를 위해 흥미를 유발할 수 있는 정보까지 포함해야 함을 의미한다.

3) 기능 측면

정보시스템에서 기능적 측면은 어플리케이션이 제공해야 하는 기능(capabilities)과 수준(level)을 의미한다. 이러한 기능적 측면은 해당 정보시스템의 목적에 따라 서로 다르지만, 웹기반에서 동작하는 정보시스템의 경우 상호작용 시스템(interactive systems)으로서의 기능을 수행한다는 점이다.

웹의 발전으로 말미암아 개인이 일상생활 속에서 타인과 의사소통하는 방식뿐만 아니라 조직의 구성원으로서 정보를 공유하고 이해하는 방식까지 바뀌었다. 웹에서 존재하는 정보자원은 네트워크로 연결되고 재결합되어 있으며, 멀티미디어 형태로 존재한다. 그리고 이를 이용하는 사용자는 조직 내 사용자뿐만 아니라 서로 상이한 특성과 배경지식을 가진 이질적인 집단이다.

따라서 웹기반 정보시스템의 경우 정보 사용자들과의 원활한 상호작용을 수행하기 위해 네비게이션(navigation) 측면의 설계가 포함되어야 한다. 또한 하이퍼링크 설계, 메뉴 설계, 탐색 설계 등과 같은 이슈도 여기에 포함된다. 하이퍼링크 설계는 연결된 페이지 및 객체에 용이하게 접근할 수 있도록 해야 하며, 메뉴 설계는 사용자가 탐색위치를 선택할 수 있도록 지원하는 기능을 제공해야 한다. 탐색 설계는 사용자가 찾고자하는 정보에 쉽게 접근할 수 있도록 지원해야 한다. 이에 Huat(1999)는 기존의 네비게이션 설계 기법들이 복잡한 네비게이션 설계를 수행함에 있어서 많은 한계점이 존재하기 때문에 이를 극복할 수 있는 설계 기법이 요구된다고 주장하였다.

4) 사용자 인터페이스 측면

정보시스템이 어떠한 사용자 인터페이스를 제공하는가에 따라 사용자들이 해당 시스템에 대해 지각하는 사용의 용이성이 달라지며, 또한 그로 인한 작업성과에 매우 큰 영향을 미친다. 따라서 훌륭한 인터페이스라는 것은 사용자와 시스템 간에 보다 나은 상호작용을 수행할 수 있고, 과업의 수행도를 높여줄 수 있는 환경을 제공하는 것이다.

그러나 웹기반의 유무에 상관없이 정보의 양과 시스템이 제공해야 할 기능이 증가된 오늘날 정보시스템 환경에서 사용자 인터페이스 설계는 복잡해질 수 밖에 없다. 특히 상이한 사용자 그룹과 상이한 정보 요구사항을 가진 웹 사용자들을 위해 효과적이고 효율적인 인터페이스를 만드는 것은 어렵다. 또한 웹 공간에서의 사용자는 자신의 목표해결과 관련되거나 흥미거리를 제공하는 정보만을 획득하려는 의도를 가지고 있는 반면, 웹 공간에서의 정보제공자는 될 수 있으면 많은 대중과 접하기를 원하고 이를 위해 보다 많은 요구를 충족시키고자 한다. 그래서 웹에서의 사용자와 정보제공자 사이에 존재하는 연결고리는 상대적으로 느슨할 수 밖에 없다.

따라서 웹기반의 정보시스템에서 사용자 인터페이스 설계는 보다 많은 사람들이 웹에 몰두할 수 있도록 웹사이트의 프론트엔드(front-end) 측면에 초점을 맞추어 설계되어야 한다. 이를 위한 설계 기법에는 다음의 두 가지가 고려된다.

첫째, 사용자 친화적(user-friendly)인 디자인이 요구된다. 이는 사용자의 컴퓨터 사용이 능숙하지 않더라도 시스템에 접근하는 것이 용이하고 신속하게 될 수 있어야 함을 의미한다. 웹 사용자가 자신에게 제공되는 정보자원을 검색하고 이를 자신의 것으로 만들고자 하는 의도가 적다고 하더라도 해당 정보시스템을 사용할 수 있도록 사용자의 호기심을 유발할 수 있는 흥미거리를 제공하는 것도 사용자 친화적인 인터페이스 설계에 포함된다.

둘째, 웹기반 정보시스템이 제공하는 기능성(functionality)과의 결합이 요구된다.

기존의 정보시스템 연구에서 인터페이스 설계는 해당 시스템의 기능 속에 존재하는 내부 요소로 간주되기 보다는 오히려 정보시스템을 포장하기 위한 용도로 다루어져 왔다. 따라서 특정 과업을 수행하거나 사용자의 특정 문제를 해결하도록 지원할 수 있는 인터페이스가 되기 위해서는 인터페이스 설계가 시스템의 기능과 결합되어야 하며, 이러한 특성이 반영된 설계 기법이 요구된다.

5) 개발 측면

개발 측면에서는 개발 프로세스와 관련되어 웹기반 정보시스템을 개발하는 과정 중에 발생될 수 있는 문제점들이 해당된다. 대표적인 문제점으로서 예산상의 문제와 같은 경제적 측면, 시스템에 대한 불확실한 목표설정, 높은 위협이 수반되는 기술의 선택, 진행 프로세스상의 문제, 복잡성 등과 같은 기술적 측면, 그리고 명확치 않은 조직의 비전, 관리운영상의 문제, 실현 불가능한 사용자의 기대, 사용자의 저항 등과 같은 조직적 측면 등으로 나눌 수 있다. 그러나 이러한 문제점들은 개발 방법론적인 측면에서 해결하기에는 무리가 따른다.

일반적으로 웹기반 정보시스템 개발 방법론에서 논의될 수 있는 개발 측면의 내용은 시스템 유지보수가 해당된다. 일반적으로 유지보수가 용이한 정보시스템을 설계하기 위해서는 그에 비례하여 설계의 노력과 어려움이 따른다. 하지만 보다 완전한 웹기반 정보시스템 설계 방법론이 되기 위해서는 시스템의 유지보수 측면이 포함되어야 한다.

6) 운영 측면

조직 내 구축된 정보 시스템은 조직의 목표를 원활하게 지원하고, 안정적인 역할을 수행해야 한다. 이 때 보안(security), 수행도(performance), 그리고 감사(auditability) 등과 같은 운영 측면에서의 고려가 요구된다. 웹기반 정보시스템에서는 이러한 내용에 덧붙여 시스템에 접근하는 참여자들과의 관계 관리, 마케팅 등과 같은 항목도 포함되어야 할 것이다. 그러나 운영측면의 문제는 개발된 이후에 나타나기에 설계 방법론에서 고려될 수 있는 부분이 되지는 못한다.

2 웹기반 정보시스템의 개발

2.1 웹기반 정보시스템의 개발 절차

본 절에서는 Punter & Lemmen(1996)이 제시한 정보시스템의 개발 절차 프레임워크를 웹기반 정보시스템 개발 절차에 투영하여 거시적 관점에서 살펴보고자 한다. 정보시스템을 개발하기 위해서는 우선적으로 시스템 개발 프로젝트를 수행하기 위한 환경탐색(environment search)부터 시작되어야 한다. 프로젝트 환경탐색을 할 때 주의해야 할 점은 정보시스템에서 본 문제 상황(problem situation)이 충분히 드러날 수 있도록 조직 측면에서 접근해야 한다.

환경의 탐색이 끝나면 웹기반 정보시스템을 개발하기 위해 문제영역의 범위를 정하고 이를 명세화해야 한다. 이를 통해 개발될 정보시스템이 실제 문제 상황을 처리할 수 있고, 이를 위한 개발 방법론이 도출될 수 있다. 이는 설계 프레임워크 기반 위에서 문제 상황을 분석함으로써 가능하다.

문제 상황이 규명되면 그 결과는 매칭(matching) 프로세스의 입력요소가 된다. 매칭이라는 것은 정보시스템 개발 접근법들 중에서 특정 문제영역에 적합한 기법들을 찾는 과정이다. 이러한 기법들은 방법 베이스(method base)라고 불리는 데이터베이스에 저장되어 있다. 방법 베이스의 설정은 방법 평가(method evaluation)라고 불리는 프로세스 분석기반 위에서 이루어진다. 또한 매칭 프로세스가 원활히 수행될 수 있도록 기법들을 평가하고 관리하는 프로세스가 방법 평가(method evaluation) 프로세스와 동시에 수행된다.

해당 정보시스템의 프로세스를 구조화시키기 위해 프로젝트 전략이 요구된다. 이러한 프로젝트 전략은 프로젝트의 문제 상황을 입력 요소로 하여 전략관리 프로세스를 통해서 평가될 수 있다. 이 때, 프로세스 전략과 상황요인과의 관계에 대한 지식 역시 방법 베이스(method base)에 저장되며, 이 지식이 프로젝트 전략의 선정에 사용된다. 이러한 과정이 조합(assembly) 프로세스에 포함된다.

조합 프로세스를 위한 입력요소로서 프로젝트 전략과 선택된 기법이 사용된다. 조합 프로세스의 주요 부분은 해당 기법을 결합하기 위해 모든 조건의 제약사항을 기술한 일반 규칙의 집합으로 구성된다. 이 때 선택된 해당 기법이 부적절한 경우 조합이 이루어지는 동안에 새로운 기법 선정을 위한 매칭 프로세스가 가동된다.

다음으로 프로젝트 진행 중에 추론된 기법들을 정제화(refinement)하는 역할을 담당하는 프로세스인 프로젝트 수행도 평가(project performance evaluation)가 이루어진다. 정제작업은 결국 프로젝트 전략의 정제와 문제영역의 보다 세밀한 관찰을 의미한다. 프로젝트 수행 동안 이미 설정된 정보시스템 개발 접근법으로부터의 경험을 획득할 수도 있으며, 역으로 이러한 경험들이 방법 베이스로 피드백 되고 향후 정보시스템 개발 프로젝트에서 이용될 수 있다. 이러한 일련의 과정을 그림으로 나타내면 [그림 14-2]와 같다.

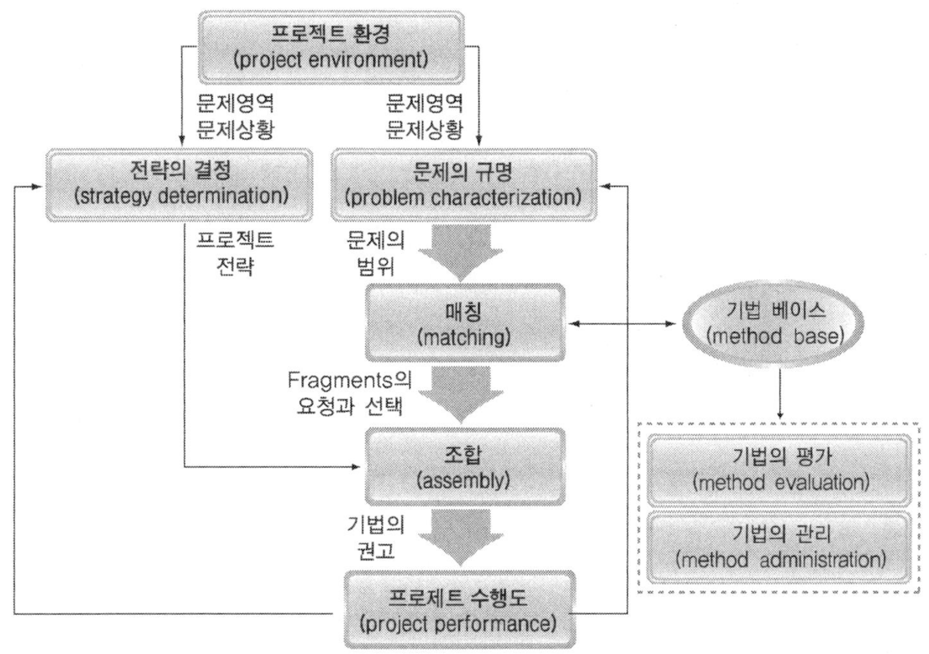

[그림 14-2] 정보시스템 개발절차 프레임워크

2.2 웹기반 정보시스템의 구성 객체

일반적인 정보시스템을 구축하기 위해 모델링하는 것과 웹기반 정보시스템을 구축하기 위해 모델링하는 것에는 명확한 차이가 존재한다. 일반적인 정보시스템의 모델링은 조직 내의 구조화된 데이터의 요구사항(structured data requirements)과 프로세스 기능(process function)을 효과적으로 기술하는 것으로써 주된 관심사는 구조화된 데이터와 프로세스의 일반화에 초점을 맞춘다. 반면 웹기반 정보시스템의 경우 특정 웹사이트들의 통합을 통해 네트워크로 연결된 조직을 지원하기 위해 운영되고, 전자상거래 등과 같은 온라인 비즈니스 프로세스를 수행함으로써 규명되어야 할 프로세스 및 데이터가 동적이며 상호간 연결된 구조를 가지고 있다. 또한 조직의 컴퓨팅 네트워크 자원(properties) 역시 웹기반 정보시스템 구축에 있어 주요 초점 대상 중의 하나가 된다.

물론 웹기반 정보시스템은 거래처리시스템(TPS), 정보보고시스템(IRS), 의사결정지원시스템(DSS) 등과 같은 전통적인 경영정보시스템과 공통적인 부분이 존재하기에 데이터 구조, 모델 베이스, 의사결정지원을 위한 그룹웨어 등도 웹기반 정보시스템의 일반적인 구성요소가 될 수 있다. 그러나 본질적으로 웹기반 정보시스템은 인터넷 상에서 존재하는 정보시스템이기 때문에 여기에 초점을 맞추어 웹기반 정보시스템의 목적을 살펴보고, 일반적인 구성 객체를 탐색해야 한다. 아울러 온라인 비즈니스 프로세스(online business process)를 수행하고, 온라인 거래(online transaction)를 지원하기 위한 소프트웨어 에이전트의 역할과 구조적인 데이터와 반구조적인(semi-structured) 데이터 처리를 요구하는 데이터베이스 측면, 그리고 웹기반 정보시스템의 멀티미디어 문서처리 지원과 인터넷을 통한 상호협력적인 지식 구조의 생성 및 공유에 대한 이슈에 대한 내용도 고려해야 한다.

즉, 웹기반 정보시스템을 구축하기 위해 고려되어야 할 요소를 탐색하기 위해 웹기반 정보시스템을 구성하는 객체들은 ① 웹사이트 측면, ② 온라인 비즈니스 프로세스 측면, ③ 지식 측면, ④ 조직의 정보인프라 측면, 그리고 ⑤ 소프트웨어 에이전트 측면으로 분류할 수 있다. 각 객체들의 특성과 구성 객체들을 정리하면 다음과 같다.

1) 웹사이트 측면

웹기반 정보시스템을 표현 측면에서 초점을 맞출 때 나타나는 특징 중의 하나가 웹사이트 형태로 제시된다는 점이다. 즉, HCI(human computer interaction) 측면에서 웹

기반 정보시스템의 인터페이스는 사용자(혹은 클라이언트)와 웹기반 정보시스템 간의 의견교환을 위한 웹사이트 형태로 제시된다.

네트워크에 접속해 있는 다수의 사용자에게 정보를 제시하고 사용자로부터 입력을 요청하는 비즈니스 프로세스를 통해 지식을 표현(knowledge presentation)하는 일련의 활동들이 웹기반 정보시스템의 웹사이트 측면에서 특징이 된다. [그림 14-3]은 웹사이트 측면에서의 객체구성 요소들을 도식화한 것이다. 논리적인 측면에서 볼 때, 본 구조는 객체들을 개념적으로 분류한 형태를 가지고 있으며, 물리적인 측면에서 볼 때, 해당 구조는 각 웹사이트의 주소(URL)를 가진 하나의 트리 형태를 이룬다.

웹기반 정보시스템은 크게 정보를 제공하는 부분과 사용자로부터 입력을 요청하는 부분으로 나눌 수 있다. 정보를 제공하는 클래스는 프레임, 텍스트, 그래픽, 멀티미디어 등과 같은 하위 클래스를 가지고 있으며, 입력 요청과 관련된 클래스는 폼, 메뉴, 버튼, 하이퍼링크 등과 같은 하위 클래스를 가지고 있음을 알 수 있다. 즉, 제시되는 형태 측면에서 본 웹기반 정보시스템은 상하로 연결된 클래스를 소유한 형태로 추상화될 수 있고, 해당 속성을 가진 각 프로세스는 이벤트 드리븐(event-driven) 방식으로 운용된다.

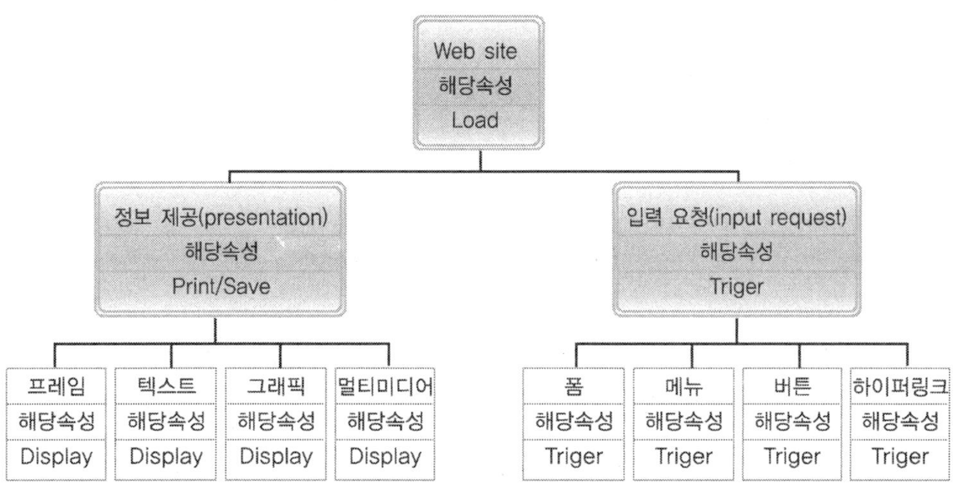

[그림 14-3] 웹사이트 측면에서의 객체구성 요소

2) 온라인 비즈니스 프로세스 측면

온라인 비즈니스 프로세스 측면에서의 웹기반 정보시스템은 [그림 14-4]에 제시된 것과 같이 물리적 실체(physiomorphic), 이벤트(event), 문서(document) 등과 같은 객체 클래스 형태로 나누어진다.

물리적 실체라는 것은 고객 또는 재고 등과 같이 물리적으로 존재하는 엔티티(entity)로서 웹기반 정보시스템에서 구조적인 데이터 형태로 제시된다. 이벤트는 주문처리 등과 같이 반복적인 운영의 형태를 취하거나 신용카드 조회 등과 같이 의사결정 형태로 존재하며 시간 속성을 소유한다. 문서 객체는 전자발주 어플리케이션과 같이 웹기반 정보시스템 내부에 들어가는 정보 실체를 나타내거나 온라인 사업보고서와 같이 시스템에 의해 생성되는 정보 실체를 의미한다. 따라서 어떤 형태로든 형식(format)을 갖춘 형태로 출력(print)된다.

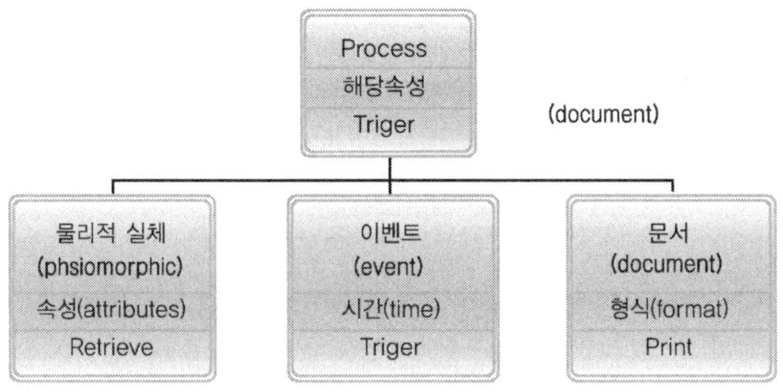

[그림 14-4] 비즈니스 프로세스 측면에서의 객체구성 요소

3) 지식의 처리 측면

비구조화된 지식을 표현하는 것도 웹기반 정보시스템의 특징 중의 하나가 될 수 있으며, [그림 14-5]와 같이 도식화될 수 있다. 먼저 멀티미디어 환경에서 지식을 표현하는 방법 중의 하나로서 에피소드(episode) 객체가 존재한다. 에피소드 객체는 텍스트, 오디오, 비디오 형태 등으로 구성된다. 예를 들면, 전자상거래를 수행하는 웹기반 정보시스템의 경우 제품 광고를 멀티미디어 형태로 할 때, 이 멀티미디어 객체가 하나의 에피소드가 된다.

기존의 개발방법론에서 다루어졌던 자료흐름도(DFD)나 개체관계도(ERD) 기법 등과

같은 시스템 명세접근법과는 다르게 다음의 두 가지 특징을 가짐으로써 독특한 지식의 표현을 생성한다. 첫째, 에피소드는 단일의 객체이기에 하나의 에피소드로부터 하위 에피소드에 이르기까지 검색(retrieval) 및 이동(migration)과 같은 자체적인 운영 프로세스를 가진다. 둘째, 에피소드 객체는 다른 객체를 실행시키도록 만드는 메시지를 전송할 수 있다. 이렇듯 에피소드 객체는 전통적인 데이터보다 유연한 속성을 가지고 있기 때문에 기존의 개발 방법론과는 다른 방법론이 요구된다.

지식의 처리측면에서 웹기반 정보시스템을 고려할 때 조직 학습(organizational learning)을 수행할 수 있다는 점에서 이상적인 컴퓨팅 환경을 제공한다. 만일 웹기반 정보시스템이 인지(cognizance) 구성요소를 가질 수 있다면 조직학습을 수행하는데 매우 효과적인 도구가 될 수 있을 것이다. 인지 구성요소라는 것은 웹기반 정보시스템을 통해 고객 정보를 축적하고, 고객가치, 신념, 감정, 문화 등과 같은 고객의 특징들에 관한 지식 등을 의미한다. 이를 통해 조직 내 혹은 조직 간에 발생하는 추상화된 정보를 구체화(symbolize)시킴으로써 조직학습이 달성될 수 있다. 그리고 이러한 정보들이 지식 프레임(knowledge frame)에 저장되어 신규 고객관리에 적용되도록 할 수 있다. 이 때 지식 프레임을 생성하도록 지원하는 객체로서 생성 규칙(production rule), 의미망(semantic network), 인지맵(cognitive map) 등이 존재한다.

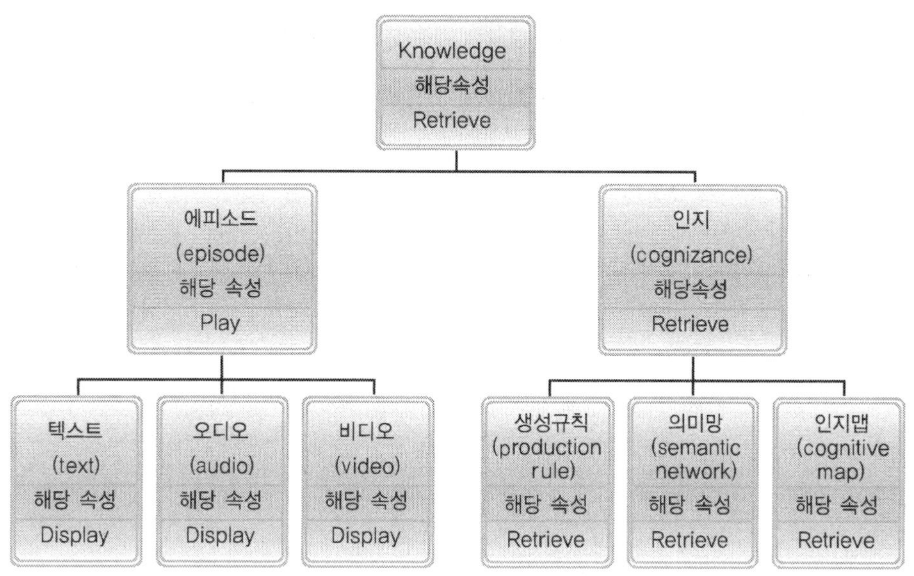

[그림 14-5] 지식 측면에서의 객체구성 요소

4) 조직을 위한 정보 인프라 측면

조직 내 구축된 정보 인프라는 정보자원 관리에 있어 매우 중요한 요소가 된다. 전자상거래를 위한 정보 인프라 프레임워크의 구성요소로서 ① 광범위한 정보 네트워크, ② 외부 환경에 존재하는 데이터의 전자적 접근, ③ 가상조직 간의 전자적 연결, ④ 조직간 정보 시스템, 그리고 ⑤ 고객과의 전자적 연결 등이 존재한다.

이를 웹기반 정보시스템의 정보 인프라 측면에서 객체구성 요소로 도식화 한 것이 [그림 14-6]이다. 네트워크는 웹기반 정보시스템의 정보 인프라를 구성하는 핵심적 요소이며, 인터넷 표준인 TCP/IP 등과 같은 프로토콜(protocol), 웹기반 정보시스템의 보안 장치를 위한 요소인 방화벽(firewall), 네트워크 관리를 위한 운영 체제(operating system), 웹기반 정보시스템에서 데이터 처리를 위한 클라이언트/서버 시스템 환경 등으로 구성될 수 있다.

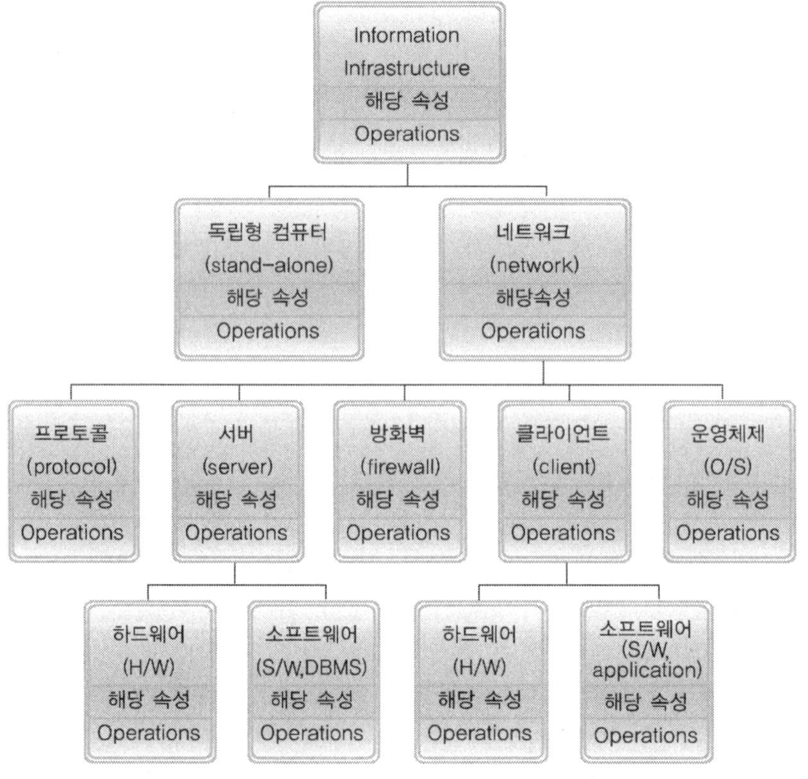

[그림 14-6] 정보 인프라 측면에서의 객체구성 요소

전자상거래에 있어 웹기반 정보시스템은 객체 구조에 의해 정의된 정보 인프라를 가지고, 각각의 객체들은 전체 웹기반 정보시스템에 걸쳐 다른 객체들(예를 들면, 웹사이트, 비즈니스 프로세스, 지식 등과 같은)과 연계되어 있다. 따라서 이러한 요소들 간의 관련성을 규명할 필요도 존재하며, 이를 가능하도록 지원하는 것이 소프트웨어 에이전트이다.

5) 소프트웨어 에이전트 측면

정보의 과부하(overloading), 시간의 비동시성, 보안에 대한 위협(security threats), 이질적인 온라인 처리 스타일 등과 같이 인터넷상에서 발생하는 문제점들을 해결하기 위한 지원도구가 소프트웨어 에이전트이다. 에이전트 기술은 웹기반 정보시스템에서 빠르게 변화하는 비즈니스 환경에 대한 해결책으로서 역할을 수행한다.

소프트웨어 에이전트는 다른 에이전트나 프로세스가 혼재하는 환경에서도 연속적이고 자발적으로 주어진 기능을 수행할 수 있어야 한다. 따라서 이를 수행하기 위한 역할 측면에서 볼 때, 에이전트는 [그림 14-7]과 같이 워크플로우 통제자(workflow controller)와 지능적인 도구(intelligent instrument) 객체로 나누어질 수 있다.

첫째, 워크플로우 통제자 객체라는 것은 소프트웨어 에이전트가 이동성(dynamic mobility)을 부여받은 형태로 과업을 수행하는 것을 의미한다. 여기서 워크플로우는 규칙(rule) 기반의 업무 흐름(flow)을 처리하는 것으로 BPR(business process reengineering)을 시스템화한 것이다. 예를 들면, 분산된 재고통제 에이전트는 현재 재고량을 검색하기 위해 원격지 창고에 있는 개별 서버를 순회하면서 중앙 시스템으로 재고통제 정보를 가져온다. 기존의 클라이언트/서버 환경에서는 원격지로부터 단순 결과 데이터만을 가져오지만, 에이전트 소프트웨어는 사용자로부터 부여받은 명령(mission)을 수행하고 처리할 수 있다는 차이점이 존재한다.

둘째, 지능적인 도구 측면에서 본 소프트웨어 에이전트는 검색 엔진, 정보 필터링, 지식획득, 학습도구, 온라인 분석처리, 데이터 마이닝 등과 같이 지능적인 업무를 수행하는 지능형 에이전트를 의미한다. 이 때 생성된 지식은 데이터베이스 내에 존재할 수도 있고, 독립적인 형태로 생성되고 존재할 수도 있다. 이러한 지능적 도구는 에이전트가 웹기반 정보시스템에서 지식을 검색하고 획득하는데 도움을 준다. 예를 들면, 구매 에이전트는 웹 사이트에 존재하는 구매자를 위해 관련 공급자를 검색해서 결과를 제시한다.

[그림 14-7] 소프트웨어 에이전트 측면에서의 객체구성 요소

3 웹기반 정보시스템 개발을 위한 개발방법론

웹기반 정보시스템을 구축하기 위해 일반적인 정보시스템 설계 방법론을 그대로 적용하기에는 많은 무리가 따른다는 것을 앞에서 살펴보았다. 즉, 웹기반 정보시스템 개발 방법론은 인터넷 기반, 기존 조직 내 정보시스템과의 연계, 하이퍼미디어 등과 같은 웹기반 정보시스템의 속성을 반영한 설계 방법론을 의미한다. 이에 본 절에서는 기존의 대표적인 웹기반 개발방법론인 Isakowitz et al.(1995)의 RMM(relationship management methodology), Lange(1993)의 EORM(enhanced object relationship model), Lee et al.(1999)의 SOHDM(scenario-based object-oriented hypermedia design methodology), Schwabe et al.(1995)의 OOHDM(object oriented hpermedia design model), 그리고 De Troyer & Leune(1998)의 WSDM(web site design method) 등을 살펴보고 각 방법론의 특성과 장단점을 설명하고자 한다.

3.1 RMM

Isakowitz et al.(1995)에 의해 제안된 RMM(relationship management methodology)은 해당 정보시스템이 조직적인 구조를 갖추고 있으면서 컨텐츠의 수정이 상대적으로 빈번하게 발생하는 하이퍼미디어 정보시스템을 효과적으로 설계하는데 초점을 맞추고 있다. 따라서 본 방법론은 데이터 중심(data-oriented)의 방법론이며, ER(entity-relationship) 모델을 근간으로 하고 있다.

RMM은 크게 6 단계로 구성된다. 첫째, E-R 설계(entity-relationship design) 단계로서, 구축하고자하는 시스템의 정보영역과 그들 간의 관계를 모델링한다. 둘째, 슬라이스 설계(slice design) 단계는 정보 유닛(units)이 디스플레이를 위해 어떻게 하위단계로 분리되는가를 고민하고 이를 도식화한다. 셋째, 항해 설계(navigation design)로서 사용자가 원하는 정보자원에 어떻게 접근해 나가는가를 탐색한다. 넷째, 사용자 인터페이스 설계(user interface design) 단계는 정보가 사용자에게 제시되는 방식과 형식을 규명하는 단계가 된다. 다섯째, 전환 프로토콜 설계(conversion protocol design) 단계는 추상화된 구조(abstract constructs)가 물리적 수준의 구조(physical-level constructs)로 어떻게 전이되는가를 설명한다. 예를 들면 어떤 종류의 웹 페이지가 인덱스 역할을 수행할 것인가를 결정하는 것이 이에 해당될 수 있다. 여섯째, 구축(construction)과 테스팅(testing) 단계에서 실제 시스템을 구축하고 시험하는 단계가 된다. 이를 그림으로 나타내면 [그림 14-8]과 같다.

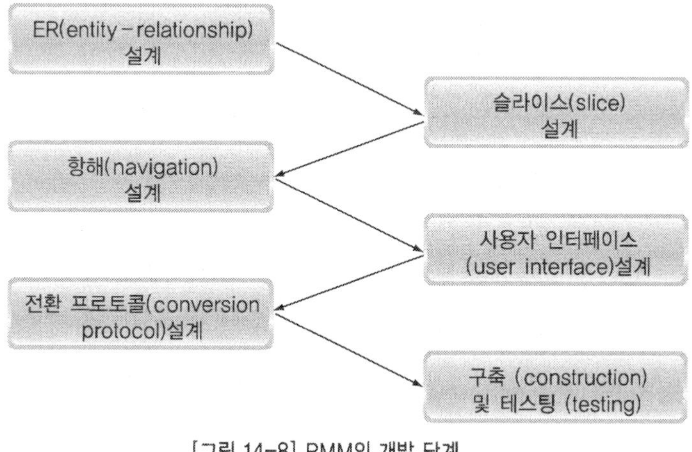

[그림 14-8] RMM의 개발 단계

RMM이 기존 방법론에 비해 확연한 차이를 드러내는 부분은 데이터 모델링 부분과 슬라이스 설계 부분이다. 먼저 RMM에서 채택하고 있는 데이터 모델의 표기법을 살펴보면 [그림 14-9]와 같다(Balasubramanian et al., 2001). E-R 도메인의 표기법은 기존의 E-R과 같은 반면, RMD 도메인과 접근(access) 영역이 하이퍼미디어 설계에 맞게 추가되었음을 알 수 있다.

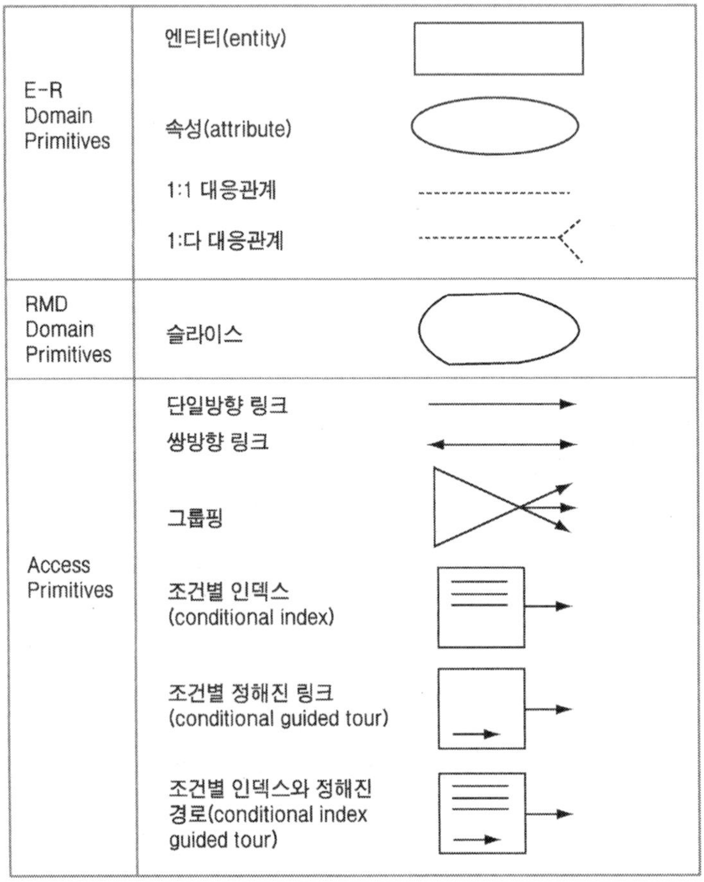

E-R Domain Primitives	엔티티(entity)
	속성(attribute)
	1:1 대응관계
	1:다 대응관계
RMD Domain Primitives	슬라이스
Access Primitives	단일방향 링크
	쌍방향 링크
	그룹핑
	조건별 인덱스 (conditional index)
	조건별 정해진 링크 (conditional guided tour)
	조건별 인덱스와 정해진 경로(conditional index guided tour)

[그림 14-9] RMM의 데이터 모델 구성요소

그리고 슬라이스 단계를 살펴보면 웹기반 정보시스템과 같은 하이퍼미디어 어플리케이션의 설계 특징을 발견할 수 있다. 슬라이스 설계는 프리젠테이션 목적으로 정보를 적절하게 나누는(chunking) 것이다. 이러한 슬라이스들은 독립적인 형태로 기능을 수행하기도 하지만, 다른 슬라이스와 상호참조(cross-reference)를 수행하기도 한다. 이 때

연결된 슬라이스들은 서로간 높은 응집도(coherent)를 가지며, 일반적으로 머리 슬라이스(head slice)가 다른 슬라이스들과 연결되어 있다. [그림 14-10]은 월드컵 홈페이지를 설계하고자 할 때, 해당 슬라이스 속성(attributes)의 이벤트 엔티티 부분을 간략하게 보여주는 슬라이스 다이어그램이다. 이 때 'General' 슬라이스가 머리 슬라이스가 된다.

RMM은 데이터 지향적인 개발 방법론의 특성을 잘 반영하여 신속한 피드백 메커니즘을 제공하는 유연성으로 인해 데이터 구조 및 내용의 변경 여부에 적극적으로 반응할 수 있다. 그러나 인간과 컴퓨터의 상호작용(HCI) 측면은 상대적으로 무시되고 있으며, 프로세스의 흐름이나 세밀한 링크 전략 및 상태의 전이는 미비한 편이다.

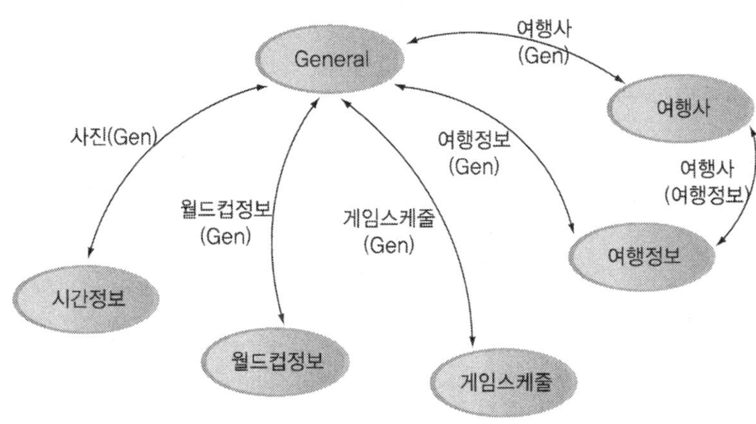

[그림 14-10] 슬라이스 다이어그램의 간단한 예제

3.2 EORM

EORM(enhanced object relationship model)은 Lange(1993)가 제안한 설계 방법론으로서 웹기반 정보시스템 내부에 존재하는 객체들 간의 상호작용 관계를 정적인 측면(static aspects)과 동적인 측면(dynamic aspects)으로 규명함으로써 개념적인 객체 모델링을 달성한 설계 방법론이다. 그렇기 때문에 EORM은 하이퍼미디어 특성을 가진 정보시스템을 객체지향 관점에서 설계한 최초의 방법론으로 간주되고 있다.

이러한 EORM은 새로운 접근법이나 개념을 도입하여 설계 영역을 확장시켰다기 보다는 기존의 객체모델 기법(OMT: object modelling technique)이 가지고 있던 클래스

(class)와 관계(relationship)에 대한 개념을 하이퍼미디어 속성을 가진 정보시스템에 적용시킨 것이다. 즉, 객체지향에서 객체들 간의 관계가 링크 클래스 계층(link class hierarchy)으로 불리는 하이퍼링크로 표시되며, 여기서 발견된 하이퍼링크가 항해 설계의 입력물이 되어 항해 구조(navigation structure)를 형성한다.

EORM은 클래스 정의(class definition), 링크 클래스 정의(link class definition, composition), GUI(graphic user interface) 등과 같은 3개 프레임워크로 구성된다. 클래스는 클래스 정의의 재사용 가능한 라이브러리(reusable library)로 구성되며, 이때 클래스의 규명은 전통적인 객체지향 방식과 동일한 표기법을 따르고 있다. 컴포지션(composition)은 링크 클래스 정의의 라이브러리로 이루어지고, GUI 프레임워크는 그래픽 사용자 인터페이스 설계를 할 때 각각의 구성 항목(elements)을 규명한다.

EORM의 개발 단계는 [그림 14-11]과 같이 크게 4 단계로 구분된다. 첫째, 정보 분석(information analysis) 단계로서 해당 정보시스템에서 사용될 정보를 분석하고 어떠한 정보자원이 시스템 상에서 구현되어야 할 것인가를 결정한다. 둘째, 기능 분석(functional analysis) 단계로서 설정된 정보들의 기능들을 명세하는 단계가 된다. 셋째, 객체 모델링(object modeling) 단계로서 클래스의 프레임워크를 생성하고, 클래스 프레임들을 구성(composition)하며, 사용자 인터페이스 프레임워크를 생성한다. 여기까지는 OMT 개발방법론과 비슷하다. 그러나 네 번째 단계인 하이퍼미디어 투사(hypermedia mapping) 단계에서 OMT에서 도출된 엔티티(entity)를 노드(node)로, 관계(relationship)를 링크(link)로 투사(mapping)시킴으로써 웹기반 정보시스템 속성에 맞춘 모델링을 수행하고 있다.

EORM 방법론은 하이퍼미디어 속성을 가진 정보시스템을 설계함에 있어 각각의 구성요소를 객체로 나누어 설계한 최초의 방법론이라는 점에서는 의의를 찾을 수 있다. 하지만 기존 객체모델링 기법에서 도출된 엔티티(entity)를 노드(node)로, 관계(relationship)를 링크(link)로 설정한 항해 설계기법을 따르기에 사용자 관점에서의 유연성과 유지보수의 가능성, 그리고 단순 웹페이지 이상의 시스템을 설계하기에는 무리가 따른다.

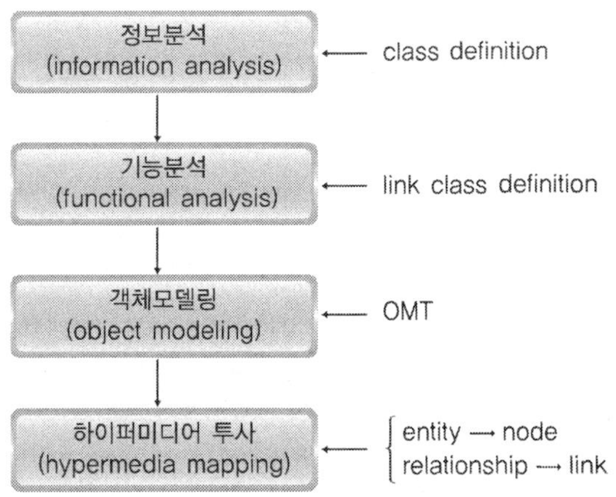

[그림 14-11] EORM의 개발 단계

3.3 OOHDM

OOHDM(object-oriented hypermedia design methodology)은 Schwabe(1994) 등에 의해 제안되었으며 기존의 OMT처럼 객체지향 설계 기법을 따르지만, EORM과는 달리 단계별 설계 문제에 보다 세밀하게 초점을 맞추고 있다. 또한 추상화와 재사용을 고려한 분류화(classification), 집합(aggregation), 일반화(generalization), 구체화(specialization) 등이 전 프로세스에 걸쳐 사용됨으로써 객체 흐름에 대한 사실까지 규명하고자 하였다.

OOHDM의 개발 단계는 [그림 14-12]와 같이 일반적으로 요구사항 수집 단계를 제외한 4 단계로 구분된다. 각 단계별 산출물과 형식, 메커니즘, 그리고 설계 과정 중에 고려해야 될 사항을 [표 14-2]에 요약하였다.

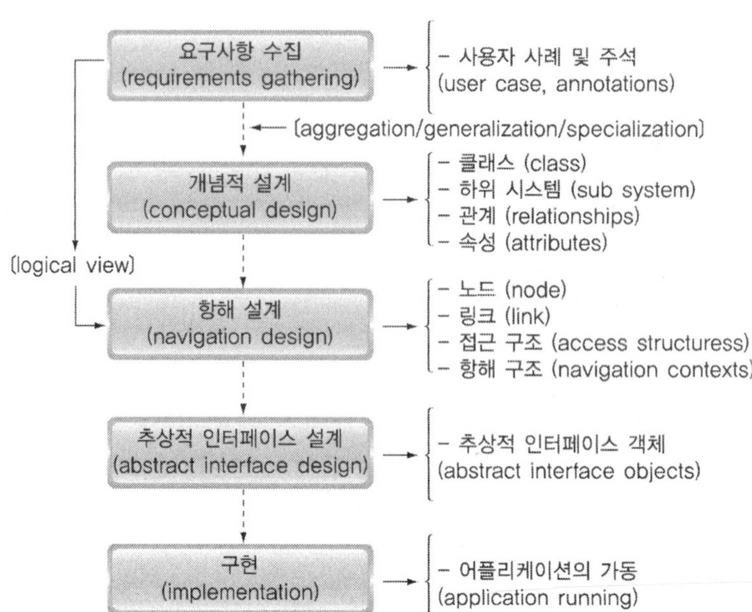

[그림 14-12] OOHDM의 개발 단계

첫 번째 단계는 정보시스템 참여자의 요구사항을 수집하는 단계이다. 이를 달성하기 위해 선행되어야 할 사항은 수행자(actors)와 그들이 수행해야 할 과업(tasks)을 규명하는 것이다. 그 다음 수행자별, 과업별 시나리오를 작성한다. 이 때 생성된 시나리오는 유즈케이스(use case)가 되며, 사용자 상호작용 다이어그램(user interaction diagram)을 사용해서 구체화한다. 이 다이어그램은 과업을 수행하는 동안 사용자와 시스템 간의 상호작용 형태와 메커니즘을 그래픽 형태로 제시하는 것이다.

두 번째 단계에서 해당 어플리케이션의 개념적 모델을 객체지향 모델로 변환시킨다. 이 때 개념 클래스는 집합(aggregation), 일반화(generalization), 구체화(specialization) 형태로 나타나며, 이 경우 사용자나 과업의 종류와는 상관없이 어플리케이션 도메인의 의미적 측면(semantics)만이 고려된다.

세 번째 단계인 항해설계 단계에서는 노드, 링크, 정해진 경로 등과 같은 항해 클래스가 사용된 항해 구조가 생성된다. OOHDM에서 노드는 도메인 분석에서 정의된 개념적 클래스 상에 존재하는 논리적인 뷰(view) 형태로 나타난다. 이 때 동일한 문제영역일지라도 상이한 뷰(view)를 나타내기 위해 서로 다른 항해모델이 구축될 수 있다. 즉, 항해모델은 유지보수 문제를 고려하여 개념 모델과는 독립적으로 구성되어야 한다.

[표 14-2] OOHDM의 단계별 활동

단계별 활동	산출물	형 식	메커니즘	설계 고려사항
요구사항 수집	-사용자 사례 (user case) -주석 (annotation)	-시나리오 -사용자 상호작용 다이어그램 (user interaction diagram)	-시나리오 사용 -사례 분석 -개념모델로 투사	-어플리케이션을 위한 참여자의 요구사항탐색 및 수집
개념적 설계	-클래스 -하위시스템 -관계 -속성	-객체지향 설계	-분류화 -집합 -일반화 -구체화	-어플리케이션 도메인의 의미론 (semantics)측면의 설계
항해 설계	-노드 -링크 -접근구조 -항해구조	-객체지향 뷰 -객체지향 상태도 (state charts) -설계 패턴 -사용자 중심 시나리오	-분류화 -집합 -일반화 -구체화	-사용자 특성과 과업 특성 고려 -인지 측면 중점 -어플리케이션 항해 구조도 생성
추상적 인터페이스 설계	-추상적 인터페이스 객체	-데이터 뷰의 추상화 -형상 다이어그램 (configuration diagram)	-항해노드와 관련 객체간의 투사	-선택된 메타포어의 구현 -항해노드 객체의 인터페이스 설계 -인터페이스 객체의 배치(layout)
구현	- 어플리케이션 가동			-수행도(performance) -완성도(completeness)

네 번째 단계인 추상적 인터페이스 설계 단계는 그림, 지도 등과 같이 지각 가능한 객체를 정의하는 것으로 이루어진다. 이 때 생성된 인터페이스 클래스는 텍스트나 버튼과 같은 원시 클래스의 집합으로 정의된다. 인터페이스 객체는 항해 객체에 투사되고 외부 실체 또는 사용자가 발생시킨 이벤트에 의해 반응한다.

마지막 단계인 구현 단계에서는 인터페이스 객체를 클라이언트/서버 시스템 아키텍처에 투사시키는 단계이다. 이 때 수행도(performance)와 완성도(completeness)를 고려하여 주어진 환경에 가장 잘 부합될 수 있도록 해야 한다.

RMM이 E-R 모델에 기반을 둔 데이터 구조를 가진 반면, OOHDM은 객체지향 데이터 구조 및 객체지향 설계 프로세스를 도입하고 있다. 그렇기 때문에 개방된 기법(open method)이라 불릴 만큼 설계에 있어 자율성이 부여된다는 것이 가장 큰 장점이다. 그러나 어플리케이션의 문제 영역에 대한 충분한 모델링을 제공하고 있지 못하기 때문에 설계자는 문제영역 명세를 위해서는 그저 자신에게 익숙한 기법들 중의 하나를 가져와야 하는 단점을 가지고 있다. 또한 개념 설계에서 항해 설계로 넘어가는 과정에 사용자와 과업의 종류를 무시하고 어플리케이션에만 초점을 맞춤으로써 급변하는 웹기반 정보시스템의 정보 요구사항에 신속한 반응이 불가능할 뿐만 아니라 유지보수의 문제까지 발생할 가능성이 존재한다.

3.4 SOHDM

SOHDM(scenario-based object-oriented hypermedia design methodology)은 Lee et al.(1999) 등이 제안한 방법으로 항해 경로(navigation link)의 결정을 데이터간의 관계에 따라 설계하고자 했던 기존 방법론의 문제를 해결하기 위해 제안되었다. 따라서 사용자의 항해 요구사항을 데이터의 관점이 아닌 프로세스의 관점에서 보려고 노력하는 방법론이다. 즉, 사용자의 요구사항을 웹기반 정보시스템에 반영시키기 위해 시나리오 기법을 적용하여 프로세스를 추적하고 있다.

SOHDM의 개발 절차는 [그림 14-13]과 같이 6단계로 구성되어 있으며, 각 단계별로 살펴보면 다음과 같다.

첫째, 도메인 분석(domain analysis) 단계에서는 기존의 대표적 설계기법 중의 하나인 DFD(data flow diagram)에서와 같이 시스템의 경계를 나타내기 위한 배경도(context diagram)를 작성하고 사용자의 요구사항을 나타내기 위해 시나리오 기법을 적용해서 프로세스를 추적한다.

둘째, 객체 모델링(object modeling) 단계에서는 객체 클래스 간의 관계를 나타내는 클래스 구조도(CSD, class structure diagram)를 작성한다. 이는 이전 단계의 시나리오 분석 결과를 바탕으로 객체들의 관계를 설계하는 단계로서 상위 클래스(super class)/하위 클래스(sub class), 조정자(collaborator), 구성요소(component), 동료(associator) 등과 같은 네 가지 종류의 관계로 표시하는데, 이는 기존의 객체 모델링 표기법을 따른다.

셋째, 뷰 설계(view design) 단계에서 객체들은 항해 설계를 위해 단일 객체로부터 유도된 기저 뷰(base view), 관계성으로부터 유도된 관계 뷰(association view), 그리고 조정자로부터 유도된 조정 뷰(collaboration view) 등과 같은 세 가지 종류의 뷰로 재구성된다. 웹기반 정보시스템을 구축할 때 뷰를 적용함으로써 획득되는 이점은 (1) 서로 상이한 요구사항을 가지는 다수의 사용자를 지원할 수 있다. (2) 객체의 이질적인 속성(heterogeneous attributes)이 뷰로 통합되기에 시스템 설계가 단순해 질 수 있다. (3) 항해나 표현상에 있어 부가적인 요구사항을 보다 용이하게 반영할 수 있기에 시스템의 확장성을 도모할 수 있다.

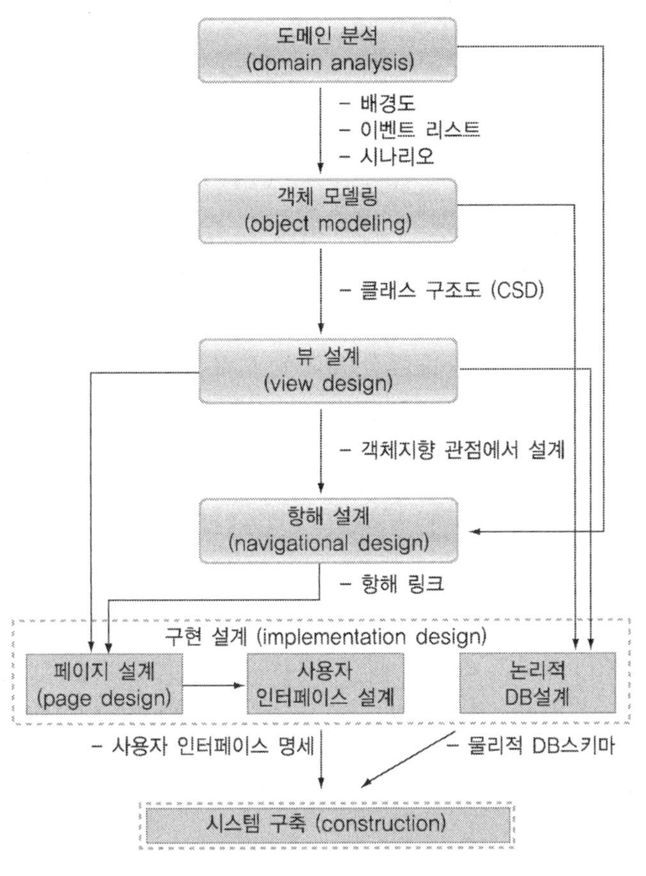

[그림 14-13] SOHDM의 개발 단계

넷째, 항해 설계(navigational design) 단계에서는 사용자가 시나리오 기반 위에서 정보를 이용하고 수집하는 방식을 처리하기 위해 접근구조 노드(access structure node)와 항해 링크(navigation link)의 정의가 이루어진다. 이 때 항해 흐름의 방향이 들어오는 흐름(inflow)인지, 나가는 흐름(outflow)인지를 정한 후 항해 링크를 설정한다.

다섯째, 구현 설계(implementation design) 단계에서는 사용자에게 제시되는 윈도우(window)를 정의하고 항해 흐름을 구체화시킨다. 또한 사용자 인터페이스가 설계되고, 객체지향 뷰가 관계형 데이터베이스 스키마로 이전된다. 그 다음 물리적 데이터베이스 스키마와 사용자 인터페이스 명세가 결합된 하이퍼미디어 정보시스템이 만들어진다.

SOHDM은 웹기반 정보시스템을 설계함에 있어 다른 접근법과 마찬가지로 데이터 흐름에 초점을 맞추고는 있으나, 데이터를 규명하고 사용자의 요구사항을 도출하기 위해 시나리오 접근법을 적용하여 보다 체계적으로 명확한 지침을 제공하고 있다. 또한 앞에서 거론된 개발 방법론이 웹 페이지 형식의 웹사이트 설계에 보다 초점을 맞추었다면, 본 개발 방법론은 데이터베이스 설계 이슈까지 포함함으로써 기존 조직 내 정보시스템과의 통합을 꾀하고자 한 점에서는 높이 평가될 수 있다. 그러나 본 개발 방법론의 경우 시나리오 접근법을 채택하여 데이터 처리와 관련된 프로세스에 대한 설계는 하고 있으나, 업무 처리나 과업 수행을 위해 존재하는 기존의 업무 프로세스에 대한 측면은 간과하고 있다. 따라서 진정한 웹기반 정보시스템이 되기 위해서는 기존 시스템과의 결합도 필요하지만 내·외부 사용자의 작업 프로세스 상에 존재하는 관련성과 낭비요소 등을 설계단계에서 고려할 수 있는 설계 방법론은 되지 못한다.

3.5 WSDM

WSDM(web site design method)은 De Troyer & Leune(1998)에 의해 제안된 개발 방법론으로 웹기반 정보시스템의 개발을 방문자의 관점과 관리자의 관점의 두 가지 관점에서 다루고자 하였다. 방문자 관점에서 본 웹사이트는 해당 사이트가 자신에게 유용하기를 원한다. 반면 관리자 관점에서 볼 때 웹사이트는 어떠한 문제든 발생하지 않고 원활하게 운용하길 원한다. 그러나 기존의 개발 방법론은 방문자의 유용성보다는 오히려 구축의 용이성과 유지보수에 초점을 맞춘 관리자 관점에서 정보시스템을 효율적이고 효과적으로 개발하려고 노력하였다. 이에 WSDM에서는 유용성(usability) 문제에 직면한 방문자 관점과 유지보수(maintenance) 문제에 직면한 관리자의 관점에서 설계 방법론을 논의하였다.

따라서 WSDM은 사용자 중심의 접근법으로 웹사이트 잠재적 방문자에 초점을 맞추어 서로 상이한 사용자 클래스 관점으로부터 데이터를 모델링함으로써 최종 산출물이 보다 사용자에게 유용한 정보가 되도록 하는 것이 설계 목표가 된다.

WSDM은 [그림 14-14]와 같이 사용자 모델링(user modeling), 개념적 설계(conceptual design), 구현 설계(implementation design), 그리고 구현(implementa tion) 등의 4가지 단계로 구성된다.

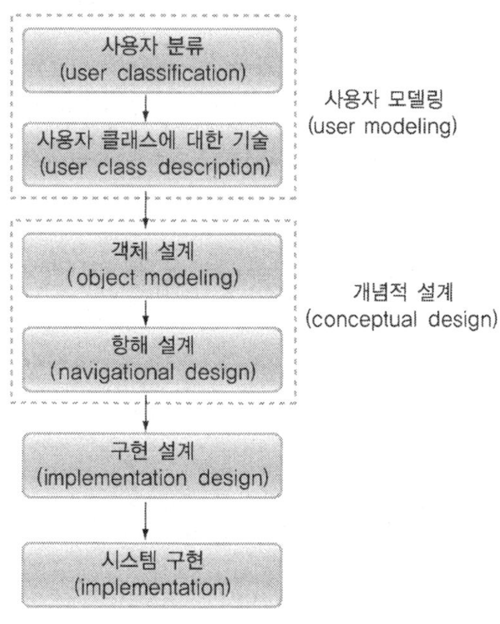

[그림 14-14] WSDM의 개발 단계

먼저 사용자 모델링 단계에서는 사용자 분류와 사용자 클래스 기술로 나뉘는데, 사용자 분류라는 것은 구현하고자 하는 웹사이트의 사용자들을 그룹별로 규명하고 분류하는 작업을 말한다. 사용자 클래스 기술단계는 이전 단계에서 규명된 사용자 집단별 정보 요구사항을 탐색하고 이들 클래스의 특징을 기술한다. 만약 동일한 클래스내의 사용자들이 상이한 특성을 가질 경우 해당 클래스는 유용성과 관련된 요구사항이 기술된 'perspective'라는 하위 클래스로 분류된다. 예를 들어 대학의 학과에서 업무처리를 위한 웹기반 정보시스템을 설계할 때 [그림 14-15]와 같은 스키마를 가질 수 있다.

두 번째 단계인 개념적 설계 단계는 구현과는 독립적인 단계로서 객체 모델링과 항해 설계로 나뉜다. 객체 모델링은 사용자 클래스 기술에 표현된 정보 요구사항을 개념적인

객체로 전환하는 것이다. 항해 설계는 이전 단계에서 도출된 'perspective' 별로 경로를 설정하는 것이다. 이 단계의 구성요소는 정보, 항해, 외부실체 등이다.

구현 단계는 웹사이트 설계의 구현 종속적(implementation dependent) 측면에 초점을 맞추는 단계로 구현 모델(implementation model)이 생성된다. 구현은 주어진 환경에 맞게 웹기반 정보시스템을 실제적으로 구축하는 것을 의미한다.

이 방법론의 경우 정보시스템을 사용하는 측면과 관리하는 측면의 관점이 서로 상이하다는데 초점을 두어 설계에 접근하려 했다는 점은 고무적이나 다음의 두 가지 심각한 문제점을 가지고 있다. 첫째, 실질적인 항해 설계 및 구현 설계 부분에서 명확한 설계 지침을 제공하고 있지 못하다. 둘째, WSDM이 기존의 관리자 관점에서만의 설계에 문제를 인식해서 방문자 관점의 유용성은 고려했으나 오히려 유지보수 측면을 간과하고 있다.

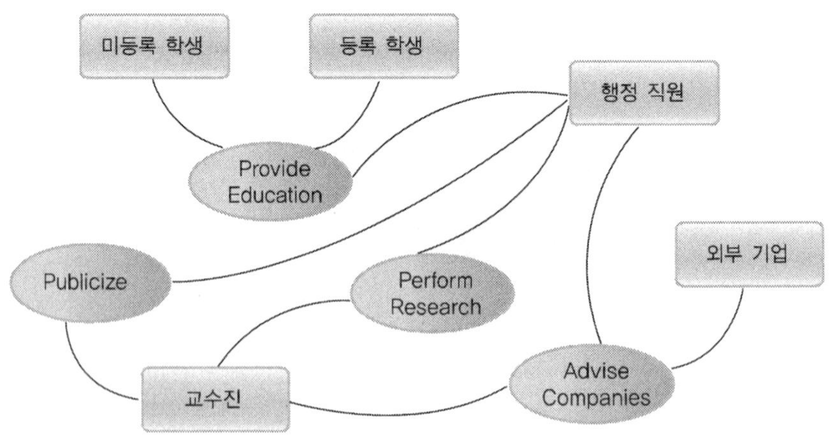

[그림 14-15] WSDM의 environment 스키마의 예제

이상에서 제시한 대표적인 웹기반 정보시스템 개발방법론들이 가지고 있는 특징을 중심으로 요약 정리하면 [표 14-3]과 같다.

[표 14-3] 기존 웹기반 정보시스템 개발방법론의 비교

	RMM	EORM	OOHDM	SOHDM	WSDM
개발자	Isakowitz et al. (1995)	Lange (1993)	Schwabe et al. (1994)	Lee et al. (1999)	De Troyer & Leune (1998)
주요 고려대상	데이터 구조	객체들간 상호작용 관계	데이터 구조 및 객체 관계	객체관계 및 객체 흐름	사용자 분류 및 클래스 규명
영역분석에 대한 접근법	Entity- Relationship	Object-Oriented	Object-Oriented	Object-Oriented	Object-Oriented
항해의 원천	E-R Relationship	O-O Relationship	O-O Relationship	Scenario & O-O Relationship	User Class & O-O Relationship
사용자 관점에 대한 접근	Slice	None	View	View	None
웹기반 정보시스템 적합도	낮음	낮음	보통	높음	보통
단계	1.E-R 설계 2.슬라이스 설계 3.항해 설계 4.사용자 인터페이스 설계 5.전환 프로토콜 설계 6.구축 및 테스팅	1.정보 분석 2.기능 분석 3.객체 모델링 (1)클래스 프레임워크 (2)컴포지션 프레임워크 (3)GUI 프레임워크 4.하이퍼미디어 투사	1.개념적 설계 2.항해 설계 3.추상적 인터페이스 설계 4.구현	1.도메인 분석 2.객체 모델링 3.뷰 설계 4.항해 설계 5.구현 설계 (1)페이지 설계 (2)UI 설계 (3)논리적 DB설계 6.시스템 구축	1.사용자 모델링 (1)사용자 분류 (2)사용자 클래스 기술 2.개념적 설계 (1)객체 설계 (2)항해 설계 3.구현 설계 4.시스템 구현
한계점	-data-oriented로 인한 사용자 요구사항 충분히 반영 못함 -기업내 legacy system과의 통합문제 -유용성(usability)측면 간과 -보안문제 간과 -HCI측면 간과 -단순 웹페이지 이상 설계 힘듦	-객체들간의 관계중심으로 인한 사용자 요구사항 충분히 반영 못함 -기업내 legacy system과의 통합문제 -유용성 측면 간과 -보안문제 간과 -단순 웹페이지 이상 설계 힘듦	-문제영역 명세기법 제공 못함 -기업내 legacy system과의 통합문제 -유용성 측면 간과	-수행자의 과업에 대한 효율적 처리방법 제공 못함 -즉, 업무 프로세스측면 고려 못함 -조직간 조정효과 규명 못함 -유용성 측면 간과	-유지보수 측면 간과 -기업 내 legacy system과의 통합 문제 -실질적인 항해설계 및 구현설계 지침 제공하지 못함

주요용어

Main Terminology

- 개념적 설계(conceptual design)
- 개방된 기법(open method)
- 객체 모델링(object modeling)
- 구현 설계(implementation design)
- 기능 분석(functional analysis)
- 방법 베이스(method base)
- 방법 평가(method evaluation)
- 도메인 분석(domain analysis)
- 문제 상황(problem situation)
- 배경도(context diagram)
- 분류화(classification)
- 분산 지식의 공유(distributed knowledge sharing)
- 뷰 설계(view design)
- 사용자 모델링(user modeling)
- 사용자 사례(user case)
- 사용자 인터페이스 설계(user interface design)
- 상호작용 시스템(interactive systems)
- 생성 규칙(production rule)
- 수행도(performance)
- 슬라이스 설계(slice design)
- 에피소드 객체(episode object)
- 온라인 분석처리(on-line analytical processing)
- 온라인 비즈니스 프로세스(online business process)
- 워크플로우 통제자(workflow controller)
- 웹기반 정보시스템(web-based information systems)
- 유용성(usability)
- 응집성(coherence)

- 일반 규칙(general rule)
- 일반화(generalization)
- 접근구조 노드(access structure node)
- 정보 과부하(information overloading)
- 정보 분석(information analysis)
- 정보 필터링(information filtering)
- 정제(refinement)
- 조정(coordination)
- 조합(assembly)
- 지식 표현(knowledge presentation)
- 지식 프레임(knowledge frame)
- 집합(aggregation)
- 추상적 인터페이스 설계(abstract interface design)
- 클래스 구조도(class structure diagram)
- 클래스 정의(class definition)
- 포괄성(comprehensive)
- 프로세스(process)
- 하이퍼링크 설계(hyperlink design)
- 하이퍼미디어 투사(hypermedia mapping)
- 항해 경로(navigation link)
- 항해 구조(navigation structure)
- 항해 설계(navigation design)
- 협동작업(cooperative work)
- 형상 다이어그램(configuration diagram)
- EORM(Enhanced Object Relationship Model)
- E-R 모델(Entity-Relationship Model)
- OOHDM(Object Oriented Hypermedia Design Model)
- RMM(Relationship Management Methodology)
- SOHDM(Scenario-based Object-oriented Hypermedia Design Methodology)
- WSDM(Web Site Design Method)

연습문제

Exercises

1. 웹기반 정보시스템이 일반적인 정보시스템과 어떠한 차이점이 존재하는지를 설명하라.
2. 프로젝트의 수행도를 높이기 위해 개발기법을 평가하고 관리해야하는 이유를 설명하라.
3. 온라인 비즈니스 프로세스 측면에서 웹기반 정보시스템을 구성하는 객체를 나열하고 각 기능을 설명하라.
4. RMM의 슬라이스 설계 부분의 특징과 필요성은 무엇인가?
5. EORM의 단계중 하이퍼미디어 투사는 기존의 OMT 기법과 어떻게 다른가?
6. OOHDM에서 항해설계시 주의해야 할 사항은 무엇인지 설명하라.
7. SOHDM의 개발 절차를 설명하고, 각 단계별 특징을 나열하시오.
8. WSDM이 다른 웹기반 정보시스템 개발 방법론과 구분되는 특징은 무엇인가?

참고문헌

Literature Cited

오창규, "웹기반 정보시스템 개발 방법론에 대한 연구," 경남대학교 산업경영연구소, 제35집, 2004, pp. 193-215.

Adams, T.J., "A Process Improvement Model for Personal Web Page Development," Griffith University Thesis, 1998, http://www.cit.gu.edu.au /~tadams/ research/dissertation

Appelt, W., E. Hinrichs, and G. Woetzel, "Effectiveness and Efficiency: the Need for Tailorable User Interfaces on the Web," *Computer Networks and ISDN Systems*, 30, 1998, pp. 499-508.

Artz, J.M., "A Top-down Methodology for Building Corporate Web Applications," Electronic *Networking Applications and Policy*, 6(2), 1996, pp. 64-74.

Balasubramanian, V. and B. Alf, "Document Management and Web Technologies: Alice Marries the Mad Hatter," *Communications of ACM*, 41(7), 1998.

Balasubramanian, V., B. Michael, and T. Isakowitz, "A Case Study in Systematic Hypermedia Design," *Information Systems*, 26, 2001, pp. 295-320.

Balasubramanian, V., M. Bieber and T. Isakowitz, "A Case Study in Systematic Hypermedia Design," Information Systems, Vol. 26, No. 4, 2001, pp. 295-320.

Belkin, N.J., C. Cool, D. Kelly, S.J. Lin, S.Y. Park, J. Perez-Carballo, and C. Sikora, "Iterative Exploration, Design and Evaluation of Support for Query Reformulation in Interactive Information Retrieval," *Information Processing & Management*, 37(3), 2001, pp. 403-434.

Bergsneider, C., Piraino, D and M, Fuerst "A Web Implementation: the Good and the not-so-good," *Journal of Digital Imaging: the Official Journal of the Society for Computer Applications in Radiology*, 14(2), June 2001, pp. 158-159.

Crowston, K., and C., Osborn "A Coordination Theory Approach to Process Description and Redesign," *Center for Coordination Science@MIT*, 1998, No. 204.

De Troyer, O.M.F., and C.J. Leune, "WSDM: a User Centered Design Method for Web Sites," *Computer Networks and ISDM Systems*, Vol. 30, 1998, pp. 85-94.

Doll, W.J., and M.U., Ahmed, "Diagnosing and Testing the Credibility Syndrome," *MIS*

Quarterly, 7, 1983, pp. 21-32.

Duchastel, P., "Knowledge Interfacing in Cyberspace," *International Journal of Industrial Ergonomics*, 22, 1998, pp. 267-274.

Howard, G.S., B. Thomas, J. Thomas, L. Jens, K. Steven, A. Paul, and C. David, "The Efficacy of Matching Information Systems Development Methodologies with Application Characteristics an Empirical Study," *The Journal of Systems and Software*, 45, 1999, pp. 177-195.

Huat, E.N., "Step-by-step Guideline for Designing and Documenting the Navigation Structure of Multimedia Hypertext Systems," *Information Management and Computer Security*, 7(2), 1999, pp. 88-94.

Isakowitz, T., B. Michael, and V. Fabio, "Web Information Sytems," *Communications of ACM*, 41(7), 1988.

Isakowitz, T. and E.A. Stohr, P. Balasubramanian, "RMM: A Methodology for Structured Hypermedia Design," *Communications of ACM*, 38(8), 1995, pp. 34-44.

Jenkins, G., M. Jackson, P. Burden, and J. Wallis, "Searching the World Wide Web: an Evaluation of Available Tools and Methodologies," *Information and Software Technology*, 39, 1998, pp. 985-994.

Jennifer, R., "Knowledge Organisation in a Web-based Environment," *Management Decision*, 39(5), 2001, pp. 355-361.

Jensen, A.L., "Building a Web-based Information System for Variety Selection in Field Crops Objectives and Results," *Computers and Electronics in Agriculture*, 32(3), 2001, pp. 195-211.

Kemp, B. and K. Buckner, "A Taxonom of Design Guidance for Hypermedia Design," *Interacting with Computers*, 12, 1999, pp. 143-160.

Klicka, H., "Task Analysis," 1999, http://www.ipd.bth.se/bai/iea329/taskAnalysis/index.htm

Lange, M., "A Study of Practice in Hypermedia Systems Design," ECIS DOCTORAL CONSORTIUM 2001, http://ecis2001.fov.uni-mb.si/doctoral/Students/ECIS-DC_Lang.pdf

Lee, C. and H. Lee, "Using Scenario For Building Hypermedia Systems," *INFORMS and KORMS*, Seoul, 2000.

Lee, H, Lee, C., C., Yoo, and "A Scenario-based Object-oriented Hypermedia Design Methodology," *Information and Management*, 36, 1999, pp. 121-138.

Lim, K.H., and I. Banbasat, "The Effect of Multimedia on Perceived Equivocality and Perceived Usefulness of Information Systems," *MIS Quarterly*, 24(3), 2000, pp. 449-471.

Marchionini, G. and A. Komlodi, "Design of Interfaces for Information Seeking," *Annual Review of Information Science and Technology*, 33, 1999, pp. 89-130.

McKenzie, F.D., G.J. Avelino, and M. Robert, "An Integrated Model-based Approach for Real-time On-line Diagnosis of Complex Systems," *Engineering Applications of Artificial Intelligence*, 11, 1998, pp. 279-291.

Mingers, J., and B. John, "Multimethodology: Towards a Framework for Mixing Methodologies," *OMEGA*, 25(5), 1997, pp. 489-509.

Punter T, K. Lemmen, "The MEMA-Model: Towards a New Approach for Method Engineering," Information and Software Technology, Vol. 38, No. 4, 1996, pp. 295-305.

Su, K.W., T.H. Liu, and S.L. Hwang, "A Developed Model of Expert System Interface (DMESI)," *Expert Systems with Applications*, 20(4), 2001, pp. 337-346.

Suh, W., and H. Lee, "A Methodology for Building Content-Oriented Hypermedia Systems," The *Journal of Systems and Software*, 56, 2001, pp. 115-131.

Takahashi, K., and E. Liang, "Analysis and design of Web-based information systems," *Computer Networks and ISDN Systems*, 29, 1997, pp. 1167-1180.

Tenenbaum, J.M., "WISs and Electronic Commerce," *Communications of ACM*, 41(7), 1998, pp. 89-90.

Timmers, P., "Business Models for Electronic Markets," Electronic Markets, Vol. 8, No. 2, 1998. pp. 3-8.

Vlasblom, G., D. Rijsenbrij, and M. Glastra, "Flexibilization of the Methodology of System Development," *Information and Software Technology*, 37(11), 1995, pp. 595-607.

Wang, P., W.B. Hawk, and C. Tenopir, "Uers's Interaction with World Wide Web Resources: An Exploratory Study Using a Holistic Approach," *Information Processing and Management*, 36, 2000, pp. 229-251.

Wang, S, "Towards a General Model for Web-based Information Systems," *International Journal of Information Management*, 21, 2001, pp. 385-396.

프로젝트 관리 및 시스템 설계 자동화 도구

CHAPTER 15

PREVIEW

본 장에서는 대표적인 프로젝트 관리도구인 MS Project 2003과 시스템 설계 자동화 도구인 ER-Win의 사용설명법에 대해 설명하였다.

OBJECTIVES OF STUDY

- MS Project 2003 사용법에 대해 학습한다.
- ER-Win 사용법에 대해 학습한다.

CONTENTS

1 프로젝트 관리 도구 : MS Project 2003

본 서에서는 프로젝트 관리도구로 MS Project 2003을 선정하여 설명하고자 한다. 국내에도 Primavera, Artemis, OpenPlan 등 다양한 프로젝트 관리 소프트웨어들이 소개되어 있으나, MS Project 2003이 가장 많은 사용자층을 확보하고 있으며, 마이크로소프트 오피스(Microsoft Office) 제품과 비슷한 인터페이스로 마이크로소프트 오피스에 익숙한 사용자가 편리하게 익힐 수 있다.

MS Project 2003의 가장 큰 특징은 우선 마이크로 소프트사 제품과의 호환성을 들 수 있다. 아웃룩(outlook)을 이용한 데이터 연동이 가능하며, 다양한 프로젝트 형태에 따른 최적화된 일정 관리가 가능하며, 관련 제품인 Project Central을 이용하면 웹을 통해 손쉽게 프로젝트 일정을 공유할 수 있다. 진행상항을 보여주는 간트(gantt) 차트는 일정과 업무 내용을 그래프 식으로 쉽게 표현해 주어 작업 관리 및 진행상황 체크에 용이하다. 작업 및 자원별 세부 메모 등이 가능하며, 필요에 따라 외부 문서도 첨부할 수 있다.

그럼 이제부터 MS Project 2003을 이용하여 시스템 개발을 위해 시스템개발생명주기의 단계별로 프로젝트 수행을 목표로 프로젝트 관리 일정을 작성해 보도록 하자.

- 프로젝트 이름 : 시스템 개발
- 목적 : 시스템 개발을 위해 단계별로 기획하고, 분석하고, 설계하고, 구현 및 운영하여 시스템 개발 프로젝트를 체계화한다.
- 자원 : 안중완, 장은미, 이성진
- 단계별 기간
  - 기획(planning) : 1개월
  - 분석(analysis) : 1개월
  - 설계(design) : 1개월
  - 구현 및 운영(implementation and operation) : 2개월
- 단계별 세부활동 : [표 15-1]에 단계별 세부활동과 소요시간, 그리고 선행과업에

대해 기록하였다.

[표 15-1] 단계별 프로젝트

활동번호	활 동	소요기간(일)	즉시 필요한 선행과업
1	1. 기획	22	-
2	1.1 사전조사	5	-
3	1.2 정보시스템의 비즈니스 가치 및 문제 설정	6	2
4	1.3 타당성 평가	6	3
5	1.4 프로젝트 계획 수립	5	4
6	2. 분석	24	-
7	2.1 현시스템 분석	8	5
8	2.2 사용자 요구 분석	12	5
9	2.3 요구사항 모델링	12	7,8
10	3. 설계	47	-
11	3.1 설계 및 구축전략 수립	7	9
12	3.2 아키텍처 설계	10	11
13	3.3 프로세스 설계	10	12
14	3.4 데이터베이스 설계	10	13
15	3.5 인터페이스 설계	10	14
16	4. 구현 및 운영	44	-
17	4.1 정보시스템 개발	15	15
18	4.2 테스트	10	17
19	4.3 설치 및 확산	9	17,18
20	4.4 유지보수	10	19

1) 새 프로젝트 작성

먼저 MS Project 2003을 실행한다. 처음 MS Project 2003을 실행하면 [그림 15-1]과 같이 빈 파일이 열리며 간트 차트 폼이 기본적으로 보여진다.

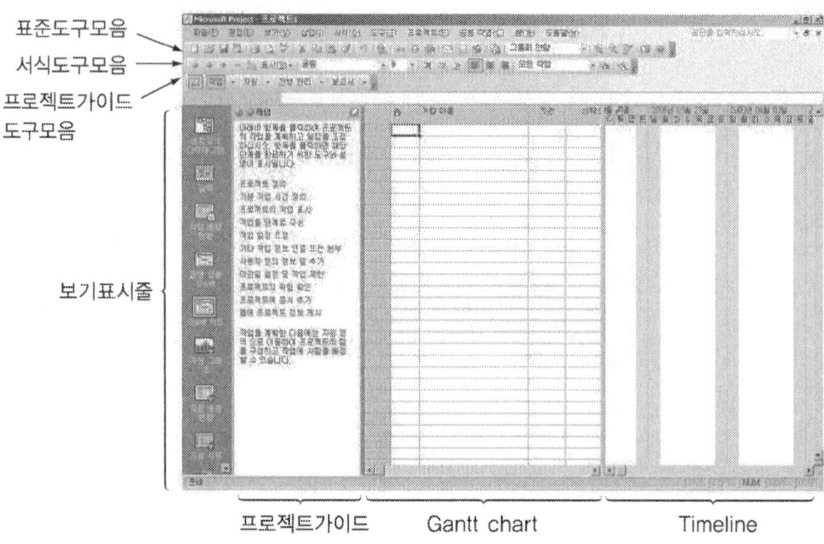

[그림 15-1] MS Project 레이아웃

레이아웃을 보면, 상단에는 일반적인 마이크로소프트 오피스 프로그램들처럼 메뉴와 도구 상자들이 나열되어 있다. 첫 줄과 둘째 줄의 표준 도구모음과 서식 도구모음은 일반적인 마이크로소프트 오피스와 비슷하기 때문에 MS Project를 처음 접하는 사용자도 낯설지 않을 것이다. 세 번째 줄의 도구 모음은 프로젝트 가이드 도구모음으로 이 도구모음에서 작업, 자원, 진행 관리 및 보고서에 대한 지시 사항과 마법사에 액세스하여 필요한 모든 절차를 단계별로 수행하고 관련 작업을 볼 수 있다.

좌측에는 보기 표시줄이 있는데, 간트 차트와 자원 그래프, 네트워크 다이어그램 등의 보기를 쉽게 변경할 수 있도록 되어 있다. 해당 보기를 선택하면 우측 메인 레이아웃이 해당 보기 형태로 변경된다. 좌측의 보기 표시줄이 없으면 메뉴에서 [보기] -> [보기 표시줄]을 선택한다.

그리고 우측 메인 레이아웃은 디바이더 바(divider bar)를 사이에 두고 간트 차트와 타임라인(timeline)으로 나뉜다.

2) 프로젝트 정의

프로젝트를 전체적으로 정의하는 작업이 선행되어야 한다. 작업가이드의 마법사를 통해 프로젝트를 정의해 보자. 작업가이드에서 먼저 [프로젝트 정의]를 클릭하면, [그림

15-2]와 같은 화면이 나오며 이 화면을 통해 기본적인 프로젝트를 정의한다.

[그림 15-2] 프로젝트 정의

1단계에서는 달력목록상자에서 프로젝트 예상 시작날짜를 선택한 후 저장하고 2단계로 이동한다. 2단계는 프로젝트의 공동작업 여부를 선택하는 부분이다. 본 프로젝트에서는 공동작업이 아니므로 [아니요]를 선택한 후 저장하고 3단계로 이동한다. 3단계에서는 저장하고 끝낸 후 세부 정보를 입력한다. 이렇게 마법사를 통해서 정의해도 되고 [프로젝트] -> [프로젝트 정보]를 클릭하여 [프로젝트 정보]창에서 정의할 수도 있다.

다음으로 프로젝트 가이드에서 [기본작업 시간 정의]를 클릭하면 [그림 15-3]과 같은 화면이 나타난다. 1단계에서는 프로젝트의 기본 작업 시간을 정의하는데 표준을 선택 후 저장하고 2단계로 이동한다.

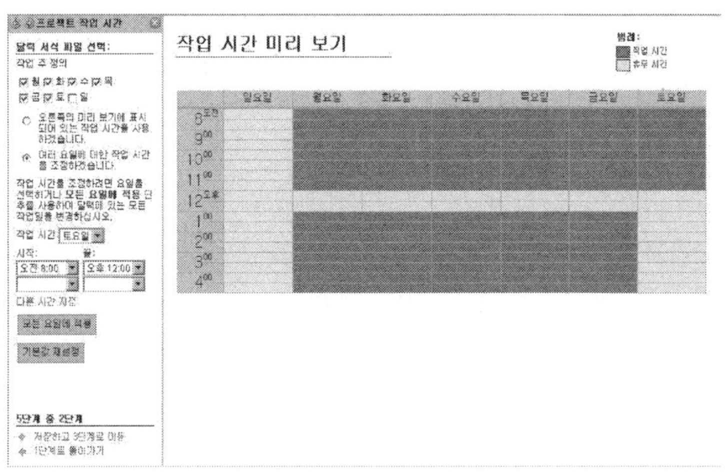

[그림 15-3] 프로젝트 작업시간

2단계에서는 [그림 15-4]와 같이 원하는 작업 시간과 요일을 설정할 수 있다. 표준은 기본 주 5일 근무로 되어 있지만 토요일 오전에도 작업을 하는 것으로 시간을 설정한다.

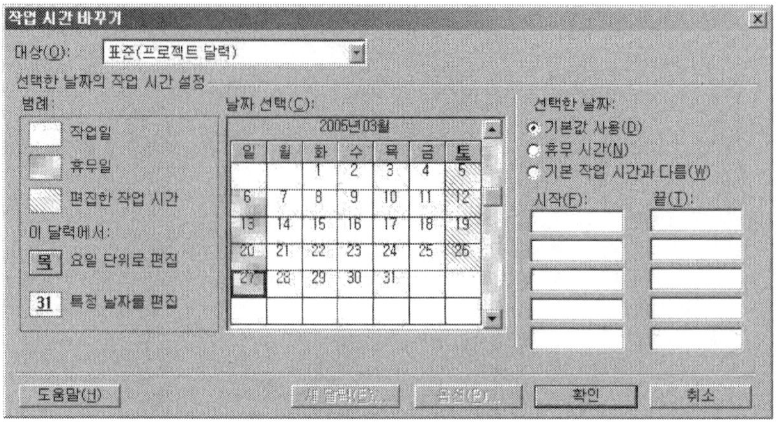

[그림 15-4] 작업시간 바꾸기

3단계에서는 작업 시간 바꾸기 대화상자를 열어 공휴일 및 휴가를 설정할 수가 있다. 그리고 4단계에서는 하루 작업시간과, 일주일 작업시간, 한달 작업일 등 시간 단위를 설정한 후 저장하고 5단계로 넘어가서 모든 자원이 이 달력을 사용한다면 저장하고 마법사를 끝낸다.

이렇게 기본적인 프로젝트의 전체적인 정의가 끝났다. 이제부터 실질적으로 기간에 따른 각 작업과 세부 작업들을 정리해 보도록 하자.

3) 주 작업 입력

기획하기로 한 시스템 개발의 작업 형태를 크게 나누어 본다면 기획, 분석, 설계, 구현 및 운영이라고 할 수 있다. 먼저 이에 대한 전체적인 일정을 입력한다.

메인 레이아웃 좌측의 각 셀에 입력을 해도 되며, [프로젝트] -> [작업 정보] 메뉴를 통해 [그림 15-5]와 같이 창을 띄워 입력해도 된다. 또한 각 셀을 더블클릭하면 [작업 정보] 입력창이 나타난다.

작업 정보

일반 | 선행 작업 | 자원 | 고급 | 메모 | 사용자 정의 필드

이름(N): 1.기획 기간(D): 22d 기간 미정(E)

완료율(P): 우선 순위(Y):

날짜

시작(S): 완료(F):

작업 막대 숨기기(B)

요약 작업에 겹쳐서 표시(R)

도움말(H) 확인 취소

[그림 15-5] 작업 정보

[작업 정보] 입력 창은 [일반], [선행 작업], [자원], [고급], [메모] 등의 탭으로 구성되어 있다. 먼저 [일반]에서 이름에 작업 이름을 입력하고, 기간이나 시작 날짜와 완료 날짜를 입력하면 기본적인 작업에 관한 내용은 입력이 끝난다. [선행 작업]탭에서는 해당 작업 이전에 꼭 선행되어야 할 작업을 입력할 수 있는데 작업 이름을 클릭한 다음 오른쪽의 작은 화살표를 누르면, 이미 정의 되어 있는 작업 이름 리스트가 나타나 선행 작업을 쉽게 골라 입력할 수 있다. 이러한 작업은 해당 작업에서 마우스로 끌어놓기(drag and drop)하여 쉽게 정의가 가능하다. [자원]탭도 선행 작업 탭과 마찬가지로 자원 이름을 클릭하면 입력해놓은 자원들을 입력할 수 있다. [고급]탭은 기본 정의의 세부 설정을 할 수 있는 여러 가지 정보를 입력할 수 있도록 되어 있는데, 이 부분들은 특별히 정의하지 않아도 기본적으로 프로젝트 관리에는 문제가 없다. [메모]탭은 해당 프로젝트 작업 정보만으로 표시와 설명을 할 수 없는 부분을 자유롭게 메모할 수 있도록 되어 있으며, 참조문서나 그림 등을 등록시켜 다른 일정을 참조하는 다른 사용자들이 작업 이해를 도울 수 있도록 되어 있다.

주요 작업에 대한 입력이 끝나면 [그림 15-6]과 같이 오른쪽에 파란색 일정 막대 그래프를 확인 할 수 있다.

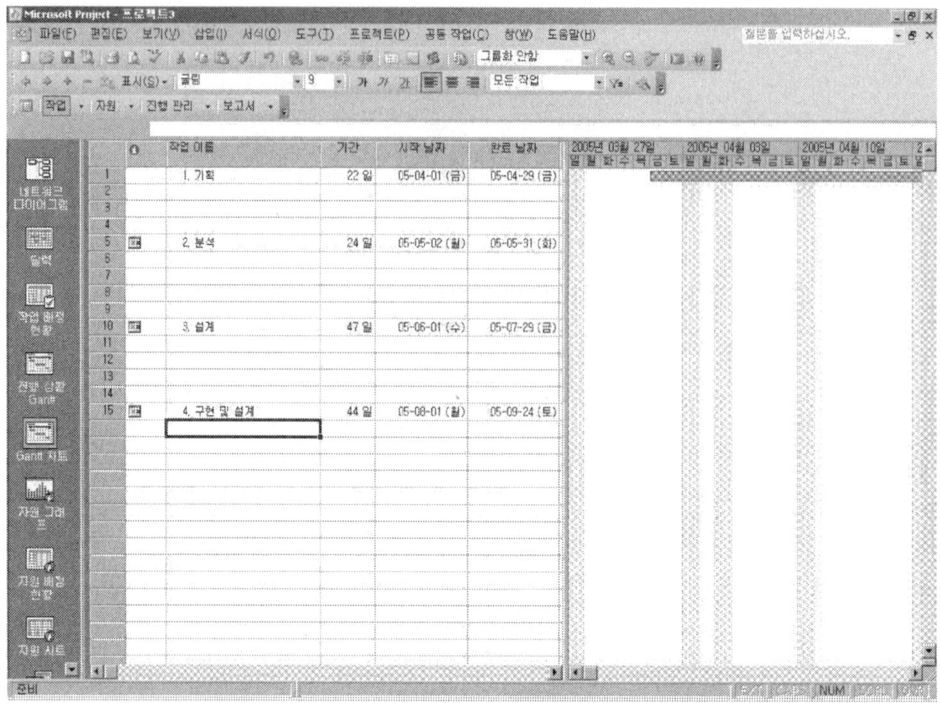

[그림 15-6] 주요 작업 일정

4) 세부 작업 입력

이제 주 작업 일정에 대한 세부적인 일정을 정리해 보도록 하자. MS Project 2003을 이용해 프로젝트를 초기 입력 할 때의 요령은 우선 작업 이름만 해당 주 작업 하위에 입력하는 것이다.

[그림 15-7]은 각 세부 작업들을 주 작업 하위에 이름만 입력해 놓았을 때의 화면이다. 날짜 등과 작업간 종속 여부를 따로 입력하지 않았기에 날짜는 시작일 시점에 자동으로 입력된다. 수정하면 되므로 따로 신경 쓰지 않아도 된다.

	작업 이름	기간	시작 날짜	완료 날짜
1	1. 기획	22 일	05-04-01 (금)	05-04-29 (금)
2	1.1 사전조사	1 일?	05-04-01 (금)	05-04-01 (금)
3	1.2 정보시스템의 비즈니스 :	1 일?	05-04-01 (금)	05-04-01 (금)
4	1.3 타당성 평가	1 일?	05-04-01 (금)	05-04-01 (금)
5	1.4 프로젝트 계획 수립	1 일?	05-04-01 (금)	05-04-01 (금)
6	2. 분석	24 일	05-05-02 (월)	05-05-31 (화)
7	2.1 현시스템 분석	1 일?	05-04-01 (금)	05-04-01 (금)
8	2.2 사용자 요구 분석	1 일?	05-04-01 (금)	05-04-01 (금)
9	2.3 요구사항 모델링	1 일?	05-04-01 (금)	05-04-01 (금)
10	3. 설계	47 일	05-06-01 (수)	05-07-29 (금)
11	3.1 설계 및 구축 전략 수립	1 일?	05-04-01 (금)	05-04-01 (금)
12	3.2 아키텍처 설계	1 일?	05-04-01 (금)	05-04-01 (금)
13	3.3 프로세스 설계	1 일?	05-04-01 (금)	05-04-01 (금)
14	3.4 데이터베이스 설계	1 일?	05-04-01 (금)	05-04-01 (금)
15	3.5 인터페이스 설계	1 일?	05-04-01 (금)	05-04-01 (금)
16	4. 구현 및 설계	44 일	05-08-01 (월)	05-09-24 (토)
17	4.1 정보시스템 개발	1 일?	05-04-01 (금)	05-04-01 (금)
18	4.2 테스트	1 일?	05-04-01 (금)	05-04-01 (금)
19	4.3 설치 및 확산	1 일?	05-04-01 (금)	05-04-01 (금)
20	4.4 유지보수	1 일?	05-04-01 (금)	05-04-01 (금)

[그림 15-7] 세부 작업 입력

작업 이름을 입력할 때 하위 작업 입력을 위해 약간의 줄 여백을 두었으나, 하위 입력 작업 시 공간이 모자라면 왼쪽의 줄 번호에서 마우스 오른쪽 버튼을 눌러 [새 작업]을 선택하면 마이크로소프트 엑셀(MS Excel)과 같이 아래 작업들을 한 칸 씩 밀 수 있다.

이제 각 세부 작업들을 [그림 15-8]과 같이 주 작업의 하위 작업으로 표시해 보도록 하자. 해당 작업을 선택한 다음, 도구모음에서 오른쪽 화살표 모양의 "한 수준 내리기" 도구를 클릭하거나, 작업 번호에서 마우스 오른쪽 버튼을 누른 다음 "한 수준 내리기" 명령을 실행하면 된다.

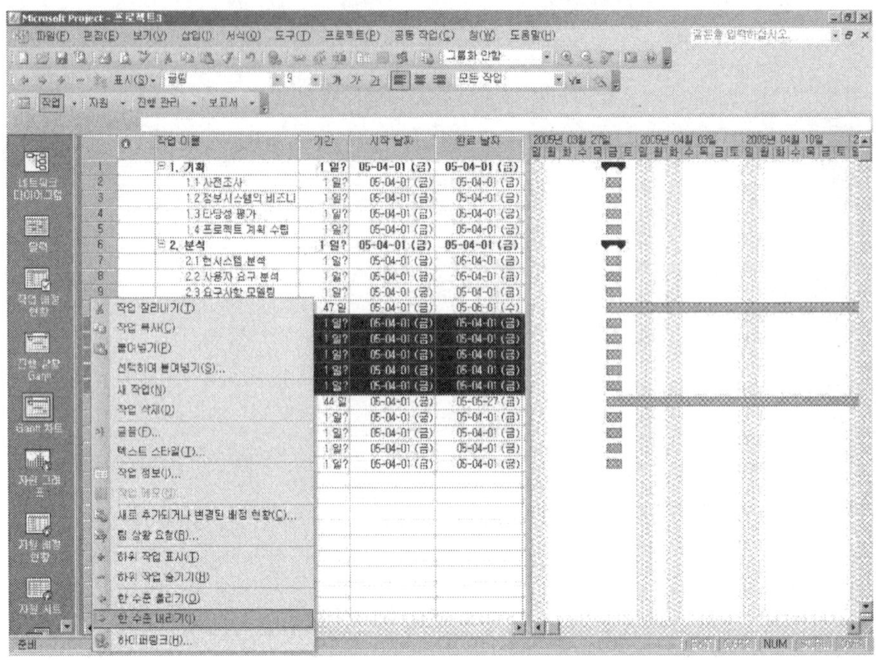

[그림 15-8] 세부작업 설정

이와 같은 방법을 반복하여 하위 작업을 모두 정의하면 어느 정도 작업들에 대한 질서는 정리되었다고 볼 수 있다.

5) 작업 기간 및 선행작업 입력

이제 각 작업별 일정 기간을 입력해야 하는데, 여기서 한 가지 문제가 발생할 수도 있다. 기본적으로 주 5일 근무를 기본으로 프로젝트 일정이 작성되기 때문에, 토요일 등에는 일정을 입력할 수 없게 된다. 이때는 [도구] -> [작업 시간 바꾸기] 메뉴로 들어가 토요일에도 작업하는 것으로 정의하면 이후부터는 토요일 작업도 입력이 가능해 진다.

시작 날짜와 완료 날짜 부분을 마우스로 클릭하면 작은 삼각형이 나타나는데, 다시 클릭하면 달력 형태로 작업 시작/완료 날짜를 입력하고 선행 작업도 직접 입력하면 된다. 그리고 다른 방법으로는 셀을 더블 클릭하여 [작업 정보] 창을 띄운 후 [선행작업] 탭에서 작업을 하면 더 간편하게 할 수가 있다.

여기서 선행 작업이란, 이후 진행될 작업에 꼭 완료되어 있어야 할 작업을 말한다. 예를 들어 한눈에 보이는 간단한 프로젝트는 어떠한 작업이 미리 진행되어야 이후 작업이

가능할지 등에 대해 대략적으로 파악이 가능하다. 하지만 큰 건물을 신축한다거나, 대형 포탈 사이트를 기획하는 등의 여러 사람들이 장시간의 일정에 따라 움직여야 하는 경우에, 선행 작업 관계가 명확하지 않으면 문제가 발생할 수 있음은 당연하다. MS Project 2003에서는 이러한 선행작업 관계를 정의함으로써, 일정상의 문제를 미리 발견하고 조정할 수 있도록 되어 있다.

선행작업은 선행 작업의 우측의 일정 막대를 클릭하여 드래그 한 다음, 해당 작업이 선행되어야 할 이후 작업에 드롭하여 설정할 수 도 있고, [그림 15-9]와 같이 표준 도구모음에 아이콘을 선택하여 설정할 수 도 있다.

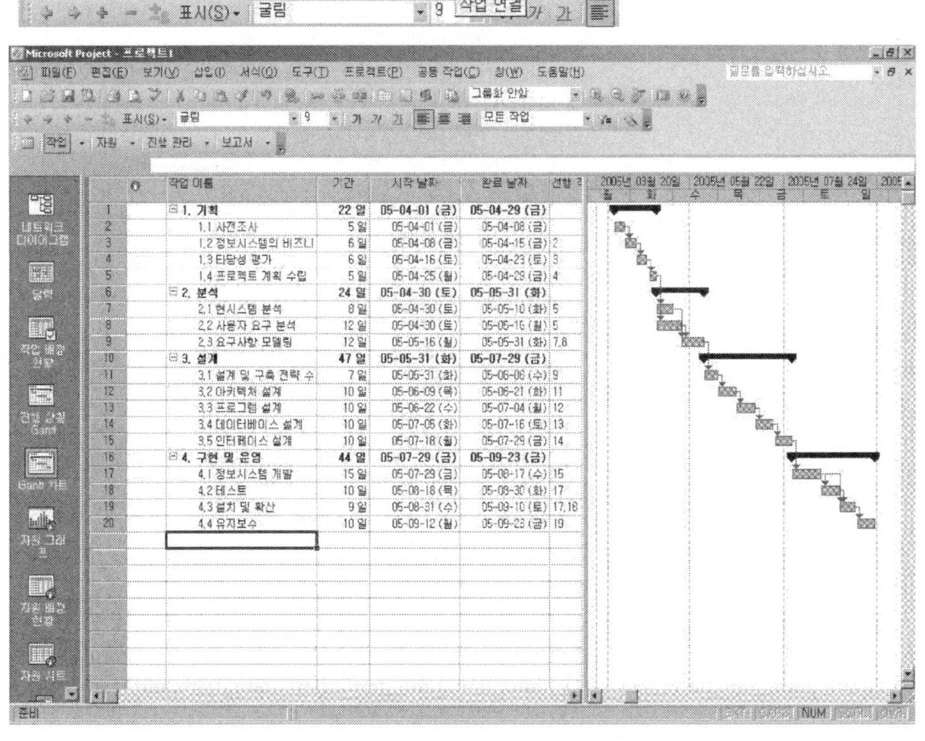

[그림 15-9] 선행작업 설정

[그림 15-10]은 각 작업별 세부 일정을 입력하고 선행작업을 수행한 화면이다. 각 작업에 맞게 우측의 타임라인에 일정 막대 그래프가 변경되고 선행 작업 관계가 화살표 모양으로 표시 된 것을 볼 수 있다. 완료 날짜 옆의 선행 작업 표시란에는 각 선행 작업의 번호가 나타난다.

지금까지 하위작업에 대해 설정을 해주었는데 하위작업은 작업의 기간이 있는 일반 작업과 기간이 없는 중요 시점으로 나눌 수 있다. 하위 작업이 실행 작업의 개념으로서 기간을 부여하고 자원을 배정하여 작업량을 관리하는 용도라면, 중요 시점은 일정 계획을 세울 때 프로젝트의 검토 시점을 미리 지정하는 역할을 한다. 중요 시점은 일반적으로 의사 결정 상 중요한 시점으로서 관리자의 중대한 결정과 확인을 필요로 할 때 사용한다.

3번째 단계인 설계에서 하위작업 중 마지막으로 검토를 하기위해 중요 시점을 입력하여 보자.

	작업 이름	기간	시작 날짜	완료 날짜	선행 작
1	**1. 기획**	**22 일**	**05-04-01 (금)**	**05-04-29 (금)**	
2	1.1 사전조사	5 일	05-04-01 (금)	05-04-08 (금)	
3	1.2 정보시스템의 비즈니	6 일	05-04-08 (금)	05-04-15 (금)	2
4	1.3 타당성 평가	6 일	05-04-16 (토)	05-04-23 (토)	3
5	1.4 프로젝트 계획 수립	5 일	05-04-25 (월)	05-04-29 (금)	4
6	**2. 분석**	**24 일**	**05-04-30 (토)**	**05-05-31 (화)**	
7	2.1 현시스템 분석	8 일	05-04-30 (토)	05-05-10 (화)	5
8	2.2 사용자 요구 분석	12 일	05-04-30 (토)	05-05-16 (월)	5
9	2.3 요구사항 모델링	12 일	05-05-16 (월)	05-05-31 (화)	7,8
10	**3. 설계**	**47 일**	**05-05-31 (화)**	**05-07-29 (금)**	
11	3.1 설계 및 구축 전략 수	7 일	05-05-31 (화)	05-06-08 (수)	9
12	3.2 아키텍처 설계	10 일	05-06-09 (목)	05-06-21 (화)	11
13	3.3 프로그램 설계	10 일	05-06-22 (수)	05-07-04 (월)	12
14	3.4 데이터베이스 설계	10 일	05-07-05 (화)	05-07-16 (토)	13
15	3.5 인터페이스 설계	10 일	05-07-18 (월)	05-07-29 (금)	14
16	3.6 검토	[illegible]	05-07-29 (금)	05-07-29 (금)	15
17	**4. 구현 및 운영**	**44 일**	**05-07-29 (금)**	**05-09-23 (금)**	
18	4.1 정보시스템 개발	15 일	05-07-29 (금)	05-08-17 (수)	16
19	4.2 테스트	10 일	05-08-18 (목)	05-08-30 (화)	18
20	4.3 설치 및 확산	9 일	05-08-31 (수)	05-09-10 (토)	18,19
21	4.4 유지보수	10 일	05-09-12 (월)	05-09-23 (금)	20

[그림 15-10] 중요시점 입력

설계단계에서 하위작업중 마지막에 새작업으로 한 줄을 추가하고 작업을 입력한 후 위 그림과 같이 시작날짜를 정하고 기간을 '0일'로 입력한다. 작업기간을 0으로 입력하면 해당날짜의 간트 차트에 중요시점 기호가 표시된다. 중요시점 기호는 검은색 마름모 모양이다. 작업기간이 '0일'이 아닌 경우에도 중요시점을 입력할 수 있다. 중요 시점으로 설정할 작업을 더블 클릭하여 [작업 정보]창의 띄워 [고급] 탭에서 [중요 시점 지정]을 체크하고 [확인]을 클릭하면 된다. 그러면 기간이 있는 작업도 중요 시점이 된다.

6) 자원 등록 및 자원 입력

이번에는 자원을 등록해 보도록 하자. "자원"은 프로젝트에 참여하게 되는 인력 자원의 뜻으로 쓰인다. 프로젝트에 투입되는 자원이 명확하게 구분되지 않는 경우(혼자 진행

해야 하거나, 그때 그때 팀의 상황에 맞도록 직무가 변동되는 경우)에는 특별히 구성할 필요가 없겠지만, 우선 해당 자원에 대한 정보를 미리 입력해 둔다.

메뉴의 [도구] -> [자원 배정]을 선택하거나 표준 도구모음에서 자원 배정 아이콘을 클릭하면 [그림 15-11]이 나타난다. [자원 배정] 창에는 이름과 단위를 입력하도록 되어 있는데 각 자원을 배정하고 닫기를 누른다.

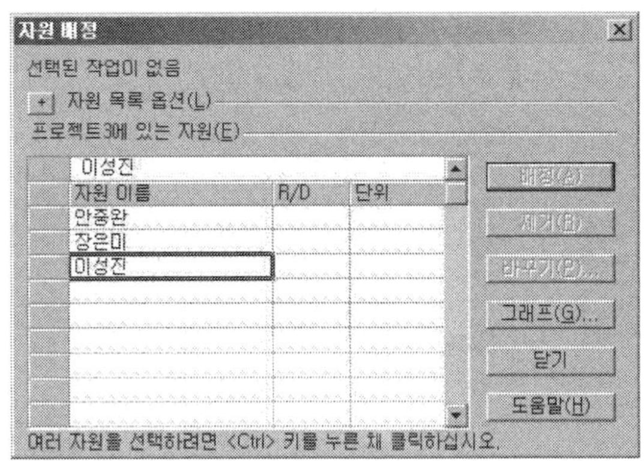

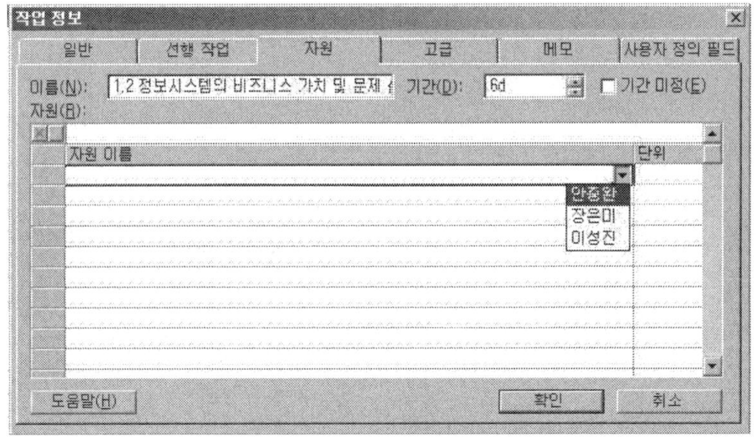

[그림 15-11] 자원배정

자원을 정의해 두었으므로 해당 작업을 더블 클릭하여 [작업 정보]창의 [자원]탭에서 정의하거나 해당 작업의 선행 작업 옆의 자원이름 난을 클릭하면 정의된 자원 리스트가 나타나 바로 입력이 가능하다. [그림 15-12]는 각 작업별로 업무를 담당한 자원이름의 입력을 마친 화면이다. 오른쪽 일정 그래프에 이름이 함께 표시되므로 쉽게 해당 업무의 담당자를 체크 할 수 있다.

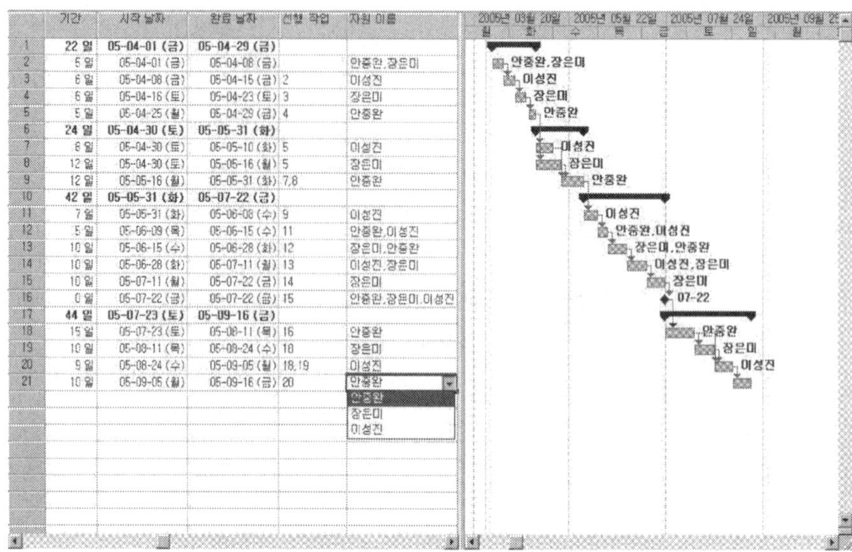

[그림 15-12] 자원등록

7) 작업 진행 여부

작업 진행 여부는 해당 작업을 진행하면서, 각 작업 정보 창에서 작업 완료율을 %로 표시하면 파란 막대그래프 안에 검은 막대그래프로 진행율이 표시된다(그림 15-13 참조).

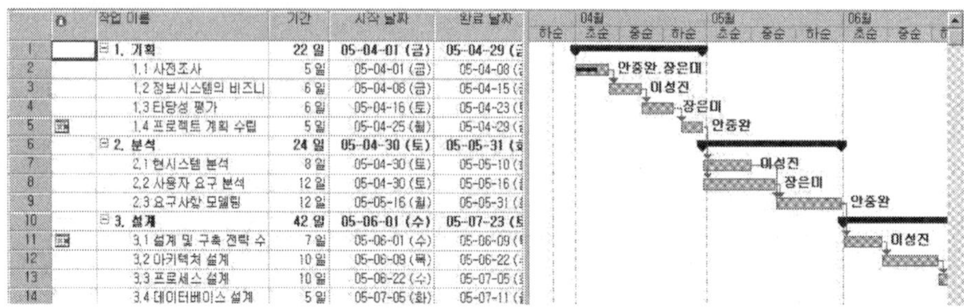

[그림 15-13] 작업 진행 여부

보기 표시줄에서 진행 상황 간트 차트로 가면 더 자세히 작업 진행 여부를 확인할 수가 있다(그림 15-14 참조).

	ⓘ	작업 이름	기간	시작 날짜
1		1. 기획	22 일	05-04-01 (금)
2		1.1 사전조사	5 일	05-04-01 (금)
3		1.2 정보시스템의 비즈니	6 일	05-04-08 (금)
4		1.3 타당성 평가	6 일	05-04-16 (토)
5		1.4 프로젝트 계획 수립	5 일	05-04-25 (월)
6		2. 분석	24 일	05-04-30 (토)
7		2.1 현시스템 분석	8 일	05-04-30 (토)
8		2.2 사용자 요구 분석	12 일	05-04-30 (토)
9		2.3 요구사항 모델링	12 일	05-05-16 (월)

[그림 15-14] 진행상황 Gantt에서의 작업 진행 여부

2 시스템 설계 자동화도구 : ER-Win

2.1 CASE란

시스템 설계 자동화도구(CASE : computer-aided software engineering)는 소프트웨어나 정보시스템의 개발에 관련된 일련의 과정들, 즉 요구사항의 분석으로부터 시스템 분석과 설계, 그리고 프로그래밍 및 테스팅 등의 활동들을 지원하기 위해 각종 컴퓨터 기술을 활용하고자 하는 것이다. 즉, CASE는 SDLC, 프로토타이핑, JAD, 최종사용자 개발 등의 시스템 개발을 좀 더 효율적으로 하기위한 자동화 기술이다. 그리고 소프트웨어 공학방법론의 개념을 바탕으로 한 소프트웨어 개발용 툴로 일반적으로 응용프로그램의 개발에 필요한 각종 정의 정보를 입력하면 원시 부호(source code)를 자동 생성하는 기능을 갖는다. 원하는 소프트웨어의 규격이나 요구를 명확하게 하는 규격/요구 분석 등 소프트웨어의 개발의 하위 공정을 지원하는 하위수준 CASE 도구(lower level CASE tool)와 상위 공정인 요구 분석이나 시스템 설계 부분을 대상으로 하는 상위수준 CASE 도구(upper level CASE tool)가 있다.

1) CASE의 동향

다른 분야에서도 마찬가지이겠지만, 정보시스템 개발은 체계적인 공법을 적용하여 만들 때 제품의 품질향상과 생산성의 향상을 기대할 수 있다. 그러나 아직까지도 현업은 물론 소프트웨어 시스템 개발 분야를 희망하며 학습하는 학생들조차도 이러한 체계적인 프로세스나 관리를 무시한 채 프로그래밍 언어 위주 접근 개발을 하는 경우가 대부분이다.

소프트웨어가 대형화, 복잡화되어짐에 따라 체계적인 방법론과 소프트웨어공학의 필요성이 그 어느 때 보다도 강조되어지고 있다. 소프트웨어공학의 역사가 세계적으로도 오래 되지 않을 뿐 더러 국내에는 최근 들어 그 중요성의 인식이 강조되고 있기에 도입기를 지나 정착기에 접어든 시점이다. 지나온 시간들을 돌이켜보면 과거 시스템의 도메인이 크지 않았던 시대에는 체계적인 방법론이 필요하지 않았고, 모든 의사 결정이 고객에게 있기 보다는 개발자 중심의 개발 시스템이 이루어졌었다. 하지만 점점 복잡해지는 전사적환경과 고객의 수준향상 그리고 다양한 요구사항의 홍수 속에서 좋은 품질의 제품을 만들어 내기 위해서는 체계적인 개발 방법론이 절실히 필요하게 되었다. 최근의 개발 성향을 보아도 개발자들은 물론 학생들 대부분이 프로그래밍 언어 중심의 접근만을 고수하는 모습을 적지 않게 볼 수 있게 된다. 물론 프로그래밍언어는 컴퓨터와 인간의 커뮤니케이션의 수단으로 반드시 익혀야 할 부분이다. 하지만 그에 앞서 먼저 현실세계와의 커뮤니케이션과 그 다양한 커뮤니케이션 속에서 올바른 정확한 쓰임새를 찾고, 문서화하는 부분이 더욱 중요하다.

CASE 기술은 1970년 메인프레임을 이용하여 플로우차트의 작성과 부분적 프로그램 루틴(program routine)의 생성 및 최적화를 지원하기 위한 시스템을 구축하고자 시작되었다. 그러나 구조적 방법론의 등장과 확산으로 이루어진 정보시스템 개발 방법론의 진전과 1980년대 중반 이후의 워크스테이션과 PC의 발전, 그리고 데이터베이스와 사용자에 대한 그래픽 사용자 인터페이스(GUI : graphic user interface)의 발전은 CASE 기술의 혁신적 진전을 이루게 하였으며, 1990년대 이후 CASE 시장이 급격히 신장됨에 따라 현재는 400가지에 이르는 각종 CASE 기술 상품들이 시장에 등장하게 되었다. 또한 CASE 도구에 객체지향 방법론이 도입됨으로써 소프트웨어의 재사용이 가능하게 되고, 생산성이 높아지게 되었다.

CASE 도구는 클라이언트 서버환경이 국내에 보급되면서 비주얼베이직 또는 파워빌더 등의 클라이언트 서버 개발도구와 비슷한 시기에 국내에 보급됐다. 하지만 클라이언트 서버 개발도구 시장의 비약적인 성장에 비해 CASE도구 시장은 소폭의 더딘 성장만을 거듭하고 있다. 하지만 최근 개발방법론의 부재에 대한 비판과 이에 대한 관심이 확대되면서 CASE도구 시장의 확대도 기대할만한 상황으로 바뀌어가고 있다.

2) CASE 도구의 분류

CASE 도구는 [그림 15-15]와 같이 상위 CASE 도구와 하위 CASE 도구, 그리고 통

합 CASE 도구로 분류된다. 상위 CASE 도구는 시스템 개발의 초기 단계인 요구사항의 분석이나 업무의 분석 및 시스템의 분석, 설계에 관련된 활동들, 즉 DFD의 작성이나 ERD의 작성 등을 위한 개념적 차원에서 지원해 주는 도구를 말한다. 하위 CASE 도구는 시스템 개발의 후반부인 프로그램의 생성과 테스팅, 유지 보수 활동을 주로 지원한다. 또한 이 전 과정을 지원하기 위한 목적으로 개발된 통합 CASE(I-CASE : integrated-CASE)도구들도 존재한다.

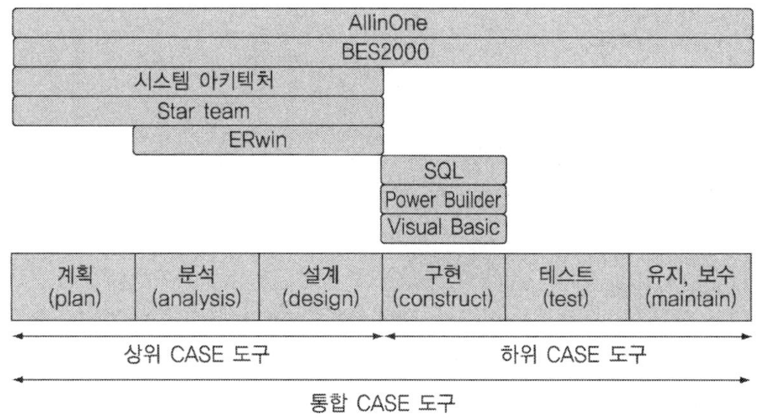

[그림 15-15] CASE 도구 툴

3) CASE 도구 선택 의사결정

CASE 도구들은 특정한 개발 방법론을 택하여 일관성 있게 지원하기도 하며 또 어떤 도구들은 서로 다른 방법론을 다양하게 지원하기도 한다. 현재의 CASE 기술 상품들은 그 기능이 점차 다양해지고 복잡해져서 수많은 CASE 도구들이 가지고 있는 다양한 성격과 특성을 평가하고 적합한 상품을 고른다는 것 자체가 쉬운 일이 아니게 되었다.

CASE 도구의 선택은 과거의 상위, 하위 개념에서 통합된 유형으로 나아가는 경향이 있다. 그러나 통합된 형태로 일관된 개발방법론이 옳다는 판단은 잘못된 것으로 지적받고 있다. 따라서 프로젝트 SDLC 각 단계의 최적의 도구를 사용하는 것이 가장 옳은 선택수단으로 지목된다.

그런데 선택한 CASE 도구로부터 얻은 성과향상이 항상 긍정적이지만은 않다. 이는 잘못된 CASE 도구 선택에서만 비롯되는 것은 아니다. 소프트웨어는 단지 프로그램으로서의 기술적 객체가 아니다. 소프트웨어는 사람들 간의 약속이고 작업방식이며, 구성원과 조직 간의 약속의 변화이고, 업무환경, 부서 간의 관계, 구성원 간의 사회적, 정치적, 업무적 관계의 변화를 의미한다. 즉 소프트웨어 개발에 있어 CASE 도구의 올바른 선택뿐 아니라 이러한 측면도 중요한 고려 사항이 되는 것이다. 결론적으로 CASE 기술을 활용할 때 적합한 CASE 도구의 선정을 위한 노력과 함께 신기술 도입과 적응과정을 올바로 공식화하여 계획하고 관리하는 것이 필수적이라는 점이다.

4) CASE의 효과

소프트웨어 생산성의 향상은 자체 시스템을 개발하는 기업에게는 업무의 개선과 경쟁력 유지를 의미하는 것이고, 상업용 소프트웨어를 생산하는 기업에게는 신제품의 발표와 시장 점유율의 개선을 의미하는 것이며, 시스템 통합 서비스업체에게는 고객만족과 매출액의 신장을 의미하는 것이다.

그러나 CASE 도구의 역할에 대한 기대에도 불구하고 CASE 도구가 소프트웨어 생산성의 향상에 얼마나 도움이 되는가에 대해서는 의문이 제기되고 있다. 지금까지 수많은 CASE 도구들이 소프트웨어 생산성의 획기적 향상을 이루도록 해 준다는 명목하에 시장에 등장하고 있다. 그러나 그토록 많은 CASE 상품들이 등장해 있다는 사실은 그 자체가 한편으로 모든 상황에 적합한 우수한 도구가 없다는 사실을 나타내기도 한다. 적합한 CASE 도구의 선정을 위한 노력과 함께 신기술을 도입하고 소화해 나가는 과정을 올바로 공식화시켜 계획하고 관리하는 것이 성공적으로 CASE 기술을 흡수하여 활용하는 데 필수적이라는 것이 지금까지의 CASE 기술에 대한 경영관리적 측면의 연구 결과라고 할 수 있다.

소프트웨어의 생산성의 문제와 관련하여 핵심이 되는 중요한 관건은 요구분석(requirement analysis)의 문제이다. 개발하여야 할 소프트웨어나 정보시스템의 모습이 무엇인가에 대한 정확한 이해가 없는 상태에서 조직의 경쟁력과 성과를 높이고 업무 프로세스를 개선할 수 있는 정보시스템을 만들어 낼 수는 없으며, 시장에서 성공적인 상품으로 인정받을 수 있는 소프트웨어를 만들어내는 것도 불가능하다. 이 문제의 해결이 이루어지기까지는 CASE 기술도 실패할 작품을 효율적으로 만들어내는 기술이 된다는 부정적인 측면, 즉 자동 쓰레기 생산기(automatic garbage generator)라는 명예롭지 않은 별명을 벗어 버릴 수가 없다는 것이다. 그러나 요구분석의 문제가 기술적 진보나 다이어그래밍 또는 프로그래밍 기법만으로는 해결하기 힘들다는 것이 어려운 점이다.

CASE 기술은 소프트웨어의 개발 생산성을 높여줄 수 있는 중요한 수단 가운데 하나가 될 수 있지만, 통제되지 않은 자동생산 시스템은 불량품의 생산도 높인다. 따라서 원하는 효과의 실현과 기술의 성공적 활용, 오용에 따른 고속 낭비의 증폭을 피하기 위해서는 소프트웨어의 생산이 가지는 본질적 속성들에 대한 이해와 요구분석 활동에 내재된 어려움과 가정들의 의미에 대한 파악, 그리고 그에 대한 대응이 필요하며, 소프트웨어의 생산에 있어 이 기술이 차지하는 적합한 역할에 대한 자리매김을 해주어야 한다. 적합한 CASE 도구의 선정과 도입, 실행, 그리고 그 과정상의 관리적, 사회적 문제에 대한 신중한 계획과 고려가 반드시 이루어져야 한다.

2.2 CASE 도구 : ER-Win

1) ER-Win의 실행

ER-win을 실행하면 [그림 15-16, 17]과 같은 ER-Win 초기화면이 나타나게 된다. 기존의 파일을 열어서 내용을 편집하려면 [그림 15-16]과 같이 "Open an existing file" 옵션을 선택하여 불러낼 파일을 선택하고, 새로운 다이어그램을 작성하려면 [그림 15-17]과 같이 "Create a new model" 옵션을 선택한다.

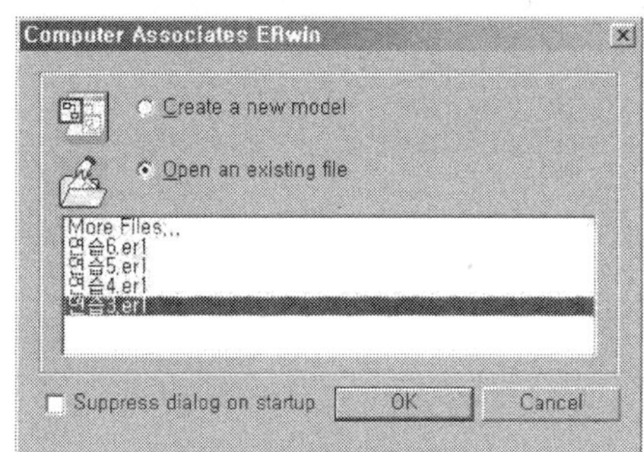

[그림 15-16] 기존 파일의 열기

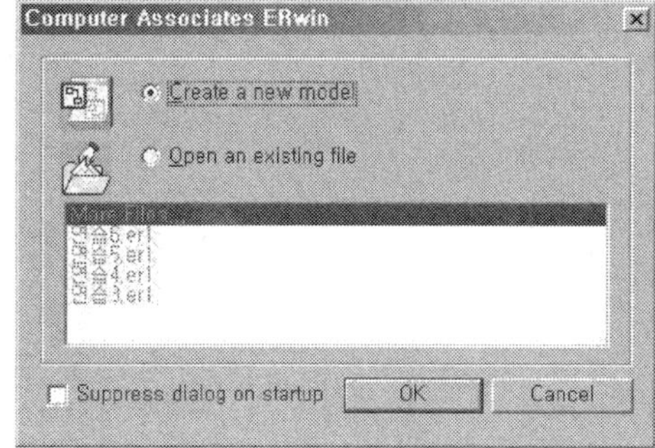

[그림 15-17] 신규 모델의 생성

"Create a new model"을 선택하여 OK 버튼을 누르면 [그림 15-18]과 같은 Create Model 대화상자가 나타난다. New Model Type에 "Logical", "Physical", "Logical/Physical" 모델 타입이 있는데 논리적 모델링과 물리적 모델링을 자유자재로 옮겨가며 모델링을 하려면 "Logical/Physical" 옵션을 선택한다.

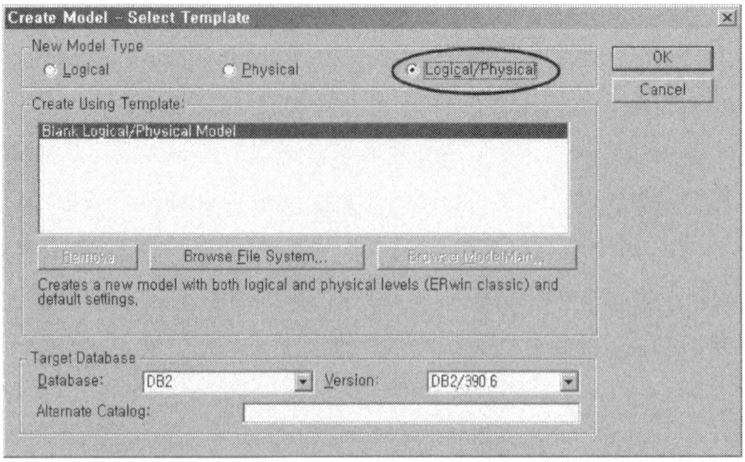

[그림 15-18] 모델 타입 선택

OK버튼을 누르면 [그림 15-19]와 같은 ER-Win 메인 화면이 나타나는데 메인화면은 메뉴/도구와 Model Explorer와 다이어그램 등 크게 세가지 부분으로 구성되어 있다. Model Explorer은 모델내의 객체(object)를 쉽게 찾는데 도움을 주며, 다이어그램 내에서 객체를 탐색하지 않아도 Explorer내에서 객체 편집 작업이 가능하다.

[그림 15-19] ER-Win 메인화면

2) ER-Win 표기방식

메인화면이 열리면 가장 먼저 어떤 표기 방법을 사용 할 것 인가를 정의해야 한다. ER-Win은 크게 두 가지 표기법을 지원하는데 하나는 IE(information engineering) 표기방식이고 다른 하나는 IDEF1X(integration definition for information modeling)표기 방식이 있다. IE표기 방식은 정보공학 표기 방식으로 우리가 일반적으로 모델링을 할 때 가장 많이 사용하는 유형이며 IDEF1X 방식은 미 국방성에서 프로젝트 표준안으로 개발한 표기 방식이다. 우리는 일반적으로 널리 사용되는 IE표기 방식을 이용하여 모델링을 하도록 하자. 기본적으로 ER-Win을 설치하면 IDEF1X 방식이 선택되는데 이 설정을 IE표기 방식으로 바꾸려면 다음과 같이 한다.

① ER-Win초기화면의 메뉴에서 Model/Model Properties를 선택한다.

② Model Properties 대화상자의 Notation(표시법)탭에 있는 Logical과 Physical Notation 영역에서 IE(information engineering) 옵션 버튼을 선택한다(그림 15-20 참조).

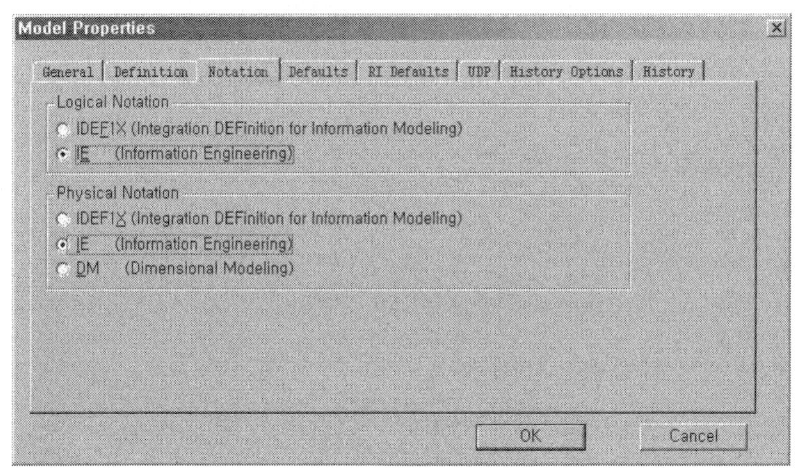

[그림 15-20] IE 옵션 선택

OK버튼을 누리면 ER-win Toolbox가 [그림 15-21]과 같이 바뀌게 된다.

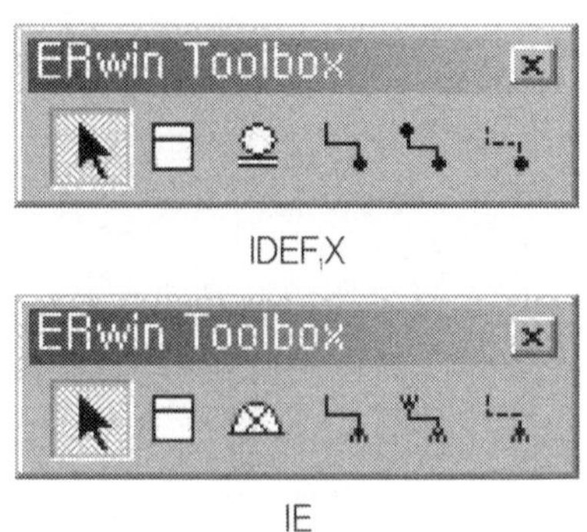

[그림 15-21] 툴박스 아이콘

[그림15-21]의 Toolbox는 엔티티를 생성하고 관계를 정의하는데 사용되는 ER-Win에서 가장 쓰임새가 많은 중요한 도구이다.

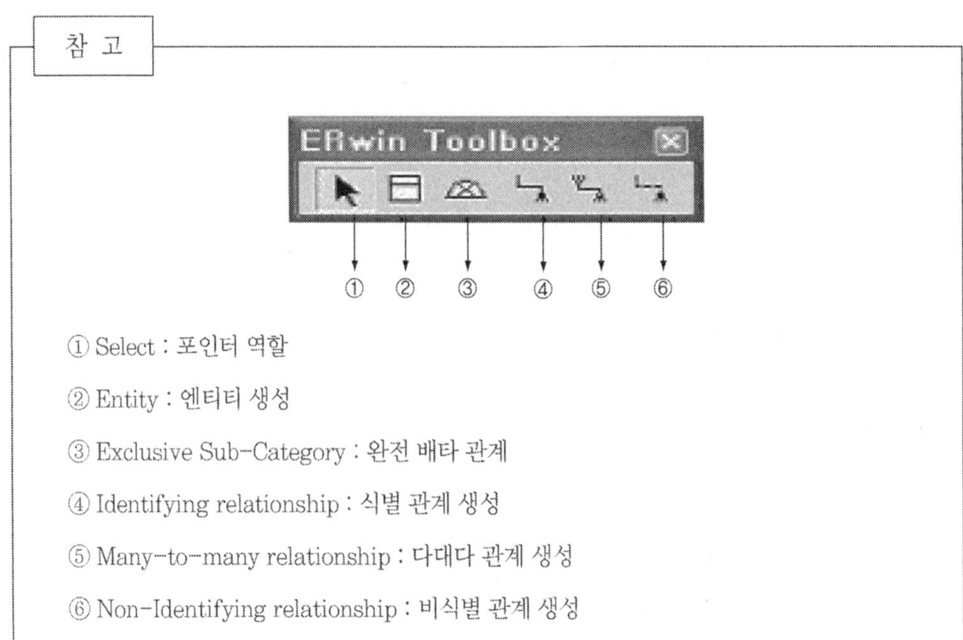

참 고

① Select : 포인터 역할

② Entity : 엔티티 생성

③ Exclusive Sub-Category : 완전 배타 관계

④ Identifying relationship : 식별 관계 생성

⑤ Many-to-many relationship : 다대다 관계 생성

⑥ Non-Identifying relationship : 비식별 관계 생성

3) 논리적 모델링과 물리적 모델링의 표기방식

ER-Win은 기본적으로 개념적 데이터 모델링은 지원하지 않으며 논리적 데이터 모델링과 물리적 데이터 모델링을 지원한다. ER-Win이 개념적 데이터 모델링을 지원하지 않는 이유는 개념적 데이터 모델링은 업무를 일반화시키는 단계이지 관계형 데이터

베이스 이론에 입각해서 모델링을 하는 단계는 아니기 때문이다.

ER-Win은 관계형 데이터베이스 모델링 CASE 도구이기 때문에 관계형 데이터베이스 이론에 입각해서 스키마를 설계하는 논리적 모델링과 물리적 모델링을 지원한다. 그러므로 ER-Win을 사용하기 위해서는 먼저 업무 분석과 함께 개체와 속성 그리고 관계 등이 정의된 양식(ER-Diagram)이 있어야 하며 이를 ER-Win으로 옮기면서 관계형 데이터베이스 모델링 이론에 입각해서 스키마를 설계하게 된다.

논리적 데이터 모델링에서 물리적 데이터 모델링으로 전환하기 위해서는 ER-Win Toolbar에서 [그림 15-22]와 같이 전환하면 된다. 우리는 논리적 모델링을 할 것이기 때문에 "Logical"을 선택하도록 하자.

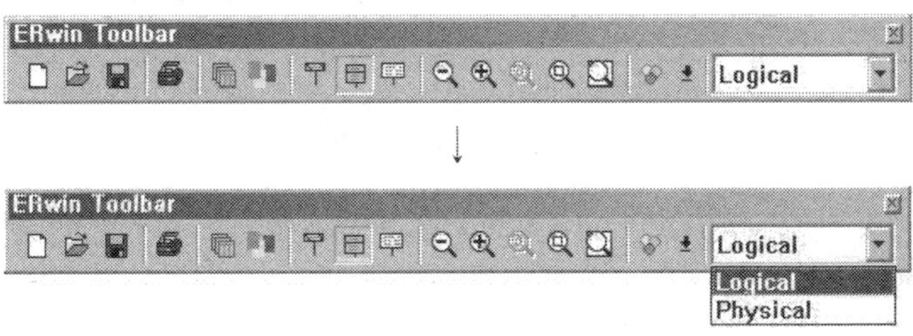

[그림 15-22] Logical 선택

4) 개체의 생성

(1) 개체 생성하기

[그림 15-23]에서와 같이 Model Explorer의 "Entities"를 선택하여 마우스 오른쪽 버튼을 클릭하여 "New"를 선택하면 새로운 개체가 생성된다.

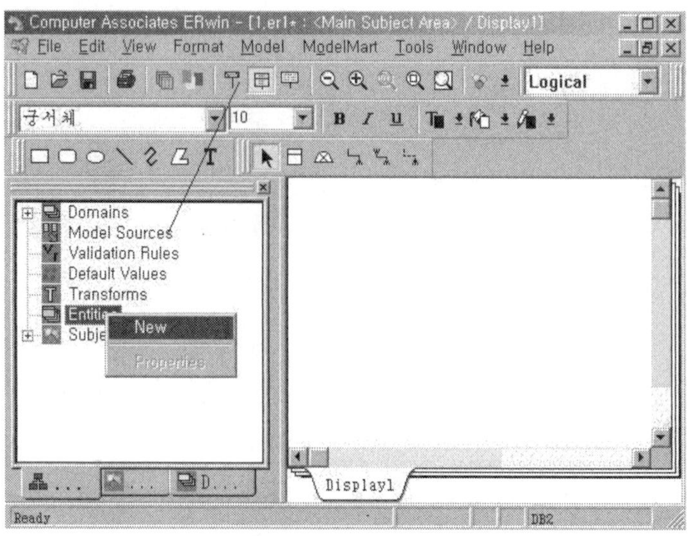

[그림 15-23] 새 개체 만들기

[그림 15-24]에서와 같이 Toolbox에서 엔티티를 선택하여 다이어그램을 클릭하면 개체가 생성된다.

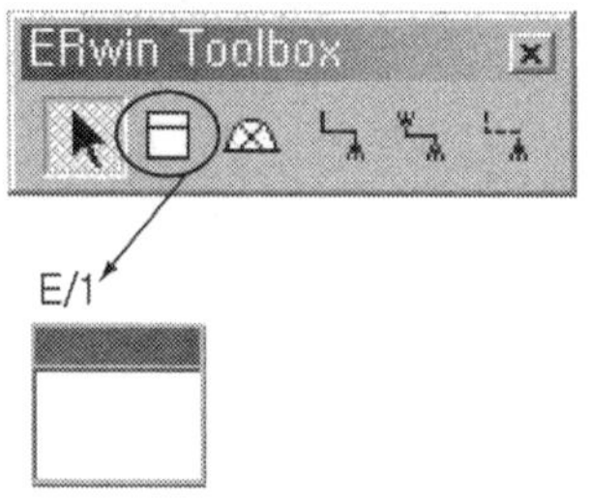

[그림 15-24] 개체 생성

(2) 개체의 구성

개체는 [그림 15-25]와 같이 크게 개체, 기본키, 속성 영역으로 구성된다. 첫째, 개체 영역은 정보를 가지고 있거나 그에 대한 정보를 알아야 하는 유형/무형의 사람, 장소, 사물, 사건, 개념 등을 말하며 대부분의 경우, 논리적 모델에서의 실체는 나중에 데이터베이스의 테이블이 된다. 둘째, 기본키 영역은 개체의 인스턴스를 유일하게 식별하도록 하는 하나의 속성 혹은 여러 속성들의 집합이다. 셋째로 속성 영역은 개체의 성질, 분류, 식별, 수량, 상태 등을 나타내는 세부적인 특성을 나타낸다.

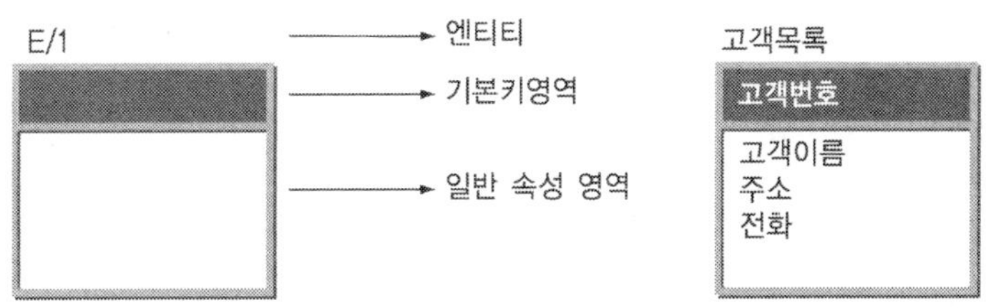

[그림 15-25] 개체의 구성

다음 영역으로 넘어가기 위해서는 탭키(tab-key)를 이용하여 영역을 이동할 수 있으며 기본키와 같은 영역에 속성을 추가하고자 할 때에는 엔터키(enter-key)를 이용하여 새로운 속성을 추가할 수 있다. 개체에서 마우스 오른쪽을 클릭하여 "Entity Properties"를 선택할 수 있으며, "Entity Properties"에서 개체에 대한 속성을 정의할 수 있다.

5) 엔티티 편집기(entity editor)

"Entity"에서 마우스 오른쪽을 클릭하여 "Entity Properties"메뉴를 선택하면, [그림 15-26]과 같은 화면이 나타난다.

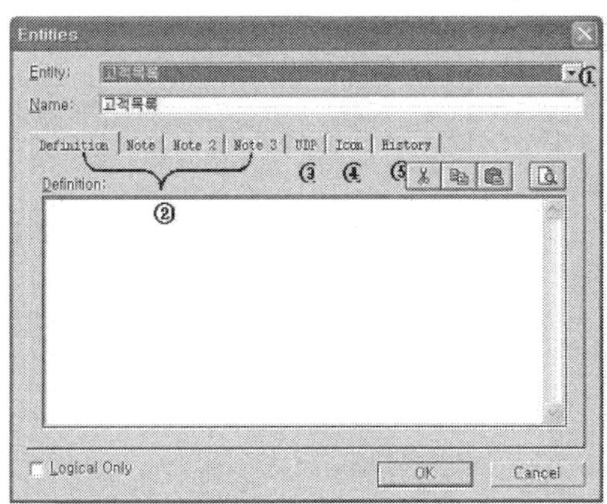

[그림 15-26] Entity Properties

(1) Entity Properties 탭의 정의

- 다른 엔티티로의 이동 : 다른 엔티티로 이동
- Definition, Note : 탭 페이지에 해당하는 Entity의 정의 및 그 외 추가 사항을 입력
- UDP : 사용자가 Definition, Note 이외에 editor를 추가하고자할 때 이용할 수 있으며, 단순히 text를 입력하는 editor 외에 여러 타입을 지원
- Icon : 아이콘을 삽입하거나 삭제
- History : 엔티티에 대한 History를 관리할 수 있다.

(2) UDP 탭

UDP탭을 선택하여 [그림 15-27]과 같이 오른쪽 상단의 ... 누르면 UDP항목을 만들 수 있는데 Definition, Note 외의 editor를 추가하고자할 때 이용한다. Name명을 입력하고 Name에 해당하는 Type형을 선택한 후 필요한 경우 Default값을 입력한다. 기재할 사항이 있는 경우 description 항목에 적어준다. List타입을 선택하였다면 List에 해당하는 값은 콤마로 분리한다.

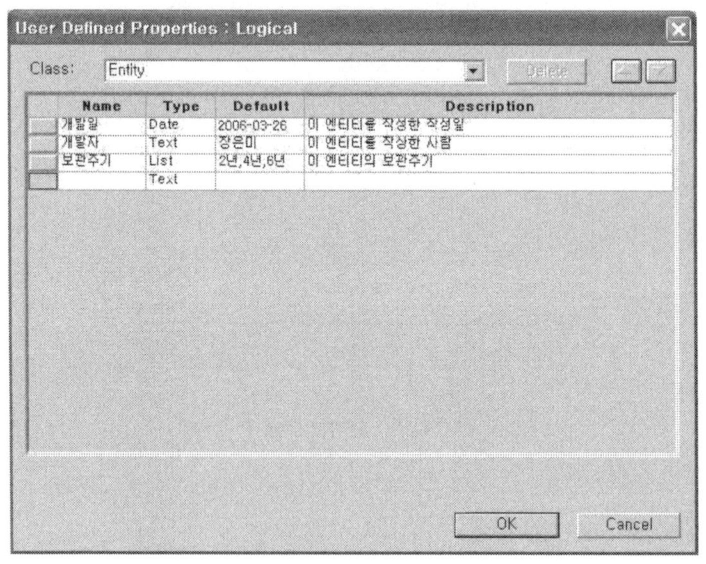

[그림 15-27] UDP 항목 설정

OK를 누르면 [그림 15-28]과 같이 UDP항목에 대한 값을 입력할 수 있다.

[그림 15-28] 값 입력

6) 속성 편집기(attribute editor)

개체와 개체를 마우스로 연결하면 관계가 형성된다. 관계를 형성한 뒤에는 관계에 대한 옵션을 설정해야 하는데 고객목록 테이블과 주문대장 테이블 간의 관계선을 선택한 후 오른쪽 버튼을 눌러 나타나는 팝업 메뉴에서 "Relationship Properties" 메뉴를 선택하면 [그림 15-29]의 화면이 나타난다.

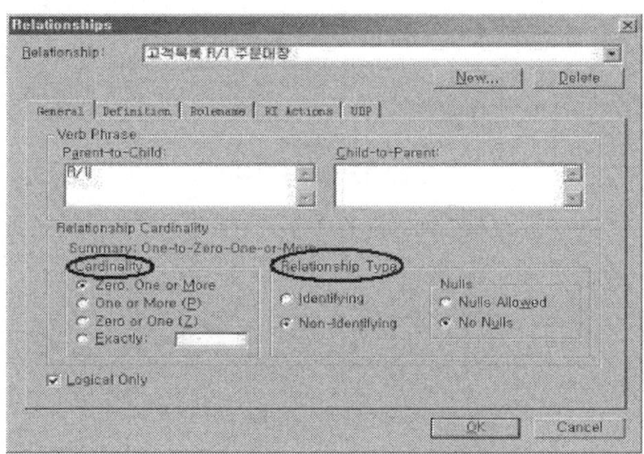

[그림 15-29] Relationships 대화상자

이 대화상자에서는 관계차수(cardinality)와 관계유형(relationship type)은 중요한 옵션이다.

- 관계차수 : 위의 예에서는 한명의 고객이 주문한 상품이 없을 수도, 하나만 있을 수도 아니면 여러 개가 있을 수도 있으므로 우선 "Zero, One or More"옵션이 올바르다.
- 관계유형 : [그림 15-30]을 보면, 고객목록 테이블과 주문대장 테이블의 관계 유형이 비식별 관계이므로 "Non-Identifying" 옵션이 선택되어있다. 그리고 "Null"에 대한 옵션을 선택할 수 있으며 기본적으로 비 식별관계에서는 부모 테이블에서 널을 허용할 수 있게끔 옵션이 선택되어 있는데 이는 대부분의 경우에 올바른 옵션이 아니다. "Null"에 대한 옵션을 "No Nulls"로 선택하도록 한다.

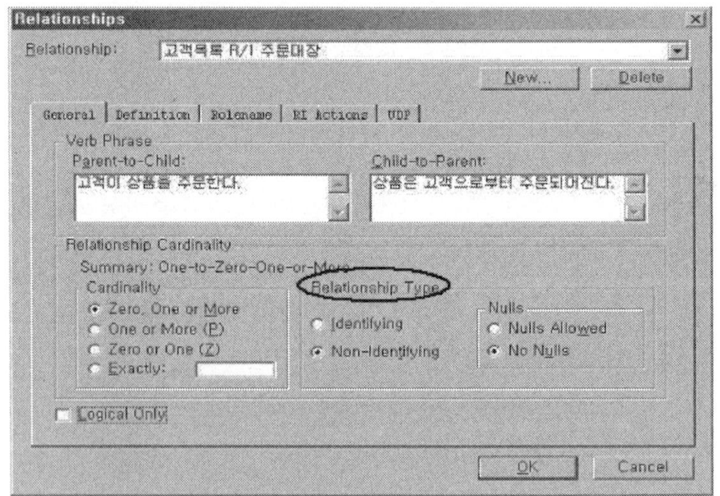

[그림 15-30] 관계유형

7) 정규화된 개체의 관계

이상의 과정을 수행하면 [그림 15-29]와 같은 개체관계도가 완성된다.

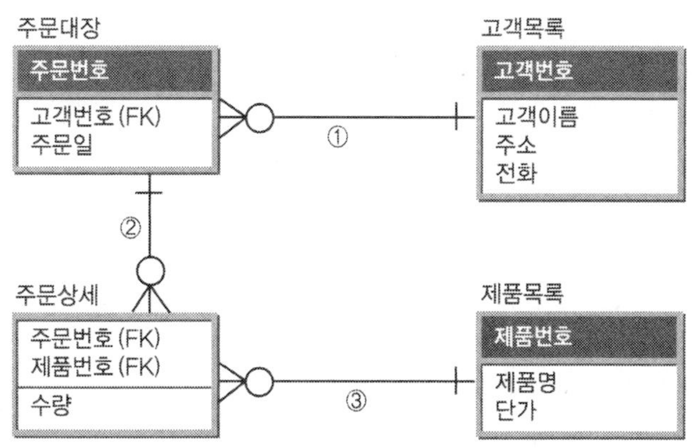

[그림 15-31] 개체관계도

① [고객목록]과 [주문대장]의 관계

- 고객목록이 상위 테이블으로서 1:다(고객목록:주문대장)의 관계를 가진다.
- 고객목록에 있는 자료는 "다수"의 주문대장 자료와 연결될 수 있지만, 주문대장의 자료는 "단 하나"의 고객목록 자료에만 연결될 수 있다.
- 연결점은 고객목록의 PK인 고객번호이고 주문대장에서 고객번호의 역할은 "고객목록의 어느 자료에 종속된 것인지 찾아내는 연결점"으로서의 역할만을 한다.

② [주문대장]과 [주문상세]의 관계

- 주문대장이 상위테이블로서 1:다(주문대장:주문상세)의 관계를 가진다.
- 주문대장에 있는 자료는 "다수"의 주문상세 자료와 연결될 수 있지만, 주문상세의 자료는 "단 하나"의 주문대장 자료에만 연결될 수 있다.
- 연결점은 주문대장의 PK인 주문번호이고 주문상세에서 주문번호의 역할은 "주문대장의 어느 자료에 종속된 것인지 찾아내는 연결점"의 역할도 하고 "제품번호(FK)와 합쳐져서 주문상세의 PK역할도 한다"

③ [제품목록]과 [주문상세]의 관계

- 제품목록이 상위테이블로서 1:다(제품목록:주문상세)의 관계를 가진다.
- 제품목록에 있는 자료는 "다수"의 주문상세 자료와 연결될 수 있지만, 주문상세의 자료는 "단 하나"의 제품목록 자료에만 연결될 수 있다.
- 연결점은 제품목록의 PK인 제품번호이고 주문상세에서 제품번호의 역할은 "제품목록의 어느 자료에 종속된 것인지 찾아내는 연결점"의 역할도 하고 "주문번호(FK)와 합쳐져서 주문상세의 PK역할도 한다"

주요용어 Main Terminology

- 간트 차트(gantt chart)
- 상위수준 CASE(upper level CASE)
- 시스템설계자동화도구(CASE : computer-aided software engineering)
- 정보공학(IE : information engineering)
- 통합 CASE(I-CASE : integrated-CASE)
- 프로젝트관리도구
- 하위수준 CASE(lower level CASE)
- ER Win
- IDEF1X(integration definition for information modeling)
- MS Project 2003

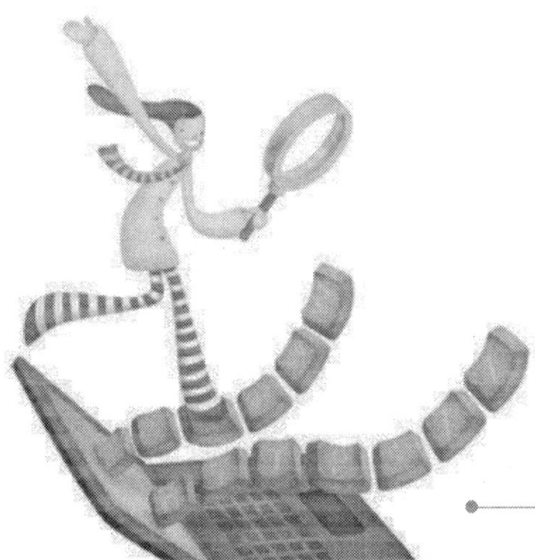

웹 쇼핑몰 개발 분석 사례

CHAPTER 16

PREVIEW

본 장에서는 지금까지 학습한 시스템개발 방법론을 바탕으로 인터넷 쇼핑몰 전문업체의 사례를 분석한다. 특히, 웹 쇼핑몰 시스템 개발과정 중에서 기획과 분석 단계를 위주로 진행한다. 본 사례에서 제시된 것은 현실문제를 축소하여 분석된 결과를 제시한다.

OBJECTIVES OF STUDY

- 바이오앤라이프(주)사의 사례를 이용해 시스템 개발 분석 기법에 대해 학습한다.
- 사례를 통해 시스템 개발 분석 산출물의 작성요령을 이해한다.

CONTENTS

1 경영목표와 IT요구사항

1.1 회사소개

바이오앤라이프(주)사는 국내 선도 바이오 벤처 기업의 제품을 공동으로 판매하고 이들 기업에 대한 제품개발과 마케팅 정보 및 홍보를 통하여 국내 바이오 벤처기업의 발전을 도모하고자 설립되었다.

바이오앤라이프(주)사의 주요 업무로는 다음과 같다.

- 바이오 관련 제품의 전문 인터넷 쇼핑몰 운영
- 바이오 관련 제품의 카달로그 제작과 통신판매
- 바이오 관련 제품의 브랜드 개발화, 상품화
- 바이오 관련 잡지와 서적의 발간
- 바이오 산업 관련 중계 및 협력사업

바이오앤라이프(주)사의 주요 목적은 인터넷 전문쇼핑몰 운영을 통하여 시장 점유율과 이익을 향상시키는데 주력하는 것이다. 이에 따른 세부 목적으로는 바이오 분야 전문 쇼핑몰을 통하여 바이오 제품유통에 있어 선두가 되는 것을 목표하며, 모든 자원을 효과적으로 활용하여 이익성과 성장률 두 가지에 있어서 선두기업이 되고자 한다. 또한, 경쟁사보다 더 먼저 신제품과 서비스를 출시하고 고객들에게 더 나은 서비스를 제공하기 위해 혁신적으로 기술들을 활용하고자 한다. 이러한 목적을 위해 바이오앤라이프(주)사가 앞으로 나아가기 위한 전략으로는 최고 품질의 고객 서비스를 제공하며 최저의 원가로 광범위한 제품과 서비스를 인터넷을 통하여 제공함으로써 바이오 제품과 바이오산업에서의 국제적 기업이 되는 것이다([그림 16-1] 참조).

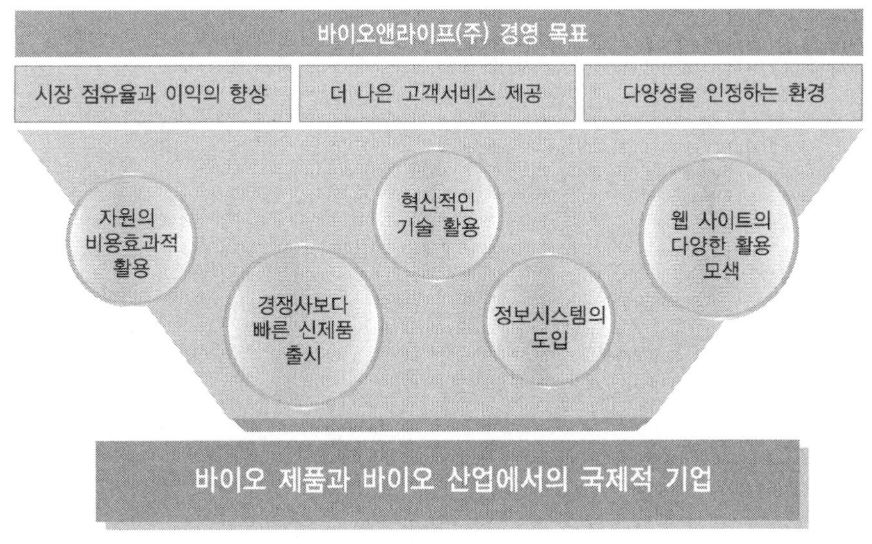

[그림 16-1] 바이오앤라이프(주)사의 경영목표

1.2 개발 목적 및 필요성

바이오앤라이프(주)사는 건강보조 식품 도소매 유통업체이지만 바이오 제품 및 서비스를 직접 고객들에게 전달하기도 힘들 뿐 아니라 정보 제공 및 판매에도 어려움이 있었다. 이러한 어려움으로 인하여 몇 가지 IT 요구사항이 생겨났다. 첫째는 고객간 그리고 고객과 바이오앤라이프(주) 간의 정보 공유를 위한 커뮤니티의 필요성, 둘째는 바이오산업에 있어서 전자상거래 역할 필요, 셋째는 기업차원에서의 고객 정보 활용의 부족 등을 들 수 있었다. 바이오앤라이프(주)사는 이러한 요구사항들을 충족하기 위해 Bioeshop (www.bioeshop.co.kr)이라는 인터넷 쇼핑몰 시스템을 구축하기로 하였다. 바이오앤라이프(주)사는 Bioeshop을 구축하면서 IT 요구사항들을 반영하여 정보시스템의 목표 및 전략을 [그림 16-2]와 같이 수립하였다. 그 전략으로는 고객참여를 위한 웹 페이지와 직원 추천 페이지 등 커뮤니티가 가능한 기능이 있고, 바이오 제품에 있어 전자상거래가 가능하며, 고객 유지 및 고객 정보 활용에 집중하는 것이다. 이와 같은 사항들을 바탕으로 바이오앤라이프(주)사는 고객에게 좀 더 쉽게 제품을 알리고 다가가기 위해 노력하였다.

[그림 16-2] 정보시스템 목표 및 전략

그리고 바이오앤라이프(주)사는 [그림 16-3]에서처럼 회원과 직원 간의 관계를 웹사이트와 데이터베이스를 생성한 후 고객 구매 평가 제출 기능, 신상품 요청 기능, 주문내역 조회 기능, 포인트 및 적립금 조회 기능, 재고제품에 대한 재고 정보조회 등의 기능을 제공해 주고자 하였다.

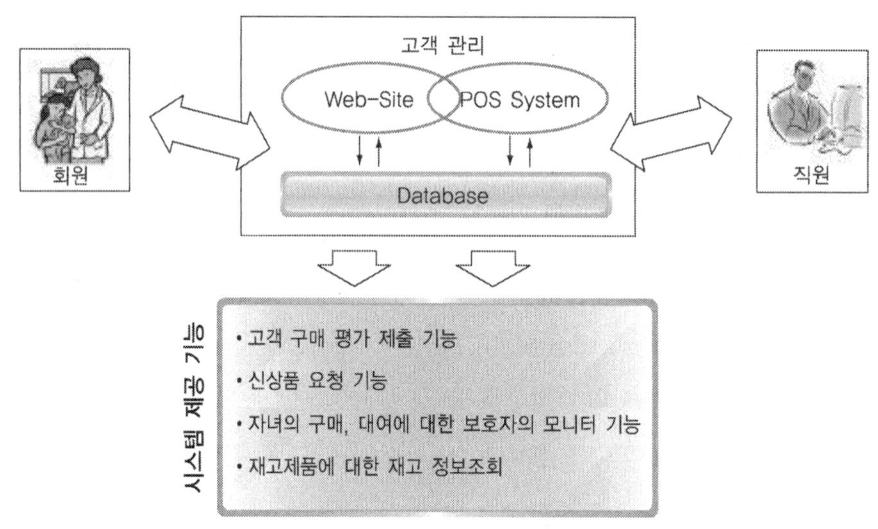

[그림 16-3] Bioeshop의 신규시스템 제공기능

또한 [그림 16-4]에서처럼 바이오앤라이프(주)사는 이러한 기능들을 고객들에게 제

공해 주기 위해 웹사이트를 통한 고객과의 접점을 마련하고 고객 및 직원을 통해 모아진 정보를 축적하여 정보의 게시를 통한 회원 정보 욕구를 충족시켜 주고자 회원평가 및 기타 정보를 바이오앤라이프(주)사의 경영에 활용하기로 하였다.

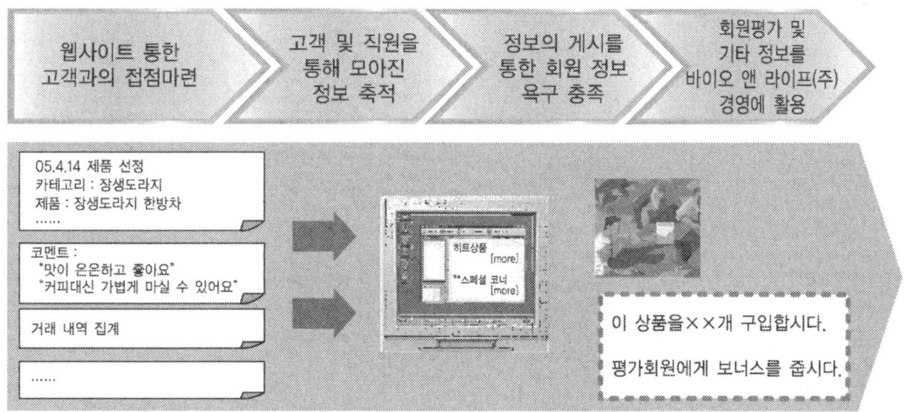

[그림 16-4] Bioeshop의 온라인 고객정보제공 서비스

2 프로젝트 기획

2.1 프로젝트 개발 단계 및 개발 도구

바이오앤라이프(주)사는 프로젝트는 시스템 개발주기(SDLC)에 근거하여 진행되었다. 즉, 분석, 설계, 구현, 시험적용, 유지 보수 단계에 따라 개발되며 각 단계별 산출물은 검증을 거쳐 다음단계의 실행에 참조되도록 넘겨진다. 각 단계 실행 중의 요구사항 및 의견은 각 단계에서 적용 및 수렴하도록 한다.

이번 프로젝트에서는 여러 시스템 개발 방법 및 개발 도구들이 사용되었는데 그 중 대표되는 개발 방법과 도구는 다음과 같다.

① 개발방법

- 프로세스 중심의 분석 방법 사용
- 데이터모델링을 통한 DB설계
- 네비게이션맵을 통한 웹 페이지 통장모델 설계

② 작성 도구

- MS Office XP - Visio, Ms Project 2003, 한글 2002
- DFD, ERD 등의 작업은 MS Office XP-Visio를 활용하고 나머지 기타 문서작업은 한글 2002 프로그램을 활용한다.
- 프로젝트 진행과정은 Ms Project 2003을 활용한다.

2.2 프로젝트 일정 계획

이번 프로젝트는 총 2005년 5월부터 11월 초까지 7개월의 기간으로 과정을 잡았으며 시스템개발 생명주기인 SDLC의 단계에 따라 계획, 요구사항 분석, 설계, 개발 네 단계로 나누어 세부 일정을 작성하였다. [그림 16-5]는 7개월 동안 프로젝트의 전체적인 일정을 나타내고 있다.

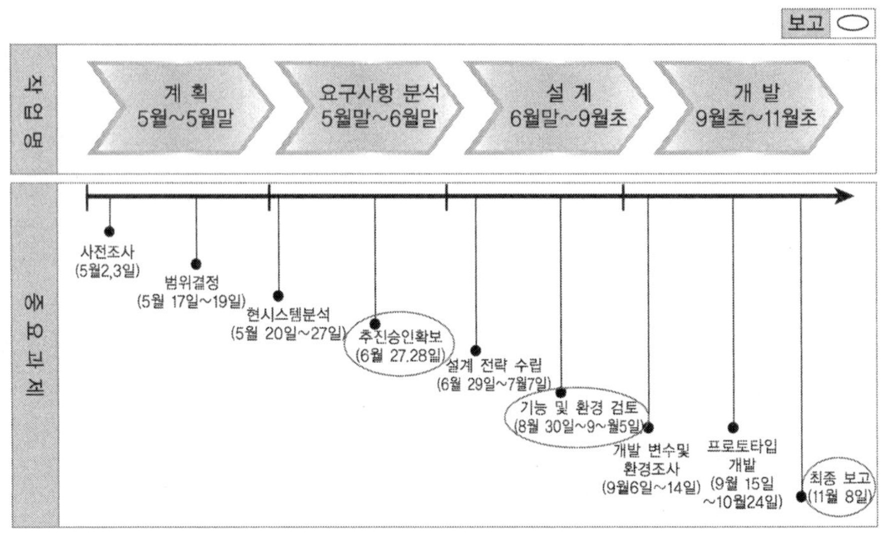

[그림 16-5] 프로젝트 진행 과정

1) 계획

먼저 SDLC의 첫 번째 단계인 계획단계이다. 이 단계에서는 2일 동안 사전조사를 한 후 7일간 시스템 서비스 요청서를 확인 할 것이다. 그리고 자원의 정의 및 주 영역을 할당하고 5월 19일까지 인터뷰 및 범위를 결정 할 것이다. [그림 16-6]은 계획단계에서의 작업 내용 및 세부시간계획을 보여준다.

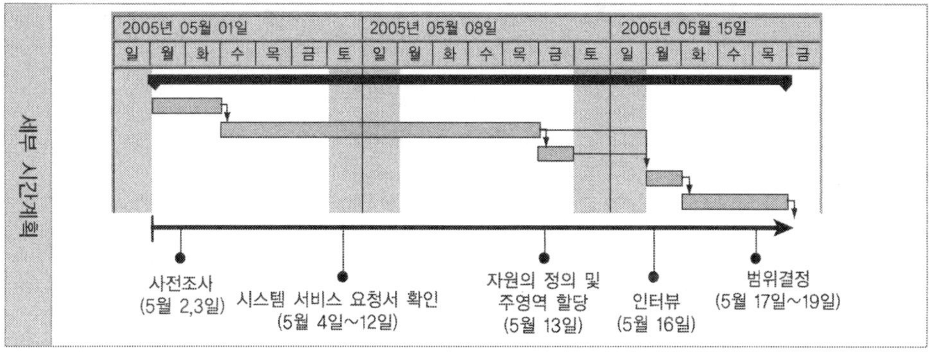

작업 이름	기간	시작 날짜	완료 날짜	선행 작업
⊟ 1. 기획	14일	05-05-02(월)	05-05-19(목)	
1.1 사전조사	2일	05-05-02(월)	05-05-03(화)	
1.2 시스템 서비스 요청서 확인	7일	05-05-04(수)	05-05-12(목)	2
1.3 자원의 정의및 주 영역 할당	1일	05-05-13(금)	05-05-13(금)	3
1.4 인터뷰	1일	05-05-16(월)	05-05-16(월)	3,4
1.5 범위 결정	3일	05-05-17(화)	05-05-19(목)	5

[그림 16-6] 계획단계

2) 요구사항분석

[그림 16-7]은 요구사항분석단계에서의 작업내용 및 상세시간으로, 이 단계에서는 현재의 시스템을 6일 동안 분석 한 후 사용자 요구를 분석한다. 그리고 이 두 분석이 끝나면 예비 예산안을 작성하고, 시스템 예비 모델링을 한 후 추진 승인 확보를 받는다.

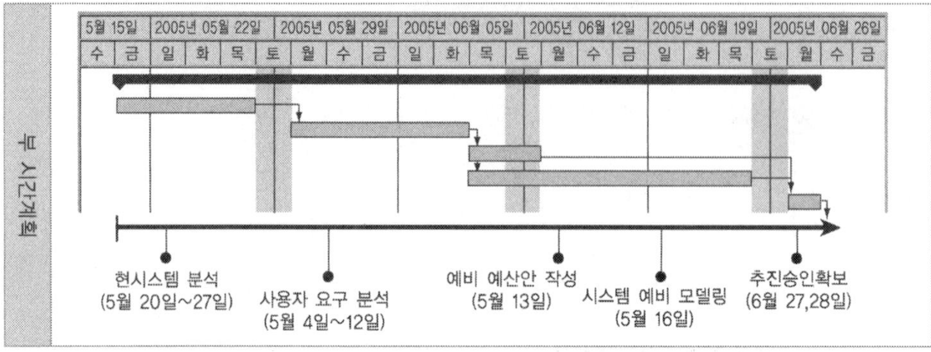

❶	작업 이름	기간	시작 날짜	완료 날짜	선행 작업
	⊟ 2. 요구사항 분석	28일	05-05-20(금)	05-06-28(화)	6
	2.1 현 시스템 분석	6일	05-05-20(금)	05-05-27(금)	
	2.2 사용자 요구 분석	8일	05-05-30(월)	05-06-08(수)	8
	2.3 예비 예산안 작성	3일	05-06-09(목)	05-06-13(월)	9
	2.4 시스템 예비 모델링	12일	05-06-09(목)	05-06-24(금)	9
	2.5 추진 승인 확보	2일	05-06-27(월)	05-06-28(화)	10,11

[그림 16-7] 요구사항분석단계

3) 논리적 모델링 및 시스템 설계

세 번째 단계인 설계 단계에서는 작업 내용이 많고 시간도 다른 단계에 비해서 많이 소요된다. [그림 16-8]에서와 같이 이 단계에서는 설계 관련 전략을 수립한 후 시스템 물리적 아키텍처 디자인, 인터페이스 디자인, 데이터베이스 설계, 프로세스 설계를 한다. 그리고 마지막으로 기능 및 환경을 검토한다.

- 프로세스 모델링 – 자료흐름도
- 데이터 모델링 – 확장된 ERD
- 동적 모델링 – 인터페이스 디자인

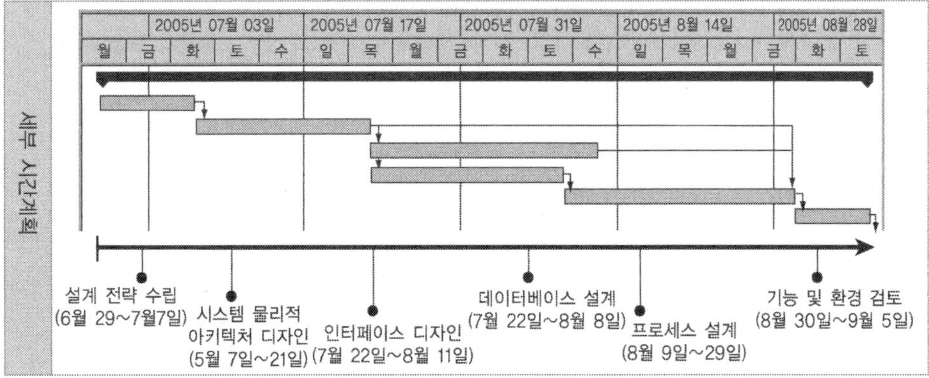

	작업 이름	기간	시작 날짜	완료 날짜	선행 작업
	⊟ 3. 설계	49일	05-06-29(수)	05-09-05(월)	
	3.1 설계 관련 전략 수립	7일	05-06-29(수)	05-07-07(목)	12
	3.2 시스템 물리적 아키텍처 디자인	10일	05-07-08(금)	05-07-21(목)	14
	3.3 인터페이스 디자인	15일	05-07-22(금)	05-08-11(목)	15
	3.4 데이터 베이스 설계	12일	05-07-22(금)	05-08-08(월)	15
	3.5 프로세스 설계	15일	05-08-09(화)	05-08-29(월)	17
	3.6 기능 및 환경 검토	5일	05-08-30(화)	05-09-05(월)	15,16,18

[그림 16-8] 설계단계

4) 개발

[그림 16-9]는 이 프로젝트의 마지막 단계인 개발단계의 세부일정을 보여준다. 먼저 개발 변수 및 환경을 조사하고, 28일 동안 프로토타입을 개발한다. 그리고 전체적으로 테스트를 한 후 최종보고를 하면 7개월간의 프로젝트 일정은 끝이 나게 된다. 하지만 이 단계가 끝났다고 해서 프로젝트가 완전히 끝난 것은 아니다. 이 일정 후에도 사용자의 요구에 맞게 계속 맞춰 나가야 하며 더 좋은 정보시스템이 되기 위해 노력해야 할 것이다. 본 서에서는 이 부분은 다루지 않을 것이다.

작업내용

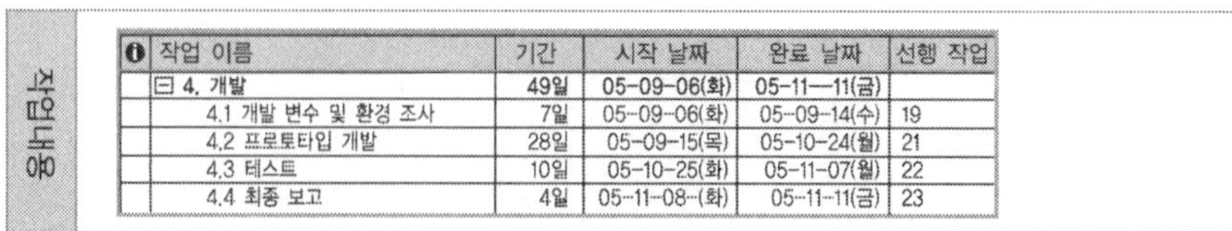

	작업 이름	기간	시작 날짜	완료 날짜	선행 작업
	⊟ 4. 개발	49일	05-09-06(화)	05-11-11(금)	
	4.1 개발 변수 및 환경 조사	7일	05-09-06(화)	05-09-14(수)	19
	4.2 프로토타입 개발	28일	05-09-15(목)	05-10-24(월)	21
	4.3 테스트	10일	05-10-25(화)	05-11-07(월)	22
	4.4 최종 보고	4일	05-11-08-(화)	05-11-11(금)	23

세부 시간계획

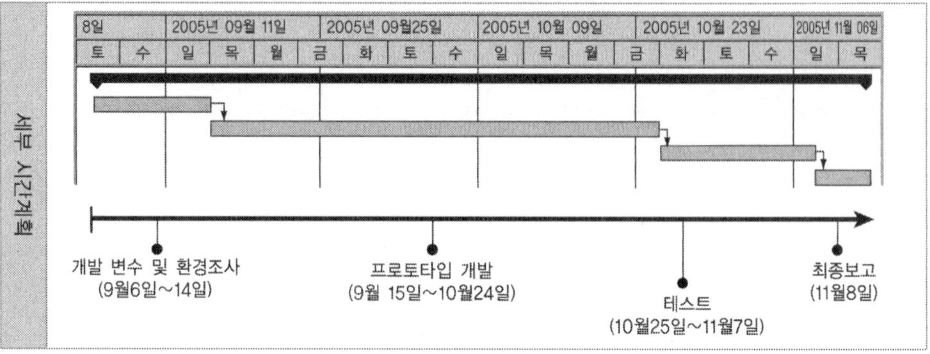

[그림 16-9] 개발단계

3 분석 산출물

효과적으로 바이오 제품의 정보를 알리고 회원관리를 실시하며, 신속하게 주문을 처리하고 이를 효과적으로 활용하기 위해 바이오앤라이프(주)사의 전산화는 필수적이다. 본 사례의 Bioeshop은 바이오앤라이프(주)사가 이러한 요구를 충족하기 위해 개발한 인터넷 쇼핑몰이다. 인터넷 쇼핑몰은 사용자의 요구에 부응하도록 이미 제출된 시스템 정의서와 프로젝트 계획서에 근거하여 개발한다.

Bioeshop은 제품정보관리 및 주문관리에 있어서 필수적인 기능인 회원관리, 배송관리, 재고관리의 기능을 제공하게 되며 주문관리의 전산화를 통해 각종 보고서 산출로 인한 주문업무 문서작성의 시간과 비용을 절감하게 된다. 이러한 주문분석자료는 운영진의 합리적인 의사결정 및 쇼핑몰을 운영하는데 있어서 정확하고 신속한 정보를 제공할 수가 있게 된다.

3.1 자료흐름도

Bioeshop의 업무를 자료흐름도(DFD)를 통하여 분석함으로써 사용자와 개발자의 상호 의사소통을 원활하게 하고 관리업무를 쉽게 파악할 수 있도록 한다. 여기서는 분석의 최종 산출물인 물리적 자료흐름도만 나타내기로 한다.

1) 수준-1 다이어그램

수준-1 다이어그램은 시스템의 주요 프로세스들, 데이터흐름들, 그리고 데이터저장소들을 상위 수준으로 표현한 데이터 흐름도이다. [그림 16-10]에서 보여주는 Bioeshop의 주문관리시스템의 수준-1의 다이어그램에서는 모두 회원관리, 주문관리, 상품관리, 배송관리, 대금관리, 업체관리로 총 6개의 프로세스로 분리되어 있다. 이 프로세스 중 인터넷 쇼핑몰 시스템인 점을 감안하여 보면 2.0 주문관리 프로세스를 기준으로 나머지 프로세스들의 흐름이 연결되어 있는 것을 볼 수 있다.

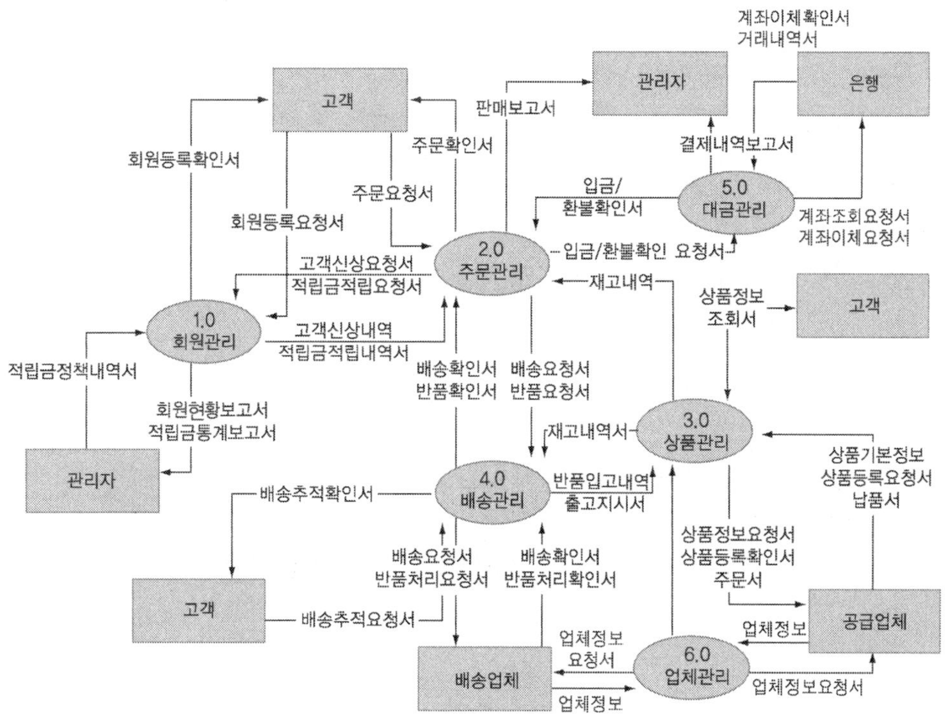

[그림 16-10] 수준-1 다이어그램

2) 수준-2 다이어그램

수준-2 다이어그램은 수준-1 다이어그램에서 한번의 분할결과 생성된 자료흐름도이다. 그럼 수준-1 다이어그램에서의 6개 프로세스를 각각 분할하여 보자.

(1) 1.0 회원관리

[그림 16-11]의 1.0 회원관리 프로세스는 회원의 가입 및 정보 수정, 탈퇴 그리고 회원정보를 관리할 수 있도록 설계된 프로세스이며 회원가입, 회원정보수정, 회원탈퇴, 적립금관리, 로그인관리, 회원현황표의 프로세스들로 분할되어 있다.

처음 Bioeshop 쇼핑몰에서 물품을 구입하기 위해 회원가입을 하게 되면 이 고객은

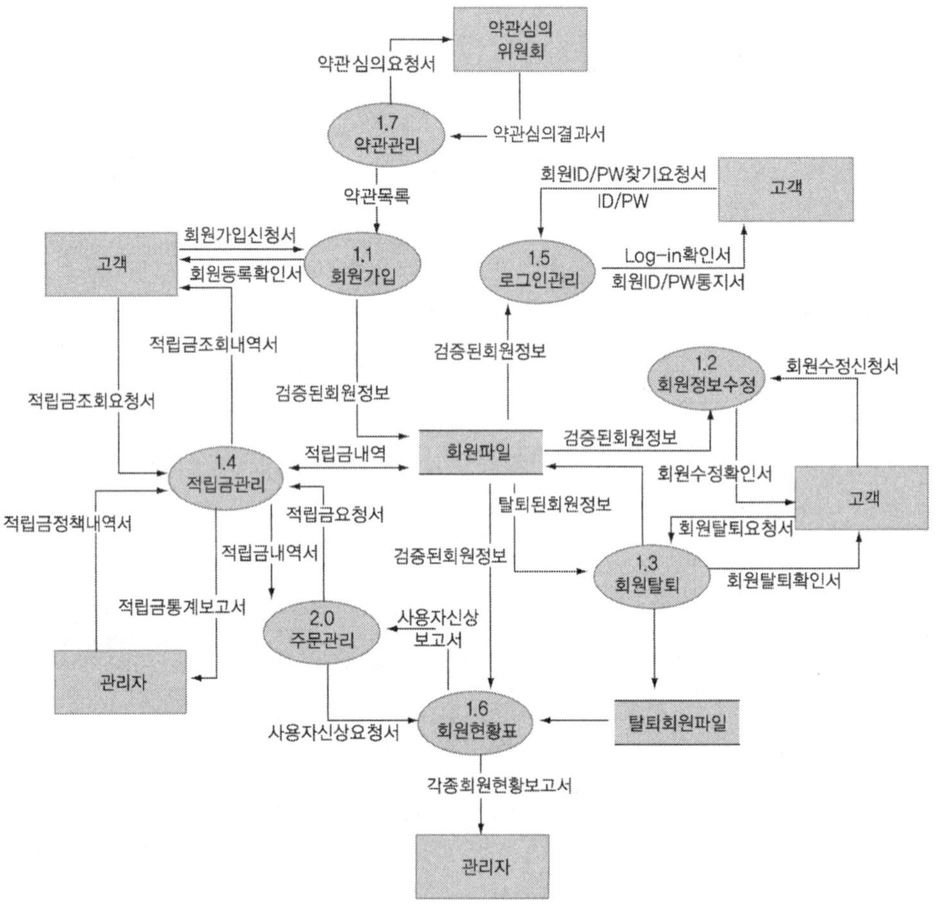

[그림 16-11] 수준-2 다이어그램 (1.0 회원관리)

약관목록을 확인한 후 가입을 하고 이 회원 정보들은 회원파일이라는 데이터 저장소에 저장이 된다. 그러면 이 정보들을 이용하여 회원정보수정 및 탈퇴가 가능하게 되고 회원이 다시 Bioeshop 방문 시에 로그인 기능을 사용할 수 있게 된다. 또 로그인한 회원은 원했던 상품을 주문하고 이 주문에 따른 적립금이 회원파일에 저장이 된다.

(2) 2.0 주문관리

[그림 16-12]의 2.0 주문관리는 회원이 상품을 주문하고 그에 따라 처리되는 흐름을 나타낸 프로세스로 2.0 주문관리 프로세스를 상세히 분할하면 장바구니 관리, 주문처리, 배송요청, 주문 조회/취소, 판매결산 프로세스로 분할할 수 있다.

회원이 장바구니에 상품을 등록하거나 수정, 삭제를 하면 그에 대한 장바구니 내역이 주문처리 프로세스로 이동한다. 주문처리 프로세스에서는 고객관리 프로세스에서 회원의 신상 및 적립금 내역을 요청 받아 상품 재고 및 대금 입금을 확인하고 주문파일 저장소로 데이터가 저장되며 회원에게는 주문확인서를 발송한다. 그런 후 이 주문파일에 저장된 정보들을 이용하여 배송관리 프로세스에 배송을 요청하고 회원에게 주문 조회 및 취소를 가능하게 해주며 주문파일을 통한 판매결산을 하여 관리자에게 보고서가 전달된다.

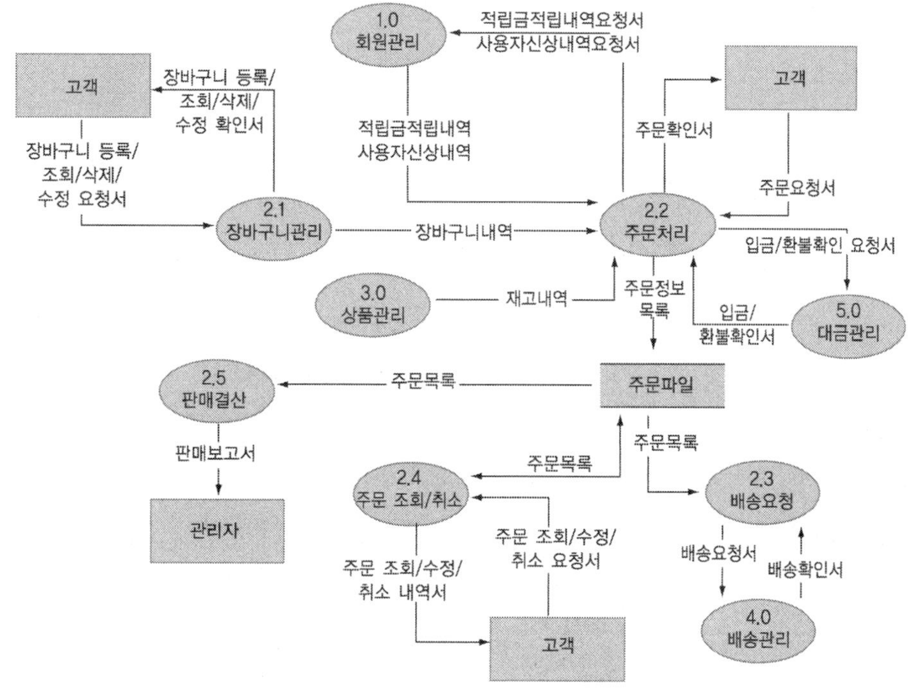

[그림 16-12] 수준-2 다이어그램 (2.0 주문관리)

(3) 3.0 상품관리

[그림 16-13]의 3.0 상품관리는 Bioeshop 쇼핑몰에서 판매되고 있는 상품들을 관리하는 프로세스로 신규상품등록, 상품검색, 입고등록, 출고등록, 재고부족입고, 반품입고로 분할되어 질 수 있다.

먼저 신규상품이 등록되면 신규상품목록은 상품파일 데이터 저장소에 저장이 되고 상품파일 저장소에 저장된 상품 목록을 통하여 고객은 상품 검색을 할 수 있다. 그리고 공급업체를 통해 납품서를 받아 입고등록을 하고 배송관리 프로세스로부터 출고내역서를 받아 출고 등록을 한다. 배송관리 프로세스로부터 반품되어 돌아온 상품들은 반품입고 프로세스를 통해 반품된 상품들을 상품파일 데이터에 저장시키고 부족한 상품들은 재고부족입고 프로세스를 통해 공급업체에 긴급 주문서를 보내어 부족한 재고를 충당한다.

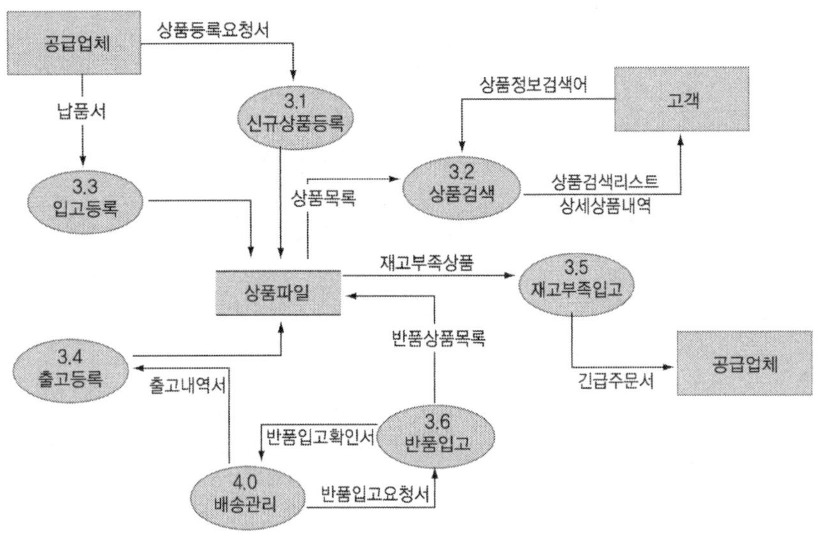

[그림 16-13] 수준-2 다이어그램 (3.0 상품관리)

(4) 4.0 배송관리

4.0 배송관리는 주문받은 목록을 이용하여 각 상품의 배송에 대한 흐름을 나타낸 프로세스이다. 이 프로세스는 [그림 16-14]에서와 같이 배송입력, 배송요청, 반품관리, 반품입고신청 4개의 프로세스로 분할된다.

먼저 주문관리 프로세스로부터 배송요청을 받으면 요청받은 배송을 입력하여 그 목록을 배송파일 데이터 저장소에 저장시킨다. 그런 후 저장된 배송목록을 이용하여 배송업체에 배송을 요청하고 고객으로부터 반품된 상품들은 다시 배송업체로부터 배송을 받아 배송파일 저장소에 정보가 수정된다. 그리고 이렇게 반품받아 돌아온 배송 목록은 반품입고신청 프로세스를 통해 상품관리에 반품입고 출고지시서를 보내게 된다.

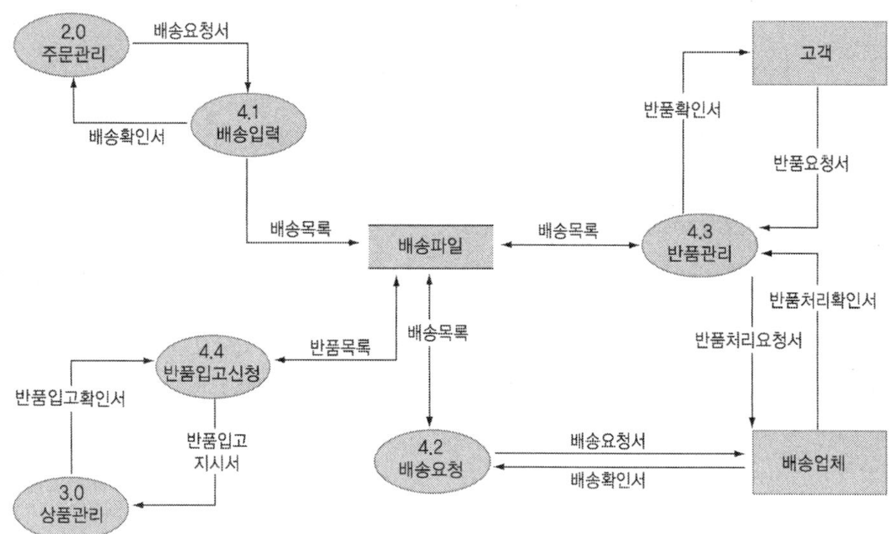

[그림 16-14] 수준-2 다이어그램 (4.0 배송관리)

(5) 5.0 대금관리

[그림 16-15]에서의 5.0 대금관리는 주문에 의해 발생되는 대금에 대해 처리하는 과정을 나타낸 프로세스로 대금관리, 월말정산, 상품대금청구, 적립금결제, 배송대금청구, 입출금 조회 등의 프로세스로 분할되어질 수 있다.

먼저 주문관리로 인해 발생된 대금입금목록들은 입출금파일 데이터 저장소에 저장되고, 신상품 또는 부족한 상품을 구입하기 위한 대금 및 배송대금은 입출금파일 데이터 저장소에서 빠져나가게 된다. 또, 주문관리 프로세스에서 요청된 환불 금액도 입출금파일 저장소에서 대금이 빠져나간다. 이렇게 입출금파일 저장소에 저장된 목록들은 월말정산 프로세스에 의해 결산되어 관리자에게 보고서가 전달된다.

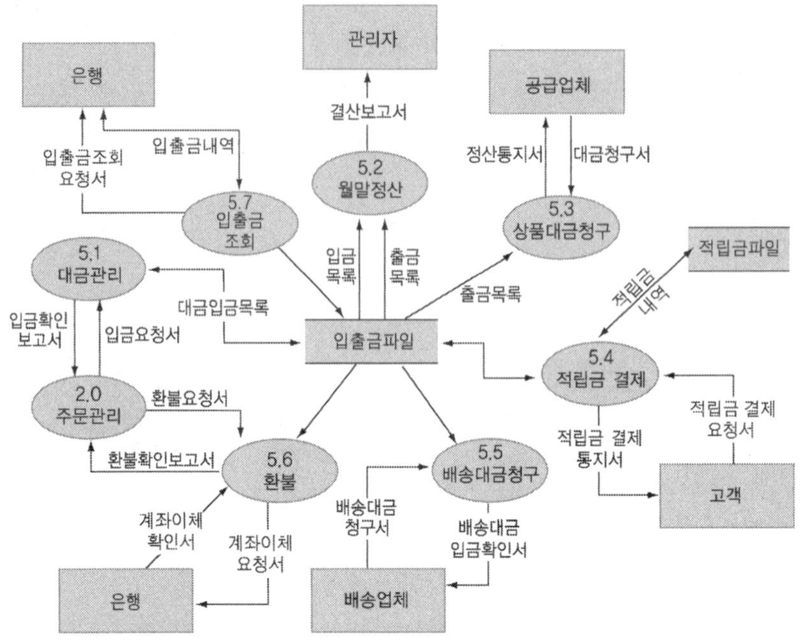

[그림 16-15] 수준-2 다이어그램 (5.0 대금관리)

3) 수준-3 다이어그램

수준-2 다이어그램에 있는 프로세스의 보다 상세한 분해를 위해서 수준-3 다이어그램을 만들 수 있다.

(1) 1.1 회원가입

수준-1 다이어그램의 프로세스 1.0 회원관리의 하위 프로세스인 1.1 회원가입 프로세스는 회원가입에 따른 절차 및 자료흐름을 나타낸 것으로 상세히 분해를 하면 [그림 16-16]과 같이 약관동의, 회원가입신청서접수, ID/PW 중복체크, 필수입력체크, 필수입력수정요청, 회원등록, 회원등록확인서발송으로 분해할 수 있다.

먼저 고객이 회원가입을 하기위해 약관에 동의를 하고 회원가입신청을 한다. 그러면 접수된 파일들은 회원가입신청접수 저장소에 저장되고 이 파일들을 이용하여 회원 ID 및 패스워드 중복체크를 한다. 그런데 기존에 저장되어 있던 회원파일의 ID와 패스워드

가 중복이 되면 중복된 ID 변경 요청 메시지를 고객에게 전달하게 되고 ID와 패스워드가 중복되지 않고 고객이 유효한 필수입력사항을 체크하였을 시 회원등록이 된다. 그런 후 등록된 확인서를 고객에게 발송한다.

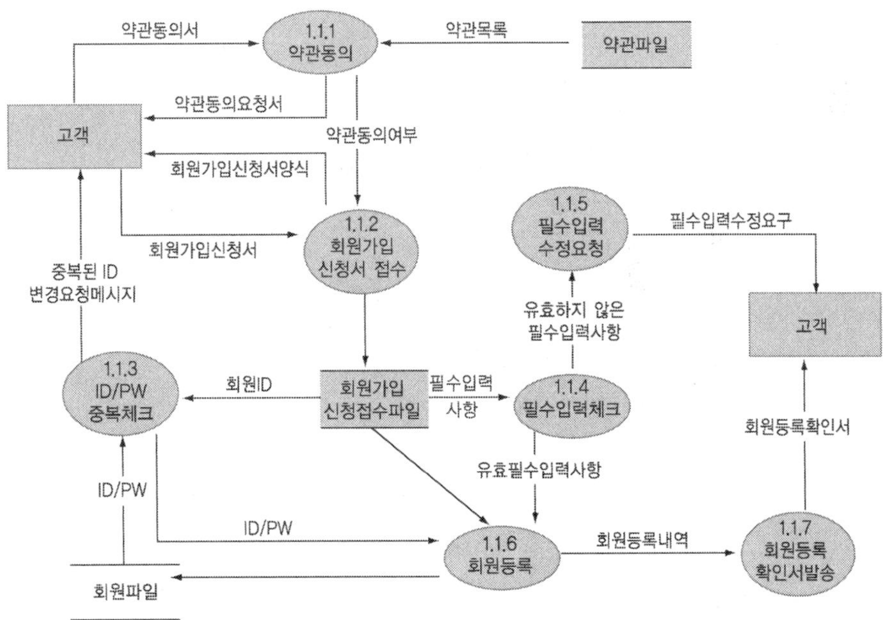

[그림 16-16] 수준-3 다이어그램 (1.1 회원가입)

(2) 1.2 회원수정

수준-1 다이어그램의 프로세스 1.0 회원관리의 하위 프로세스인 1.2 회원수정 프로세스는 회원수정에 따른 절차 및 정보 흐름을 나타낸 것이다. [그림 16-16]에서 보듯이 이 프로세스는 회원정보변경요청서, PW검증, PW재입력요청, PW변경, 필수입력항목체크, 회원정보수정, 무효항목재입력요청, 고객정보갱신내역통보로 이루어져있다.

고객이 회원정보 변경을 요청하면 패스워드 변경요청 시 패스워드 검증을 하여 무효한 패스워드는 고객에게 재입력 요청을 하고 유효한 패스워드는 패스워드가 변경이 되어 회원파일 저장소에 저장이 된다. 그리고 필수입력항목체크 수정 시 무효한 항목은 고객에게 재입력 요청을 하고 유효한 항목은 수정이 되어 회원파일 저장소에 저장이 된 후 수정된 고객정보내역은 고객에게 확인서가 통보된다.

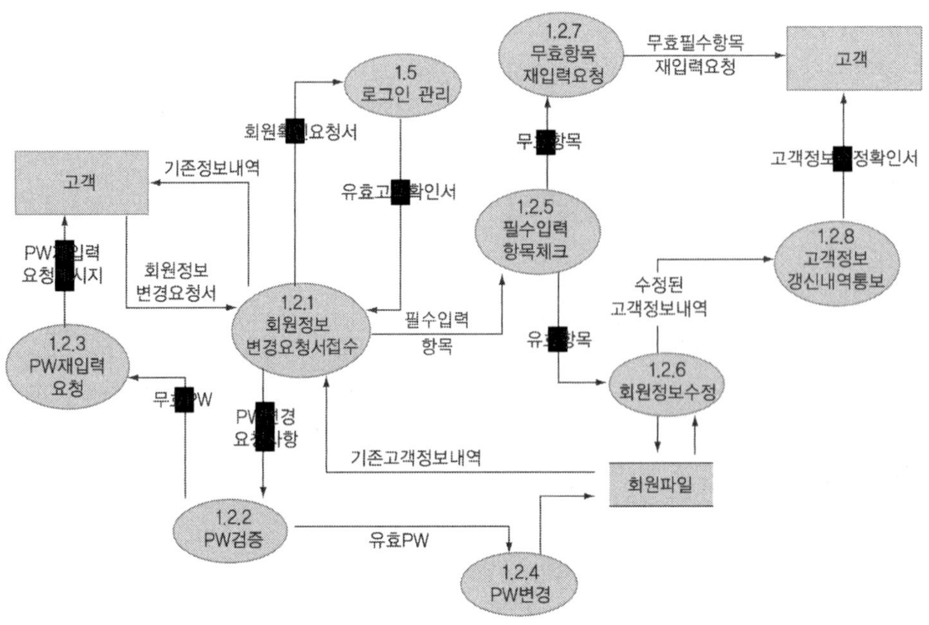

[그림 16-17] 수준-3 다이어그램 (1.2 회원수정)

(3) 1.3 회원탈퇴

수준-1 다이어그램의 프로세스 1.0 회원관리의 하위 프로세스인 1.3 회원탈퇴 프로세스는 회원탈퇴를 위한 절차 및 자료흐름을 나타낸 것으로 상세히 분할하면 [그림 16-18]과 같이 탈퇴접수, 회원확인, 회원탈퇴재확인, 회원확인요청, 회원정보삭제로 분할되어 질 수 있다.

고객이 회원탈퇴를 신청하면 신청된 목록들을 탈퇴접수파일 데이터 저장소에 저장이 되고 고객파일을 통해 회원확인을 한 후 회원확인이 되지 않았을 경우 고객에게 회원확인 요청을 하고 회원확인이 되었을 경우에는 회원탈퇴 재확인을 한 후 회원정보를 삭제한다. 그러고 난 후 회원탈퇴 확인서를 고객에게 발송한다.

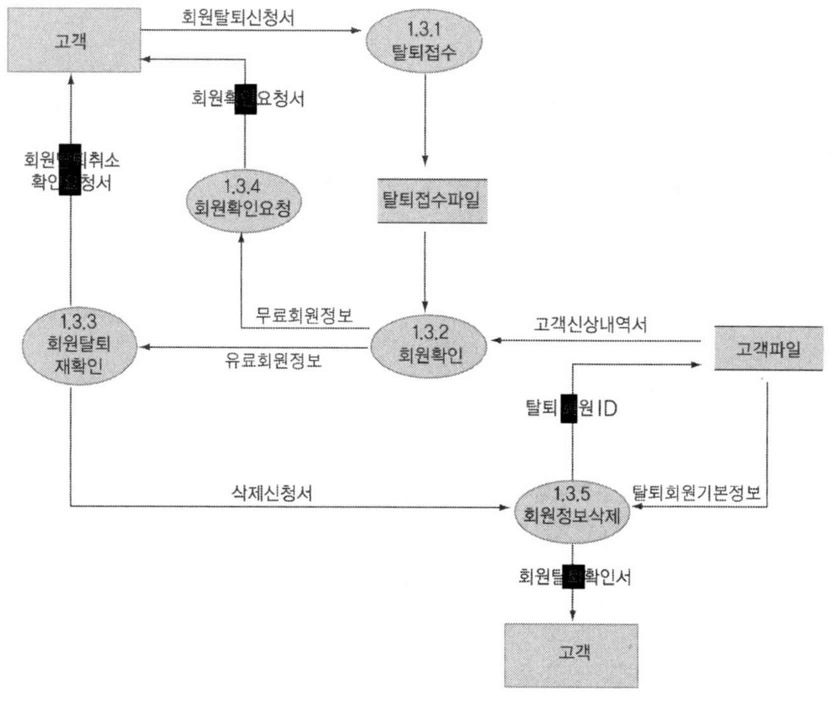

[그림 16-18] 수준-3 다이어그램 (1.3 회원탈퇴)

(4) 1.4 적립금관리

수준-1 다이어그램의 프로세스 1.0 회원관리의 하위 프로세스인 1.4 적립금 관리 프로세스는 상품 주문을 통해 발생된 적립금의 흐름을 나타낸 것으로 [그림 16-19]와 같이 적립금계산/기록, 적립금갱신, 마일리지정책수립, 적립금사용현황, 적립금조회로 분할되어진다.

주문관리에 의해 생성된 적립금은 적립금 계산/기록 프로세스에 의해 적립금파일 데이터 저장소로 보내어 지거나 적립금이 갱신되어 회원파일 데이터 저장소로 저장이 된다. 그러면 이 저장소에서 고객은 적립금 조회를 할 수 있고, 적립금 사용 현황은 적립금 통계보고서를 통해 관리자에게 전달된다.

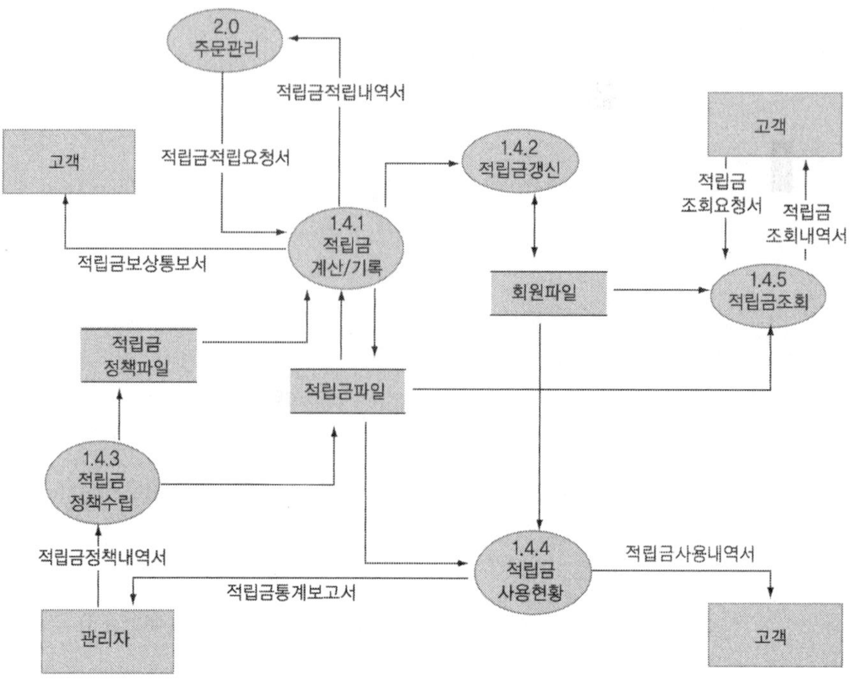

[그림 16-19] 수준-3 다이어그램 (1.4 적립금관리)

(5) 2.1 장바구니관리

수준-1 다이어그램의 프로세스 2.0 주문관리의 하위 프로세스인 2.1 장바구니관리 프로세스는 더 상세히 분할하면 [그림 16-20]과 같이 장바구니담기, 장바구니수정, 장바구니삭제, 장바구니조회로 이루어진다.

고객이 상품을 장바구니에 추가하거나 수정, 삭제 및 조회를 하였을 때 장바구니 파일 데이터 저장소를 통해 가능하며 이렇게 업데이트 된 장바구니내역은 주문확인 프로세스로 전송되어 진다.

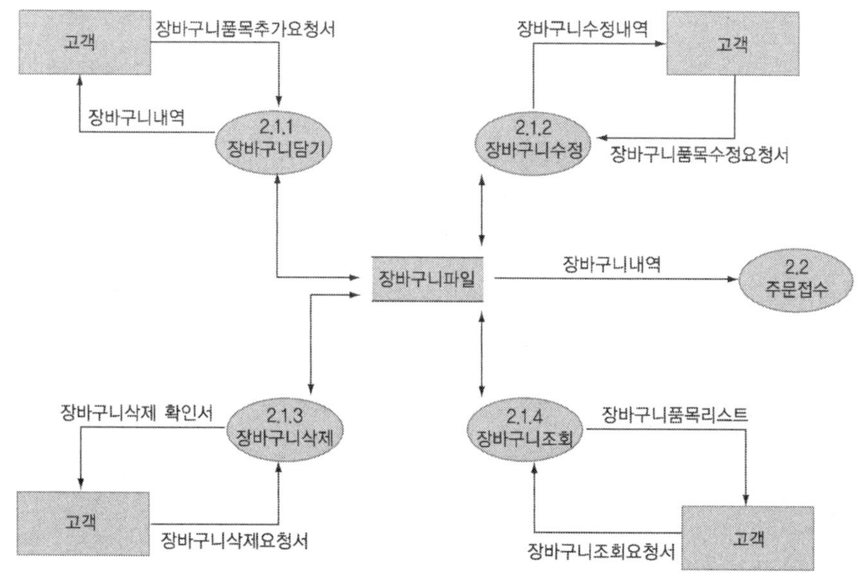

[그림 16-20] 수준-3 다이어그램 (2.1 장바구니관리)

(6) 2.2 주문처리

수준-1 다이어그램의 프로세스 2.0 주문관리의 하위 프로세스인 2.1 주문처리 프로세스는 [그림 16-21]에서처럼 주문접수, 재고확인, BackOrder확인, 주문수정요청, 재고관리, 결제정보확인, 주문등록, 주문실패처리, 카드결제대행처리요청, 주문통계 등 많은 프로세스로 상세하게 분할되어질 수 있다.

주문처리를 하기 위해서는 우선 고객이 주문을 요청하면 회원파일, 상품파일, 장바구니파일 저장소로부터 정보를 받아 주문접수파일 저장소에 저장시킨다. 그리고 재고파일 저장소로부터 재고확인을 한 후 재고가 부족하면 BackOrder확인 프로세스를 이용하여 처리하고, 재고가 확인된 주문 내역은 카드대행사와 고객으로부터 결제정보를 확인한 후 결제가 확인된 주문은 주문 등록 후 배송관리 프로세스로 보내어 진다. 등록된 주문들은 주문파일 저장소에 저장이 되며 이 파일들은 통계를 내어 관리자에게 보고서로 제출된다.

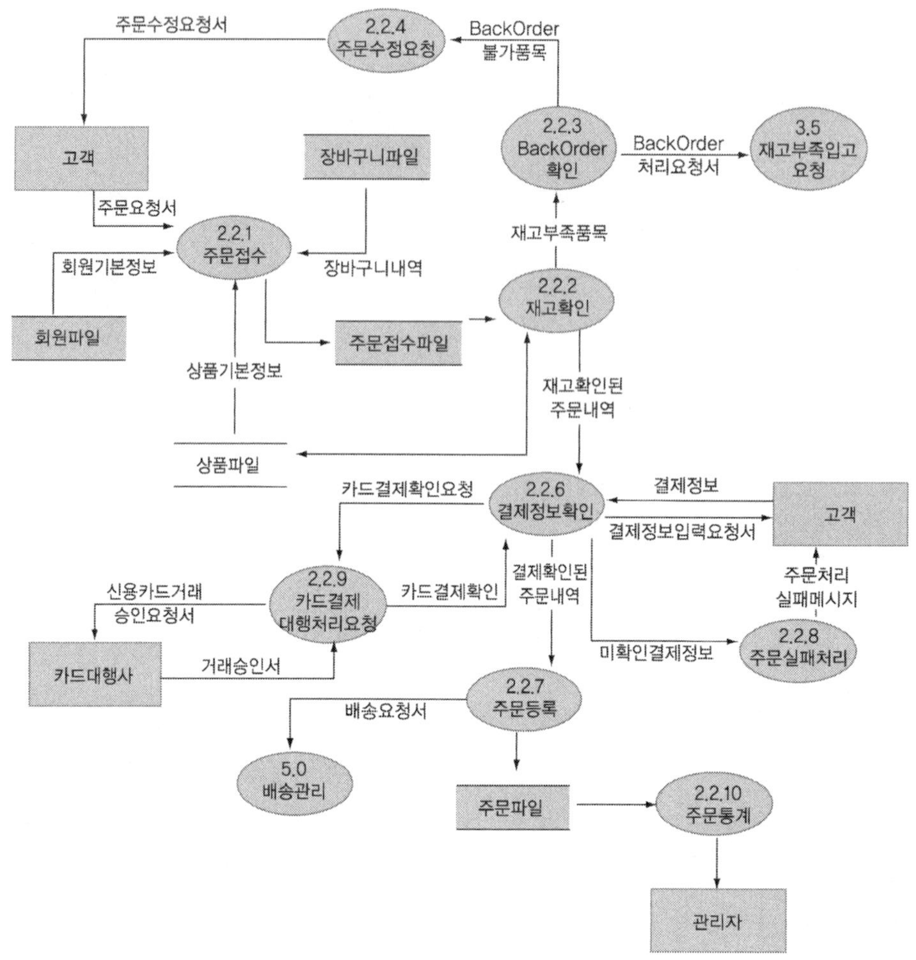

[그림 16-21] 수준-3 다이어그램 (2.2 주문처리)

3.2 개체관계도

개념적 데이터 모델은 데이터베이스관리시스템 또는 구현 상의 고려사항들과는 무관한 입장에서, 조직의 데이터에 대한 전반적인 구조를 구체적으로 보여주는 모델로 이러한 개념적 데이터 모델링의 주요 목적은 정확한 개체관계도(ERD)를 생성하는 것이다. 이 ERD를 사용하여 주문관리시스템의 데이터 이동을 보여줄 수 있는 데이터흐름도와 데이터 객체들 간의 관계성에 대해 나타내어 보자.

1) 논리적 ERD

논리적 데이터베이스 설계 및 모델링에 있어서 4가지 주요 단계가 있다. 정규화 이론을 활용하여 사용자 인터페이스 각각에 대한 논리적 데이터 모델을 작성하고, 모든 사용자 인터페이스들을 기반으로 설계된 정규화된 데이터 요구사항들을 하나의 논리적 데이터베이스 모델로 통합시킨다. 그리고 사용자 인터페이스에 대한 명확한 고려 없이 개발된 개념적 E-R 데이터 모델을 정규화된 데이터 요구사항으로 변환시키고, 통합된 논리적 데이터베이스 설계를 변환된 E-R 모델과 비교하여 하나의 최종적인 논리적 데이터베이스 모델을 작성한다. 이러한 논리적 데이터베이스 설계 단계들을 통해 산출된 결과물은 [그림 16-22]와 같다.

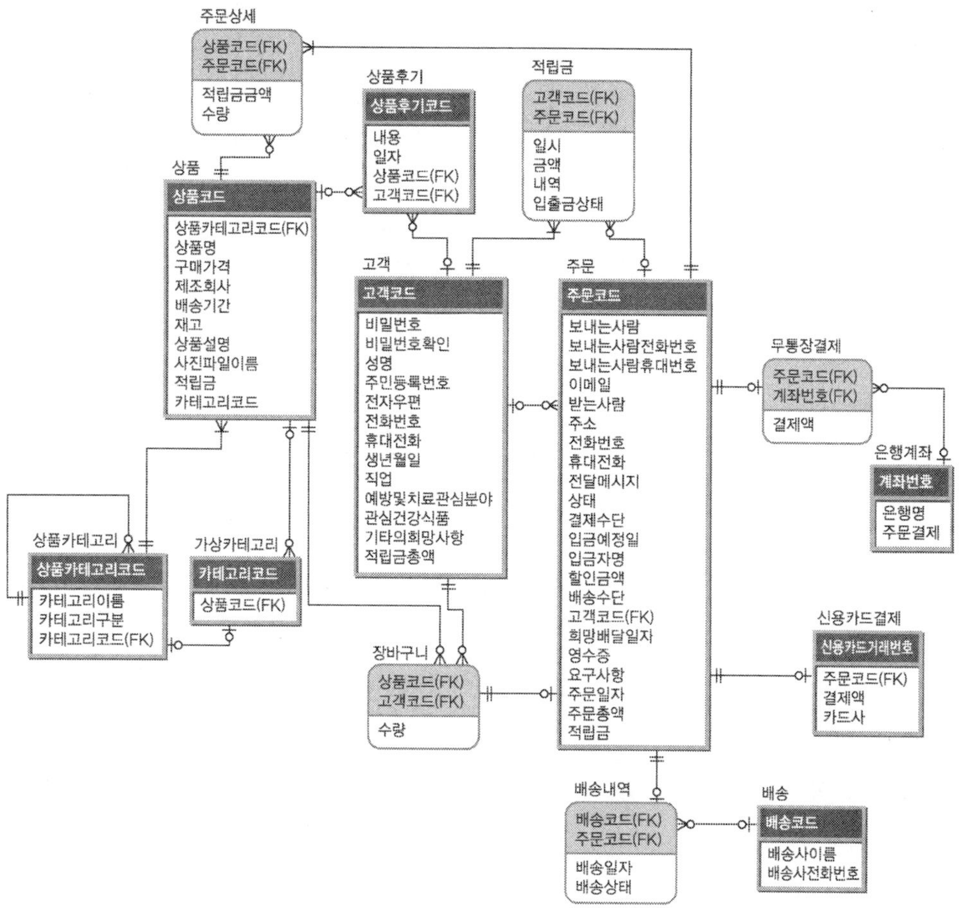

[그림 16-22] 논리적 ERD

여기서 몇 개의 테이블과 관계에 대해 하나씩 알아보도록 하자. 먼저 고객테이블은 고객이 Bioeshop에 회원가입을 할 때 입력한 기본적인 회원 정보들이 저장 된다. 그러면 고객들은 이 정보들을 바탕으로 Bioeshop 쇼핑몰을 특별한 제약없이 사용할 수 있다. 그리고 주문테이블은 고객이 원하는 제품을 주문하였을 때 주문에 필요한 모든 정보들이 저장되어질 수 있다. 이제 이 두 테이블의 관계에 대해 알아보면 [그림 16-23]과 같이 고객과 주문의 관계에서 한 고객이 주문을 여러 번 할 수 있기 때문에 일대다의 관계이고, 또한 주문을 할 수 도 있고 안할 수도 있기 때문에 선택적 관계로 맺어져 있는 것을 볼 수 있다.

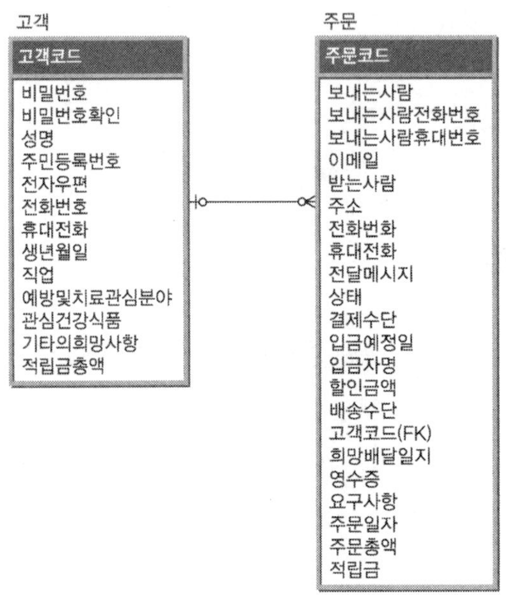

[그림 16-23] 고객과 주문 테이블(1 : M)

그리고 [그림 16-24]에서와 같이 주문상세와 주문 테이블의 관계는 주문되는 상품이 주문상세에 여러번 포함될 수 있기 때문에 일대다가 되며 주문된 상품은 반드시 주문상세에 포함되어 있어야 하기 때문에 필수적이 된다. 여기서 주문상세 테이블은 고객이 어떤 상품을 얼마나 주문했는가에 대한 상세내용을 저장하는 테이블로서 주문에서는 꼭 필요한 테이블이다.

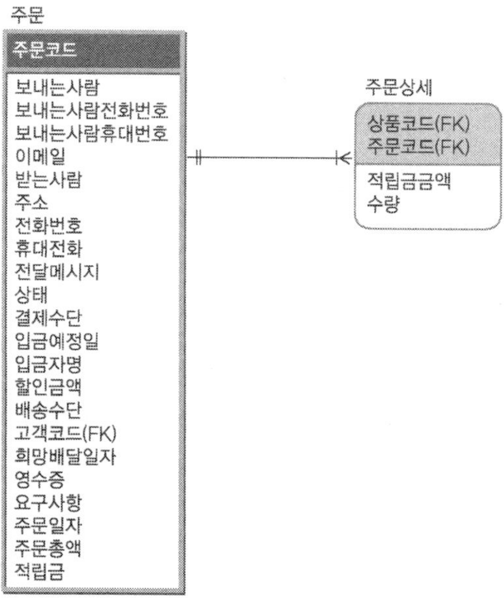

[그림 16-24] 주문과 주문상세 테이블(1 : M)

[그림 16-25]에서와 같이 상품과 주문상세의 관계에서는 한 상품이 여러번 주문될 수 있기 때문에 관계는 일대다가 되며 상품이 주문될 수도 있고 안 될 수도 있기 때문에 선택적이 된다. 여기서 상품 테이블은 Bioeshop에서 판매되고 있는 상품에 대한 자세한 정보를 저장한 테이블이다.

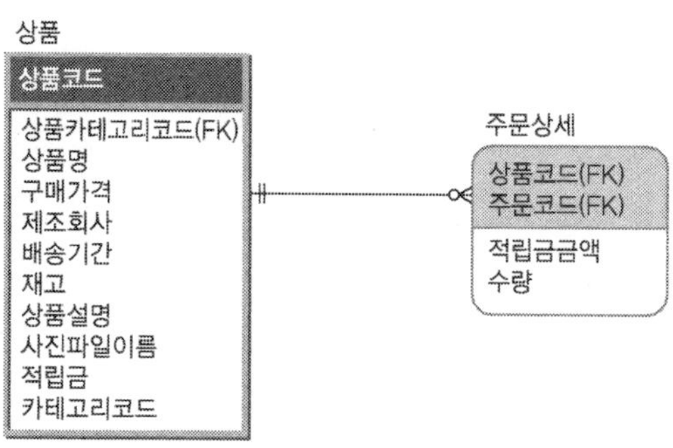

[그림 16-25] 상품과 주문상세 테이블(1 : M)

[그림 16-26]에서 처럼 주문과 배송내역의 테이블을 보면 한 건의 주문된 상품은 여러 번 배송되어지는 것이 아니고 한번 배송되어지기 때문에 일대일의 관계를 가지며 주문이 배송될 수도 있고 주문이 취소되어 안될 수도 있기 때문에 배송내역은 선택적이 된다. 하

지만 정상적인 주문은 배송이 꼭 이루어져야 하기 때문에 필수적이 된다. 여기서 배송내역 테이블은 주문된 상품이 언제 어떻게 주문되어 졌는가에 대한 정보가 저장된다.

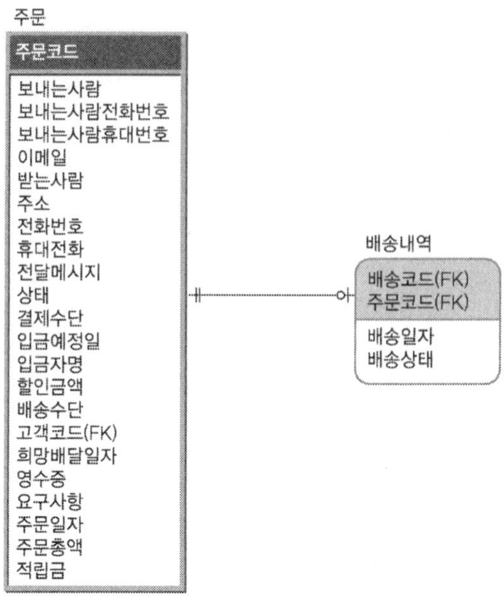

[그림 16-26] 주문과 배송내역 테이블(1 : 1)

마지막으로 [그림 16-27]에서 상품과 상품카테고리, 가상카테고리의 관계를 하나씩 살펴보면 가상카테고리란 상품카테고리 외에 대상별, 용도별 건강제품 등 가상으로 카테고리를 만든 것으로 이 카테고리안에는 상품이 들어갈 수도 있고 안들어 갈 수도 있기 때문에 선택적 관계가 된다. 그리고 상품카테고리란 제품을 성질 및 용도에 맞게 분류하기 위한 것으로 이 테이블은 재귀적 관계가 설정되어 있다. 이것은 상품카테고리의 상위 카테고리를 설정해주기 위한 것이다. 예를 들어 Bioeshop의 카테고리 중 비타민/미네랄이라는 카테고리 안에는 성인용 종합비타민, 청소년 종합비타민, 비타민C 등 여러 카테고리들이 또 포함되어 있기 때문에 카테고리 테이블에 있는 카테고리 중 이 카테고리들의 상위카테고리를 비타민/미네랄로 설정해 주기 위한 것이다.

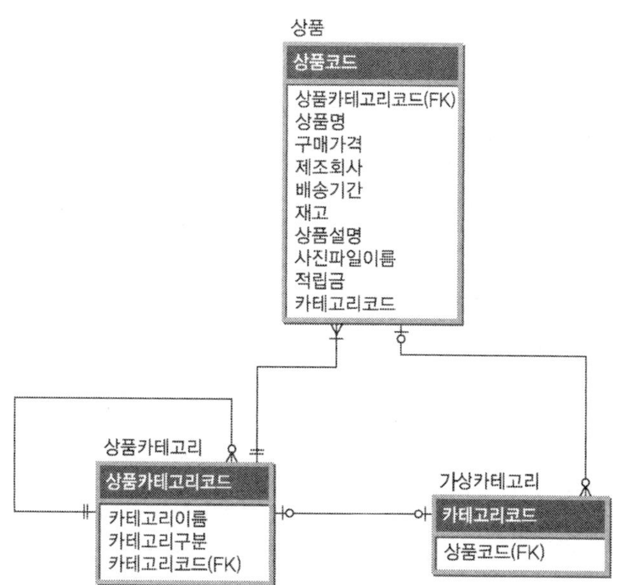

[그림 16-27] 상품과 상품 카테고리와 가상카테고리

2) 물리적 ERD

논리적 데이터베이스 설계 단계들을 통해 산출된 결과물들은 물리적 데이터베이스 설계 과정에서 활용된다. 그리고 데이터들이 입력되고, 조회되며, 삭제되고 갱신되는 시점과 장소에 대한 내용들이 고려될 것이며, 사용될 파일과 데이터베이스 기술들에 대한 내용들이 고려될 것이다. 논리적 데이터베이스 설계에서는 관련 속성들을 정규화된 관계로 통합하였으나 물리적 테이블은 행과 이름 붙여진 필드들로 구성된 테이블이다. 물리적 테이블은 하나의 관계에 대응할 수도 있고, 그렇지 않을 수도 있다. 그리고 논리적 데이터베이스 설계는 잘 구조화된 관계를 생성하는 데에 초점을 맞추고 있는 반면 물리적 테이블 설계는 이와 달리 보조 저장장치의 효율적 활용과 데이터 처리 속도에 초점을 맞춘다.

[그림 16-22]에서 설계한 논리적 ERD에서 물리적 ERD로의 변화 중에 앞의 설명에 부합하여 변화된 부분들을 살펴보면 다음과 같다.

먼저 [그림 16-28]에서처럼 논리적 ERD에서는 상품과 장바구니 테이블이 일대다 관계로 연결이 되어 있으나 물리적 ERD로 역정규화를 하면서 두 테이블 간의 연결이 없어지고 장바구니 테이블에 상품명과 구매가격이라는 항목이 추가된 것을 볼 수가 있다.

이것은 빈번하게 일어나는 장바구니 조회 시 조인을 하지 않아도 상품명과 구매가격을 보여줌으로써 효율성을 도모하기 위함이다.

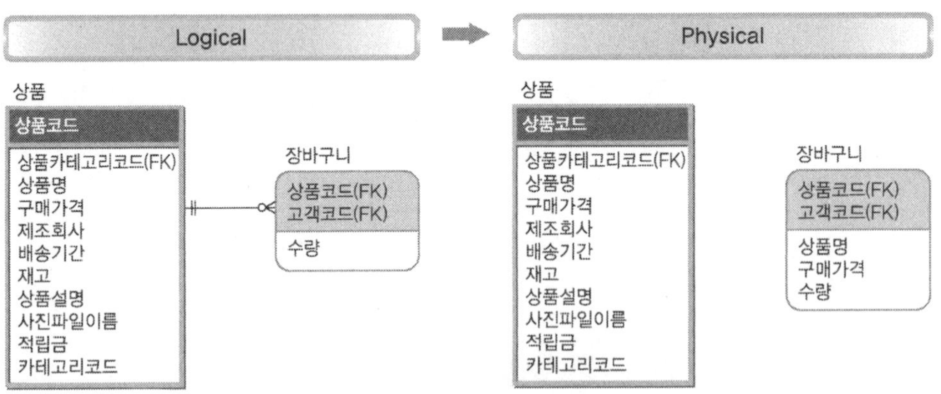

[그림 16-28] 상품과 장바구니의 관계 변경

그리고 논리적 ERD가 물리적 ERD로 역정규화 하면서 두 번째로 변화된 부분은 [그림 16-29]와 같이 무통장결제와 통장계좌 간의 관계이다. 이 두 테이블의 관계를 맺음으로 인해 불필요한 조인이 빈번히 발생하게 된다. 그래서 무통장결제 테이블에 관계 은행 및 주문결제를 직접 기입하는 방식으로 변화하였다.

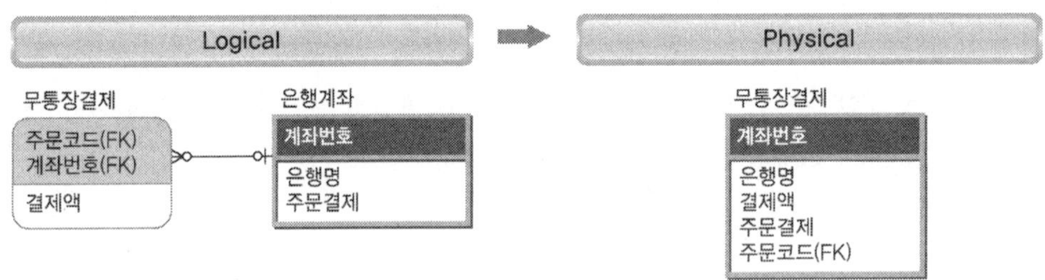

[그림 16-29] 무통장결제와 은행계좌

이렇게 변화되어 완성된 물리적 ERD는 [그림 16-30]과 같다.

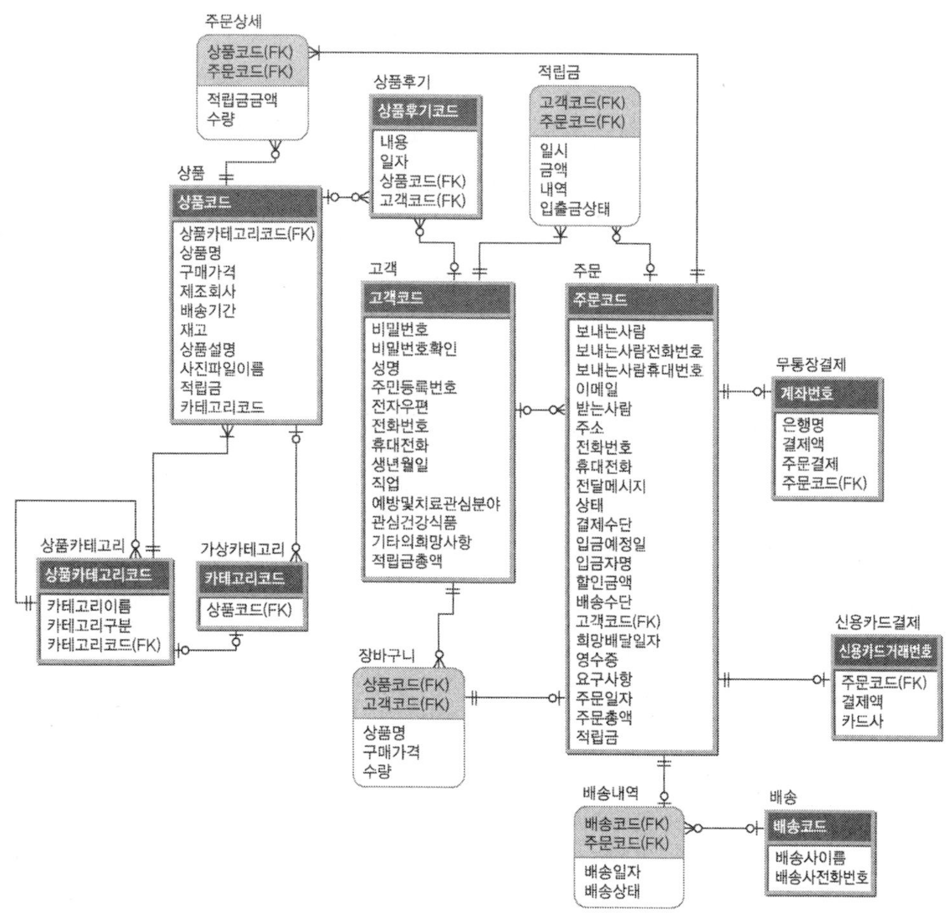

[그림 16-30] 물리적 ERD

3.3 속성정의표

속성정의표는 물리적 ERD를 바탕으로 테이블의 각 필드들에 대한 속성들을 결정하는 것으로 다음 표에서 다루어지는 파라미터들은 각 필드에 대해 규정되어야 한다. [표 16-1]부터 [표 16-4]까지는 [Key], [Attribute Name], [Data Type], [Length], [Format], [Uniqueness], [Null Support], [Default Value], [Note] 등을 포함하는 데이터 유형들을 요약한 것이다.

1) 고객 테이블

[표 16-1]는 고객 테이블의 속성을 나타낸 표로 고객코드가 기본키(PK)이며 고객코드는 중복될 수 없기 때문에 유일성을 가진다. 그리고 고객코드, 비밀번호, 비밀번호확인, 성명, 주민등록번호, 전자우편, 전화번호, 휴대전화는 Data Type이 텍스트이며 필수 입력 사항들이기 때문에 Null값을 허용하지 않는다. 주민등록번호와, 전화번호, 휴대전화는 입력하였을 시 Format형식이 표와 같은 형식으로 저장이 되어진다.

[표 16-1] 고객 테이블 속성표

Key	Attribute Name	Data Type	Length	Format	Unique -ness	Null Support	Default Value	Note
PK	고객코드	텍스트	25		Unique	Not Null		
	비밀번호	텍스트	15			Not Null		
	비밀번호확인	텍스트	15			Not Null		
	성명	텍스트	20			Not Null		
	주민등록번호	텍스트	13	999999-9999999		Not Null		
	전자우편	텍스트	50			Not Null		
	전화번호	텍스트	11	999-9999-9999		Not Null		
	휴대전화	텍스트	12	9999-9999-9999		Not Null		
	생년월일	날짜/시간		YYYY/MM/DD				
	직업	텍스트	20					
	예방및치료 관심분야	텍스트	50					
	관심건강식품	텍스트	50					
	적립금총액	통화						

2) 상품 테이블

[표 16-2]는 상품 테이블의 속성들을 나타낸 것으로 [표 16-1]과 큰 차이는 없지만 배송기간에서 Default Value에 값이 입력되어 있는 것을 볼 수 있는데 이것은 특별히

값을 변경하지 않는한 1~2로 저장이 되어진다는 뜻이다. 즉, 하루나 이틀 정도면 배송된다는 것을 의미한다. 그리고 상품명은 검색으로 자주 사용되는 필드이기 때문에 인덱스로 설정하였다.

[표 16-2] 상품 테이블 속성표

Key	Attribute Name	Data Type	Length	Format	Unique -ness	Null Support	Default Value	Note
PK	상품코드	텍스트	25		Unique	Not Null		
FK	상품카테고리코드	텍스트	15			Not Null		
	상품명	텍스트	50			Not Null		인덱스설정
	구매가격	통화				Not Null		
	제조회사	텍스트	20			Not Null		
	배송기간	텍스트	10			Not Null	1~2	
	재고	숫자				Not Null		
	상품설명	메모						
	사진파일이름	텍스트						
	적립금	통화						
	카테고리코드	텍스트	15			Not Null		

3) 주문상세 테이블

[표 16-3]은 주문상세 테이블의 속성정의표이다. 상품코드와 주문코드가 외래키(FK)이며 이 두 외래키는 기본키 PK역할을 하며 유일성을 가진다. 그리고 일반적으로 주문 수량은 1개가 많으므로 수량의 Default Value는 1이다.

[표 16-3] 주문상세 테이블 속성표

Key	Attribute Name	Data Type	Length	Format	Unique -ness	Null Support	Default Value	Note
PK, FK	상품코드	텍스트	25		Unique	Not Null		
PK, FK	주문코드	텍스트	25			Not Null		
	적립금금액	통화						
	수량	숫자				Not Null	1	

4) 상품카테고리 테이블

[표 16-4]는 상품카테고리 테이블의 속성정의표이며 상품카테고리코드는 기본키(PK)이므로 유일하며, 카테고리코드는 외래키이다.

[표 16-4] 상품카테고리 테이블 속성표

Key	Attribute Name	Data Type	Length	Format	Unique -ness	Null Support	Default Value	Note
PK	상품카테고리코드	텍스트	25		Unique	Not Null		
	카테고리이름	텍스트	50			Not Null		
	카테고리구분	텍스트	20					
FK	카테고리코드	텍스트	25			Not Null		

3.4 화면 설계

화면설계는 정보를 사용자들에게 어떻게 제공하고 어떻게 획득하는가에 초점을 맞춘다. 화면은 두 사람 간의 대화와 유사하다. 대화 동안 각 개인이 따르는 문법은 사용자와 컴퓨터간 인터페이스와 유사하다. 화면설계는 사람과 컴퓨터가 정보를 교환하는 방식으로 정의하는 것을 포함하고 있다. 훌륭한 사용자와 컴퓨터간 인터페이스는 시스템의 다른 요소들을 찾고, 보고, 요청하는 단일화된 구조를 제공한다. 이제 이것을 바탕으로 Bioeshop에 대한 화면 계층도 및 주문 흐름도를 작성하여 보자.

다음 [그림 16-31]은 사용자 인터페이스를 위한 데이터 개요를 사용하여 개발한 시스템 웹 페이지 간의 관계를 나타내는 Bioeshop의 화면 계층도이다. 페이지 0은 환영 페이지이다. 고객들에게 Bioeshop을 소개하는 정보뿐 아니라, 이 페이지는 사용자가 데이터 그룹을 지정하거나 또는 사용하기를 원하는 메뉴 옵션 또는 버튼을 제공한다. 만약 제품 데이터를 사용하기 원한다면 사용자는 페이지 1을 이용하여 제품 리스트 및 검색을 할 수 있으며 기존 제품을 가지고 장바구니에 담을 수도 있다. 페이지 1.1.1은 기존 제품에 대한 설명을 볼 수 있게 해주며 이 상품과 관련된 상품(페이지 1.1.1.1)을 볼 수 있을 뿐 아니라 상품사용후기도 사용자가 입력할 수 있게 해준다(페이지 1.1.1.2). 그리고 페이지 1.2.1은 이전 페이지인 1.2에서 검색된 상품을 보여주는 페이지로 신상품, 상품명,

최고가, 최저가 순으로 정렬이 가능하다. 1.3은 원하는 제품이 있으면 바로 장바구니에 담을 수 있으며 장바구니에 담은 물건들은 1.3페이지에서 주문하여 1.3.1페이지에서 상세주문이 이루어진다. 페이지 2에서는 고객이 로그인페이지를 통해 로그인을 한 후 그 회원정보를 통해 2.1, 2.2, 2.3페이지를 각각 이용할 수 가 있게 된다.

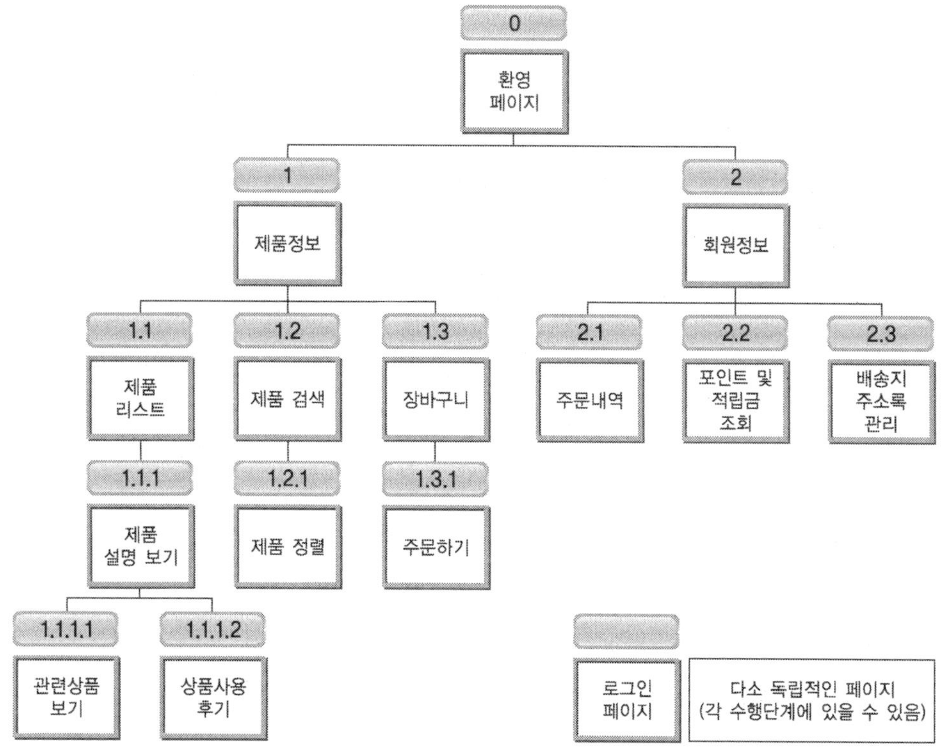

[그림 16-31] Bioeshop 화면 계층도

[그림 16-32]는 Bioeshop에서 상품을 주문하기 위한 프로세스를 네비게이션으로 나타낸 것이다. 먼저 메인페이지에서 카테고리 안에 있는 상품을 선택하거나 원하는 상품을 찾기 힘들 때에는 통합 검색 및 상세 검색을 하여 상품을 선택한다. 그리고 구매하고자 하는 상품의 수량을 입력한 후 한 가지의 상품만 구매할 경우에는 즉시 구매하여 주문을 할 수도 있지만 여러 종류의 상품의 구매를 원할 경우에는 장바구니에 담아 두었다가 다같이 주문이 가능하다. 그리고 메인 페이지에서도 장바구니 페이지로 바로 이동하여 담겨진 상품을 확인 할 수 있다. 이렇게 장바구니에 담아 둔 상품들을 주문하면 주문 페이지로 넘어가서 주문서를 작성하게 된다. 주문서에서는 사용자 정보 및 배송지 정보를 기입하고 결제 페이지로 넘어가 구입할 상품을 어떠한 방식으로 결제를 할 것인지

결제 방법을 선택한다. 이렇게 주문이 완료되면 주문 내역서를 보여주고 주문한 내역을 확인 한다. 주문 내역은 메인페이지에서도 주문 및 배송조회가 가능하다.

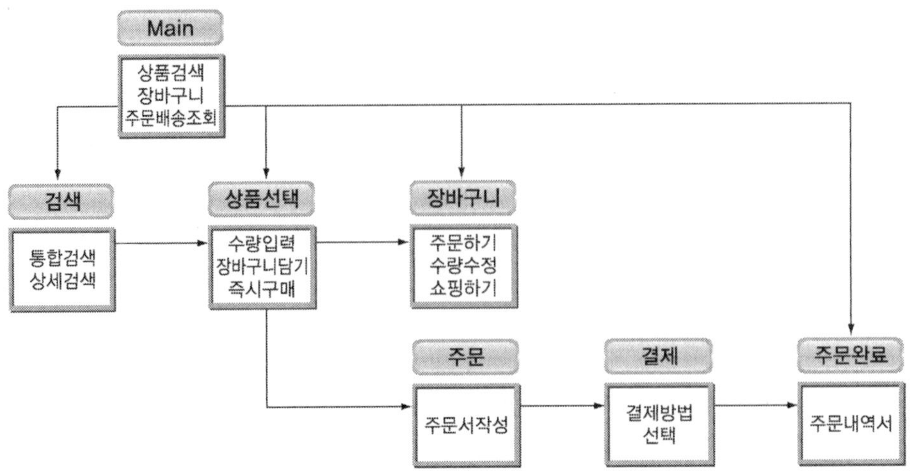

[그림 16-32] Bioeshop 주문 흐름도

*찾아보기

[ㄱ]

[ㄴ]

[ㄷ]

[ㄹ]

[ㅁ]

[ㅂ]

[ㅅ]

[ㅇ]

[ㅈ]

[ㅊ]

[ㅋ]

[ㅌ]

[ㅍ]

[ㅎ]

[a~z]

저 자

정대율 dyjeong@gsnu.ac.kr

부산대학교 경영학사
부산대학교 경영학석사(MIS전공)
부산대학교 경영학박사(MIS전공)
현) 경상대학교 경영학부 경영정보학전공 교수
경상대학교 e-러닝센터장

박상혁 spark@jinju.ac.kr

한국외국어대학교 경영학학사(MIS전공)
한국외국어대학교 경영학석사(MIS전공)
한양대학교 경영학박사(MIS전공)
LG-CNS 시스템 엔지니어
현) 진주산업대학교 전자상거래학과 교수

박기호 khpark@office.hoseo.ac.kr

부산대학교 이공학사(계산통계학전공)
한양대학교 공학석사(산업공학전자계산학전공)
한양대학교 경영학박사(MIS전공)
LG-CNS, LG전자, 데이콤멀티미디어, CBSi사업이사
현) 호서대학교 디지털비즈니스학부 교수
조달청 기술평가 위원
행정자치부 지자체 행정혁신 자문위원

오창규 cgoh@kyungnam.ac.kr

부산대학교 상학사(경영학전공, 전자계산학부전공)
부산대학교 경영학석사(MIS전공)
부산대학교 경영학박사(MIS전공)
CGTech Inc. 시스템 설계 팀장
현) 경남대학교 e-비즈니스학부 교수

정보시스템 분석 및 설계

1판 1쇄 인쇄 _ 2020년 03월 20일
1판 1쇄 발행 _ 2020년 03월 30일

공 저 _ 정대율·박상혁·박기호·오창규
펴낸이 _ 홍정표

펴낸곳 _ 컴원미디어
등록 _ 제324-2007-00015호

공급처 _ (주)글로벌콘텐츠출판그룹
대표 _ 홍정표 디자인 _ 김미미 편집 _ 김봄 이예진 권군오 이상민 홍명지 기획·마케팅 _ 노경민 이종훈
주소 _ 서울특별시 강동구 풍성로 87-6 전화 _ 02-488-3280 팩스 _ 02-488-3281
홈페이지 _ www.gcbook.co.kr 메일 _ edit@gcbook.co.kr

값 22,000원
ISBN 979-11-90444-07-1 93560